Reben, Trauben, Weine

Jancis Robinson

REBEN, TRAUBEN, WEINE

Ein Führer
durch die Rebsorten
der Welt

Hallwag Verlag Bern und Stuttgart

Die englische Originalausgabe ist unter
dem Titel «Vines, Grapes and Wines» im
Verlag Mitchell Beazley, London,
erschienen.

Deutsche Übersetzung: Wolfgang Kissel
Lektorat: Urs Aregger
Satz: Filmsatz Kösel, D-8960 Kempten/Allgäu
Printed in Hongkong
ISBN 3 444 10333 6

Hallwag

Inhaltsverzeichnis

Einführung

In den letzten zehn Jahren hat sich unter den Weinfreunden in aller Welt rasch so etwas wie eine Verehrung für sortenreine Weine eingebürgert, eine Vorliebe für Weine also, die den Namen der Traubensorte, aus der sie hauptsächlich bestehen, auf dem Etikett tragen. Bald forderten die Weinliebhaber in Amerika und Australien heimischen Cabernet Sauvignon und Chardonnay, aus Osteuropa kamen preiswerte Versionen aus solchen Trauben, die Italiener nutzten den Trend auf den Weltmärkten mit sortenreinen Angeboten, und selbst die Franzosen druckten auf ihren Etiketten die ihnen ungewohnten Namen Pinot Noir und Chardonnay ab, um bei der neuen Klasse sortenbewußter Verbraucher besser anzukommen.

Bei alledem ist erstaunlich wenig geschehen, um dem Weinliebhaber die zauberhafte Welt der Traubensorten näherzubringen.

Die Eigenart der Traube hat auf den Geschmack und Charakter eines Weins sehr viel mehr Einfluß als geologische oder klimatische Zufälligkeiten oder auch die Kunst des Kellermeisters. Die Traube bestimmt den Geschmack vielleicht zu 90% und formt den Charakter in Intensität, Gewichtigkeit, Säuregehalt, Langlebigkeit und Entwicklungsfähigkeit.

Um so verwunderlicher ist es, wie wenig der einfache Weinliebhaber, ja selbst der Kenner bislang in den Dschungel der Rebsorten einzudringen vermocht hat. Er kennt vielleicht so ungefähr eine Handvoll der »internationalen« Sorten, wie sie von Oregon im Norden bis Neuseeland im Süden wachsen, wohl aber kaum die neun klassischen Trauben, denen in diesem Buch ein eigener Abschnitt gewidmet ist. Die faszinierenden Verflechtungen zwischen ihnen und den in einem weiteren Abschnitt beschriebenen wichtigen Traubensorten fallen schon in den Bereich der Kennerschaft und sind auch in der Fachliteratur nur in ganz alten Werken nachgezeichnet. Die ungeheure Vielfalt der rund tausend weiteren in diesem Band beschriebenen Rebsorten jedoch sowie ihre Verbreitung und ihr oft so inspirierender Charakter sind auch für die begeistertsten Weinliebhaber meist *terra incognita.*

Die Bedeutung des Gegenstands ist freilich längst erkannt und in manchen lobenswerten Werken behandelt, wenn auch selten bis in die feineren Einzelheiten. Die bewundernswerteste und gründlichste Arbeit der neueren Zeit hat Professor Pierre Galet mit seiner in den fünfziger Jahren erschienenen vierbändigen Ampelographie *Cépages et Vignobles de France* geliefert. Doch selbst in der ausgezeichneten amerikanischen Fassung von Lucie T. Morton bleibt diese Arbeit einseitig auf einer franco-amerikanischen Ebene stehen und sagt nur wenig über so reiche Weinländer wie Italien, Spanien, Portugal, Deutschland …

Das letzte wirklich bedeutende Werk über die Rebsorten der Welt erschien 1909 in französischer Sprache. Verfaßt wurde es von dem Weinbauwissenschaftler Pierre Viala, zusammen mit einem Kollegen, Victor Vermorel. Ihr *Traité Général d'Ampélographie* gebietet mit seinen sieben Bänden heute noch sowohl nach dem Umfang als auch nach seinem Gehalt Respekt. Das Buch *Reben, Trauben und Weine* stellt den Versuch einer knapp gefaßten und auf den neuesten Stand gebrachten Version des Viala dar. Ganz ausdrücklich wendet es sich nicht an die Weinerzeuger, sondern an die Weinliebhaber und natürlich auch an die Weinliebhaberinnen, die Genaueres darüber wissen möchten, warum unsere heutigen Weine so und nicht anders schmecken und auf welche Weise die Weinerzeugung der Welt oft durch mancherlei Zufälligkeiten und Wunderlichkeiten zu ihrer heutigen Form gekommen ist.

Vor allem dient dieses Buch der Absicht zu beschreiben, wie der aus den einzelnen Traubensorten gewonnene Wein schmeckt, warum die verschiedenen Reben an bestimmten Stellen kultiviert werden und wie sich das auf den Geschmack des Weins auswirkt. In zweiter Linie soll es dem Weinfreund dabei helfen, den Rebsortenbestand in den Weinbergen der Welt kennenzulernen und zu beurteilen.

SORGE UM DIE REBSORTEN

Die systematische Erfassung der Rebsorten der Welt hat eine beunruhigend große Zahl von Sorten zutage gefördert, die durchaus guten Wein mit echtem Charakter liefern können und dennoch in ihrem Bestand gefährdet sind. Das gilt insbesondere für die traditionellen Sorten Portugals, Spaniens und Italiens, zum Beispiel Arinto, Touriga Nacional, Alvarinho, Aglianico, Barbarossa, Greco, doch gibt es diese Erscheinung auch in anderen Regionen, etwa in Somló in Ungarn, am Kap und sogar im Médoc. Nachdem heute die Grundsätze der Selektion guter Pflanzen, vor allem die Klonauswahl, so gut erforscht sind, ist es höchste Zeit, viele wertvolle Rebsorten zu retten, ehe sie einiger Nachteile wegen zum Aussterben verdammt werden.

Leider befinden sich auch manche bodenständige Sorten, selbst so hochwertige wie Malvasia und Vermentino, oft in den Händen von Leuten, die am wenigsten dazu geeignet sind, sie in sauberen, haltbaren Wein guter Qualität zu verwandeln. Vielleicht kann die bessere Kenntnis solcher Sorten dazu beitragen, daß die Weinliebhaber der Welt die besseren Beispiele unterstützen und sie so in die Lage versetzen, eine eigene Identität und damit auf lange Sicht eine gute Zukunft auf dem Markt aufzubauen.

Die größere Beachtung – manche sagen Besessenheit –, die den Rebsorten in den neueren Weinregionen entgegengebracht wird, hat auch interessante Nebenwirkungen gezeitigt. So hat sich das Geschick der traditionsstolzen Winzer in der Gascogne beispielsweise deutlich zum besseren gewendet, seit ihnen zu Ohren kam, was die Kalifornier aus ihrer für die Branntweinerzeugung angebauten Sorte Colombard zu machen verstehen. Der überaus schmackhafte »Colombard Vin de Pays des Côtes de Gascogne« verdankt dem sein Dasein.

Bei eingehenderer Betrachtung der Traubensorten, die dem modernen Weinbau zur Verfügung stehen, und aus der Art und Weise, wie sie auf verschiedene Voraussetzungen und Behandlungen in aller Welt reagieren, kann der Weinfreund nicht nur das Angebot besser beurteilen, sondern auch herausfinden, was ihm angeboten werden könnte oder sollte. Winzer sind sehr konservativ. Das ist verständlich, wenn man bedenkt, daß sie ihr Geld über Zeiträume von 30 Jahren investieren. Eine bessere Kenntnis der Traubensorten wird den Verbraucher lehren, daß die heute auf den Märkten der Welt vielgerühmten Weine nur einen winzigen Bruchteil dessen darstellen, was an erregender Vielfalt möglich wäre.

ZUM GEBRAUCH DIESES BUCHS

Die Landkarten am Anfang bedürfen keiner Erläuterung, die anschließende Aufgliederung der Rebsorten schon eher. Zunächst werden neun klassische Traubensorten vorgestellt, die sowohl ihrer quantitativen als auch ihrer qualitativen Bedeutung wegen ausgewählt wurden. Sie sind alle weit über die Welt verbreitet und bringen überall wahrhaft großartige Weine, auch wenn, wie zum Beispiel beim Chenin Blanc, der größte Teil der Produktion auf recht einfachen Wein entfällt.

Es folgt ein Abschnitt über wichtige Traubensorten. Hierzu gehören unter anderem die Hauptvertreter der vielschichtigen Muskateller-Familie, unter denen sich die bekanntesten Namen des internationalen Weinsortiments finden. Die umstrittenste Rebe in dieser Gruppe ist wohl die Viognier, doch wurde sie aufgrund der Bedeutung von Condrieu und Château-Grillet mit hereingenommen.

Der für die Einordnung der einzelnen Traubensorten in diesem Buch gewählte Name geht jeweils soweit wie nur möglich auf den Ursprung zurück. So ist die Grenache-Rebe des Midi und der Provence unter Garnacha zu finden, die Muscadet-Traube unter Melon de Bourgogne, und die heute in Frankreich als Massenträger so bedeutende Ugni-Blanc-Rebe wird hier ihrer Herkunft nach unter dem Namen Trebbiano geführt. Bei den französischen Rebsorten folgt dieses Buch der Namensgebung und Schreibweise von Galet, und in anderen Ländern wurden Autoritäten von vergleichbarem Ruf zu Rate gezogen.

Alle übrigen Rebsorten sind zunächst in Rotwein- und Weißweintrauben unterteilt, wobei allerdings – weil dies ja ein Buch für Weinfreunde und nicht so sehr für Wissenschaftler sein soll – manche dunklen Sorten wie Gewürztraminer, Schönburger und einige Muskateller, die meist zu Weißwein verarbeitet werden, hier auch als Weißweintrauben eingeordnet sind. Die rotfleischigen *Teinturier*-Sorten sind klar als solche herausgestellt. Natürlich gibt es von fast jeder Rebsorte auch andersfarbige Mutationen. Der launische Pinot, aber auch der Veltliner, sind in dieser Hinsicht am produktivsten. So kommen oft an einem Weinstock Trauben – und in manchen Trauben sogar Beeren vor, die man als hell, dunkel oder grau einordnen könnte.

Andersfarbige Mutationen, die eine eigene Identität und Bedeutung erlangt haben, zum Beispiel Garnacha Blanca, Pinot Blanc und Merlot Blanc, sind dementsprechend in den jeweiligen Abschnitten verzeichnet.

Im Kapitel »Sonstige Rebsorten« sind die Abteilungen Rot- und Weißweintrauben jeweils nach regionalen Gesichtspunkten gegliedert. Die einzelnen Sorten erscheinen unter jener Region, wo sie zur Zeit über die größte Anbaufläche verfügen. Innerhalb der einzelnen Zusammenstellungen nach Farbe und Geographie stehen dann die Sorten in absteigender Reihenfolge ihrer mengenmäßigen Bedeutung, soweit dies belegt ist. So ist die Macabeo-Rebe unter Spanien eingereiht, weil ihre Anbaufläche dort siebenmal größer ist als in Frankreich, und zwar an zweiter Stelle der spanischen Weißweinsorten, weil nur die Airén auf der Iberischen Halbinsel eine größere Anbaufläche einnimmt. Alle diese statistischen Erwägungen sind natürlich nur so gut wie die Statistiken selbst, auf denen sie beruhen. Es wurden die größten Anstrengungen unternommen, um die neuesten Zahlen zu berücksichtigen, aber für den überwiegenden Teil Frankreichs stammen sie leider aus dem Jahr 1979. Doch selbst die inzwischen schon bejahrte landwirtschaftliche Erhebung aus dieser Zeit ist im Vergleich mit jenen der meisten Mittelmeerländer und Portugals, wo sich die Statistiker anscheinend schon seit Jahrzehnten kaum um die Anbauflächen gekümmert haben, ein Meisterwerk der Präzision.

VERWANDTSCHAFTEN – FAKTEN UND IRRTÜMER

Die Unklarheit über die Verbreitung der Rebsorten in manchen Ländern hat viele Irrtümer heraufbeschworen, die dennoch für bare Münze genommen werden. Die Ampelographie, die Wissenschaft von der Rebe, ist erst seit neuerer Zeit verfeinert und geordnet worden, vor allem durch Galet, um auf internationaler Ebene Identifizierungen zu ermöglichen. Das Laub und die Triebe des Rebstocks eignen sich in frischem oder getrocknetem Zustand am besten für eingehende Untersuchungen. Im Zusammenhang mit der charakteristischen Behaarung der Triebspitze, der Sprossenspitze und dem eigentlichen Blatt kommt durch systematische Beschreibung von Sprossen, Trieben, Knospen, Blüten, Fruchtansatz, Beeren und Kernen gewissermaßen ein Fingerabdruck für jede einzelne Rebsorte zustande, der zu neuen Erkenntnissen führen kann.

Der erfahrene Ampelograph erkennt daher, wenn ein Cabernet Franc eigentlich ein Merlot ist, wie es in Kalifornien oft vorkommt, oder wenn ein Sémillon aus Westaustralien und ein Chardonnay in Victoria in Wirklichkeit Chenin Blanc heißen müßte, wie es der französische Wissenschaftler Paul Truel 1976 herausgefunden hat, und er stellt auch fest, wenn zwei für Verwandte gehaltene Rebsorten wie der Chardonnay und der Pinot Noir im Grund nichts miteinander zu tun haben. Portugal und Spanien sind vielleicht am reichsten an hübschen Fabeln über angebliche Rebenverwandtschaften, die sich inzwischen als unrichtig herausgestellt haben. Entgegen der Überlieferung ist keine Verbindung zwischen Riesling und Sercial (Sersial), Arinto oder Pedro Ximénez festzustellen. Keine der bekannten Douro-Sorten hat Gene des Pinot Noir in sich, und der deutsche rote Portugieser scheint mit keiner portugiesischen Rebe verwandt zu sein. Nur werden am Douro versuchsweise einige Portugieser Jungpflanzen angebaut.

Ein ebenfalls weitverbreiteter Irrtum ist die Behauptung, daß die Limberger-Rebe in Österreich, in deutschsprachigen Ländern auch als Blaufränkisch und in Ungarn als Kékfrankos bekannt, sowie andere slawische Variationen über das »blaufränkische Thema« mit der Gamay-Rebe verwandt oder gar identisch seien. Die Beaujolais-Traube bildet vielmehr unter den international berühmten Sorten insofern eine Ausnahme, als sie außerhalb ihrer eigenen Region – und vor allem außerhalb des eigenen Landes –

kaum anzutreffen ist, obwohl ihr Name in Kalifornien bedenkenlos für zwei zwar auch aus Frankreich stammende, mit ihr aber durchaus nicht verwandte Sorten gebraucht wird.

Die Konfusion wird noch dadurch verschlimmert, daß manche Regionen sehr an den althergebrachten Namen hängen. Der Pinot bietet ein gutes Beispiel. Der Name wird nicht nur für seine Verwandten Pinot Blanc und Gris benutzt, sondern irrtümlich auch für Chardonnay und für Pineau d'Aunis, Pineau de la Loire (Chenin Blanc) und Pinot de Romans (Durif). In Italien gilt dasselbe für Malvasia; dieser Name steht oft für Rebsorten, die mit dem großen griechischen Urahnen nichts zu tun haben. Auch in Frankreich gibt es Malvoisies, die eher mit dem Pinot Gris verwandt sind als mit der Malvasia. Im Elsaß heißt der Pinot Blanc auch Auxerrois, während in Cahors derselbe Name ein Synonym für Malbec ist; und dennoch nimmt sich die Rebsorten-Nomenklatur Frankreichs im Vergleich mit Italien geradezu mustergültig klar aus.

So kommen beim Studium der Rebsorten allerhand faszinierende Fakten, interessante Anomalien und rätselvolle Fragen ans Tageslicht. Nur wenige Weinfreunde würden auf Anhieb erraten, daß die Rebsorte mit der bei weitem größten Anbaufläche der Welt die weiße Airén aus La Mancha ist. Oder wer wüßte zum Beispiel schon, daß der robuste Bastardo aus Portugal ganz eng mit dem Trousseau aus dem Jura und dem Gray Riesling in Kalifornien verwandt ist?

Eine Untersuchung der Eigenschaften verschiedenster Rebsorten wirft wiederum Fragen zu ihrer geographischen Verbreitung auf. Der spät reifende Chenin Blanc scheint für eine so weit nördlich gelegene Gegend, wie es die Loire ist, doch wahrhaft ungeeignet, und die bitterherbe Carignan-Traube ist vor allem in ihren im Midi so verbreiteten minderwertigeren Klonen für eine Region, die am besten nur früh trinkreife Weine hervorbringen sollte, doch äußerst fragwürdig. In Italien hat sich der Verdicchio an der Ostküste breitgemacht und nimmt dort fast das Dreifache an Anbaufläche ein wie der Cabernet Sauvignon in Frankreich; doch ist er so geizig im Ertrag, daß sich der objektive Beobachter nur über seine Beliebtheit wundern kann.

Inzwischen sind die genealogischen Verknüpfungen zwischen den bekannteren Rebsorten aufgeklärt, doch bleiben vor allem im ampelographisch kaum kartierten östlichen Mittelmeergebiet noch manche Fragen offen. Bekannt ist, daß viele italienische Trauben – oft die besseren – griechischen Ursprungs sind. Für den griechischen Weinbau mit seiner ungewissen Zukunft könnte es durchaus nützlich sein, einmal festzustellen, welche der heute dort angebauten Rebsorten beispielsweise Aglianico oder Grechetto ist. Auch steht der endgültige Nachweis für die recht überzeugende Theorie, daß die Ribolla in Friaul dieselbe Traube wie die Rebula in Jugoslawien und die Robola auf der griechischen Insel Kefallenia ist, noch aus. Noch etwas: Könnte die Rabo de Ovelho in Portugal dieselbe Traube sein wie die Juhfark in Ungarn? Die beiden Namen haben wortwörtlich dieselbe Bedeutung; die Reben und die davon gewonnenen Weine sind einander sehr ähnlich – und es bestehen auch kulturelle Verbindungen zwischen den beiden Ländern. Oder: Ist die mysteriöse Viognier-Rebe von der nördlichen Rhône mit der gleichnamigen Sorte auf der dalmatinischen Insel Vugava verwandt? Und warum haben die Südamerikaner ausgerechnet für die Torrontes aus Galicia so sehr Feuer gefangen, obwohl ihnen doch Tausende von spanischen Rebsorten zur Wahl standen? Vielleicht ist dieses Buch imstande, mehr Interesse und Gedankenaustausch zu wecken, so daß diese Fragen in einer künftigen Ausgabe ihre Antwort finden könnten.

DIE FAMILIE DER WEINREBENGEWÄCHSE

Aus der großen Familie der *Ampelidaceae* ist für den Weinfreund nur die Gattung *Vitis* von Interesse, auch wenn noch vier der anderen neun Gattungen Trauben hervorbringen.

Die Tabelle zeigt die Einteilung der verschiedenen Arten der Gattung *Vitis,* also der Weinreben.

UNTERGATTUNG *EUVITES*	
Amerikanische Arten	
Gemäßigte Zone: Osten	
Vitis labrusca	*Vitis aestivalis*
Vitis lincecunici	*Vitis bicolor*
Gemäßigte Zone: Mitte	
Vitis riparia	*Vitis rupestris*
Vitis rubra	*Vitis monticola*
Vitis berlandieri	*Vitis cordifolia*
Vitis candicans	*Vitis cinerea*
Gemäßigte Zone: Westen	
Vitis Californica	*Vitis Arizonica*
Heiße Zone: Florida und die Bahamas	
Vitis coriacea	*Vitis gigas*
Heiße Zone: tropische und äquatoriale Gebiete	
Vitis Bourgoeana	*Vitis Cariboea*
Ostasiatische Arten (unvollständig)	
Gemäßigte Zone	
Vitis amurensis	(Japan, Mongolei, Sachalin)
Vitis coignetiae	(Japan, Sachalin, Korea)
Vitis Thunbergii	(Japan, Korea, Formosa, Südwestchina)
Vitis flexuosa	(Korea, Japan, Indien, Nepal, Kotschin-China)
Vitis Romaneti	(China)
Vitis Piasezkii	(China)
Vitis armata	(China)
Vitis Wilsonae	(China)
Vitis rutilans	(China)
Vitis Pagnucii	(China)
Vitis pentagona	(China)
Vitis Romanetia	(China)
Vitis Davidii	(China)
Subtropische Zone	
Vitis Retordi	(Tonkin)
Vitis Balansaeana	(Tonkin)
Vitis lanata	(Indien, Nepal, Dekkan, Süd-China, Burma)
Vitis pedicellata	(Himalaja)
Europäische sowie west- und mittelasiatische Arten	
Vitis vinifera	
UNTERGATTUNG *MUSCADINIAE*	
Nordamerikanische Arten	
Vitis rotundifolia	
Vitis Munsoniana	
Vitis Popenoei	

Auch bringen nur wenige der rund 40 Arten der von den Botanikern in die Untergattungen *Euvites* und *Muscadiniae* eingeteilten Gattung *Vitis* Trauben, deren Verarbeitung zu Wein sich lohnt. Eigentlich entfallen auf die einzige in Europa und Mittelasien heimische Art, nämlich *Vitis vinifera*, 99,998% der gesamten Welt-Weinerzeugung.

Einige andere Arten haben für den Weinfreund noch als Veredelungsunterlagen, als Vorfahren von Hybridreben oder unmittelbar als Weinreben eine gewisse Bedeutung:

Vitis amurensis Die nach dem Fluß Amur an der chinesisch-sibirischen Grenze benannte Art zeichnet sich erwartungsgemäß durch große Frosthärte aus. Die Russen und jetzt auch die Deutschen experimentieren deshalb mit Hybriden von *V. amurensis* und *vinifera*. In Deutschland sind sie zwar für die Qualitätsweinerzeugung nicht zugelassen, doch ist Professor Helmut Becker in Geisenheim über die Versuchsergebnisse hoch erfreut, und die Hybriden könnten sich in England und Neuseeland als sehr nützlich erweisen.

Vitis labrusca Laut Edward Hyams ist es diese in Neu-England und Kanada heimische Art, die der Wikinger Leif Ericsson im Jahr 1001 in »Vinland« vorfand. Sicher wurde sie als erste amerikanische Rebe botanisch identifiziert (1763), und es heißt, mit ihr sei im 19. Jahrhundert die Reblaus nach Europa eingeschleppt worden. Als Veredelungsunterlage für europäische Reben taugt sie ihrer ungenügenden Reblausfestigkeit wegen nicht. Dem Weinfreund ist sie vor allem durch verschiedene *Labrusca*-Sorten wie Concord (New York) und Isabella (UdSSR und Madeira) oder als Züchtungsgrundlage für Hybriden wie Baco Blanc, Catawba und Delaware bekannt. Die Weine dieser Rebe und der meisten ihrer Hybriden sind für starken »Fuchsgeschmack« berüchtigt.

Vitis riparia Die »Uferrebe« ist eine reblausfeste amerikanische Art, die deshalb gern zum Züchten reblausfester Unterlagen genutzt wird. Sie reift – wie ihre Hybriden, zum Beispiel Baco Noir – äußerst früh und eignet sich für kaltes Klima.

Vitis rupestris Sie ist eine der wenigen Arten, von denen Weine unter ihrem Sortennamen gewonnen werden: Rupestris St-George und – berühmter noch – Rupestris du Lot. Sonst wird sie vorwiegend als Veredelungsunterlage benutzt.

Vitis berlandieri Diese amerikanische Rebe ist sehr resistent gegen Reblaus und Kalkchlorose. Da sie jedoch Schwierigkeiten mit der Wurzelbildung hat, konnte sie als Veredelungsunterlage für *Vinifera*-Reben nicht zu großer Bedeutung gelangen. Sie dient stattdessen zur Züchtung von Hybriden.

Vitis aestivalis Vielen Hybriden, zumeist mit *V. labrusca* und *rupestris*, kommen die gute Resistenz gegen Krankheiten und der hohe Ertrag von *V. aestivalis* zugute. Dagegen ist sie nicht reblausfest genug, um brauchbare Veredelungsunterlagen abzugeben.

Vitis cinerea Die im Mittelwesten und Süden Amerikas heimische Rebe ist eine der Ahnen der Hybriden Black Spanish und Herbemont (in Frankreich nicht mehr zugelassen), Kreuzungen von *V. aestivalis* mit *cinerea* und *vinifera*.

Vitis rotundifolia Zu dieser Art gehört die Scuppernong, eine kommerziell genutzte Sorte, die zu der am Golf von Mexiko beheimateten Untergattung Muscadiniae gehört.

Aus dieser Gruppe werden manchmal auch *V. candicans* und *monticola* zur Weingewinnung herangezogen.

DIE AUSBREITUNG VON VITIS VINIFERA

Vitis vinifera unterscheidet sich von den amerikanischen Wildreben, die zumeist nur dunkle Beeren bringen, durch sehr viele kleinere Beeren, dickere Triebe und stärker gezacktes Laub mit gewöhnlich rundlicher Grundform.

Die europäische Weinrebe entwickelte sich aus primitiven *labrusca*-ähnlichen Wildreben schon lange bevor es Menschen auf der Erde gab. Heute noch kann man Wildreben finden, die irgendwo zwischen diesen beiden Entwicklungspunkten stehen. Der Botaniker A. M. Negrul aus Leningrad zog in den dreißiger Jahren aus seinen Beobachtungen an derartigen Pflanzen am Schwarzen Meer den Schluß, daß *Vitis vinifera* von ostasiatischen Reben abstammt und deshalb alle *Vinifera*-Reben östliche Gene in sich tragen.

Wie der Mensch hat auch die Rebe – und insbesondere *Vitis vinifera* – in bemerkenswertem Maß die Fähigkeit, sich an Umweltbedingungen anzupassen. Mehr als andere früchtetragende Pflanzen ist die *Vinifera*-Rebe äußerst heterozygot, das heißt ihre bereits sehr zahlreichen Gene lassen sich ohne weiteres mischen und neu verteilen wie ein Kartenspiel.

Im Gegensatz zu den Wildreben, die von Natur aus als eine Mischung früchteloser männlicher und unregelmäßig früchtetragender weiblicher Pflanzen vorkommen, hat sich *Vitis vinifera* als zuverlässig fruchtbare Zwitterpflanze entwickelt. Sie kann sich daher vegetativ und nicht nur geschlechtlich vermehren, und Knospenmutationen, die zu neuen Klonen und Varietäten führen, sind bei ihr sehr häufig. Dabei sind bestimmte Sorten, zum Beispiel der Pinot, besonders mutationsfreudig. Die Zahl der Gene und ihre leichte Mischbarkeit sowie die Unterschiedlichkeit der natürlichen Bedingungen, unter denen die *Vinifera*-Rebe gedeihen muß, mögen zusammengenommen eine Erklärung dafür bieten, weshalb es so viele verschiedene *Vinifera*-Varietäten gibt und wie der Wein zu seiner faszinierenden Vielfalt gekommen ist.

Schon die alten Griechen kannten verschiedene Rebsorten, und auch die Römer unterschieden mehrere nach Namen; manche davon bilden für uns genußvolle und unmittelbare Bindeglieder zur Vergangenheit. Einige der den Römern bekannten Rebsorten – das stützt Negruls Thesen – waren eindeutig asiatischer Herkunft und wachsen noch heute in China. Über die Evolution und Verbreitung der Weintraubensorten in den letzten zwei Jahrtausenden ist auf Seiten 20/21 Näheres zu finden.

Der frühere botanische Wirrwarr hat sich allmählich in eine klare Ordnung von meist an bestimmte Umgebungen angepaßten Rebsorten verwandelt. Zwar sind die Traubensorten – wie alle Lebewesen – das Produkt natürlicher Evolution, eine bestimmte Identität aber nehmen sie erst an, wenn der Mensch ihnen einen Namen gibt. Unsere Vorväter »entdeckten« ja nicht plötzlich den Pinot Noir. Vielmehr entwickelte er langsam seine Identität, und schließlich wurde diese erkannt und mit einem Namen bedacht.

Die Verfasser des Buchs *General Viticulture*, Gelehrte der University of California, vermuten, daß etwa 8000 verschiedene Rebsorten mit Namen bekannt und beschrieben sind; freilich sind dabei die Wildreben sowie alle für die Tafeltrauben- und Rosinenproduktion genutzten Sorten eingeschlossen. Von dieser gewaltigen Zahl sollen allerdings »nur etwa 20% in Weinbergen, Gärten und botanischen Sammlungen« kultiviert werden. Die in diesem Buch beschriebenen 1000 Varietäten sind vermutlich die Sorten, die dem heutigen Weinfreund etwas zu bedeuten haben.

Freilich sind, während sich viele Rebsorten durch Anpassung und Mutation fortentwickelten, andere durch natürliche Auslese und menschliche Sorglosigkeit für immer verlorengegangen. Und es stimmt wohl auch, daß manche Weinerzeuger wahrhaftig nicht genau wissen, welche Traubensorten oft in bizarrer Mischung in ihren Weinbergen wachsen.

PHYLLOXERA VASTATRIX, DIE REBLAUS – KOMMT SIE WIEDER?

Noch ehe der Weinfreund in dieser kurzen Einführung Wurzeln schlägt, muß die große Weinplage des vorigen Jahrhunderts erörtert werden. Wie andere Pflanzen dient auch die Rebe Insekten aller Art zum Fraß. Da sind Motten, Milben, Spinnen und Käfer in großer Zahl, und vor allem zwei mit Namen wie aus einer barocken Oper: Cochylis, der Einbindige, und Eudemis, der Bekreuzte Traubenwickler. Aber schlimmer als sie alle ist die Reblaus, denn sie brachte eine Katastrophe.

Dicht auf den Fersen des Echten Mehltaus, der um die Mitte des 19. Jahrhunderts in den Weinbergen Europas gewütet hatte, kam die Reblaus 1860 nach Frankreich. Bis dahin war sie nur im Osten der Vereinigten Staaten zu Hause, und anders als die amerikanischen Reben, die vermutlich schon jahrhundertelang unter ihr zu leiden hatten, verfügten die *Vinifera*-Reben über keine Abwehrkräfte gegen sie. So erklären sich wohl auch die Fehlschläge aller Versuche zur Anpflanzung ungepfropfter *Vinifera*-Reben im Osten der USA, wie Thomas Jefferson sie beispielsweise erlebte. Die Reblaus trat wie der Echte Mehltau zuerst in England in Erscheinung; sicherlich gelangte sie mit botanischen Sammlerstücken dorthin. Die Engländer waren damals eifrige Sammler und Naturforscher und brachten unbehindert von irgendwelchen Quarantänebestimmungen viele fremde Pflanzen ins Land.

Die Reblaus fand in Europa den Tisch reichlich für sich gedeckt; sie schwelgte in den Wurzeln der *Vinifera*-Reben und impfte ihnen dabei ihren giftigen Speichel ein. Der Schädling brachte ganze Weinbaugebiete allmählich zum Absterben und machte schließlich dank des weitverbreiteten Handels mit *Vinifera*-Stecklingen die Weinerzeugung in Europa, in Südafrika, Australien, Neuseeland und sogar Kalifornien – überall, wo *Vinifera*-Reben gepflanzt worden waren – bis zur Jahrhundertwende zunichte.

Bis auf den heutigen Tag blieb das einzige wirksame Mittel gegen die tödliche Wirkung der Reblaus auf die Wurzeln des Weinstocks (gegen die Blattgallen gibt es Bekämpfungsmittel) das Aufpfropfen von *Vinifera*-Reisern auf reblausfeste Unterlagen, und so wird denn auch überall in Europa verfahren. Nur im Sand, der offenbar dem Vordringen der Reblaus unüberwindliche Schranken setzt, ist das nicht nötig. In vielen neuen Weinbauregionen aber wird das Pfropfen nicht so streng gehandhabt, weil es teurer ist, als sich einfach nur auf gutes Glück zu verlassen, und diese Art von speziellem Russischem Roulette hat sich – wie zu erwarten war – besorgniserregend ausgewirkt.

Neuerdings wurde Reblausbefall, wenn auch in geringem Umfang, in Kalifornien, in Neuseeland und sogar in England festgestellt. Und der australische Rebenbestand ist leider noch zu 90% ungepfropft. Die Reblaus breitet sich nicht nur durch den Boden aus, sondern auch über Werkzeuge und Maschinen (Vollerntemaschinen bilden hier eine neue Gefahr), aber auch durch Wanderung und im beflügelten Stadium ihres komplizierten, aus 18 Stadien bestehenden Werdegangs durch die Luft. Für den Weinbau der Zukunft bleibt sie eine Bedrohung.

Da manche Unterlagen, die in einigen Teilen der Welt als unzureichend reblausfest abgelehnt werden, an anderen Stellen sehr gutes Verhalten zeigen, ist es auch möglich, daß es verschiedene Biotypen der Reblaus gibt. Auch das ist Anlaß zu großer Sorge, doch scheinen wiederum auch bestimmte *Vinifera*-Typen reblausresistenter zu sein als andere. So wurden beispielsweise in Spanien trotz Reblausbefall völlig gesunde Monastrell-Reben entdeckt. Selten bringt die Reblaus allein einem Weinstock den Tod, vielmehr schwächt sie ihn nur so sehr, daß er an Krankheiten zugrunde geht.

VIRUS- UND PILZKRANKHEITEN

Dem Weinliebhaber bricht es fast das Herz, mitansehen zu müssen, wie viele der Pflanzen, die in den neueren Weinregionen eine so gewaltige Steigerung der Weinerzeugung hervorbringen müßten, in einem schlechten Gesundheitszustand sind. Südafrika, Kalifornien, Australien und Neuseeland – vermutlich ist diese Reihenfolge richtig gewählt – erleben eine Erschütterung des Vertrauens in die Reben, die mit soviel Begeisterung gepflanzt worden waren. Daß es in allen diesen Ländern dennoch gelingt, die in ihrer Qualität beeinträchtigte Frucht in guten Wein zu verwandeln, ist ein großes Glück.

Die meisten Probleme entstehen durch Virusinfektionen. Die Reisig- und die Blattrollkrankheit sind die häufigsten Formen, doch gibt es in bestimmten Gegenden Europas auch noch andere. In Apulien ist zum Beispiel die Triebnekrose eine große Plage. Viren sind nicht nur die Ursache dafür, daß die befallenen Pflanzen minderwertige Frucht tragen und Jahre ihrer Lebensdauer einbüßen, sie können auch einen ganzen Weinberg für Neuanpflanzungen wertlos machen, wenn er nicht gründlich desinfiziert wird. Es gibt keine wirksame Bekämpfung für Viruskrankheiten; das einzige, was getan werden kann, ist die Verwendung virusfreier Edelreiser und Unterlagen.

In Kalifornien legt man den größten Wert auf die Antivirusbehandlung. Es ist dort eine Bank mit über 200 Sorten an »sauberen«, virusfreien Pfropfreisern und Unterlagen geschaffen worden. Sie wurden von virusfreien Pflanzen gewonnen und werden oft auch einer Wärmebehandlung unterzogen, um eventuell noch nicht erkannte Viren ebenfalls zu vernichten. Die Reiser und Unterlagen gehen in alle Welt, müssen also unbedingt gesund und richtig bestimmt sein.

Freilich ist dies nur der erste Schritt zu gesunden Reben. Auch andere Krankheiten, die nicht von Viren, sondern durch Pilzbefall oder auf sonstige Weise verursacht werden, zum Beispiel die Piercesche Krankheit, können die Reben im Lauf ihres Lebens befallen.

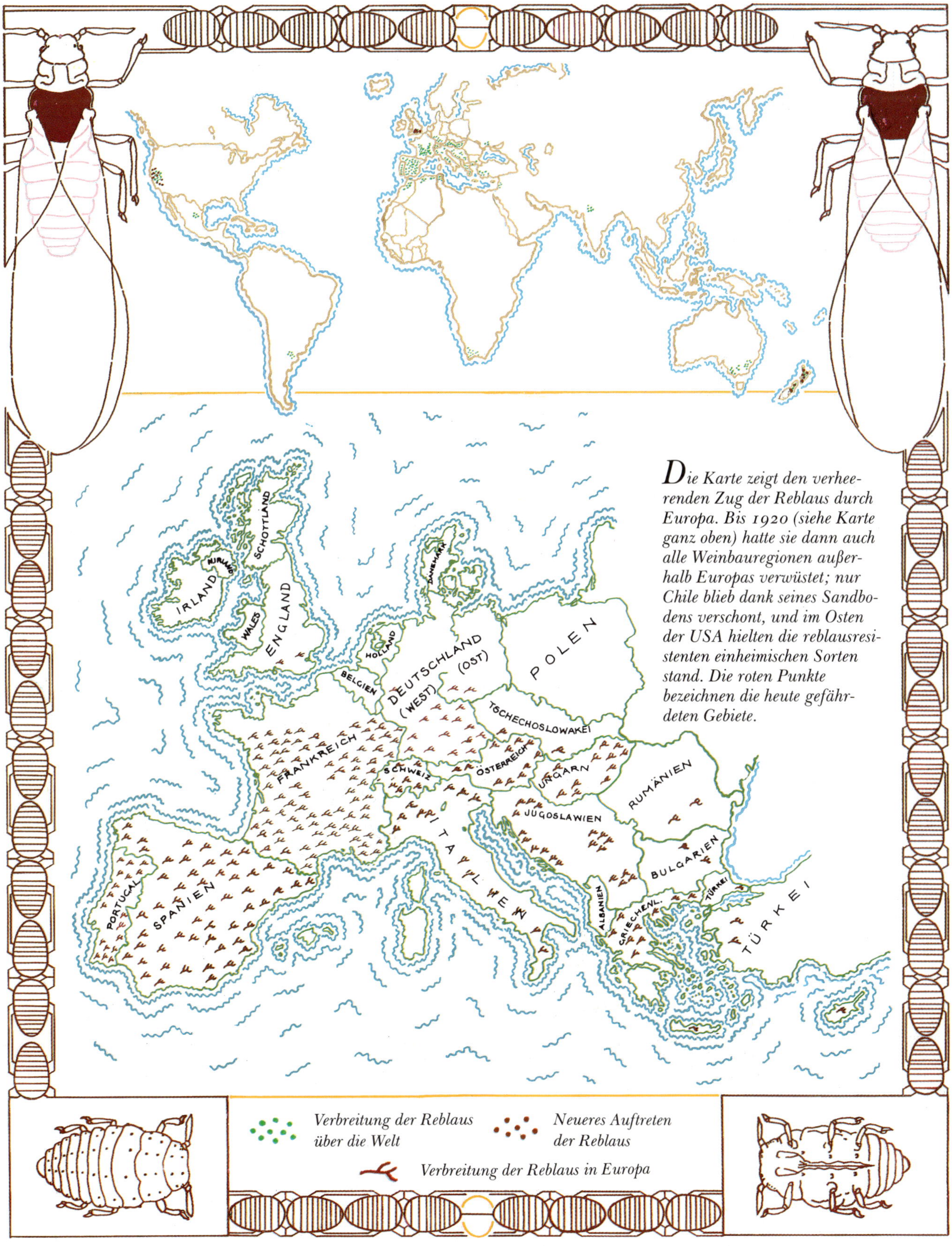

Die Karte zeigt den verheerenden Zug der Reblaus durch Europa. Bis 1920 (siehe Karte ganz oben) hatte sie dann auch alle Weinbauregionen außerhalb Europas verwüstet; nur Chile blieb dank seines Sandbodens verschont, und im Osten der USA hielten die reblausresistenten einheimischen Sorten stand. Die roten Punkte bezeichnen die heute gefährdeten Gebiete.

Viele meinen, daß die sorgfältige Klon-Auswahl (siehe unten) wichtiger und wirkungsvoller sei als alle Anstrengungen, den Viruskrankheiten einen Schritt vorauszubleiben. Sie halten die Virusbehandlung nicht für absolut sicher, ja sogar für ein sinnloses Bemühen. In Kalifornien hat man inzwischen erkennen müssen, daß manche der Klone aus dem »virusfreien Programm« nicht die allerbesten waren.

In so abgelegenen Ländern wie Australien und Neuseeland werden importierte Rebenreiser wie alle anderen Pflanzen einer vielleicht übermäßig strengen Quarantäne unterworfen. Dadurch werden die einheimischen Weinerzeuger bei dem Versuch, die Nachfrage nach »exotischen« Weinen wie Chardonnay und Sauvignon Blanc zu befriedigen, sehr behindert.

DIE RICHTIGE WAHL DER KLONE

Die Bedeutung der Klonauswahl ist inzwischen so gut wie allgemein anerkannt. Auf diesem Gebiet haben die Deutschen die größte Vorarbeit geleistet. Auch in Kalifornien ist der Gedanke endlich aufgegriffen worden, und bei Chardonnay und Trebbiano hat es bereits Fortschritte gegeben, die jetzt auch auf Cabernet Sauvignon ausgedehnt werden sollen. Selbst in Bordeaux gibt es Befürworter der Methode, nur sorgfältig ausgesuchte Pflanzen weiterzuvermehren, wobei es offenbar mehr auf allgemeine Beobachtung als auf komplizierte Messungen ankommt. 1981 waren fast 3000 registrierte Rebenklone im Handel, vor allem aus Frankreich, Italien, Deutschland, Südafrika, der Tschechoslowakei, der Schweiz und aus Österreich.

Nun muß die Klonauswahl freilich auch richtig getroffen werden. Bordeaux und Burgund haben leider Beispiele für falsche Entscheidungen vorzuweisen. Wie auf Seite 81 näher besprochen, entschieden sich viele Winzer in Burgund für einen Klon, der höhere Erträge versprach, und ließen die damit verbundene mindere Qualität außer acht. In Bordeaux wurde nach dem am Stock verfaulten Jahrgang 1968 zwischen 1970 und 1975 die Anpflanzung eines Klons von Cabernet Sauvignon amtlich verordnet, der zwar fäuleresistent ist, dafür aber kaum je zur Reife gelangt.

In Deutschland wurde wohl am eindrucksvollsten der Erfolg guter Klonauswahl vorgeführt. Mitte der fünfziger Jahre lag hier der durchschnittliche Hektarertrag noch bei 45 hl, während er Mitte der siebziger Jahre schon 97 hl erreichte. Das liegt zum Teil daran, daß inzwischen auch ertragreichere Rebsorten angepflanzt wurden, aber auch daran, daß bestimmte Klone der alten Favoriten Riesling und Müller-Thurgau nach quantitativen und – wie es heißt – qualitativen Gesichtspunkten ausgewählt wurden. Wird das Mostgewicht als Grundlage der Qualitätsbestimmung herangezogen, ist dagegen auch nichts einzuwenden. Die Franzosen wiederum bestehen auf ihrer Ansicht, daß dies unmöglich und vor allem auch den Grundsätzen ihrer Appellations Contrôlées entgegengesetzt sei, in denen ja für die besseren Weine niedrigere Erträge vorgeschrieben sind.

Manche Vorteile der Klonauswahl liegen auf der Hand; trotzdem müssen auch hierbei Optionen offenbleiben. Zu wenige Klone würden nur zu einer begrenzten Aromapalette führen (diese Erfahrung wurde auch schon dort gemacht, wo man sich auf zu wenige Hefearten festgelegt hatte); obendrein besteht auch die erschreckende Gefahr, daß eine ganze Rebsorte durch nur eine einzige Krankheit vernichtet werden könnte.

GENTECHNIK

An der Davis-Universität in Kalifornien sind Grundlagen erarbeitet worden, die es anscheinend ermöglichen, gegen Krankheiten, Schädlinge und ungünstige Umweltbedingungen resistentere Pflanzen schneller als durch mühsame Vermehrung in Rebschulen heranzuzüchten. Künstlich kultivierte Zellen werden dabei mit Erregern bombardiert, gegen die es Resistenz zu erzielen gilt. Die überlebenden Zellen werden dann als »selektive Mutation« zu Pflanzen regeneriert. In anderen Gen-Küchen werden noch raffiniertere Methoden erprobt, doch erweist sich die Rebe als weniger fügsam als andere Pflanzen.

NEUE REBSORTEN AUS ALTEN

Die Genmanipulation läßt sich sicherlich zum Heranzüchten ganz neuer Rebsorten benutzen, doch sind auch mit konventionellen Methoden schon viele mehr oder weniger brauchbare Neuheiten entstanden. Dabei ist der Ausdruck »neu« natürlich relativ zu verstehen. Man darf wohl annehmen, daß die meisten Rebsorten, die wir die »klassischen« nennen, ebenfalls durch Züchtung, mindestens aber durch Selektion herangebildet worden sind, nur gibt es keine historischen Belege dafür. Dagegen steht fest, daß die Müller-Thurgau 1882 durch Kreuzung von Riesling mit Silvaner gezüchtet wurde. Die Muscat-Ottonel entstand 1852 an der Loire. Schon 1830 kreuzte Louis Bouschet die Teinturier du Cher mit Lokalsorten im Languedoc. Zweifellos wurden auch früher schon solche Versuche unternommen.

Auch auf diesem Gebiet ist in Deutschland mit Kreuzungen zwischen *Vitis-vinifera*-Sorten sowie Hybridkreuzungen zwischen *Vitis vinifera* und anderen *Vitis*-Arten viel geleistet worden, so viel sogar, daß inzwischen die Ideen für neue Namen ausgegangen sind. Führend ist hierbei Professor Helmut Becker, Geisenheim, der von sich behaupten darf, daß er schon eine Reihe von *Vinifera*-Kreuzungen und auch einige Hybriden (*vinifera* und *amurensis*) gezüchtet hat, die dem Riesling überlegen sind. Nur die amtliche Anerkennung steht ihnen im Weg, und auch der Verbraucher müßte sich erst an sie gewöhnen. Die Hybriden werden, weil die EG-Behörden nichts von ihnen wissen wollen, in England erprobt, denn für den Gesetzgeber ist der dortige Weinbau noch im experimentellen Stadium.

Es stimmt freilich, daß Hybriden, die von *V. labrusca* abstammen, meist eigentümlich, für manche sogar unangenehm schmecken. Es gibt aber auch viele Hybriden, deren einziger Fehler ein etwas neutraler Geschmack ist, die dafür aber wertvolle Eigenschaften wie Unempfindlichkeit gegen Kälte oder gegen die Reblaus (Seite 10) in ihrem Erbgut haben. Der Seyval Blanc ist hierfür ein gutes Beispiel.

VEREDELUNGSUNTERLAGEN

Wie alles auf der Welt, hat auch die Reblaus eine gute Seite: Sie hat den Rebschulen genützt. Ihr Geschäft blühte, weil ja reblausfeste Veredelungsunterlagen entwickelt werden mußten – wobei es übrigens nicht ohne Irrwege abging. Wie schon auf Seite 9 gesagt, sind die amerikanischen Rebsorten sehr unterschiedlich reblausresistent. Besonders hohe Widerstandsfähigkeit besitzt *Vitis berlandieri,* aber sie schlägt nur schwer Wurzeln; deshalb sind Hybriden von *V. berlandieri* und *riparia,* etwa SO_4 und 5BB, sowie *V. berlandieri* und *rupestris,* zum Beispiel 110 Richter und 99 Richter, sehr beliebt.

Bei der Wahl der Unterlagen sind aber auch noch andere Faktoren maßgeblich. Hierzu gehören Verträglichkeit mit dem *Vinifera*-Edelreis sowie die jeweiligen Einflüsse von Bodenfruchtbarkeit und Klima auf das Wachstum. Ist eine Rebe zu wuchskräftig, dann geht zuviel Kraft in die Laubbildung anstatt in die Frucht. Allzu starkwüchsige Unterlagen können schlechten Fruchtansatz und vor allem in kühlerem Klima eine gefährlich späte Reife mit sich bringen. In den kühlen, feuchten und sehr fruchtbaren vulkanischen Böden Neuseelands beispielsweise sind sehr schwachwüchsige Unterlagen vonnöten. Die Wuchskraft einer *Vinifera*-Sorte kann durch die Wahl einer stark- oder schwachwüchsigen Unterlage den Verhältnissen angepaßt werden.

Auch die Ausbreitung von Viruskrankheiten läßt sich durch die Wahl der Unterlage beeinflussen. Professor Denis Boubals in Bordeaux hat die in Frankreich üblichen Unterlagen nach ihrer Resistenz gegen Nematoden, die Virusüberträger im Boden, eingeordnet. SO4, 5BB und 99R sind äußerst resistent, während die beliebten Unterlagen 3309C und besonders 41B sehr anfällig für Nematoden sind.

In trockenem Klima werden entsprechend unempfindliche Unterlagen benötigt, beispielsweise 110R und 140 Ru in Sizilien.

Auch die Beachtung der Bodenzusammensetzung, vor allem der Salzgehalt, ist wichtig für die Wahl der Unterlagen. In feuchten Böden mit hohem aktiven Kalkgehalt leiden manche Sorten unter Chlorose, einem Mangel an Mineralien (insbesondere Eisen). Hier ist eine hochresistente Unterlage, zum Beispiel 41B, angebracht.

Die verbreitetsten Unterlagen sind in Frankreich 110R, SO4 und 41B, in Kalifornien Rupestris St-George (du Lot) – eine starkwüchsige Unterlage, auf die meist Aramon gepfropft wurde – sowie Aramon Rupestris Ganzin I (AXR I) und in Australien und Neuseeland 1202 Couderc.

BÖDEN UND REBSORTEN

Die Beziehungen zwischen Bodenzusammensetzung und Rebsorten sind recht umstritten. Stark kalkhaltige Böden gelten allgemein als vorteilhaft für den Chardonnay, und kaum jemand, der je ein Gewächs aus dem Médoc probiert hat, wird bestreiten wollen, daß Kiesboden und Cabernet Sauvignon eine glückliche Ehe miteinander führen. Dennoch gibt es keinen wissenschaftlichen Beweis dafür, daß eine bestimmte Verbindung zwischen Qualität und Bodenzusammensetzung für die einzelnen Rebsorten besteht. Allzu viele köstliche Ausnahmen werfen hier alle festgefahrenen Regeln über den Haufen.

Bestimmt haben die geologischen Verhältnisse und die damit einhergehende Bodenzusammensetzung Einfluß auf den Charakter eines Weins, wichtiger aber scheint die Verbindung aus Mikroklima und Bodenstruktur zu sein, die sich in einer Weinlage vorfindet. Offenbar ist es auch nicht ein bestimmtes Mischungsverhältnis der mineralischen Elemente im Boden, das den Ausschlag gibt, sondern vielmehr ihr Zusammenwirken mit dem unentbehrlichen Element Wasser.

DIE REBE UND IHRE LEISTUNGSFÄHIGKEIT

Wasser ist für die reife Traube ebenso wichtig wie für den Menschen: Beide bestehen zu 75 bis 80% aus Wasser. Neben Sonne und Nährstoffen im Boden ist Wasser nötig, um reife Trauben, Laub und Triebe hervorzubringen. Um jedes Jahr erneut das Wunder geschehen zu lassen, daß aus einem dürren Rebenstumpf schließlich das herrlichste Getränk der Welt entsteht, muß das optimale Gleichgewicht zwischen diesen drei Elementen für jede einzelne Rebsorte in jeder einzelnen Lage angestrebt werden.

Wie schon bei den Unterlagen erwähnt, ist das Verhältnis von Laubwerk zu Frucht äußerst wichtig. Wird durch großzügigen Rebschnitt ein zu starker Fruchtansatz gefördert, dann reicht das Laubwerk vielleicht nicht aus, um die Trauben zur Reife zu bringen. Setzt zu wenig Frucht an, dann geht die Wachstumskraft der Rebe in das Laubwerk, und das Ergebnis ist dasselbe. Das rechte Gleichgewicht für die »leistungsfähige Weinfabrik«, wie jeder Winzer sie gern hätte, liegt also in der Mitte zwischen diesen Extremen.

Daraus ergibt sich, daß die ideale Struktur eines Weinstocks je nach Bodenfruchtbarkeit, Feuchtigkeit und Sonneneinwirkung sehr unterschiedlich sein kann. Auf sehr fruchtbaren Böden wuchert die Rebe ungeheuer, wenn sie sich selbst überlassen bleibt, und bringt nur wenige Trauben in minderer Qualität hervor. Das Gleichgewicht zwischen den drei Elementen herzustellen ist auf mageren Böden sehr viel leichter. Das empfinden die Europäer, die das fruchtbarere Land für andere Feldfrüchte dringend brauchen, als großes Glück.

NEUE METHODEN IM WEINBERG

Das Gleichgewicht läßt sich beeinflussen. Düngemittel sind zwar teuer, doch reichlich verfügbar, und trockene Böden können bewässert werden – tropfenweise oder durch Beregnung, je nachdem. Selbst die Sonneneinwirkung ist bis zu einem gewissen Grad durch Sommerschnitt oder besondere Erziehung der Triebe als Schattenspender beeinflußbar. Heutzutage kann das Pflanzenwachstum mit chemischen Mitteln reguliert werden. Der Fruchtertrag wird weitgehend durch den Rebschnitt im Winter und die Blüte bestimmt, doch besonders gewissenhafte Winzer schneiden im Sommer ganze Trauben heraus, wenn sie der Meinung sind, die Qualität könne unter der Ertragsmenge leiden. Einige Rebsorten bringen sogar am Ende einer sehr langen Wachstumsperiode noch eine zweite Ernte, zum Beispiel die Pinotage auf der Südinsel Neuseelands.

Es gibt noch zwei grundlegende und ineinandergreifende Möglichkeiten der Einflußnahme: die Pflanzdichte und die Erziehung. Sie sind wichtige Bausteine eines Weinbergs, die erst jetzt richtig erforscht und immer noch in ihrer Wirkung auf Qualität und Ertrag unterschätzt werden.

Die Pflanzdichte liegt in heißem, trockenem Klima oft weit unter 1000 Reben pro Hektar. Dort sind die Preise für Grund und Boden niedrig, wie etwa in Mittelspanien und Süditalien. Die geringe Bodenfeuchtigkeit setzt der Zahl an Pflanzen, die ein Weinberg ernähren kann, natürliche Grenzen. Der gut durchfeuchtete Boden Burgunds dagegen trägt an manchen Stellen über 10000 Reben pro Hektar – in Kalifornien wäre das unvorstellbar, dort sind 1125 Pflanzen pro Hektar die Norm.

Überall in der Welt wird im Weinbau mit verschiedenen Pflanzdichten experimentiert. Wo beispielsweise in Kalifornien Bewässerung möglich ist, wäre eine höhere Pflanzdichte wünschenswert, jedoch würden mehr als 3000 Pflanzen pro Hektar wiederum die maschinelle Ernte erschweren. Anderseits wäre es interessant zu sehen, was bei etwas geringerer Pflanzdichte auf kargeren Böden in Burgund an Wein zustande kommen würde.

Die geschickte Handhabung des Baus von Rankgerüsten kann nach Meinung von Befürwortern solcher Methoden den Ertrag erheblich steigern, ohne die Qualität merklich zu mindern. Der im Staat New York entwickelte Geneva Double Curtain und Alain Carbonneaus Lyra-System in Bordeaux sind die beiden bekanntesten Erziehungsformen für niedrige Pflanzdichte. Diese beiden dreidimensionalen Rankgerüste haben sich auf mäßig fruchtbaren Böden besser bewährt als das herkömmliche Guyot-System, bei dem das Laubwerk nur auf einer vertikalen Achse erzogen wird. Es kommt aber nicht nur auf die Menge an Laub und Frucht an, sondern auch auf den Schatten, den das Laub der Frucht spendet. Es ist bisher zwar schon bewiesen, daß diese Systeme für Wein mittlerer Qualität gut geeignet sind, doch behaupten die Fachleute, bei ihrer sorgfältigen Anwendung und Weiterentwicklung werde es sich herausstellen, daß Quantität und Qualität Hand in Hand gehen können.

DIE ERTRÄGE

Der Ertrag aus einem Hektar Reben kann zwischen null – nach Frost oder Hagel zur unrechten Zeit – bis beispielsweise 125 t Pedro Ximénez in den warmen, bewässerten Weinfeldern Australiens schwanken. Eine Tonne Frucht erbringt etwa 1300 Liter oder 1700 Flaschen. Die für die Erzeugung ausschlaggebenden Faktoren sind schon besprochen worden.

DER GESUNDE WEINBERG

Wenn die Trauben heranreifen, stürzen sich nicht nur Insekten, sondern auch Vögel und größere Tiere auf sie. Zu den Abwehrmitteln des modernen Winzers gegen Vogelfraß gehören die guten alten Vogelscheuchen – manchmal auch lebendige in menschlicher Gestalt, die dann regelmäßig durch die Weinberge streifen –, schrille Pfeiftöne, von Zeit zu Zeit von selbst feuernde Flinten, Netze aller Art und sogar, wie einmal in Neuseeland praktiziert, ein Spritzmittel, das den Vögeln garantiert Bauchweh verursachte – allerdings nachher auch den Weintrinkern. Unter den größeren Tieren, die sich gern über reife Trauben hermachen, finden sich in Frankreich die Wochenendausflügler beim Picknick, in Penedés und der Toskana die Wildschweine, in Teilen Australiens das Känguruh und in Tansania Hyänen und Leoparden. Man sieht ein, warum in Burgund die *clos* mit Vorteil ummauert sind.

Verbreiteter noch ist die Bedrohung durch Pilzkrankheiten, für die manche Sorten besonders anfällig sind. Bei allen geographischen Verschiedenheiten bestehen hier nur lose Zusammenhänge mit dem Klima. In Europa kommen am häufigsten der Falsche Mehltau (Peronospora), der Echte Mehltau (Oidium) und die Graufäule (Botrytis) vor. Botrytis ist unter den richtigen Umständen für die Erzeugung süßer Weißweine von höchstem Wert, für Rotwein jedoch verhängnisvoll, wenn über 20% der Trauben befallen sind. Im Osten der USA ist der falsche Mehltau so gut wie unbekannt, aber dafür ist dort die Schwarzfäule, die inzwischen – zwar noch selten – auch in Europa auftritt, eine große Gefahr. In den trockenen Gegenden Kaliforniens und Australiens sind Pilzkrankheiten nicht so häufig, da sie zumeist durch Feuchtigkeit gefördert werden, doch gibt es in Kalifornien mit dem Echten Mehltau Probleme. Der Wert der Botrytis für die Süßweinerzeugung wird in den neueren Weinregionen immer mehr erkannt und genutzt.

Die herkömmliche Behandlung mit Chemikalien, die der Regen immer wieder rasch abwäscht, wird immer mehr durch systemische Mittel verdrängt, die in der Pflanze selbst heilend oder vorbeugend wirken. Diese Mittel werden ständig verbessert, doch entwickeln die Pilze oft Resistenz gegen sie, so daß neue Präparate gebraucht werden. Trotzdem besteht Hoffnung, daß die systemischen Fungizide manchen Krankheiten schließlich ein Ende machen.

Die hohen Kosten solcher Mittel müssen bei der Entscheidung für eine bestimmte Traubensorte von vornherein berücksichtigt werden.

DIE REIFE

In diesem Buch wird zwischen früh-, mittel- und spätreifenden Traubensorten durch Einordnung in eine von vier Reife-»Epochen« unterschieden, wobei die Chasselas, die früheste *Vinifera*-Sorte, als Grundlage dient. Zu den frühreifenden Trauben gehören Müller-Thurgau und Chardonnay, Pinot Noir, Muscat à Petits Grains, Emerald Riesling; dagegen sind ausgesprochen spätreifende Sorten Nebbiolo, Cabernet Sauvignon und Carignan. So läßt sich in allgemeiner Weise darstellen, in welcher Reihenfolge die Traubensorten im Vergleich mit anderen zur Reife gelangen.

Der Punkt, an dem die Reifezeit beginnt – die Franzosen nennen ihn *véraison*, ist deutlich zu erkennen. An ihm tritt die endgültige Färbung der Beerenhaut in Erscheinung und ersetzt das Chlorophyllgrün der unreifen Frucht. Die Beeren beginnen weicher zu werden, in ihnen tritt eine Veränderung des Stoffwechsels ein, die zur Speicherung von Zucker führt. Der Reifezeitpunkt liegt zwischen diesem Punkt und dem Stadium der Überreife, in dem die Ansammlung von Zucker aufhört, dafür aber Säure abgebaut wird und die Beeren zu schrumpfen beginnen.

Der günstigste Reifezustand und demzufolge auch der Lesezeitpunkt läßt sich nicht leicht bestimmen. Die Entscheidung hierüber wird oft durch Messungen des Gehalts an Fructose, Saccharose, Apfelsäure, Weinsäure und des pH-Werts erleichtert, im Grunde aber bleibt sie subjektiv. Der richtige Reifezustand hängt mehr von den Vorstellungen des Winzers als von einem bestimmten Meßpunkt auf einer Refraktrometerskala ab. Die Vorstellungen des Winzers werden jedoch nicht nur durch die lokalen Klimaverhältnisse mitbestimmt, sondern vor allem davon, was er aus seinen Trauben machen will. Pinot-Noir-Trauben, die in der Champagne als reif gelten, würden an der Côte d'Or mit Verachtung gestraft.

Auch klimatische Voraussetzungen spielen eine Rolle. Natürlich reifen Trauben in warmem Klima rascher, und die kalifornischen Winzer tun deshalb gut daran, den Riesling viel früher zu lesen, als es an der Mosel üblich ist; und auch der Chenin Blanc wird in Stellenbosch früher geerntet als in Vouvray. Hinzu kommt, daß der in Deutschland überall als spätreifende Sorte angesehene Riesling in Kalifornien als frühreifend gilt, weil dort die Angst vor matten Weinen so groß ist, daß auch Sorten, die ihren Säuregehalt gut bewahren, übertrieben früh geerntet werden. Also gerät die Reihenfolge, in der die verschiedenen Sorten reifen, durcheinander, wenn sich die Klimavoraussetzungen ändern; die Lesezeitpunkte aber verschieben sich auch aufgrund der Vorstellungen darüber, wie der eine oder andere Wein schmecken soll.

Es wird als vorteilhaft bezeichnet, einen ganzen Weinberg mit nur einem einzigen Klon zu bepflanzen, damit alle Trauben gleichzeitig zur Reife kommen. In Australien dagegen wird bei der Anlage neuer Weinberge oft mit voller Absicht auf Hanglagen mit stark unterschiedlichem Mikroklima gepflanzt, um das Reifetempo verschiedenartig zu gestalten. Die Australier glauben, daß die so entstehenden Weine mehr Komplexität aufweisen – für sie ein magischer Begriff.

Man darf auch nicht vergessen, daß zu so vielen Sorten, Stilen und Überlegungen noch kommt, daß es auf den beiden Welthälften zwei »Herbste« gibt und eigentlich kein Monat im Jahr vergeht, in dem nicht irgendwo auf der Welt Trauben geerntet werden. Die Lese kann in der nördlichen Hemisphäre schon im Juli beginnen, mit dem Liatik in Griechenland zum Beispiel, und sie kann bis in das nächste Jahr hinein dauern, wie die auf manchen deutschen Etiketten zu findende Jahrgangsangabe 1970/71 bezeugt. In wärmeren Gegenden der südlichen Hemisphäre findet die Weinlese normalerweise im Januar statt, wobei in Neuseeland Spätlesen oft erst im Juni geerntet werden.

Das alles gilt natürlich bei einer Weinlese im Jahr; in den warmen, feuchten Weinbaugebieten Brasiliens, Tansanias und der Kanarischen Inseln sind aber auch zwei durchaus gang und gäbe, und eine Versuchsstation in Taiwan berichtet sogar stolz von vier Ernten im Jahr.

— ETIKETTEN UND VERMARKTUNG —

Eigentlich, so sollte man meinen, wäre mit der Lese die Geschichte der Traubensorten zu Ende erzählt; dem aber ist bei weitem nicht so.

Der Kellermeister hat es weitgehend in der Hand, jeder einzelnen Sorte bei der Umwandlung in Wein seinen Stempel aufzudrücken – doch dieses faszinierende Thema gehört nicht in den Rahmen dieses Buchs. Er trifft auch die Wahl, welche Sorten er miteinander mischen, also verschneiden will – obwohl ihm diese Entscheidung oft durch die Lieferungen abgenommen wird, die er bekommt.

Inzwischen haben sich die Wissenschaftler darangemacht, das Profil des Weins der einzelnen Traubensorten zu ermitteln. Als Versuchskaninchen für diese mit Flüssigkeits- und Gas-Chromatographie durchgeführten Forschungen wurde der Muskateller mit seinem intensiven und eindeutig erkennbaren Aroma ausgewählt. Die Australier, die auf diesem Gebiet arbeiten, meinen jetzt schon behaupten zu dürfen, daß der sehr unterschiedliche Charakter der verschiedenen Traubensorten ganz einfach aus unterschiedlichen Anteilen immer gleicher Substanzen zu erklären ist. Mit Hilfe dieser Analyse wollen sie schließlich so weit kommen, den Geschmack eines Weins durch Behandlung im Weinberg optimieren und vielleicht sogar den Geschmack unpopulärer Sorten dem einer beliebteren und besser verkäuflichen angleichen zu können.

Aber auch das ändert nichts an der grundlegenden Frage, wie ein Wein dem Verbraucher am besten dargeboten wird. Soll der Sortenname oder eine geographische Bezeichnung im Vordergrund stehen? Die Franzosen, nach ihnen die Italiener, nun auch die Griechen und die Spanier und schließlich die Portugiesen haben in ihrem System das eine unauflöslich mit dem anderen verknüpft. Steht Bourgogne Blanc auf dem Etikett, dann bedeutet das Chardonnay; ist Hermitage darauf verzeichnet, braucht Syrah nicht besonders erwähnt zu werden; und wer vermißt schon das Wort Nebbiolo, wenn der Wein Barolo heißt?

Aus objektiverer Entfernung betrachtet, fragt es sich freilich, ob solche in Europa hochgehaltene Systeme nicht vielleicht doch etwas zu restriktiv sein mögen. Gewiß ist dies ein »smarter Marketing-Dreh«, wie es ein Weinbau-Guru aus der Neuen Welt einmal ausdrückte. Wird damit aber nicht dem Verbraucher einiges an hochinteressanten Kombinationsmöglichkeiten von Traubensorten und Regionen vorenthalten – zum Beispiel Riesling von der Loire?

In den nicht so traditionsreichen Weinbauregionen ist man inzwischen gewissermaßen wieder zum Ursprung, das heißt zur Rebsorte zurückgekehrt. Das ist in Kalifornien so weit gegangen, daß es schließlich als profitabler galt, den Namen selbst minderwertiger Sorten auf dem Etikett prangen zu lassen, als einen Wein mit so unwürdigen Bezeichnungen wie »California Burgundy« oder dergleichen zu versehen.

Der Verfasserin wäre es am liebsten, wenn das Etikett die Rebsorten und die geographische Herkunft nennte, aber nur an untergeordneter Stelle, während der Name des Erzeugers – dessen guter Ruf oft das wichtigste Kriterium darstellt – den größten Raum einnehmen sollte.

Wie sehr es auf den Namen ankommt, soll am klassischen Beispiel des Sauvignon Blanc gezeigt werden: Diese Sorte wollte Anfang der siebziger Jahre in Kalifornien niemand haben. Robert Mondavi bildete einen besonderen Stil heraus und änderte den Namen in Fumé Blanc. Seither verkauft sie sich glänzend. Inzwischen hat der Gewürztraminer den bescheideneren Namen Traminer auf den Etiketten in aller Welt so gut wie ganz verdrängt, und manche Winzer beharren bei Chardonnay und Meunier auf dem Zusatz Pinot als Verkaufshilfe.

Heute hat der Weinbauer mehr Möglichkeiten als früher, sich auf Markttrends einzustellen. Man braucht hier nur an das in Amerika und Australien üblich gewordene Umpfropfen ganzer Weinberge von einer Sorte auf eine andere, marktgängigere zu denken.

DIE TRAUBE IN DER KRISTALLKUGEL

Überall in diesem Buch finden sich Bemerkungen zum heutigen Stand der Dinge, zum Beispiel die verständliche, aber dennoch allzu sehr um sich greifende Chardonnay-Manie; die rätselhafte Vorliebe für den Sauvignon Blanc; die verwunderlich vielen Fehlbenennungen; die offenbare Sorglosigkeit oder Verdrängung der Tatsache, daß viele unserer besten Traubensorten plötzlich ganz verschwinden könnten. Was aber kann über die Zukunft gesagt werden?

Es ist natürlich viel leichter, vom Schreibtisch aus besserwisserische Vorschläge über geeignetere Traubensorten zu machen, als das Geschick einer ganzen Familie mit der Anpflanzung neuer Varietäten oder dem Ausroden alter zugunsten besserer Klone aufs Spiel zu setzen.

Dennoch lassen sich einige Voraussagen wagen:

- Wahrscheinlich wird die nächste französische Weinbau-Erhebung 1989 – vielleicht aber auch erst die übernächste – zeigen, daß Frankreich eine oder mehrere geeignete Rebsorten für die Produktion preiswerter Weißweine, vor allem im Midi, gefunden hat.
- Ziemlich sicher scheint, daß die Hybridreben und Aramon aus den französischen Weinbergen verschwinden, während es anderseits wohl an der Zeit wäre, daß die EG-Behörden den Wert von Hybriden für den Qualitätsweinbau in Deutschland erkennen und in gewissem Umfang zulassen. Hier wird bei den Rebsorten einiges rationalisiert werden, der Dornfelder hat vielleicht seine Rolle ausgespielt, und neue Riesling-ähnliche *Vinifera-amurensis*-Sorten könnten aktuell werden. Gute Rebsorten aus der Sowjetunion werden gefragt sein.
- Das Bild der Rebsorten in Portugal wird sich wahrscheinlich bis zur Unkenntlichkeit verändern, doch werden vielleicht intelligente Weinbauern in warmen Ländern, zum Beispiel in Australien, Reben aus der Heimat des Portweins importieren, zusammen mit für warmes Klima geeigneten traditionellen Rebsorten aus Italien und Griechenland.
- Bis 2001 haben dann wohl auch die Kalifornier genau festgelegt, welche Rebsorte auf welchem Quadratmeter Land gepflanzt werden darf – ganz nach der Art der französischen Appellations Contrôlées –, oder, der Himmel möge es verhüten, sie haben vielleicht eine zweite Prohibition auf dem Hals.

DANK

Dieses Buch verdankt sein Entstehen in hohem Maß dem Kenntnisreichtum vieler Mitarbeiter. So hat Stephen Krebs mit Hilfe von Linda Lindquist in Spanien, Portugal und Kalifornien große Arbeit geleistet; Cornelia Smith-Bauer hat sich in Deutschland um die Sache verdient gemacht; Sergio di Luca, Renato Trestini und Nicolas Belfrage MW erwiesen sich in Italien als unentbehrliche Helfer; Jorge Böhm und David Pamment trugen viel über Portugal und Madeira bei.

Viel freundlichen Beistand leisteten auch:
James Ainsworth; Professor Helmut Becker; William Bolter, Nick Clarke MW; Brian Croser; Jean Delmas; Sarah Fraser; Professor Pierre Galet; Rosemary George MW; Geoffrey Godbert; Bruce Guimaraens; Robert Hardy; John Hawes; Graham Hynes; François Henry; Johnny Hugel; Jane Hunt MW; Ian Jamieson MW; John Lipitch; Catharine Manac'h; John Radford; Ramos Pinto; Paul Pontallier; Jan Read; Domaines des Salins du Midi; Peter Sichel; Dr. Richard Smart; Bernard Teltscher; Rolf Temming; Paul Tholen MW; Margo Todorov; Miguel Torres; Dr. Traxler; Jeremy Watson; Frank Wood.

Auch das Redaktionsteam hat sich an Geduld und Fleiß selbst übertroffen. Roger Walter und Paul Drayson haben diesem Buch ungeahnte Schönheit verliehen. Anita Wagner hatte viel unter mir und den Tücken der Landkarten zu leiden. Chris Foulkes verlor nie seinen Optimismus und Dian Taylor nie die gute Laune. Naomi Good und Rachel Grenfell hielten mich stets aufrecht. Adrian Webster ist überhaupt die brillante Idee zu diesem Buch zu verdanken, und der inzwischen verstorbene James Mitchell setzte sie mit Klugheit und Bedacht in die Tat um. Nick Lander war wie immer die Langmut in Person.

Weintrauben in aller Welt

Historische Wanderungen der Rebe

Das Dickicht von Pfeilen, das nur einige bedeutende Wanderwege der Rebe nachzeichnet, veranschaulicht lebhaft, wie sehr sich der Mensch Mühe um das anregende und zugleich wohlschmeckende Getränk Wein gegeben hat.

Die in den verschiedenen Weltteilen heimischen Arten, wie *Vitis labrusca* im Osten Amerikas und *Vitis amurensis* im Fernen Osten, kommen dort seit Jahrhunderten wild vor. In der Karte wird versucht, die Zähmung dieser Wildpflanze, einer der ersten, die der Mensch seinem Gebrauch unterwarf, aufzuzeigen. Die ältesten Daten geben an, seit wann die Kultivierung der *Vitis vinifera* in dieser Region belegt ist. Man sieht daraus, daß nach heutiger Auffassung die »europäische« Rebe aus Transkaukasien südlich vom Schwarzen Meer stammt. Von dort aus verbreitete sich die Kultivierung der Rebe zum östlichen Mittelmeer. In Ägypten kann man die wohl ältesten bildlichen Darstellungen des Weinbaus besichtigen. Dann dehnte er sich nach Westen aus, über die alte Kultur Griechenlands nach Italien, das die Griechen Oinotria, »Weinland«, nannten. Die Römer brachten den Weinbau nach Frankreich, so wie später Catharina di Medici den Begriff der *haute cuisine* – kein Wunder also, daß es die heutigen Italiener bekümmert, in gastronomischen Dingen erst an zweiter Stelle zu rangieren.

Als erste *Vinifera*-Sorte wurde 1375 ein Pinot in Burgund bestimmt und benannt. In den darauffolgenden fünf Jahrhunderten schälten sich allmählich immer mehr mit Namen benannte Rebsorten als botanische Individuen heraus. Erst Ende des 18. Jahrhunderts erlangte der Cabernet seine Identität. Die »Claret«-Rebe, die Captain Phillips 1788 am Kap der Guten Hoffnung fand und nach Australien verpflanzte, ist also wohl kaum Cabernet Sauvignon gewesen.

Rebsorten, die heute noch in den neueren Weinregionen anzutreffen, in Europa aber inzwischen verlorengegangen sind, geben wertvolle Hinweise für die noch wenig erforschte Geschichte der Weintrauben. Die Siedler am Kap brachten deutsche Reben zunächst über Holland mit und führten so die deutsche Weintradition ein, die heute noch besteht, obwohl sie – aus einem kühlen Klima stammend – dort nicht recht angebracht erscheint. Die Hugenotten nahmen dann 1688 französische Reben mit in die Fremde. So liegt die Vermutung nahe, daß die am Kap vereinzelt anzutreffende »Pontac« ein Vorläufer des Cabernet Sauvignon gewesen sein muß.

In Neuseeland, einer relativ jungen Weinbauregion also, gedeihen bei einer alten französischen Mission in Akaroa auf der Südinsel noch einige obskure hundertjährige Reben. Sie mögen Hinweise nicht nur dafür liefern, welche Sorten sich für die Verhältnisse auf der Südinsel am besten eignen, sondern auch auf die Rebsorten, die dort von den französischen Siedlern und demzufolge auch im 19. Jahrhundert in Frankreich angepflanzt wurden.

Die Rebe ist von Kurieren jeglicher Art um die ganze Welt herum befördert worden: In den ganz alten Zeiten von Nomaden; im Mittelalter von den Kreuzrittern – so ist vielleicht die Furmint nach Ungarn gekommen; im 16. Jahrhundert von Kauffahrteischiffen – auf diese Weise verbreitete sich beispielsweise die Malvasia im Mittelmeerraum; von den Conquistadores und anschließend den Missionaren, die vermutlich Samenkerne mitgebrachter Rosinen pflanzten und so die Weinrebe in Südamerika einführten; und von den ersten Siedlern sonstwo in der südlichen Hemisphäre, die den vernünftigen Einfall hatten, Rebenreiser in ihrem Auswanderergepäck mitzunehmen. In neuerer Zeit sind wirtschaftliche Erwägungen eine stärkere Motivation als nur der Wunsch nach einer vergnüglichen Erfrischung. Die Franzosen siedelten die *Vinifera*-Rebe in Algerien an. Die amerikanischen Arten verbreiteten sich über die Welt, als der verzweifelte Kampf gegen die Reblaus geführt werden mußte. Heute blüht der Welthandel in Rebsorten der Spitzenqualität wie nie zuvor.

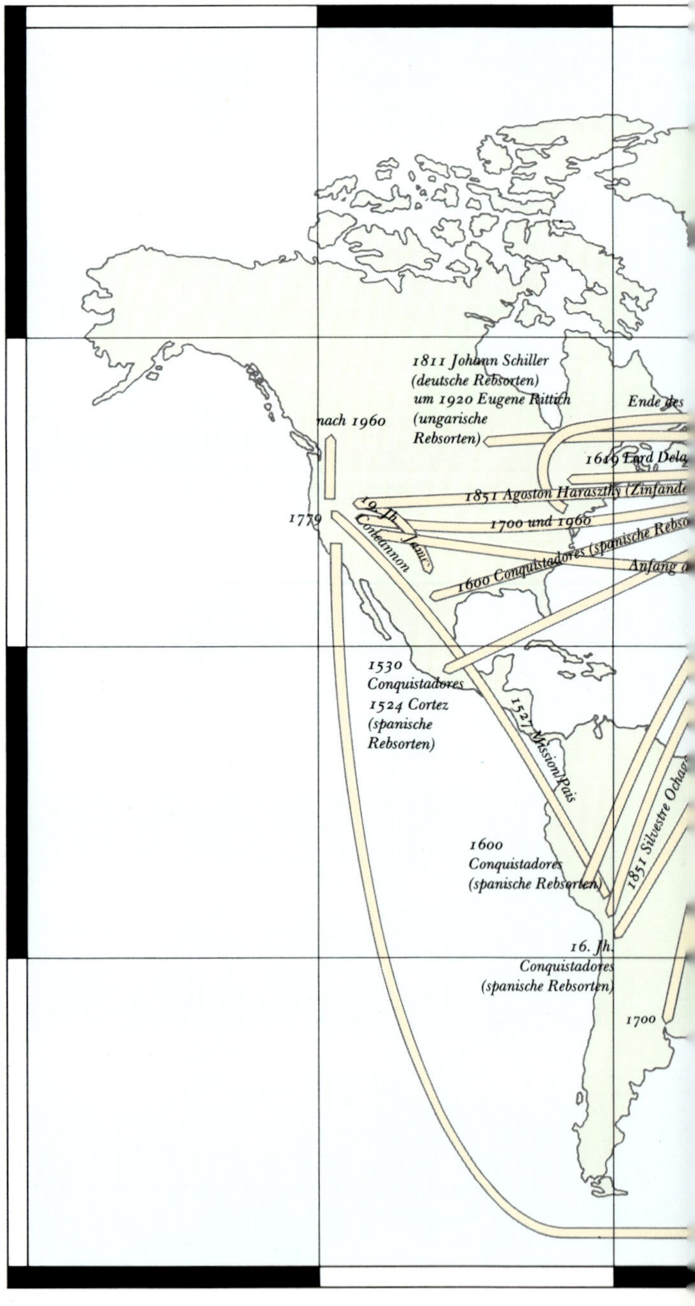

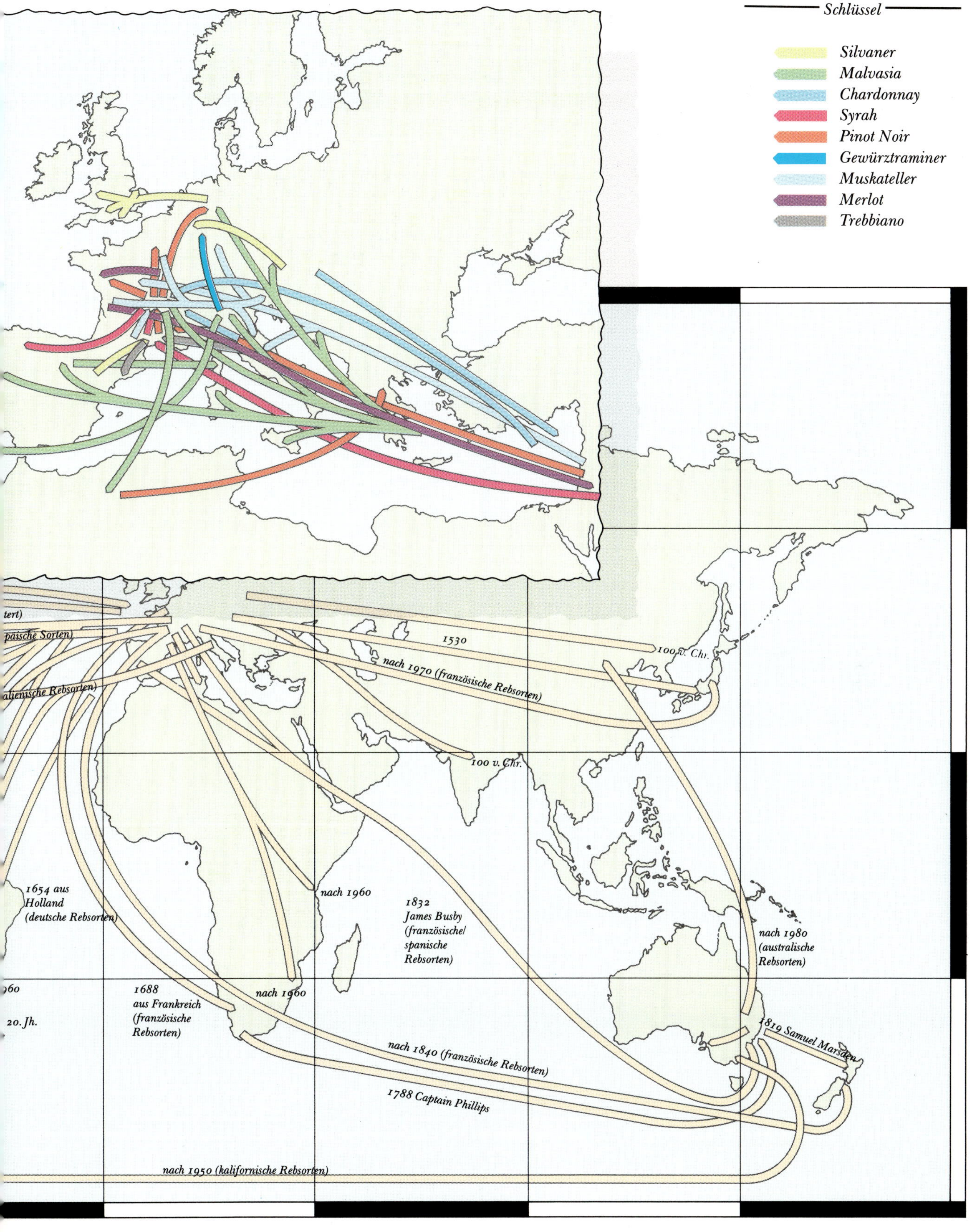
Schlüssel
Silvaner
Malvasia
Chardonnay
Syrah
Pinot Noir
Gewürztraminer
Muskateller
Merlot
Trebbiano
tert)
päische Sorten)
alienische Rebsorten)
1530
100 v. Chr.
nach 1970 (französische Rebsorten)
100 v. Chr.
1654 aus Holland (deutsche Rebsorten)
nach 1960
1832 James Busby (französische/ spanische Rebsorten)
nach 1980 (australische Rebsorten)
960
20. Jh.
1688 aus Frankreich (französische Rebsorten)
nach 1960
1819 Samuel Marsden
nach 1840 (französische Rebsorten)
1788 Captain Phillips
nach 1950 (kalifornische Rebsorten)

Die Verbreitung über die Welt

Aufschlußreicher als das pedantische Aufspüren der Wege der klassischen Traubensorten um den Erdball ist es vielleicht, einmal zu untersuchen, welche Weinregionen ohne solche Importe auskommen.

Jedes Land mit einigem Interesse am Weinbau verfügt wenigstens über ein paar Versuchsanpflanzungen von Cabernet Sauvignon und Chardonnay. Cabernet wird zum Beispiel – wenn auch in so geringem Umfang, daß es auf einer Karte gar nicht nachgezeichnet werden kann – in der Wüste Perus kultiviert; Chardonnay gedeiht am Äquator in Tansania. Nur die drei nördlichsten Weinbauländer in der EG – Deutschland, Luxemburg und England – machen mit Cabernet überhaupt erst keinen Versuch.

In anderen Weinbauländern gibt es dagegen schon mehr als nur experimentelle Anpflanzungen solcher Rebsorten. Im Nordosten Italiens und in Slowenien beispielsweise werden inzwischen viele deutsche und französische Rebsorten angebaut, aber auch im übrigen Italien wächst die Zahl der Weinerzeuger, die mit Chardonnay und den beiden Cabernets Versuche machen. Die überschäumende *Spumante*-Industrie ist sowieso auf alle Pinot-Sorten geradezu versessen. Dennoch bleibt die große Mehrheit der italienischen Weinbauern ihren Rebsorten treu.

Dieser Isolationismus ist in Spanien und Portugal sogar noch ausgeprägter. Spaniens Antwort auf Friaul heißt Penedés. In den hochgelegenen Weinbergen Kataloniens beweisen hier Erzeuger wie Jean León und Miguel Torres, daß so verschiedenartige Rebsorten wie Cabernet Sauvignon und Gewürztraminer Großartiges hervorbringen, wenn sie sorgfältig an das Mikroklima angepaßt werden, und an anderer Stelle baut Vega Sicilia schon seit langem auf wenigstens einige der unvergleichlichen Qualitäten des Cabernet, doch in weit über 95% der spanischen Weinbaugebiete wird solch »moderner Firlefanz« überhaupt nicht zur Kenntnis genommen, und man bleibt lieber bei den einheimischen Rebsorten.

Die Weinbaugebiete Portugals sind, obwohl in der Fläche viel kleiner, doch noch unübersichtlicher in ihrem Rebenbestand. Bis auf geringe Ausnahmen sind sie mit einem Labyrinth eng untereinander verwandter portugiesischer Sorten besetzt, die erst neuerdings durch andere, meist nach Gesichtspunkten kommerzieller Zweckmäßigkeit ausgewählte, ersetzt werden.

In der übrigen Weinbau treibenden Welt herrscht zum größten Teil eine deutliche Verehrung für etwa eine Handvoll klassischer Traubensorten vor, wie es auf dieser Karte zu sehen ist. Alle neu auf den Plan tretenden potentiellen Großmächte des Weinbaus, zum Beispiel die UdSSR, China, Australien und Nordamerika, konzentrieren sich in beträchtlichem Maß auf Bemühungen dieser Art.

Ein Blick auf Ost- und Mitteleuropa ist in dieser Hinsicht recht aufschlußreich. Während die Nordjugoslawen, die Rumänen und vor allem die Bulgaren viel Cabernet, Riesling, Chardonnay und dergleichen angebaut haben, halten sich Österreich und Ungarn beharrlich abseits von diesem Trend. Beide Länder können stolz auf eine Reihe ganz eigener Rebsorten verweisen, die freilich – wie man aufgrund der Geschichte des ehemaligen österreichisch-ungarischen Kaiserreichs nicht anders erwartet – zum Teil auch beiden gemeinsam sind. Grüner Veltliner, Zierfandler, Furmint, Hárslevelü und Juhfark sind Beispiele für charaktervolle Rebsorten, die in der Mitte Europas ihren Platz behaupten. Der Weinliebhaber freut sich, solche Triumphe des Individualismus über internationale Moden zu sehen.

Freilich macht man es sich zu leicht, wenn man sich über die Versessenheit der Welt auf nur ein paar Traubensorten mokiert. Die Weinerzeuger in vielen neuen Weinregionen der Welt sind schließlich erst dabei, ihren eigenen Stil mit den klassischen Reben zu entwickeln, doch mag die Kombination aus traditionellem Gut und neuen Bedingungen sehr bald Aufregendes und Individuelles hervorbringen.

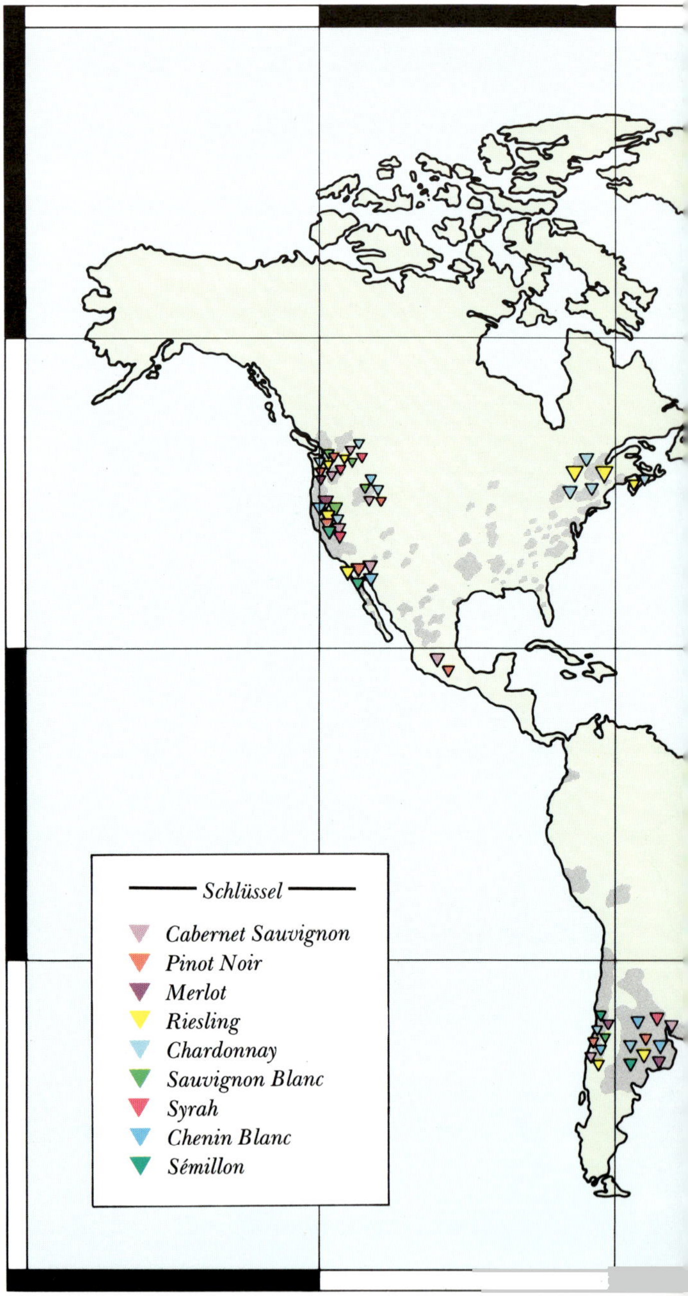

Auf diesen Karten ist die Verbreitung der als klassisch bezeichneten Rebsorten dargestellt. Die Größe des Dreiecks gibt einen Hinweis auf den Umfang des Anbaus, der nur dann angegeben wird, wenn er sehr groß oder alteingesessen ist. Chardonnay und Riesling sind in den kühleren Regionen am verbreitetsten, während zum Äquator hin der Cabernet Sauvignon vorherrscht.

Frankreich

Das französische Landwirtschaftsministerium nimmt alle zehn Jahre eine Zählung der Rebsorten vor. So ist erst 1989 eine Aktualisierung des jetzigen, auf 1979 zurückgehenden Stands zu erwarten, doch ist auch dieses etwas veraltete Bild recht interessant.

In den 11 Jahren vor 1979 schrumpfte die gesamte Rebfläche Frankreichs um etwa 22% auf knapp über 1 Million ha, von denen 681000 ha mit Rotweinreben besetzt waren. Die beiden meistgepflanzten Traubensorten waren Carignan und Ugni Blanc (Trebbiano). Der Carignan-Bestand ist in den siebziger Jahren im Midi leicht zurückgegangen, während staatlich geförderte Neuanpflanzungen an der Charente zu einer Erhöhung der mit Ugni Blanc besetzten Rebfläche um 30% geführt haben.

Der Kenner mag erstaunt und enttäuscht sein, wenn er die Liste der zehn meistangebauten Weiß- und Rotweinrebsorten Frankreichs durchliest: Carignan, Grenache Noir, Aramon, Cinsaut, Merlot, Gamay, Cabernet Sauvignon, Cabernet Franc, Alicante Bouschet und Pinor Noir; Ugni Blanc, Sémillon, Grenache Blanc, Chardonnay, Baco Blanc, Chenin Blanc, Melon (Muscadet), Terrets Gris und Blanc, Macabeo (Maccabeu) und Sauvignon Blanc. Von den wahrhaft aristokratischen Sorten, auf denen die Reputation des französischen Weins beruht, bringt es nur der Merlot auf über 25000 ha.

Dabei ist das schon eine deutliche Verbesserung gegenüber der Vergangenheit. In den siebziger Jahren gab es einen dramatischen Rückgang um 50% in der Anbaufläche der belanglosen Sorte Aramon im Midi, während zugleich der traditionell neben ihr als Farbträger gepflanzte Alicante Bouschet sonderbarerweise zunahm, vielleicht um die Rodung von 2000 ha (84%) der verschiedenen rotfleischigen Gamay Teinturiers auszugleichen.

Die grundsätzlich begrüßenswerteste Wandlung in Frankreichs Weinbergen aber betrifft die Hybridreben. 1968 bedeckten Sorten wie Villard, Couderc, Seibel, Plantet, Chambourcin und Baco noch über 200000 ha. Bis 1979 war ihr Anteil auf etwa 50000 ha gefallen. Zusammen mit den unerwünschten *Vinifera*-Sorten Aramon, Grand Noir de la Calmette und Terret nahmen sie 1979 noch immer 125000 ha der Gesamtrebfläche Frankreichs ein – und das waren eigentlich 125000 ha zuviel.

Wie in anderen traditionsreichen weinbautreibenden Ländern auch, gibt es beunruhigende Anzeichen dafür, daß einige gute, alte Rebsorten im Rückgang begriffen sind. Die Viognier-Rebe ist ein Beispiel hierfür, und Mondeuse, Fer, Carmenère, Petit Verdot, Tibouren und Ondenc laufen ebenfalls Gefahr, gegenüber den »internationalen« Rebsorten Cabernet, Merlot, Syrah, Pinot Noir und Chardonnay mit ihrer steigenden Beliebtheit im In- und Ausland ins Hintertreffen zu geraten.

Doch beugt sich Frankreich nicht überall der internationalen Mode. Es bleibt ein ausgesprochenes Rotweinland. Die Pinot-Noir-Anbaufläche liegt noch weit über der des Chardonnay, und als einzige Weißweintraube gehört die Ugni Blanc zu den sieben in Frankreich meistgepflanzten Sorten. Selbst die traditionellen Weißweinregionen des Südwestens und der Loire haben sich entgegen der sonstwo vorherrschenden Mode dunkleren Trauben und Weinen zugewandt.

Bedeutsam – und für manche Zunge vielleicht auch herauszuschmecken – ist, daß 1979 der Anteil älterer Reben bei den Rotwein-Spitzensorten Cabernet Sauvignon, Pinot Noir und Syrah sehr gering war; beispielsweise waren bei Cabernet Sauvignon – vermutlich infolge des strengen Winters 1956 – nur 7% aller Rebstöcke über 20 Jahre alt. Daraus mag sich erklären, weshalb nach Meinung mancher Autoritäten großer Wein nicht mehr ganz so groß ist wie früher.

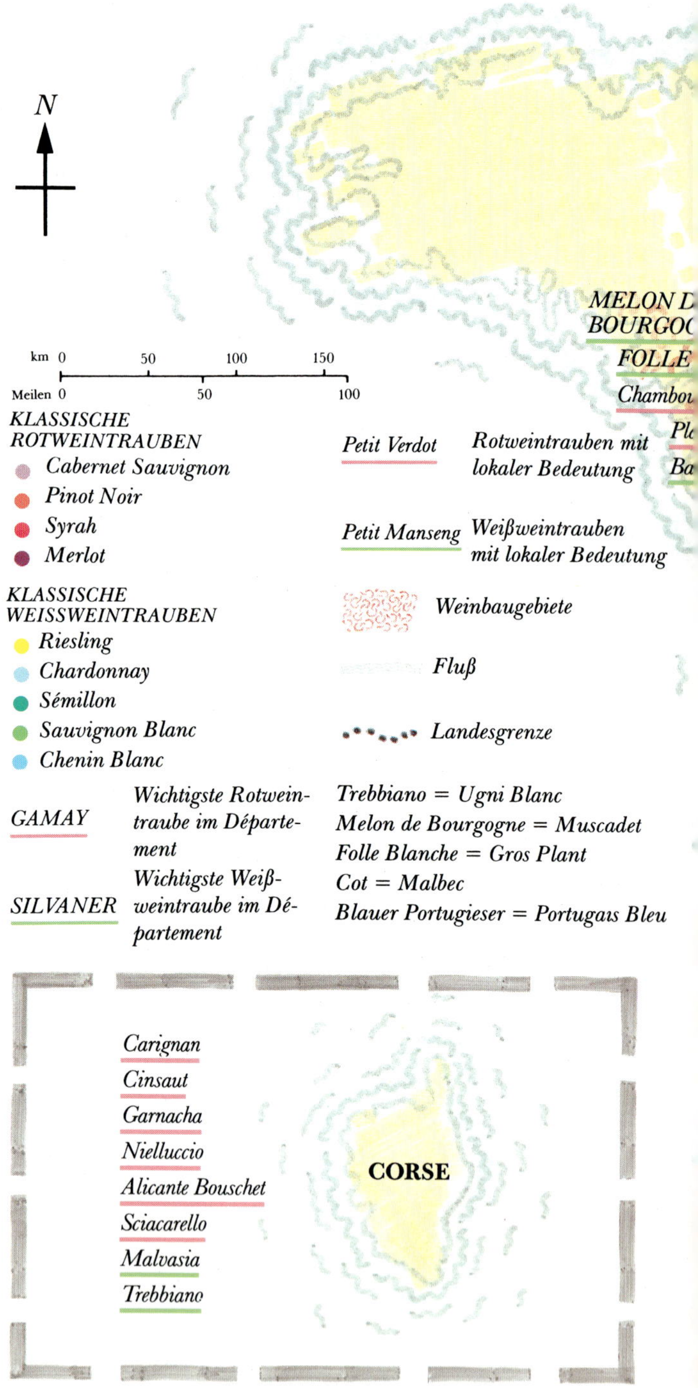

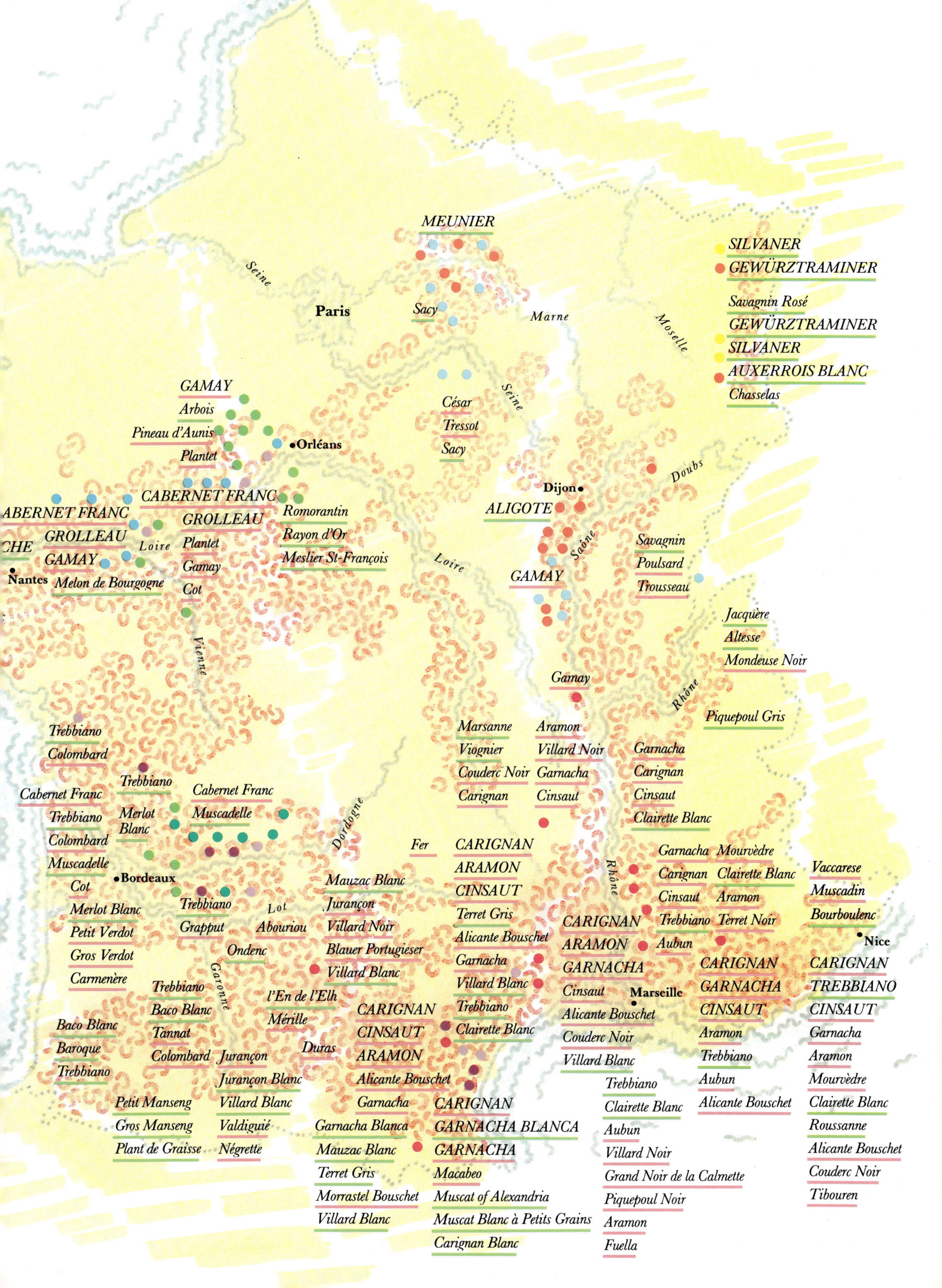
MEUNIER
Sacy
Seine
Paris
Marne
Moselle
SILVANER
GEWÜRZTRAMINER
Savagnin Rosé
GEWÜRZTRAMINER
SILVANER
AUXERROIS BLANC
Chasselas
César
Tressot
Sacy
Seine
GAMAY
Arbois
Pineau d'Aunis
Plantet
Orléans
CABERNET FRANC
ABERNET FRANC
GROLLEAU
CHE
GAMAY
Nantes
Melon de Bourgogne
Loire
GROLLEAU
Plantet
Gamay
Cot
Romorantin
Rayon d'Or
Meslier St-François
Loire
Vienne
Dijon
ALIGOTE
Saône
Doubs
GAMAY
Savagnin
Poulsard
Trousseau
Jacquère
Altesse
Mondeuse Noir
Gamay
Rhône
Piquepoul Gris
Marsanne
Viognier
Couderc Noir
Carignan
Aramon
Villard Noir
Garnacha
Cinsaut
Garnacha
Carignan
Cinsaut
Clairette Blanc
Trebbiano
Colombard
Trebbiano
Cabernet Franc
Trebbiano
Merlot Blanc
Colombard
Muscadelle
Cabernet Franc
Muscadelle
Dordogne
Bordeaux
Cot
Merlot Blanc
Petit Verdot
Gros Verdot
Carmenère
Trebbiano
Grapput
Lot
Abouriou
Ondenc
Fer
Mauzac Blanc
Jurançon
Villard Noir
Blauer Portugieser
Villard Blanc
CARIGNAN
ARAMON
CINSAUT
Terret Gris
Alicante Bouschet
Garnacha
Villard Blanc
Trebbiano
Clairette Blanc
Rhône
Garnacha
Carignan
Cinsaut
Trebbiano
Aubun
Mourvèdre
Clairette Blanc
Aramon
Terret Noir
Vaccarese
Muscadin
Bourboulenc
Nice
CARIGNAN
ARAMON
GARNACHA
Cinsaut
Marseille
Alicante Bouschet
Couderc Noir
Villard Blanc
CARIGNAN
GARNACHA
CINSAUT
Aramon
Trebbiano
Aubun
Alicante Bouschet
CARIGNAN
TREBBIANO
CINSAUT
Garnacha
Aramon
Mourvèdre
Clairette Blanc
Roussanne
Alicante Bouschet
Couderc Noir
Tibouren
Trebbiano
Baco Blanc
Garonne
Tannat
Colombard
Baco Blanc
Baroque
Trebbiano
l'En de l'Elh
Mérille
Duras
Jurançon
Jurançon Blanc
Villard Blanc
Valdiguié
Négrette
Petit Manseng
Gros Manseng
Plant de Graisse
CARIGNAN
CINSAUT
ARAMON
Alicante Bouschet
Garnacha
Garnacha Blanca
Mauzac Blanc
Terret Gris
Morrastel Bouschet
Villard Blanc
CARIGNAN
GARNACHA BLANCA
GARNACHA
Macabeo
Muscat of Alexandria
Muscat Blanc à Petits Grains
Carignan Blanc
Trebbiano
Clairette Blanc
Aubun
Villard Noir
Grand Noir de la Calmette
Piquepoul Noir
Aramon
Fuella

– BORDEAUX –

Bordeaux gilt als ein Muster an Ordnung und Unwandelbarkeit, aber ein genauerer Blick auf seine Weinberge fördert überraschende Tatsachen zutage.

Der Cabernet Sauvignon beispielsweise, der großartigste und am weitesten gereiste Botschafter von Bordeaux, kann an der Gironde nur auf eine relativ kurze Geschichte zurückblicken. Während in Burgund der Pinot Noir schon im 14. Jahrhundert gekeltert, getrunken und in den Chroniken verzeichnet wurde, brachte der Cabernet Sauvignon erst gegen Ende des 18. Jahrhunderts seine besonderen Qualitäten im bis dahin von Weißweintrauben beherrschten Médoc zur Geltung. Ungefähr zur gleichen Zeit begann der Merlot sich in St-Emilion durchzusetzen, und es dauerte noch Jahrzehnte, bis er auf die andere Seite der Gironde gelangte.

Noch heute nimmt die Anbaufläche des Cabernet Sauvignon im Département Gironde sehr viel weniger Raum ein, als der Weinfreund es sich vorstellt, nämlich nur 18% der Gesamtfläche, während auf den Merlot immerhin 32% entfallen. Nur im Médoc und im südlichen Teil von Entre-Deux-Mers spielt der Cabernet Sauvignon eine größere Rolle als der Merlot. Die Anteile betragen im Médoc 52% für Cabernet Sauvignon, 8% Cabernet Franc und 40% Merlot; in St-Emilion, Pomerol, Fronsac, Bourg und Blaye überwiegt der Merlot den Cabernet Sauvignon um mehr als das Fünffache. Der Cabernet Franc ist nur in St-Emilion und Fronsac mengenmäßig von größerer Bedeutung.

Gegenwärtig entfallen auf diese drei wichtigsten Sorten 90% aller im Département Gironde angebauten Rotweinreben, wobei das Mischungsverhältnis je nach dem Mikroklima überall sorgfältig abgestimmt wird. Es gibt jedoch Anzeichen für die wachsende Einsicht, daß die traditionellen, wenn auch diffizilen Sorten wie Petit Verdot und Carmenère Bemühungen um ihre Erhaltung dadurch lohnen dürften, daß sie eine wertvolle »Würze« einbringen.

Noch interessanter als die relative Bedeutung der Rotweintrauben ist vielleicht die derzeitige Rolle verschiedener Weißweinrebsorten, von denen sich manche nicht einmal durch besonderen Charakter auszeichnen. Die letzte Erhebung über den Weinbau an der Gironde ergab, daß der Ugni Blanc (Trebbiano) mit einer Anbaufläche von 6500 ha bei den Weißweinsorten an zweiter Stelle steht – unmittelbar nach dem Sémillon, der mit 16600 ha dem Cabernet Sauvignon in der Anbaufläche nur um weniges nachsteht. Fast zwei Drittel der Ugni Blanc-Rebfläche liegen in den Hauts de Gironde (Bourg und Blaye), angrenzend an den Cognac-Traubenanbau an der Charente, wo ja auch der Ugni Blanc vorherrscht. Weitere 2000 ha in Entre-Deux-Mers bringen ebenfalls dünnen, herben Ugni Blanc hervor.

Eine weitere, vorwiegend für die Cognac-Brennerei bestimmte Sorte Westfrankreichs, der Colombard, bedeckt an der Gironde eine Anbaufläche, die mehr als halb so groß ist wie die des Ugni Blanc, während runde 1700 ha Weinland in Bordeaux einer Sorte gewidmet sind, die dem Weinfreund nur wenig vertraut ist, dem Merlot Blanc.

1979 umfaßte die Sauvignon-Blanc-Anbaufläche nur ein Achtel der Sémillon-Rebfläche – eine überraschende statistische Zahl, wenn man an die vielen von Sauvignon beherrschten weißen Bordeaux-Weine denkt, die es heutzutage gibt.

Die Karte zeigt den Stand des Weinbaus in Bordeaux bei der Zählung von 1979. Inzwischen scheint in den letzten Jahren die Sémillon-Anbaufläche zugunsten der gefragteren dunklen Sorten verkleinert worden zu sein.

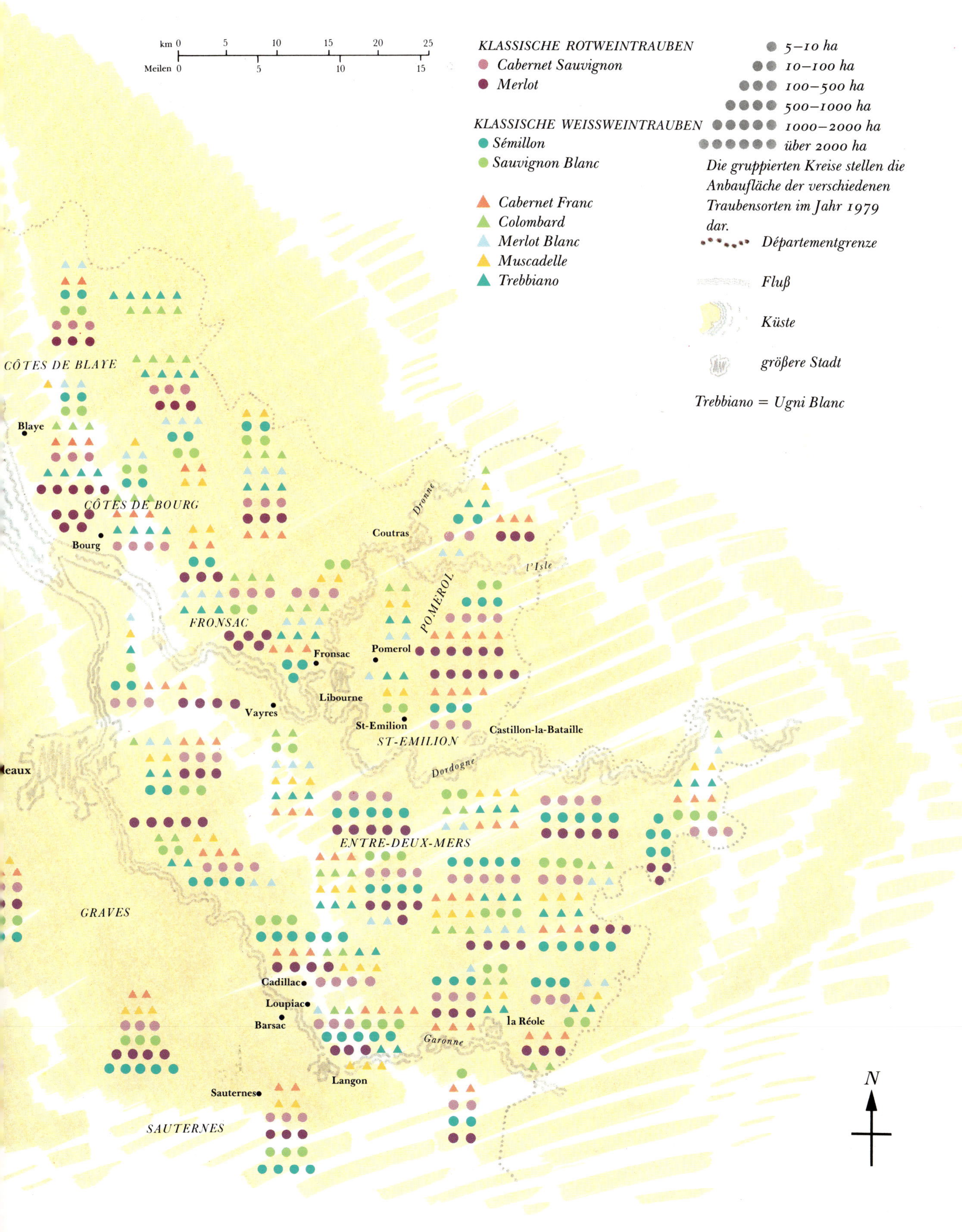
km 0 5 10 15 20 25
Meilen 0 5 10 15
KLASSISCHE ROTWEINTRAUBEN
Cabernet Sauvignon
Merlot
KLASSISCHE WEISSWEINTRAUBEN
Sémillon
Sauvignon Blanc
Cabernet Franc
Colombard
Merlot Blanc
Muscadelle
Trebbiano
5–10 ha
10–100 ha
100–500 ha
500–1000 ha
1000–2000 ha
über 2000 ha
Die gruppierten Kreise stellen die Anbaufläche der verschiedenen Traubensorten im Jahr 1979 dar.
Départementgrenze
Fluß
Küste
größere Stadt
Trebbiano = Ugni Blanc
CÔTES DE BLAYE
Blaye
CÔTES DE BOURG
Bourg
Dronne
Coutras
l'Isle
POMEROL
FRONSAC
Fronsac
Pomerol
Libourne
Vayres
St-Emilion
ST-EMILION
Castillon-la-Bataille
Dordogne
eaux
ENTRE-DEUX-MERS
GRAVES
Cadillac
Loupiac
Barsac
la Réole
Garonne
Langon
Sauternes
SAUTERNES
N

BURGUND

Die Burgunder sind die ältesten Erzeuger sortenreiner Weine, obwohl sie, wenn man ihnen das sagen würde, wohl kaum recht verstünden, wieso und weshalb. Schon seit Jahrhunderten – länger als irgendwo sonst – produzieren die Winzer Burgunds feine Weine aus einer Traubensorte allein, mit vorübergehenden Ausnahmen.

In Burgund ist Rotwein gleichbedeutend mit Pinot Noir und Weißwein mit Chardonnay. Chablis im Norden hält dem Chardonnay die Treue, während an der Côte d'Or – der am dichtesten mit erstklassigen Weinlagen besetzten Landschaft Frankreichs – sieben von zehn Rebstöcken Pinot Noir sind. Vielleicht ist das für die so sehr auf Chardonnay versessenen Weinerzeuger und -liebhaber neuerer Weinbauregionen eine Überraschung. Jedenfalls erklärt es die astronomischen Preise feiner weißer Burgunder.

Wer möchte die Burgunder für ihr Festhalten am Pinot Noir tadeln, wo sie doch gewissermaßen das Alleinrecht für seine Kultivierung besitzen? Der Chardonnay reist offenbar gern und paßt sich fast an jedes Weinbauklima an, doch gibt es außerhalb von Burgund nur eine Handvoll Pinot Noirs, die auch nur annähernd das aufzuweisen haben, was in dem schmalen Streifen Weinberge zwischen Dijon und Chagny an Qualität als normal gilt. So gebietet schon die Vernunft, sich hier ganz dem Pinot Noir zu widmen.

Allerdings war ein Teil des Pinot-Noir-Pflanzenmaterials nicht besonders gut, und es ließ sich unschwer voraussehen, daß sich das in der Flasche bemerkbar machen würde. Die Erfahrungen mit Überertràgen und entsprechend dünnen Weinen in den siebziger Jahren führten den Weinkennern und den burgundischen Winzern deutlich die Bedeutung der Klonauswahl vor Augen.

Es gab Anzeichen dafür, daß die Qualität nicht im Herzen jedes Winzers den ersten Platz einnahm, seitdem der *vignoble* nach der Französischen Revolution so ungeheuer zersplittert wurde. In der ersten Hälfte unseres Jahrhunderts erlagen selbst Winzer in den kostbareren Lagen der Côte d'Or der Versuchung, die von der Krankheitsresistenz und dem hohen Zuckergehalt von Sorten wie Oberlin, Plantet und Baco Noir ausging. Noch 1968 nahmen diese drei Sorten 10% der Anbaufläche an der Côte d'Or ein, inzwischen aber sind sie so gut wie ganz ausgemerzt. Sogar Gamay und Aligoté sind an der Côte d'Or zurückgegangen und verfügen heute nur noch über einen Anteil von 10%.

Aligoté, die zweitbedeutendste Weißweinrebe Burgunds, ist offenbar im Niedergang und wird überall von der lukrativeren Chardonnay verdrängt. Besonders deutlich ist das an der Côte Chalonnaise und im Mâconnais, wo der Chardonnay fast den Gamay überholt hat. Der Pinot Noir bedeckt etwa ein Viertel der Anbaufläche zwischen der Côte d'Or und dem Beaujolais. In den siebziger Jahren wurden die rund 1000 ha, die mit rotfleischigen Gamay Teinturiers besetzt waren, mit Pinot Noir neu bepflanzt.

Die Gamays Teinturiers waren im Kernland des Beaujolais nie sehr verbreitet. Dort hält man beharrlich am Gamay fest und bringt damit das erfolgreichste Beispiel einer glücklichen Verbindung zwischen einer Rebsorte und einer Region zustande. Wie kommt es, daß der echte Gamay nur selten – und dann stets mit wenig Glück – aus den Hügeln des Beaujolais hinausgelangt ist?

Besonders auffällig ist in Burgund die hohe Rebenpflanzdichte: Heute sind es bis zu 13000 Weinstöcke pro Hektar, früher waren es sogar noch mehr.

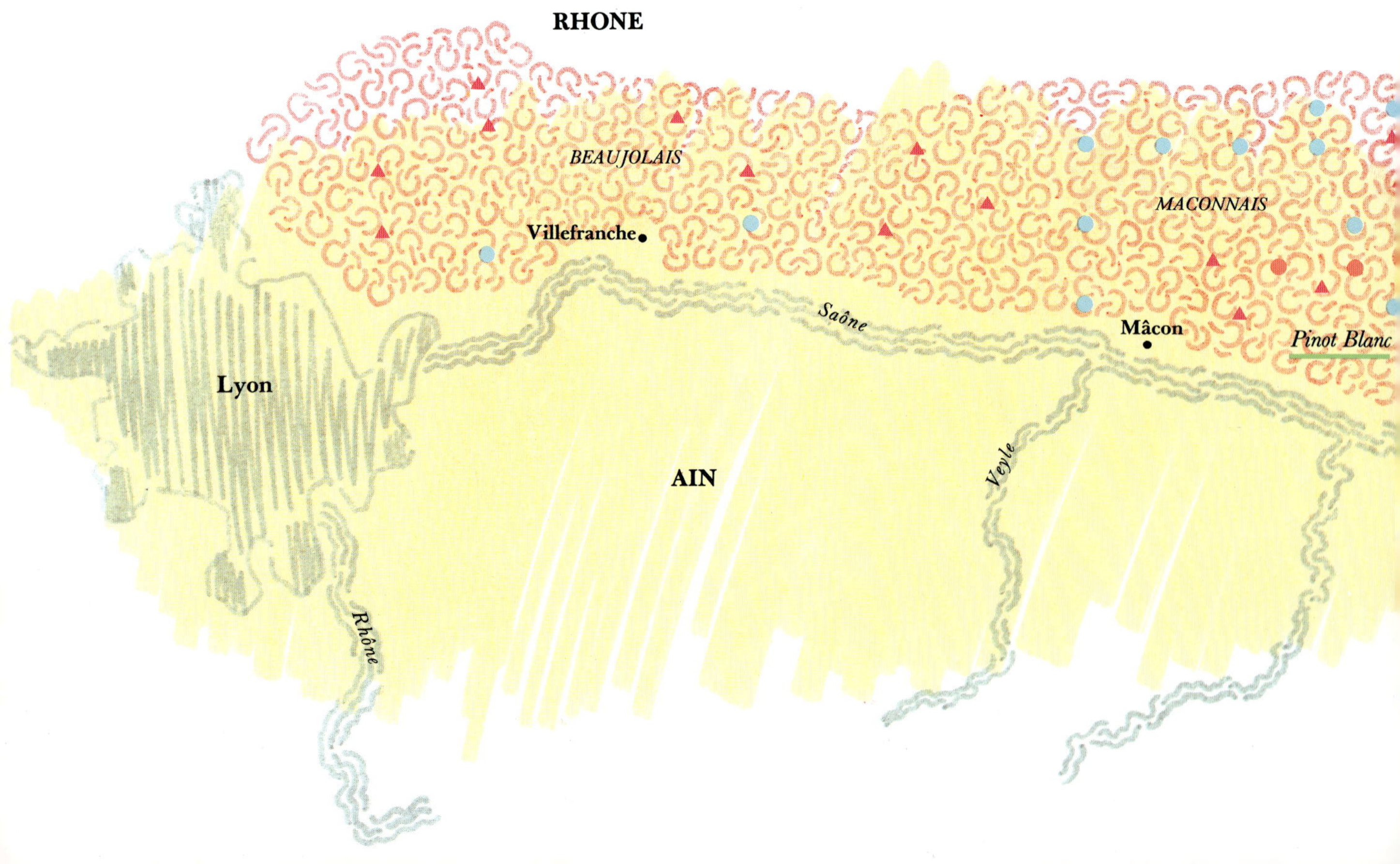

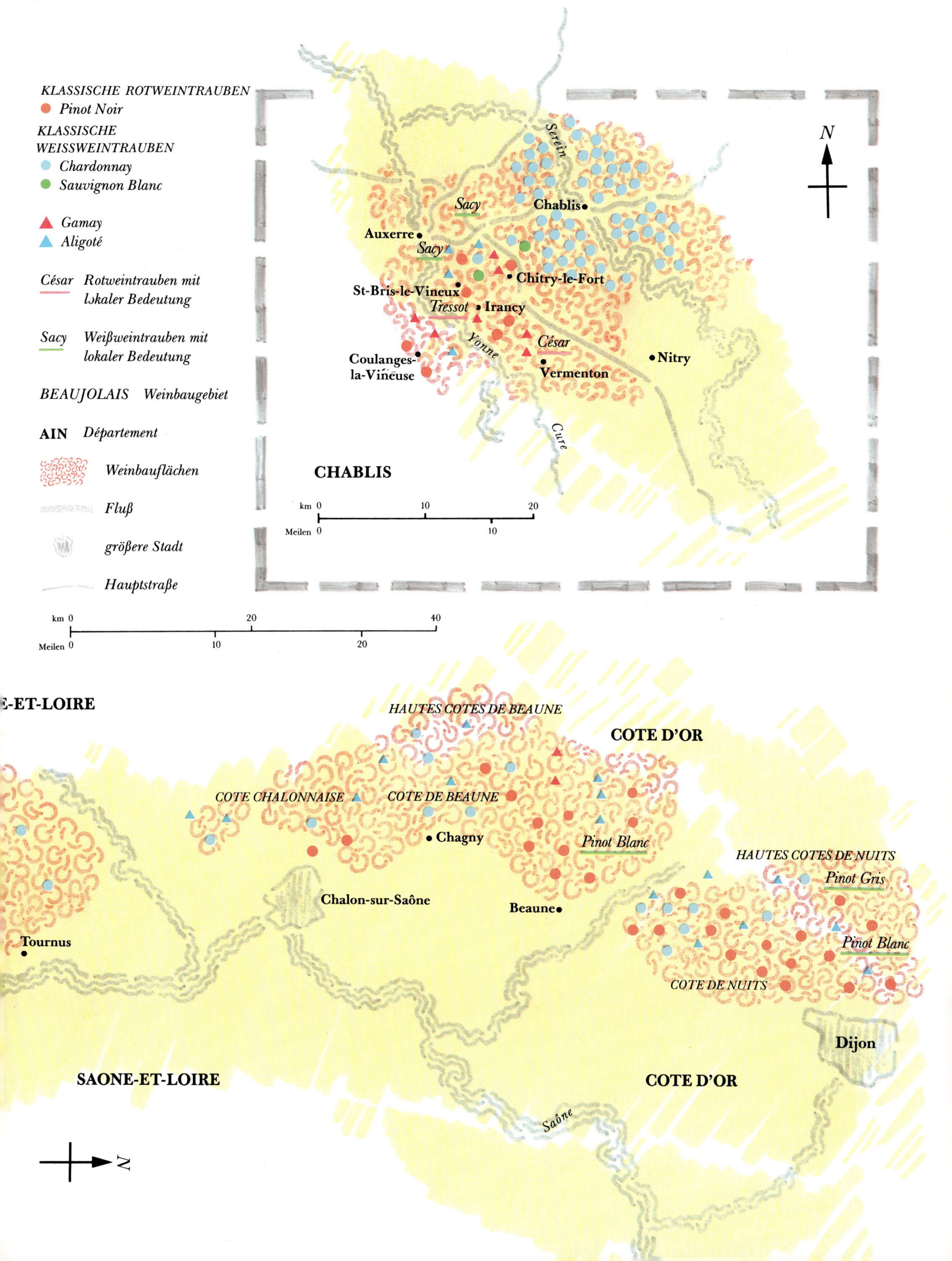
KLASSISCHE ROTWEINTRAUBEN
Pinot Noir
KLASSISCHE WEISSWEINTRAUBEN
Chardonnay
Sauvignon Blanc
Gamay
Aligoté
César Rotweintrauben mit lokaler Bedeutung
Sacy Weißweintrauben mit lokaler Bedeutung
BEAUJOLAIS Weinbaugebiet
AIN Département
Weinbauflächen
Fluß
größere Stadt
Hauptstraße
km 0 20 40
Meilen 0 10 20
N
Serein
Chablis
Sacy
Auxerre
Sacy
Chitry-le-Fort
St-Bris-le-Vineux
Tressot
Irancy
Yonne
César
Coulanges-la-Vineuse
Vermenton
Nitry
Cure
CHABLIS
km 0 10 20
Meilen 0 10
E-ET-LOIRE
HAUTES COTES DE BEAUNE
COTE D'OR
COTE CHALONNAISE
COTE DE BEAUNE
Chagny
Pinot Blanc
HAUTES COTES DE NUITS
Pinot Gris
Chalon-sur-Saône
Beaune
Tournus
Pinot Blanc
COTE DE NUITS
Dijon
SAONE-ET-LOIRE
COTE D'OR
Saône
N

Die Loire

Schon oberflächlich betrachtet bietet sich im Loire-Tal ein sehr unterschiedliches Bild des Rebenanbaus – vom Sauvignon Blanc an der großen Flußschleife über Chenin Blanc, Cabernet Franc und Gamay in der Mitte des zum Meer hin verlaufenden Teils bis zum Muscadet (Melon de Bourgogne) an der Flußmündung. Bei näherer Betrachtung wird das Durcheinander noch größer, und es zeigt sich ein unerwartet hoher Anteil an Hybridreben.

Noch 1979 gab es hier 23 Rebsorten mit einer Anbaufläche von jeweils mindestens 100 ha, und nur auf Melon entfielen allein 5500 ha von der Gesamtrebfläche von 60 000 ha. Sorten wie Grolleau, Arbois, Pineau d'Aunis und Folle Blanche, die allesamt keinen großen Namen haben, gehören an der Loire zu den populärsten. Um die Verwirrung noch größer zu machen, tauchen immer mehr Satellitenbereiche auf, zum Beispiel Haut-Poitou oder St-Pourçain-sur-Sioule, und bringen jeweils eigene Rebsorten mit in das Bild.

1979 entfielen auf die Hybridreben Plantet, Chambourcin, Villard Noir, Baco Noir und Baco Blanc noch 6000 ha oder 10% des Rebenbestands. Viele von ihnen sind in den letzten Jahren zwar ausgerodet worden, doch spielen sie noch immer eine große Rolle, was wir daran erkennen, wieviel sehr einfacher Wein an der Loire entsteht. Meist wurden diese Hybriden von den Loire-Winzern nicht wegen ihrer Resistenz gegen Krankheiten, sondern wegen ihrer Unempfindlichkeit gegen Frühjahrsfröste gepflanzt.

Der Wandel im Anteil der einzelnen Rebsorten an der Gesamtanbaufläche ist in den letzten rund zehn Jahren sehr dramatisch vonstatten gegangen. Im Département Loir-et-Cher an der östlichen Spitze der Weinregion Loire ist die gesamte Rebfläche zusammengeschrumpft, doch hat sich dabei der Anteil von Sauvignon und Gamay in den siebziger Jahren zu Lasten von Arbois, Pineau d'Aunis, Chenin und Plantet verdoppelt. Dadurch haben sie sich als die beiden Hauptsorten der Touraine im weiteren Sinne fest etabliert. Inzwischen ist die Anbaufläche von Gamay in Indre-et-Loire um Tours herum zurückgegangen, und das Département hat sich noch ausschließlicher auf Chenin Blanc (um Vouvray) und Cabernet Franc (im Bezirk Chinon/Bourgueil) eingestellt. Grolleau ist hier im Rückgang, doch hat sich die Sorte in Anjou, wo sie die Hauptstütze des beliebten Rosé bildet, gut behaupten können, während der Cabernet Franc gegenüber dem Chenin Blanc aufgeholt hat. Unverändert bleibt der Chenin Blanc die unberechenbarste Sorte

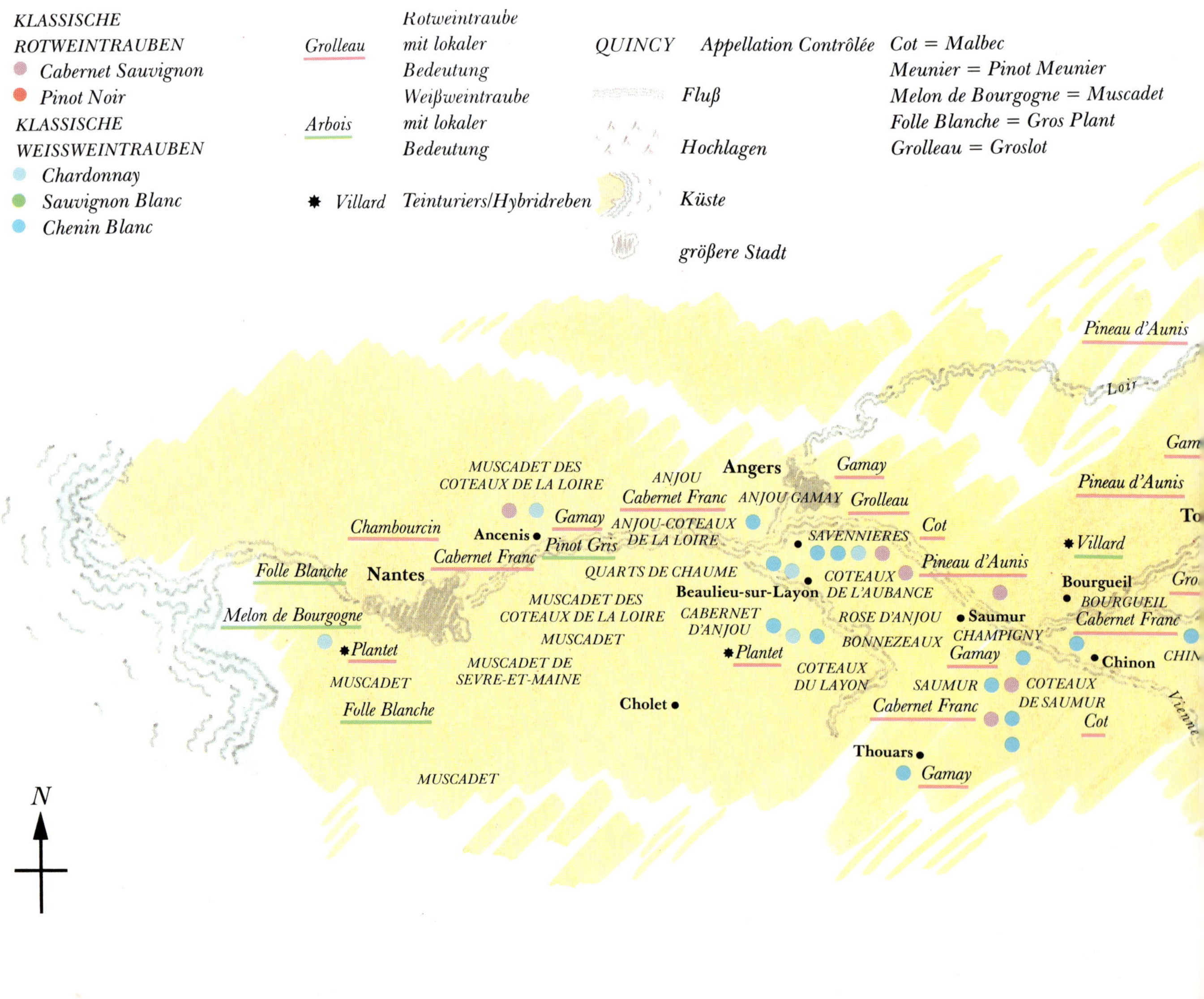

im Loire-Tal. Er kann ganz köstliche Weine liefern, ist aber unerfreulich früh im Austrieb und spät in der Reife und deshalb für eine Weinbauregion so weit im Norden nicht sehr zweckmäßig. In den Anjou Blanc hat sich zu seinem Vorteil auch etwas Chardonnay eingeschlichen, allerdings erst in jüngster Zeit und in so geringem Umfang, daß er in den amtlichen Statistiken nicht zu Buch schlägt.

Eine Steigerung der Anbaufläche von Cabernet Sauvignon war bereits 1979 bemerkbar, als sie 1300 ha in der Mitte des Anbaugebiets Loire gegenüber nur 400 ha zehn Jahre früher umfaßte. Im Geschmack der Rotweine von Anjou und Saumur wirkt sich das aus, und der Erfolg dieser Sorte gibt denen Auftrieb, die behaupten , sie müsse in St-Emilion und Pomerol viel besser als zumeist erwartet gedeihen.

An der Loire-Mündung stellt die Muscadet-Rebe Melon rund die Hälfte des Gesamtbestands und breitet sich allmählich zu Lasten der Sorten Folle Blanche oder Gros Plant Nantais aus. Am Rand der Muscadet-Region wachsen aber auch noch verschiedene andere Rebsorten, zum Beispiel Gamay und Cabernet Franc und eine ganze Reihe von Hybriden.

In den Kellereien der Champenisateurs in Saumur entstehen aus der Chenin-Blanc-Traube Schaumweine, deren Qualität sich neben dem aus Pinot und Chardonnay gekelterten Champagner durchaus sehen lassen kann.

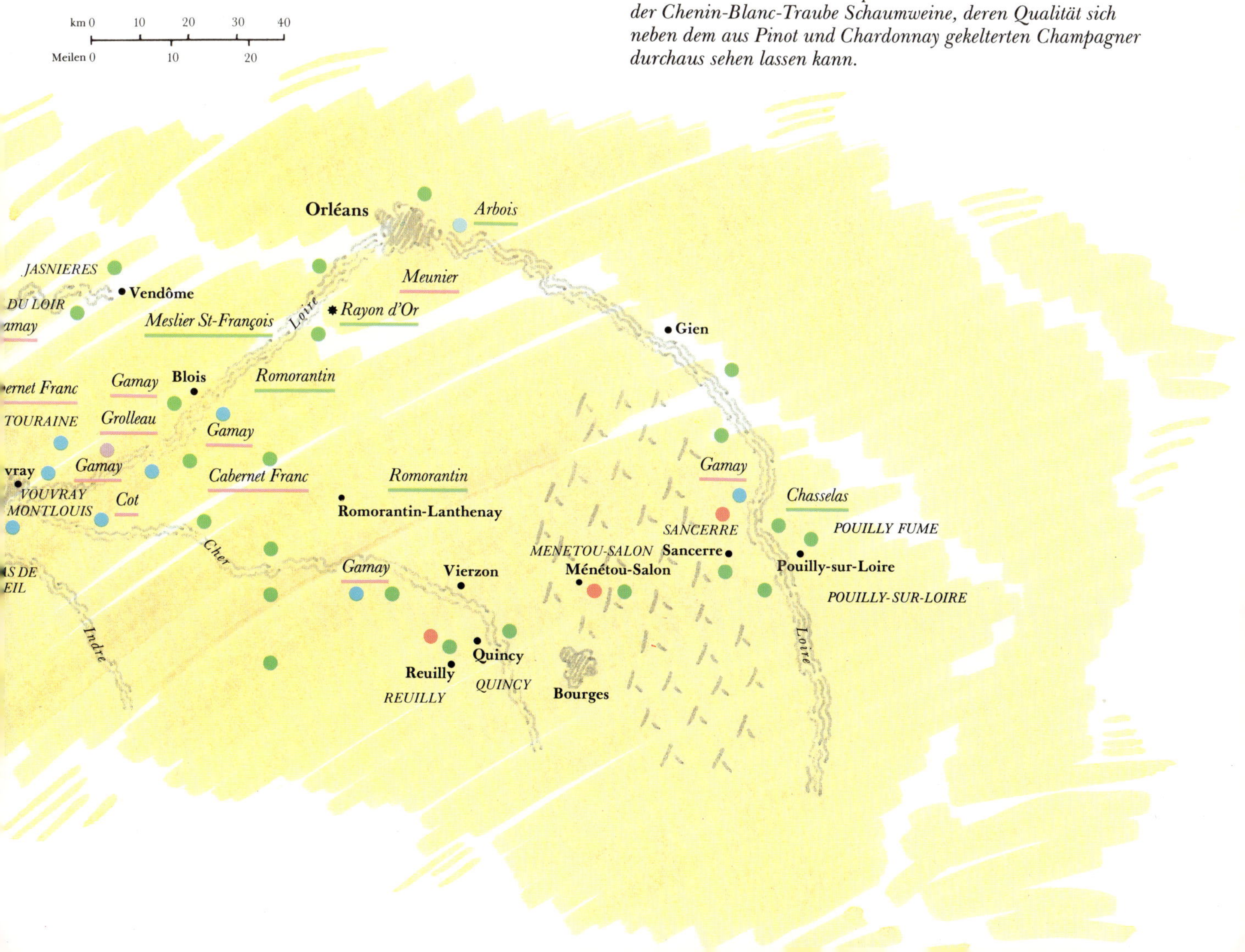

Elsass

Dem Elsaß muß in einem Werk wie diesem ein ganz besonderer Platz eingeräumt werden, nicht nur weil seine Winzer mehr als anderswo darum besorgt sind, das reine Traubenaroma in die Flasche zu zaubern, sondern auch, weil sie der Rebsorte stets so viel Respekt entgegengebracht haben, daß man sie geradezu die modernen Exponenten der Sortenetikettierung nennen darf.

Im qualitätsbewußten Elsässer Weinkeller dreht sich alles um die Bewahrung des natürlichen Aromas der Traube. Es werden keine Kunstgriffe angewandt, um einen Zuckerrest zu erhalten, da sonst vielleicht eine Geschmacksnuance unterdrückt werden könnte. Und eine gute Flasche Elsässer (das ist hier zum Glück die Regel) verkündet die Traubensorte nicht nur auf dem Etikett, man erkennt sie auch im Glas. Das Elsaß hat als die letzte größere Weinregion Frankreichs das System der Appellation Contrôlée übernommen, wobei die einzige Appellation, nämlich Alsace, lediglich durch die Traubensorten abgewandelt wird.

Der Rebsortenbestand im Elsaß zeigt eine geglückte Verbindung französischer und deutscher Einflüsse, in der nur die Müller-Thurgau gänzlich fehlt. Dennoch, so einheitlich wie selbst die meisten Kenner sich das Elsaß in dieser Hinsicht vorstellen, ist es bei weitem nicht; es besteht ein deutlicher Unterschied zwischen den Départements Haut-Rhin und Bas-Rhin, das heißt zwischen den flacheren Bereichen nördlich von Sélestat (Schlettstadt) und dem stärker von den Vogesen geprägten Weinland weiter im Süden.

Auf den schwereren Böden der Plaine d'Alsace im Bas-Rhin wächst vor allem der Silvaner (Sylvaner), doch breiten sich der Riesling und der Weißburgunder (Pinot Blanc) dort immer mehr aus, weil sich der Verbraucher von dem etwas kargen Charakter des Silvaners abwendet (obwohl er, wenn

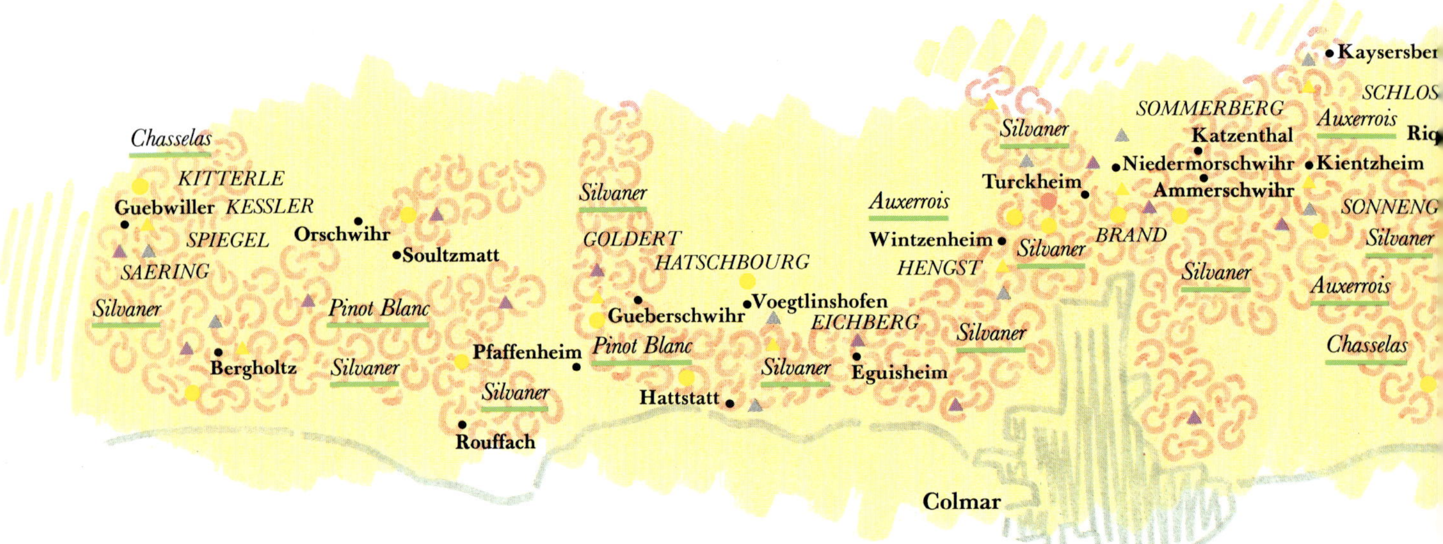

sein Aroma kräftig ausfällt, dem Sauvignon Blanc in nichts nachsteht). Im Schutz der Vogesen gedeiht der Gewürztraminer als die bedeutendste Rebe und liefert den im Geschmack ausgeprägtesten Wein des Elsaß in ausreichenden Mengen, um die Nachfrage der vielen Besucher von jenseits des Rheins befriedigen zu können. Hier, wo sich die steilsten und besten Lagen nur so drängen, wachsen die meisten *cépages nobles* der Region.

Die Palette der hier in einem relativ kleinen Gebiet zugelassenen Rebsorten ist zwar für die Verhältnisse im nördlichen Frankreich groß, doch sind die Elsässer Winzer aufgrund historischer Erfahrungen auch imstande, die Rebsorten und die Weinlagen sehr genau aufeinander abzustimmen. So weiß man zum Beispiel in Riquewihr sehr wohl, daß die steile Lage Schoenenbourg mit ihrem kalkreichen Boden sich für den Riesling, die sanftere Lage Sporen mit ihrem schwereren Boden dagegen für den Gewürztraminer eignet.

Für den Freund des Elsässer Weins geht besondere Faszination vom Ruländer (Pinot Gris) und dem Spätburgunder (Pinot Noir) aus, doch ist die Anbaufläche der beiden Sorten nicht sehr groß. Allerdings ist der Pinot Noir in den letzten Jahren ebenso wie in Deutschland vermehrt angepflanzt worden. Aber 1982 umfaßte die Pinot-Noir-Anbaufläche noch nicht einmal ein Drittel der mit den Elsässer Hauptsorten Gewürztraminer, Riesling, Silvaner und einer meist als Pinot Blanc ausgegebenen Sorte besetzten Gesamtfläche.

Aus unerfindlichen Gründen wird im Elsaß die Identität einer der meistangebauten Reben jedoch verschwiegen. Der Name Auxerrois erscheint selten auf einem Etikett, und doch stellt diese Sorte mehr als die Hälfte dessen dar, was üblicherweise als Pinot Blanc oder Weißburgunder bezeichnet wird. Der Auxerrois gleicht die Kargheit des Pinot Blanc in schlechteren Jahren schön aus, doch wird ihm dafür wenig öffentliche Anerkennung zuteil, obwohl seit 1979 neben dem echten Pinot Blanc vor allem der Auxerrois immer mehr den Silvaner verdrängt.

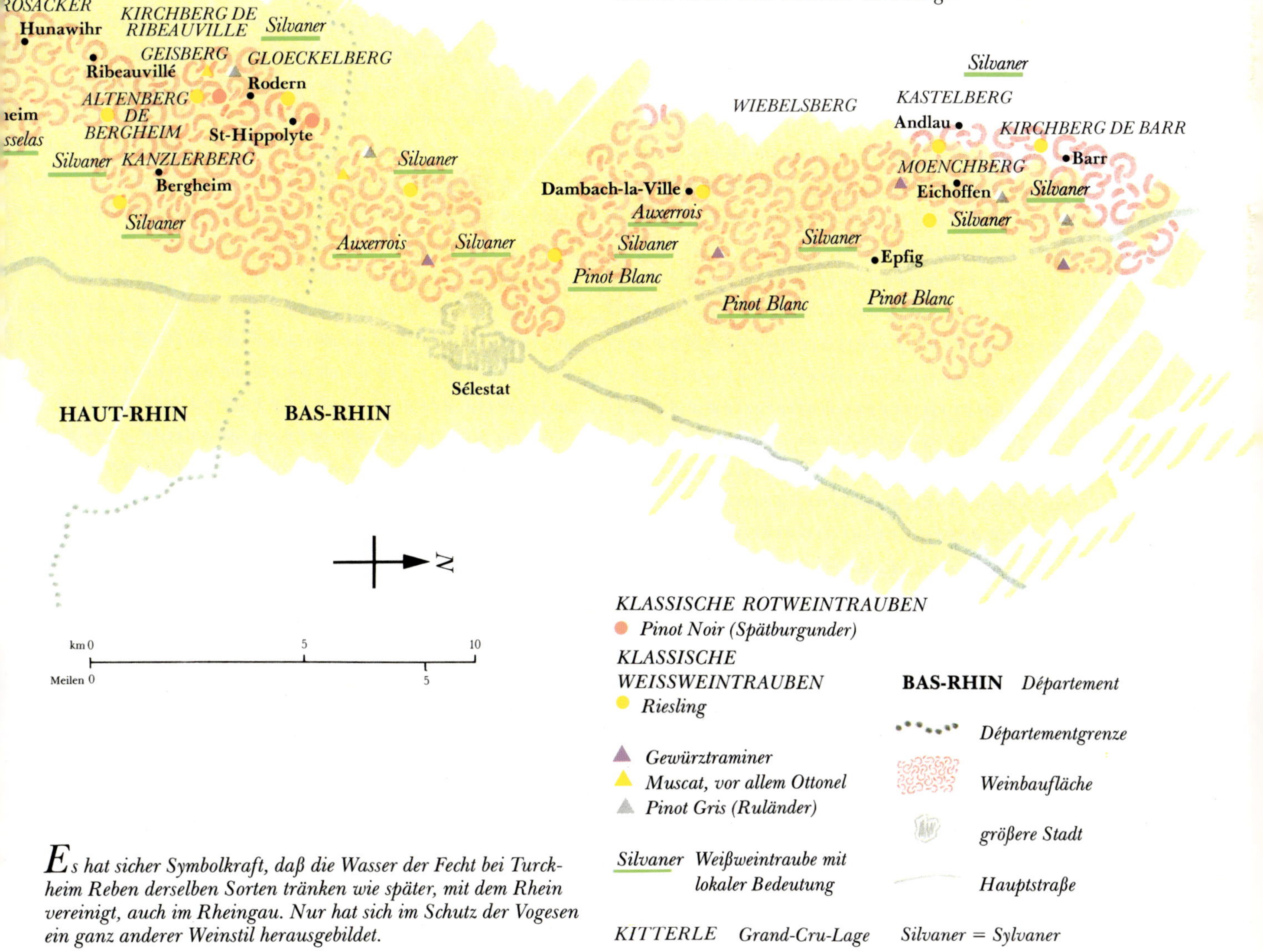

Es hat sicher Symbolkraft, daß die Wasser der Fecht bei Turckheim Reben derselben Sorten tränken wie später, mit dem Rhein vereinigt, auch im Rheingau. Nur hat sich im Schutz der Vogesen ein ganz anderer Weinstil herausgebildet.

Die Champagne

Die vielleicht überraschendste Tatsache, auf die man bei der Untersuchung des Weinbaus in der Champagne stößt, ist die überragende Rolle des Meunier, zumindest in quantitativer Hinsicht. 1979 waren rund 50% der Anbaufläche im hier abgebildeten Herzstück der Region an der Marne mit Meunier-Reben besetzt, während auf den edleren Pinot Noir nur 24% und auf Chardonnay 26% entfielen.

In den siebziger Jahren hat sich die Anbaufläche an der Marne stark erweitert, nämlich um etwa ein Drittel, und dieses Wachstum ist in den achtziger Jahren in gleichem Tempo weitergegangen. Dabei stieg der Anteil des Chardonnay im Vergleich zu den dunklen Trauben sehr viel kräftiger, wie es ja auch in einer Zeit, in der sich der Blanc-de-Blancs-Stil nicht nur bei Schaumwein immer mehr durchsetzte, nicht anders zu erwarten war.

Im allgemeinen entscheiden sich jedoch die *vignerons* der Champagne für die Anpflanzung des Pinot Noir, der launischsten dieser drei Reben, wo immer auch nur halbwegs eine Chance besteht, daß er zur Reife gelangt. Der Meunier wird in all den Lagen angebaut, die für den Chardonnay und erst recht den Pinot Noir zu sehr frostgefährdet sind. Er bildet für die tiefgelegenen Gebiete im Marne-Tal und im Département Aisne (auf der Karte nicht abgebildet) die einzige Möglichkeit.

Die Weinberge an der Aube weiter südlich sind dagegen im Durchschnitt wärmer als an der Marne, und deshalb sind hier 2700 von 3400 ha mit Pinot Noir besetzt. Wenn also schließlich die Trauben aller Gegenden zusammenkommen, steigt der Anteil des Pinot Noir auf 30% an, während der Meunier auf 44% abfällt und der Chardonnay mit 26% gleich bleibt. Weitere Rebsorten wie etwa Petit Meslier und Arbane tragen nur Tropfen zur *cuvée* bei.

Das oben beschriebene Grundschema hat aber auch kleine Variationen. Wo immer der Kreideuntergrund im Boden dieser Landschaft zutage tritt, ist ein günstiger Platz für Chardonnay. So werden an der Côte des Blancs südlich von Epernay, an der Côte de Sézanne im Südwesten (außerhalb der Karte) und am nördlichen Steilabbruch der Montagne de Reims die besten Weißweintrauben der Champagne geerntet.

Der Pinot Noir ist vor allem auf den Südhängen der Montagne de Reims konzentriert, weil er dort ein Höchstmaß an Sonnenschein und Wärme abbekommt. Die Vorschrift, daß der Meunier in besseren Lagen nicht angebaut werden darf, ist eigentlich überflüssig, denn für die beiden *cépages nobles* wird regelmäßig ein Franc pro Kilo mehr gezahlt, und das ist für jeden Winzer Anreiz genug.

Sicher wird sich der nachdenkliche Leser fragen, weshalb ausgerechnet diese drei Rebsorten die Trauben für den berühmtesten Sprudel der Welt liefern. Wie schon gesagt, ist mindestens für den Pinot Noir das Klima hier höchst ungeeignet, und der Meunier wird selbst in der Champagne nicht übertrieben hoch geachtet. Bedenkt man dann noch, daß Weißwein aus dunklen Trauben gar nicht so leicht zu gewinnen ist und daß es manchem professionellen Weinkoster schwerfällt, einen Blanc-de-Blancs-Champagner von dem üblicheren Blanc de Noirs et Blancs zu unterscheiden, dann kann man sich wirklich nur darüber wundern, daß in der Region nicht mehr Chardonnay angebaut wird.

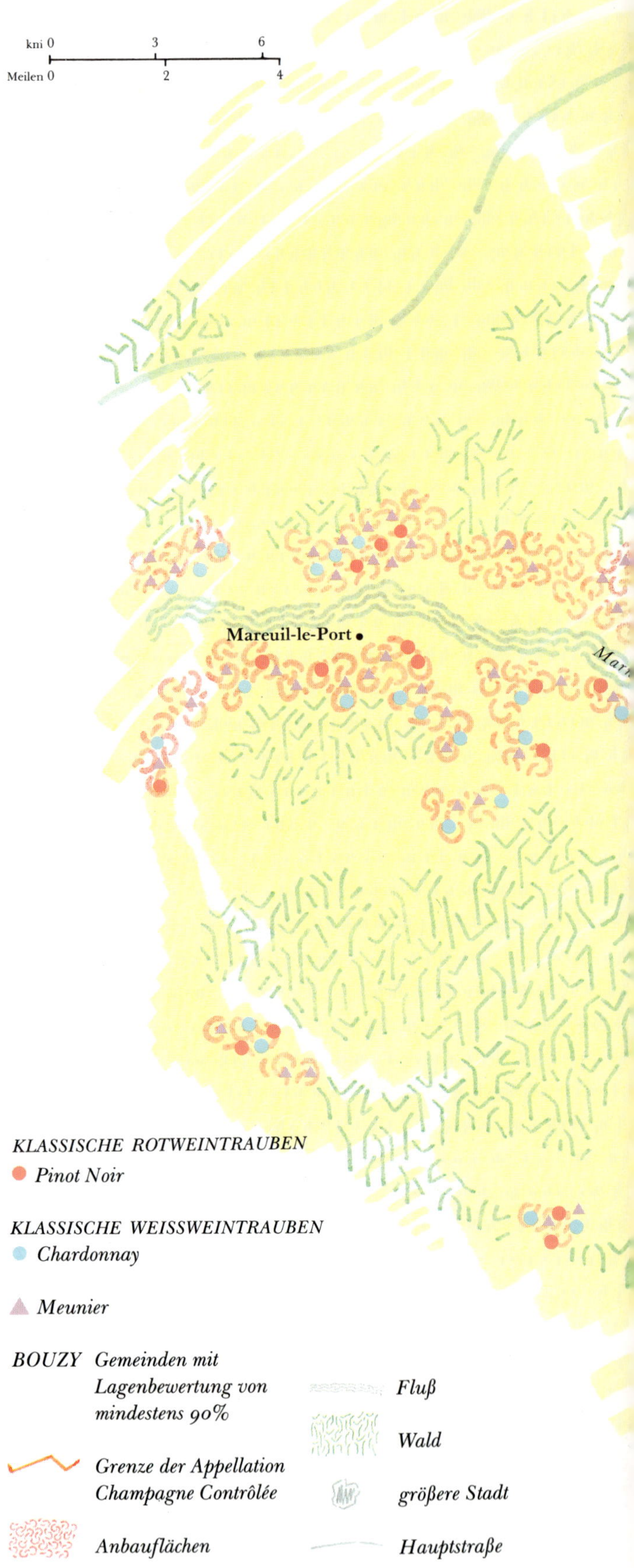

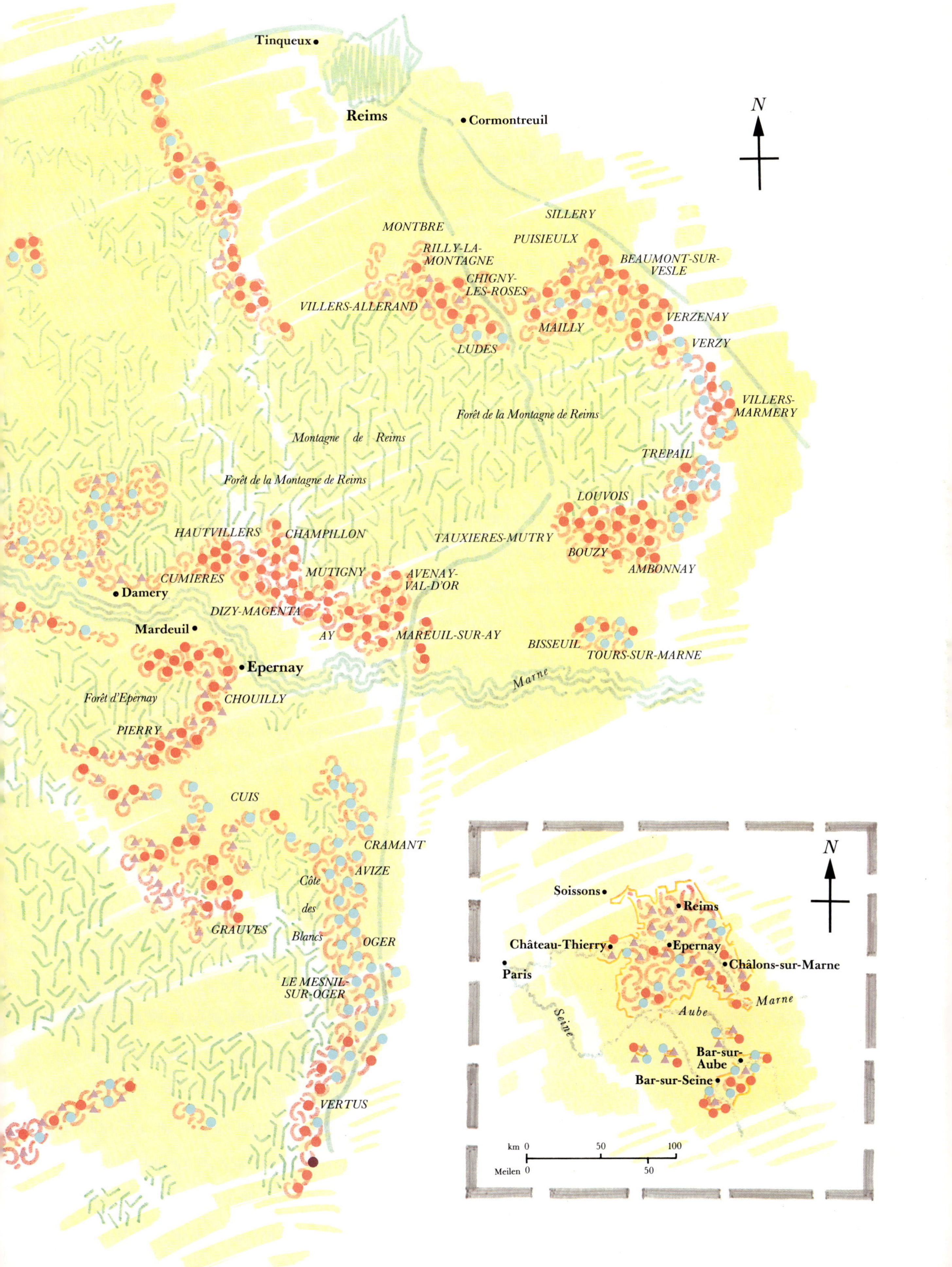

Tinqueux
Reims
Cormontreuil
N
SILLERY
MONTBRE
PUISIEULX
RILLY-LA-MONTAGNE
BEAUMONT-SUR-VESLE
CHIGNY-LES-ROSES
VILLERS-ALLERAND
VERZENAY
MAILLY
LUDES
VERZY
VILLERS-MARMERY
Forêt de la Montagne de Reims
Montagne de Reims
TREPAIL
Forêt de la Montagne de Reims
LOUVOIS
HAUTVILLERS
CHAMPILLON
TAUXIERES-MUTRY
BOUZY
AMBONNAY
MUTIGNY
AVENAY-VAL-D'OR
CUMIERES
Damery
DIZY-MAGENTA
Mardeuil
AY
MAREUIL-SUR-AY
BISSEUIL
TOURS-SUR-MARNE
Epernay
Marne
Forêt d'Epernay
CHOUILLY
PIERRY
CUIS
CRAMANT
AVIZE
Côte des Blancs
GRAUVES
OGER
LE MESNIL-SUR-OGER
VERTUS
N
Soissons
Reims
Château-Thierry
Epernay
Paris
Châlons-sur-Marne
Marne
Aube
Seine
Bar-sur-Aube
Bar-sur-Seine
km 0 50 100
Meilen 0 50

Der Midi

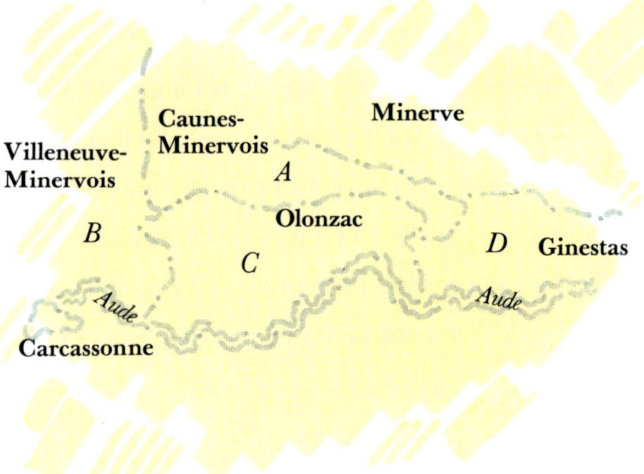

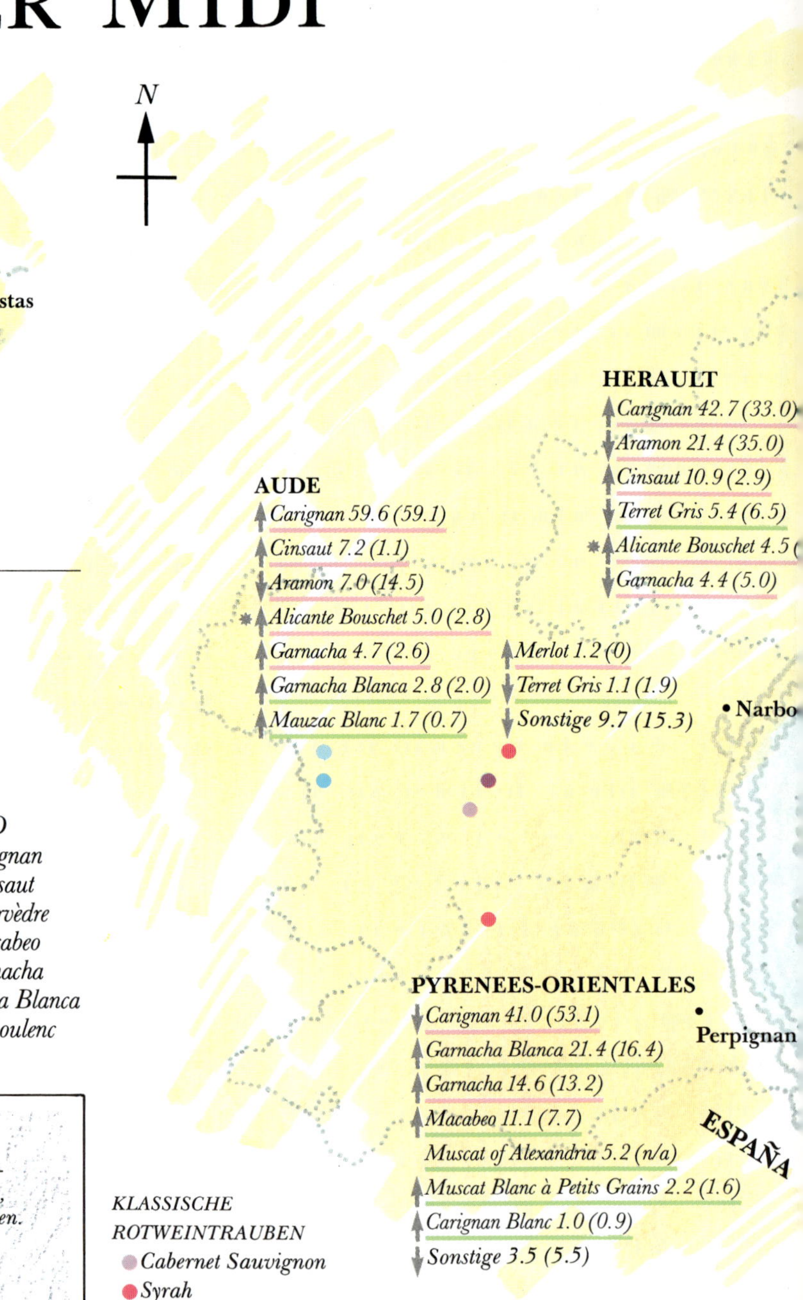

Minervois
Verteilung der Weintrauben

A
Carignan
Syrah
Macabeo
Garnacha Blanca
Bourboulenc

B	*C*	*D*
Carignan	*Carignan*	*Carignan*
Cinsaut	*Cinsaut*	*Cinsaut*
Syrah	*Syrah*	*Mourvèdre*
Macabeo	*Macabeo*	*Macabeo*
Garnacha	*Garnacha*	*Garnacha*
Garnacha Blanca	*Garnacha Blanca*	*Garnacha Blanca*
Bourboulenc	*Bourboulenc*	*Bourboulenc*

Die Zukunft im Minervois

Das Minervois ist ein typisches Beispiel eines guten Weinbaubereichs im Midi, der nach Besserem trachtet. Die Karte zeigt, welche Rebsorten in welchem Umfang zurzeit angebaut werden. Die AC-Vorschriften unten werden 1990 wirksam.

Rot

Garnacha, Lladoner Pelut Noir } *min. 30% im Verschnitt*
Syrah, Mourvèdre } *min. 10% im Verschnitt*
Carignan, Cinsaut, Piquepoul Noir, Terret Noir, Aspiran Noir — *max. 60% im Verschnitt*

Weiß

Bourboulenc, Macabeo } *min. 50% im Verschnitt*
Garnacha Blanca
Piquepoul Blanc
Clairette Blanc
Terret Blanc

Lladoner bzw. Ledoner Pelut Noir ist eine Garnacha-Variante aus Katalonien, die Tafeltraube Aspirant ist alte Massenträgersorte.

KLASSISCHE ROTWEINTRAUBEN
- *Cabernet Sauvignon*
- *Syrah*
- *Merlot*

KLASSISCHE WEISSWEINTRAUBEN
- *Chardonnay*
- *Sauvignon Blanc*
- *Chenin Blanc*

Garnacha — *Rotweintraube mit lokaler Bedeutung*

Clairette — *Weißweintraube mit lokaler Bedeutung*

Nach dem Namen steht der Anteil an der Rebfläche im Département für 1979 und (in Klammern) für 1968.

✱ *Teinturier/Hybridreben*

↑ *Anbauzuwachs seit 1968*

↓ *Anbaurückgang seit 1968*

AUDE *Département*

Départementgrenze

Bereichsgrenze

Trebbiano = Ugni Blanc
Garnacha = Grenache
Garnacha Blanca = Grenache Blanc

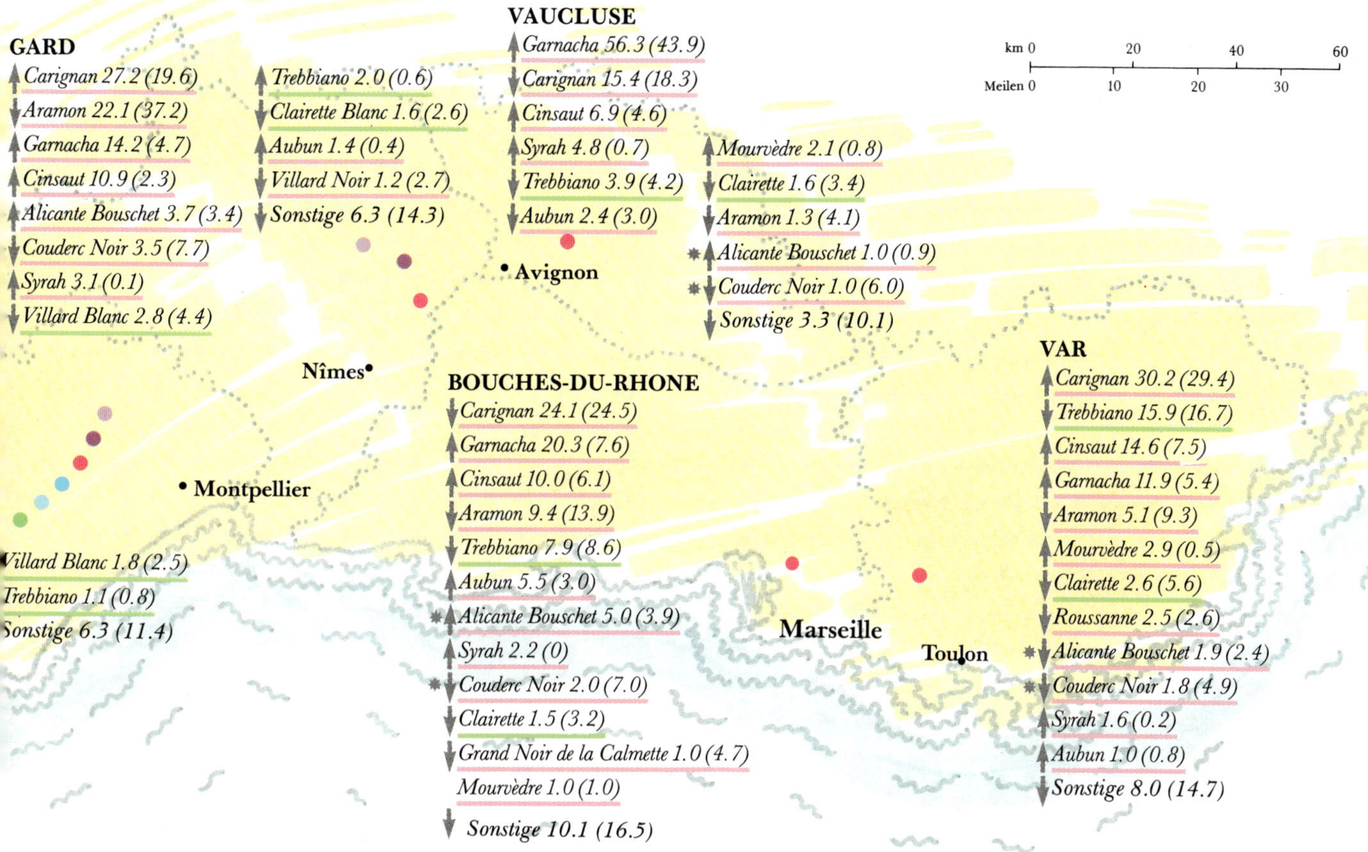

Der Quantität nach ist der Midi die bei weitem bedeutendste Weinbauregion Frankreichs, der Qualität nach dagegen schlicht eine Katastrophe – doch wendet sich das Blatt in der Zwischenzeit allmählich zum Erfreulicheren.

Der Süden Frankreichs wird zwar meist als homogene Einheit angesehen, aber es gibt eindeutige regionale Unterschiede. Im Osten macht sich die Nähe Italiens bemerkbar, zum Beispiel mit Braquet und Vermentino, von Westen her ist starker spanischer Einfluß spürbar. Der Carignan, in Spanien Cariñena, beherrscht die Region bis hin nach Châteauneuf-du-Pape, wo dann eine andere spanische Rebsorte, Garnacha, in den Vordergrund tritt. Der im Westen stark vertretene Macabeo ist nichts anderes als die Viura aus Rioja; auch der Mourvèdre ist spanischen Ursprungs. Monastrell ist über die Grenze in die Pyrenées Orientales vorgedrungen, und sogar Tempranillo ist in Südfrankreich vertreten , allerdings verbergen sich diese beiden auf der Karte unter den »sonstigen Rebsorten«. In den Weiten des Languedoc-Roussillon ist der spanische Einfluß nicht so stark.

Im 18. und am Anfang des 19. Jahrhunderts war die Rebfläche hier noch kleiner und brachte nur etwa 15% des französischen Weins hervor; viel davon ging wie heute direkt in die Schnapsbrennerei. Damals überwogen die Weißweintrauben: Terret, Piquepoul, Œillade, Clairette, Muscat.

In der Mitte des 19. Jahrhunderts fiel der Echte Mehltau über die Weinberge Frankreichs her. Die Weinpreise stiegen, und die Weinerzeugung nahm eine neue wirtschaftliche Bedeutung an, die durch den Bau der Eisenbahn noch verstärkt wurde, weil sie plötzlich die durstigen Absatzmärkte in den Städten im Norden und Osten erschlossen. Die fruchtbaren, für die Erzeugung einfacher Weine geradezu prädestinierten Ebenen wurden rasch mit der sehr einfachen Sorte Aramon bepflanzt, deren Wein ab 1860 durch *Teinturier*-Hybriden der Bouschet-Familie eine kräftigere Farbe bekam. Der Reblausbefall bestärkte die Winzer nur in ihrer Meinung, daß sie ertragreiche Sorten pflanzen sollten. Die Carignan-Rebe wurde in die Berge zurückgedrängt.

Die Folgen dieser Entwicklung sind noch immer zu spüren. Erst als durch die stärkere Verbreitung ertragreicher Hybriden und die Erschließung Algeriens als Weinbaugebiet in den zwanziger Jahren ein Sturz der Weinpreise eintrat, merkten die Winzer im Midi, daß es nicht nur auf Quantität ankam. Außerdem machten ihnen auch Krankheiten und Mißernten das Leben schwer.

Die Einführung von Spritzmitteln gegen Pilzkrankheiten brachte der dafür sehr anfälligen Carignan-Rebe eine Renaissance. Seither ist sie wieder in die Ebenen zurückgekehrt und verdrängt die Hybriden und Aramon immer mehr. Die EG-Behörden, denen allmählich das Geld zum Aufkaufen gewaltiger Weinüberschüsse ausgeht, versuchen nun, endlich Wandel zu schaffen. Allen Winzern, die bereit sind, alte Rebenbestände entweder ganz zu roden oder doch wenigstens durch *cépages améliorateurs* wie Grenache, Cinsaut, Mourvèdre und Syrah, Cabernet und Merlot zu ersetzen, werden finanzielle Anreize geboten.

Aber der Weinbau in den Ebenen des Languedoc-Roussillon liegt inzwischen in den Händen der fünften Winzergeneration – es sind dickschädelige Bauern, und auf kurze Sicht erscheint es ihnen denn doch immer noch lohnend, die überstrapazierte EG-Destillerie mit Material zu versorgen. Bisher werden daher noch wenig alte Rebenbestände ersetzt, doch bringt die nächste Zählung 1989 vielleicht allen, die beim Wein für Qualität eintreten, gute Nachrichten.

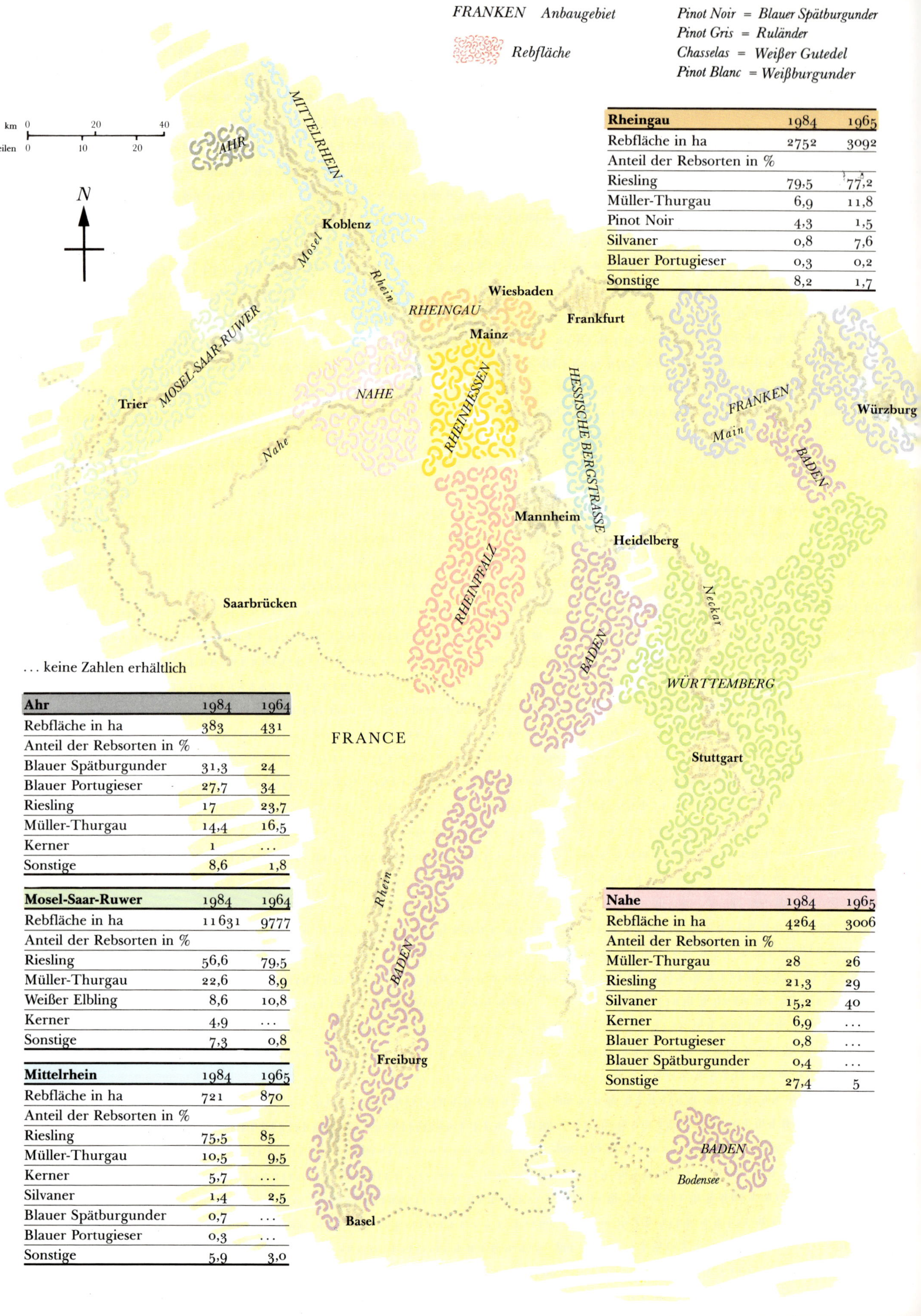

Rheingau	1984	1965
Rebfläche in ha	2752	3092
Anteil der Rebsorten in %		
Riesling	79,5	77,2
Müller-Thurgau	6,9	11,8
Pinot Noir	4,3	1,5
Silvaner	0,8	7,6
Blauer Portugieser	0,3	0,2
Sonstige	8,2	1,7

... keine Zahlen erhältlich

Ahr	1984	1964
Rebfläche in ha	383	431
Anteil der Rebsorten in %		
Blauer Spätburgunder	31,3	24
Blauer Portugieser	27,7	34
Riesling	17	23,7
Müller-Thurgau	14,4	16,5
Kerner	1	...
Sonstige	8,6	1,8

Mosel-Saar-Ruwer	1984	1964
Rebfläche in ha	11631	9777
Anteil der Rebsorten in %		
Riesling	56,6	79,5
Müller-Thurgau	22,6	8,9
Weißer Elbling	8,6	10,8
Kerner	4,9	...
Sonstige	7,3	0,8

Mittelrhein	1984	1965
Rebfläche in ha	721	870
Anteil der Rebsorten in %		
Riesling	75,5	85
Müller-Thurgau	10,5	9,5
Kerner	5,7	...
Silvaner	1,4	2,5
Blauer Spätburgunder	0,7	...
Blauer Portugieser	0,3	...
Sonstige	5,9	3,0

Nahe	1984	1965
Rebfläche in ha	4264	3006
Anteil der Rebsorten in %		
Müller-Thurgau	28	26
Riesling	21,3	29
Silvaner	15,2	40
Kerner	6,9	...
Blauer Portugieser	0,8	...
Blauer Spätburgunder	0,4	...
Sonstige	27,4	5

DEUTSCHLAND

Die mit größter Sorgfalt registrierten Anbaugebiete Deutschlands befinden sich zurzeit in einem Stadium interessanter Veränderungen. Weit weniger als in den anderen großen Weinbauländern Europas sind hier die Rebsorten durch Tradition und Gesetzesvorschriften belastet. Der deutsche Winzer richtet sich bei der Wahl der Rebsorten vor allem danach, was in einer bestimmten Lage gut gedeiht und dann auch lukrativ verwertbar ist. So hätte es beispielsweise keinen Sinn, eine prachtvoll geschützte Lage an der Mosel mit Müller-Thurgau zu besetzen, der auch in ungünstigeren Lagen zur Reife gelangt, dafür aber einen geringeren Preis erzielt als Riesling.

Solche Erwägungen bieten auch die Erklärung für die in der Welt einzig dastehenden deutschen Bemühungen um Neuzüchtungen, die mit dazu beitragen, daß das Rebsortenprofil Deutschlands flexibler ist als sonstwo. Es ist eine so überwältigende Fülle von »Neuzuchten« entstanden, daß man sich unwillkürlich fragt, wozu Hochkroner, Schlagarrebe und Tekla gut sein sollen, wenn man schon mit Albalonga, Domina und Tamara nicht so recht etwas anzufangen weiß.

Der heute führende Züchter, Professor Helmut Becker, wird sicher noch die vollkommene Rebsorte finden – einen Riesling ohne »Konstruktionsmängel«. (Er glaubt ihn sogar mit mehreren Neuzüchtungen, darunter zum Entsetzen der EG-Behörden einigen Hybriden, schon gefunden zu haben.) Da aber das deutsche Publikum mit neuen Rebennamen jetzt schon überfüttert ist, wie soll er dann diese sensationellen Reben unter die Leute bringen? Es muß sich erst noch erweisen, ob eine andere Kreuzung so wie der altehrwürdige Müller-Thurgau imstande ist, im unruhigen Wind der Mode zu bestehen, der das wankelmütige Publikum beutelt.

Die Gesamtrebfläche Deutschlands ist in stetigem Wachstum von etwa 1% jährlich begriffen. Dabei hat der Riesling, das Trumpf-As der deutschen Rebensorten, einen etwas langsameren Zuwachs zu verzeichnen, doch entfallen auf ihn noch immer rund 20% der Gesamtanbaufläche.

Der milde, nicht sehr ausdruckskräftige Müller-Thurgau, der den früher so beliebten Silvaner stark zurückgedrängt hatte, verliert im deutschen Weinbau nun allmählich wieder an Gewicht. Zwar ist er noch die meistangebaute Rebsorte, während er aber 1976 noch 27,3% der Gesamtanbaufläche einnahm, war sein Anteil 1983 bereits auf 25,8% gefallen.

Unter den Weißweintrauben ist der Rückgang beim Müller-Thurgau vor allem den »neuen« Rebsorten (zum Teil sind es Kreuzungen aus der Zeit vor dem 1. Weltkrieg), aber auch traditionellen Sorten wie Silvaner, Elbling, Ruländer, Gutedel, Weißburgunder und Gewürztraminer zugute gekommen. Scheurebe, Bacchus, Faber und insbesondere der Riesling-ähnliche Kerner sind inzwischen eigenständige Rebsorten geworden. Dagegen scheint die Nachfrage nach dem übermächtig aromatischen Morio-Muskat ihren Höhepunkt überschritten zu haben.

Bei den Rotweintrauben hat sich in Deutschland eine stille Revolution abgespielt. Der recht einfache Portugieser hat allmählich an Boden verloren, dafür hat der Spätburgunder (Pinot Noir) beim immer weltoffener werdenden deutschen Weinliebhaber ganz deutlich an Ansehen gewonnen.

Und wenn es ein sicheres Anzeichen dafür gibt, daß Deutschlands Weinbau sich anschickt, etwas – nun, sagen wir es einfach – weniger deutsch zu werden, dann ist es das vereinzelte Auftauchen jener wahrhaft internationalen Rebsorte auf deutschen Etiketten: des Chardonnay nämlich.

Rheinhessen	1984	1964
Rebfläche in ha	22470	16441
Anteil der Rebsorten in %		
Müller-Thurgau	24,9	33,2
Silvaner	14,1	47
Scheurebe	9,6	1
Kerner	6,9	...
Riesling	5,1	6,1
Morio-Muskat	4,6	2
Blauer Portugieser	2,8	8,1
Blauer Spätburgunder	0,8	0,3
Sonstige	31,2	2,3

Rheinpfalz	1984	1964
Rebfläche in ha	20537	17670
Anteil der Rebsorten in %		
Müller-Thurgau	23,6	20,3
Riesling	13,4	13,6
Kerner	10,7	...
Silvaner	9,6	39,4
Morio-Muskat	8,3	3,9
Blauer Portugieser	7,4	17,7
Scheurebe	6,4	0,6
Blauer Spätburgunder	0,8	...
Gewürztraminer	...	1,1
Sonstige	19,8	3,4

Hessische Bergstraße	1984	1964
Rebfläche in ha	356	...
Anteil der Rebsorten in %		
Riesling	52,2	...
Müller-Thurgau	18,5	...
Silvaner	8,7	...
Blauer Spätburgunder	0,6	...
Blauer Portugieser	0,3	...
Sonstige	19,7	...

Baden	1984	1964
Rebfläche in ha	14815	7607
Anteil der Rebsorten in %		
Müller-Thurgau	37,6	24,5
Blauer Spätburgunder	20	19,9
Ruländer	12,1	13,2
Weißer Gutedel	8,3	15,4
Riesling	7,6	7,1
Silvaner	3,8	8,2
Weißburgunder	2,8	...
Blauer Portugieser	0,3	...
Sonstige	7,5	11,7

Franken	1984	1964
Rebfläche in ha	4494	2203
Anteil der Rebsorten in %		
Müller-Thurgau	50	31,6
Silvaner	21	55,2
Riesling	2,3	3,9
Blauer Spätburgunder	1,2	...
Blauer Portugieser	0,7	...
Perle	...	2,8
Rieslaner	...	1,2
Sonstige	24,8	5,3

Württemberg	1984	1965
Rebfläche in ha	9449	6090
Anteil der Rebsorten in %		
Riesling	23,2	24,8
Blauer Trollinger	22,9	29
Müller-Thurgau	10,2	6,2
Kerner	8,4	0,5
Silvaner	5,7	13,8
Blauer Portugieser	3,7	11,7
Schwarzriesling	...	4,8
Blauer Spätburgunder	3,2	1
Ruländer	1,1	0,6
Sonstige	21,6	7,6

— Spanien und Portugal —

Die Iberische Halbinsel stellt für den Betrachter der Rebsorten fast völlige *terra incognita* dar. Portugal und in geringerer und dabei andersartiger Weise auch Spanien sind so etwas wie Inseln des Weinbaus. Nur am Minho greifen Rebsorten von der anderen Seite der Grenze auf Portugal über, und insgesamt ist der spanische Einfluß hier schwächer als jenseits der Pyrenäen.

Spanien hütet seine ungeheure Vielfalt sehr unterschiedlicher Rebsorten streng im eigenen Weinberg. Allein Galizien – zugegebenermaßen eine der uneinheitlichsten Weinregionen – hat über 1000 Rebsorten vorzuweisen. Amtlich werden in Spanien mehr als 600 geführt, wobei allerdings rund 80% der ausgedehnten spanischen Anbaufläche auf gerade 20 Sorten entfällt. Auf unserer Karte sind nur die sieben meistangebauten verzeichnet, und in dieser Beschränkung erkennt man am besten, wie relativ unbedeutend viele der international bekannteren Reben eigentlich sind. Ferner zeigt die Karte, wie winzig sich die spanischen Experimente mit klassischen Importen neben dem Meer von Airén-Reben in La Mancha ausnehmen.

Die Erträge sind hier niedrig, hauptsächlich wegen der geringen Niederschlagsmengen und des mageren Bodens. Das typische Bild der Weinpflanzungen zeigt weit voneinander entfernt stehende niedrige Büsche ohne Spanndrähte. Die Weinbautechniken sind allerdings verbessert worden, und so ist der Durchschnittsertrag von 20 hl/ha in den siebziger Jahren auf 26 hl/ha Anfang der achtziger Jahre gestiegen.

Spanien ist überraschenderweise viel reicher an weißen als an roten Traubensorten. Die meistangebaute Rebe Spaniens und zugleich der Welt ist die sehr achtbare Airén. In den letzten Jahrzehnten hat sich die Anbaufläche einiger guter, aber anspruchsvoller und daher unbequemer Sorten, zum Beispiel Graciano in Rioja, merklich verringert. Man kann nur hoffen, daß sie vor dem Aussterben bewahrt bleiben.

In Portugal (einschließlich Madeira) zeigen sich ähnliche Erscheinungen. Nach starken Ausfällen traditioneller Rebsorten infolge von Viruskrankheiten sind verstärkt ertragreiche, aber recht einfache Sorten, darunter viele Neuzüchtungen und Hybriden, angepflanzt worden. Nur am Douro mit seinen Myriaden von manchmal ausnehmend guten Port-Rebsorten und in kleinen, sorgfältig gepflegten Weinbergnischen ist die Qualität hochgehalten worden.

Von den mehreren hundert portugiesischen Trauben sind außerhalb des Landes nur wenige bekannt. Die Malvasia ist hier und auf Madeira schon seit langem stark vertreten. Außer ihr scheinen nur Palomino (Perrum), Trebbiano (Thalia), Elbling (Alva), Carignan (Pinot Evara) und Tempranillo (Tinta Roriz oder Aragonez) von außen ins Land gekommen zu sein. Aber auch die einheimischen Rebsorten Portugals eignen sich gut für die Erzeugung ausgeglichener Weine in warmem Klima. Wenn es das gute Glück so will, erleben sie in den neunziger Jahren vielleicht eine Renaissance.

Sonderbar ist, daß die besten Beschreibungen der Reben und des Weinbaus in Portugal vom Ende des vorigen Jahrhunderts stammen. Heutzutage sind exakte Informationen viel schwerer zu bekommen. Auf der Karte sind einige der gegenwärtig in Portugal meistangebauten Rebsorten neben anderen verzeichnet, denen besonders gute Zukunftsaussichten eingeräumt werden.

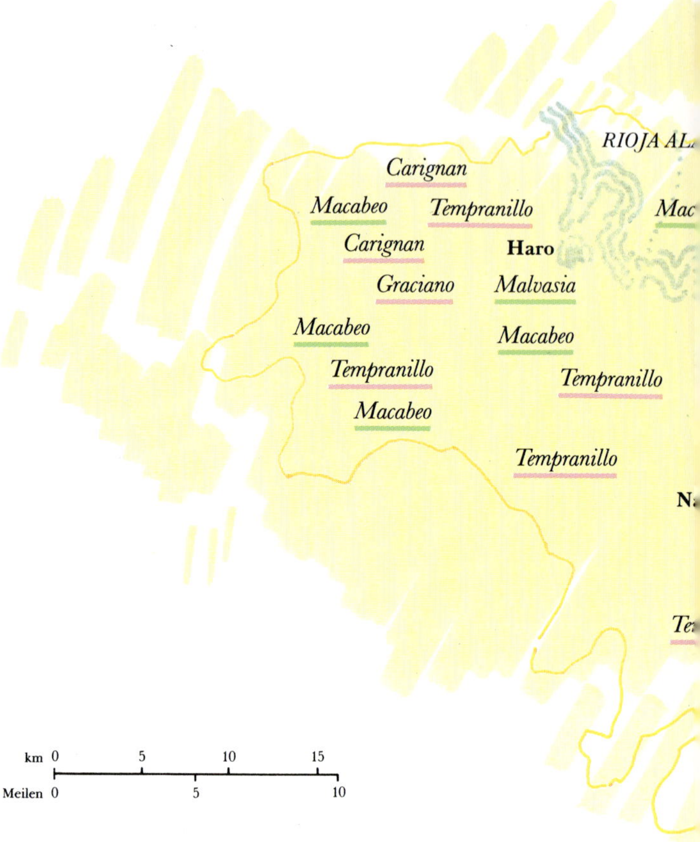

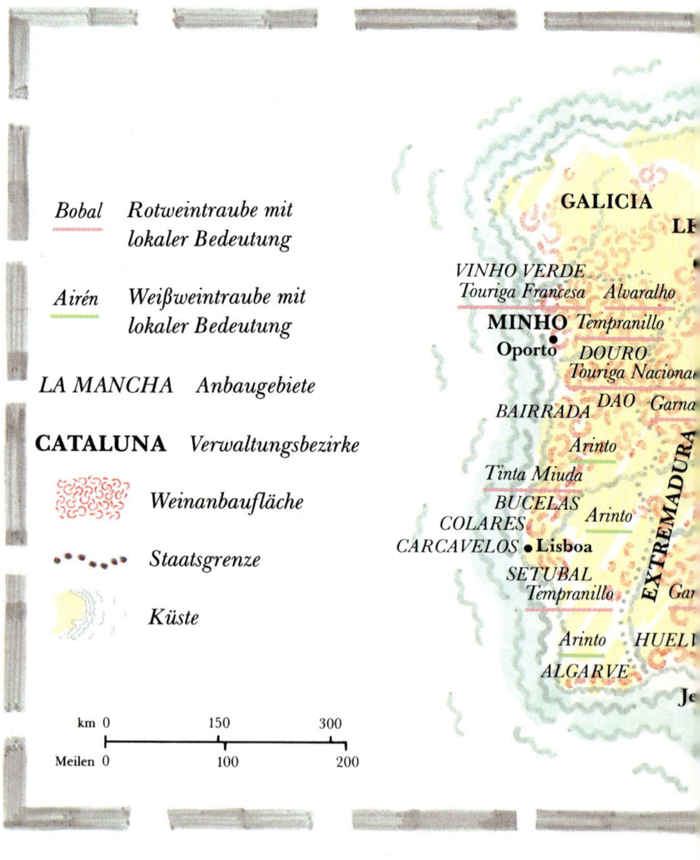

RIOJA ALAVESA
Tempranillo
Macabeo
Elciego
Rio Ebro
Logroño
ALTA
Navarrete
Garnacha
Tempranillo
Garnacha
Calahorra
RIOJA BAJA
Garnacha
Garnacha
Aldeanueva
Alfaro
Arnedo
Garnacha
Garnacha
Garnacha
Cervera del Rio Alhama
N
Macabeo
Garnacha
Xarel-lo
Monastrell
Barcelona
Macabeo
Tempranillo
Monastrell
NAVARRA
Tempranillo
Garnacha
RIOJA
ARAGON
CATALUNA
PENEDES
TARRAGONA
Garnacha Blanca
CARINENA
Garnacha Blanca
Macabeo
Valladolid
Garnacha Blanca
Madrid
CASTILLA LA NUEVA
Valencia
Monastrell
LA MANCHA
Airén
Bobal
Tempranillo
Monastrell
VALDEPENAS
ALICANTE
Airén
JUMILLA
Bobal
Garnacha
MURCIA
Airén
Monastrell
MONTILLA-MORILES
MALAGA
Palomino
Málaga
N
RIOJA
Garnacha In Rioja zugelassene dunkle Trauben
Malvasia In Rioja zugelassene weiße Trauben
RIOJA ALTA Weinbaubereich
Grenzen des bestimmten Anbaugebiets Rioja
Provinzgrenzen
Fluß
Stadt
Carignan = Mazuelo
Macabeo = Viura

Italien

Das Castello di Nippozzano gehört der seit sechs Jahrhunderten mit dem italienischen Wein untrennbar verbundenen Familie Frescobaldi. Sie hat die Entwicklung der italienischen Rebsorten aus griechischem Erbe über die einheimischen Reben der Toskana bis zur Einbürgerung des Cabernet Sauvignon mitvollzogen.

Der in fröhlicher Unbekümmertheit wenig von Statistiken erfaßte italienische Weinbau bildet für eine Analyse dieser Art einen schwierigen Rohstoff. Zu fast jedem noch so kleinen Bauernhof gehören hier auch ein paar Rebstöcke, oft mitten zwischen anderen Ackerfrüchten, wie ein italienischer Haushalt sie nun einmal braucht. Große, geordnete Weinpflanzungen im Besitz kommerzieller Organisationen können als Ausnahme betrachtet werden, so zum Beispiel Villa Banfi mit ihren modernen Anlagen in Montalcino.

Dennoch gibt es gewisse geographische Konzentrationen der Rebsorten, an die sich der Forschungsreisende halten kann. Nur der Trebbiano und der Sangiovese sind einigermaßen weit verbreitet, im Süden auch der Bombino Bianco und der rote Montepulciano. Ansonsten scheint jede Region in ihrer Küche und in ihren Rebsorten jeweils ganz eigene Spezialitäten zu bevorzugen. Es entbehrt nicht der Faszination, sich vorzustellen, daß schon die Etrusker den Lambrusco ebenso gern tranken wie heute vielleicht die Amerikaner an der Ostküste.

Kompliziert wird das Bild noch durch die große Konfusion, die von einem Ort zum anderen in den Namen der Reben herrscht. So heißen ganz verschiedene Sorten weithin einfach Bonvino, und auch Trebbiano wird oft zu Unrecht zitiert.

Die meisten italienischen Rebsorten kommen nur in einzelnen Regionen vor. Dennoch lassen sich historische Entwicklungsgänge aufspüren. Im Süden gibt es einige meist sehr gute Rebsorten, die offenbar griechischen Ursprungs sind, so daß man am liebsten auch im modernen Griechenland nach ihnen suchen möchte. Besonders augenfällig sind hierbei die Namen Aglianico und Greco. Die Ribolla im Friaul hat wahrscheinlich einen anderen Weg genommen. Sie ist mit Sicherheit dieselbe Rebe wie die Rebula in Nordwestjugoslawien und fast mit Sicherheit dieselbe wie die Robola in Kefallenia.

Auch zwischen Frankreich und Italien hat es Austausch gegeben, allerdings überraschend wenig. Der Brachetto in Asti ist der Braquet in Bellet; die Mondeuse in Savoyen ist der Refosco im Friaul (und der Terrano in Istrien); vielleicht ist dies eine Erinnerung an den Einfluß des Hauses Savoyen in Norditalien im 18. Jahrhundert.

Nur wenige italienische Rebsorten sind ins Ausland gelangt, so einige Rotweinreben aus dem Piemont nach Kalifornien, und der dort berühmt gewordene Zinfandel ist wahrscheinlich der Primitivo aus Apulien. Auswanderer nahmen Moscato Bianco, Bonarda, Lambrusco und Barbera mit nach Argentinien. Der deutsche Trollinger feiert als Schiava aus Südtirol große Exporterfolge. Und der Ampelograph Truel behauptet, daß der Tocai Friulano dieselbe Rebe ist wie der Sauvignonasse oder Sauvignon Vert, der in Chile, untermischt mit Sauvignon Blanc, als »Sauvignon« wächst und in Kalifornien oftmals mit Muscadelle verwechselt wird.

Leichter aufzufinden sind die internationalen »Klassiker« in Italien. Die Pinots aller Couleurs, die Cabernets, Merlot und Chardonnay sind schon im 18. Jahrhundert, möglicherweise mit Napoleons Truppen, in den Nordosten eingezogen.

Enge Verbindungen bestehen auch zu Spanien, vor allem in Sardinien, wo der Cannonau nichts anderes ist als der Garnacha. Die Malvasia ist in Italien wohl stärker verbreitet als in Spanien und Madeira. Sie gehört zu jener Gruppe alter und potentiell so guter Rebsorten, die ständig zusammenschmilzt und darum ganz besonders sorgfältiger Pflege bedarf.

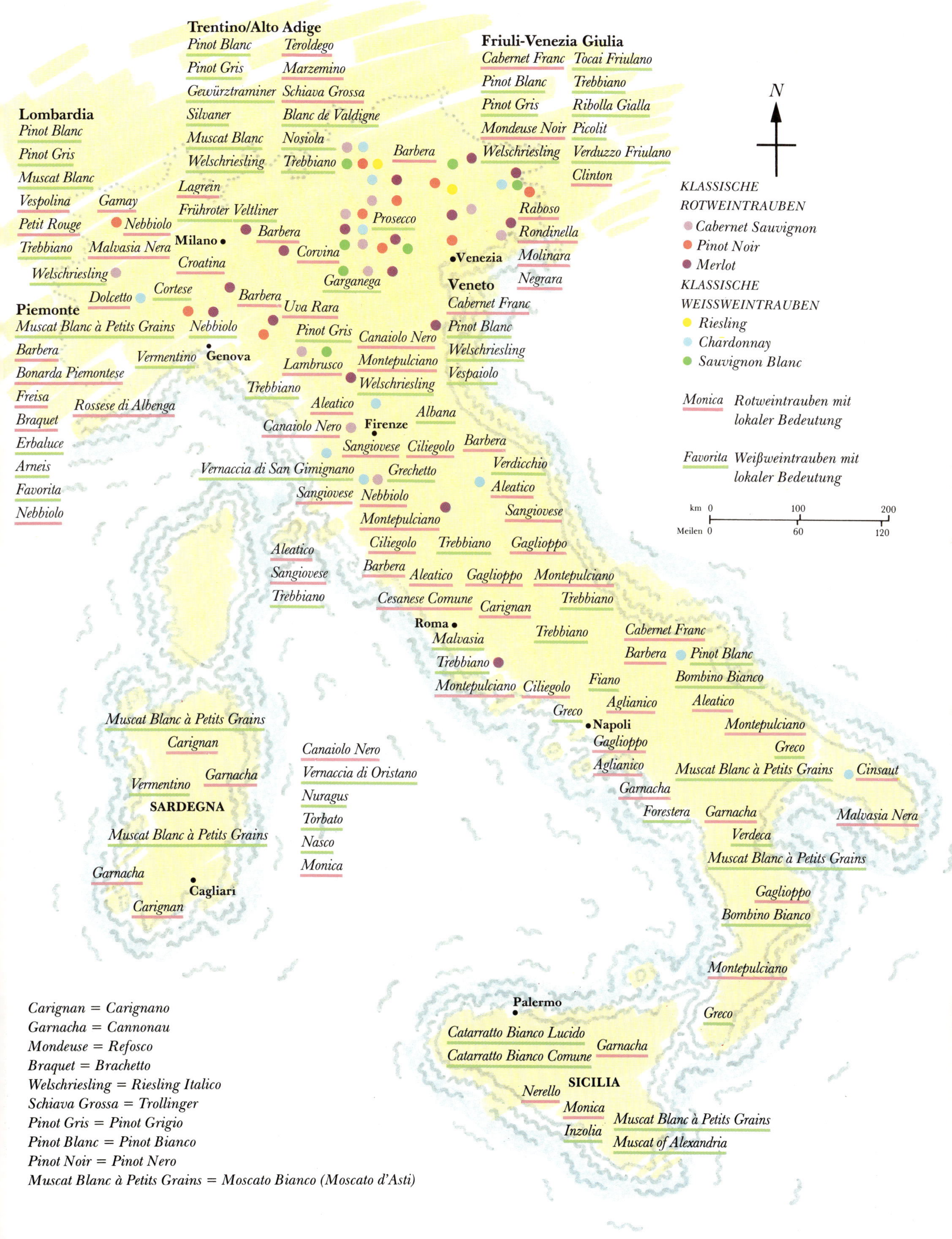
Trentino/Alto Adige
Pinot Blanc
Pinot Gris
Gewürztraminer
Silvaner
Muscat Blanc
Welschriesling
Teroldego
Marzemino
Schiava Grossa
Blanc de Valdigne
Nosiola
Trebbiano
Lagrein
Frühroter Veltliner
Friuli-Venezia Giulia
Cabernet Franc
Pinot Blanc
Pinot Gris
Mondeuse Noir
Welschriesling
Tocai Friulano
Trebbiano
Ribolla Gialla
Picolit
Verduzzo Friulano
Clinton
Lombardia
Pinot Blanc
Pinot Gris
Muscat Blanc
Vespolina
Petit Rouge
Trebbiano
Welschriesling
Gamay
Nebbiolo
Malvasia Nera
Milano
Barbera
Croatina
Corvina
Prosecco
Barbera
Raboso
Rondinella
Venezia
Molinara
Negrara
Garganega
Veneto
Cabernet Franc
Pinot Blanc
Welschriesling
Vespaiolo
Cortese
Dolcetto
Piemonte
Muscat Blanc à Petits Grains
Barbera
Bonarda Piemontese
Freisa
Braquet
Erbaluce
Arneis
Favorita
Nebbiolo
Barbera
Uva Rara
Nebbiolo
Pinot Gris
Canaiolo Nero
Vermentino
Genova
Lambrusco
Montepulciano
Welschriesling
Trebbiano
Rossese di Albenga
Aleatico
Albana
Canaiolo Nero
Firenze
Sangiovese
Ciliegolo
Barbera
Vernaccia di San Gimignano
Grechetto
Verdicchio
Aleatico
Sangiovese
Nebbiolo
Sangiovese
Montepulciano
Aleatico
Sangiovese
Trebbiano
Ciliegolo
Trebbiano
Gaglioppo
Barbera
Aleatico
Gaglioppo
Montepulciano
Cesanese Comune
Carignan
Trebbiano
Roma
Malvasia
Trebbiano
Trebbiano
Montepulciano
Ciliegolo
Cabernet Franc
Barbera
Pinot Blanc
Bombino Bianco
Fiano
Aglianico
Aleatico
Greco
Napoli
Montepulciano
Gaglioppo
Greco
Aglianico
Muscat Blanc à Petits Grains
Cinsaut
Garnacha
Forestera
Garnacha
Malvasia Nera
Verdeca
Muscat Blanc à Petits Grains
Gaglioppo
Bombino Bianco
Montepulciano
Greco
Muscat Blanc à Petits Grains
Carignan
Vermentino
Garnacha
SARDEGNA
Muscat Blanc à Petits Grains
Garnacha
Cagliari
Carignan
Canaiolo Nero
Vernaccia di Oristano
Nuragus
Torbato
Nasco
Monica
Palermo
Catarratto Bianco Lucido
Catarratto Bianco Comune
Garnacha
SICILIA
Nerello
Monica
Inzolia
Muscat Blanc à Petits Grains
Muscat of Alexandria
N
KLASSISCHE ROTWEINTRAUBEN
Cabernet Sauvignon
Pinot Noir
Merlot
KLASSISCHE WEISSWEINTRAUBEN
Riesling
Chardonnay
Sauvignon Blanc
Monica Rotweintrauben mit lokaler Bedeutung
Favorita Weißweintrauben mit lokaler Bedeutung
km 0 100 200
Meilen 0 60 120
Carignan = Carignano
Garnacha = Cannonau
Mondeuse = Refosco
Braquet = Brachetto
Welschriesling = Riesling Italico
Schiava Grossa = Trollinger
Pinot Gris = Pinot Grigio
Pinot Blanc = Pinot Bianco
Pinot Noir = Pinot Nero
Muscat Blanc à Petits Grains = Moscato Bianco (Moscato d'Asti)

N
km 0 50 100 150
Meilen 0 50 100
DDR
Pinot Blanc
Pinot Gris
Gewürztraminer
Silvaner
Praha
Portugieser
St-Laurent
CESKOSLOVENSKO
Grüner Veltliner
Welschriesling
Silvaner
Gewürztraminer
Pinot Blanc
Grüner Veltliner
Welschriesling
Neuburger
Muscatel
Furmint
Silvaner
Muscatel
Frühroter Veltliner
St-Laurent
Rotgipfler
Grüner Veltliner
Müller-Thurgau
Welschriesling
Neuburger
Zierfandler
Wien
ÖSTERREICH
Muscat Ottonel
Kadarka
Furmint
Ezerjó
Welschriesling
Hárslevelü
MAGYARORSZAG
Blaufränkisch
Furmint
Budapest
Pinot Gris
Bouvier
Pinot Blanc
Gewürztraminer
Pinot Gris
Muskat-Silvaner
Kadarka
Kéknyelü
Zierfandler
Feteasca Alba
Kövidinka
Blauer Wildbacher
Blaufränkisch
Portugieser
Juhfark
Silvaner
Mézesféhr
Gewürztraminer
Welschriesling
Pinot Blanc
Kadarka
Ribolla Gialla
Gewürztraminer
Welschriesling
Muscat Ottonel
Banat Riesling
Cabernet Franc
Kadarka
Pinot Gris
Pinot Blanc
Cabernet Franc
Malvasia
Pinot Gris
Gewürztraminer
Kövidinka
Banat Riesling
Pinot Blanc
Kraljevina
Plemenka
Kadarka
Smederevka
Zametovka
Maraština
Beograd
Welschriesling
Blaufränkisch
Barbera
Prokupac
Welschriesling
Mondeuse
Plavac Mali
Prokupac
Blaufränkisch
Plavina
JUGOSLAVIJA
Maraština
Plavac Beli
Plavac Mali
Bogdanusa
Prokupac
Plemenka
Vugava
Plavac Mali
Zilavka
Blatina
Plavac Beli
Grk
Vranac
Plavina
Prokupac
Belan
Plovdina
KLASSISCHE ROTWEINTRAUBEN
Cabernet Sauvignon
Pinot Noir
Merlot
KLASSISCHE WEISSWEINTRAUBEN
Riesling
Chardonnay
Sauvignon Blanc
Barbera Rotweintraube mit lokaler Bedeutung
Silvaner Weißweintraube mit lokaler Bedeutung

Der Osten Europas

Ein so komplexes Thema auf einen so kleinen Raum zusammenzupressen, ist schon ein Kunststück! Die Sowjetunion hat inzwischen eine größere Anbaufläche vorzuweisen als Frankreich oder Italien und hätte allein für sich ein Kapitel verdient. Es wäre freilich für den Weinfreund nur wenig von Nutzen, doch käme dabei klar zum Vorschein, wie groß die quantitative Bedeutung einer Handvoll im Westen unbekannter Reben wie Rkatsiteli und Saperavi wirklich ist. Als erfreulich darf man verbuchen, daß diese Massensorten auch imstande sind, sehr guten, ausdrucksvollen Wein hervorzubringen. Wie die meisten Länder auf dieser Karte hat auch die Sowjetunion mehr oder weniger Versuche mit internationalen Rebsorten gemacht. Der Chardonnay beispielsweise hat schon in den siebziger Jahren in Georgien, der Moldau-Republik und der Ukraine festen Fuß gefaßt.

In Bulgarien dagegen sind die alten einheimischen Rebsorten Melnik und Pamid gegenüber Merlot und Cabernet Sauvignon, die hier über eine größere Anbaufläche verfügen als in Bordeaux, in den Hintergrund geraten. Die Bulgaren haben sich ganz und gar auf die Kundschaft im Ausland eingestellt, und das mit größtem Erfolg.

Ungarn wiederum hat sich gegen den Modetrend bei den Rebsorten völlig abgeschirmt und pflegt seine vielen magyarischen Sorten. Die Furmint steht im Vordergrund, sie findet sich überall in Osteuropa unter verschiedenen Decknamen und sogar in Savoyen als Altesse-Rebe. Die rote Haupttraube Kadarka wird zwar immer wieder Ungarn zugeschrieben, stammt aber eigentlich aus Albanien. Auch viele andere in Ungarn heimische Reben, unter anderen Hárslevelü, Kéknyelü, Ezerjó und Juhfark – übrigens alles Weißweintrauben –, entbehren auf ihre eigene originelle Art durchaus nicht der Faszination.

Rumänien und Jugoslawien beherbergen osteuropäische Rebsorten und internationale Varietäten in bunter Mischung. Rumänien darf als die Wiege mancher heute weitverbreiteter Reben, zum Beispiel Feteasča, Tămiîoaša, vielleicht sogar Welschriesling, gelten. Jugoslawien kann, was den Wein oder die Reben anlangt, kaum als ein einheitliches Land angesehen werden. Im Norden und in der Mitte entstehen preiswerte Sortenweine mit vertrauten Namen; an der Küste und im Süden herrscht ein Labyrinth manchmal überaus interessanter lokaler Spezialitäten. Vugava und Viognier sind möglicherweise miteinander verwandt, und auch zwischen den robusten Weinen Makedoniens und denen des benachbarten nördlichen Griechenland müssen engere Verbindungen bestehen, als bisher angenommen wurde.

Natürlich halten sich in diesen relativ jungen Staatsgebilden die Rebsorten durchaus nicht an die Landesgrenzen. Manche ursprünglich in Tokaj beheimatete Reben finden sich heute auf tschechoslowakischem Staatsgebiet wieder, und die Weine Österreichs haben in der ČSSR, in Ungarn und Jugoslawien nahe Verwandte.

Überhaupt fügen sich die österreichischen Weine in ein einheitliches Muster: Die Weißweine sind kräftig, würzig, eher deutsch in der Art, die Rotweine leicht und süß. Daraus aber darf man keinesfalls auf einen Mangel an Individualität bei den Rebsorten schließen, denn mit Veltliner, Neuburger, Bouvier, Rotgipfler, Zierfandler, Blauem Limberger und Zweigelt bieten sich dem Rebenforscher fesselnde Studienobjekte dar, von denen nur der Limberger oder Blaufränkisch auch außerhalb Österreichs wirklich heimisch geworden ist.

Küste

Staatsgrenze

Blaufränkisch = Kékfrankos
= Blauer Limberger
Mondeuse = Terrano = Refosco
Feteascǎ Albǎ = Leányka
Sauvignon Blanc = Muskat-Silvaner

Welschriesling = Laskiriesling (Jugoslawien)
= Olaszriesling (Ungarn)
= Italianskj Rizling (Bulgarien)

— USA: Die Westküste —

In keinem Winkel der Erde bläst der Wind der Weinmode so scharf wie an der Westküste Amerikas. Der Winzer im Midi merkt eigentlich gar nicht, daß der Wein, den er hervorbringt, den Verbraucher nicht interessiert; Brüssel garantiert ja den Preis. Dagegen hat sein Berufskollege in Kalifornien hurtig seine Zinfandel-Reben auf Sauvignon Blanc umpfropfen müssen, kaum daß in *Time* und *Newsweek* Anfang der achtziger Jahre der Ausdruck »Weißweinboom« gefallen war.

Als 1974 Robert Mondavi seinen ersten denkwürdigen »Cabernet Sauvignon Reserve« herausbrachte, betrug in Kalifornien das Verhältnis von Weiß- und Rotweinreben 33600 zu 58400 ha. Zehn Jahre danach war diese Rebfläche auf den neuen Bedarf zugestutzt und belief sich auf 79200 beziehungsweise 66000 ha. Während also die Anbaufläche für Rotweinreben um bescheidene 13% gewachsen war, hatte sich die Weißweinrebfläche verdoppelt. Noch unmittelbar vor 1985 wurden jährlich 680 ha Rotweinreben auf Weißweinerzeugung umgepfropft. Und obendrein wurden noch 320 ha mit minderwertigen Weißweinreben auf höherwertige Sorten umveredelt. Wie in so manchen anderen Dingen, spielen an der Westküste auch im Weinbau Analysen mit entsprechenden Kehrtwendungen eine wesentliche Rolle.

Der Nutznießer dieses Weißweinbooms war der Colombard, der in Kalifornien die nähere Kennzeichnung »French« führt. Er ist bei weitem die am meisten angebaute Rebsorte und nimmt fast doppelt soviel Fläche ein wie sein nächster Rivale, der Chenin Blanc. 1983 kamen weitere 11200 ha an jungen, noch nicht im Ertrag stehenden French-Colombard-Reben zu dem Bestand von fast 18400 ha an älteren Stöcken dieser Sorte hinzu. Der Chardonnay steht unter den Weißweintrauben mit 9600 ha an dritter Stelle; von den Rotweintrauben übertrifft ihn nur die kalifornische Kuriosität Zinfandel. Daß der Cabernet Sauvignon die zweitmeist angebaute Rotweinrebe Kaliforniens ist, beweist, wie sortenbewußt die Amerikaner sind.

Nur langsam haben sich die amerikanischen Weinliebhaber die Verehrung des sortenreinen Weins so weit abgewöhnt, daß auch Merlot und Cabernet Franc aufkommen und ein besseres Verständnis für die reichlich pompös als »Multivarietals« bezeichneten Verschnitte und ihre besonderen Qualitäten wecken konnten. Allerdings wissen nur wenige Weinkenner in Kalifornien, daß der altehrwürdige Petit Verdot von der Gironde auch in ihren Weinbergen schon längst, wenn auch unter der irrtümlichen Bezeichnung Gros Manseng, in sehr kleinem Umfang wächst.

Neben den eigentlichen »klassischen« Sorten wurden auch noch einige andere – meist vermutlich von italienischen Einwanderern – ins Land gebracht, doch dann stößt der ausländische Forscher bei den in Kalifornien angebauten Rebsorten auf mancherlei Verwunderliches. Namen, die man sonst nirgendwo kennt, spielen hier eine ganz besondere Rolle.

Weinbaugebiete Kaliforniens

A MENDOCINO, LAKE

Colombard
Gewürztraminer
Trousseau Gris
Garnacha
Carignan
Valdiguié
Gamay Beaujolais
Durif
Zinfandel

B SONOMA

Gewürztraminer
Colombard
Melon de Bourgogne
Muscadelle
Durif
Carignan
Valdiguié
Gamay Beaujolais
Zinfandel

C NAPA

Colombard
Gewürztraminer
Trousseau Gris
Cabernet Franc
Gamay Beaujolais
Zinfandel
Durif
Valdiguié

D ALAMEDA, SANTA CLARA, SANTA CRUZ

Trousseau Gris

E MONTEREY, SAN BENTO

Melon de Bourgogne
Gewürztraminer
Silvaner
Colombard
Emerald Riesling
Trousseau Gris
Malvasia
Folle Blanche
Muscat Blanc à Petits Grains
Carignan
Gamay Beaujolais
Garnacha
Zinfandel
Durif
Valdiguié

F SAN LUIS OBISPO, SANTA BARBARA

Gewürztraminer
Silvaner
Durif
Zinfandel

G CENTRAL VALLEY

Monbadon
Colombard
Emerald Riesling
Flora
Malvasia
Muscat Blanc à Petits Grains
Palomino
Peverella
Trebbiano
Alicanté Bouschet
Garnacha
Barbera
Cinsaut
Carignan
Carnelian
Centurion
Valdiguié
Mission
Durif
Royalty 1390
Rubired
Ruby Cabernet
Salvador
Zinfandel
Garnacha

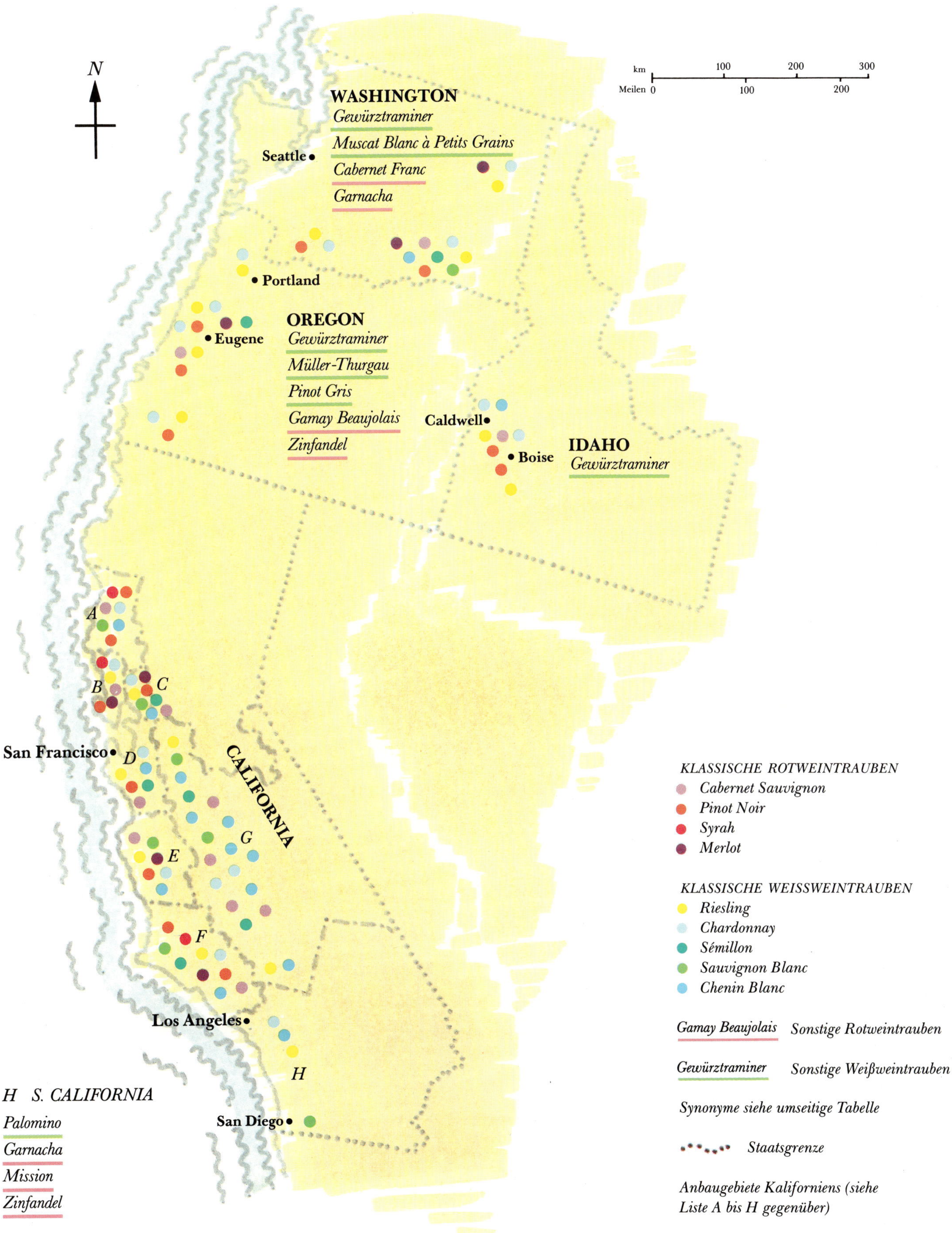
N
km 100 200 300
Meilen 0 100 200
WASHINGTON
Gewürztraminer
Muscat Blanc à Petits Grains
Cabernet Franc
Garnacha
Seattle
Portland
OREGON
Gewürztraminer
Müller-Thurgau
Pinot Gris
Gamay Beaujolais
Zinfandel
Eugene
Caldwell
Boise
IDAHO
Gewürztraminer
A
B
C
San Francisco
D
CALIFORNIA
E
G
F
Los Angeles
H
San Diego
H S. CALIFORNIA
Palomino
Garnacha
Mission
Zinfandel
KLASSISCHE ROTWEINTRAUBEN
Cabernet Sauvignon
Pinot Noir
Syrah
Merlot
KLASSISCHE WEISSWEINTRAUBEN
Riesling
Chardonnay
Sémillon
Sauvignon Blanc
Chenin Blanc
Gamay Beaujolais Sonstige Rotweintrauben
Gewürztraminer Sonstige Weißweintrauben
Synonyme siehe umseitige Tabelle
Staatsgrenze
Anbaugebiete Kaliforniens (siehe Liste A bis H gegenüber)

NAME AN DER WESTKÜSTE	WIRKLICHER NAME
Petite Sirah	*Durif*
Gamay Beaujolais	*Pinot-Noir-Klon*
Napa Gamay	*Valdiguié*
Pinot St George	*Négrette**
Early Burgundy	*Abouriou*
Charbono	*Corbeau*
Gros Manseng	*Petit Verdot*
Xeres	*Graciano, Morrastel*
Valdepeñas	*Tempranillo**
Zinfandel	*Primitivo, Plavac Mali**
Pinot Blanc	*Melon, Muscadet*
Sauvignon Vert	*Muscadelle*
Savagnin Musqué	*Sauvignon Blanc*
Burger	*Monbadon*
Gray Riesling	*Trousseau Gris (s. a. Bastardo)*

* *wahrscheinlich*

Namen aus dem Davis-Züchtungsprogramm der fünfziger Jahre wie Ruby Cabernet, Carnelian und Emerald Riesling sind ja noch leicht zu erklären, andere dagegen schon schwieriger. Jeder Franzose stünde verständnislos vor Rebsorten wie Early Burgundy, Napa Gamay, Charbono, Burger und Gray Riesling, und doch kennt er sie alle aus den Weinbergen Frankreichs, nur unter anderem Namen (siehe Tabelle).

Sicher wäre der angeblich so wahrheitsdurstige, auf eindeutiger Etikettierung bestehende amerikanische Durchschnittsverbraucher wohl sehr überrascht, wenn ihm zu Ohren käme, daß der ihm an der Westküste als Pinot Blanc verkaufte Weißwein weder mit dem Pinot Blanc aus Frankreich noch dem Pinot Bianco aus Italien etwas zu tun hat, sondern vielmehr der Melon aus Muscadet ist. Ebenso hat es sich in Kalifornien durch Irrtum und Tradition zugleich eingebürgert, den Namen Gamay mit zwei Rebsorten zu verbinden, die miteinander und mit dem echten Gamay nichts gemeinsam haben (siehe Tabelle). Die richtige Bezeichnung der Rebsorten scheint an der Westküste erstaunlich weit unten auf der Liste der Prioritäten zu rangieren.

Ganz oben dagegen steht im kalifornischen Weinbau die mit Erfolg betriebene Entwicklung virusfreien Pflanzenmaterials. Die Klonauswahl ist bei weitem noch nicht auf so hohem Stand. Am dringendsten aber wird eine bessere Anleitung zum Anpflanzen der jeweils richtigen Rebsorten in den verschiedenen Regionen oder auch Lagen benötigt. In dieser Hinsicht geht es eher rückwärts als voran. Das in Davis entwickelte System der »Wärmesummierung«, bei dem eine Zoneneinteilung von der kühlen Region I bis zur backofenheißen Region V getroffen wird, ist noch im Schwang, doch kümmert man sich neuerdings weniger um die Empfehlungen bestimmter Rebsorten für bestimmte Regionen, weil manche der besten Weine im Widerspruch zu den Davis-Richtlinien entstanden sind.

In der Karte wird eine Voraussage versucht, welche Rebsorten sich in welchen Gegenden wohl am besten bewähren werden. Aus ihr geht auch deutlich hervor, wie sehr die Sortenselektion in Kalifornien noch in den Kinderschuhen steckt. In Oregon schafft das einheitlichere Klima einfachere Verhältnisse, ebenso in Washington, wo der Weinbau sehr viel eigenständiger ist.

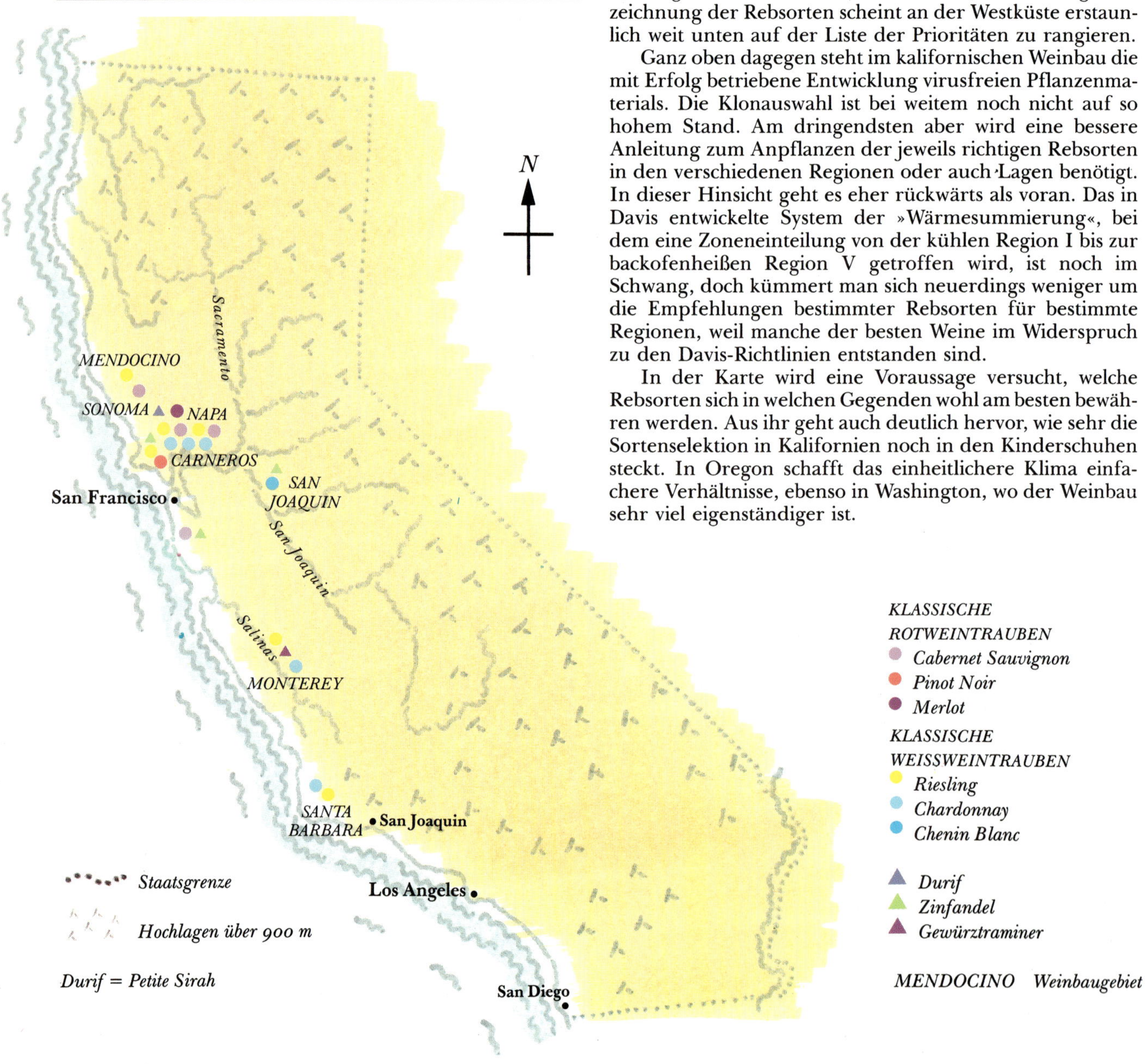

Südamerika

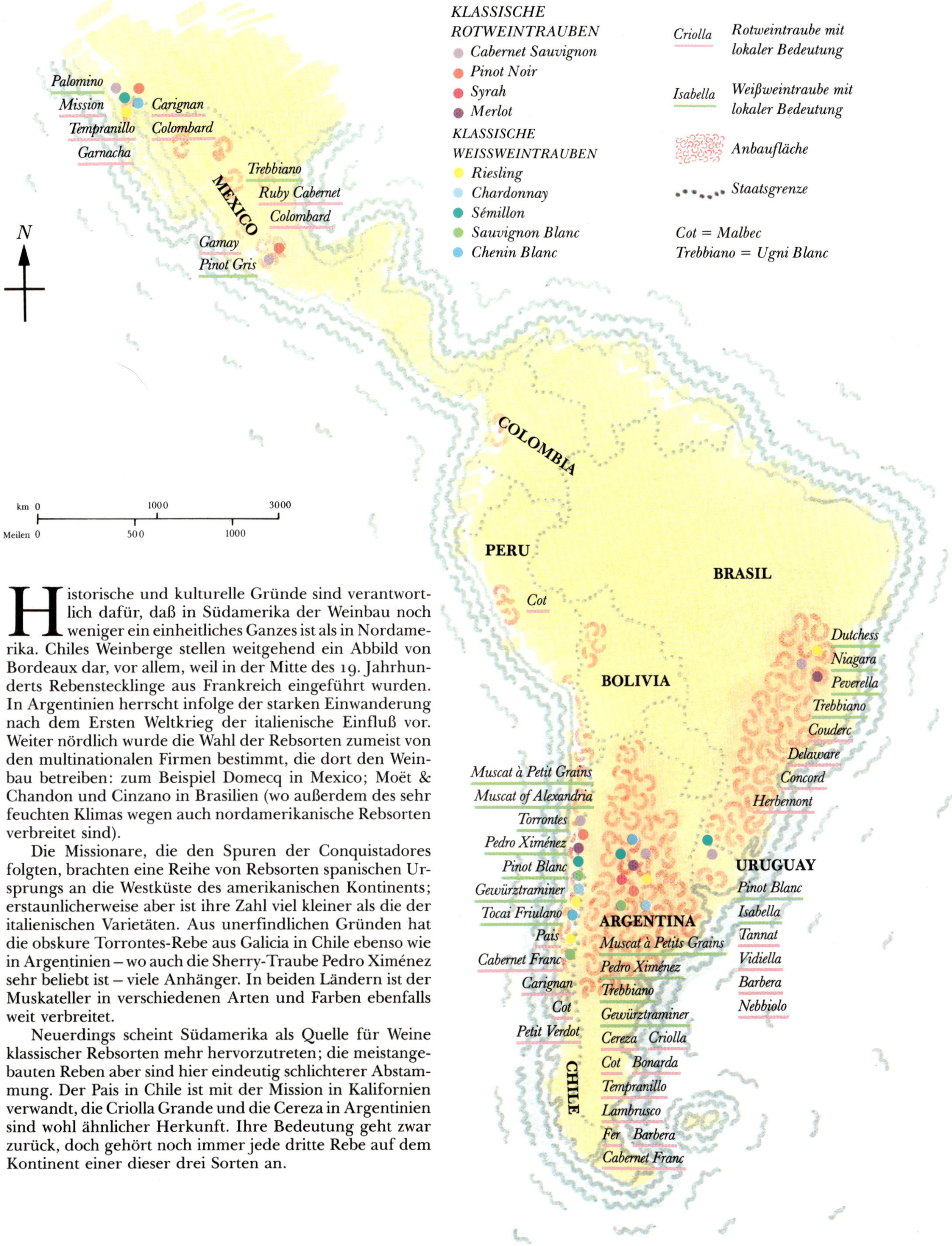

Historische und kulturelle Gründe sind verantwortlich dafür, daß in Südamerika der Weinbau noch weniger ein einheitliches Ganzes ist als in Nordamerika. Chiles Weinberge stellen weitgehend ein Abbild von Bordeaux dar, vor allem, weil in der Mitte des 19. Jahrhunderts Rebenstecklinge aus Frankreich eingeführt wurden. In Argentinien herrscht infolge der starken Einwanderung nach dem Ersten Weltkrieg der italienische Einfluß vor. Weiter nördlich wurde die Wahl der Rebsorten zumeist von den multinationalen Firmen bestimmt, die dort den Weinbau betreiben: zum Beispiel Domecq in Mexico; Moët & Chandon und Cinzano in Brasilien (wo außerdem des sehr feuchten Klimas wegen auch nordamerikanische Rebsorten verbreitet sind).

Die Missionare, die den Spuren der Conquistadores folgten, brachten eine Reihe von Rebsorten spanischen Ursprungs an die Westküste des amerikanischen Kontinents; erstaunlicherweise aber ist ihre Zahl viel kleiner als die der italienischen Varietäten. Aus unerfindlichen Gründen hat die obskure Torrontes-Rebe aus Galicia in Chile ebenso wie in Argentinien – wo auch die Sherry-Traube Pedro Ximénez sehr beliebt ist – viele Anhänger. In beiden Ländern ist der Muskateller in verschiedenen Arten und Farben ebenfalls weit verbreitet.

Neuerdings scheint Südamerika als Quelle für Weine klassischer Rebsorten mehr hervorzutreten; die meistangebauten Reben aber sind hier eindeutig schlichterer Abstammung. Der Pais in Chile ist mit der Mission in Kalifornien verwandt, die Criolla Grande und die Cereza in Argentinien sind wohl ähnlicher Herkunft. Ihre Bedeutung geht zwar zurück, doch gehört noch immer jede dritte Rebe auf dem Kontinent einer dieser drei Sorten an.

SÜDAFRIKA

Noch mehr als Kalifornien, Australien und Neuseeland hat Südafrika ein Problem, das sich an der Qualität seiner Weine nicht ablesen läßt: Rebenkrankheiten.

Am schwerwiegendsten sind die Viruskrankheiten: Reisig- und Blattrollkrankheit sowie Rindenrost. Sie verursachen nicht nur Ertragsminderungen, sondern verlangsamen auch die Ausbreitung der Rebsorten. Die Rebschulen geben Edelreiser neuer Sorten – ob importiert oder aus einheimischer Zucht – erst nach langwieriger Quarantäne, Klonauswahl und Antivirus-Wärmebehandlung frei.

Die Nachfrage der südafrikanischen Weinliebhaber und Weinerzeuger – meist sind sie mit den Weintraubenfarmern nicht identisch – nach neuen Rebsorten kann kaum befriedigt werden. Das Kapland ist, wie alle anderen englischsprachigen Länder, in größte Verzückung über den Chardonnay verfallen, und die Begeisterung für Sauvignon Blanc folgt dem hart auf den Fersen. Doch wie sich ein bekannter Weinfarmer 1984 beschwerte, sei »außer Cabernet Sauvignon nicht eine einzige Rebe der ertragsschwachen edlen Sorten ohne weiteres zu haben und ein guter Chardonnay-Klon schon gar nicht«.

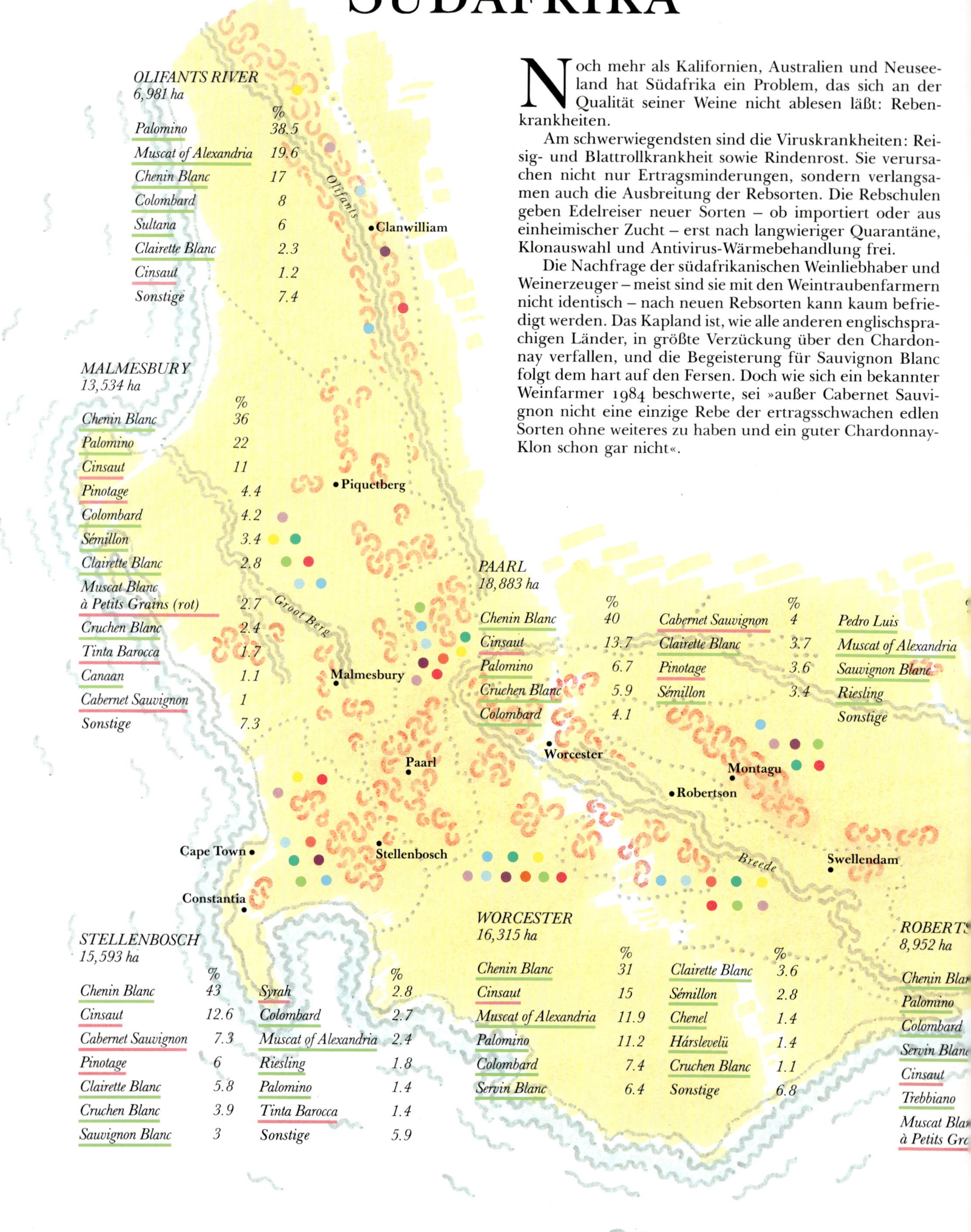

OLIFANTS RIVER
6,981 ha

	%
Palomino	38.5
Muscat of Alexandria	19.6
Chenin Blanc	17
Colombard	8
Sultana	6
Clairette Blanc	2.3
Cinsaut	1.2
Sonstige	7.4

MALMESBURY
13,534 ha

	%
Chenin Blanc	36
Palomino	22
Cinsaut	11
Pinotage	4.4
Colombard	4.2
Sémillon	3.4
Clairette Blanc	2.8
Muscat Blanc à Petits Grains (rot)	2.7
Cruchen Blanc	2.4
Tinta Barocca	1.7
Canaan	1.1
Cabernet Sauvignon	1
Sonstige	7.3

PAARL
18,883 ha

	%		%	
Chenin Blanc	40	Cabernet Sauvignon	4	Pedro Luis
Cinsaut	13.7	Clairette Blanc	3.7	Muscat of Alexandria
Palomino	6.7	Pinotage	3.6	Sauvignon Blanc
Cruchen Blanc	5.9	Sémillon	3.4	Riesling
Colombard	4.1			Sonstige

STELLENBOSCH
15,593 ha

	%		%
Chenin Blanc	43	Syrah	2.8
Cinsaut	12.6	Colombard	2.7
Cabernet Sauvignon	7.3	Muscat of Alexandria	2.4
Pinotage	6	Riesling	1.8
Clairette Blanc	5.8	Palomino	1.4
Cruchen Blanc	3.9	Tinta Barocca	1.4
Sauvignon Blanc	3	Sonstige	5.9

WORCESTER
16,315 ha

	%		%
Chenin Blanc	31	Clairette Blanc	3.6
Cinsaut	15	Sémillon	2.8
Muscat of Alexandria	11.9	Chenel	1.4
Palomino	11.2	Hárslevelü	1.4
Colombard	7.4	Cruchen Blanc	1.1
Servin Blanc	6.4	Sonstige	6.8

ROBERTS
8,952 ha

Chenin Bla
Palomino
Colombard
Servin Blan
Cinsaut
Trebbiano
Muscat Bla à Petits Gr

Es erscheint zweifelhaft, daß in den Weinfeldern am Kap ein rascher Wandel eintreten könnte. Unter vielen anderen Gründen trägt auch das dortige Quotensystem wenig zur Verbesserung der Weinqualität oder zur Förderung des Rebenanbaus in kühleren Gebieten bei.

Das Bild des Bestands an Rebsorten – am Kap heißt der Fachausdruck »Cultivars« – hat sich in den letzten zwanzig Jahren beträchtlich verändert und veranschaulicht vor allem die Meisterschaft in der Verarbeitung des Chenin Blanc in kühler Gärtechnik. Der Cinsaut, noch 1960 die meistangebaute Rebsorte am Kap, steht heute nur noch an dritter Stelle. Der Palomino stand Ende der sechziger Jahre an der Spitze und ist inzwischen auf dem zweiten Platz. Ganz nach vorn gestoßen ist der Chenin Blanc (Steen), auf den jetzt fast 30% der Anbaufläche entfallen.

In mancher Hinsicht ähneln die Rebsorten Südafrikas ausgesprochen denen Australiens. Das Kap war die letzte Etappe der englischen Flotte vor ihrer Landung in New South Wales, und Captain Phillips sah damals Rebenstecklinge als einen wichtigen Bestandteil seiner Fracht an – der Pontac vom Kap und der damals weltberühmte Dessertwein Constantia mögen ihn darin bestärkt haben.

Der Muscat of Alexandria (unter dem Namen Hanepoot in Südafrika und Gordo Blanco in Australien) spielt neben Palomino, Sultana, Sémillon, Clairette Blanc und Cruchen Blanc (eine in Südafrika als Cape Riesling und in Australien als Clare Riesling sehr verbreitete Sorte) noch heute in beiden Ländern eine große Rolle.

Mehr aus soziologischen als aus klimatischen Gründen ist der Weinbau am Kap vor allem in Deutschland in die Lehre gegangen und nicht in einem Land, das mit demselben Hauptproblem – der Sommerhitze nämlich – zu kämpfen hat. Erst seit neuestem wird erkannt, daß speziell für das heiße Klima geeignete Traubensorten nötig wären. Die heute in Portugal geleisteten Vorarbeiten könnten einmal den Weg zu Traubensorten weisen, die auch bei hohen Temperaturen genügend Säure bewahren.

Zwar sind in letzter Zeit ein paar Neuzüchtungen, Chenel zum Beispiel, entstanden, doch ist die seit 60 Jahren bewährte Pinotage bisher Südafrikas einziger größerer Beitrag zur Welt des Weinbaus. Schwer verständlich ist nur, wie sich das Erbgut des Pinot Noir in Verbindung mit Cinsaut gerade in einem so ausgesprochen unburgundischen Klima behaupten konnte.

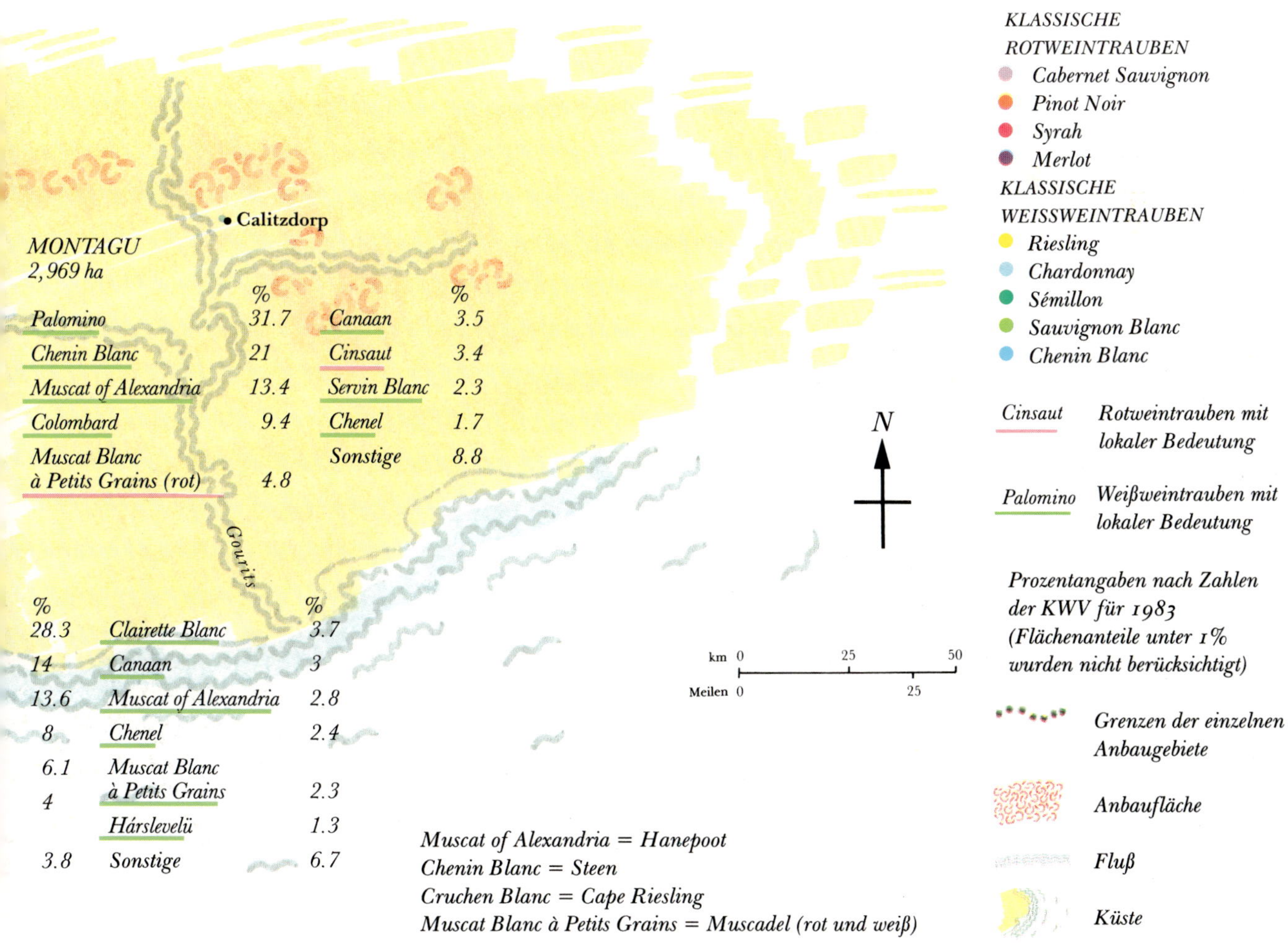

AUSTRALIEN

Aufregende Zeiten erlebt der australische Weinbau heute. Nach einem Jahrhundert, in dem vorwiegend dickliche Dessertweine in heißem Klima entstanden, haben sich die australischen Weinerzeuger endlich auf die Nachfrage nach leichteren, frischeren Weinen eingestellt und kühlere Lagen für ihre Weinberge, oft an weltabgelegenen Stellen, ausgesucht. Anders als in Europa sind hier noch weite Strecken hervorragend geeigneten Bodens zu finden, und anders als in Amerika – der Vergleich ist nicht zu umgehen – hat der australische Weinbau schon große Fortschritte in der richtigen Abstimmung zwischen Rebsorten und Mikroklima gemacht.

Südaustralien, insbesondere das Barossatal und seine Umgebung, kann sich einer Versiertheit in Riesling rühmen, der nur Deutschland gleichkommt. Im äußersten Südosten dieses Bundesstaats besteht seit Jahrzehnten eine glückliche Verbindung zwischen Coonawarra und Cabernet Sauvignon. Die Eignung des Hunter Valley für Syrah (Shiraz) und Sémillon hat sich schon vor einem Jahrhundert erwiesen, und manche Cabernets und Chardonnays aus dieser Gegend begeistern seit Jahren die Weinfreunde in Sydney. Im nordwestlichen Victoria bringt eine braune Variante des Muscat de Frontignan (Muscat Blanc à Petits Grains) die einzigartigen Liqueur Muscats von Rutherglen hervor.

Ein außergewöhnlich glücklicher Aspekt des australischen Weinbaus ist dabei das Überwiegen erstklassiger Rebsorten. Abgesehen von der Sultana, die mit gewaltigen Mengen die Rosinenindustrie beliefert, ist der Riesling die meistangebaute Weißweintraube. Mancher deutsche Weinkenner könnte ob solcher Statistik herben Neid empfinden, beim australischen Verbraucher aber hat sich aus einem Übermaß an Gewöhnung fast so etwas wie Mißachtung dieser Traube entwickelt, seitdem das Schlagwort »trocken ist fein« im Schwange ist. Heutzutage muß es um jeden Preis Chardonnay sein. Auch ein beunruhigender Trend zu sogenannten exotischen Rebsorten wie Gewürztraminer und Sauvignon Blanc ist festzustellen, und zwar ausgerechnet in Gegenden, die viel zu heiß sind, als daß sich das Aroma entwickeln könnte, ehe der Säuregehalt verflacht.

Die Geringschätzung, die dem Riesling entgegengebracht wird, hat ihr Gegenstück auch bei einer der feinsten Rotweintrauben der Erde, der Syrah von der Rhône. Über ein Drittel der Rotweinreben Australiens entfällt auf diese Sorte, die hier Shiraz heißt. Die Winzer im Midi, die mit viel Mühe ihre Syrah-Anpflanzungen erweitern, um der Qualität ihrer Rotweine aufzuhelfen, könnten hiervon beeindruckt sein. Für den Australier ist der Shiraz nichts weiter als ein Alltagsrotwein, freilich oft im Übermaß und sorglos bei zu hohen Gärtemperaturen bereitet, so daß er flach und hohl ausfällt. Könnte man dem australischen Verbraucher nur ein wenig von der Verehrung der Europäer für Hermitage und die Côte Rôtie einimpfen, dann wäre es um den Shiraz besser bestellt.

Australiens Rebsorten bieten noch andere interessante Aspekte. Trauben für gespritete Weine haben hier Tradition; sie wurden wahrscheinlich im vorigen Jahrhundert aus Spanien, Portugal und Frankreich eingeführt. Der Muscat of Alexandria nimmt unter dem Namen Gordo Blanco eine nicht viel kleinere Fläche ein als der Rhine Riesling, wenn auch meist in wärmeren Gegenden. Aus Jerez kamen Palomino, Pedro Ximénez und die heute in ihrer Heimat fast unbekannte Cañocazo. Doradillo ist sicher auch spanischen Ursprungs, und aus Portugal stammt eine verwirrende Vielzahl von Sorten, deren Bestimmung 1976 dem französischen Ampelographen P. Truel übertragen wurde. Auch Touriga, Bonvedro, Tinta Amarella und Verdelho sind zumindest jeweils mit einer ihrer Arten vertreten.

Weitere Verwirrung haben die neueren Importe von Jungreben aus Kalifornien, wo ja auch viel Unklarheit über die Identität der eigenen Sorten herrscht, ins Bild gebracht. Die Liste der australischen Rebsortennamen ist eine seltsame Mischung aus Englisch (wobei das Wörtchen »falsch« eine große Rolle spielt), Französisch, Spanisch und Portugiesisch, untermischt mit irreführenden Hinweisen und Spuren. Im Rebendschungel Australiens stößt der Forscher immer wieder auf unerwartete Entdeckungen, aber schließlich wird hier seit nunmehr zwei Jahrhunderten Wein gebaut, ohne daß sich die Tradition oder auch der Gesetzgeber allzuviel eingemischt hätten. Kein Wunder also, daß einiges durcheinander geraten ist.

Auf diesen Karten wird aufzuzeigen versucht, welche Rebsorten in den verschiedenen Gegenden des Kontinents am besten gedeihen dürften. Sie geben keineswegs den gegenwärtigen Stand des australischen Weinbaus wieder, der durch weite Flächen bewässerten Landes in heißerem Klima beherrscht wird. Allgemein darf gesagt werden: Je kühler die Gegend, desto größer die Auswahl der Rebsorten, die dort guten Wein erbringen. So erklärt sich die Häufung der Zeichen im Süden von Westaustralien. Daß der Chardonnay so reichlich in Erscheinung tritt, ist einerseits dem Rummel zu verdanken, der um ihn gemacht wird, anderseits aber auch seiner Anpassungsfähigkeit an die unterschiedlichsten Klimaverhältnisse.

KLASSISCHE ROTWEINTRAUBEN
- *Cabernet Sauvignon*
- *Pinot Noir*
- *Syrah*

KLASSISCHE WEISSWEINTRAUBEN
- *Riesling*
- *Chardonnay*
- *Sémillon*

- *Muscat de Frontignan*
- *Muscadelle*

PADTHAWAY *Anbaugebiete*

Fluß

Hauptstraße

N
A
Bunbury
MARGARET RIVER
Margaret River
MOUNT FRANKLAND
Frankland
MOUNT BARKER
Mount Barker
Albany
B
Clare
CLARE VALLEY
Nuriootpa
BAROSSA VALLEY
Light River
Gawler
Eden Valley
ADELAIDE HILLS
Mount Lofty
Adelaide
C
Padthaway
Keppoch
PADTHAWAY
Naracoorte
COONAWARRA
Coonawarra
Penola
D
Yarra Glen
Yarra River
YARRA VALLEY
Lilydale
E
Corowa
COROWA-RUTHERGLEN
Rutherglen
Albury
Ovens
Wangaratta
F
Muswellbrook
UPPER HUNTER
Hunter River
Singleton
LOWER HUNTER
Cessnock

Neuseeland

In Neuseeland befindet sich der noch relativ kleine Weinbau in radikalerer Umwälzung als irgendwo sonst. Dabei verspricht er ein enormes Potential. 1986 wurde eine Kampagne eingeleitet, durch die ein Viertel der Anbaufläche von den unerwünschtesten Rebsorten in den ungeeignetsten Lagen befreit werden soll.

Seit 1960 sind die früher für das ziemlich kühle Klima als unbedingt nötig erachteten Hybridreben praktisch von *Vinifera*-Reben verdrängt worden. Die Anbaufläche des Müller-Thurgau beispielsweise stieg von 60 ha im Jahr 1960 auf 6000 ha im Jahr 1985 und erbringt 45% der Jahreserzeugung. Nirgendwo sonst wird der Weinbau eines Landes so sehr von einer einzigen Rebsorte beherrscht. In Neuseeland entstehen wie in England interessantere und lebendigere Müller-Thurgau-Weine als in der Heimat dieser Rebe. Doch ihre Übermacht ist schuld daran, daß ihr der verdiente Respekt auf der Nord- wie auf der Südinsel versagt wird.

Auf die Hybridreben entfallen inzwischen nur noch 7% der Gesamtanbaufläche. Wie in Australien gilt die größte Faszination denjenigen Rebsorten, die mit trockenen sortenreinen Weinen in Zusammenhang gebracht werden: Sauvignon Blanc und Gewürztraminer (der sich in Neuseeland viel besser bewährt als in Australien), Chenin Blanc und vor allem Chardonnay. Sonderbar ist, daß der Riesling bisher in Neuseeland mit seinem den deutschen Verhältnissen viel näher kommenden Klima nicht so gut Fuß gefaßt hat wie in Australien. Das mag daran liegen, daß das erhältliche Pflanzenmaterial nicht recht gesund ist.

Neuseelands »Weinbau-Guru« Richard Smart ist auf eine neuartige Lösung für dieses in den neueren Weinbaugegenden der Welt nur allzu verbreitete Problem gekommen: Die Siedler früherer Zeiten, unter ihnen französische Missionare, brachten nämlich schon um 1819 *Vinifera*-Stecklinge nach Neuseeland. Was sie damals anbauten, wurde von der doppelten Plage der Reblaus und der Prohibition zwar vernichtet, doch waren auch Pflanzen an die Maoris für deren eigenen Bedarf abgegeben worden. Smart spürt nun die Nachkömmlinge dieser irgendwo in der Wildnis ausgepflanzten Reben auf. Da sie überlebt haben, steht fest, daß sie einwandfrei gesund und als Zuchtmaterial im neuseeländischen Klima höchst geeignet sind.

Die Ansicht, Neuseeland sei zu kühl für Rotweinreben, sollte schleunigst fallengelassen werden. Zwar kommt hier auf acht weiße nur jeweils eine rote Rebe, doch sind auf der Nordinsel schon gute Cabernet/Merlot-Weine und im südlichsten Weinberg der Welt bei Christchurch ein vielversprechender Pinot Noir gewachsen.

Der noch junge vulkanische Boden ist außerordentlich fruchtbar; deshalb kommt es sehr darauf an, Wachstum und Erträge in Grenzen zu halten. Die Struktur der Weinwirtschaft treibt die Erträge sowieso nach oben, weil der Weinbau in den Händen von zwei scharf voneinander getrennten Gruppen liegt, deren Interessen durchaus nicht immer übereinstimmen. Der Schlüssel zur bestmöglichen Abstimmung von Qualität und Ertrag liegt in der Erziehung der Reben, die in der Forschungsanstalt Te Kauwhata den Gegenstand eingehenden Studiums bildet.

Die geradezu übermäßige Fruchtbarkeit macht schwachwüchsige Unterlagen erforderlich, und auch auf diesem Gebiet werden Forschungsarbeiten ausgeführt. Die Feststellung, daß von dem runden Dutzend der in Neuseeland gebräuchlichen Unterlagen fünf einen falschen Namen trugen, läßt noch allerhand Überraschungen erwarten.

Ein großer Teil der besseren Lagen Neuseelands ist mit noch jungen Reben besetzt, zum Beispiel Cooks Te-Kauwhata-Weinberg auf der Nordinsel. So darf damit gerechnet werden, daß mit zunehmendem Alter der Weinstöcke auch der Wein an Reife gewinnt.

Ein hoher Prozentsatz von Neuseelands interessanterer Rebfläche ist mit relativ jungen Reben bepflanzt, wie hier auf Cooks Grundstück Te-Kauwhata, das auf der Nordinsel liegt. Die Weine dürften sich ebenso gut wie die Reben entwickeln.

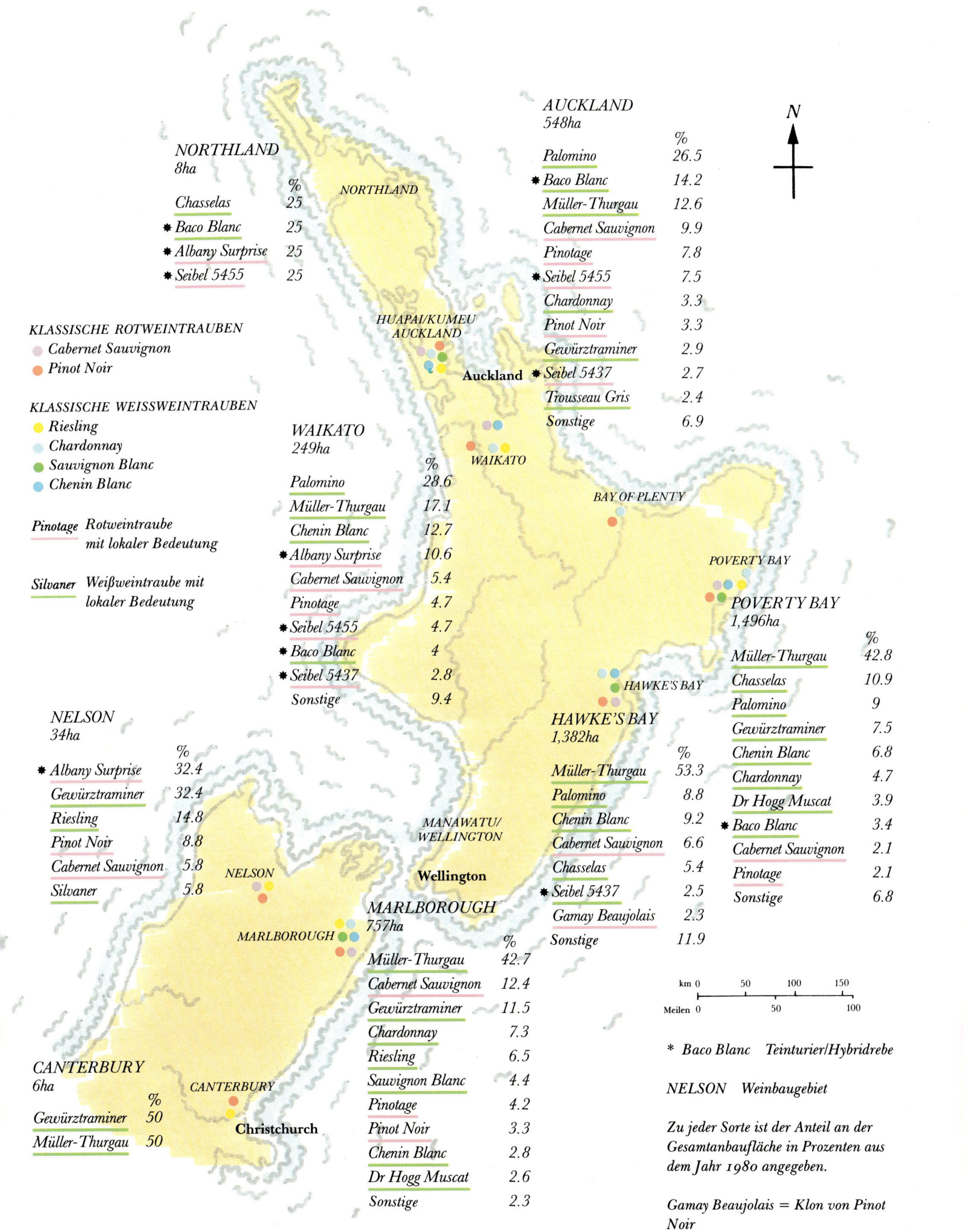
N
NORTHLAND
8ha
%
Chasselas 25
* Baco Blanc 25
* Albany Surprise 25
* Seibel 5455 25
AUCKLAND
548ha
%
Palomino 26.5
* Baco Blanc 14.2
Müller-Thurgau 12.6
Cabernet Sauvignon 9.9
Pinotage 7.8
* Seibel 5455 7.5
Chardonnay 3.3
Pinot Noir 3.3
Gewürztraminer 2.9
* Seibel 5437 2.7
Trousseau Gris 2.4
Sonstige 6.9
KLASSISCHE ROTWEINTRAUBEN
Cabernet Sauvignon
Pinot Noir
KLASSISCHE WEISSWEINTRAUBEN
Riesling
Chardonnay
Sauvignon Blanc
Chenin Blanc
Pinotage Rotweintraube mit lokaler Bedeutung
Silvaner Weißweintraube mit lokaler Bedeutung
NORTHLAND
HUAPAI/KUMEU AUCKLAND
Auckland
WAIKATO
249ha
%
Palomino 28.6
Müller-Thurgau 17.1
Chenin Blanc 12.7
* Albany Surprise 10.6
Cabernet Sauvignon 5.4
Pinotage 4.7
* Seibel 5455 4.7
* Baco Blanc 4
* Seibel 5437 2.8
Sonstige 9.4
WAIKATO
BAY OF PLENTY
POVERTY BAY
POVERTY BAY
1,496ha
%
Müller-Thurgau 42.8
Chasselas 10.9
Palomino 9
Gewürztraminer 7.5
Chenin Blanc 6.8
Chardonnay 4.7
Dr Hogg Muscat 3.9
* Baco Blanc 3.4
Cabernet Sauvignon 2.1
Pinotage 2.1
Sonstige 6.8
HAWKE'S BAY
HAWKE'S BAY
1,382ha
%
Müller-Thurgau 53.3
Palomino 8.8
Chenin Blanc 9.2
Cabernet Sauvignon 6.6
Chasselas 5.4
* Seibel 5437 2.5
Gamay Beaujolais 2.3
Sonstige 11.9
NELSON
34ha
%
* Albany Surprise 32.4
Gewürztraminer 32.4
Riesling 14.8
Pinot Noir 8.8
Cabernet Sauvignon 5.8
Silvaner 5.8
MANAWATU/ WELLINGTON
Wellington
NELSON
MARLBOROUGH
MARLBOROUGH
757ha
%
Müller-Thurgau 42.7
Cabernet Sauvignon 12.4
Gewürztraminer 11.5
Chardonnay 7.3
Riesling 6.5
Sauvignon Blanc 4.4
Pinotage 4.2
Pinot Noir 3.3
Chenin Blanc 2.8
Dr Hogg Muscat 2.6
Sonstige 2.3
CANTERBURY
6ha
%
Gewürztraminer 50
Müller-Thurgau 50
CANTERBURY
Christchurch
km 0 50 100 150
Meilen 0 50 100
* Baco Blanc Teinturier/Hybridrebe
NELSON Weinbaugebiet
Zu jeder Sorte ist der Anteil an der Gesamtanbaufläche in Prozenten aus dem Jahr 1980 angegeben.
Gamay Beaujolais = Klon von Pinot Noir

— Die meistangebauten Weinreben —

Nur wenige Weinfreunde werden mit der untenstehenden Tabelle auf den ersten Blick zufrieden sein. Es ist durchaus nicht allgemein bekannt, daß die Airén, die weiße Traube von La Mancha, hier an die erste Stelle gehört. Sie ist überhaupt ihrem Namen und ihrem Geschmack nach nur wenigen vertraut, und das gilt ebenso für die meisten übrigen Traubensorten Spaniens in dieser Tabelle: Monastrell, Bobal und Xarel-lo; dagegen ist die Garnacha als Grenache in Frankreich, der Macabeo als Maccabeu in Frankreich oder als Viura in Rioja dem Liebhaber schon eher geläufig.

Spanische Namen herrschen in dieser Tabelle vor, denn sie wurden auf der Grundlage der von den einzelnen Rebsorten eingenommenen Anbaufläche zusammengestellt. Die spanische Rebfläche ist größer als in irgendeinem anderen Land der Erde (allerdings holt die UdSSR schnell auf, daher steht Rkatsiteli so weit oben). Im trockenen Spanien stehen die Rebstöcke im Vergleich etwa mit Burgund freilich sehr weit auseinander, dennoch sind die Anbauflächen äußerst eindrucksvoll. Eine Gegenüberstellung der Zahl der Rebstöcke würde wahrscheinlich eine ganz andere Rangfolge der Rebsorten ergeben, ebenso ein Vergleich der Ertragsmengen der verschiedenen Reben; beides aber ist unmöglich.

Die Kosmopoliten unter den Weintrinkern werden sich sicherlich fragen, wo denn der Pinot Noir (Anbaufläche nur 37000 ha), der Chardonnay (34000 ha), der Sauvignon Blanc und der Müller-Thurgau (je rund 28000 ha) in dieser Tabelle geblieben sind. Bestimmend ist aber nun eimal die zusammenhängende Anbaufläche, während Sorten wie beispielsweise Cabernet Sauvignon – den es anscheinend überall gibt und der doch nirgendwo eine wirklich große Fläche bedeckt – nicht auf die vorderen Plätze gelangen. Aus diesem Grund schlägt der Tempranillo den Pinot Noir und den Lambrusco aus dem Feld. Interessant zu sehen ist auch, wie groß der Teil der Weltanbaufläche ist, der von Verwandten des Pais aus Chile, zum Beispiel der Criolla in Argentinien und der Mission in Kalifornien, sowie von der großen Muskateller-Familie noch eingenommen wird.

Unter den hier genannten Ländern finden sich alle großen Weinbaunationen außer Portugal und Griechenland, wo Myriaden von Rebsorten angebaut werden, die es anderswo praktisch nicht gibt. Die Anbaufläche für Tafeltrauben und Rosinen wurde nicht mit berücksichtigt. Die für die einzelnen Rebsorten angegebenen Gesamtanbauflächen sind manchmal etwas knapp ausgefallen, weil einige sehr kleine Anbaugebiete nicht mit aufgenommen wurden; am Gesamtbild ändert das aber nichts. Da es nur in wenigen Ländern Statistiken über die Anbaufläche einzelner Rebsorten gibt, sind auch viele Zahlen nur geschätzt – aber wie gesagt, das Gesamtbild stimmt, und es ist sehr aufschlußreich.

■ *Rotweintraube*
■ *Weißweintraube*

	Gesamt-anbaufläche in 1000 ha	*Spanien*	*UdSSR*	*Italien*	*Frankreich*	*USA*	*Argentinien*	*Rumänien*	*Jugoslawien*	*Bulgarien*	*Ungarn*	*Chile*	*Deutschland*	*Südafrika*	*Australien*	*Österreich*
Gesamtanbaufläche in 1000 ha		1610	1376	1135	1096	330	322	301	243	168	157	121	101	100	66	59
Airén	476	476														
Garnacha Tinta	331	240		2	78	7									4	
Rkatsiteli	267		248							19						
Trebbiano	262			130	127		3								2	
Carignan	221			2	207	8						4				
Pais/Mission/Criolla	145					1	105					39				
Cabernet Sauvignon	135		20	7	23	9	3	10	10	18	2	26		3	4	
Muscat	122	23	20	10	7	5	24	3	6	5	1	2		10	5	1
Monastrell	113	113														
Barbera	102			90		7	5									
Bobal	95	95														
Merlot	90			15	38	1	4	10	8	10		4				
Sémillon	75				23	2	6		2			35		4	3	
Riesling	66		25		2	5	1	3	3	2			19		5	1
Verdicchio	65			65												
Welschriesling	64		2	5				8	21	4	19					5
Macabeo	58	51			7											
Cot	43				5		30					8				
Xarel-lo	43	43														
Garnacha Blanca	41	25			16											

Grosse Weinlagen

Aloxe-Corton

Aus den vielen großen Lagen der unvergleichlichen Côte d'Or wurde Aloxe-Corton deshalb ausgewählt, weil hier berühmte Grand-Cru-Appellationen für Rotwein und für Weißwein bestehen. Der größte Teil des guten Weinanbaulands in Burgund ist entweder dem Pinot Noir oder dem Chardonnay verschrieben, doch haben viele Erzeuger im weiteren Bereich von Aloxe-Corton dabei mehr Wahlmöglichkeiten.

In den alten Tagen war hier Rotweinland. Hier und da wuchs wohl auch eine Chardonnay- oder Aligoté-Rebe, aber der Name Aloxe stand eindeutig für großartigen und unfehlbar roten Corton. Das Erscheinen eines Weißweins, der nach Kaiser Karl dem Großen benannt wurde – der, wie die einen sagen, früher hier einen Weinberg besessen haben soll, während andere allen Ernstes behaupten, er habe dem Weißwein den Vorzug gegeben, weil dieser seinen Bart nicht so übel färbte – hatte man damals mehr als Spielerei angesehen.

Noch vor rund 30 Jahren waren die Weinberge, in denen heute die vielbewunderte Domaine Bonneau de Martray Wein baut, noch nicht einmal angepflanzt. Die ersten Flaschen mit dem Etikett Corton-Charlemagne und der einfach als Charlemagne bezeichnete Aligoté wurden zunächst ähnlich angesehen wie heute etwa der Pavillon Blanc de Château Margaux, als ein zwar interessantes, aber im Grunde abwegiges Phänomen.

In den achtziger Jahren sieht das alles ganz anders aus. Weißwein gilt in Burgund nicht mehr als abwegig, sondern wird wegen seiner großen *rentabilité* mit Hochachtung behandelt. Die Welt verlangt nach weißem Burgunder und sieht seinen »roten Bruder« inzwischen oft über die Achsel an, und deshalb dringt der Chardonnay immer tiefer in die Domäne des Pinot Noir ein. Die für die beiden Grand-Cru-Appellationen zugelassenen Höchsterträge geben den Trend zu erkennen: 35 hl/ha für Corton Rouge, 40 hl/ha für Corton-Charlemagne und die winzige Produktion an Corton Blanc. Nimmt man das Ertragsniveau und den gängigen Marktpreis für Weißwein im Vergleich zu Rotwein, dann bringt der Chardonnay heute in diesem Bereich fast doppelt soviel ein wie der Pinot Noir und gewinnt deshalb ständig an Boden.

Die Weinberge ziehen sich über die unteren Hänge des Corton-Hügels, und ihre Lagennamen haben nur noch wenig mit dem Wein zu tun, der heute dort wächst. Der rote Grand Cru Corton kam früher von den nach Osten geneigten Hängen, von Bressandes, Clos du Roi und Renardes, und aus dem sehr kleinen Streifen namens Corton, soweit sie in die Gemarkung Aloxe fielen. Dann traten der Corton-Charlemagne und mit ihm der einfache Charlemagne auf den Plan. Sie durften in den oberen Lagen der Südhänge innerhalb der Gemarkung Corton erzeugt werden.

Seither hat sich die Nachfrage sowohl nach rotem Corton als auch nach weißem Corton-Charlemagne so erhöht, daß die Appellationen auf die besseren Lagen der Nachbarorte Ladoix-Serrigny und Pernand-Vergelesses ausgeweitet wurden. Die Traditionalisten behaupten, daß nur der oberste Streifen der Lage Charlemagne für Weißwein geeignet sei. Heute kommen aus der Lage Les Pougets ganz exzellente Chardonnays, die als Corton-Charlemagne angeboten werden, da sie ja vom oberen Teil der Lage Corton stammen.

Dafür, daß der Chardonnay so oft an den Stellen, wo er zugelassen ist, lieber gepflanzt wird als der Pinot Noir, gibt es einen einfachen Grund. Der überaus einflußreiche Louis Latour, Weinbergbesitzer in Aloxe-Corton, drückt es so aus: »Leider geht es nur ums Geld.«

Hinter der Kirche von Aloxe-Corton steigt der berühmte Corton auf, gekrönt vom Bois de Corton. Direkt unter dem Waldrand wächst Chardonnay für weißen Corton-Charlemagne, auch wenn es den älteren Einwohnern als Ketzerei vorkommt, weil sie meinen, der Wein aus dieser Lage müsse nun einmal rot sein.

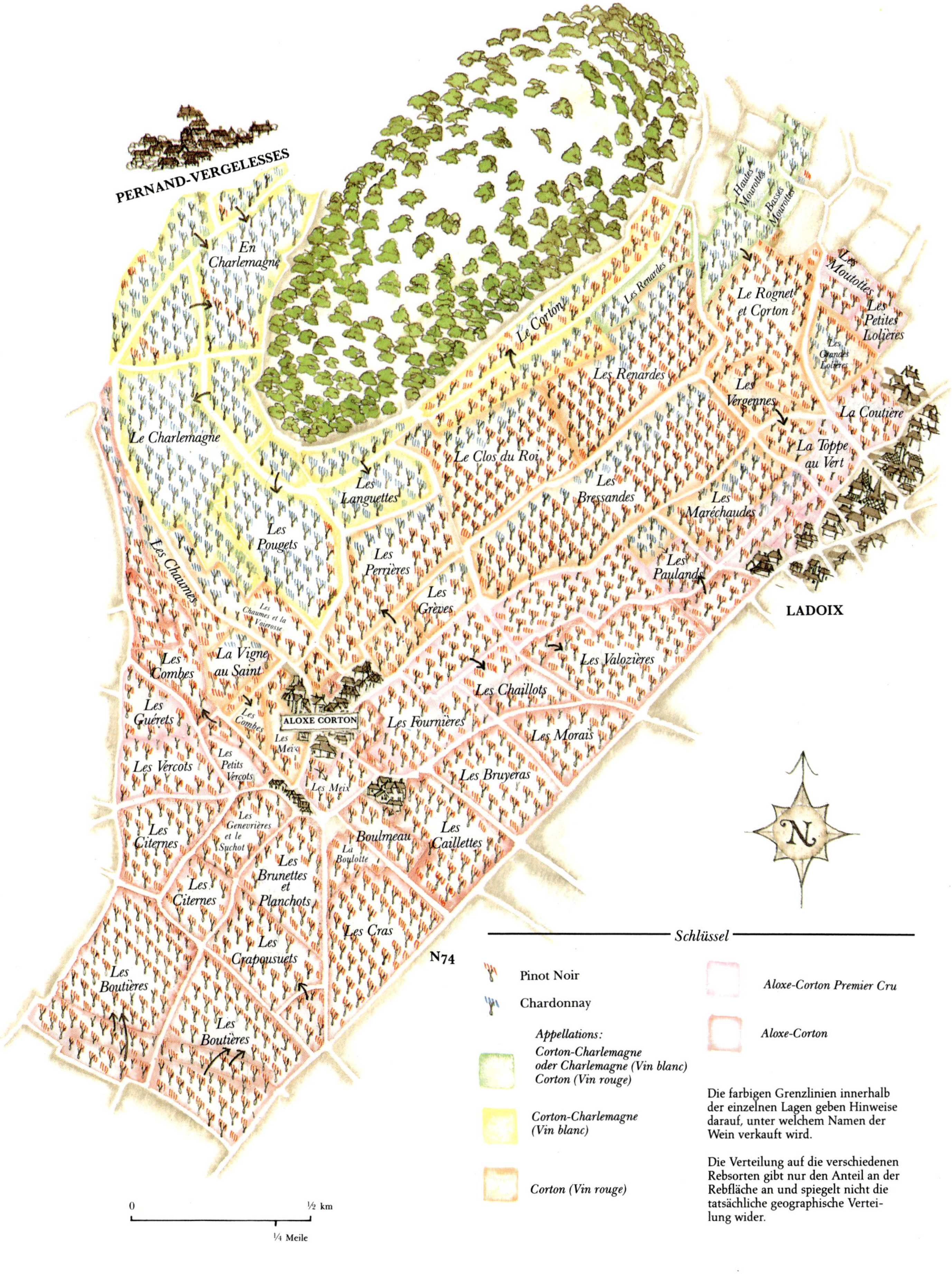
PERNAND-VERGELESSES
En Charlemagne
Le Charlemagne
Le Corton
Les Renardes
Hautes Mourottes
Basses Mourottes
Le Rognet et Corton
Les Moutottes
Les Petites Lolières
Les Grandes Lolières
Les Renardes
Les Vergennes
La Coutière
La Toppe au Vert
Le Clos du Roi
Les Languettes
Les Bressandes
Les Maréchaudes
Les Pougets
Les Chaumes
Les Perrières
Les Paulands
LADOIX
Les Grèves
Les Chaumes et la Voierosse
Les Combes
La Vigne au Saint
Les Valozières
Les Chaillots
Les Guérets
Les Combes
ALOXE CORTON
Les Fournières
Les Meix
Les Morais
Les Vercots
Les Petits Vercots
Les Bruyeras
Les Meix
Les Citernes
Les Genevrières et le Suchot
Boulmeau
Les Caillettes
La Boulotte
Les Citernes
Les Brunettes et Planchots
Les Cras
Les Crapousuets
N74
Les Boutières
Les Boutières
0
½ km
¼ Meile
Schlüssel
Pinot Noir
Chardonnay
Appellations:
Corton-Charlemagne oder Charlemagne (Vin blanc) Corton (Vin rouge)
Corton-Charlemagne (Vin blanc)
Corton (Vin rouge)
Aloxe-Corton Premier Cru
Aloxe-Corton
Die farbigen Grenzlinien innerhalb der einzelnen Lagen geben Hinweise darauf, unter welchem Namen der Wein verkauft wird.
Die Verteilung auf die verschiedenen Rebsorten gibt nur den Anteil an der Rebfläche an und spiegelt nicht die tatsächliche geographische Verteilung wider.

Château Margaux und Château Palmer

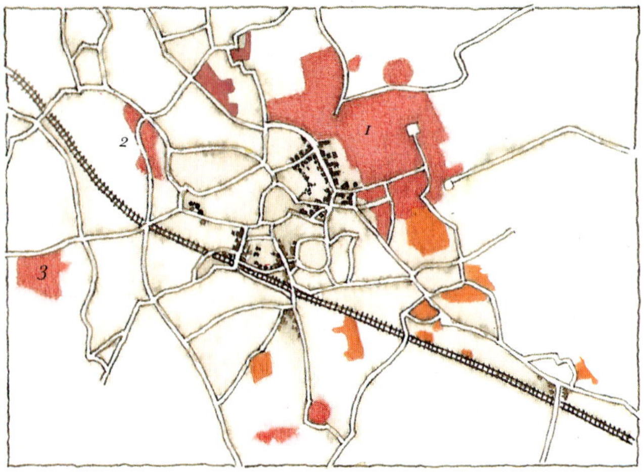

Château Margaux (Seiten 58/59) Château Palmer (Seiten 60/61)

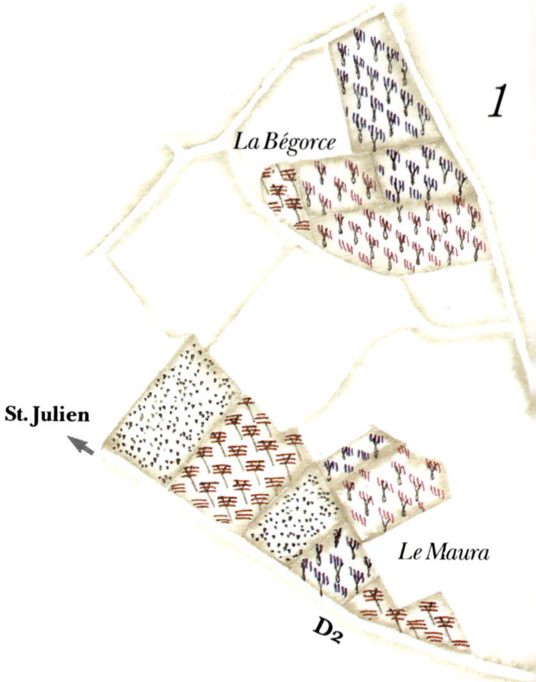

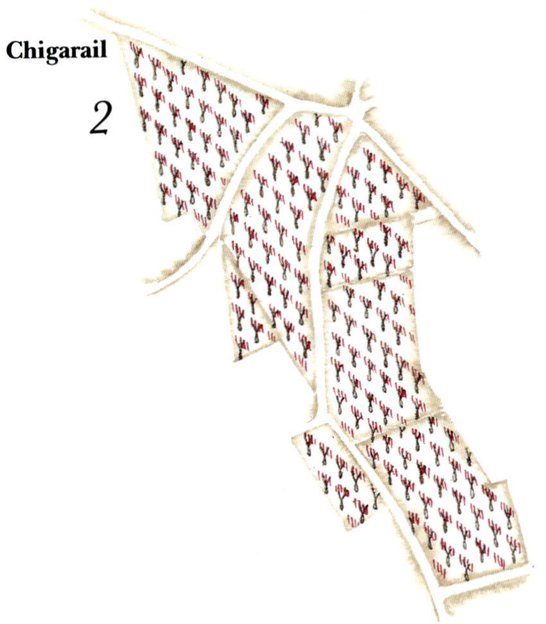

Das vielleicht augenfälligste Ergebnis unserer Untersuchung der Rebfläche dieser beiden großen Nachbarn in der Appellation Margaux ist in der Zeichnung oben veranschaulicht. Sie zeigt überaus deutlich, wie weit die Besitzungen dieser keineswegs untypischen Médoc-Châteaux verstreut sind.

Wie Château Latour, das große Premier-Cru-Gut weiter nördlich, mit Pinada und Petit Batailley weit abgelegene Ländereien besitzt, so hat auch Château Margaux Weinbergparzellen erworben, die so weit entfernt sind wie etwa Vire Fougasse. Auf der nächsten Seite ist zu sehen, daß der Besitz von Château Palmer ebenso aufgesplittert ist.

Dieser Mangel an Homogenität überrascht manchen, der mit den Verhältnissen im Médoc nicht vertraut ist. Der Weinfreund sieht mit Unbehagen den Begriff der unverrückbar festen Lage entschwinden. Ein Blick auf den Weinbergbesitz Robert Mondavis in Rutherford (Seiten 68/69) zeigt, daß er dem traditionellen Idealbild von Bordeaux viel näher kommt. Deshalb fragen auch kritische amerikanische Touristen im Médoc oft, wie es möglich sei, von der besonderen Qualität des Bodens zu sprechen, wenn man ihn scheinbar wahllos neu zusammenkauft.

Die Frage drängt sich zwar auf, aber es stimmt durchaus nicht immer, daß der Boden neu zusammengekauft wäre. So gehörten die drei abgelegenen Stücke Vire Fougasse, Chigarail und Ninotte schon vor 200 Jahren zum Besitz von Château Margaux. Diese Ländereien haben schon 1855 mit zur Einstufung von Château Margaux als Premier Cru beigetragen und dürfen keineswegs über die Schulter angesehen werden.

Château Palmer ist dagegen viel jünger. Es wurde erst Anfang des 19. Jahrhunderts von einem General dieses Namens aus dem damaligen Château de Gasq und verschiedenen weit davon entfernten und in keiner Beziehung zu ihm stehenden Grundstücken zusammengefügt. Die großen Entfernungen zu einem eventuellen Gutshaus spielten dabei schon deshalb keine Rolle, weil dem General das Geld

Schlüssel
Cabernet Sauvignon
Merlot
Sauvignon Blanc
Cabernet Franc
Petit Verdot
Brachland
N
Le Puch Sem Peyre
La Fontanelle
La Rouille
Le Cap de Haut
Château Margaux
VILLAGE
Les Dames
D105
0
250 m
220 Yards
Vire Fougasse
3
Les Brauzes
Issan
4
Ninotte

ausging, bevor er eines bauen konnte. Als Château Palmer 1957 das nahegelegene Château Desmirail kaufte – in der Klassifizierung von 1855 war es ebenfalls als 3^{e} Cru eingestuft worden, da lief dies eigentlich nur auf eine Erweiterung hinaus. Die Reben von Château Desmirail dürften großen Anteil am legendären 1961er Palmer gehabt haben. Als dann 1981 der Name Château Desmirail an den Besitzer von Château Brane-Cantenac verkauft wurde, gingen nur wenige Reben mit in den Handel – was zwar logisch ist, die Anhänger der reinen Lehre aber gleichwohl verwirrt.

Aus den Karten auf diesen Seiten geht genau hervor, welche Rebsorten an welchen Stellen dieser beiden Weingüter mit ihrem sehr ähnlichen Makro-, wenn auch nicht Mikroklima angebaut sind. Es gibt Faustregeln über die Anpassung der Rebsorten an lokale Verhältnisse im Médoc, aber sie spielen keine so große Rolle, wie oft angenommen wird. Der Flickenteppich der Rebsorten macht einen so verwickelten Eindruck, daß man meint, es müsse ein verborgener Sinn dahinterstecken.

Der Grund für den Anbau eines Gemischs von Rebsorten ist nicht allein der, die verschiedenen Bodenarten und Launen der Natur an bestimmten Stellen zu nutzen, son-

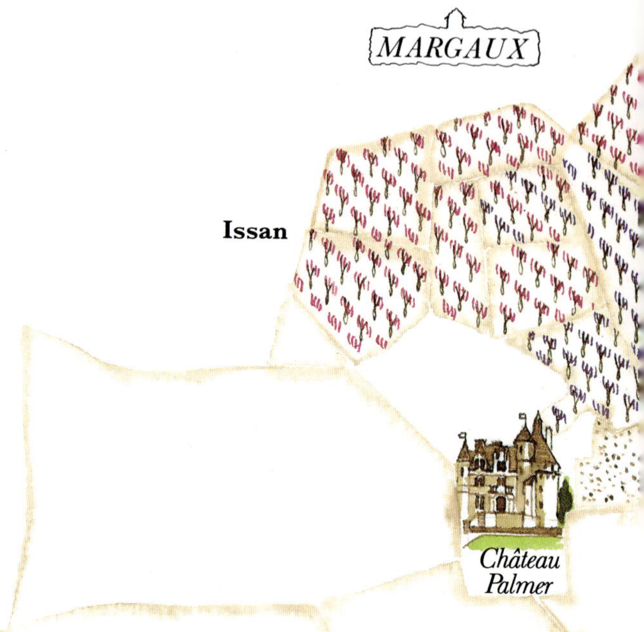

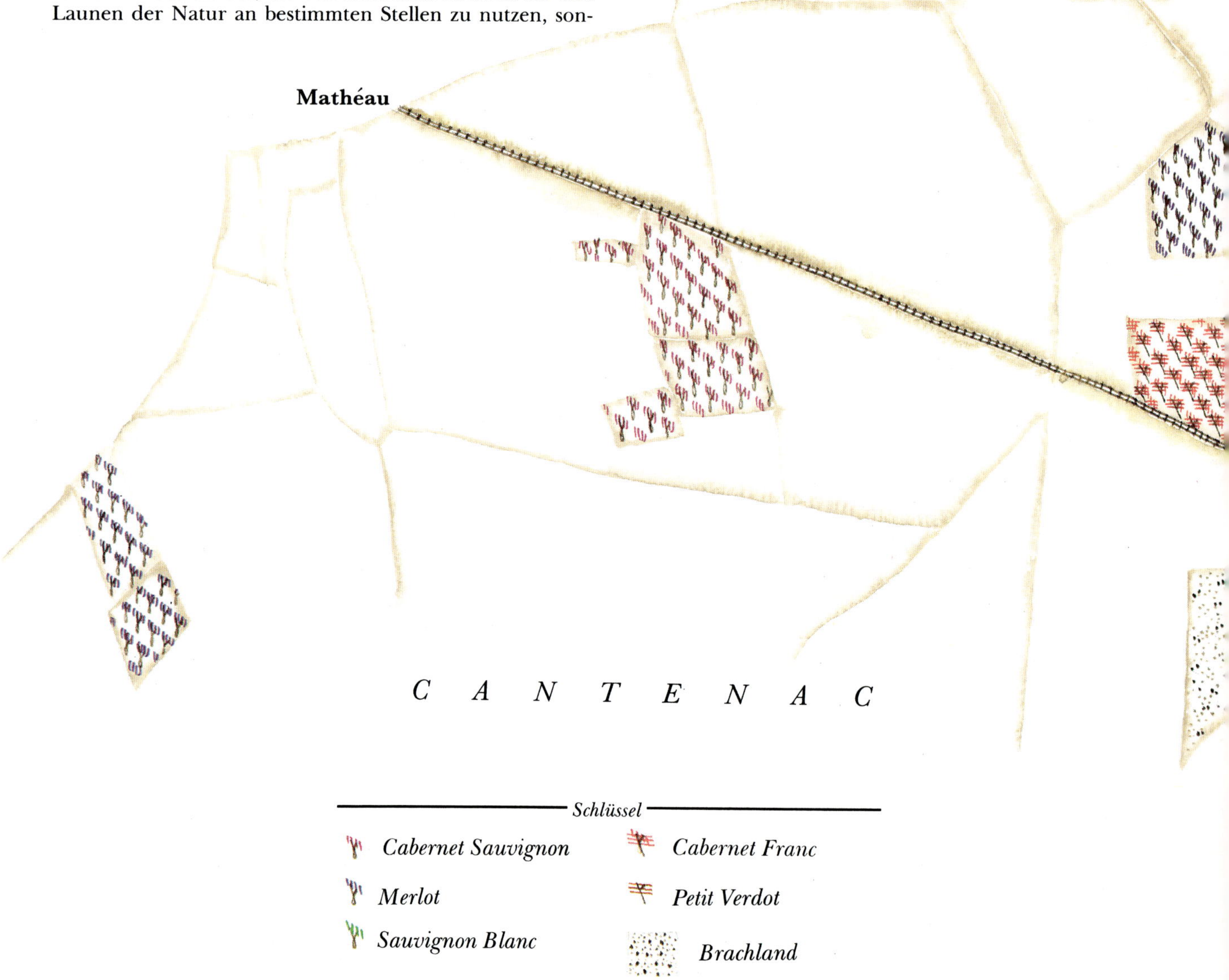

dern vielmehr die Risiken besser zu verteilen, die jedes Jahr neu entstehen.

Eine Parzelle mit Merlot ist schon eine Versicherung gegen kühle Sommer, in denen der Cabernet, vor allem der Cabernet Sauvignon, nicht recht zur Reife gelangt. Der Merlot bringt gute Erträge, wenn zur Blütezeit beständiges Wetter herrscht, der Cabernet Sauvignon wiederum ist in der Blüte nicht sehr empfindlich, weil er widerstandsfähig gegen *coulure* ist. Der Cabernet Franc zeigt ähnliche Qualitäten wie der Cabernet Sauvignon, eignet sich aber besser für schwereren Boden.

Den quantitativ unbedeutenden, qualitativ aber recht interessanten Petit Verdot trifft man im Süden des Médoc häufiger an als im Norden, wo die Böden leichter sind. Der Boden bewirkt auch, daß die Weine von Margaux die tiefe Farbe und den fülligen Extraktgehalt des Petit Verdot mehr brauchen als die Weine von Pauillac und St-Estèphe.

Das als *encépagement* bezeichnete Gemisch von Rebsorten ist also das Ergebnis der Bemühungen, den Unwägbarkeiten der Natur, die den Ertrag einer einzelnen Rebsorte auf die Hälfte mindern können, entgegenzuwirken. Allgemein wird der Merlot dabei auf fruchtbarerem, tiefer gelegenem Boden angepflanzt, während der spät austreibende Cabernet Sauvignon auf kieshaltigem, höher gelegenem Grund (weniger Fäule) die geeignetere Sorte ist. Cabernet Franc bewährt sich auf schwererem Boden, und der weiße Sauvignon Blanc gedeiht gut auf dem kieshaltigen Boden von Vire Fougasse, trotz der Gefahr von Frühjahrsfrösten.

Aber auch andere Dinge spielen eine Rolle. Oft wird eine Sorte an einer bestimmten Stelle gepflanzt, weil sie dort schon immer stand. Manchmal wird auch ein Stück Land zur Neubepflanzung gerade frei, wenn ein Weingut den Anteil einer bestimmten Rebsorte ausweiten will; denn ein Weinberg muß neu besetzt werden, wenn die Rebstöcke zu alt werden und nur noch kleine Weinmengen hervorbringen.

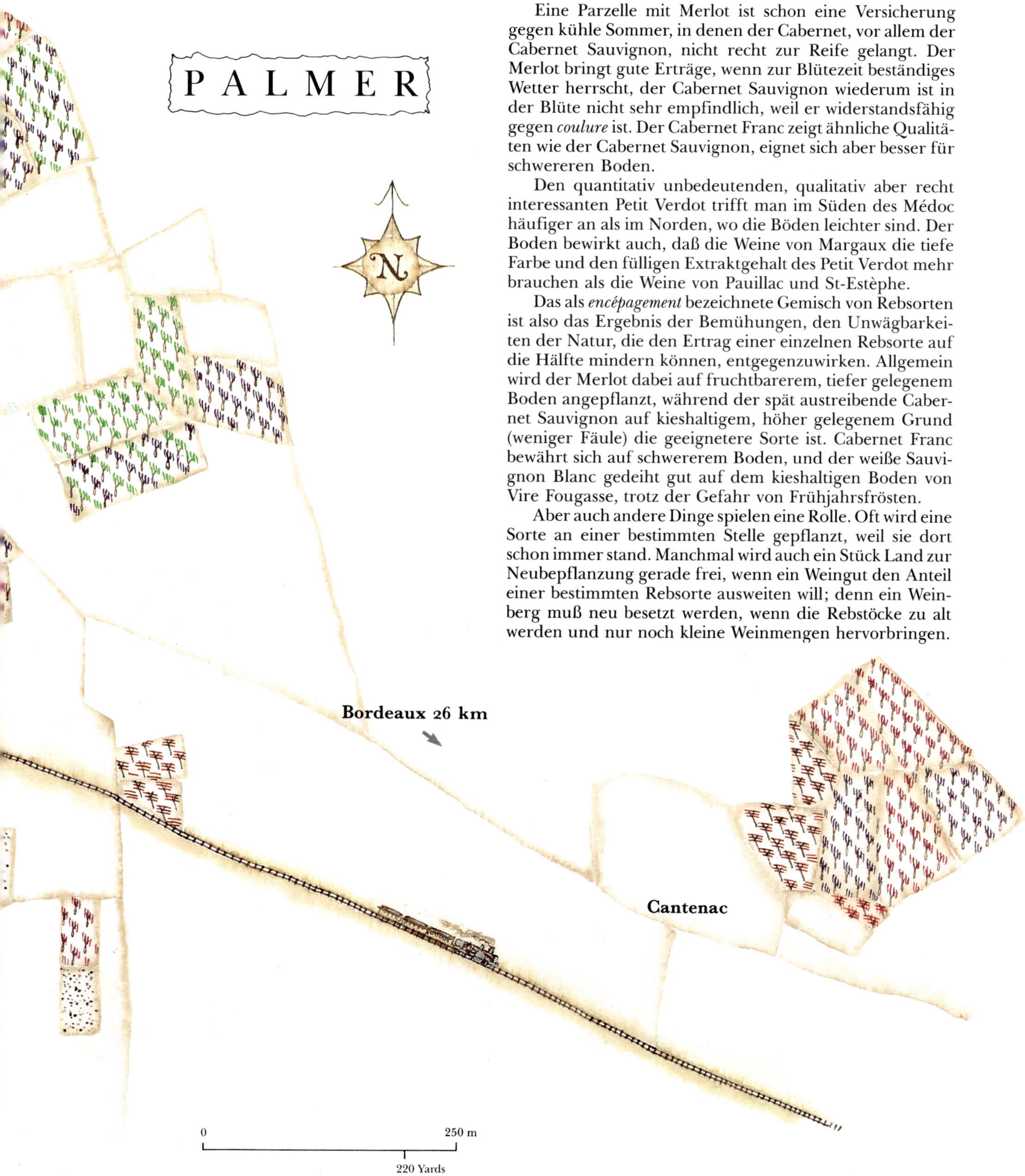

— Château Haut-Brion — und La Mission

Château Haut-Brion und Château La Mission Haut-Brion bilden unbestritten die Spitze der Weinbauregion Graves, beide bringen Rot- und Weißwein in der Tradition des Landes hervor.

Seit Anfang 1984, als bekannt wurde, daß die beiden Weingüter nach jahrelanger Rivalität in einer Hand vereinigt sind, stehen sie im Mittelpunkt der Aufmerksamkeit. Nach Unstimmigkeiten in der Familie Dewavrin-Woltner von La Mission wurde der Besitz an die Familie Mouchy-Dillon, der seit einem halben Jahrhundert Haut-Brion gehört, verkauft. Jean Delmas hat nun die 17 ha von La Mission seinem Anteil an den 44 ha von Haut-Brion angefügt. Der Weißwein von Haut-Brion heißt »Château Haut-Brion Blanc«, während La Mission aus dem roten *grand vin* und dem überaus teuren weißen »Château Laville-Haut-Brion« noch einen zweiten Rotwein »Château La Tour-Haut-Brion« hervorbringt.

Die Karte zeigt, daß beide Güter auch physisch ineinander verwoben sind. Delmas, ein eifriger Verfechter der Klonselektion, ist überzeugt, daß die Anpassung der Rebsorten an das unterschiedliche Mikroklima sogar in den 71 kleinen Parzellen, die den Besitz der beiden Güter ausmachen, von großer Bedeutung ist. Daher haben die Topographie und die Bodenstruktur starken Einfluß auf seine Anpflanzungen.

Das Land ist ziemlich flach. Es hat nur zwei kleine Anhöhen (man kann sie kaum Hügel nennen), von denen die eine nördlich und östlich vom Château Haut-Brion und die andere, mit 31 m höhere Anhöhe südlich davon unterhalb der beiden Weinberge von La Mission liegt. Diese Anhöhen bestehen aus grobem Kies, einer Ablagerung aus der Eiszeit, über Sand und Lehm. Die Kiesschicht ist dort am mächtigsten, wo die Anhöhen am höchsten sind.

Jean Delmas verändert nur allmählich das Anpflanzungsschema nach Maßgabe seiner Erkenntnisse über Boden, Mikroklima und Klonauswahl. Das Sortengemisch besteht in Haut-Brion aus 55% Cabernet Sauvignon, 20% Cabernet Franc, 25% Merlot; in La Mission und La Tour aus 60% Cabernet Sauvignon, 5% Cabernet Franc, 35% Merlot; in Laville aus 60% Sémillon, 40% Sauvignon Blanc. Der Haut-Brion Blanc stammt aus etwa gleich großen Anpflanzungen der zwei weißen Rebsorten.

Der Merlot wird meist auf tiefergelegenen kräftigeren Böden mit höherem Lehmanteil und wärmerem Mikroklima angebaut, zum Beispiel in den beiden nördlichsten Haut-Brion-Parzellen Nr. 40 und 44, wo der Boden abfällt. Auch in La Mission wird Merlot auf feuchterem, tieferliegendem Grund links von der Bahnstrecke angepflanzt.

Die dichtgedrängten Trauben des Cabernet Sauvignon würden in so feuchter Lage rasch zu faulen beginnen; deshalb fühlt sich diese Sorte auf den höhergelegenen, kieshaltigen und trockeneren Böden auf den Hügelkuppen wohler, zum Beispiel in den Parzellen 49, 52 und 56. Die Weißweinreben für den Château Haut-Brion Blanc wachsen inmitten der Rotweinreben und gelangen in ihrem Schutz früh zur Reife.

Château Laville-Haut-Brion von La Mission bildet kein einheitliches Ganzes. Die Parzellen mit weißen Reben liegen an feuchteren Stellen, die für die Rotweinreben als weniger geeignet gelten. Die fünf Weißwein-Parzellen liegen am südlichen und westlichen Rand des La Mission-Gebiets, aus dem der La Tour- und Laville-Wein überwiegend stammt, auf einem Gelände, das zu den die Grenze des Haut-Brion-La-Mission-Komplexes bildenden Bächen abfällt.

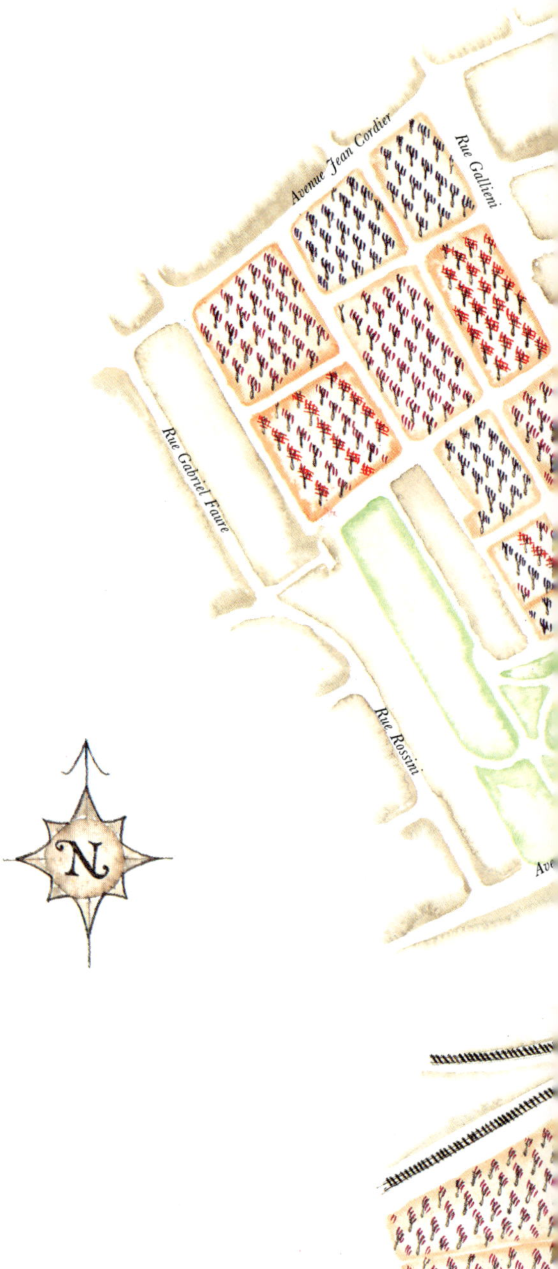

Schlüssel
Cabernet Sauvignon
Merlot
Sauvignon Blanc
Sémillon
Cabernet Franc
Château Haut-Brion
Premier Grand Cru Classé
Château La Mission Haut-Brion
Grand Cru Classé
Château La Tour-Haut-Brion
Grand Cru Classé
Château Laville-Haut-Brion
Grand Cru Classé
0
250 m
220 Yards
Commune de Pessac
Commune de Talence
Rue de Verthamon
Rue Emile Zola
Rue du Stand
Rue du Château d'Eau
Chemin Peybouquet
Château La Mission Haut-Brion
S.N.C.F. Ligne de Bordeaux à Bayonne
Rue Denis Papin
Rue Diderot
Rue Dubernat
Rue Albert Sembat
Rue Etienne Dolet
Rue Louis Blanc
Rue Ader
R.N. 650
Jean Jaurès
Rue Paul Doumer
Rue du Parc
Haut-Brion
Chemin de Peybouquet
Rue du Professeur Esclangon
Rue du Commandant Lherminier
Chemin Cerpeau
Chemin de la Vieille Tour
Rue Marc Sanguier
Rue Pierre Noailles
Commune de Pessac
Commune de Talence
Candau

Die Karte rechts bildet den Schlüssel zu jener auf der vorstehenden Seite. Beide zeigen die 71 Parzellen des Besitzes mit dem Anpflanzungsschema. Die Nummern verweisen auf die nachstehende Liste mit den Namen, der Fläche, dem Anpflanzungsjahr und der angebauten Rebsorte für jede einzelne Parzelle. Der Farbcode auf der Karte und in der Tabelle zeigt an, welche Parzelle zu welchem Wein gehört.

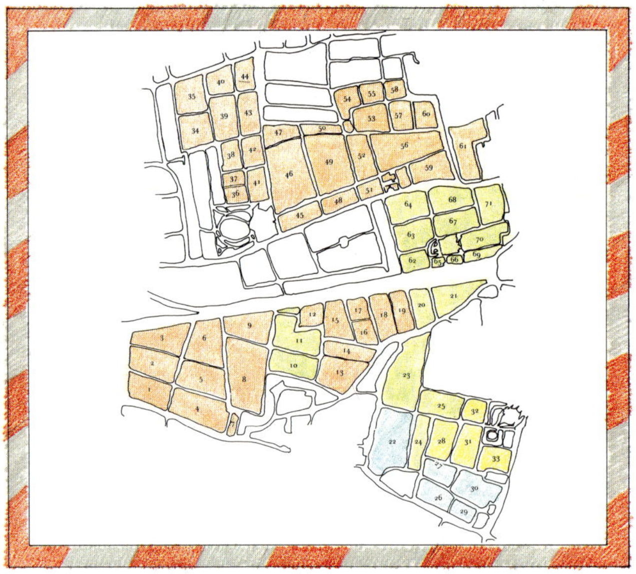

Château Haut-Brion
Premier Grand Cru Classé

Château La Mission Haut-Brion
Grand Cru Classé

Château La Tour-Haut-Brion
Grand Cru Classé

Château Laville-Haut-Brion
Grand Cru Classé

Nr.	NAME	PFLANZJAHR	FLÄCHE	REBSORTE
1	CANDAU	1971	1ha24a10	CS
2	LA GRAVIERE SUD	1930	1ha19a78	CS
3	LA GRAVIERE NORD	1972	1ha62a49	CS
4	LA POMPE	1976	1ha99a37	M
5	LES HUITRES	1981	1ha39a95	M
6	ARCACHON	1930	1ha66a41	CS CF
7	LA MAISON		17a20	
8	BAHANS	1974	2ha78a87	CS CF
9	L'ETENDARD	1973	1ha33a75	M
10	BARON	1966	1ha20a20	M
11	LE GRAND DUCHE	1975	1ha44a20	CS
12	CARLES	1969	57a80	CS
13	POLO SUD	1981	1ha45a98	CS
14	POLO NORD	1980	80a23	CF
15	SAUVIGNONNIERE	1966	1ha11a80	CS
16	PINSON	1971	30a38	SA
17	SAPINETTE	1971	78a21	SA
18	GIAC OUEST	1980	94a42	SE
19	GIAC EST	1981	84a00	SE SA
20	HAUT PINSON	1964	86a06	CS
21	L'ENCLOS	1930	1ha21a37	CF M
22	LES MISSIONNAIRES	1934	2ha47a90	SE SA
23	BAGATELLE	1979	2ha58a66	M
24	SARGET	1943	88a56	M
25	HENRI	1938	1ha09a35	CF M
26	BAS LAVILLE OUEST	1960	93a96	SE
27	HAUT LAVILLE	1960	68a57	SE
28	SEYMOUR	1981	1ha09a55	CS
29	BAS LAVILLE EST	1979	50a97	SE
30	LES CATHOLIQUES	1979	1ha45a97	SE SA
31	LA MEDOQUINE	1985	1ha19a68	CS
32	FERNAND	1938	62a41	CF
33	LA VIEILLE	1938	90a23	CS
34	MAILLOT HAUT	1945	1ha05a57	CF CS
35	MAILLOT BAS	1930	1ha25a14	CS
36	LE JARDIN	1946	36a00	M

Nr.	NAME	PFLANZJAHR	FLÄCHE	REBSORTE
37	CLONES	1978	47a80	CS M CF
38	LE LAPINEV	1972	59a32	M
39	TERRE ROUGE	1954	1ha18a96	CS
40	LA LEYREYRE OUEST	1957	72a40	M
41	L'ORANGERIE	1957	67a84	CF
42	HAUT LAFUE SUD	1942	62a24	CS
43	HAUT LAFUE NORD	1938	88a83	CF
44	LA PEYREYRE	1958	66a67	M
45	LE BUREAU	1958	76a73	CF
46	BAS PLANTEY SUD	1934	2ha54a40	CF M
47	BAS PLANTEY NORD	1975	71a06	M
48	LE PAVE	1958	67a76	M
49	HAUT PLANTEY SUD	1951	2ha28a55	CS
50	HAUT PLANTEY NORD	1975	47a58	CS
51	LE MOTEUR	1936	44a40	CF
52	CATALAN	1956	1ha03a30	CS
53	GUILHEM ESTEOU	1936	97a50	SE
54	LA TOURETTE	1973	72a70	CS
55	LE CHENE I	1965	59a88	CS
56	LES DOUZES	1930	2ha12a40	CS
57	DOMINIQUE OUEST	1930	30a78	CS
58	LE CHENE II	1950	39a92	SE
59	LE COLONEL	1930	1ha13a80	M
60	DOMINIQUE EST	1982	1ha32a02	M
61	TOURAILLES	1982	1ha66a00	CS CF
62	ORMIERE	1938	68a60	CS
63	LES LAZARISTES	1961	1ha13a45	CS
64	CHAI NEUF	1963	1ha22a75	M
65	PAYSAN	1961	16a35	M
66	PAYSAN	1961	18a83	M
67	CHAPELLE	1970	96a15	CS
68	PORTAIL	1975	1ha01a42	CS
69	LIGNE	1932	39a82	CF
70	MADAME	1965	95a49	CS
71	BAS PEDRON	1968	1ha10a95	CS

CS = Cab. Sauv. M = Merlot SA = Sauv. Blanc SE = Sém. CF = Cab. France

NIERSTEIN

Nierstein bildet für den oberflächlichen Betrachter eine Insel in einem Meer von Liebfrauenmilch und anderen Verschnitten, die mehr den Anfänger als den Fortgeschrittenen in der Kunst des Weingenusses ansprechen.

Ein Blick auf das topographische Profil und den Rebsortenbestand von Rheinhessen lehrt, daß in beiderlei Hinsicht mit Lieblichkeit und Milde zu rechnen ist; nur an der Rheinterrasse erreichen Weinqualität und Landschaftsbild erstaunliche Höhen. Unter den elf deutschen Anbaugebieten hat Rheinhessen den niedrigsten Riesling-Anteil aufzuweisen: nur knapp 6% gegenüber 80% im Rheingau auf der anderen Rheinseite. Am meisten wird in Rheinhessen der Müller-Thurgau angepflanzt; auf ihn entfällt ein Viertel der (stark mit Ackerland durchsetzten) Rebfläche. Aber auch Silvaner, Scheurebe, Bacchus, Kerner und Faber sind jeweils stärker vertreten als der Riesling.

Die stärkste Konzentration des Rieslingbestands in Rheinhessen findet sich in Nierstein. Der viel mißbrauchte Name dieser schönen Stadt gilt auch für das Niersteiner Gute Domtal, die ausgedehnte Großlage im flachen Hinterland.

Die viel wertvolleren Lagen an der Rheinterrasse selbst fallen in die Großlagen Rehbach, Spiegelberg und Auflangen – von Norden nach Süden gesehen –, die zusammen mit den Weinbergen im Ortsteil Schwabsburg auf der umseitigen Karte dargestellt sind und dem Namen Nierstein größeres Gewicht verleihen. Eingebettet in diese Großlagen sind die Einzellagen, und die Karte läßt deutlich erkennen, wie eng die Wahl der Rebsorten mit eben diesen Einzellagen verknüpft ist.

Am Beispiel dieser Weinberge wird die in ganz Deutschland gültige Beziehung der Steilhanglage zum Riesling besonders anschaulich. Man sollte meinen, an Mosel, Saar und Ruwer müsse dies noch deutlicher in Erscheinung treten, dort aber wächst wenigstens nach Auskunft der Winzer kaum etwas anderes als Riesling, obwohl er nach amtlicher Statistik nur 60% der Rebfläche einnimmt.

Die nördlichste Einzellage auf der Karte, Pettenthal in der Großlage Rehbach, ist typisch. Der Hang steigt vom Flußufer nach einer kurzen Strecke von 100 m auf 150 m an, und daher ist die ganze Lage Pettenthal, bis auf den schmalen, mit Silvaner besetzten Streifen am Fuß des Hangs, dem Riesling vorbehalten. Die Erklärung dafür lautet, daß nur der Riesling imstande ist, einen Preis zu erzielen, der die Bebauung derart steiler Weinberge überhaupt wirtschaftlich möglich macht, denn die Hangneigung beträgt an den steilsten Stellen schwindelerregende 40 bis 55 Grad.

In Deutschland spielt die Steilheit der Weinberghänge eine so wichtige Rolle, daß im amtlichen Register für jede Einzellage die Hangneigung angegeben und jeder Rebsorte ein Steillagen-Eignungsfaktor zugeordnet wird. Das hat mit den Eigenschaften der Rebsorten selbst weniger zu tun als vielmehr mit den Lohnkosten. Die Bearbeitung steiler Weinberge ist in einem Land, wo die Industrie so viele gutbezahlte Arbeitsplätze bietet, mit sehr hohen Kosten verbunden.

Durch die Landschaftsumgestaltung im Rahmen der Flurbereinigung ist inzwischen über die Hälfte der deutschen Rebfläche in wirtschaftlichere Form gebracht worden. Manche Hänge sind nun aber einmal zu steil für eine solche Umarbeitung, und so dürfte sich der Riesling wohl noch lange Zeit an den steilsten Stellen unmittelbar nördlich und westlich von Nierstein klammern.

Hierzu gehören nicht nur die Lage Pettenthal, sondern auch die Steillagen Brudersberg, Hipping, Goldene Luft in der Großlage Rehbach sowie Ölberg und Heiligenbaum in der Großlage Auflangen. Hier kommt der Riesling, der für

Es ist leicht zu verstehen, weshalb diese Stelle am Rhein mit den steilen Weinbergen nördlich und südlich von Nierstein den Namen Rheinterrasse führt. Im Vordergrund kleben am Hang der Einzellage Hölle vorwiegend Riesling-Reben. Durch diese Rebsorte wird der steile Standort am lohnendsten genutzt.

seine lange Wachstumsperiode ein relativ mildes Klima braucht, infolge der Südostlage in den Genuß der Morgensonne und – zumindest in der Lage Pettenthal – wohl auch des vom Wasserspiegel des Rheins reflektierten Sonnenlichts. Der Boden besteht zum großen Teil aus einem eigentümlichen roten Lehm, der die Sonnenwärme gut speichert und vergleichsweise milde, fast würzige Riesling-Weine hervorbringt, die zwar nicht die Frische und Langlebigkeit der Rheingauer Weine, wohl aber einen ganz ihnen eigenen, aristokratisch duftigen Charakter aufzuweisen haben.

Zum guten Glück zollen die qualitätsbewußtesten traditionsreichen Winzer Rheinhessens, von denen es in Nierstein nicht wenige gibt, nicht nur dem Riesling Hochachtung. Der Silvaner, der hier in der ersten Hälfte des Jahrhunderts noch viel verbreiteter war, bringt auch heute am Fuß der Steilhänge und auf dem flacheren Boden ringsum Weine hervor, die einen guten Ruf genießen. Sie haben eine gewisse Ähnlichkeit mit dem Frankenwein und zeigen bei aller Robustheit dennoch schöne Rasse. Es ist durchaus bedeutsam, daß die 22,5 ha erstklassigen, fruchtbaren Bodens an der Stelle, wo die Großlage Auflangen an den Fluß grenzt, in den Einzellagen Kranzberg, Zehnmorgen, Bergkirche und Glöck fast nur Silvaner tragen. Nur in den Lagen Orbel und Schloß Schwabsburg oberhalb des Ortsteils Schwabsburg stehen die beiden klassischen Rebsorten Rheinhessens gemeinsam, weil hier sowohl steile Hänge als auch flacherer Grund zu finden sind.

Der größte Teil der übrigen Rebfläche auf der Karte besteht aus ebenerem, flacherem, leichter zu bearbeitendem Land, auf dem die Winzer vorwiegend Silvaner und in noch höherem Maß Müller-Thurgau anbauen. Der stark tonhaltige Lehmboden eignet sich gut für beide Rebsorten und bildet vor allem für den chloroseanfälligen Silvaner keine Bedrohung.

Aus der Karte geht nicht hervor, in welch großem Umfang die Winzer Rheinhessens die Neuzüchtungen aufgenommen haben. In der hier dargestellten Ecke des Landes ist vor allem der Kerner ein großer Erfolg, wie man es in einem so hochwertigen Gebiet auch durchaus erwarten darf. Übrigens ist die kleine Lage Hölle unmittelbar stromaufwärts von Nierstein mit einem Gemisch von Riesling und neueren Rebsorten besetzt, das eigentlich für Rheinhessen typischer ist als der Anbau nur einer Sorte.

Bei der Wahl der Gegend um Nierstein für die Beschreibung an dieser Stelle schwang nebenbei auch der recht erfreuliche Gedanke mit, daß einmal deutlich gemacht werden müsse, daß Rheinhessen nicht – wie es leider so oft geschieht – nur als Herkunftsland wenig charaktervoller deutscher Weinexporte abgetan werden darf.

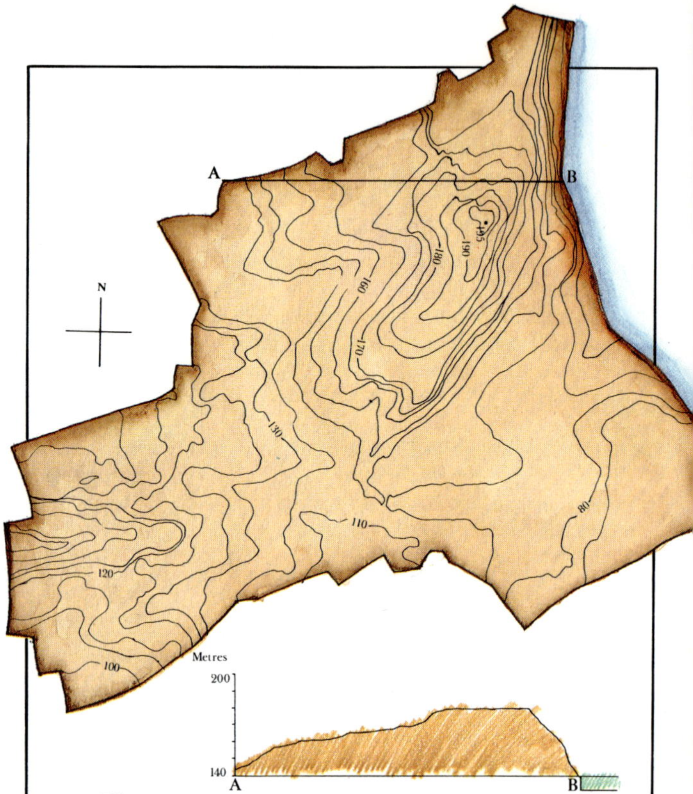

Ein Querschnitt durch die Einzellage Goldene Luft veranschaulicht, wie steil der Osthang, auf dem vorwiegend die Riesling-Rebe gedeiht, tatsächlich ist. Der Riesling behält die Herrschaft auch dort, wo die steilen Hänge sich nach Südwesten wenden.

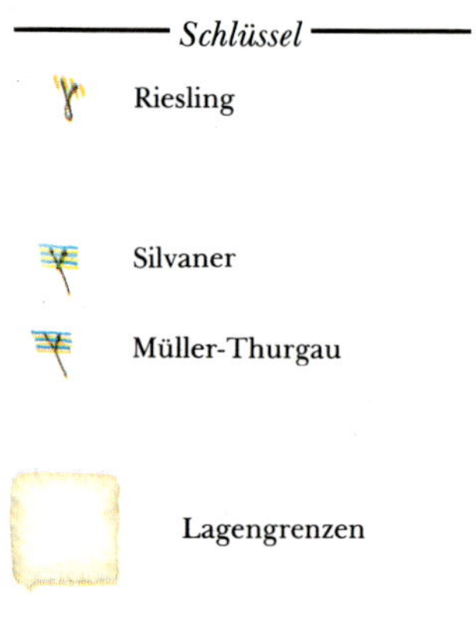

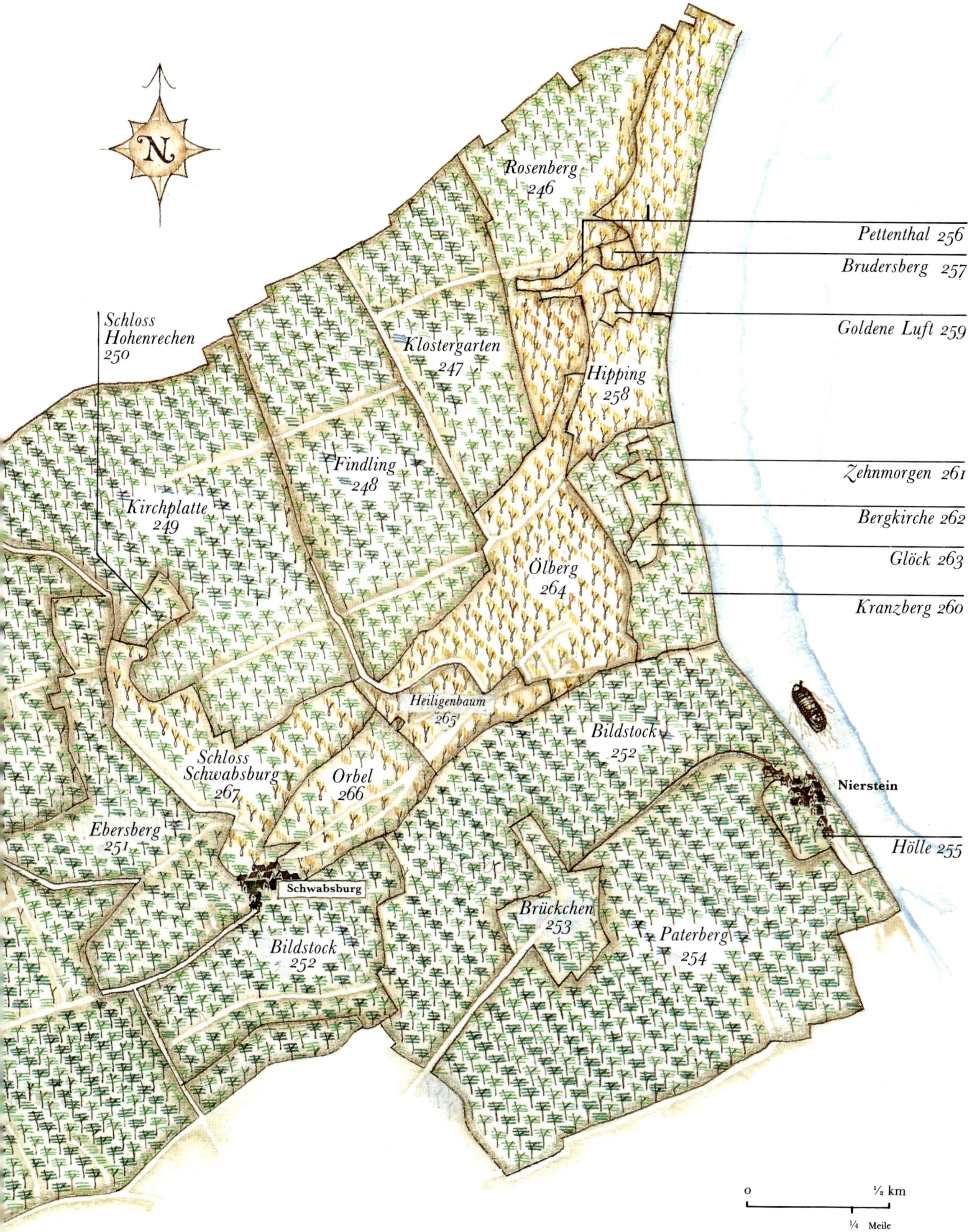
N
Rosenberg 246
Pettenthal 256
Brudersberg 257
Goldene Luft 259
Schloss Hohenrechen 250
Klostergarten 247
Hipping 258
Findling 248
Zehnmorgen 261
Kirchplatte 249
Bergkirche 262
Glöck 263
Ölberg 264
Kranzberg 260
Heiligenbaum 265
Bildstock 252
Schloss Schwabsburg 267
Orbel 266
Nierstein
Ebersberg 251
Hölle 255
Schwabsburg
Brückchen 253
Bildstock 252
Paterberg 254
0 ½ km
¼ Meile

— RUTHERFORD BENCH —

Wenn überhaupt eine Gegend Kaliforniens einen Vergleich mit dem Médoc nahelegt, dann diese. Wie die Karte recht deutlich zeigt, gehört die Rutherford Bench ganz dem Cabernet Sauvignon, wobei unter den Rotweinreben der Merlot eindeutig die zweite Rolle spielt und auch der Cabernet Franc im Kommen ist. Freilich wäre es absurd, zu enge Parallelen zu europäischen Verhältnissen ziehen zu wollen; das Napa-Tal prägt den Weingärten und dem Wein, der in ihnen wächst, seinen eigenen, sehr besonderen Charakter auf. Dennoch fällt dem

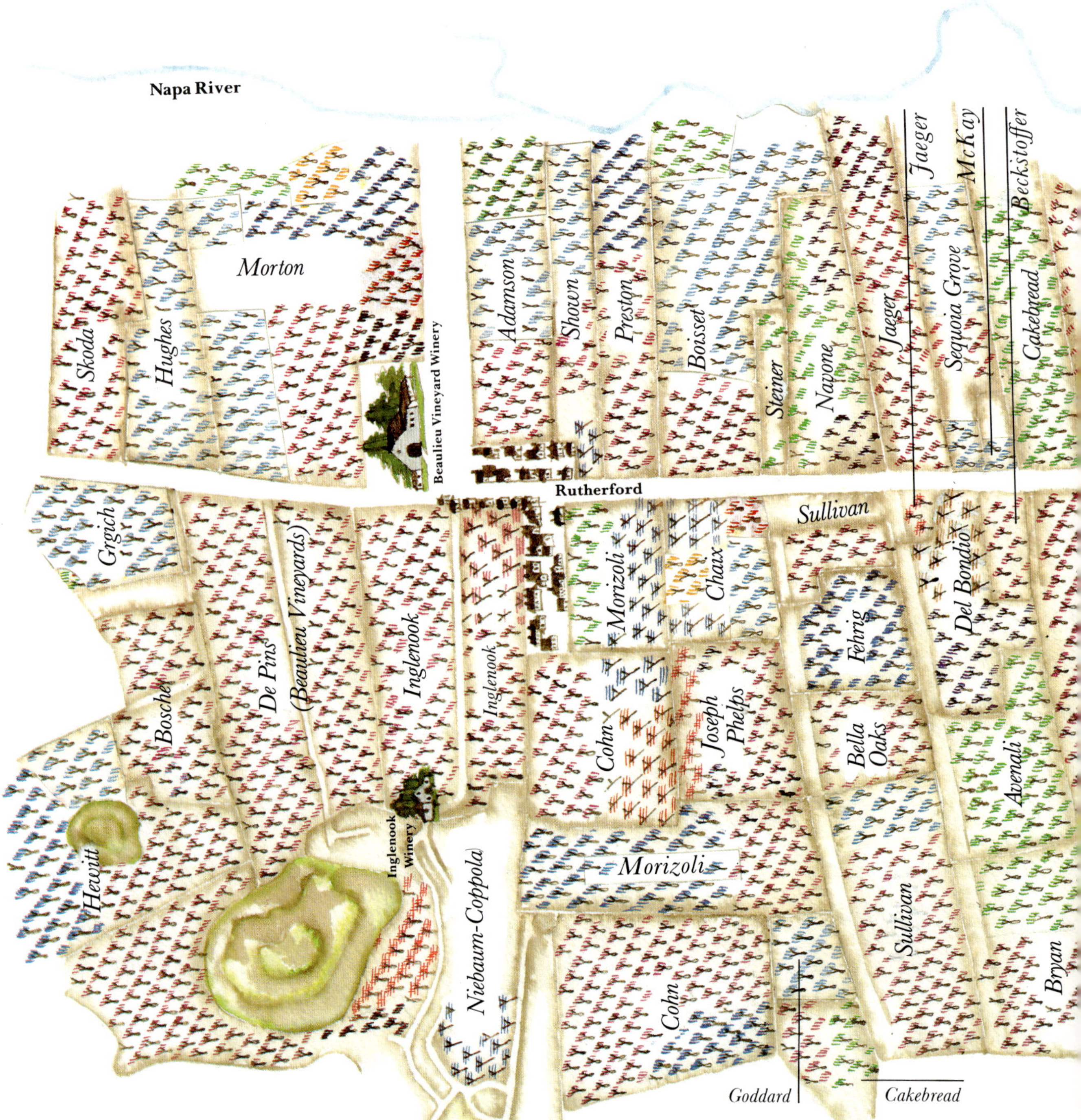

Schlüssel
Cabernet Sauvignon
Merlot
Pinot Noir
Chardonnay
Sauvignon Blanc
Chenin Blanc
Sémillon
Riesling
Zinfandel
Valdiguié
Corbeau
Gewürztraminer
Muscat
Cabernet Franc
gerodetes Land
Versuchsanpflanzung
Veredelungsunterlagen
Brachland
Johnson Turnbull
Ladoucette
Opus One (RMR)
Oakville Cross Road
Beaulieu Vineyards
Bridge
Stanton
Marville
Pepi
Liebenow
N
Robert Mondavi Winery
Oakville
St. Helena Highway US 29
Napa →
Vineyards
Robert Mondavi
Beaulieu Vineyards
Robert Mondavi
Univ. of Calif.
Robert Mondavi
Stelling Farniente
Univ. of Calif.
0
1 km
½ Meile

historisch interessierten Betrachter auf, wie stark sich diese Gegend trotz ihrer relativ kurzen Geschichte überwiegend auf eine Rebsorte konzentriert.

In den zwanziger und Anfang der dreißiger Jahre durfte in Kalifornien als anregendstes Getränk lediglich Meßwein hervorgebracht werden, nach dem denn auch eine rege Nachfrage bestand. So mußte der kalifornische Weinbau nach der Aufhebung der Prohibition 1933 im Grunde ganz von vorn anfangen, doch dauerte es nicht lange, bis die ersten, wahrhaft Marksteine darstellenden Cabernet Sauvignons erschienen, unter denen die Georges-de-Latour-Abfüllung von Beaulieu Jahrgang 1952 wohl der Star war.

Wenn zu Anfang der siebziger Jahre noch ein Winzer in Rutherford nicht davon überzeugt gewesen sein sollte, daß es klug wäre, Cabernet Sauvignon anzubauen, dann dürften ihn die Preise, die vom Jahrgang 1966 an von Heitz Martha's Vineyard erzielt wurden, bald eines Besseren belehrt haben. Bella Oaks, ebenfalls Lieferant erstklassiger Cabernet Sauvignons von Heitz, stand nicht weit zurück.

Der höhergelegene, in die Berge überleitende Grund, westlich vom St. Helena Highway, ist in erster Linie mit Cabernet Sauvignon besetzt. Je näher man den Bergen kommt, desto stärker kieshaltig und desto wasserdurchlässiger ist der Boden – doch haben bisher nur wenige Winzer hier versucht, dies auszunützen und Weinberge auch ein Stück über der Talsohlenhöhe anzulegen. Dabei spielt natürlich die maschinelle Bearbeitung eine Rolle, obwohl man doch erwarten könnte, daß das Beispiel von Martha's Vineyard hoch oben am Hang zu gewagteren Anpflanzungen anregen müßte.

Dem Merlot ist wie im Médoc das feuchtere, tiefer gelegene Land beispielsweise zwischen der Straße und dem Fluß vorbehalten. Wegen seines frühen Austriebs ist der Merlot besonders frostempfindlich und daher so weit unten im Tal stark gefährdet, aber die Kalifornier sind für solche Bedrohungen gut ausgerüstet: Die Talsohle ist mit Beregnungsanlagen und Windmaschinen geradezu gespickt.

Freilich ist die Abweichung vom 3-Sorten-Schema hier stärker als im Médoc – die Karte zeigt eine Vielzahl verschiedener Traubensorten – aber das ist in einer Weinregion, deren Grundlagen noch so neu sind, schließlich nicht anders zu erwarten. (Und es ist ja auch noch nicht so lange her, daß im Médoc ein wahres Kaleidoskop roter und weißer Rebsorten angepflanzt wurde.)

Weit hinter dem Cabernet Sauvignon rangieren die zwei populärsten weißen Traubensorten: Chardonnay und Chenin Blanc. Die Vermutung liegt nahe, daß ihr Anbau mehr auf die Mode als auf das Mikroklima zurückzuführen ist, das hier manchem Franzosen sowieso als zu warm für beide erscheinen würde. Sicherlich ist es bedeutsam, daß die ausgedehntesten Bestände dieser beiden Sorten am südlichen Ende des Tals in der von der kühlenden Bay of San Francisco beeinflußten Gegend um Yountville und Carneros zu finden sind.

Im nördlichen Teil des Tals, wo die Tagestemperaturen am höchsten steigen, beginnt sich der Zinfandel in den Vordergrund zu schieben.

Parzellen mit Chenin Blanc sind überall in der Rutherford Bench eingestreut, doch ist das wahrscheinlich eher ein Beweis für die allgemeine Beliebtheit dieser Allzweckrebe als für eine sorgfältige Abstimmung zwischen Rebsorte und Mikroklima.

Interessant ist, daß das Land, das ursprünglich für das Mondavi-Rothschild-Gemeinschaftsprojekt eines Weins namens Opus One benutzt wurde, am südlichsten und kühlsten Ende der Region Rutherford liegt, wo die klimatischen Verhältnisse wohl am meisten dem ähneln, woran der französische Partner gewöhnt ist. Zweifellos wird die Hinzuziehung eines Stücks tiefer gelegenen, wärmeren Lands gegenüber der Robert Mondavi Winery für den Stil dieses Weins eine Bereicherung bedeuten.

Unmöglich ist es, die Prominenz des Namens Robert Mondavi auf dieser Karte nicht zu bemerken, und ebensowenig kann der Europäer umhin, über die Raffinesse des Weins verwundert zu sein, der aus diesem Land der Pionierweingärten kommt, in die sich noch immer zahlreiche unabhängige Anbauer teilen. Welch ein Kontrast zur sozialen Situation des Médoc!

Klassische Rebsorten

— Cabernet Sauvignon —

Ah, Cabernet Sauvignon! Schon der Duft von schwarzen Johannisbeeren und Zedernholz, der aus dem Glas aufsteigt, läßt Weinkennern und Weinkostern in aller Welt das Herz aufgehen.

Freilich nicht allen. Nicht einem Burgunder beispielsweise oder einem Portugiesen, auch nicht so manchem Spanier. Aber doch der großen Mehrheit kennerischer Gaumen gilt heute Cabernet Sauvignon als gleichbedeutend mit Spitzenqualität. Nur wer auf eine eigene heimische Sorte besonders eingeschworen ist, bleibt vom Charme des Cabernet ungerührt.

Wer sich dagegen an der Debatte zwischen den Vererbungs- und Milieu-Theoretikern interessiert fühlt, mag wohl auch Fragen aus diesem Themenkreis mit Blick auf den Cabernet Sauvignon aufwerfen. Bringen so viele ihm nun deshalb solche Verehrung entgegen, weil er aus sich selbst heraus die beste rote Traubensorte der Welt ist, oder nur, weil er den größten Bestandteil des am reichlichsten verfügbaren feinen Rotweins, des Bordeaux, ausmacht? Ist die Vorliebe der Angelsachsen für diese Traube aus ihrer natürlichen Qualität entstanden, oder läßt sie sich vielmehr durch Gewöhnung aus den alten Bindungen an Bordeaux erklären?

Man könnte dem letzteren Gedanken leichter zustimmen, hätte sich der Cabernet Sauvignon nicht in der ganzen Welt so erstaunlich durchgesetzt. Mehr als Chardonnay, Riesling, Syrah und Pinot Noir ist er weithin, von der kühlen Südinsel Neuseelands bis zum heißen Bekaa-Tal, heimisch geworden und bringt »seriöse« Weine voll unnachahmlichem Sortencharakter.

In Bordeaux, vor allem in den aristokratischen Gegenden des Médoc und Graves, ist er *die* Traube, obwohl er dort erst vor relativ kurzer Zeit seinen Einzug gehalten hat. Erst am Ende des 18. Jahrhunderts, als Baron Hector de Branne die großen Weingüter aufbaute, wurden dort die weißen Rebsorten gerodet und durch verschiedene, damals übliche rote Traubensorten ersetzt. Von ihnen standen Petite und Grande Vidure in höchstem Ansehen, obwohl sie nicht am meisten angepflanzt wurden. Schon 1736 erwähnt der Abbé Bellet die beiden Vidures unter den 18 dunklen und 20 hellen Traubensorten im *vignoble* um Cadillac. Dem Sohn Montesquieus, de Secondat, verdanken wir die ethymologische Erklärung des Namens Vidure (*vigne dure,* harte Rebe) und damit die Kenntnis ihrer Identität: Es handelt sich um den hartholzigen Cabernet. Bis auf den heutigen Tag wird der Cabernet Sauvignon in Graves auch Vidure genannt; manche sehen freilich eine Verbindung zur Biturica des Plinius.

Die Sorte wurde in den führenden Gütern des Médoc fleißig kultiviert, und trotz ihres spärlichen Ertrags verbreitete sie sich allmählich, so daß die landwirtschaftliche Erhebung im Jahr 1979 schließlich 17200 ha Cabernet Sauvignon im Département Gironde nachwies: etwas mehr als Sémillon, jedoch viel weniger als Merlot. Der Zuwachs war in den letzten Jahrzehnten eindrucksvoll: 1958 waren es an der Gironde nur 6800 ha gewesen.

Der Cabernet Sauvignon ist freilich auch erfreulich leicht zu ziehen und vor allem zu ernten. Durch sein äußerst hartes Holz ist er wie der Riesling sehr unempfindlich gegen Winterkälte. Er treibt spät aus und braucht deshalb die Frühjahrsfröste nicht zu fürchten. Er reift spät, was in nassen, kühlen Herbsten und auf schweren, feuchten Böden, zum Beispiel in Pomerol und St-Emilion, oft Schwierigkeiten macht. Dagegen sind die Trauben selbst sehr robust und gegen Ende des ganz allmählich und erfreulich unkritisch verlaufenden Reifevorgangs gegen Witterungseinflüsse unempfindlich: Die lockeren Fruchtstände mit dickschaligen Beeren schütteln selbst starken Regen, aber auch Fäule und den Angriff von Insekten unbeirrt ab. Abgesehen von seiner Anfälligkeit für Echten Mehltau, gegen den es jedoch Mittel gibt, und von seinem recht schwachen Ertrag – der durch Klonauswahl verbessert werden soll –, hat der Cabernet Sauvignon bemerkenswert wenige Nachteile.

Die Begeisterung der Weinliebhaber in aller Welt über die Qualitäten dieser Traube trägt natürlich dazu bei, daß sie trotz ihres geringen Ertrags gern angebaut wird. Zwar ist der Cabernet Sauvignon von allen Rotweintrauben am meisten in Mode, doch bringt er in manchen neueren Weinbaugegenden nicht immer den Preis, der die damit verbundenen höheren Anbaukosten lohnt. Obwohl er dort für die Rentabilitätsrechnung eine Belastung bedeutet, wird er dennoch oft auf Kosten einträglicherer Sorten gepflegt.

In den besseren Weinbaugebieten Frankreichs dagegen gelten kleine Erträge als eine Tugend und bilden sogar eine der Grundthesen der Appellation Contrôlée. Daher ist es nicht erstaunlich, daß der Cabernet Sauvignon in Frankreich so warm empfohlen wird, vielmehr wundert man sich eher darüber, daß sein Anbau auf ein so kleines Gebiet beschränkt ist. Seine Anpflanzung hat sich in Frankreich zwar zwischen 1968 und 1979 auf fast 23000 ha verdoppelt, jedoch entfallen drei Viertel dieser Fläche vor allem auf Bordeaux, und dort wiederum auf Médoc und Graves.

Man kann nun sagen, daß der Cabernet Sauvignon in diesen beiden Gebieten (und insbesondere im Haut-Médoc) mit ihrem wasserdurchlässigen, kieshaltigen Boden seinen Höhepunkt erreicht, aber anderseits wird er hier so gut wie nie zu sortenreinem Wein verarbeitet. Zwar bot das Château de Pez 1970 versuchsweise sortenreinen Cabernet Sauvignon an, aber der 1970er war auch ein Ausnahmejahrgang, und selbst Mouton »temperiert« seinen Cabernet Sauvignon mit 10% Cabernet Franc und 5% Merlot (obwohl 1984 bei Mouton und vielen anderen der Cabernet Sauvignon überwältigend ausfiel). Das traditionelle Bordeaux-Rezept mag zum Teil daher stammen, daß ein Gemisch von Rebsorten einfach als Erbe überkommen ist und sich nun in den Weinbergen allmählich verfeinert, aber es beruht auch auf langer Erfahrung und schützt obendrein gegen Ausfälle bei einer einzelnen Sorte.

Weithin gilt, daß neben Cabernet Sauvignon auch Cabernet Franc und Merlot auf dem linken Ufer der Gironde in Médoc und Graves gedeihen, auf dem rechten Ufer in St-Emilion und Pomerol aber nur die beiden letzteren. Die

CABERNET SAUVIGNON	
Blatt	
Länge: 133 mm	Breite: 133 mm
Traube	
Länge: 267 mm	Breite: 165 mm

Tradition besagt, daß der Cabernet Sauvignon im rauheren Klima auf dem rechten Ufer schwerer zur Reife zu bringen ist. Auch die nach dem Fäulebefall in den sechziger Jahren behördlich verordnete Verbreitung eines besonders ertragsschwachen Klons von Cabernet Sauvignon auf beiden Seiten der Gironde trug in St-Emilion und Pomerol durchaus nicht zu größerer Beliebtheit dieser Sorte bei. Thierry Manoncourt, dessen Château Figeac zu mehr als einem Drittel mit Cabernet Sauvignon besetzt ist, behauptet zwar, daß die Sorte gut ausreift, aber zu lange nach Cabernet Franc, und das sei unvorteilhaft, weil die Leserkolonnen nicht ununterbrochen beschäftigt werden können.

Die kleinen, staubig blau-schwarzen Beeren des Cabernet Sauvignon weisen von allen Trauben mit das höchste Anteilsverhältnis von Kernen gegenüber dem Fruchtfleisch auf: Es beträgt nach Peynaud 1:12 (dagegen bei Sémillon 1:25). Da die Kerne neben den meist nicht mitgekelterten Stielen den höchsten Gehalt an Gerbsäure aufweisen, ist ein ganz reiner Cabernet-Sauvignon-Wein außerordentlich streng, aber auch – dank der dicken, fast schwarzen Schalen – von sehr tiefer Farbe. Das Verschneiden mit milderen Traubensorten wie Merlot, Cabernet Franc und auch Malbec, die meist 30% der Mischung ausmachen, liegt als Abhilfe auf der Hand. Die beigemischten Traubensorten bringen mehr Komplexität und machen den Wein ansprechender. Es überrascht, wie gering der Anteil der »Beimischsorten« in den Anpflanzungen der neueren Weinbaugegenden ist, die in die großen Bordeaux-Rotweine so verliebt sind, daß sie gewaltige Flächen mit Cabernet Sauvignon bestockt haben.

Eine weitere Möglichkeit, der Strenge des Cabernet Sauvignon zuleibe zu gehen, bietet die *macération carbonique*, eine in Bordeaux heute für nicht so anspruchsvolle Weine viel benützte Methode der schnellen Vergärung.

Die dritte und beste Abhilfe ist auch die einfachste: die Zeit. Die Cabernet-Sauvignon-Weine entwickeln sich langsam, vor allem die aus Bordeaux, wo die Sonnenwärme nie ausreicht, eine eigene Fülle hervorzubringen, wie es in manchen Gegenden Kaliforniens und Australiens so oft geschieht. In Bordeaux werden deshalb bewußt oder unbewußt nicht nur in den Cru-Classé-Gütern Weine bereitet, die für lange Reifezeit bestimmt sind. Der Cabernet Sauvignon hat wie der Chardonnay eine natürliche Affinität zu Eichenholz. Sie wird in den Spitzengütern von Bordeaux mit Vorteil genutzt, indem die aus mehreren Rebsorten zusammengesetzten Weine in 225-Liter-Fässern – meist aus Nevers- oder Limousin-Eiche – 18 bis 24 Monate gelagert und erst dann in Flaschen abgefüllt werden. Es kann nicht wundernehmen, daß die Vereinigung des Fruchttannins mit dem Holztannin ihre Zeit braucht. Deshalb lautet die Standardregel für Bordeaux, daß er die Flasche erst wieder verlassen soll, wenn er über zehn Jahre darin gelegen hat.

Es gibt heute Anzeichen, daß auch in Bordeaux mancher Wein für baldigere Reife als früher bereitet wird (in der Vergangenheit war man nicht nur geduldiger, sondern auch weniger dem Druck der Zinsen ausgesetzt). Auf jeden Fall gehört jedoch der Bordeaux mit hohem Anteil an Cabernet Sauvignon auch heute noch zu den langlebigsten Weinen. Mancher große Bordeaux ist denn auch in seiner Jugend so undurchdringlich tintenschwarz, den Mund zusammenziehend und beißend herb, daß dem Cabernet Sauvignon der Ruf vorausgeht, er sei ein Vergnügen für Masochisten. In einem kalifornischen Weinführer, *Pride of the Wineries,* heißt es: »Cabernet Sauvignon ist ein Wein für Leute, die gern auf der blanken Erde schlafen, Rugby spielen, auf Berge klettern, Rosenkohl roh essen und andere Dinge treiben, bei denen ein gewisses Unbehagen zum Vergnügen gehört.« Dem Autor dieser Zeilen war wohl der eigentliche Reiz eines reifen Cabernet noch nicht aufgegangen: unvergleichliche Komplexität, angenehm mäßige Alkoholstärke, sublime Harmonie aus Frucht, Eichenholzaroma und unaufdringlicher Mannigfaltigkeit im Geschmack, ein zugleich intellektueller und sinnlicher Genuß – das alles ist Cabernet Sauvignon! Seine Macht ist so groß, daß auf ihn versessene Gemüter überall in Frankreich, insbesondere in der Provence, erstklassigen Bordeaux in ganz anderer Umgebung hervorzubringen versuchen. Château Vignelaure bei Rians ist hierfür vielleicht das bekannteste und Mas de Daumas Gassac im Hérault wohl das unbeirrbarste Beispiel.

Nicht so weit von der Gironde entfernt, verleiht der Cabernet Sauvignon an der Dordogne den dortigen Rotweinen Klasse. Auch an der Loire ist er im Vormarsch; seine Anbaufläche beträgt dort inzwischen rund 1300 ha. Besonderes Ansehen genießt der Cabernet Sauvignon auch in Anjou und der Touraine, wo er dem Bourgueil, Anjou und Touraine Rouge zu Farbe und Kraft verhilft und im Cabernet d'Anjou Rosé zu einem der bewährtesten sortenreinen Weine Frankreichs gekeltert wird. Im Midi faßt er als *cépage améliorateur* (bessere Rebsorte) allmählich Fuß (freilich ist er dort seines geringen Ertrags wegen nicht so beliebt wie der Merlot), und einige tausend Hektar im Anbaugebiet Languedoc-Roussillon profitieren bereits von seinem edlen Geblüt. »Eine Spur Cabernet« trägt schon viel dazu bei, die Vins de Pays und VDQS-Weine aus dem Midi zu bereichern. Man kann nur hoffen, daß die Erzeuger in diesen Gegenden, die standhaft bei ihren Qualitätsbemühungen bleiben, auch den gerechten Lohn aus ihnen ziehen und daß die anderen von der EG ermutigt werden, ihnen nachzueifern. Noch ist der Preis für Trauben, die nur in die Destillerien der EG wandern, viel zu hoch.

Zum Glück ist es sehr schwierig, den Cabernet Sauvignon zu so großen Übererträgen zu bringen, daß sein Charakter bis zur Unkenntlichkeit verwässert wird. Zu reichliche Düngung und eine schwere Hand sind die besten Mittel, um den Cabernet Sauvignon seiner Distinktion zu berauben. Doch kommt beides im Midi nicht allzu häufig vor. Was dort noch recht verstanden werden muß, ist, daß schon die Beimischung kleiner Mengen von Cabernet Sauvignon bei ansonsten nichtssagenden Verschnitten Wunder wirken kann.

Die Gesamtfläche von über 9000 ha Cabernet Sauvignon in Kalifornien hat vielleicht überraschenderweise in den siebziger Jahren weniger stark zugenommen als in Frankreich und erscheint neben 18000 ha in Bulgarien recht klein. Wäre das amerikanische Publikum nicht so sehr auf Weißwein versessen, hätte der Cabernet sicher stärkeren Zuwachs erlebt. Wer klug genug war, sich einen Vorrat an kalifornischem Cabernet in den Keller zu legen, wird sicherlich den Gewinn davon haben, wenn das Pendel demnächst zurückschwingt und die Sauvignon-Blanc-Reben eiligst auf modische Rotweinsorten umgepfropft werden.

Die größten Cabernet-Anbauflächen sind in den Küstenbereichen Kaliforniens, vor allem Napa, Sonoma und Monterey, anzutreffen. Wer in Kalifornien etwas vom Bordeaux versteht – dem echten französischen Bordeaux – wird bestätigen, daß der Cabernet seinen erfreulichsten Platz außerhalb von Bordeaux an bestimmten begünstigten Stellen vor allem im Napa-Tal gefunden hat. Inzwischen sind Heitz Martha's Vineyard mit seinem ausgeprägten Eukalyptus-Minze-Duft, der zurückhaltendere Beaulieu Georges de Latour Private Reserve, der vielbewunderte Robert Mondavi Reserve, der füllige Stag's Leap und der weit südlich von Napa hoch in den Bergen über Palo Alto beheimatete Ridge's Montebello schon zu Klassikern geworden. An Konkurrenten besteht jedoch kein Mangel, und es wird immer schwieriger, erstklassigen kalifornischen Cabernet und *crus classés* aus Bordeaux voneinander zu unterscheiden.

Jeder kalifornische Kellermeister, der etwas auf sich hält, verlangt neue französische Eichenfässer, wie Lafite sie verwendet, und läßt seinem Cabernet Sauvignon dieselbe *élevage* angedeihen wie ein gut geführtes Château im Médoc. Selbst wenn sein Wein ausgeprägt kalifornisch aus dem Gärbehälter kommt, weil er nun einmal auf fruchtbarerem Boden gewachsen war, so wird doch anschließend alles nur Erdenkliche getan, um ihm eindeutig französische Statur zu verleihen.

Nun hat sich bei den kalifornischen Erzeugern inzwischen ein Trend weg von ganz sortenreinen Cabernet-Sauvignon-Weinen eingestellt. In den siebziger Jahren führte die Ablehnung der sogenannten Gattungsweine zu einer Überbetonung der Sortenreinheit, weil die noch schmale Kenntnis des geographischen Potentials ihres Landes den Kaliforniern keine Alternative zum absolut sortenreinen Wein offenzulassen schien. Handelt es sich aber um Cabernet, der unter der kalifornischen Sonne gereift und in französischen Eichenfässern ausgebaut ist, dann kann ein wahrhaft strenger Wein das Ergebnis sein. Zu oft wurde Gerbstoff mit Qualität und zuviel Gerbstoff mit großer Qualität gleichgesetzt. Und wenn Cabernet Sauvignon allgemein als der beste »Varietal« Kaliforniens galt, konnte ja schließlich Mischen mit einer anderen Sorte nur schädlich sein.

Zum Glück werden inzwischen die Dinge nicht mehr so vereinfacht gesehen, und das Verschneiden wird vom Weingesetz, das von einem Wein verlangt, er müsse mindestens 75% der auf dem Etikett genannten Sorte enthalten, erleichtert. In den achtziger Jahren haben Weine wie Joseph Phelps Insignia und der mit großen Erwartungen umgebene Opus One, das Gemeinschaftsprojekt von Mondavi und Rothschild, deutlich bewiesen, wie erfolgreich das Bordeaux-Rezept auch in Kalifornien angewandt werden kann. Manchmal ist Cabernet Franc oder Merlot in Kalifornien nicht das, was der Name verspricht – wie auf Seite 96 ausgeführt, werden die beiden Sorten hier oft miteinander verwechselt; daß sie aber dem Cabernet Sauvignon mehr Komplexität und ansprechende Art verleihen, ist unbestritten. Bei alledem bleibt freilich wahr, daß ein 100% reiner Cabernet Sauvignon aus Kalifornien mit seiner größeren Fülle und seiner klar hervortretenden Süße von vornherein ansprechender ist als ein sortenreiner Cabernet Sauvignon aus Bordeaux – allerdings nur, wenn er nicht eine massive Eichenholzbehandlung erfährt und in einer gemäßigteren Klimazone Kaliforniens, etwa in Region II oder III, gewachsen ist. Weine wie Parduccis reiner Cabernet Sauvignon belegen dies in bewunderungswürdiger Weise.

Opus One ist der teuerste Cabernet-Sauvignon-Wein, der außerhalb von Bordeaux wächst. Sein Dasein verdankt er einem Gemeinschaftsprojekt von Robert Mondavi (links) und Baron Philippe de Rothschild (rechts) im Napa-Tal. In den ersten vier Jahrgängen schwankte der Cabernet-Sauvignon-Anteil zwischen 80 (1979) und 96% (1980). Der übrige Anteil entfällt auf Cabernet Franc, nur der erste Jahrgang – 1978 – enthielt auch 4% Merlot. Unter der Sonne Kaliforniens gereifter Cabernet braucht meist weniger mildernde Merlot-Zugabe als in seiner Heimat Bordeaux.

In den kühleren Gegenden Kaliforniens, insbesondere im Norden von Monterey, kann der Cabernet Sauvignon einen wenig erfreulichen vegetabilen Charakter annehmen. Grüne Paprika oder Oliven und mancherlei anderes, was eigentlich in die Salatschüssel gehört, läßt sich dort aus ihm herausschmecken, was zu einigen Fehlschlüssen Anlaß gegeben hat, weil das Land, auf dem er wächst, früher von Gemüsepflanzern genutzt wurde. Um Gonzales reifen die Trauben so langsam, daß der Cabernet manchmal erst Ende November – zwei Monate später als in Bordeaux – gelesen werden kann. Geht alles gut, dann entsteht in dem Wein schließlich ein Cocktail verschiedenster Elemente, der ihn recht interessant macht; werden die Trauben aber zu früh gelesen, dann nimmt der Cabernet Sauvignon etwas von dem grasigen Geschmack des Cabernet Franc an.

Gewiß ist die Überlegenheit des Pinot Noir weiter im Norden in Oregon die unmittelbare Folge dieser Erscheinung. Der Cabernet Sauvignon aus Oregon wird oft als schwerfällig oder einseitig kritisiert. Dagegen hat sich die Sorte gut an das wärmere Klima und die vorsichtige Bewässerung im Staat Washington gewöhnt. Auch hier hat sie oft eine Minzenote (vielleicht besteht eine Klonverwandtschaft mit Napa Cabernet), und bisher ist eine recht frühe Reife beobachtet worden. Es gibt starke stilistische Ähnlichkeiten zwischen den Cabernets aus Washington und denen aus Nordostitalien; allerdings weisen die italienischen Versionen mehr von der an schwarze Johannisbeeren erinnernden Frucht auf, die so oft im Médoc-Cabernet Sauvignon zu entdecken ist. In den USA werden in allen Weinbaugebieten inzwischen Versuche mit Cabernet Sauvignon gemacht.

Auch die Australier haben schon sehr große Erfolge mit dieser Sorte erzielt, da sie ihr die Sorgfalt angedeihen lassen, die sie der dort viel verbreiteter angebauten Shiraz schuldig bleiben. Ganz allgemein erlangen erstklassige australische Cabernets die nötige natürliche Säure viel leichter als ihre kalifornischen Artgenossen, und auch die schwarze Johannisbeere tritt in ihnen deutlicher hervor.

Der australische Weinbau hatte relativ früh eine hervorragend geeignete Stelle für den Cabernet Sauvignon gefunden, und zwar in Coonawarra, einem weit abgelegenen Tal in der Südostecke Südaustraliens. Beinahe zwei Drittel des australischen Cabernet Sauvignon wachsen im Staat Südaustralien, auf rund 600 ha in Coonawarra und Ausläufern des Weinbaugebiets nach Padthaway.

Coonawarra ist eine der kühlsten Weinbauregionen Australiens. Nach Wärmefaktoren, die aus Temperatur und Sonnenscheindauer ermittelt werden, ist Coonawarra zum großen Teil gemäßigter im Klima als Beaune oder Epernay. Trotzdem überwiegt hier der Cabernet gegenüber dem Pinot, weil er auf dem eigentümlichen Boden von Coonawarra, einem roten Lehm »terra rossa« und schwarzer Rendzina über fossilem Kalkgestein mit hohem Grundwasserspiegel, besonders gut gedeiht. Die Trauben brauchen eine ausgedehnte Wachstumsperiode zur Reife, wobei es in sehr kühlen Herbsten eben mit dieser Reife oft kritisch wird. Die Lese findet hier manchmal erst Ende April oder im Mai statt, doch immer bringen die Trauben tiefe Farbe und feine Säure mit in den Gärtank.

So aufgesplittert ist die Struktur der australischen Weinindustrie, daß dieser Gärtank meist einige hundert Meilen von Coonawarra entfernt steht und der fertige Wein schließlich mit anderem vermischt werden kann, der in einer ganz anderen Gegend Australiens gewachsen sein mag. Der

Cabernet Sauvignon hat eine natürliche Affinität zu Eichenholz. In den Spitzenweingütern von Bordeaux, hier im Château Cantemerle, reift er deshalb über ein Jahr in Eichenfässern. Kaum eine andere Traube würde soviel Tannin vertragen, wie Limousin- oder Nevers-Eiche im ersten Jahr an den Wein abgibt.

Transport gekühlter Trauben oder Moste in Tanklastzügen ist in Australien normale Praxis, vor allem aus dem abseits gelegenen Coonawarra. Manche Kellereien bewahren den gereinigten Most oft wochenlang in Kühltanks auf, bevor sie ihn zum Gären kommen lassen. Auch im Hunter Valley, der traditionellen Hochburg des Shiraz, in den bewässerten Flußregionen im backofenheißen Inneren, gewinnt der Cabernet Sauvignon an Boden, und er feiert bemerkenswerte Erfolge in Westaustralien und an kühlen Stellen in Victoria. Seine Qualität ist insgesamt sehr hoch. Die anständigen, wenn auch nicht gerade anspruchsvollen Weine, die er in weniger renommierten Gegenden Australiens in großer Wärme mit viel Düngung und Bewässerung und entsprechend großen Erträgen erbringt, sind wohl der beste Beweis für die guten Eigenschaften dieser Rebsorte. Diesen Weinen fehlt es zwar am Rückgrat, doch sind viele von ihnen sauber, fruchtig, ausgewogen bei schöner Farbe und ausgeprägtem Charakter.

Der traditionelle Verschnittpartner von Cabernet Sauvignon ist in Australien der Shiraz. Sicher läßt dieser Gedanke manchem Franzosen einen kalten Schauer über den Rücken laufen, aber in Australien bewährt sich diese Ehe. Der australische Shiraz ist voller als der von der Rhône und ergänzt den Cabernet gut. So wird behauptet, daß der Shiraz dem Cabernet gibt, was ihm am Gaumen fehlt. Dennoch sind auch in Australien schon sehr füllige reine Cabernets entstanden.

Ein Cabernet/Shiraz-Verschnitt ist ein Wein eigener Art und anders als beide für sich allein: voll, pflaumenhaft, manchmal mit einer Schokoladennote. Werden anderseits bis zu 40% Cabernet Franc, Merlot und Malbec dem Cabernet Sauvignon beigegeben, dann wird die Hauptsorte lediglich gemildert und gezähmt.

In Neuseeland leidet der Cabernet Sauvignon (wie in Tasmanien) oft unter der doppelten Wirkung eines zu kühlen Klimas: dünnes, grasiges Aroma bei zu wenig Körper. Der Cabernet Sauvignon ist bei weitem Neuseelands wichtigste rote Traubensorte. Auf ihn entfallen 3,5% des Gesamtertrags an Wein. Der Cabernet Franc wird hier nicht angebaut; trotzdem erinnert mancher neuseeländische Cabernet eher an einen überreifen Chinon als an einen Bordeaux. Auch die Farbe macht Sorgen. Bei jungen Cabernets ist sie oft ein blasses Karminrot und schlägt nach wenigen Jahren in der Flasche in Bräunlich um. Das mag zum Teil an der hier verbreiteten virusfreien Selektion liegen, die auch ungewöhnlich große Erträge bringt. Alles in allem ist hierin eher ein Zeichen zu sehen, daß auch dem Cabernet Grenzen gesetzt sind. Doch wunderbar komplexe und in Farbe und Geschmack ausgewogene und intensive Weine wie der Coleraine Cabernet-Merlot von Te Mata zeigen wiederum, was dennoch möglich ist.

Auch in Südafrika leidet der Cabernet unter frühem Braunwerden, obwohl es ihm dort nicht an Körper fehlt. Es zeigt sich oft ein brandiger Alkoholgeschmack und eine arzneihafte Konzentration oder besser Umwandlung des manchmal recht hohlen Aromas. Säure und Tannin sind zwar ausgeprägt vorhanden, doch ist die Frucht zu mager und ohne Charme, und die herkömmliche Praxis des Verschneidens mit Cinsaut hebt dies noch hervor.

Dann kam der Kult der sortenreinen Weine, der noch heute anhält. Die 2500 ha Cabernet Sauvignon bringen vergleichsweise sehr kleine Erträge, doch die Magie des Namens »Claret« und die feinsten einheimischen Cabernet-Weine von Meerlust und Rustenberg halten die Glut des Interesses wach. Die neuere Tendenz zum Verschneiden mit Merlot und Cabernet Franc ist erfreulich, weil dadurch – wie es der Rubicon von Meerlust beweist – dem etwas spärlichen Bau des Cabernet Sauvignon aufgeholfen wird. Das Potential des Cabernet Sauvignon ist in Südafrika sicher beträchtlich, wenn man aber bedenkt, daß er schon seit den zwanziger Jahren dort hoch angesehen ist, dauert es offenbar sehr lange, es richtig zu nutzen. Die größte Cabernet-Sauvignon-Anbaufläche Südafrikas liegt in Paarl und Stellenbosch.

In Südamerika hat der Cabernet Sauvignon noch ältere Tradition. In den meisten Weinbaugebieten wird er in ziemlich kleinen Mengen angebaut, so in Argentinien, wo Erträge von 200 hl/ha durch hohe Erziehung erreicht werden.

In Chile ist er schon seit langem der tragende Pfeiler eines hochangesehenen Qualitätsweinbaus. Dort entfällt auf ihn ein Viertel der Rotweinerzeugung; vor ihm rangiert unter den Rotweinsorten nur der hellrote Pais. Die chilenischen Weine, unter denen der Cabernet Sauvignon an der Spitze steht, erteilen der Welt eine Lektion darin, wie sich ungepfropfte Reben auf den Weingeschmack auswirken. Gebirge und Sandboden haben das Land vor der Verwüstung durch die Reblaus geschützt, und die Stecklinge, aus denen der chilenische Weinbau erwachsen ist, wurden noch vor dem Mehltaubefall in Bordeaux geschnitten. In den trockenen Sommern reifen Trauben heran, die vor Gesundheit geradezu strotzen. Leider kommen die Qualitätsmaßstäbe in den Kellereien mit denen im Weinberg noch nicht mit.

Der chilenische Cabernet Sauvignon zeichnet sich durch gesunden, fruchtigen, fast pflaumigen Geschmack aus – so als ob auch Malbec oder Merlot dazwischengeraten wäre, was übrigens auch sein kann. Die Süße ist kräftiger und der Glyzeringehalt höher als in einem Bordeaux, ausgenommen vielleicht nur aus einem sehr reifen Jahrgang. Wie in südafrikanischen Cabernets trifft man oft eine mineralisch-arzneihafte Note an, doch die chilenischen Weine sind viel fruchtiger als die vom Kap.

Der Weinbau Chiles hat natürlich seine Probleme, vor allem soziale, und die Weinqualität ist nicht immer gleichmäßig. Maipo ist das chilenische Gegenstück zum Médoc und Cousiño Macul zu Mouton. Das bewußt kleingehaltene Familiengut verschneidet den Cabernet Sauvignon mit Merlot und Malbec und läßt ihm eine gründlichere Faßreife angedeihen, als es in Chile sonst üblich ist. So entsteht ein Wein, den man mit einem Giscours aus einem besonders vollen Jahrgang verwechseln könnte.

Groß in Mode ist hier der Neuling Miguel Torres Jr., der in seiner neu erbauten Bodega einen Cabernet klassischer Art erzeugt. Seine ersten Jahrgänge zeigten die übliche chilenische Schwäche eines zu lockeren Baus. Es dauerte eine Weile, bis feststand, daß seine Reben wirklich Cabernet Sauvignon und nicht Cabernet Franc waren. In Chile wächst gar kein Cabernet Franc, wenigstens nicht unter dem eigenen Namen, aber es ist nicht auszuschließen, daß sich unter den ursprünglichen Stecklingen aus Bordeaux auch diese Sorte befand.

Torres gehört zu den wenigen Nicht-Chilenen, die sich im chilenischen Weinbau sehr gut auskennen. Als er Ende der siebziger Jahre in Chile auf Landsuche ging, hatte er allen Grund, dem Cabernet Sauvignon eine bevorzugte Stelle einzuräumen. Die Rebsorte hatte daheim in Katalonien schon Wunder für ihn bewirkt. In der Gault-Millau-»Wein-Olympiade« 1979 in Paris hatte sein Torres Black Label Gran Coronas 1970, der erste Jahrgang seines Cabernet Sauvignon/Tempranillo-Verschnitts, eine ganze Reihe glanzvoller Namen, unter anderem den 1970er Château Latour, aus dem Feld geschlagen.

Wer diesen robusten spanischen Verschnitt – gereift in amerikanischer Eiche, aber ganz Bordeaux in der Struktur – gekostet hat, versteht durchaus, weshalb ein solcher Wirbel darum entstand, und wer jemals den außerordentlich extraktreichen und konzentrierten reinen Cabernet von Jean León probieren durfte, der in derselben Gegend und in derselben ungewohnten Erziehung auf Spanndrähten gewachsen ist, der weiß, daß diese Rebsorte sich im mittleren Penedés sehr wohl fühlt.

Der Cabernet Sauvignon wird auf der Iberischen Halbinsel nur wenig und an vereinzelten Stellen angebaut. Die Winzer aus Bordeaux, die seinerzeit vor der Reblaus über die Pyrenäen flohen, brachten wohl ihre Ausrüstungen und ihr Fachwissen mit, Stecklinge aber dürften damals äußerst unwillkommen gewesen sein. Die Bodega Marqués de Riscal verfügt über eine kleine Fläche mit Cabernet Sauvignon, deren Ertrag meist für sich verarbeitet wird. Der spät rei-

Die Weinbergfläche von Château Latour ist mit 75% Cabernet Sauvignon, je 10% Cabernet Franc und Merlot sowie mit 5% Petit Verdot besetzt. Die Erträge dieser Rebsorten sind von Jahr zu Jahr stark unterschiedlich. Das Bestandsgemisch soll vor allem diese Schwankungen ausgleichen.

fende, ertragsschwache Cabernet wird als Ersatz für Tempranillo kaum begrüßt. Die einzige größere und ältere Cabernet-Anbaufläche ist bei der berühmten Bodega Vega Sicilia in der Nähe von Valladolid anzutreffen. Sie besteht aus Stecklingen, die 1864 aus Bordeaux eingeführt wurden. Der Cabernet scheint sich wie überall auch auf der Iberischen Halbinsel allmählich durchzusetzen. Das große Weingut Raimat bei Lérida in Nordostspanien wird zurzeit mit wärmebehandelten Edelreben der Davis-Universität von Kalifornien besetzt, vorwiegend mit Cabernet Sauvignon. Der Abadia von Raimat beweist, daß der Cabernet Sauvignon sich in amerikanischer Eiche ebenso schön entwickeln kann wie in viel teureren Fässern aus französischer Eiche.

Auch in vielen Weinbauregionen Portugals könnte sich der Cabernet Sauvignon bewähren. Der in Kastanienholzfässern gereifte Quinta de Bacalhôa von J. M. da Fonseca legt diese Vermutung nahe, ebenso der saftige Camarate, der aus Cabernet Sauvignon zusammen mit einheimischen Periquita-Trauben aus der Gegend um Azeitão entsteht.

Außer in Frankreich wird in Europa vor allem in Italien der meiste Cabernet Sauvignon angebaut. Die Italiener kennen die Geschichte ihres Cabernet genauer als die Franzosen, denn man weiß, daß er 1820 vom Conte di Sambuy nach Alessandria in Piemont gebracht wurde. Heute wird er in Piemont von höchst eigenwilligen Avantgardisten angebaut (Gaja kann mit einem Cabernet Sauvignon überraschen); die ausgedehntesten Anpflanzungen aber finden sich im Nordosten. Allerdings ist hier der Cabernet Franc seiner besseren Erträge wegen beliebter. Auch kommt hier, so weit im Süden, der kargere und grasigere Charakter des Cabernet Franc nicht so deutlich zum Vorschein. Bei nur sehr wenigen DOC-Cabernets aus dem Nordosten wird klar angegeben, ob es sich um Cabernet Sauvignon oder Cabernet Franc handelt; aber nicht nur der Verbraucher weiß daher nicht recht, wie groß der Anteil der beiden Sorten jeweils in einem »Cabernet« ist – den Erzeugern geht es selbst nicht besser.

Der größte Teil des italienischen Cabernet stammt – wie auch der Merlot – aus ertragreichen Weinfeldern auf der fruchtbaren Talsohle, aber der Charakter des Cabernet Sauvignon läßt sich nicht so leicht verwässern wie der des Merlot, und wenn auch der Standard-Cabernet aus Friaul nicht gerade umwerfend ist, so hat er doch mehr zu bieten als der Standard-Merlot. Die meisten Cabernets dieser Art sind für baldigen Verbrauch bestimmt; sie besitzen gute Säure, aber kaum Tannin. Manche allerdings aus den Colli Orientali del Friuli entfalten sich auch über längere Zeit sehr schön. Aus dem Veneto kommen zahlreiche Variationen über das Thema Cabernet/Merlot/Malbec, und der sortenreine Cabernet von Costozza gehört zu den eindrucksvolleren Weinen seiner Art. Der Capo del Monte ist eine interessante Mischung aus Cabernet und Marzemino.

Auch in den Weinbergen von Südtirol sind die beiden Cabernets nur schwer auseinanderzuhalten, doch werden sie auch nicht sehr umfangreich angebaut. Immerhin kommen aus dem Trentino und dem Alto Adige einige feine Cabernets, denen lange Reifezeit am Stock wie auch in der Flasche wohl ansteht. Säuregehalt und Farbe sind sehr gut, nur der Gerbstoffgehalt läßt zu wünschen übrig.

Auch in der Emilia-Romagna wird der Cabernet-Anbau wieder aufgenommen; der größte Schlager aber ist er in der Toskana, wo er allerorten mit Eifer betrieben wird und zu Weinen wie Carmignano, Tignanello und Sassicaia führt. Die DOC Carmignano sieht die Beimischung von Cabernet Sauvignon zu den traditionellen Chianti-Trauben, das heißt vor allem Sangiovese, vor. Der faßgereifte Tignanello von Antinori brachte den Beweis, daß auch ohne DOC ein guter Preis zu erzielen ist, und inzwischen bringen alle Chianti-Erzeuger eigenen *vino da tavola* mit einem kräftigen Schuß Cabernet hervor. Es läßt sich nicht bezweifeln, daß eben dieser Schuß Cabernet dem Sangiovese viel Klasse verleiht, und deshalb wurden die DOCG-Bestimmungen von 1984 besonders hierauf abgestellt.

Der Sassicaia war der erste reine Cabernet Sauvignon aus der Toskana, und er findet inzwischen reichlich Nachahmer. Alle erzielen hohe Preise, und manche sind ausgezeichnet, wenn sie sich auch in ihrer italienischen Umgebung etwas fremdartig ausnehmen. Dem, was in der Toskana geschieht, kann Dr. Lungarotti in Umbrien nicht tatenlos zusehen. Sein Cabernet Sauvignon di Miralduolo hat beste Eigenart und wirkt auf der Zunge klar und eindeutig.

Aber nicht nur auf dem italienischen Stiefel dehnt der Cabernet Sauvignon seine Einflußsphäre langsam aus, sondern auch um das ganze östliche Mittelmeer herum. Griechenland hat mit dem Château Carras ein echtes Bordeaux-Weingut mitsamt Professor Peynaud sowie Anpflanzungen um das Weingut Tsantalis. In israelische Rotweine geht der Cabernet Sauvignon ebenso ein wie in den türkischen Villa Doluca. Im Libanon verschneidet das legendäre Château Musar Cabernet Sauvignon mit Cinsaut und Syrah. Sogar auf Zypern werden Versuche mit den beiden Cabernets gemacht.

Auch nach Osten führt der Weg des Cabernet Sauvignon. China und Japan experimentieren mit ihm; Jugoslawien, Bulgarien und Rumänien setzen große Exporthoffnungen auf den Cabernet Sauvignon. Den jugoslawischen Weinen fehlt es etwas am klaren Sortencharakter – sie sind meist etwas trüb, doch gibt es auch schmackhafte, leichte Beispiele aus Serbien. In Ungarn wird Cabernet Sauvignon wenig angepflanzt. Rumänien dagegen hat eine ausgedehnte Cabernet-Sauvignon-Anbaufläche, doch sind die Weine oft schwerfällig und erscheinen dem westlichen Gaumen fade.

Bulgarien umwirbt den westlichen Weintrinker am meisten, und dabei ist Cabernet Sauvignon der stärkste Trumpf. Er ist mit 18000 ha – nur 5000 ha weniger als in Frankreich – bei weitem die bedeutendste Rotweinsorte des Landes, gefolgt von Merlot, mit dem er eine glückliche Ehe eingeht. Das Erfolgsrezept für bulgarische Qualität bei günstigem Preis ist die konsequente Mechanisierung. Es dürfte kaum möglich sein, einen sortenreinen Cabernet Sauvignon irgendwo anders als in einer kurzhalsigen bulgarischen Flasche so preiswert zu finden. Weinhändler behaupten, daß die Qualität von einer Lieferung zur anderen unterschiedlich sei, doch auf jeden Fall steht den Bulgaren eine gute Fleißnote zu. »Gekochte schwarze Johannisbeeren« lautet die häufigste, wenn auch nicht sehr schmeichelhafte Probiernotiz, aber selbst die einfachsten Cabernet Sauvignons aus Bulgarien zeigen gute Farbe und vor allem Säure. Sie sind unbestreitbar fruchtig, nur steht die Apfelsäure etwas sehr im Vordergrund – ein Anzeichen für zu frühe Lese. Der Norden Bulgariens konzentriert sich ganz auf Cabernet Sauvignon, und die Weine aus Svistov gehören zu den saubersten und interessantesten.

Die Russen machen mehr Geheimnis um ihre Weine. Während Bulgarien ganz Europa mit Wein überschwemmt, hilft die UdSSR beim Trockenlegen des EG-Weinsees. Über sowjetische Weine gibt es wenig Informationen; bestimmt aber wird in Georgien Cabernet Sauvignon angebaut, und die Marke Teliani kommt in den Genuß einer einjährigen Lagerung im Eichenfaß. Das Institut Magaratsch hat zweifellos die Keller voller Weine, die ähnlich wie ein Lafite schmecken dürften, aber es behält sie alle für sich.

Synonyme:
Petit-Cabernet, Vidure, Petite-Vidure (Graves); Bouchet, Bouche (Gironde); Petit-Bouchet (St-Emilion und Pomerol); Sauvignon Rouge (Zentral-Frankreich).

Böden:
Cabernet Sauvignon gedeiht auf ganz verschiedenen Böden, am besten aber im wasserdurchlässigen Kies des Haut-Médoc. Zu fette Böden fördern die Wüchsigkeit derart, daß Fruchtansatz und Reife ungleichmäßig ausfallen.

Wuchskraft: Starkwüchsig

Schnitt:
Kräftiger Rückschnitt, meist Guyot-Methode

Anfälligkeiten:
Nur mehltauempfindlich; gute Resistenz gegen Fäule und andere Krankheiten

Veredelungsunterlagen:
Schwachwüchsige Unterlagen; in Europa meist SO_4 und 3309

Ertrag: Gering

Spitzenqualität. Zur Zeit sehr in Mode.

Pinot Noir
(Blauburgunder – Spätburgunder)

Der Pinot Noir ist die ungebärdigste aller Reben. Obwohl der Grammatik nach männlich, ist er doch in der Art feminin und bringt mit seinen Capricen Winzer und Weinfreunde gleichermaßen zur Verzweiflung. Er führt einen wirbelnden Tanz auf und läßt durch seine sieben Schleier ab und zu einen Blick auf die Herrlichkeiten erhaschen, die dem Unbeirrbaren winken, aber bändigen läßt er sich nicht.

Es ist nur natürlich, Vergleiche zwischen den großen Rotweintrauben von Bordeaux und Burgund ziehen zu wollen, doch gibt es nur wenig Ähnlichkeit. Während sich der Cabernet Sauvignon überall in der Welt wohl fühlt, geht der Pinot Noir nur ungern auf Reisen. In den neueren Weinbauregionen erscheint den Kellermeistern schon der Gedanke, einen Wein hervorzubringen, der auch nur ein schwacher Abglanz eines großen Burgunder wäre, so verlockend, daß er fast zum Fetisch geworden ist.

Cabernet-Sauvignon-Weine gibt es in sehr verschiedener Qualität, aber die Traube kann ihren charakteristischen Geschmack und Körperbau nie verleugnen. Der Pinot Noir hat keinen eindeutigen Geschmack oder Stil, ausgenommen vielleicht einen Anflug von Süße und einen relativ hohen Alkoholgehalt (der in Burgund allerdings weitgehend der Zuckerung zu verdanken ist). In seiner Jugend schmeckt er in zarten Côte-de-Beaune-Weinen oft nach frischen Himbeeren und in bestimmten Côte-de-Nuits-Jahrgängen nach sonnenwarmen Erdbeeren, in jungen Chalonnaise-Weinen nach Tinte, in Kalifornien nach Pflaumenmarmelade und in Norditalien und Osteuropa schließlich nach so gut wie nichts. Reifer roter Burgunder dagegen entfernt sich rasch von allem, was sich mit einfacher Frucht beschreiben läßt: Sein außergewöhnliches Bukett läßt vielerlei ahnen – von Veilchen bis zu Wild, von verfaultem Gemüse bis zu Trüffeln. In der Qualität ist die Spanne zwischen Höhen und Tiefen beim Pinot Noir noch viel größer als beim Cabernet.

Zwar ist der Pinot Noir das Oberhaupt der weitverzweigten Pinot-Familie, wie alle anderen Pinots aber ist er genetisch unstabil und mutiert leicht. Der Pinot Meunier ist wohl noch eine seiner zahmeren Mutationen, dagegen bildet die Masse der Pinots von Noir über Blanc bis Gris (der Chardonnay wird heute nicht mehr zum Clan gerechnet) eine recht unordentliche Gesellschaft, in der nur schwer Familienähnlichkeiten nachzuweisen sind. Verschlimmert wird die Sache noch dadurch, daß die Rebe gern degeneriert und jung stirbt. Oft ist ihre Lebenszeit schon nach drei Jahrzehnten abgelaufen – und dann bekommt der Winzer oft nicht mehr dieselbe Sorte Pinot Noir zum Nachpflanzen. Anthony Hanson verzeichnet in seiner Studie von Burgund über 1000 Arten und Klone von Pinot Noir; David Lett aus Oregon spricht von 200, weist aber darauf hin, daß keine *Vinifera*-Art eine größere Zahl von Mutationen aufweisen kann.

Sicher spielt es hierbei eine Rolle, daß der Pinot Noir eine so uralte Rebsorte ist. Es wird angenommen, daß er eine der ersten Verfeinerungen der Wildrebe durch den Menschen darstellt. Wenn der Pinot Noir, wie wir ihn heute kennen, schon so früh in seiner Entwicklung bezeichnet und kultiviert wurde, dann braucht man sich nicht darüber zu wundern, daß er als kapriziös bekannt ist.

Eine Weinrebe, in der sich mit einiger Sicherheit der Pinot Noir vermuten läßt, wurde bereits vom Stamm der Allobroger in der Gegend von Burgund angebaut, als die Römer nach Gallien kamen. Die *Vitis allobrogica* wurde schon im 1. Jahrhundert v. Chr. von Plinius und Columella beschrieben, und es gibt Belege dafür, daß ein weiterer Pinot im 4. Jh. in Burgund existierte. Der »Pinot vermeil« wird in Chroniken der burgundischen Gastlichkeit im Jahr 1375 erwähnt, vermutlich war er dem Pinot Noir ähnlich, seine Trauben hatten die Form eines Pinienzapfens. Es gibt keine andere Rebsorte, die schon seit mehr als 600 Jahren namentlich bekannt ist. Der Name ist sich gleich geblieben, die Rebe aber hat sich verändert.

Heute ist Burgund zum Teil absichtlich, zum Teil aus Versehen mit einer ganzen Reihe verschiedener Klone des Pinot Noir bepflanzt. Auf ihn entfallen 70% der Rebfläche an der Côte d'Or, während es 1968 nur knapp die Hälfte war. Die Klonselektion erlangte große Bedeutung im Kampf gegen Krankheiten, insbesondere die Blattrollkrankheit, die den Pinot Noir oft befällt. Qualitätserwägungen wurden dabei in den Wind geschlagen. In den letzten 50 Jahren erlagen viele Winzer der Versuchung, Klone des Pinot Droit anzupflanzen, die sich in den eng besetzten Weinbergen Burgunds ihres aufrechten Wuchses wegen gut kultivieren lassen und außerdem größere Erträge bringen als der traditionelle Pinot Fin und Tordu. Wer dürfte es ihnen übelnehmen? Die Burgunder-Liebhaber in aller Welt aber verfluchen diese Klone mit ihren aufgeschwollenen dünnschaligen Beeren und auch die dünnen, blassen Weine, die aus diesen Trauben bei schnellem Vergären entstehen. Die Gründe für die enormen Qualitätsunterschiede beim heutigen roten Burgunder liegen ebensosehr im Keller wie im Weinberg.

Doch es gibt auch ermutigende Anzeichen. Die dritte Rebengeneration nach der Reblaus, die Anfang der sechziger Jahre gepflanzt wurde, reift inzwischen schön heran, und der Anteil an *vin sérieux* scheint an der Côte d'Or von Jahr zu Jahr deutlich größer zu werden. Die Chemie gibt den burgundischen Winzern die Mittel in die Hand, um mit der Fäule fertig zu werden, die eine ernste Gefahr für die dichtgedrängten Trauben des Pinot Noir darstellt. In großem Stil werden Experimente mit verschiedenen Klonen aus aller Welt durchgeführt, so daß die Liebhaber vielleicht bald wieder in den Genuß dessen kommen, was ein großer roter Burgunder bekanntlich bieten kann.

Die Unterschiede im Pflanzenmaterial machen Feststellungen allgemeiner Art schwer. Wer den Pinot Noir als eine Traube mit dickschaligen Beeren und hohem Tannin und Farbstoffgehalt beschreibt, kann Romanée Conti, de Vogüé und Doudet Naudin als Beweis anführen, und doch sind 50% aller Rotweine von der Côte d'Or auffallend hell.

Allgemeine Einigkeit herrscht (außer in Deutschland) darüber, daß der Pinot Noir früh austreibt und früh reift. Er eignet sich deshalb am besten für kühleres, jedoch nicht zu kühles Klima. Je länger die Früchte am Stock bleiben können, ohne einzuschrumpfen oder überreif zu werden, desto komplexer wird der Wein ausfallen. Dabei ist wegen der Fäuleanfälligkeit das Risiko hoch. Auch Frühjahrsfröste stellen eine Gefahr dar, vor allem weil der Nachtrieb recht schwach ausfällt und der Fruchtansatz in manchen Jahren Schwierigkeiten macht.

Es ist nicht verwunderlich, daß Frankreich über die größte Pinot-Noir-Fläche verfügt: 1979 waren es 17000 ha gegenüber 12000 ha 1968. Fast die Hälfte dieser Fläche entfällt auf den Nordosten, also Burgund und seine weitere Umgebung – davon wiederum zwei Drittel auf die Côte d'Or (5700 ha) – und ein größerer Anteil auf die Départements Marne und Aube in der Champagne.

Im Elsaß wachsen auf etwa 600 ha leichte, duftige Rotweine, die wohl bald auch mehr Substanz bekommen werden, weil sich längere Maischzeiten einbürgern. Auch eine Reihe anderer leichter Weine wie Sancerre Rouge und Rosé, Irancy, der Vin gris aus Lothringen und die hellen Rotweine aus Savoyen und dem Jura sind dem Pinot Noir zu verdanken.

In der Champagne wird er auf die eigentümlichste Art gekeltert, nämlich zu weißen Grundweinen für die Champagnerherstellung. Er ist in jeder Cuvée seiner Substanz und Langlebigkeit wegen hoch willkommen; bedenkt man aber, wie schwierig es ist, den Saft frei von Farbstoff zu halten und wieviel ertragreicher Chardonnay und auch Pinot Meunier meist sind und wie köstlich schließlich ein Blanc-de-Blancs-Champagner ist, dann fragt man sich wahrhaftig, weshalb die Winzer in der Champagne dem Pinot Noir so sehr die Treue halten.

Bernard Theobald aus Westbury im Themse-Tal verblüfft die Welt immer wieder mit tiefdunklem Pinot Noir von hoch erzogenen Reben.

Der normale Champagnertrinker kann kaum abschätzen, welchen Beitrag der Pinot Noir aus den Dörfern der Montagne de Reims zu seinem eigenen Glas leistet. Freilich gibt es auch den nicht schäumenden Coteaux Champenois, aus Bouzy etwa, der in sehr reifen und reichlichen Jahrgängen gekeltert wird, doch ist dieser stark gezuckerte, hellrubinrote Wein nur ein entfernter Verwandter des berühmten Champagners. Es wird auch Blanc-de-Noirs-Champagner hergestellt, freilich nur selten und meist mehr aus Pinot Meunier als auch Pinot Noir. Am besten kommt vielleicht der Pinot-Noir-Charakter noch im Bollinger Vieilles Vigners zum Ausdruck, der in besonderen Jahren von Pinot-Noir-Reben aus der Zeit vor der Reblaus gewonnen wird. Dieser Champagner hat im Duft die ganze Kraft eines guten Burgunders von der Côte de Nuits und im Geschmack den sanften Eindruck eines sehr feinen Hustensafts.

Im deutschen Weinbau spielt der Pinot Noir unter dem Namen Spätburgunder eine große Rolle. Die Anbaufläche hat sich stark ausgeweitet und inzwischen rund 4000 ha, hauptsächlich im Süden von Baden und Württemberg, aber auch im Rheingau (vor allem Assmannshausen), in Rheinhessen und an der Ahr, errreicht. Der in Deutschland und anderen deutschsprachigen Ländern bevorzugte Rotweinstil wird außerhalb meist nicht so sehr geschätzt. Deshalb hat der Spätburgunder auch für den deutschen Weinexport keine große Bedeutung. Wie im Elsaß fällt der Spätburgunder in Deutschland manchmal hell wie ein Rosé aus und hat oft einen Orangeschimmer. Frucht und Geschmack sind sehr zurückhaltend, und im Gegensatz zum Elsaß kommt im deutschen Spätburgunder auch nicht viel Substanz zustande, so daß er kaum kräftiger ausfällt als ein leichter Weißwein. Die Schwierigkeit, den Spätburgunder voll zur Reife zu bringen, macht sich im berühmtesten, aber auch nördlichsten deutschen Rotweingebiet, an der Ahr nämlich, am gravierendsten bemerkbar. Ein gewisser Grad an Lieblichkeit gilt als Retter in dieser Not, und so erfreut auch das Staatsweingut in Assmannshausen viele deutsche Kenner und Sammler mit seinen hellroten Auslesen. Es sind dies Raritäten, die einem hellen Burgunder mit leichtem Sirupgeschmack ähneln.

Ertragsstärke ist im deutschen Weinbau unabdingbar. So haben es die Züchter in Geisenheim und anderswo fertiggebracht, aus dieser von Natur aus ertragsschwachen Sorte bis zu 80 hl/ha herauszuholen, obwohl die Rebzeilen in genügend großen Abständen angelegt werden müssen, damit sich keine Fäule ausbreitet, während die Trauben langsam in den Herbst hineinreifen.

Erwähnenswert ist auch, daß es dem englischen Winzer Bernard Theobald in Westbury im Tal der Themse gelingt, größere Mengen von tiefdunklem Pinot Noir hervorzubringen. Hierzu trägt das spezielle Erziehungssystem einiges bei.

In Norditalien gibt es reichlich Beispiele dafür, wie mittelmäßig der Pinot Noir oft ausfallen kann. Südlich der Alpen erlebt er nur zwei Höhepunkte, einen davon noch in den Alpen selbst. Auf höher gelegenen Hängen im Südtiroler Etschtal bringt er als Blauburgunder Weine von wirklich interessanter Finesse. Die Temperaturen sind hier niedrig

Pinot Noir	
Blatt	
Länge: 127 mm	Breite: 127 mm
Traube	
Länge: 165 mm	Breite: 89 mm

In Deutschland fällt der Spätburgunder – wie hier in Oberbergen am Kaiserstuhl – ziemlich hell aus. Die Anfälligkeit dieser Rebsorte für Botrytis bringt es mit sich, daß die Trauben gelesen werden müssen, noch ehe sich eine starke Pigmentbildung einstellen kann.

genug, so daß die Wachstumsperiode auf den 200 ha Anbaufläche sich so lange hinzieht, bis schöne Komplexität erreicht ist. Struktur, Aroma und Farbe werden von allen, die einen Pinot Noir guter Qualität auch außerhalb Burgunds zu finden hoffen, mit Freude betrachtet. Am besten sind diese Weine, solange sie jung sind, aber es gibt auch Reminiszenzen an den 69er und 74er von Josef Hofstätter, die beweisen, daß diese Regel ihre Ausnahmen hat.

Unter dem Namen Pinot Nero gedeiht die Rebsorte in ganz Nordostitalien. Nach Qualität – in absteigender Reihenfolge – sind folgende Bereiche zu erwähnen: Breganze, Trentino, Collio, Friaul und Colli Orientali del Friuli, alle mit einer jeweils eigenen DOC. Zumeist handelt es sich um einfache und ziemlich fruchtige Rotweine, die auf die besonderen Qualitäten des Pinot Noir keinen Anspruch erheben können. Bei manchen fehlt es sogar an der Farbe, die ja allen Pinot-Noir-Erzeugern stets Probleme bereitet.

An einer anderen Stelle in Italien, im Oltrepò Pavese, wird aus diesem Fehler eine Tugend gemacht. Hier wächst Pinot Nero in enormen Mengen, aber er wird zu Weißwein gekeltert, der als ein schmackhaftes, leichtes Getränk sofort auf den Markt kommt, oder er wird an die blühende und durchaus bewundernswerte italienische Schaumweinindustrie geliefert. Nach der Champagnermethode verarbeitet, erlebt der Pinot hier ebensolche Erfolge wie in Frankreich. Das legt den Gedanken nahe, daß der Pinot Noir bis in 20 Jahren für den Weinliebhaber sehr viel mehr Bedeutung als Grundstoff für Schaumwein als für stillen Wein haben könnte, denn der allgemeine Appetit auf Sekt ist ungeheuer groß.

Nur hoch oben im Aosta-Tal wird der Pinot Noir bei seinem französischen Namen genannt, ebenso in den französischsprachigen Kantonen der Schweiz, wo ihm ziemlich große Bedeutung zukommt. Im Wallis dürften auf ihn zwei Drittel der dort angebauten Rotweinreben entfallen, und er bildet auch die Grundlage für den beliebten Dôle, einen Wein, in dem allerdings auch ein Anteil Gamay-Trauben enthalten ist. Daneben trifft man auch einige sehr schmackhafte reine Pinot Noirs; in der Art liegen sie etwa zwischen einem Elsässer Blauburgunder und einem guten Côte Chalonnaise. Eine perlende Rosé-Spezialität von Neuchâtel führt den hübschen Namen Œil de Perdrix. In den Weinbergen um Zürich herrscht der Pinot Noir unter den Rotweinreben vor und liefert dort den hochgeschätzten Klevner. Die Pinot-Noir-Anbaufläche in der Schweiz beläuft sich insgesamt auf 3000 ha.

Es überrascht niemanden, daß der Pinot Noir auch in Osteuropa überall angebaut wird, obwohl es nicht an Beweisen dafür fehlt, daß er ein gemäßigtes Klima braucht, um seine besondere Eigenart zu entwickeln. Die Tschechoslowakei kann gute Voraussetzungen bieten, und Österreich erzeugt auf 300 ha tiefdunkle Rotweine mit kräftiger Süße, bevorzugt dabei aber eine einheimische Rebsorte, die verwirrenderweise manchmal als Pinot St-Laurent bezeichnet wird.

Unter dem Namen Burgundac Crni wird der Pinot Noir im meist viel zu warmen Klima Makedoniens und Serbiens und an der Küste Dalmatiens kultiviert. Auch in Rumänien, der UdSSR, in Bulgarien und Chinas wird er in geringem Maß angebaut.

Vignerons in den Hautes Côtes de Beaune bereiten ihre Fässer für die neue Pinot-Noir-Ernte vor. Die Rebsorte liefert die feinsten roten Burgunder von der Côte d'Or, doch gibt es auch deutlich minderwertige Klone, denen es nicht nur an Farbe und Finesse, sondern auch an Fülle, Samtigkeit und Langlebigkeit weit fehlt – alles Eigenschaften, die den großen Weinen dieser Sorte ihr unnachahmliches Format verleihen.

Nur in Ungarn kommt ihm eine größere Bedeutung zu; als Nagyburgundi wird er als der feinste Rotwein des Landes gepriesen. Sein großer Ruf beruht auf den Weinen aus drei Bezirken im Süden: Villány, Szekszárd und Vaskút. Nach einer Reifezeit in alten Eichenfässern entsteht hier altmodischer, oft ausgesprochen süßer Burgunder.

Blasse Abbilder der feinsten Weine von der Côte d'Or sind durchaus nicht die Sache der ehrgeizigen Kellermeister in Nordamerika und Australien. Sie streben unbeirrt nach dem Höchsten – mit dem kapriziösen Pinot Noir ein frustrierendes Unterfangen. Bisher sind die Aussichten in Oregon und in kühleren Winkeln Australiens noch am besten. Den individualistischen Winzern Oregons liegt der Pinot Noir, und das Klima dort kommt ihm entgegen. Der Pinot Noir lohnt es so reichlich, daß er inzwischen mit 400 ha zur meistangebauten Rebsorte Oregons geworden ist. Um einen Brix-Spiegel von etwa 23° zu erreichen, können die Winzer in Oregon den Lesezeitpunkt sechs lange Wochen über den in Kalifornien hinauszögern. Das verleiht den Trauben wie den Weinen Komplexität und bei ansprechendem Gehalt an Säure, Tannin und Farbstoff zugleich einen kräftigen Körperbau und Geschmack. Die Pinots von Eyrie Vineyard sind besonders gute Botschafter für diesen so oft übersehenen Winkel der Weinwelt, aber auch andere Betriebe haben Weine von so beständig hoher Qualität zu bieten, daß mancher Burgunder vor Neid erblassen könnte.

In Kalifornien ist die Anbaufläche fast achtmal so groß wie in Oregon, doch der Erfolg des Pinot Noir ist viel geringer. In allen Teilen des Staats wird er kultiviert, doch nur die Weine aus Chalone in den Santa Lucia Mountains oberhalb von Salinas zeigen beständigen Stil. Große Erwartungen werden in einzelne Anpflanzungen in den Counties San Luis Obispo und Santa Barbara gesetzt, und aus dem nebligen Los Carneros nördlich der San Francisco Bay kommt guter früh gelesener Pinot Noir für die Schaumweinherstellung. Große Teile von Napa, Sonoma und besonders Mendocino sind einfach zu warm. Hier wird oft schon im August gelesen, weil der Pinot Noir sich sonst leicht einen »Sonnenbrand« holt. Auch hat es mit der Pierceschen Krankheit Probleme gegeben. Übrigens wird der Pinot Noir hier auch oft mit dem Pinot St. George verwechselt, der gar nicht mit ihm verwandt ist (siehe Negrette, Seite 204).

Der typische kalifornische Pinot Noir hat tiefe Farbe und hohen Tannin- und Extraktgehalt – eine Folge langer Maischzeiten. Vielleicht wollen es die Kalifornier so haben, daß man nämlich bei einem Rotwein im Glas nicht auf den Boden schauen kann, ganz gleich, ob eine Traubensorte von Natur aus hell oder dunkel ist. Weiter fällt eine überaus pflaumenhafte Art, manchmal ein angebrannter Geschmack auf, ja sogar ein Anflug von zu lange gekochtem Kohl. Wäre diese Kombination einigermaßen ansprechend, dann könnte man sie mit dem Hinweis rechtfertigen, so sei nun einmal der kalifornische Stil beim Pinot Noir. Leider aber ist es einfach nur so, daß auch in Kalifornien niemand eine gute Variante oder auch nur Imitation, die sich mit dem echten Burgunder messen könnte, hervorgebracht hat.

In Australien herrscht dasselbe Bestreben, und es trifft auf ähnliche Probleme. Es werden einige hundert Hektar Pinot Noir angebaut, aber nur ein kleiner Teil dieser Fläche befindet sich in ausreichend kühler Lage. Der internationale

Erfolg Tyrells mit einem 1976er aus dem Hunter Valley wurde in Australien mit Belustigung aufgenommen, denn das Hunter-Tal gilt allgemein gerade noch als kühl genug für Cabernet Sauvignon, aber schon gar nicht für Pinot Noir. Gute Ergebnisse sind aus Coonawarra und einigen Gegenden im Südosten Südaustraliens bekanntgeworden, und einige vielversprechende Flaschen sind auch am Margaret River und im Mount Barker District Westaustraliens und ganz besonders im Yarra Valley bei Melbourne entstanden. Auch Mount Mary und Yarra Yering haben schon echte Qualität zuwege gebracht.

Neuseeland hat bessere Chancen, leichte, delikate Pinots in der Art von Santenay hervorzubringen. Bisher sind die Erzeuger allerdings mehr damit beschäftigt, möglichst viel Extrakt und Farbe aus der Traube herauszuholen, anstatt nach dem Optimum zu suchen.

In Südafrika befassen sich nur Hamilton-Russell und Meerlust ernsthaft mit dem Pinot Noir, doch spielt der Name, wenn auch nicht der Stil, eine wichtige Rolle für den Weinbau, weil hier 5000 ha Pinotage – eine recht fleischige Kreuzung von Cinsaut mit einer Pinot-Spielart – kultiviert werden.

In Südamerika wächst in Chile der eigenständigste Pinot Noir außerhalb Burgunds: tief in der Farbe, voll im Geschmack und mit pflaumiger Frucht, nur an der Säure fehlt es etwas. In derart warmem Klima kann der Pinot Noir so viel früher als andere Sorten zur Reife gelangen, daß er organisatorische Probleme aufwirft.

Synonyme:
Pineau, Franc Pineau, Noirien (Frankreich); Savagnin Noir, Salvagnin (Jura); Morillon, Auvernat, Plant Doré, Vert Doré (Champagne); Spätburgunder, Blauburgunder, Blauer Klevner (Deutschland); Klevner, Cortaillod (Schweiz); Blauburgunder, Pignol, Pignola, Pinot Nero (Italien); Blauer Spätburgunder (Österreich); Burgundac Crni (Jugoslawien); Rouci, Rouci Modre (Tschechoslowakei); Nagyburgundi (Ungarn).

Böden:
Liebt durchlässige, tiefgründige Böden (zum Teil wegen der Fäuleanfälligkeit), besonders erfolgreich auf Kalkboden in der Champagne.

Wuchskraft: Mäßig

Schnitt:
Kräftiger Rückschnitt bewährt sich am besten; in Burgund Guyot-Methode

Anfälligkeiten:
Anfällig für Echten und Falschen Mehltau. Stark anfällig für Traubenfäule (Graufäule). Die Blattrollkrankheit wurde durch Virusbekämpfung eingedämmt.

Veredelungsunterlagen:
Mäßig stark bis starkwüchsige Unterlagen erforderlich; in Burgund 3309C, 55B und SO4, in der Champagne 41B und 161-49

Ertrag:
Gering; Ertragsbeschränkung ist bei der Erzeugung von qualitativ hochwertigem Pinot Noir wichtig. In manchen Lagen an der Côte d'Or gelten 25 hl/ha als Norm. Weltweiter Durchschnitt: etwa 50 hl/ha.

Potentiell hohe Qualität. Sehr in Mode.

Syrah

Die Syrah gibt viele Rätsel auf. In Frankreich, wo auf sie nur 2% der Rotweinrebfläche entfallen, wird sie hoch verehrt. An der nördlichen Rhône liefert sie so berühmte Weine wie Côte Rôtie und Hermitage, die sicher einen Ehrenplatz neben dem Bordeaux und dem Burgunder beanspruchen dürfen. Im Midi gilt sie als *cépage amélioraateur* – als wertvolle Rebsorte also, die die minderwertigen Massenträger verdrängen soll. In Australien hat sie 40% Anteil an der Rotweinanbaufläche – und wird kaum geachtet. Fast alle australischen Erzeuger behandeln die Shiraz-Traube, als ob sie ihres massenhaften Auftretens wegen ihres Adels beraubt wäre. Dahinter scheint ein Prinzip zu stecken: Wenn sie die Wahl haben, bringen die Winzer anscheinend lieber mittelmäßigen Wein in Massen als kleine Mengen besonders guten Wein hervor.

Heute wird die Syrah nur noch in Frankreich und Australien in größerem Maßstab angebaut, aber das war nicht immer so. Ihre Geschichte und ihre geographische Verbreitung ist unter den Edelreben am weitesten in die Vergangenheit nachgewiesen. Ihr Ursprung wird nach populären Vorstellungen im Nahen Osten gesucht. Es ist auch zu auffällig, daß eine der beiden ältesten Weinbauregionen der Welt um die Stadt Shiraz lag, und von dort aus kann die Rebe auf mehreren Wegen in das Rhône-Tal gelangt sein. Shiraz ist eine Stadt im Südosten des heutigen Iran, und so erscheint es durchaus möglich, daß die Rebe, die wir heute Syrah nennen, von Phokäa aus nach Marseille gelangte. In Tain, der kleinen Stadt unterhalb des Hermitage-Bergs, ausgegrabene griechische Amphoren scheinen diese Theorie zu stützen. Eine andere Hypothese besagt, daß die römischen Legionen des Probus die Rebe aus dem Weinland Ägypten über Syrakus mitgebracht und ihre Anpflanzung in Gallien während der römischen Besatzungszeit gefördert haben. Sicher ist, daß die Syrah schon seit den Zeiten der Römer im Rhône-Tal festen Fuß gefaßt hat.

Die Ankunft der Syrah in Australien ist leichter nachzuzeichnen. Sie befand sich sehr wahrscheinlich unter den 400 Stecklingen, die James Busby von seiner Europareise 1832 mitbrachte. Eine Versuchsanpflanzung im Botanischen Garten in Sydney bewies, daß sie das Klima vertrug, und gegen 1840 hieß es in Sir William Macarthurs »Letters on the Vine«: »Scyras ... eine ausgezeichnete Traube, scheint wenigstens ebenso wertvoll für Rotwein zu sein wie Verdeilho für Weißwein. Es ist die Sorte, die angeblich am berühmten Hermitage-Berg kultiviert wird. Sie ist eine sehr widerstandsfähige Pflanze, bringt zuverlässigen Ertrag und scheint gegen Zufälligkeiten und Krankheiten nicht empfindlich zu sein.«

Weshalb also wird sie anderswo so wenig angebaut? Syrah trägt relativ gut, ihre Erträge sind beispielsweise viel höher als beim Cabernet Sauvignon, wenn nur das Wetter zur Blütezeit warm genug ist, denn gegen *coulure* ist sie empfindlich. Dafür ist sie resistent gegen Schädlinge und Krankheiten und stellt keine großen Ansprüche an die Pflege. Vielleicht liegt es daran, daß Syrah-Weine der besten Art, nämlich die von der nördlichen Rhône, in so winzigen Mengen erzeugt werden – die Appellation Hermitage umfaßt nur 152 ha –, daß den Weintrinkern der Welt außerordentlich wenig großer Syrah auf die Zunge gekommen ist.

Noch einen weiteren Hinderungsgrund gibt es: Syrah ist zwar sehr viel leichter zu ziehen als Cabernet Sauvignon, dafür aber ist es schwieriger, von der Syrah-Traube einen großen und nicht nur eben schmackhaften Wein zu gewinnen als von Cabernet. Syrah kann ebensoviel Eigenart aufweisen wie der Cabernet – der Wein ist trocken, dunkel, konzentriert, gerbstoffherb, und er setzt der schwarzen Johannisbeere im Cabernet Geschmacksnuancen entgegen, die von manchen mit verbranntem Gummi, von anderen mit Rauch und Teer verglichen werden. Sie macht einige Mühe: Der Winzer muß eine gute Lage wählen und den Ertrag einschränken; der Kellermeister muß die Geschmackskonzentration beachten, eine lange, kühle Gärung und schließlich eine ordentliche Reifezeit im Eichenfaß vorsehen. Auch ist der Syrah-Wein anfälliger für Oxidation als der Cabernet.

Wie der Cabernet Sauvignon und der ebenfalls sehr gerbstoffreiche italienische Nebbiolo braucht der Syrah-Wein Zeit, um seine Größe zur Geltung zu bringen. Es ist merkwürdig, daß ein großer Syrah von der nördlichen Rhône im Alter ganz ähnlich schmeckt wie ein großer Bordeaux, wie jeder, der den 1961er Hermitage La Chapelle probiert hat, gern bezeugen wird. Sicher dürfte die Syrah-Traube, wenn sie nur mit Sorgfalt behandelt wird, überall in der Welt dankbar auf Faßreife regieren. Der Hermitage La Chapelle beispielsweise lagert 18 Monate in burgundischen Fässern.

Für die meisten Weinkenner ist der Hermitage die Quintessenz eines Syrah, der Crozes-Hermitage eine gute, etwas leichtere Version, der Cornas und der St-Joseph etwas gehaltvoller als der Crozes und ein Côte-Rôtie mit seinem Hauch Viognier-Duft (siehe Seiten 180–182) potentiell einer der komplexesten Weine überhaupt. Wenn es doch solche Weine nur in größerer Quantität gäbe!

Offenbar braucht die Syrah viel Zeit für ihren Weg um die Welt, doch hat sie in den letzten zehn Jahren in Frankreich eine bedeutende Ausweitung ihrer Einflußsphäre erlebt. Zwischen den landwirtschaftlichen Erhebungen von 1968 und 1979 hat sich die Syrah-Anbaufläche hier auf fast 13000 ha verfünffacht und dabei die Anbaufläche Australiens vielleicht erstmals seit einem Jahrhundert überholt. Vor allem den EG-Subventionen ist es zu verdanken, daß diese »Verbesserungsrebe« im Midi auf dem Vormarsch ist, so daß ihre Gesamtanbaufläche in Frankreich bald 20000 ha erreichen dürfte. Im Département Gard zum Beispiel stehen inzwischen mehr Syrah-Reben als in Drôme an der Rhône, und 80% aller Syrah-Reben in Frankreich sind unter 15 Jahre alt.

Auch in den traditionellen Bereichen sind neue Anpflanzungen vorgenommen worden. Vaucluse hat inzwischen einen ebenso großen Bestand wie Drôme. Auf der Palette des Châteauneuf-du-Pape macht die Syrah schon seit eh und je einen kräftigen Tupfer aus, aber auch in den

Auf dem Hermitage-Berg über der Rhône wächst der berühmteste Syrah-Wein. Der Granithang mit seinen steilen Terrassen bildet eine zu 80% mit Syrah besetzte Südlage. Die restlichen 20% sind der weißen Marsanne vorbehalten, obwohl inzwischen bessere Klone der traditionellen Roussanne entwickelt worden sind.

weiter abgelegenen Côtes-du-Rhône-Appellationen hat sie ihren Anteil in den letzten Jahren vergrößert. An der südlichen Rhône wird die Syrah im Verschnittbottich, im Gärfaß und sogar im Weinberg mit der alkoholstärkeren Grenache und den üblichen Lokalsorten zusammengemischt. Sie ist meist nicht herauszuschmecken, es sei denn, sie steuert mehr als die Hälfte zum Verschnitt bei, aber sie verleiht dem Ganzen ausgezeichnete Struktur und Langlebigkeit.

Außerdem macht sie sich aber auch als sortenreiner Wein inzwischen an anderen Stellen Frankreichs einen Namen. Der Syrah de l'Ardèche hat sich als preiswertes Spiegelbild des konzentrierteren Syrah einen guten Namen gemacht, und manche Vins de Pays aus dem Süden tragen den Namen dieser Sorte. Auch aus den Provence-Rotweinen läßt sie sich herausschmecken.

Die französischen Winzer unterscheiden zwischen der Grosse und der Petite Syrah. Die Petite ist die bessere Sorte, die Grosse Syrah heißt auch Mondeuse, ist wuchskräftiger und ertragreicher, wird aber etwas über die Schulter angesehen. Allgemein besteht Übereinstimmung, daß es sich beim australischen Shiraz um die Petite Syrah handelt; beide haben nichts mit der Petite Sirah in Kalifornien gemein, vielmehr ist sie die wenig bekannte Durif aus dem Midi.

Für den australischen Weinbau ist der Shiraz zumindest quantitativ noch immer von großer Bedeutung. Zwar ist seine Anbaufläche zurückgegangen, aber mit 7000 ha stellt er auch weiterhin alle anderen Rebsorten, mit Ausnahme der vielgeschmähten Sultana, in den Schatten. Im ganzen Land, vor allem in Neusüdwales und Südaustralien, wird er vorwiegend in ziemlich heißem Klima kultiviert. Die Rebe fühlt sich dabei recht wohl, nur allzuviel Bewässerung verträgt sie nicht.

Da der Shiraz so stark verbreitet und ertragreich ist, wird ihm nur zu oft die Rolle des Arbeitspferds zugewiesen. Einfacher Rotwein ist in Australien immer Shiraz, manchmal zusammen mit Grenache und einem Schuß Currant. Ertragreicher Shiraz ist sehr süß, wird leicht braun und verliert dann an Konzentration. Glücklich die Australier, eine so edle Rebe in so großen Mengen zu besitzen – eine Schande für sie, daß sie so schmählich damit umgehen.

Im Hunter Valley, besonders im unteren Teil des Tals, gibt es genügend qualitätsbewußte Erzeuger, so daß wenigstens ein Teil der riesigen Mengen Shiraz aus dieser Gegend zu wirklich seriösem Wein genutzt wird. Die heißen Temperaturen und kargen Böden ergeben dabei einen charakteristischen Stil. Sicherlich ist der Hunter »Hermitage« – wie der Name für den Shiraz hier lautet – ebenso wie der Hunter Sémillon ein Attentat auf die Zungen von Weintrinkern, die Klassischeres gewöhnt sind. Doch zeigt sich die Qualität erst nach längerer Zeit. Manche Jahre sind einfach zu heiß, und auch die Weine lagern zu warm, so daß sich Oxidation und unangenehmer Beigeschmack einstellen. Wenn aber alles gut geht, entwickeln sie außergewöhnliche Eigenart: eine fast schokoladenhafte Fülle und einen Geschmackston, den die Australier »verschwitzten Sattel« nennen. Vorerst ist der Shiraz noch immer die wichtigste Rotweintraube im Hunter Valley, doch setzt ihm der Cabernet Sauvignon schon gewaltig zu.

Der beliebteste Rotwein Australiens, der äußerst volle und komplexe Grange Hermitage, entsteht im Barossa-Tal aus dort gewachsenen Trauben und gilt als Vorbild für einen Shiraz aus wärmeren Teilen Südaustraliens. Reifer Shiraz wird oft für Verschnittzwecke benutzt, und so verdankt die Welt den australischen Kellermeistern den Beweis dafür, wie gut sich so unübliche Partner wie Shiraz und Cabernet Sauvignon miteinander vertragen können. Im vorigen Jahrhundert wurden oft Bordeaux- und Syrah-Hermitage-Weine miteinander verschnitten, aber damals herrschte eben ein anderer Geschmack. Nach heutigen französischen Begriffen ist ein solcher Verschnitt wohl et-

Syrah	
Blatt	
Länge: 152 mm	Breite: 133 mm
Traube	
Länge: 229 mm	Breite: 165 mm

was zu karg, doch rundet das Klima im Barossa Valley und McLaren Vale vieles ab, so daß die Cabernet/Shiraz-Mischung einen dankenswert früh reifen Wein ergibt.

Australischen Shiraz gibt es noch in einem vierten, sehr vielversprechenden Stil. Wird die Rebsorte in relativ kühlem Klima – etwa in Coonawarra, in Südwestaustralien oder in den wohltemperierten Weinbergen Victorias – gezogen, nimmt sie bei kleineren Erträgen jene trockene, pfefferige Note an, die in den Weinen von der nördlichen Rhône so sehr anspricht. Mit ihrem guten Säure- und Tanningehalt sind diese Weine dem europäischen Gaumen vertrauter, behalten auch eine schöne Farbe und eine gute Lebenskraft. Granite Hills und Balgownie in Victoria sowie Plantagenet und Cape Mentelle in Westaustralien haben interessante Beispiele dieser Art gegeben.

Die Grenze erfolgreicher Syrah-Kultivierung muß sehr fein gezogen werden, weil die Traube zu kühles Klima wiederum auch nicht mag. Man fragt sich deshalb, was für eine Art Wein die Syrah auf Dr. Wuillouds Schweizer Weingut in Diolly im Wallis wohl erbringt. Selbst an der nördlichen Rhône kann in einem kühlen Jahr die trockene pfefferige Note im Duft zu stark für den dann etwas kargen Geschmack ausfallen. Das ist auch der verständliche Grund dafür, weshalb die Syrah in Neuseeland oder an der Loire nicht angebaut wird. Allerdings ist wiederum nicht zu verstehen, warum sie in wärmeren Regionen, zum Beispiel auf der Iberischen Halbinsel, in Italien, Südamerika oder Kalifornien, so wenig Verbreitung gefunden hat. Vielleicht liegt es daran, daß die Qualitäten der Syrah sich von denen der jeweils einheimischen Rebsorten nicht sehr unterscheiden.

Eine Handvoll Erzeuger in Kalifornien hat aus Bewunderung für den Wein von der nördlichen Rhône echte Syrah-Reben angepflanzt. Bei Joseph Phelps wurde 1974 damit begonnen, und bis 1979 wurden Klone französischen und australischen Ursprungs gesetzt, zwischen denen offenbar wenig Unterschied besteht. In den Weinen hat sich bisher noch nicht viel Konzentration eingestellt, der echte Geschmack aber ist da, und mit weiterem Ausreifen der Reben wird sich sicher manches noch bessern. Bei Phelps wurde festgestellt, daß die Rebe am besten auf Hügellagen mit größtmöglichem Sonneneinfall, das heißt also in ähnlichen Lagen wie in ihrer Heimat, gedeiht. Ebenfalls mit der echten Syrah befassen sich Estrella River in San Luis Obispo, Duxoup und Preston in Sonoma, McDowell Valley in Mendocino und Bonny Doon in Santa Cruz (wo auch wie bei Phelps die weiße Viognier-Rebe, eine weitläufige Verwandte der Syrah, kultiviert wird).

In Argentinien wurden jetzt Versuche mit einer verbesserten Spielart der Syrah aufgenommen. Und in Südafrika gibt es um Stellenbosch und Paarl einige hundert Hektar Syrah-Reben, von denen jetzt auch sortenreiner Wein gewonnen wird, obwohl dort der Wind den ziemlich brüchigen Trieben der Syrah zu schaffen macht. Es gibt überhaupt zwar noch schwache, aber dennoch erkennbare Anzeichen dafür, daß die Syrah allmählich die internationale Anerkennung findet, die sie verdient.

Synonyme:
Schiras, Sirac, Syra, Syrac, Sirah, Petite Syrah, Hignin Noir, Candive, Entournerein, Antournerein Noir, Serène, Serenne, Sereine, Serine, Marsanne Noir (Frankreich); Shiraz (Australien und Südafrika); Balsamina (Argentinien)

Böden:
Gedeiht auf kargem Boden am besten; der Hermitage-Felsen besteht aus Granit.

Wuchskraft: Starkwüchsig

Schnitt:
An der nördlichen Rhône oft Gobelet-Schnitt

Anfälligkeiten:
Gute Resistenz gegen Krankheiten bei gewisser Anfälligkeit für Fäule

Veredelungsunterlagen:
An der Rhône meist SO_4

Ertrag:
Mäßig stark (stärker als Cabernet Sauvignon); vernünftige Ertragsbeschränkung ist für Qualität unerläßlich.

Potentiell Spitzenqualität. Sehr geringe Beliebtheit.

Merlot

Merlot oder genaugenommen Merlot Noir, denn es gibt ja auch noch den Merlot Blanc, spielt in der Welt der Reben nun einmal die zweite Geige. Kennern, denen schon bei der Erwähnung des Namens Château Pétrus die Knie weich werden, würde es trotzdem nicht im Traum einfallen, nach einem Merlot-Wein zu greifen, wenn ein Cabernet zur Wahl steht, nur eben mit Ausnahme dieses Weins von diesem hochgelobten Stück Lehmboden in Pomerol. Es gibt sogar Puristen, die sich nicht davon beeindrucken lassen, wie sehr Château Pétrus mit seinen Verkaufspreisen stetige Hochform beweist, und diesen Superstar unter den Merlots allein schon wegen seiner im Vergleich mit dem herberen Charme des Cabernet Sauvignon geradezu üppigen Fülle über die Schulter ansehen.

Die Pluspunkte des Merlot – seine Fruchtigkeit, ansprechende Art und Ertragsstärke – gelten in den Augen der Weinkenner als Nachteile. In aller Welt ist der höchste Sockel des Rotweinmonuments nun einmal für den Cabernet errichtet. Fast alle Weinbauregionen außerhalb Frankreichs versuchen zu beweisen, daß sie Château Latour um seinen Ruhm und sein Geld bringen können, und doch denkt dabei niemand ernstlich an die andere große Bordeaux-Traube. Alle übersehen, daß nach jahrhundertealter Tradition neben Cabernet Franc und Malbec mindestens auch ein wenig Merlot dazugehört, um den Cabernet Sauvignon zu mildern – so wird es selbst bei Latour gehandhabt. Zu lange haben sie alle vor dem Altar der Sortenreinheit gekniet, und so ist ihnen die Qualität des Merlot als Verschnittbestandteil ebenso entgangen wie sein verlockender Charakter als eigenständiger Wein. Es stimmt zwar, daß Château Pétrus wahrscheinlich seine unbezweifelbare Besonderheit weitgehend dem unvergleichlichen eisenhaltigen Lehmboden und dem relativ hohen Alter seiner Reben verdankt, aber auch viele andere Weingüter in St-Emilion und Pomerol beweisen, was mit dieser so oft mißachteten Traube zuwege gebracht werden kann.

Der Merlot zeichnet sich durch relativ frühen Austrieb und frühe Blüte aus und ist daher durch Spätfröste und *coulure* doppelt gefährdet, und er reift auch ziemlich früh. Da seine Beeren dünnschaliger sind als beim Cabernet Sauvignon, wird er in nassen Jahren auch leicht von Fäule befallen, wenn er nicht sorgfältig – und unter hohen Kosten – mit Spritzmitteln behandelt wird. Seine ziemlich großen, lockeren Trauben sind nicht so tiefblau und überhaucht wie beim Cabernet und enthalten auch weniger Tannin, dafür mehr Zucker und in wärmerem Klima ziemlich wenig Apfelsäure. Er liefert einen geschmeidigen Wein mit tiefer Farbe und großer Fülle und ist meist auch um einige Alkoholgrade stärker als ein Cabernet, der auf demselben Weinberg wächst. In Bordeaux und daher auch in aller Welt gilt der Merlot weithin als Verschnittbestandteil, als passende Zutat zum Cabernet.

In »La Vigne en Bordelais« (1868) von Petit-Lafitte werden für den Ursprung des Namens Merlot zwei Erklärungen gegeben. Das Wort bedeutet im Bordelaiser Dialekt »kleine Amsel«; freilich behaupten die einen, der Name sei darauf zurückzuführen, daß der Merlot von der Amsel zuerst gefressen werde, während andere auf die Ähnlichkeit mit der Farbe der Amsel hinweisen, was allerdings für andere Trauben auch zutrifft.

Offenbar ist der Merlot als Rebsorte noch ziemlich jung – und das mag auch zu seinem Image beigetragen haben. Er erscheint in Chroniken des Médoc erst seit dem letzten Jahrhundert. In St-Emilion und Pomerol war er dagegen im 18. Jahrhundert anscheinend schon ziemlich verbreitet. Enjalbert zitiert aus einem Bericht von 1784, in dem der Merlot als eine der besseren Rebsorten im Libournais genannt wird.

Heute ist er in Bordeaux am stärksten vertreten, und seine Anbaufläche von 32 000 ha im Département Gironde läßt die 17 200 ha Cabernet-Sauvignon-Fläche vergleichsweise geringfügig erscheinen. Hier wie im Languedoc-Roussillon haben die Neuanpflanzungen sehr zugenommen. Nach der letzten landwirtschaftlichen Erhebung von 1979 bedeckte er eine Fläche von 38 000 ha, davon 5000 ha Reben, die noch nicht drei Jahre alt waren. Damit stand der Merlot in Frankreich an sechster Stelle.

Die große Klasse des feinen Bordeaux veranlaßt Winzer in aller Welt dazu, Cabernet Sauvignon und Merlot anzupflanzen. Einem Rebenimport im Jahre 1864 hat das spanische Weingut Vega Sicilia seine hochgeachtete Stellung zu verdanken.

Anders als der Cabernet Sauvignon wird der Merlot in allen drei weinbautreibenden Départements Aquitaniens angebaut: Gironde (32 000 ha), Dordorgne (2000) und Lot-et-Garonne (1000). Sein reicher Ertrag und seine Anpassungsfähigkeit an verschiedene Böden und Klimabedingungen machen ihn zu einer beliebten Rebsorte, vor allem weil der Cabernet Sauvignon nördlich von der Gironde schwer zur Reife gelangt.

Im strengen Winter 1956 erfroren viele Merlot-Reben. Madame Loubat soll zwar die kostbaren Bestände von Château Pétrus wieder zum Leben erweckt haben, an anderen Stellen aber mußte weitgehend neu angepflanzt werden. In den sechziger Jahren kam es dann mehrmals vor, daß alles durch Fäule verdarb, und insbesondere der Merlot. Die Behörden versuchten dem Problem dadurch beizukommen, daß sie von 1970 bis 1975 in Bordeaux nur die Anpflanzung von Cabernet Sauvignon erlaubten. Christian Moueix spricht von »der kurzen, schrecklichen Zeit«, denn leider war zwar der empfohlene Klon sehr widerstandsfähig gegen Fäule, hatte aber Schwierigkeiten mit der Reife, was allen jenen recht gab, die den Cabernet Sauvignon sowieso für Pomerol und St-Emilion als ungeeignet betrachten. Die Anpflanzung von Merlot ist jetzt wieder stark im Anstieg, obwohl durch schlechtes Wetter zur Blütezeit gelegentlich die ganze Ernte verdorben wird.

Nur im Médoc und in Graves steht der Merlot in Aquitanien hinter dem Cabernet Sauvignon. In diesen beiden Regionen macht er meist etwa 25% des Rebenbestands aus und wird dann mit Cabernet Sauvignon, etwas Cabernet Franc und manchmal auch ein wenig Petit Verdot gemischt. In St-Emilion und Pomerol beherrscht er dagegen das Rezept mit zwei Dritteln gegenüber einem Drittel Cabernet Franc. Die so entstehenden Weine können wahrhaft edle Fruchtigkeit besitzen, aber es gibt auch recht wässerige Vertreter. In Entre-Deux-Mers werden große Weißweingebiete auf Rotwein umgestellt, und dabei ist der Merlot ebenso wie in Bourg, Blaye und Fronsac sehr beliebt.

In der Mischung mit Cabernet bewährt sich der Merlot ausgezeichnet. Dem einfachen AC Bordeaux Rouge verleiht schon ein Schuß Cabernet Sauvignon einen ausgeprägten Duft und eine kräftige, gerbstoffherbe Struktur, während der Merlot verhältnismäßig bald trinkfertig ist. Er gibt dem Wein Fülle und eignet sich gut für den Ausbau im Eichenfaß. Seine runde Fruchtigkeit, der geringe Gerbstoffgehalt und die ansprechende Süße verhelfen einem solchen Wein zu früher Genußreife. Ein Cru Classé aus St-Emilion überdauert zwar kaum drei Jahrzehnte wie ein Médoc Cru Classé, dafür aber hat er schon nach vier bis fünf Jahren seine volle Form. So liefert der Merlot, was eigentlich alle lieben: einen wahrhaft süffigen Wein nämlich. Wenn nur seine Erzeuger mehr auf Qualität und weniger auf Quantität achten wollten!

Weiter im Osten gehört der Merlot als Zutat zu den üblichen Bordeaux-Sorten, zum Beispiel in Bergerac, Pécharmant, Côtes de Duras, Côtes de Buzet. Im Cahors wirkt er mit Malbec zusammen.

Bedeutungsvoller ist, daß er auch im Weinbaugebiet Languedoc-Roussillon inzwischen Fuß gefaßt hat. Von allen besseren Rebsorten, die den Winzern dort anstelle der groben Massenträger Aramon und Carignan empfohlen werden, nimmt der Merlot zwar nur 1,2% Rebfläche ein, aber das ist schon doppelt soviel wie Cabernet Sauvignon oder Syrah. Im noch ausgedehnteren Weinbaugebiet Hérault bedeckt er weitere 800 ha und hat schon sehr schmackhafte Weine erbracht. In diesen wärmeren Gebieten kommt die natürliche Süße des Merlot stärker zur Geltung, doch haben manche Erzeuger bereits viel Geschick darin entwickelt, die Lese früh genug anzusetzen, bevor die Reife soweit fortgeschritten ist, daß der Säuregehalt zu weit absinkt. Meist wird der Merlot hier in Verschnitten verwendet, aber es gibt auch sortenreine Ausführungen.

Außerhalb Frankreichs ist der Einfluß des Merlot sehr verbreitet und doch schwach. Auch die Weine sind oft schwächlich – ein Beweis für übermäßige Erträge. Das gilt besonders für viele italienische Merlots. Die meisten Weintrinker machen die erste bewußte Bekanntschaft mit dem Merlot in preiswerten sortenreinen Weinen aus Norditalien, die so mild und leicht sind, daß ihnen wenig Charakter bleibt.

Ein Zeichen für die Beliebtheit des Merlot in Italien ist, daß er in 14 von 20 Weinbauregionen angebaut wird. Dem Cabernet wird er vorgezogen, weil er bessere Erträge liefert, und vielleicht auch, weil er zu den gehaltvolleren edlen Sorten Italiens einen größeren Kontrast darstellt. Der italienische Merlot (auch der aus der italienischen Schweiz) ist fast immer für baldigen Verbrauch bestimmt, und deshalb behalten nur wenige länger als vier Jahre ihre Vitalität. Burton Anderson bringt aber auch Beweise dafür vor, daß in Italien großartige Merlot-Weine erzeugt werden: Ruggero Veneri in Spello (Umbrien); Borgo Conventi im Collio Goriziano (Friaul) und Campo del Lago von Villa Dal Ferro (Venezien).

Größter Beliebtheit erfreut sich der Merlot im Nordosten, besonders in Grave del Friuli und Piave (Venezien) mit jeweils rund 100 000 hl Merlot jährlich. In Friaul gibt es sogar die Strada del Merlot, eine Weinstraße am Isonzo entlang. Die DOC-Merlots aus Friaul – Julisch Venezien heißen, in der ungefähren Reihenfolge ihrer Qualität geordnet: Collio, Colli Orientali del Friuli, Isonzo, Grave del Friuli und Aquileia. Auch im östlichen Venezien ist der Merlot gleichermaßen verbreitet. Dort liefert er die DOC-Weine Colli Euganei, Colli Berici, Montello e Colli Asolani, Piave und – besonders gut und oft mit 10% Cabernet gewürzt – Merlot di Pramaggiore.

Weiter im Norden herrscht der Merlot im Trentino noch vor, doch schwindet seine Bedeutung im Alto Adige, weil er dort gegenüber seinen Artverwandten aus den Ebenen im Süden und Osten zu teuer wird. Weitere Merlots kommen aus dem Oltrepò Pavese, den Colli Bolognesi in der Emilia Romagna und aus Aprilia südlich von Rom. Wie der Chianti ist auch der Merlot in Italien zu einem Markennamen geworden, dessen Ruf durch minderwertige und mittelmäßige Erzeugnisse beeinträchtigt ist.

Auch im Osten ist der Merlot verständlicherweise beliebt. In Slowenien jenseits der italienisch-jugoslawischen Grenze, entlang der dalmatinischen Küste, um den Ohrid-See und vor allem in Istrien, wo er den für seine Lebendigkeit so wichtigen guten Gehalt an Säure behält, wird er viel angebaut. Jugoslawischer Merlot kann ansprechend pflaumig sein und wäre, wenn seine Erträge weiter eingeschränkt würden, sicherlich auch mit guter Langlebigkeit ausgestattet.

In Ungarn spielt der Merlot vor allem im Nordosten um Eger eine große Rolle. Dort heißt er fälschlich Médoc Noir (vielleicht genießt dieser Name in Ungarn besonderes Prestige, denn auch eine vielgerauchte Zigarette heißt dort

Merlot	
Blatt	
Länge: 120 mm	Breite: 113 mm
Traube	
Länge: 200 mm	Breite: 120 mm

Médoc). Neben dem Kékfrankos, dem Oporto und der einheimischen Kadarka trägt er zum berühmten Stierblut bei. Überaus hoch wird der Merlot jedoch als ein eigentümlich süßer, sortenreiner Wein unter dem Namen Egri Médoc Noir geschätzt, der auch schöne Säure und einen leichten, mäßig fruchtigen Duft aufweist, als Begleiter zu Speisen aber schwer vorstellbar ist. Der Médoc Noir bringt noch einen zweiten Wein in der Gegend um Villány, wo im Sommer hohe Temperaturen herrschen und der Wein deshalb gut und dunkel ausfällt.

In Rumänien wird ebenfalls ausgesprochen viel Merlot angepflanzt, und in Bulgarien ist er nach dem Cabernet Sauvignon die zweitmeist angebaute Sorte mit 9500 ha vorwiegend im Süden in den Distrikten Chirpan und Haskovo, wo er sehr ansprechende, vollmundige Weine mit mehr verlockender Frucht als mancher Cabernet liefert. Die exportbewußten Bulgaren haben auch mit Erfolg Versuche mit Cabernet-Merlot-Verschnitten, u. a. mit dem sehr schätzenswerten Oriahovica, gemacht.

In Spanien und Portugal ist der Merlot so gut wie nicht vertreten. Dort bewähren sich einheimische Trauben mit höherem Säuregehalt besser. Nur in dem außergewöhnlichen Weingut Vega Sicilia auf dem kühlen Hochplateau östlich von Valladolid wachsen Nachkömmlinge von Merlot-Reben, die im 19. Jahrhundert von Bordeaux hierhergebracht wurden. Da der Vega Sicilia der angesehenste und teuerste Wein Spaniens ist, dürfte der Merlot auch in anderen kühlen Gegenden ebenso wie im maritimen Klima Portugals Gutes und Einträgliches leisten. Dies beweisen verschiedene J.-M.-da-Fonseca-Weine aus Portugal.

Etwas Merlot wird unter spanischem und portugiesischem Einfluß auch in Südamerika angebaut. Dort entfallen in Chile etwa 5% der gesamten Rotweinrebenfläche auf ihn, in Argentinien nur gut 1%, wobei die beiden Ergänzungssorten aus Bordeaux, Cabernet und Malbec, sehr viel verbreiteter sind. Es ist anzunehmen, daß der Grund hierfür im starken Absinken des Säuregehalts im Merlot gegen Ende der Reifezeit im doch recht warmen Klima Südamerikas zu suchen ist.

In seiner Heimat Pomerol – hier Château de Sales – bringt der Merlot so volle und pflaumige Weine wie nirgendwo in der Welt, obwohl er bis nach Australien und Neuseeland gelangt ist.

Seltsam ist, daß der Merlot sich in der südlichen Hemisphäre so wenig durchgesetzt hat. In Südafrika gibt es nur einige tausend Rebstöcke dieser Sorte. Die Qualität ihres Weins ist nicht umwerfend, und so besteht ihr Hauptbeitrag darin, einem Bordeaux-ähnlichen Verschnitt eben die notwendige Ähnlichkeit zu verleihen. Meerlust verfügt über die wahrscheinlich größte Merlot-Anpflanzung, deren Trauben in den vielversprechenden Verschnitt namens Rubicon eingehen.

In Australien weist der Merlot großes Potential auf. Allerdings schmecken viele australische Cabernets schon von Natur aus so, als ob sie eine mildernde Beimischung erhalten hätten, obwohl diese nur von der Sonne stammt. Seiner frühen Reife wegen braucht der Merlot ein kühles Mikroklima, wie es zum Beispiel in Coonawarra in Südaustralien oder an noch gemäßigteren Stellen vorzufinden ist. Reynella und Mildara bringen schon seit einiger Zeit einen guten Cabernet/Merlot-Verschnitt heraus, und Cullens in Westaustralien hat sich mit gut bereitetem Merlot einen Namen gemacht. Aber noch wird der Merlot in Australien nur wenig angebaut, und da dort die Gewohnheit besteht, das Aroma des Cabernet mit Shiraz anstatt mit Merlot zu mildern und aufzufüllen, gibt es nicht viel Aussicht, daß die Möglichkeiten des Merlot auf dem fünften Kontinent je voll ausgeschöpft werden.

Die Neuseeländer haben vielleicht das Potential der zweiten Rebsorte aus Bordeaux besser erkannt. Mit seinem kühlen Klima bietet Neuseeland dem Merlot auch bessere Voraussetzungen für eine längere Reifeperiode und eine höhere Konzentration der Aromastoffe. Das einzige Problem besteht in den immer wiederkehrenden Schwierigkeiten mit der Blüte, die in kühlen Gegenden nun einmal nicht zu umgehen sind. Die Merlot-Anbaufläche wächst aber stetig, und der Wein aus dem San Marino Kumeu Valley läßt sich vielversprechend an. Wie alle sortenreinen Rotweine Neuseelands hat es auch der Merlot schwer, vollmundigen Geschmack zustande zu bringen, doch steht es bei ihm damit immerhin noch besser als bei anderen.

In ähnlich kühlem Klima in der nördlichen Hemisphäre haben in Oregon, wo der Weinbau ebenfalls noch am Anfang steht, die Winzer den Merlot so gut wie ganz aufgegeben. Dort ist bisher allzu oft der ganze Ertrag der Ungunst der Witterung zur Blütezeit zum Opfer gefallen. Der Pinot Noir gedeiht in Oregon nun einmal besser; aber unmittelbar

nördlich davon, im Staat Washington, hat sich der Merlot eine Hochburg geschaffen – ein Beweis mehr dafür, daß Oregon und Washington zu unrecht in einem Atemzug genannt werden, wie etwa Spanien und Portugal, wenigstens soweit es den Weinbau angeht.

Château Ste. Michelle im Staat Washington verfügt über sehr ausgedehnte Merlot-Bestände, aber auch viele andere Kellereien bringen ihn sortenrein und im Verschnitt mit Cabernet heraus und beweisen damit, wie gut die Rebe in dem ungewöhnlichen Klima gedeiht. Das Columbia Basin mit seinen warmen Tagen und kühlen Nächten ist geradezu ideal für den Merlot: Jeder Abend bringt eine Pause im stürmischen Reifeprozeß, und die Risiken zur Blütezeit sind hier sehr viel geringer als in Oregon. Die Weine zeigen viel Substanz und sind früh genußreif (vielleicht liegt das auch nur daran, daß es noch niemand mit längeren Maischzeiten versucht hat). Auf diese Weise gelangen die Weintrinker der Welt in den Genuß eines preiswerten »seriösen« Rotweins, der zur Abwechslung einmal nicht vom Cabernet stammt.

Kalifornien hat den Merlot mit sehr viel weniger Begeisterung aufgenommen. Seine Anbaufläche beträgt hier kaum 800 ha. Außerdem bestehen noch Zweifel, ob auch nur die Hälfte davon wirklich Merlot ist. Christian Moueix von Château Pétrus, dem der banale Titel »König des Merlot« sicher nicht gefallen dürfte, obwohl er ihm durchaus zusteht, hat jedenfalls bei der Suche nach brauchbaren Grundlagen für seinen kalifornischen Wein Dominus mit einiger Verwunderung festgestellt, daß vieles, was die Kalifornier als Merlot bezeichnen, eigentlich Cabernet Franc ist und umgekehrt.

Am Spring Mountain wurde die neue Newton Winery mit von Christian Moueix zur Verfügung gestellten Edelreisern aufgebaut, und sie hat unter dem Kellermeister Ric Forman außerordentlich eindrucksvolle Weine in Pomerolähnlicher Konzentration hervorgebracht. Die Zusammenarbeit kam durch die großen Erfolge zustande, die Forman mit dieser Rebsorte bei Sterling erzielt hatte, und die neuen Besitzer (Seagram) tun ihr Bestes, um diese Tradition fortzusetzen.

Auch Duckhorn beweist, daß Kalifornien, wenn es sich mit dem Merlot näher befaßt, eher dem Stil von Pomerol nacheifert als dem von St-Emilion. Der kleine Weinbaubetrieb mitten im Napa Valley hat sich jedenfalls mit großem Erfolg auf den Merlot eingelassen. Im Hinterland von Santa Barbara zeigte Firestone, was dabei herauskommt, wenn der Merlot konsequent in all seiner Fülle und Süße gekeltert wird. Zum Bedauern aller, die etwas vertragen können, wurde dort inzwischen doch auch auf frühere Lese umgestellt, um diesen Rubens von einem Wein – der Vergleich sei erlaubt – abzumagern.

Kalifornischer Merlot kann sehr gut und viel kompakter als andere Weine dieser Art außerhalb von Pomerol sein. Werden die Reben an einer Stelle gepflanzt, wo ihre Trauben langsam genug reifen können und einen ausreichenden Säuregehalt bewahren, dann läßt sich ihr Wein auch sortenrein wahrhaft interessant gestalten. Auf lange Sicht ist vielleicht noch bedeutungsvoller, daß der Merlot auch eine gute Verschnittkomponente für den kalifornischen Cabernet abgibt, wie es sich im Opus One von Mondavi-Rothschild und im Insignia von Joseph Phelps bereits erwiesen hat.

Synonyme:
Merlau, Vitraille, Crabutet, Bigney, Sémillon Rouge (Frankreich);
Médoc Noir (Ungarn)

Böden:
Gedeiht auf feuchten, lehmigen Böden besser als Cabernet.

Wuchskraft: Mäßig

Schnitt: vorsichtiger Rückschnitt

Anfälligkeiten:
Resistent gegen Echten Mehltau, aber anfällig für Graufäule und Falschen Mehltau

Veredelungsunterlagen:
Schwach- bis mittelstarkwüchsig; verwendet werden 420A, SO_4, Gloire de Riparia und 5BB

Ertrag:
Mäßig bis hoch;
in SW-Frankreich problemlos 70 bis 80 hl/ha

Potentiell Spitzenqualität. In manchen Gegenden sehr beliebt.

RIESLING

Der Riesling ist unbestreitbar eine der großartigsten Rebsorten der Welt und sicherlich die Quelle der feinsten Weißweine, die es gibt. Nur weil sie nicht wie der Chardonnay von alters her in Frankreich beheimatet ist, darf sie nach den Regeln der Appellations Contrôlées nirgendwo außer im Elsaß auf französischem Boden angebaut werden.

Möglicherweise eignet sich der Chardonnay für Frankreich auch besser als der Riesling, und zweifellos hat Deutschland dem Riesling geeignetere Lagen zu bieten als Frankreich. Dennoch lassen die herrlichen Rieslinge, die in ganz unterschiedlichem Klima und in den verschiedensten Lagen überall in der Welt entstehen, durchaus die Vermutung zu, daß diese Rebsorte auch in französischen Weinbergen brillante Leistungen zeigen könnte. Es ist ein faszinierender Gedanke, was wohl dabei herauskäme, wenn es dem Riesling ermöglicht würde, auf französischem Boden festeren Fuß zu fassen, als es bisher in den Salins du Midi geschehen ist und wofür erst noch eine Sondergenehmigung eingeholt werden mußte. Es ist ein beredtes Zeugnis für die Starrheit der Weingesetzgebung, daß der Besitzer von Château Doisy-Daëne seine paar Zeilen Riesling in Barsac vor den Appellations-Behörden verheimlichen muß – wenn er es auch freilich seinen Besuchern gegenüber nicht tut.

Der Riesling ist eine wundervolle Rebe. Obwohl er die Unterschiede der Böden und klimatischen Bedingungen stärker als andere aus Deutschland stammende Reben widerspiegelt, bewahrt er doch wie der Cabernet Sauvignon seine Eigenart, wo immer er auch wächst. Deutsche Winzer behaupten, daß er südlich vom Bodensee seinen Charakter vollständig einbüßt, und es stimmt auch, daß er in zu warmem Klima oft zu gewichtig ausfällt und an seinem großen Format verliert. In den kühleren und feuchteren Weinbaugegenden Neuseelands kann er einen grasigen Charakter annehmen, aber jeder anständig bereitete Riesling besitzt eine brillante Lebendigkeit und Nervigkeit, wie sie in keiner französischen Rebsorte, außer vielleicht dem Sauvignon Blanc, anzutreffen ist. Der Elsässer Weinbauchronist M. J. L. Stoltz war von der Hypothese einer historischen Verwandtschaft zwischen diesen beiden Rebsorten so überzeugt, daß er einen großen Teil seiner 1852 erschienenen »Ampélographie Rhénane« dem Versuch widmete, sie nachzuweisen. Oft ist auch der Unterschied zwischen Beispielen dieser beiden Rebsorten für die menschliche Nase nur schwer zu entdecken, denn beide sind herb und würzig, doch auf der Zunge hinterläßt der Riesling einen komplexeren und volleren Eindruck. Selbst wenn er süß ist, und Riesling kann manchmal sehr süß sein, findet man in ihm Nuancen von Blumen, Honig und Gewürzen. Auch die Nachhaltigkeit des Geschmacks ist beim Sauvignon nicht oft anzutreffen, und vor allem unterscheidet sich der Riesling vom Sauvignon Blanc durch seine enorme Langlebigkeit.

Der Name Riesling ist öfter mißbraucht worden, als es bei anderen großen Rebsorten geschehen ist. Viele mittelmäßige Weine schmücken sich zu unrecht mit ihm. In Kalifornien wird er mit dem Zusatz Gray und Emerald versehen, in Südafrika an die Worte Cape und Paarl angehängt, und die Australier bedienen sich des Namens höchst großzügig für jeden beliebigen Weißwein, sogar zum Teil für den Hunter Valley Sémillon.

Am ärgsten wird in Deutschland empfunden, daß der Welschriesling oder Italienische Riesling, der mit der edlen Rebe vom Rhein nicht einmal verwandt ist, sich dennoch mit dem guten Namen großtut. So hat es denn auch die deutsche Weinbau-Lobby in Brüssel durchgesetzt, daß der Namensvetter aus dem Süden mit weniger deutsch klingenden Bezeichnungen wie etwa Laski und Italianski Rizling benannt werden muß.

Aber auch in Deutschland wird mit dem Namen zu freizügig umgegangen. So heißt der Ruländer oft Grauer Riesling und die Müllerrebe Schwarzriesling, und das sind nur zwei Beispiele von vielen.

Der Ampelograph Moog sagt, daß der korrekte Name Weißer Riesling lauten müsse, und seine Ansicht hat sich in Südafrika und Kalifornien schon weitgehend durchgesetzt. In Kalifornien ist daneben auch noch die Bezeichnung Johannisberg Riesling (in beliebter Verkürzung »J.R.«) gebräuchlich. Die Erklärung dafür, warum gerade der Johannisberg dort zu dem Sortennamen hinzugefügt wird, ist nicht schwer zu ahnen: So wie der Hochheimer im englischen Sprachgebrauch zu »Hoch« geworden ist und als Sammelbegriff für allen Rheinwein steht, darf man getrost annehmen, daß eine bestimmte Stelle, die für ihren besonderen Riesling bekannt und berühmt ist, als Name für eine ganze Gattung Eingang findet. Allgemeiner, aber auch aus geographischen Gründen zu erklären ist die Benennung Rheinriesling oder – im englischen Sprachraum – Rhine Riesling, der seine Entsprechung im Süden und Südosten Europas durch Riesling Renano, Rajinski Rizling usw. hat. Freilich ist Rheinriesling, Moselriesling oder einfach nur Riesling stets dasselbe.

Der Ursprung der Rebsorte Riesling liegt zwar im dunkeln, sie ist aber sicherlich deutsch. Die Fachwelt ist sich weitgehend darin einig, daß sie ein Nachkomme einer Wildrebe aus dem Rheintal ist, wahrscheinlich *Vitis vinifera silvestris*. Der bedeutende Historiker Bassermann-Jordan hat sogar Ähnlichkeiten zwischen ihr und einer von Plinius im 1. Jahrhundert n. Chr. beschriebenen Rebe festgestellt. Aus anderen Quellen erfahren wir, daß im 9. Jahrhundert auf allerhöchsten Befehl am Rhein die Trollinger- und Orleaner-Reben gerodet und durch Riesling ersetzt wurden. In einer Chronik aus Rüsselsheim aus dem Jahr 1435 wird er erwähnt, und der Botaniker Hieronymus Bock beschreibt seinen Anbau an Mosel und Rhein, insbesondere um Worms, im Jahr 1551. Der erste Nachweis einer echten Riesling-Monokultur stammt vom Schloß Johannisberg aus dem Jahr 1716.

Auch über die Herkunft des Namens Riesling läßt sich viel spekulieren. Denkt man an die älteren Bezeichnungen »Rüsling« und »Rösling«, dann kommt man auf Analogien mit »Ruß«, die etwas mit dem auffallend dunklen Holz der

Rebe zu tun haben könnten, oder aber mit »rissig« der Rinde wegen, oder mit dem Fachwort »verrieseln«, mit dem das teilweise Abfallen des Fruchtansatzes aufgrund schlechter Witterungsbedingungen während der Blütezeit bezeichnet wird. (Diese nicht nur beim Riesling vorkommende Erscheinung ist auch unter dem französischen Fachwort *coulure* bekannt.)

Der Riesling ist so sehr Grundelement des deutschen Weinbaus, daß sich an ihm auch die unzähligen Neuzüchtungen orientieren. Fast alle haben »Riesling-Blut« in sich, denn trotz seiner späten Reife und der damit Jahr um Jahr verbundenen Gefährdung ist der Riesling doch unbestreitbar die bestgeeignete Rebe für das deutsche Klima. Die älteste aller Riesling-Kreuzungen, der Müller-Thurgau, wurde entwickelt, um die Charakteristiken des Rieslings in günstigerer, allerdings auch etwas verwässerter Form verfügbar zu machen. Die Züchtung hat sich so sehr bewährt, daß sie den Riesling in der Anbaufläche weit überholt hat. Die Beliebtheit des Müller-Thurgau ist allerdings mehr auf Zweckmäßigkeitsgründe als auf Qualität zurückzuführen, und deshalb freuen sich die Puristen im In- und Ausland jedesmal, wenn sich wie beispielsweise 1979 die Überlegenheit des Rieslings wieder einmal beweist.

Der Müller-Thurgau reift zwar früher und ist gegen kühle und nasse Herbste deshalb unempfindlicher, dafür aber ist der Riesling viel widerstandsfähiger gegen Kälte. In der Neujahrsnacht 1979 gab es einen plötzlichen Temperatursturz von + 10 °C auf – 20 °C. Dabei erfroren die Augen der weniger frostharten Sorten, während der Riesling zum größten Teil ohne Schaden davonkam. Im Bereich Schloßböckelheim beispielsweise war der Ertrag des Müller-Thurgau 1979 um 80% niedriger als 1978, während die Riesling-Ernte um 75% höher ausfiel.

In den letzten 100 Jahren sind über 40 erfolgreiche Neuzüchtungen entstanden, keine aber übertrifft den Riesling in seiner Eigenschaft, zu üppigen Öchsle-Graden heranzureifen, ohne daß der Säuregehalt zu stark absinkt. Er liegt im Durchschnitt bei 10–15 g/l, ob nun der Reifegrad übliche 60–80° Öchsle oder bei manchen Trockenbeerenauslesen über 200° erreicht. Die Scheurebe (Silvaner × Riesling) oder der sehr beliebte Kerner (Trollinger × Riesling) bringen zwar auch oft eindrucksvolles Gewicht auf die Mostwaage, meist aber auf Kosten der rassigen Säure. Die Riesling-Traube dagegen behält ihre feine Säure bis zur traditionell späten Lese.

Einige der wertvollsten Neuzüchtungen entstanden in Geisenheim unter der Ägide von Dr. Helmut Becker, der übrigens gesagt haben soll, daß manche seiner neuesten »Kreuzungen mit Kreuzungen« mehr versprechen als der Riesling selbst. Große Stücke hält er auf Arnsberger × Reichensteiner und Rotberger × Reichensteiner.

Vielleicht weil man sich in Deutschland nun wieder der unvergleichlichen Qualität des Rieslings bewußt geworden ist, hat inzwischen der Anfang der achtziger Jahre beobachtete Rückgang in der Anbaufläche ein Ende gefunden. 1983 lag der Riesling mit 19000 ha deutlich hinter dem Müller-Thurgau (25500 ha) zurück, aber doch noch weit vor allen anderen Rebsorten. Bemerkenswert ist dabei übrigens, daß Deutschland nicht die größte Riesling-Anbaufläche der Welt hat – allein in der Ukraine sind es 25000 ha.

Weltweit betrachtet gibt der Riesling manches Rätsel auf. In Deutschland gilt er als spät austreibend, spät reifend und sehr ertragreich. Im Klima Kaliforniens erfolgt der Austrieb früh, die Reife mittelspät, und der Ertrag ist mittelmäßig. In Südafrika ist der Riesling als ertragsschwach und früh reifend bekannt, allerdings nur im Vergleich zu anderen europäischen Rebsorten.

Am leichtesten sind noch die widersprüchlichen Ertragsleistungen zu erklären. In Deutschland wird schon seit langem im Rahmen des vielleicht größten Weinbauforschungsprogramms der Welt nach ertragreichen Riesling-Klonen gesucht. Seit Georg Fröhlich nach 1870, wahrscheinlich angeregt durch die Empfindlichkeit der Riesling-Rebe gegenüber kühler Witterung in der Blütezeit, mit dieser Arbeit begann, hat eine Forschergeneration nach der anderen rigorose Selektion betrieben, so daß heute beim Bundessortenamt fast 50 Riesling-Klone registriert sind. Manche sind auf früheren Austrieb und frühere Blüte abgestellt, andere auf Unempfindlichkeit gegen Verrieseln oder auf kräftigeren Fruchtansatz, wieder andere auf Resistenz gegen Chlorose, viele auf besonders gute Verträglichkeit mit den unterschiedlichen Böden der deutschen Weinbauregionen, die meisten auf besonders hohen Ertrag – jedoch alle auf die Erzielung eines guten Mostgewichts. Seit 1930 hat sich der Durchschnittsertrag der Riesling-Rebe vervierfacht, ohne daß dabei das durchschnittliche Mostgewicht gesunken wäre und ohne merkliche Einbuße an Qualität. Das wirft die französische Maxime, daß man Qualität und Quantität nicht gleichzeitig haben könne, glatt über den Haufen. Der heutige Durchschnittsertrag des Rieslings in Deutschland von 70 bis 110 hl/ha beträgt etwa das Doppelte dessen, was in Frankreich für einen Wein guter Qualität vorausgesetzt wird. Dabei ist allerdings zu bemerken, daß das französische Weingesetz den Elsässer Winzern höhere Erträge zubilligt, in manchen Fällen bis zu 100 hl/ha. Offenbar haben die ertragreichen Riesling-Klone schon den Weg über den Rhein gefunden, warum dann aber nicht in die übrige Welt?

Die niedrigen Riesling-Erträge in Südafrika hängen vermutlich mit den dort verbreiteten Viruskrankheiten und auch mit dem allgemein schlechten Gesundheitszustand der Reben zusammen. Dieselbe Erklärung gilt mindestens teilweise auch für die relativ niedrigen Riesling-Erträge in Australien. Möglicherweise wäre im wärmeren Klima Kaliforniens und Australiens durch dichtere Pflanzung und sorgfältige Erziehung manche Verbesserung zu erzielen.

Freilich dürften die Ertragsunterschiede auch auf die kräftige Gesundheit der Reben in deutschen Weinbergen zurückzuführen sein. Außerdem lehnen die Deutschen den Riesling in wärmerem Klima schon deshalb ab, weil er dort eine Neigung zur Degeneration zeigt. Doch auch im australischen und kalifornischen Weinbau wächst das Gesundheitsbewußtsein stetig, und so wird vielleicht auch dort bald Quantität und Qualität gleichermaßen in die jetzt schon achtenswerte Riesling-Erzeugung einziehen.

Die Unterschiede im Austrieb erklären sich sicher dadurch, daß in der Neuen Welt bestimmte Riesling-Klone vorherrschen und obendrein das jeweilige Mikroklima wärmer ist als in Deutschland. Trotzdem bleibt hieran manches rätselhaft, mehr noch als an der unterschiedlichen Reifezeit.

Der Grund dafür, daß der Riesling in Kalifornien als früh reifend, in Deutschland dagegen als spät reifend gilt, dürfte einfach in der unterschiedlichen Grundeinstellung zu finden sein. Ursprünglich wurde der Riesling in Kalifornien für trockenen Wein angebaut und wurde deshalb früh geerntet. Die meisten Lagen, in denen er kultiviert wurde, waren auch nicht kühl genug, um der Erkenntnis Raum zu

Riesling	
Blatt	
Länge: 120 mm	Breite: 76 mm
Traube	
Länge: 152 mm	Breite: 63,5 mm

Zu den Besonderheiten des Rieslings gehört seine unvergleichliche Vielseitigkeit. Er gedeiht weit im Norden, wie etwa hier in Ockfen an der Saar, und erbringt die herrlichsten, rassigsten Weine, zugleich aber liefert er auch im Süden, zum Beispiel in Santa Barbara in Kalifornien, gut 15° näher am Äquator, wundervoll aprikosenduftige und dennoch frische und lebendige »Johannisberg-Riesling«-Spätlesen. Noch nördlicher als an der Saar lohnt sich sein Anbau leider nicht mehr, weil er eine zu lange Reifezeit braucht.

schaffen, daß eine ausgedehntere Wachstums- und Reifeperiode volleren, harmonischeren Wein ermöglichen würde. Das beginnt sich jetzt zu ändern, nachdem die ersten kalifornischen Riesling-Spätlesen in Erscheinung getreten sind.

Auch in Australien haben die Weinerzeuger inzwischen für den Riesling kühlere Lagen aufgesucht, wo feine, elegante, lieblichere Rieslinge in bemerkenswerter Güte entstehen. Neben einem unbestreitbar eigenständigen Stil – trokken und saftig – ist es den Australiern auch gelungen, eine zweite Art hervorzubringen, die in Finesse und Qualität deutschen Spitzen-Rieslingen wohl am nächsten kommt.

Weil Deutschland an der nördlichen Grenze des Weinbaus überhaupt liegt, müssen hier die Lagen für den Riesling besonders sorgfältig gewählt werden. In der deutschen Fachliteratur wird der Riesling deshalb oft als sehr anspruchsvoll bezeichnet – in ungeeigneten Lagen gedeiht er einfach nicht – dennoch richtet sich die Wahl der Rebsorte für eine bestimmte Lage vielfach nach kommerziellen Gesichtspunkten. So wird der Riesling auf den überaus steilen Schieferhängen an der Mosel angepflanzt, weil keine andere Rebsorte einen Preis erzielen könnte, der die mühsame und kostspielige Bearbeitung solcher Weinberge lohnt.

So weit im Norden ist jeder Sonnenstrahl für die Reife wertvoll. Deshalb sind alle Südhänge dem Riesling vorbehalten. Manfred Prüm, einer der angesehensten Erzeuger in Bernkastel, gibt Südwesthängen den Vorzug, weil auf den Südosthängen sehr oft der Morgennebel liegt. In Höhe von mehr als 200 m über der Mosel kommt der Riesling nicht mehr so gut zur Reife, weil es dort schon wieder zu kühl wird, und deshalb entstehen die besten Weine in Lagen mittlerer Höhe, etwa 100 m über der Talsohle.

An anderen Stellen spielen diese Erwägungen keine so große Rolle, und der Riesling kann auf viel unterschiedlicheren Lagen gedeihen. Er fühlt sich auch auf ganz verschiedenen Böden durchaus wohl. Der Schiefer an der Mosel ist vor allem ein guter Wärmespeicher. Wo das Mikroklima wärmer ist, wächst der Riesling auf dünner Krume über Felsgestein ebenso willig wie im tiefsten Lehmboden. Sein Wein wird zwar von der Art des Bodens beeinflußt, jedoch vorwiegend im Charakter und nicht in der Qualität.

Der Riesling ist sehr widerstandsfähig. Der beste Beweis dafür ist schon, daß er so weit nördlich wie an der Mosel und im Rheingau derart großartigen Wein erbringt, daß darüber oft vergessen wird, wieviel Interessantes er in milderem Klima leistet. Seine Widerstandsfähigkeit gegen Krankheiten steht der gegen Witterungseinflüsse auch nicht nach – im Vergleich zum Sémillon ist seine Fäuleresistenz sogar in gewissem Sinn unerfreulich hoch. In Bordeaux entsteht aus der Sémillon-Traube nämlich Jahr für Jahr süßer Weißwein jener besonderen Art, die der Edelfäule zu verdanken ist. In Deutschland gibt es weit seltener einen schönen, warmen Herbst, der die Riesling-Trauben zu größter Fülle und Konzentration reifen läßt, und auch die Edelfäule *(Botrytis cinerea)*, die den Trockenbeerenauslesen ihre unnachahmliche Note verleiht, stellt sich nicht regelmäßig ein. Obendrein ist der Riesling diesem Schimmelpilz gegenüber viel weniger anfällig als beispielsweise manche Neuzüchtungen, die auf Riesling beruhen. So wurde die Optima gezielt auf Botrytis-Anfälligkeit gezüchtet, doch ihr Wein – so hoch auch seine Öchsle-Grade sein mögen – kann sich mit der aristokratischen Art des Rieslings nicht messen. Obwohl er die Mostgewichte nie erreicht, die etwa die Siegerrebe mühelos zustande bringt, hat der Riesling dafür seine feine natürliche Säure, die ihm Ausgewogenheit und Kraft für lange Lebensdauer verleiht.

Auch bei niedrigen Mostgewichten ist der Riesling schon brillant, wie in Neuseeland zu allgemeiner Freude festgestellt wurde. Bei nur 50° Öchsle kommen hier bereits Weine voller Delikatessen und mit echtem Charakter zustande. Das deutsche Weingesetz trägt dem dadurch Rechnung, daß es für den Riesling niedrigere Mostgewichte vorschreibt als für andere Traubensorten: An der Mosel reichen schon 70° für das Prädikat Kabinett aus, während alle anderen Rebsorten 73° brauchen; bei Auslesen beträgt die Spanne 83° bzw. 88°.

Die wirklich großen deutschen Weine sind stets Rieslinge – auch wenn diese Behauptung in Franken, wo man mit Recht Stolz auf den Silvaner ist, und bei manchen Spätburgunder-Fans auf Widerspruch stoßen mag – darüber sind sich unparteiische Kenner einig.

Die teuersten dieser Kostbarkeiten sind die hochreifen Beeren- und Trockenbeerenauslesen. Ihre Preise sind Ausdruck ihrer Seltenheit und der mit ihrer Erzeugung verbundenen hohen Risiken. Ein Winzer, dessen Trauben schon einmal bis zum Niveau einer Auslese herangreift sind, muß sich Tag für Tag auf ein Glücksspiel mit dem Wetter einlassen, wenn er noch mehr erreichen will. Der Riesling wird immer zuletzt gelesen, kaum je vor Mitte Oktober. Besondere Raritäten sind der Nikolauswein (gelesen am 6. Dezember), der Christwein (24. Dezember) und der Dreikönigswein (am 6. Januar des folgenden Jahres).

Diese sehr spät gelesenen Rieslinge haben einen hohen Säuregehalt und dadurch eine enorme Lebensdauer. Im Lauf der Jahre wandelt sich ihre Farbe wie bei einem großen Sauternes zu dunklem Gold. Auch sie lassen mit der Zeit nach, aber in den ersten zwanzig Jahren entwickeln sie so vielschichtige Geschmacksnuancen wie kein anderer sortenreiner Wein. Dabei bleibt ihre Frische immer erhalten, und der Unterschied zum Sauternes zeigt sich deutlich in feiner Säure bei geringem Alkoholgehalt. Manche enthalten nur 5,5% Alkohol – das ist das vom Gesetz für Wein geforderte Mindestmaß.

Von vielen Kennern werden die nicht ganz so teuren Spät- und Auslesen und die feinsten Kabinettweine besonders geschätzt, die alle zu tief grüngoldener Farbe heranreifen können und oft einen eigentümlichen Hauch Benzin im Bukett haben. Jedes Anbaugebiet, ja jede einzelne Lage, gibt dem Riesling ein eigenes Gepräge. Da sind die erdigen, urwüchsigen Rieslinge aus Württemberg, die vollduftigeren, fülligeren aus der Mittelhaardt, die frischen und eleganten von der Nahe, die honigduftigen und feinen aus dem Rheingau, die eher intellektuellen von der Mittelmosel und schließlich die geschliffenen Aristokraten von Saar und Ruwer. Köstlichkeiten sind sie alle, wenn nur die Natur einigermaßen mitspielt und der Mensch das Beste aus ihnen zu machen versteht. Manchmal bringt er das nicht zuwege, und so gibt es leider auch manchen deutschen Riesling, der dem unvergleichlichen Charakter dieser Rebsorte nicht gerecht wird.

In der übrigen Welt spielt sich eine Debatte darüber ab, ob der in Deutschland derzeit so geschätzte trockene Riesling nun der Weisheit letzter Schluß oder nichts weiter als modische Narretei ist. Der Streit geht darum, wieviel Alkohol und Körper der trockene Riesling haben muß, damit er nicht uninteressant wird.

Abgesehen von der Sowjetunion hat Kalifornien die umfangreichste Riesling-Anbaufläche außerhalb Deutschlands aufzuweisen. Sie beträgt dort 4000 ha, fast ebensoviel wie für den Sauvignon Blanc, der allerdings sehr viel stärker in Mode ist. Die Neuanpflanzungen von Sauvignon Blanc waren 1983 doppelt so hoch wie von Riesling.

Bis in die siebziger Jahre wurde der Riesling (hier meist Johannisberg Riesling genannt) immer früh gelesen und trocken vergoren. In den letzten zehn Jahren sind jedoch auch höchst vielversprechende Spätlesen aufgetaucht. Sie haben eindeutig mehr Substanz als das europäische Vorbild und sind dadurch eigenständiger kalifornisch als beispielsweise die Cabernets und Chardonnays aus dieser Weltgegend. Verstärkt wird dieser Eindruck noch dadurch, daß diese Weine wenigstens für kurze Zeit einer angeblich traditionellen Lagerung im Eichenfaß unterzogen werden – was in Deutschland gar nicht so oft geschieht.

Als lieblicher Wein und in Spätlesen bewahrt der kalifornische Riesling meist die feine Säure, jedoch bei einem um gut zwei Grad höheren Alkoholgehalt als in Deutschland und zugleich viel mehr Extrakt. Manche schöne Beispiele besitzen eine üppige Fruchtigkeit, deren Anflug von Aprikosen und Pfirsichen in deutschen Rieslingen, mit Ausnahme einiger besonders reifer Rheinpfälzer, kaum anzutreffen ist. Es muß allerdings noch abgewartet werden, wie es bei diesen kalifornischen Rieslingen um die Lebensdauer bestellt ist. Vermutlich werden sie in diesem Punkt den großen deutschen Weinen nicht gleichkommen.

Doch wird sich das wohl bald herausstellen, denn gute kalifornische Kellereien wie Chateau St. Jean und Joseph Phelps haben schon vor über zehn Jahren solche Spitzen-Rieslinge, meist mit Edelfäule, herausgebracht. Im nebligfeuchten Klima am Russian River im nördlichen Sonoma und am kühlen Ende des Napa Valley sind die für *Botrytis cinerea* günstigen Vorbedingungen – hohe Luftfeuchte am Morgen und anschließend Sonnenschein – regelmäßiger gegeben als in Deutschland. Felton-Empire Vineyards in

Santa Cruz hat ebenfalls mit sehr vollen Rieslingen schon guten Erfolg gehabt, und es besteht Aussicht, daß auch weit südlich von San Francisco günstige Riesling-Lagen erschlossen werden können. In kühleren Gegenden von Monterey können seine Trauben bis in den November hinein ohne Einbuße an Säure am Stock verbleiben.

In allen als Region I oder II bezeichneten Weinbaugebieten Kaliforniens wird der Riesling angebaut und bringt Weine in guter Qualität mit einem Zuckerrest zwischen 0 und 20 Gewichtsprozent hervor. Manchmal werden die Trauben schon Mitte August mit einem Zuckergehalt unter 20° Brix gelesen und zu besonders leichtem Wein verarbeitet, der dann etwa einer trockenen Spätlese aus dem Rheingau entspricht. Der größte Teil der Riesling-Trauben wird in Kalifornien jedoch bei Brix-Graden um 20 bis 25 geerntet und ergibt dann liebliche, oft überaus saftige und charaktervolle Weine.

Weiter im Norden, vor allem in Oregon, ist der Riesling erwartungsgemäß ein großer Erfolg. Die auf 360 ha wachsenden brillanten Weine machen ihn dort neben Pinot Noir und Chardonnay zu einer der großen Rebsorten, in der Qualität ebenso wie in der Quantität.

Tualatin war der erste Betrieb, der sich weithin mit Riesling einen Namen gemacht hat; eine neuere Entdeckung sind die hochinteressanten, oft von Edelfäule befallenen Spätlesen von Hillcrest. Wenn man so will, kann man den kalifornischen Riesling als Gegenstück zum Rheinwein und den aus Oregon als den amerikanischen Mosel ansehen. Im Willamette Valley sammelt der Riesling soviel Geschmacksstoffe an, daß er auch dann ein interessanter Wein ist, wenn er nicht voll ausreifen kann. Die hohe Luftfeuchte in dieser Gegend macht späte Lese riskant und daher kostspielig. Die Weintrinker der Welt können nur hoffen, daß die Winzer in Oregon dem Riesling die Treue bewahren.

Das etwas strengere Klima im Staat Washington läßt dennoch ansprechenden Riesling zustande kommen. Chateau Ste. Michelle und Hinzerling haben sich bereits durch Spätlesen mit Edelfäule hervorgetan. Die in deutschem Besitz befindliche Langguth Winery wird wohl auch bald beweisen, daß Riesling aus dem Columbia Basin durchaus die große blumige Würze seiner deutschen Artgenossen haben kann.

Auch in Ontario, auf Long Island (Bridgehampton) im Staat New York und an den Finger Lakes (von Weinbaubetrieben wie Heron Hill, Wagner und Dr. Frank's Vinifera Wine Cellars) wird Riesling mit einigem Erfolg angebaut. In manchen Jahren herrscht hier große Bangigkeit, ob ein gutes Aroma zustande kommt, doch alles in allem sind auch dies Rieslinganbaugebiete, die nicht übersehen werden dürfen.

In Australien ist die Riesling-Anbaufläche etwas kleiner als in Kalifornien. Der Name Rhine Riesling dient hier zur Unterscheidung von manchem Unechten, das auch den begehrten Namen führt. Im australischen Weinbau spielt der Riesling jedoch eine bedeutendere Rolle als in Kalifornien – mit fast 5000 ha ist er bei weitem die meistangebaute weiße Qualitätsrebsorte, übertroffen nur von der in bewässerten Gebieten auf 18000 ha gezogenen Sultana.

Am verbreitetsten ist der Riesling in Südaustralien, wo er einst im Barossa-Tal von schlesischen Einwanderern angesiedelt wurde. Die »Rhine Rieslings« dieser Gegend sind typisch für die australische Art: trocken bis lieblich, aber ausgeprägt fruchtig; relativ herb und oft leicht spritzig; mit wenig Blume im Bukett, dafür aber einem Anflug von Zitrusfrüchten im Geschmack. Solche Weine entstehen in großen Mengen im mittleren Klima Südaustraliens und geben unter Namen wie Kaiser Stuhl, Hoffmanns, Henschke, ja sogar Bernkastel, die Hauptstütze des australischen Weißweinkonsums ab. Dieser bewundernswert zeitgemäße Stil ist ganz und gar australisch und könnte durchaus ein Exportschlager werden.

Manche Weinerzeuger waren von den Leistungen des Rieslings im Barossa-Tal (das im Klima etwa mit St. Helena in Kalifornien vergleichbar ist) so beeindruckt, daß sie erproben wollten, wie sich die Rebsorte in kühleren Gegenden verhält. Der Erfolg ihrer Experimente läßt sich in ganz erstaunlichen Riesling-Weinen aus hochgelegenen Weinbergen in Eden-Valley–Springton-Distrikt, 240 m über der Sohle des Barossa-Tals, bewundern. Die Erträge sind in dieser unbewässerten Lage nur halb so groß wie im bewässerten Clare Valley, aber die Qualität dieser Weine wie auch derer aus dem Pewsey Vale bestätigt den Zug in große Höhen vollauf. Diese Rieslinge besitzen jene nervige Eleganz, die in deutschen Spitzenweinen dieser Art bewundert wird.

Leo Buring und Gramp's Orlando erzeugen diesen Riesling-Stil schon am längsten, und ihre älteren Jahrgänge

Der Riesling ist ganz Duft und Würze – vielfältige Frucht und zarter Honig sind charakteristische Elemente eines guten Rheingauers. Hier zieht der Freiherr von Knyphausen die Bilanz eines Sommers.

beweisen eine großartige Lebensdauer. Sie altern zwar etwas schneller als deutsche Rieslinge, erlangen dabei aber denselben satten Goldschimmer und den öligen Benzinton, und auf jeden Fall sind es große Weine.

Heute ist der Rhine Riesling in ganz Australien verbreitet und zeigt vor allem in den kühleren Gebieten des Westens große Delikatesse und Lebendigkeit. Der größte Widersacher des Rieslings ist hier mehr als anderswo der Chardonnay, der so modisch trocken, wenn auch entgegen der Mode alkoholstark ist.

Auch in Neuseeland wächst interessanter Riesling, obwohl er hier nicht so verbreitet wie der Chardonnay und nur 2% der Rebfläche einnimmt. Die Weinerzeuger stehen noch etwas verwirrt den zwei Möglichkeiten des blumigen deutschen und des wuchtigeren australischen Stils gegenüber, doch wenn sie Glück haben, werden beide ihre Anhänger finden. Ihre Rieslinge aus der Gegend von Marlborough im Norden der Südinsel wachsen in langen, trockenen Herbsten heran und nehmen sich mit ihrer aus Deutschland gewohnten Delikatesse und ihrer den kühleren Gebieten Australiens ähnlichen Lebhaftigkeit recht vielversprechend aus. Auf der Südinsel bestehen auch die besten Aussichten auf Edelfäule. Der Alkoholgehalt schwankt zwischen 9 und 13%, und auch die Spanne im Zuckergehalt ist ziemlich groß, wobei allgemein eine gewisse Lieblichkeit des Weins bevorzugt wird.

In Südafrika ergeht es dem Riesling trotz der vereinten Bemühungen des in Geisenheim geschulten Personals nicht besonders gut. Die Hauptaufgabe, nämlich gesunde Reben in ausreichend kühlen Lagen anzupflanzen, ist hier noch nicht gelöst. Der Name Weißer Riesling soll ihn von dem Paarl, Cape oder South African Riesling unterscheiden, der übrigens nicht mit ihm verwandt ist. Am besten bewährt er sich bisher als Zutat zu Günter Brözels Nederburg Edelkeur, doch werden ihm auch große Chancen als trockener oder lieblicher Wein zugebilligt. Wenn einmal die Schwierigkeiten mit den Klonen und dem Klima bewältigt sind, dürften auch aus Südafrika gute Riesling-Weine zu erwarten sein. So wie die Dinge jetzt stehen, können sie aber nur als Beweis für die Überzeugung dienen, daß sich der Riesling außerhalb Deutschlands eben doch nicht recht zu Hause fühlt.

Kaum jemand würde allerdings behaupten wollen, daß dies auch für das Elsaß gilt. Freilich besteht ein starker »ideologischer« Gegensatz zwischen den elsässischen und den deutschen Winzern. Der Elsässer Riesling hat zwar mit seinem Artgenossen von der anderen Rheinseite das kraftvolle Bukett gemeinsam (wie auch sein Synonym Gentil-Aromatique besagt), auf der Zunge aber ist er im Gegensatz zum meist leichten und lieblichen deutschen Riesling stets stark und trocken. Das Klima im Schutz der Vogesen ist besonders warm und trocken, doch die Elsässer Winzer lassen allen im Reifeprozeß entstandenen Traubenzucker zu Alkohol vergären. So erlangen ihre Weine eine Stahligkeit, die jede Verwechslung selbst mit einem trockenen Riesling aus Deutschland ausschließt. Im elsässischen Weinbau ist alles anders als im Nachbarland, und das hat unvermeidliche Auswirkungen auf Geschmack und Stil. Elsässer Weine werden meist erst 18 Monate nach der Ernte zum Verkauf gebracht, während viele deutsche Weine schon im Alter von einigen Wochen auf den Markt kommen. Selbst die einfachsten Elsässer Rieslinge sind gut haltbar, die besten zehn Jahre und länger. Anders als die deutschen Weine sind sie als Begleiter zum Essen gedacht.

Obwohl im Elsaß weit mehr Gewürztraminer angebaut wird, halten die Winzer doch dem Riesling die Treue. Sein Anbau hat sich denn auch in den beiden Départements Bas-Rhin und Haut-Rhin in den siebziger Jahren mehr als verdoppelt, so daß er heute eine Fläche von über 2000 ha bedeckt. Der größte Zuwachs ist in den flacheren Bereichen des Bas-Rhin zu verzeichnen, wo der Riesling den Silvaner stark verdrängt hat. Trotzdem wird er im Haut-Rhin, wo auch alle Spitzenlagen zu finden sind, noch am meisten angebaut. Auch tragen sehr viele als Grand Cru bezeichneten Lagen vorwiegend Riesling-Reben. Die fetteren Böden werden dem Gewürztraminer eingeräumt, denn der Riesling entfaltet seine große Rasse bevorzugt auf kargerem Grund, beispielsweise in den erstklassigen Lagen Clos Ste-Hune, Schoenenberg und Schlossberg.

In besonderen Jahren werden auch lieblichere Spätlesen erzeugt, die dann entweder Vendange Tardive oder – wenn sie noch gehaltvoller oder mit Edelfäule befallen sind – Sélection de Grains Nobles heißen. Sie sind körperreicher als deutsche Spät- und Auslesen, passen gut zu kräftigen Speisen und sind seltener (wenn auch nicht feiner) als deutsche Beeren- und Trockenbeerenauslesen.

Die Südtiroler Rieslinge ähneln eher ihren Elsässer Artgenossen als denen aus Deutschland. In den hochgelegenen sonnigen Tälern am südlichen Alpenrand reifen die Trau-

Das Weingut Twee Jongegezellen erzeugt wohl den besten Riesling-Wein in Südafrika. Hier wurde ein hochwertiger Klon angepflanzt und 1982 die Weinlese bei Nacht eingeführt.

Die stahligen, bukettreichen Elsässer Rieslinge lassen eine Ahnung davon aufkommen, was diese Rebsorte im übrigen Frankreich leisten könnte, wenn das Weingesetz es zuließe. In Ammerschwihr beweist das Weltklasse-Restaurant »Aux Armes de France« Tag für Tag, wie sehr der Riesling den Genuß an feinen Gerichten noch steigern kann.

ben schön aus, bewahren aber doch einen erfreulich hohen Säuregehalt. Meist bleibt im Wein auch etwas von der natürlichen Kohlensäure erhalten, und vor allem die Rieslinge aus den tieferen Bereichen der Täler weisen viel Extrakt auf. Die Weine aus steileren und höheren Lagen sind dagegen ausgeprägter in Säure und Aroma, und so gibt es hier auf kleinstem Raum eine Lektion über das Verhalten dieser Rebsorte in verschiedenen Lagen und unterschiedlichem Mikroklima zu lernen. Das geforderte Mostgewicht beträgt mindestens 80° Öchsle, ebensoviel wie bei einer deutschen Spätlese, der Höchstertrag ist mit 84 hl/ha jedoch viel niedriger. Da Südtirol als eigentliche Domäne der Rebe in Italien anerkannt wird, darf nur gerade in dieser Region nach den EG-Bestimmungen der Name Rheinriesling verwendet werden.

Im Friaul-Julisch Venezien heißt er dagegen Riesling Renano, im Unterschied zu der minderwertigeren, aber viel weiter verbreiteten Sorte Riesling Italico. Den Rieslingen aus diesen Gegenden fehlt es an der Frische und Lebendigkeit ihrer Artgenossen aus Südtirol, doch findet man auch besser ausgebaute Beispiele, die durchaus Anlaß zu der Hoffnung geben, daß die italienischen Winzer in dieser Gegend vielleicht einmal ihr Meer von Pinot Grigio eindämmen und dafür Riesling anpflanzen werden.

Ganz im Norden nimmt der Riesling im Nachbarland der oberen Mosel, in Luxembourg, 10% der Gesamtrebfläche ein und bildet einen wohltuenden Kontrast zum viel einfacheren Elbling und Rivaner. Zwar zeigt sich der Riesling-Charakter hier nur noch viel karger, aber durchaus auch in klassischer Schönheit. Etwas weiter moselaufwärts in Frankreich führt die Sorte dann den Namen Petracine und trägt in kleinen Mengen zu den extrem leichten Weinen der Gegend bei.

Im mittleren und östlichen Europa wird der Riesling überall mehr oder weniger angebaut – in der Schweiz seltsamerweise weniger, vermutlich weil es doch so lange dauert, bis er reif wird. In Österreich heißt er Rheinriesling und nimmt nur etwa 2% der Gesamtrebfläche ein. Anscheinend läßt er sich an das wärmere Klima und den volleren Stil nicht so gut anpassen, wie es bei anderen deutschstämmigen Trauben der Fall ist.

Ansprechende Rieslinge sollen in der Tschechoslowakei wachsen, wo die Weine Böhmens ähnlich ausfallen wie Pfälzer, was auf annäherend gleiche klimatische Bedingungen zurückzuführen sein dürfte. In der Sowjetunion dient der Riesling meist als Grundlage für Schaumwein, oder er wird mit süßeren Trauben zusammen zu Dessertwein verarbeitet.

Viele Anbaugebiete in Südosteuropa sind zu warm für Riesling in bester Qualität, nur aus den Lutomer Bergen in Slowenien kommen sehr delikate und aus der Gegend weiter im Osten recht viel weniger delikate Beispiele. Hier ist eher die Domäne des nicht so edlen Welschrieslings. In der Region Somló in Ungarn und – mit etwas mehr Erfolg – auf 1500 ha in Bulgarien wird der Riesling ebenfalls angebaut. In Rumänien hat der Welschriesling die Vorherrschaft; Japan aber hat echten Riesling vorzuweisen.

In Spanien oder Portugal trifft man den Riesling kaum an. Miguel Torres hat die Rebsorte in hohen Lagen in Penedés angebaut, und auch im Tierra Blanca von Arcos de la Frontera in Andalusien spielt der Riesling neben dem Palomino eine Rolle. In Portugal wird die Vaterschaft des Rieslings für die Arinto-Rebe und den Sercial auf Madeira in Anspruch genommen. Diese Theorien halten einer ampelographischen Untersuchung nicht stand – die alten Geschichten aber, in denen deutsche Kreuzritter und die englische Königin Victoria eine große Rolle spielen, sind vergnüglich anzuhören.

Synonyme:
Weißer Riesling, Rösling, Riesler, Rieslinger, Rheinriesling, Moselriesling, Rheingauer, Johannisberger, Hochheimer, Niederländer, Klingelberger, Gräfenberger, Kastellberger, Karbacher Riesling, Kleinriesling, Kleinriesler, Weißer Kleiner Riesling, Gewürztraube, Pfefferl (Deutschland);
Riesling Blanc, Petit Riesling, Gentil(e)-Aromatique, Petracine (Frankreich);
Riesling Renano, Reno (Italien);
Petit Rhin, Johannisberger (Schweiz);
Rheinriesling, Weißer Riesling (Österreich);
Rezlink, Starosvetske, Reszlink Rynsky (Tschechoslowakei);
Rajinski Rizling, Gras(ch)evina, Rizling Rajinski Bijeli (Jugoslawien);
Rajnai Rizling (Ungarn);
Riesling de Rhin, Rheinriesling, Reynai (Rumänien);
Rizling (Bulgarien); Risling, Rislig Rejnski (UdSSR);
Weißer Riesling (Südafrika);
Johannisberg Riesling (J. R.), White Riesling (USA);
Rhine Riesling (Australien und Neuseeland).

Böden:
Gedeiht auf unterschiedlichen Böden; klassisch ist Schieferboden und sandiger Lehm. Bevorzugt allgemein wasserdurchlässigen, kargen Grund.

Wuchskraft:
In Deutschland relativ starkwüchsig, in wärmerem Klima schwächerer Wuchs

Schnitt:
Sehr unterschiedlich. An der Mosel und im Elsaß aufrechte Erziehung an Pfählen, auch *Palissage*-Methode für maximale Sonnenbestrahlung des Laubwerks; Erziehung an Spanndrähten in Deutschland und Übersee. Hohe Erziehung und kräftiger Rückschnitt werden empfohlen.

Anfälligkeiten:
Sehr widerstandsfähige, frostharte Rebsorte

Veredelungsunterlagen:
Je nach Bodenfruchtbarkeit; bei starkwüchsigen Unterlagen auf fruchtbarem Boden kann Verrieseln auftreten.
Empfohlen werden: 3309 für fruchtbare Böden, 5BB für flachgründige, trockene Böden; ansonsten SO4, 125AA oder 5C.

Erträge:
Unterschiedlich, in Deutschland sehr hoch: bis 100 hl/ha;
in Australien und Kalifornien durchschnittlich 65 hl/ha.

Unüberbietbare Qualität; ganz und gar aristokratisch. Hochgeachtet, aber nicht in Mode.

Chardonnay

Im Chardonnay verbinden sich alle glücklichen Umstände: Die Winzer ziehen ihn gern, die Kellermeister behandeln ihn gern, und wir alle trinken ihn gern. Als Folge dieser erfreulichen Einigkeit ist der Chardonnay heute die allergesuchteste Rebsorte. Die Winzer in aller Welt schreien geradezu nach Edelreisern, insbesondere in Kalifornien und Südafrika. Die Kellermeister in aller Welt sind so sehr auf der Suche nach Chardonnay-Trauben, daß auf allen Märkten, besonders an der amerikanischen Westküste, höhere Preise dafür gezahlt werden als für jede andere Sorte. Und die Weintrinker in aller Welt sind so versessen auf Chardonnay, daß er in allen möglichen Varianten wie Pouilly-Fuissé, Montrachet, Chardonnay di Miralduolo und als Erzeugnisse von Stony Hill, Chalone, Acacia, Matanzas Creek, Petaluma und Leeuwin eher zugeteilt als verkauft wird.

Fangen wir aber von vorn an. Der Chardonnay ist erfreulich problemlos anzubauen. »Die anspruchsloseste aller Rebsorten« nennt ihn der australische Wein-Guru Brian Croser, der in Kalifornien gelernt und in Frankreich gearbeitet hat. Zwar sind die Vorstellungen der Liebhaber von dem Weinstil geprägt, der die Rebe in ihrer Heimat Burgund berühmt gemacht hat, aber der Chardonnay schlägt auch in viel wärmeren und viel kühleren Gegenden überall in der Welt willig Wurzeln.

Sein größter Nachteil ist der frühe Austrieb, denn dadurch können ihm Spätfröste im Frühjahr gefährlich werden. Diese Eigenschaft macht den *vignerons* von Chablis oft genug nächtelang das Leben sauer. Deshalb wird ständig an Frostabwehrmethoden gearbeitet, vor allem in Kalifornien, wo die Chardonnay-Verehrung ihren Gipfel erreicht. Die Traube macht diesen Nachteil jedoch durch frühe Reife wieder wett – so früh, daß der Herbstregen keine Fäule verursachen kann. Dadurch wird der Chardonnay im Gegensatz zum Riesling zur idealen weißen Traubensorte für jedes Klima mit kurzer Wachstumsperiode. Gegen Winterkälte ist er sehr widerstandsfähig, und das macht ihn für Gegenden mit strengerem Klima wie England und die Champage ebenfalls gut geeignet.

Von Natur aus ist der Chardonnay sehr wuchskräftig und führt überschüssige Energie und Nährstoffe gern seinem Laubwerk anstatt seinen Trauben zu. In der Champagne wird durch Dichtpflanzung dagegen angekämpft – bis zu 7500 Stöcke pro Hektar –, während in Kalifornien und in großen Teilen Australiens, wo nur 1000 Pflanzen auf einen Hektar kommen, ein rigoroser Rückschnitt vorgenommen wird. Sicher könnte selbst so weit im Norden wie in England der Chardonnay zu guter Reife und reichlichem Ertrag gebracht werden, wenn beide Methoden – Dichtpflanzung und rigoroser Schnitt – miteinander kombiniert würden.

Sehr angenehm für den Winzer ist auch, daß der Chardonnay regelmäßig einen hohen Zuckergehalt und damit eine beträchtliche Alkoholstärke erreicht und reichlich Erträge bringt: in Burgund ohne weiteres 50 hl/ha und in Kalifornien 6 bis 12 t Trauben pro Hektar. An der West Coast werden diese Erträge ohne strengen Schnitt erzielt, und zugegebenermaßen sind die Erträge je nach Klon, Bodenfruchtbarkeit und Gesundheitszustand der Reben auch recht unterschiedlich. In Kalifornien, Südafrika, Italien und Australien sind starke Zweifel daran aufgekommen, ob die jeweils verfügbaren beziehungsweise zur Verbreitung zugelassenen Klone auch wirklich die richtigen sind, denn es sind Viruskrankheiten aufgetreten, insbesondere in Südafrika, aber auch in Kalifornien und Australien.

Noch deutlicher wird die Popularität des Chardonnay auf dem Weg vom Weinberg zum Weinkeller. Es ist ziemlich schwierig, wenn auch nicht ganz unmöglich, aus ihm einen schlechten Wein zu machen. Der verbreitetste Fehler scheint zu späte Lese zu sein, vor allem in Neuanpflanzungen, wenn der Winzer mit der Sorte noch keine Erfahrung hat und mit so früher Reife nicht rechnet. Auch in wärmerem Klima, wo die Wahl des richtigen Lesezeitpunkts kritisch ist, kommt dieser Fehler leicht vor. Dann aber fällt der Säurespiegel so rasch ab und es stellt sich ein so hoher Extraktgehalt ein, daß der Wein oft fade ausfällt. Wird dieser Fehler aber vermieden, dann kann man sich darauf verlassen, daß der Chardonnay bei zwar unterschiedlichem Stil stets hohe Qualität erbringt. Der starke Extraktgehalt gleicht in kühleren Gegenden die kräftige Säure gut aus – als Beweis können Chablis und die Champagne angeführt werden –, während in wärmerem Klima durch die große Langlebigkeit viel Ausgezeichnetes entsteht, wie es die Spitzen-Chardonnays aus Kalifornien und Australien erkennen lassen.

Es gibt wohl keine andere Rebsorte, deren Weine sich besser für den Ausbau im Eichenfaß eignen. Dadurch und auch durch den hohen Pigmentanteil in den Traubenschalen und die verbreitete Praxis, den Most mit den Schalen zu maischen, wird Chardonnay-Wein schon für das Auge allein leicht erkennbar. Die Kellermeister sind vom Chardonnay insbesondere auch deshalb so fasziniert, weil er sehr gestaltungsfähig ist. Die Weine dieser unbestreitbar edlen Rebe sind robust genug und vertragen die verschiedensten Behandlungen. Robert Mondavi probierte das in Kalifornien in den siebziger Jahren aus, indem er mit einer Reihe von Eichenholzsorten und mit Holzkohle experimentierte. Dem Chardonnay macht es nichts aus, wenn sein Most zentrifugiert oder wochenlang mit den Schalen eingemaischt wird, wenn er über Monate hinweg sehr kühl oder aber im Faß warm gärt und wenn er zu Champagner verarbeitet oder im Eichenfaß zum Reifen gelagert wird.

Schon wegen dieser großen Vielfalt der Stile ist es schwer, den Geschmack des Chardonnay exakt zu beschreiben und seine Anziehungskraft auf die Weinfreunde zu erklären. Sein Sortencharakter tritt viel gedämpfter in Erscheinung als beim Riesling, Cabernet oder Sauvignon; in vielen Fällen bildet er nur einen gesunden Grundstoff, der gern den prägenden Stempel des Bodens, des Klimas oder des Kellermeisters annimmt. Sein Duft ist eher breit und zurückhaltend als scharf hervortretend, denn ausgesprochen würzig ist er nicht. Manche entdecken im Chablis den Geschmack noch nicht ganz reifer Äpfel, andere im Char-

CHARDONNAY	
Blatt	
Länge: 127 mm	Breite: 127 mm
Traube	
Länge: 203 mm	Breite: 120 mm

donnay aus dem Mâconnais eine Note von Melonen und im Napa Chardonnay auch Ananas. Professionellen Weinkostern verrät sich der Chardonnay durch eine gewisse Rauchigkeit. Der Meursault und andere »breitere« Chardonnays erinnern oft an Butter, der Montrachet wird als stahlig bezeichnet, und der im Zusammenhang mit Corton-Charlemagne meistgebrauchte Ausdruck lautet »Nüsse«, aber alles dies bezieht sich meist mehr auf das Gefüge und die Gewichtigkeit als auf den Geschmack.

Die Gründe für die besondere Anziehungskraft auf die Weintrinker in aller Welt sind schwieriger auszuloten. Sein kräftiger Alkohol- und Extraktgehalt setzen ihn weit von der heute so beliebten Leichtigkeit und Süffigkeit ab. Vielleicht spricht er den Liebhaber auf mannigfaltigere Art an als die hochgepriesenen leichten Weine. Auch die Notwendigkeit einer oft langwierigen und kostspieligen Behandlung steht eigentlich einer großen Popularität entgegen, und doch wird der Chardonnay von jedem angehenden Kenner ebenso hochgehalten wie von jedem raffinierten Gastronomen. Es mag sein, daß die weißen Burgunder als die großen Vorbilder aller Chardonnays so unbezweifelbar aristokratisch sind, daß etwas von ihrem Glanz auch auf den kleinsten Wein dieser Art fällt.

In derselben Weise wie die vielbegehrten Rotweine von Bordeaux wecken auch die bewunderten weißen Burgunder in jedem Kellermeister den Wunsch, etwas Gleichwertiges zu gestalten. Fast ausnahmslos werden überall, wo hohe Bestrebungen im Weinbau herrschen, sowohl Chardonnay als auch Cabernet Sauvignon angebaut, um eine eigene Variation über die Themen Weißer Burgunder und Bordeaux zu komponieren. Die Australier haben beim Chardonnay ihren besonderen Stil – voll und fruchtig, ausgeprägt, jedoch nicht unbedingt alkoholstark. In Kalifornien, wo der Chardonnay eigentlich noch mehr in Mode ist, hat die Sorte dagegen eine Identitätskrise durchgemacht. In den siebziger Jahren stiegen die Brix-Werte ständig an, und die Eichenholzfässer mußten ganz neu und deutlich herauszuschmecken sein, so daß manche Weine so gewichtig wurden, daß sie schon fast schwerfällig waren. Dann erschien in der »New York Times« ein Artikel von Frank Prial, worin er derart massive Chardonnays als unerwünscht bezeichnete, und von da an wagte niemand mehr, auch nur noch eine Flasche davon zu bereiten. In seinem Eintreten für französische Subtilität kristallisierte sich ein bei den Verbrauchern und Weinerzeugern schon lange vorhandenes Unbehagen, und in den folgenden Jahren spielte sich eine völlige Umkehrung des kalifornischen Chardonnay-Stils ab. Die Trauben wurden früher gelesen, Eichenholzfässer sparsamer benützt.

Der eigentümliche Begriff »food wine« entstand (Prial hatte erklärt, die super-goldenen Chardonnays seien so fett, daß sie am Eßtisch keinen Platz finden könnten). Nun kamen als Kontrast eigenartig magere Weine zum Vorschein. Die Kritiker und die Verbraucher lehnten sich auch gegen diese Mißhandlung ihres vielgeliebten Chardonnay auf, und so mußten sich die kalifornischen Weinerzeuger Anfang der achtziger Jahre wieder auf die Suche nach einem geeigneten Stil machen. Heute kann man einen kalifornischen Spitzen-Chardonnay durchaus schon mit einem erstklassigen weißen Burgunder verwechseln, vor allem wenn der Einfluß französischer Eiche merklich mitspielt. Dagegen ist es wiederum schwierig, in einem weißen Burgunder die kalifornische Opulenz aufzuspüren.

In Kalifornien hielten sich lange falsche Vorstellungen über den Ursprung des Chardonnay, und deshalb hieß er hier bis vor kurzem Pinot Chardonnay. Die vermutete Verwandtschaft mit der Pinot-Familie gründete auf der offenkundigen Übereinstimmung in der Form der Blätter, aber Pierre Galet weist in seinem Werk »Cépages et Vignobles de France« an drei wichtigen ampelographischen Details nach, daß diese Annahme falsch ist.

Der Chardonnay scheint überhaupt mit anderen bekannteren Rebsorten nicht verwandt zu sein. Es gibt ihn auch in einer rötlichen Version, und da ist außerdem der interessante Chardonnay Blanc Musqué, der zur Zeit noch genauer untersucht wird. Unter den Wissenschaftlern wie Amerine und Olmo besteht Übereinstimmung, daß alle *Vitis-vinifera*-Arten von Wildreben abstammen, wobei der weiße Muskateller als Urahn gilt. Ebenfalls übereinstimmend wird angenommen, daß der Chardonnay eine besonders alte Rebsorte ist. Wer zu der Ansicht neigt, im Fruchtaroma bestehe Verwandtschaft zwischen Chardonnay und Muskateller, wird mit Interesse vermerken, daß der Chardonnay Blanc Musqué in einer Rebschule bei dem Ort Chardonnay im Mâconnais zu finden ist. Vielleicht wirft die Arbeit an der Klonselektion dieser Spielart bald mehr Licht auf die Ursprünge des Chardonnay.

Die Libanesen und Syrer erheben Anspruch darauf, die Sorte als erste kultiviert zu haben, und es hat gewiß genug Verkehrswege durch den Nahen Osten gegeben, auf denen der Chardonnay unter dem Panier der Kreuzritter nach Europa gekommen sein kann. Noch heute ist er im Libanon sehr verbreitet, er heißt dort Meroué, wenn er im Tal angebaut wird, und Obaideh, wenn er in den Bergen wächst. Sein Wein ähnelt dem Chardonnay in Burgund.

In Frankreich ist seine Popularität so gewachsen, daß er sich zwischen den beiden Zählungen von 1968 und 1979 unter den weißen Traubensorten vom 11. auf den 4. Rang vorgeschoben hat und inzwischen eine Fläche von 13000 ha einnimmt. Das ist zwar viel weniger, als die Cognac-Sorte Ugni Blanc (127000 ha) aufweisen kann, kommt dem Sémillon und Grenache Blanc jedoch schon recht nahe. Den größten Zuwachs hat der Chardonnay in Chablis und in der Champagne verzeichnet. In der Champagnergegend, in den Départements Marne und Aube, konzentriert sich fast die halbe Anbaufläche.

An der Côte d'Or ist die Chardonnay-Anbaufläche relativ klein, 1000 ha gegenüber fast 6000 ha für Pinot Noir und 600 ha für Aligoté, doch ist sie in den letzten zehn Jahren um rund 20% angewachsen. An der Côte Chalonnaise und im Mâconnais werden 3000 ha angebaut, wobei sich hier im südlichen Burgund die Anbaufläche kaum vergrößert hat, und zwar in scharfem Gegensatz zu Chablis, wo sie jetzt 1600 ha gegenüber 500 ha nach dem Zweiten Weltkrieg beträgt. Dazu ist freilich zu sagen, daß der starke Zuwachs in Chablis und in der Champagne vor allem modische und kommerzielle Gründe hat, zugleich aber beweist er auch, daß der Chardonnay gegen Winterkälte sehr unempfindlich ist.

In Chablis, wo der Chardonnay übrigens nach der Stadt Beaune an der Côte d'Or den Namen Beaunois trägt, wächst die Rebe auf kalkhaltigem Boden, der – wie es heißt – den Charakter aller Traubensorten besonders hervorhebt. Hier kommt es kaum zu *surmaturité* (was sich viel hübscher anhört als »Überreife«). Die Umgebungstemperaturen sind so niedrig, daß der Gärprozeß nie Amok laufen kann. Nur noch ganz wenige Winzer verwenden Eichenfässer – und sie

Chateau St. Jean im Sonoma County in Kalifornien hat sich schon früh mit Chardonnay aus namentlich genannten Einzellagen einen guten Ruf geschaffen – eine solche Verknüpfung von Rebsorte und Ortsbestimmung ist hier eigentlich unüblich.

müssen sich den Vorwurf gefallen lassen, daß sie einen »untypischen« Chablis erzeugen. Alles das trägt zur Entstehung eines einfachen, klaren, geradlinigen Chardonnay-Stils in höchster Verfeinerung bei. Kräftige Säure ist denn auch das Schlüsselwort zu allen Chablis-Weinen, wobei die besseren Premiers Crus und langlebigen Grands Crus einen »grünen« Geschmack und ausgeprägt herbes Bukett aufweisen. Guter Chablis hat meist kräftigere Würze als seine Artgenossen aus südlicheren Breiten. Weine von jungen Reben ähneln oft erstaunlich stark einem jungen Sauvignon.

Der Chablis ist sehr viel leichter mit einem Chardonnay aus dem Mâconnais als mit einem von der Côte d'Or zu verwechseln, wo nur relativ wenig Chardonnay angebaut wird und die daraus gewonnenen Weine sehr unterschiedlich in der Qualität sind. Schon der einfachste Côte d'Or Chardonnay, der Bourgogne Blanc, kann von schöner Blumigkeit bis zu einer gewissen Dicklichkeit im Aroma die verschiedensten Varianten aufweisen.

Im höheren Qualitätsbereich werden als Gär- und Ausbaubehälter sehr oft Eichenfässer verwendet. Ihr Holz ist nur selten frisch, und seine Herkunft spielt keine große Rolle, so daß eher die standortbedingten Geschmacksunterschiede zum Tragen kommen. Im Corton Charlemagne zeigt sich ein gewisser Nußgeschmack, der rare Musigny Blanc erinnert an Honig und der Meursault auffallend an Butter, und die verschiedenen Montrachets sind ausgeprägt stahlig mit mannigfaltigen Fruchtnuancen. Die Weißweine von der Côte d'Or lassen vermuten, daß die Charaktere der einzelnen Lagen stärker zum Vorschein kommen als beispielsweise im Médoc, auch wenn sie sich im Alter aneinander angleichen.

Weiter südlich an der Côte Chalonnaise und im Mâconnais kann dem Chardonnay durch sorgfältige Weinbereitung ein Flair des Adels von der Côte d'Or verliehen werden, doch sind die meisten seiner Weine hier einfacherer Art. Ein Montagny oder Rully hat oft etwas von der Eleganz eines feinen Côte d'Or-Chardonnay, dagegen ist ein Mâcon Blanc, Pouilly-Fuissé, St-Véran und Beaujolais Blanc schon merklich gewichtiger. Eine gewisse Geschmeidigkeit und Rundheit zeichnet diese Weine aus, und sie erinnern eher an Melonen als an die herbere Frucht eines Côte d'Or. Nur wenige Weine aus diesen südlicheren Gegenden, beispielsweise der Château Fuissé, haben eine längere Lebenszeit – wahrscheinlich als Ergebnis ihrer Weinbereitung und einer kräftigen Ertragsbeschränkung.

Jahr für Jahr ist Burgund froh um den Chardonnay, der über manche Sorgen der Region mit dem Pinot Noir hinweghilft. Der Chardonnay reift immer zuverlässig und erreicht höhere Alkoholstärke als der Pinot Noir, Schwierigkeiten mit der Farbe gibt es keine, und die Nachfrage nach Chardonnay-Weinen aller Preisklassen ist rege. In ganz Burgund könnte braver Chardonnay an Stellen wachsen, die von dem widerborstigen Pinot Noir besetzt sind, wären die Burgunder nur etwas – sagen wir – kalifornischer in ihrer Einstellung. Dann käme dem Chardonnay sicher weit mehr als nur ein Sechstel der Anbaufläche des Pinot Noir an der Côte d'Or zu.

Im Jura hat der Chardonnay eine weitere Einflußsphäre in Frankreich. Wie beim Sherry ist auch in den Weißweinspezialitäten des Jura die Florhefe wichtiger als der Geschmack der Traube – ähnlich wie viele griechische Weißweine eine harzige Note haben, auch wenn sie nicht Retsina heißen. Vermutlich ist die Nähe zu Burgund und die gute Beständigkeit der Rebsorte auch bei großer Winterkälte daran schuld, daß die Winzer im Jura dem Chardonnay die Treue halten. Übrigens heißt die Sorte im nördlichen Jura Melon d'Arbois und im südlichen Jura Gamay Blanc. In den Appellations L'Etoile, Arbois und Côte du Jura wird der Chardonnay oft mit dem würzigen Savagnin verschnitten, auch im likörartigen *vin de paille,* den allerdings Henri Maire zu 100% aus Chardonnay erzeugt.

Am meisten wird die Traube in der Champagne zu Verschnitten verarbeitet. Im Champagner gehört ja das Verschneiden zur Kunst, und so trägt der Chardonnay im Département Marne als zweitmeist angebaute Sorte nach dem Pinot Meunier und nicht dem Pinot Noir mit 6000 ha oder 31% der Gesamtrebfläche zur edlen Mischung bei. Auf den Pinot Meunieur entfallen 45% und auf den Pinot Noir 24% dieser Fläche, der jede vierte Flasche Champagner ihr Dasein verdankt. Im abgelegeneren Département Aube steht der Chardonnay mit nur 300 ha hinter dem Pinot Noir und dem Pinot Meunier, der wiederum im Département Aisne an der Spitze steht.

Wie auch immer die lokalen Abweichungen vom offiziellen Rezept in diesen Départements aussehen mögen, der Chardonnay gehört doch immer dazu. Einige Blanc-de-Noirs-Champagner werden ganz ohne Chardonnay-Beimischung bereitet, und sie fallen denn auch meist mehr oder weniger unelegant und massiv aus, je nachdem, ob bei ihnen der Pinot-Meunier oder der Pinot Noir die Oberhand hat. Dagegen wird viel Blanc-de-Blancs-Champagner aus Chardonnay allein gewonnen, und er ist meist ansprechend leicht und delikat. Der wahre Champagner-Enthusiast aber legt größten Wert darauf, daß die Wucht des Pinot Noir und die Frucht des Pinot Meunier durch die aristokratische Vitalität des Chardonnay ausgeglichen wird.

In dieser kühlsten Weinregion Frankreichs mit ihrem Kreideboden sind die nichtschäumenden Chardonnay-Weine dünner und karger als die von Chablis; doch nur, wer je einen »stillen« Coteaux Champenois probiert hat, weiß, wie der Chardonnay in diesem »Rohzustand« schmeckt – und er versteht auch nur zu gut, warum der Champagner sprudelt, denn dieser Wein ist knochentrocken und hat außerordentlich kräftige Säure – keineswegs ein Hochgenuß. Der berühmte Körper des Chardonnay ist bis auf das Skelett abgemagert, und dennoch: der Adel der Traube bleibt unverkennbar.

Die meisten Chardonnay-Weinberge finden sich an der Côte des Blancs, wo sich jeder einzelne Ort einen besonderen Ruf durch einen bestimmten Charakter geschaffen hat: Avize für Leichtigkeit, Cramant für Duftigkeit und Mesnil für Lebendigkeit. Die Chardonnay-Weine aus diesen hochgeschätzten Orten sind die gesuchtesten und teuersten Grundweine für die Champagnerbereitung. Der frühe Austrieb des Chardonnay stellt so weit im Norden zugleich auch seine ärgste Gefährdung dar und bildet deshalb den Gegenstand ausgedehnter Forschungsarbeiten.

Kleine, oft nur versuchsweise angelegte Chardonnay-Pflanzungen tauchen inzwischen überall in Frankreich auf. Am einen Ende der Skala steht der ziemlich karge, von noch jungen Reben stammende, recht gedämpfte Chardonnay de Haut Poitou und am anderen der vollblütige reine Chardonnay von Château Rayas in der Region Châteauneuf-du-Pape. Sehr erfolgreich bewähren sich die Chardonnay-Neuanpflanzungen der Ardèche, wo unter der Regie von Louis

Herbstliche Farben in der Champagne. Hier hat die Abstimmung der Rebsorten auf die Landschaft schon alte Tradition. Die Côte des Blancs mit ihrem berühmten Kreideboden ist trotz ihrer Ostlage ganz die Domäne des Chardonnay.

Latour aus Beaune ein klarer, fast kalifornischer Weinstil entstanden ist.

Die einzige französische Weinregion, wo es schon Anzeichen dafür gibt, daß der Chardonnay sich ganz durchgesetzt hat, ist die mittlere Loire. Den Winzern in Anjou ist es schon seit jeher gestattet, ihren spätreifenden Chenin Blanc mit bis zu 20% Most von anderen Rebsorten zu würzen, und manche haben dafür den milden frühreifenden Chardonnay gewählt. Chenin und Chardonnay bilden ein überraschend glückliches Paar, wobei der Chardonnay im Duft vorherrscht und die Schärfe des Chenin schön abrundet. So könnte der Chardonnay dem Anjou Blanc in naher Zukunft eine neue Form verleihen.

Italien, das dem Außenstehenden als zu warm und deshalb nur für volle und kräftige Rotweine geeignet erscheint, bietet der Traube in unerwarteter Weise ganz neuartige Chancen. Zweifellos ist das zum Teil auf die große Chardonnay-Vorliebe der Amerikaner, die doch soviel italienischen Wein importieren, zurückzuführen. Aber es spiegelt sich darin auch die an sich begrüßenswerte Umwälzung, die sich allmählich in den italienischen Weinbergen und Weinkellereien vollzieht. Zudem sind die Experimente mit dem Chardonnay nicht etwa auf die kühlen Flanken der italienischen Alpen beschränkt. Chardonnay-Weine in guter Qualität kann man in ganz Italien antreffen, zum Beispiel auch in Apulien, wo der vielgerühmte Favonio aus dieser Sorte gekeltert wird.

Gutes Chardonnay-Pflanzenmaterial kam gerade rechtzeitig zu der in letzter Zeit in Italien entstandenen Begeisterung für in kleinen Eichenfässern gereiften Wein. In manchen Kreisen hat diese Methode soviel Streit ausgelöst, daß der Begriff *barrica* schon fast zum Schimpfwort geworden ist. Der Chardonnay erweist sich (nicht nur in Italien) als ideal geeignet für den Ausbau im Eichenfaß und bei den Avantgardisten auch für das Vergären in Eiche.

Nichtsdestoweniger sagt Burton Anderson – dessen Autorität wohl kaum jemand zu bestreiten wagen dürfte –, daß Südtirol, wo dem Chardonnay nicht einmal der kleinste Hauch von Eichenholz zugemutet wird, »vielleicht Italiens interessanteste Quelle für Chardonnay« sei. Zwar wird die Rebsorte in dieser Region schon seit langem kultiviert, doch wurde der verräterisch »gallische« Name erst 1983 und nur auf Etiketten für *vino da tavola* offiziell zugelassen. Die Behörden sind außerordentlich zurückhaltend mit der An-

erkennung des Chardonnay als DOC, aber schließlich wurde den Südtiroler Weinen dieser Art ab dem Jahrgang 1984 doch eine DOC zugestanden, und dem Trentino Chardonnay wird demnächst dieselbe Ehre widerfahren.

Früher wurde in Südtirol der Chardonnay mit Pinot Bianco bzw. Weißburgunder verschnitten und unter diesem Namen verkauft. Noch heute wird im Nordosten Italiens nur wenig Chardonnay unter dem eigenen Namen auf den Markt gebracht, auch geht viel davon in sortennamenlosem Schaumwein unter. Allerdings gibt es in letzter Zeit zunehmend auch sortenreinen Chardonnay-Wein aus später gelesenen Trauben mit vollerem Aroma. Zudem gibt es Anzeichen dafür, daß die Rebsorte vermehrt in besseren Hanglagen angebaut wird, wohl im Hinblick auf die Marktchancen unter einer DOC.

In der Provinz Trentino macht sich der Chardonnay rasch durch etwas fülligere Weine mit einer Rauch- und Apfelnote und einer erfrischenden Herbheit und Spritzigkeit bei geringer Alkoholstärke einen guten Namen. Diese Weine haben keine große Lebenserwartung, doch sind die besseren unter ihnen eine Bereicherung der modernen Geschmacksrichtung. Allerdings sind nicht alle gut bereitet; da bisher keine DOC-Überwachung bestand, kam es zu großen Qualitätsschwankungen.

In Friuli-Venezia Giulia wurden ebenfalls Chardonnay und Pinot Bianco oft verwechselt, obwohl sie im Herbst doch ohne weiteres zu unterscheiden sind – die Chardonnay-Trauben reifen zu viel kräftigerem Gelb als die des Pinot Bianco. Nach und nach stellte es sich heraus, daß gut die Hälfte des »Pinot Bianco« in Friaul eigentlich Chardonnay war, und so wurde eine eigene DOC für ihn eingerichtet. Seine Weine sind hier stärker im Duft und milder in der Art als die aus Südtirol und dem Trentino, aber auch hier sind die Qualitätsschwankungen sehr groß.

Es überrascht, daß einige Erzeuger in Alba, also im auf Rotwein eingeschworenen Piemont, die helle Traube aus Frankreich bei sich aufgenommen haben. Von der weltoffenen Firma Gaja konnte man ja so etwas erwarten, aber auch von Pio Cesare? Und auch noch Eichenfässer! Das sind nur zwei Beispiele dafür, wie die große weiße Traube aus Frankreich in einigen der qualitätsbewußten Kellern Italiens gehegt und gepflegt wird.

Das Weingut Vallania in den Colli Bolognesi verarbeitet Chardonnay zu dem köstlichen Weißwein Terre Rosse, obwohl die EG-Bestimmungen diese Sorte für die Emilia-Romagna nicht zugelassen haben. In Umbrien umgeht Lungarotti diese Bestimmungen und andere Probleme in seiner Einzellage Chardonnay die Miralduolo.

Noch weiter südlich trifft man die tropfbewässerten Favonio-Weinberge an, und aus dem Brunello-di-Montalcino-Land kommt als Neuling der volle, eichenholzduftige Fontanelle von Villa Banfi, gewonnen aus einem echt kalifornischen Klon. Die italienische Chardonnay-Szene wandelt sich ständig auf unerwartete, aber höchst erregende Weise.

Auch bei Grinzing auf den Hügeln um Wien wächst jetzt Chardonnay, und selbst in Deutschland gibt es kleine Versuchsanpflanzungen – freilich mußte dafür erst eine Sondergenehmigung eingeholt werden. Auf der zu Schloß Reinhartshausen gehörenden Rheininsel Mariannenaue steht eine Anzahl Chardonnay-Reben, ihr Wein ist aber bisher nur als Verschnitt mit Weißburgunder auf dem Markt. Allerdings ist hier das Klima zu unzuverlässig, als daß Jahr für Jahr eine sichere Blüte und Reife gewährleistet wäre.

In Spanien ist der Chardonnay in überaus vollen – freilich nicht immer charaktervollen – Weinen anzutreffen. Miguel Torres verschneidet die Sorte mit der Parellada-Traube in seinem Viña Sol der mittleren Qualitätsklasse (für die eichenfaßgereifte Spitzenversion verwendet er dagegen keinen Chardonnay). Jean León erzeugt – ebenfalls in Penedés – eine »echte Wucht« von einem fetten Chardonnay, vermutlich für die Gäste seines Restaurants in Los Angeles. In Lerida erlebt in dem großen Weingut Raimat der Chardonnay-Stil stetige Verfeinerung. Auch in Portugal wird in kleinerem Umfang Chardonnay angepflanzt.

In Osteuropa sind kleinere Chardonnay-Anpflanzungen in Slowenien, Rumänien, der Sowjetunion und selbst in Ungarn, das doch so reich aus eigenen Quellen schöpfen kann, zu finden. Am begeistertsten ist die Rebe in Bulgarien aufgenommen worden; dort bedeckt sie inzwischen 1000 ha, vorwiegend in den östlichen Bereichen. Die etwas dünne Art der bulgarischen Chardonnays dürfte durch zu hohe Erträge zustande kommen, der Säuregehalt ist jedoch gut, und manche Qualitäten werden im Eichenfaß ausgebaut.

Außerhalb Europas hat vor allem Kalifornien den Chardonnay ins Herz geschlossen. Die Anpflanzungen oder vielmehr oft Umveredelungen anderer, nicht so stürmisch umworbener Sorten belaufen sich inzwischen auf 9600 ha, davon war ein Viertel im Jahr 1983 noch zu jung, um einen vollgültigen Ertrag zu bringen. Das in Kalifornien herrschende Stil-Dilemma beim Chardonnay ist schon erörtert worden. Die Erzeuger suchen hier überall nach guten Lagen für den Chardonnay, doch kommen die feinsten Weine bisher aus dem nördlichen Sonoma sowie aus kühler gelegenen Weinbergen im Napa Valley. Gute Chardonnays aus Kalifornien stehen den großen weißen Burgundern kaum nach, doch laufen unter dem guten Namen Chardonnay auch viele Weine, die entweder den ungeschickten Umgang mit Eichenholz verraten oder überhaupt keinen besonderen Charakter zeigen. Vermutlich gibt es sie nur deshalb, weil die Nachfrage so groß ist. Derweil sind die französischen Küfer für den kalifornischen Eichenfaß-Fanatismus höchst dankbar.

Die Graufäule kann den Trauben zwar schaden, doch gibt es auch genügend Beispiele für guten Chardonnay mit Edelfäule. Pepperwood Springs in Medocino hat bereits einen Jahrgang dieser Art herausgebracht, und im überreifen Jahrgang 1983 in Burgund gewann unter anderen auch Jean Thévenet im Mâcon einen Chardonnay mit Edelfäule.

In Oregon ist der Chardonnay die meistgepflanzte Traubensorte (fast 360 ha). Seine Weine haben dort kräftigere Säure als in Kalifornien und fallen bei sorgfältiger Behandlung sehr subtil und ansprechend aus. Auch im Staat Washington bewährt sich die Rebsorte durchaus, allerdings zeigt sie hier eine Tendenz zu einem zu stark abfallenden Säuregehalt, so daß es den Weinen an Kraft für eine lange Lebenszeit fehlt.

Besonders interessant ist der Chardonnay für die kühlen Weinbaugegenden im Staat New York und in Ontario in Kanada. Der dort noch in den Kinderschuhen steckende *Vinifera*-Weinbau hat mit Hargrave auf Long Island, Wagner an den Finger Lakes und Chateau des Charmes in Niagara bereits erfolgreiche Vertreter gefunden. Der Chardonnay zeichnet sich in diesen Breiten durch Gedämpftheit aus, aber das ist kein Nachteil. Mit zunehmendem Alter der Reben und wachsender Erfahrung der Erzeuger dürften auch die Weine an Komplexität gewinnen.

In Südamerika wird Chardonnay in kleineren Mengen in Argentinien angebaut, wo er aber unter der Hitze ziemlich leidet. Die Chilenen interessieren sich sehr viel mehr für die weißen Trauben aus Bordeaux als für die aus Burgund.

Südafrika möchte zwar gern zum Triumphzug des Chardonnay beitragen, hat aber große Schwierigkeiten, geeignete und gesunde Pflanzen zu finden. 1981 gab es dort erst ganze 19 ha amtlich registrierte Chardonnay-Anbaufläche, und inzwischen hat es sich obendrein noch herausgestellt, daß das meiste davon Auxerrois ist.

Übrigens wird in der Nähe von Bombay ein überraschend feiner Chardonnay-Schaumwein bereitet.

Auch in Australien hat sich der Mangel an gut geeigneten Chardonnay-Edelreisern bemerkbar gemacht. Trotzdem kommen dort schon seit Jahren einige absolut erstaunliche und leider ebenso viele recht schändliche Beispiele auf den Markt. Die Chardonnay-Anbaufläche beträgt inzwischen 1600 ha, doch stand der größte Teil davon 1983 noch nicht in Ertrag. Die Rebsorte ist über das ganze Land verteilt, der Stil ihrer Weine ist sehr unterschiedlich: vom höchst lebendigen, an Zitrusfrüchte erinnernden Cowra (Neusüdwales) über den öligen, rauchigen und vollen Hunter, den fast burgunderhaft wirkenden Wein aus dem Yarra Valley in Victoria, die delikaten und frischen Beispiele vom Mount Barker in Westaustralien bis hin zu flachen und dünnen Erzeugnissen, die aus Bewässerungsgebieten Australiens stammen.

Allerdings sind geographische Erwägungen hier dem rechten Verständnis eher hinderlich, wenn man bedenkt, daß manche der teuersten Chardonnays (von Petaluma) aus Weinbergen stammen können, zwischen denen eine Entfernung von 800 km liegt. Noch mehr als in anderen Weinbauregionen zählt deshalb der Name des Kellermeisters. Die qualitätsbewußtesten unter ihnen konzentrieren sich mit Feuereifer auf ein bestimmtes Ziel, das meist aus einer möglichst langen Reihe von Goldmedaillen von australischen Weinprämierungen besteht. Wieder andere mischen unter den Chardonnay bis zu 40% billigere Sorten, verpassen dieser Mixtur einen kräftigen Schuß frisches Eichenholz und hoffen im übrigen auf guten Profit aus dem in Australien allzu offenkundigen Chardonnay-Boom.

Auch in Neuseeland macht sich die Chardonnay-Manie breit, doch dürfte es hier durchaus nicht leicht sein, die fruchtige Fülle zuwege zu bringen, die an bevorzugten Stellen Australiens von selbst erscheint. Leider wird auch oft die schon von vornherein nicht allzu lebhafte Frucht durch übertriebene Eichenfaßbehandlung erstickt.

Synonyme:
Pinot Chardonnay, Chardennet, Chardenai, Chardonnet, Chaudenay, Pinot Blanc à Cramant, Pinot Blanc Chardonnay, Epinette (Champagne); Arnaison (Touraine); Plant de Tonnerre, Morillon (Yonne); Rousseau, Roussot (Saône); Mâconnais (Isère); Petite Sainte-Marie (Savoyen); Melon d'Arbois, Gamay Blanc, Petit Chatey (Jura); Beaunois (Chablis); Noirien Blanc, Arboisier, Aubaine, Auvernat (im übrigen Frankreich); Gelber Weißburgunder (Südtirol); Weißer Clevner (Deutschland).

Böden:
Verträgt alle Böden außer überfetten und nassen. Magere, kalkhaltige Böden eignen sich am besten. Vorsichtige Bewässerung kann gute Ergebnisse bringen.

Wuchskraft: Mäßig

Schnitt:
Mittelstarker bis schwacher Rückschnitt

Anfälligkeiten:
Gute Widerstandsfähigkeit;
anfällig nur für Echten Mehltau und Botrytis

Veredelungsunterlagen:
Starkwüchsig

Erträge:
Mittelstark, aber regelmäßig; in Frankreich 25 bis 60 hl/ha;
an der Westküste Amerikas und in Australien 25 bis 65 hl/ha und mehr

Spitzenqualität. Sehr in Mode.

Semillon

Der Sémillon ist wahrhaftig eine eigenartige Traube. Er wird überall in der Welt recht verbreitet angebaut und steht in den meisten Weinbergen zwar sehr gewichtig da, bringt aber nur übertrieben dickliche oder gar ausgesprochen langweilige Weine. An manchen Stellen aber verwandelt er sich in eine bezaubernde Schönheit, als habe eine gute Fee ihn angerührt. Großer weißer Bordeaux und reifer Hunter Valley Sémillon liefern den Beweis dafür, daß er zu den feinsten Rebsorten der Welt gehört.

Freilich wird der große weiße Bordeaux nur selten aus Sémillon allein gekeltert. Ob er nun trocken bereitet wird wie die Spitzenweißweine von Château Haut-Brion oder Laville-Haut-Brion oder aber süß wie der berühmte Sauternes, immer steht ihm der Sauvignon Blanc zur Seite und hilft ihm, auf schwindelnde Höhen zu gelangen. Der Sauvignon mit seinem ununterdrückbaren Aroma und seiner wilden Herbheit ist im gemäßigten Klima von Bordeaux der ideale Partner für den Sémillon, der dort weder seinen Duft noch seine Kraft entfalten kann.

Vollreifer, im Ertrag mäßig gehaltener Sémillon bringt in nicht zu heißem Klima einen alkoholstarken und extraktreichen Wein, der aber relativ wenig Aroma und Säure aufzuweisen hat. In der Jugend hat er oft einen leichten Zitronengeschmack, und er spricht gut auf den Ausbau und die Lagerung im Eichenfaß an, wobei er einen kräftigen lanolinähnlichen Geschmack annimmt, der manchmal mit Wachs verglichen wird, und eine tiefgoldene Farbe mit Orangeschimmer erlangt.

Mehr als die anderen, hier als klassisch bezeichneten Trauben ist der Sémillon das Produkt seiner Umwelt. Die Weine von Cabernet, Riesling und Chardonnay sind immer klar zu erkennen, wo sie auch gewachsen sein mögen – ausgenommen wenn sie von sehr jungen Reben stammen. In kühlem Klima, zum Beispiel in Neuseeland und im Staat Washington, nimmt der Sémillon dagegen ein grasiges Aroma an, das sehr an den Sauvignon erinnert. In wärmeren Gegenden aber geht der Sortencharakter weitgehend verloren, und der Sémillon bringt nichts weiter als eben Weißwein. Mindestens fällt er weitestgehend in der südlichen Hemisphäre so aus: in Chile, Argentinien, Südafrika und Australien. Die Rebsorte trägt ungeheure Mengen Trauben, wenn sie nicht durch äußerst scharfen Rückschnitt oder »hungrige« Wachstumsbedingungen gebändigt wird. Deshalb liegt der Einfluß auf dem schließlich entstehenden Wein in gefährlich hohem Maß beim Anbauer, und das ist wahrscheinlich auch der Grund dafür, daß es in der Welt soviel Sémillon-Wein von dürftiger Qualität gibt.

Die Unterschiede der einzelnen Sémillon-Klone sind beträchtlich: Galet nimmt eine historisch begründete Trennung zwischen Gros Sémillon und Petit Sémillon vor. In Sauternes, wo ja die eigentliche und auch die geistige Heimat des Sémillon liegt, zeigt schon ein oberflächlicher Blick, daß Château d'Yquem seine eigene Klonselektion getroffen hat und dabei zu kleineren Beeren in lockerer aufgebauten Trauben gelangt ist. Typisch ist der sehr breite Fruchtstand, viel breiter als beim Sauvignon Blanc, und überall an den ziemlich dünnschaligen Beeren erkennbar. Es ist anzunehmen, daß die tiefgoldene Farbe vieler Sémillon-Weine eher der Neigung zu rascher Oxidation im Most als einer kräftigen Pigmentbildung zu verdanken ist. Es ist jedenfalls bestimmt überall in der Welt die gleiche Art von Rebsorte mit ihrer frühen bis mittelspäten Reife und ihren gewellten, hellgrünen Blättern mit rauher Oberfläche. Allerdings zeigen sich manche Winzer in Neuseeland verwundert über die große Ähnlichkeit zwischen ihren Sauvignon- und Sémillon-Reben.

Die ausgedehntesten Sémillon-Anpflanzungen der Welt finden sich in Frankreich, genauer gesagt in Bordeaux und seinen östlichen Satelliten. Dort besitzt die Rebe eine zwar lokal begrenzte, doch überragende Bedeutung: Der Sémillon ist in Frankreich die zweitmeist angebaute weiße Traubensorte unmittelbar hinter der Cognac-Traube Ugni Blanc (Trebbiano), obwohl seine Anbaufläche zwischen den Zählungen von 1968 und 1979 von 34000 auf 23000 ha zusammengeschmolzen ist.

Der Hauptgrund dafür, daß die Winzer an der Gironde mit dem Sémillon neuerdings so unzufrieden sind, ist kommerzieller Natur. Der Preis des Bordeaux Blanc, zu dem die Sémillon-Traube den bei weitem größten Beitrag liefert, ist immer weiter hinter den des Bordeaux Rouge zurückgefallen, so daß im Gegensatz zu dem sonst überall zu beobachtenden Trend bei Neuanpflanzungen in Bordeaux (vor allem in Entre-Deux-Mers) mehr Rotwein- als Weißweinreben gesetzt wurden.

In manchen Fällen trifft diese Entwicklung auf Widerstand; nicht etwa, weil lange und starke Traditionen den Winzer an den Sémillon binden – denn im allgemeinen verstehen sich die Genossenschaftskellereien und auch die kleineren Weingüter nicht sehr gut auf die Weißweinbereitung –, sondern einfach deshalb, weil der Sémillon eine so ertragreiche und zuverlässige Rebsorte ist. Das zeigt sich insbesondere im Vergleich mit dem Sauvignon, den die modebewußteren Weinhändler den Weißweintraubenanbauern in Bordeaux dringend empfehlen.

Der zulässige Höchstertrag für den Bordeaux Blanc, in dem die Sorten Sémillon, Sauvignon und die immer seltenere Muscadelle mit 30% Ugni Blanc, Merlot Blanc, Colombard und Ondenc verschnitten werden dürfen, liegt bei 50 hl/ha. Für den Bordeaux Supérieur – unter diese Appellation fallen die meisten besseren trockenen Weißweine von der Gironde – darf der Ertrag nur 40 hl/ha erreichen, und nur die drei traditionellen Sorten dürfen darin enthalten sein.

Es muß wohl in Bordeaux eine Generation von Weintrinkern geben, die den Geschmack des Sémillon nicht von Schwefeldioxid unterscheiden können; anders ist die schwerfällige Technik der Weißweinbereitung beim einfachen Bordeaux nicht zu erklären. Enthusiasten wie Pierre Coste von Langon und Peter Vinding-Diers von Château Rahoul arbeiten unermüdlich an einer Imageverbesserung für den Bordeaux Blanc und tun alles für die Förderung sauberer, ansprechender Weine. Beide befürworten den

Sémillon	
Blatt	
Länge: 127 mm	Breite: 121 mm
Traube	
Länge: 190 mm	Breite: 127 mm

Wenn sich je ein Weingut untrennbar an die Geschicke einer einzigen Rebsorte gebunden hat, dann Château d'Yquem an den Sémillon. Der grandiose Spitzenreiter von Sauternes zieht in seinen Weinbergen fast 80% Sémillon, die restlichen 20% entfallen fast ganz auf Sauvignon. Der große Ruf seines Weins beruht auf einer Eigenart, die sonst ein Fluch wäre: Die dünnschaligen Beeren des Sémillon sind anfällig für Fäule – aber es ist die Edelfäule.

Sémillon gegenüber dem modischeren Sauvignon Blanc, weil er imstande sei, zu großer Komplexität heranzureifen. Neuere Experimente haben gezeigt, daß der Sémillon sich mindestens ebenso gut mit Eichenholzfässern verträgt wie der Chardonnay.

In der Spitzengruppe des trockenen weißen Bordeaux gilt Eichenfaßreife seit Jahrzehnten als unumgänglich. In Château Laville-Haut-Brion ist der Sémillon-Anteil in Anpassung an den raren Haut-Brion Blanc auf unter 50% gesenkt worden. Der zweite hochangesehene Graves-Weißwein, Domaine de Chevalier Blanc, verläßt sich noch weniger auf den Sémillon.

Das klassische Rezept für den süßen weißen Bordeaux lautet: rund 80% Sémillon und 20% Sauvignon, eventuell mit einem Schuß Muscadelle. Es versteht sich, daß die Fülligkeit und Langlebigkeit dem Sémillon im weißen Bordeaux einen bevorzugten Platz sichert. Die großen Sauternes und Barsacs durchlaufen mehr als die aus Ste-Croix-du-Mont, Cérons und Loupiac einen faszinierenden Entwicklungsprozeß in der Flasche. Je nachdem, wieviel Luft während der Ausbauzeit an den Wein herangelassen wurde, hat er bei der Abfüllung eine blaßgelbe bis bernsteingoldene Farbe, die allmählich, manchmal auch ziemlich rasch an Tiefe gewinnt und schließlich einen fuchsroten Anflug bekommt. Am Ende sieht ein solcher Wein fast wie ein dunkler Tawny Port aus. Der Wein von Château Rieussec färbt sich ziemlich schnell, während der von Lafaurie-Peyraguey nur langsam nachdunkelt. Im Verlauf dieses ganz natürlichen Vorgangs verliert er allmählich die vordergründige Süße und nimmt die Komplexität des Alters an. Nach mehreren Jahrzehnten schmeckt er schließlich fast trocken und doch karamelisiert. Oft wird als Vergleich der Begriff »Butterscotch« gebraucht. Tatsächlich scheinen diese großen reifen Sauternes eher mit *confiserie* als – wie die deutschen Trockenbeerenauslesen – mit dem Obstgarten verwandt zu sein.

Der verbindende Faktor bei der Erzeugung großer süßer Weine, ob in Deutschland oder in Bordeaux, ist die Edelfäule. Die dünnschaligen Beeren der Sémillon-Rebe und ihre Neigung zur Edelfäule ist wohl die wichtigste Eigenschaft dieser Rebsorte. Ohne diesen seltsamen Schimmelpilze wäre es nirgendwo auf der Welt möglich, Weine mit solcher Süße und zugleich mit soviel Säure als Gegengewicht hervorzubringen. Doch nur wenn die Witterung genau richtig ist, entwickelt sich *Botrytis cinerea* (die Edelfäule, auf französisch *pourriture noble*) und läßt einen großen Sauternes-Jahrgang entstehen. In einem warmen, trockenen Herbst reifen die Trauben lediglich voll aus, und der Wein wird sehr, sehr süß, wie etwa 1976, aber durchaus nicht sehr interessant. Ist es zur Zeit der Weinlese zu kalt, stellt sich auch keine Edelfäule ein. Soll ein Sauternes mit all der Fülle und Mannigfaltigkeit entstehen, die ihn erst groß macht, dann muß der Herbst mild und feucht sein. Morgennebel fördern die Ausbreitung der Edelfäule, doch muß es am Nachmittag wieder trocken werden, damit nicht aus der edlen die zerstörerische Graufäule wird. Und als ob alles das nicht schon kompliziert genug wäre – dieses Wetter muß auch noch möglichst lange anhalten, damit die Leser tagelang durch die Weinberge gehen und immer wieder nur die voll von der Edelfäule erfaßten Trauben herauslesen können. Der in Sauternes zugelassene Höchstertrag von 25 hl/ha wird dabei sowieso selten erreicht.

Übrigens bietet die Edelfäule nicht gerade einen schönen Anblick. Sie legt sich als schmutzig-grauer Schimmel um die Früchte, aber sie wirkt Wunder, nicht nur indem sie den Zuckergehalt so konzentriert, daß die Alkoholstärke potentiell von 13 auf 21° ansteigt, sondern vor allem durch komplexe Reaktionen im Inneren der Beeren, deren Säurespiegel sich dabei erhöht, und hinzu kommt eine besondere Geschmacksdimension, die dem Sémillon eigentümlich angepaßt zu sein scheint.

Auch in den immer beliebteren trockenen Sauternes-Weinen, die dann bereitet werden, wenn die Ungunst der Verhältnisse die süße Version unmöglich macht, ist der Sémillon eine wichtige Zutat. Der »Y« (Ygrec) und Château d'Yquem ist ein solcher trockener Wein, ebenso der »R« von Château Rieussec. Beide beruhen weitgehend auf Sémillon, und beide sind mächtige Weine – vor allem der Ygrec – und sehr mit Vorsicht zu genießen.

Obgleich der Sémillon in dieser Gegend dem weniger ertragreichen Sauvignon weichen muß, befinden sich noch über 70% seiner Anbaufläche an der Gironde und 25% in der Dordogne. In den bedeutenderen Weißwein-Appellationen an der Gironde, Premières Côtes de Bordeaux und Côtes de Blaye, ist er auch weiterhin die meistangebaute Rebsorte. Im Département Dordogne verhilft er dem Monbazillac zu seiner Ähnlichkeit mit dem Sauternes. Auch dem weißen Bergerac, Côtes de Bergerac Moelleux und Montravel verleiht er vor allem seine ölige Konsistenz.

Die restlichen 3% Anbaufläche hat der Sémillon im Département Lot-et-Garonne, wo er zusammen mit seinen üblichen Partnern Sauvignon und Muscadelle die Côtes-de-Buzet-Weißweine sowie im Verein mit Ugny Blanc, Mauzac und Ondenc den weißen Côtes de Duras liefert.

In diesen Gegenden, wo mit Ausnahme von Monbazillac nur selten Edelfäule auftritt und daher keine großen Süßweine erzeugt werden können, gibt der Sémillon den trockenen und lieblichen Weißweinen den Körper und die Alkoholstärke. Da der Sauvignon dort immer mehr zum bestimmenden Element wird, dürfte die Sémillon-Anbaufläche Frankreichs wohl weiter sinken.

Außerhalb Frankreichs hat der Sémillon in Chile mit 35000 ha die größten Anpflanzungen. Er ist dort die meistangebaute weiße Traubensorte. Überhaupt nimmt der chilenische Weinbau seine Inspiration aus Bordeaux, und deshalb sind Sémillon- und Sauvignon-Verschnitte, denen es zumeist an Säure fehlt, dort auch durchaus üblich. Allerdings läßt die chilenische Kellertechnik noch viele Wünsche offen. Viele Sémillon-Pflanzungen liegen in recht kühlen Gegenden Chiles und könnten ausgeglichene Weine hervorbringen; auch die alte Tradition der Eichenfaßlagerung könnte mit Vorteil genutzt werden. Bisher entstehen hier aber vorwiegend dickliche, ölige Sémillon-Weine, die schon nach kurzer Zeit nachlassen.

Diese Anmerkungen gelten noch mehr für die 5500 ha Sémillon, die in den viel wärmeren und oft bewässerten Weinbergen Argentiniens wachsen. Dort wird die Sorte oft mit Sauvignon verschnitten und als »Riesling« verkauft.

In allen großen weinbautreibenden Ländern der südlichen Hemisphäre spielt der Sémillon eine bedeutende Rolle. 1822 waren 93% der südafrikanischen Rebfläche mit Sémillon besetzt. Damals nannte man ihn einfach nur Wyndruif (Weintraube). Nachdem andere Rebsorten ihn in der Popularität überholt haben, heißt er heute Green Grape, weil sein Laub viel prächtiger grün ist als das meist etwas blasse Blattwerk anderer Sorten am Kap. In Südafrika und auch in Australien ist übrigens eine rote Spielart des Sémillon aufgefunden worden. Am Kap führt sie den zwar logischen, aber etwas verwirrenden Namen Red Green Grape.

Heute entfallen nur noch knapp 4% (3700 ha) der Rebfläche Südafrikas auf den Sémillon. In manchen Gegenden trifft man 80jährige Rebstöcke dieser Sorte an, die noch immer reichlich tragen. Aber auch die jüngeren Stöcke bringen größere Erträge als in Bordeaux. Etwas längere Trauben mit kleineren Beeren lassen auf eine Klonvariante schließen.

Der Sémillon-Anbau konzentriert sich auf die tiefgründigen, fruchtbaren Böden in Paarl, Wellington und Franschhoek, und zwar auf die geschützteren Lagen, weil junge Sémillon-Reben sehr windempfindlich sind. Im Gegensatz zu den meisten Weinbau-Experten behauptet Graham Knox in »Estate Wines of South Africa«, daß »der Sémillon in Südafrika unterbewertet wird. Er kann in kühleren Lagen qualitativ hochwertigen Wein hervorbringen, wenn er mit Sorgfalt kultiviert und nicht bewässert wird«. In den meisten Fällen dient er jedoch nur dazu, leichteren und dünneren Sorten wie etwa dem Cape Riesling mehr Gewicht zu verleihen. Die Weinerzeuger am Kap sind gegenwärtig so sehr von ihren neuen Favoriten Chardonnay und Sauvignon fasziniert, daß der Sémillon wohl noch auf Jahre hinaus kaum eine Zukunft haben dürfte.

Australien dagegen hat aus den Sémillon-Stecklingen, die im Gepäck der ersten Siedler dorthin kamen, etwas Besonderes gemacht. Im Hunter Valley entstehen durch manche Laune der Natur Sémillon-Weine von großer Art, die unzweifelhaft zur Spitzenklasse in der Welt gezählt werden dürfen. Leider sind die allerfeinsten Hunter Sémillons nur in so kleinen Mengen vorhanden, daß kaum die Nachfrage der Kenner im eigenen Land gedeckt werden kann. In den Export gelangen sie so gut wie nie, und so besteht auch kaum eine Chance, daß die Sémillon-Anbauer in anderen Teilen der Welt jemals aus eigener Erfahrung feststellen können, was diese Sorte in dem gesegneten Winkel Australiens zuwege bringt.

Insgesamt werden in Australien nur knapp 3000 ha Sémillon angebaut, und diese Ziffer ist auch über die Jahre konstant geblieben. Die Achtung vor dieser Sorte ist so groß, daß sie vor den hektischen Rodungsaktionen, die beispielsweise Sultana und Pedro Ximénez befallen haben, bewahrt geblieben ist; doch umgibt sie auch nicht der große Glanz, in dem sich Chardonnay und Rhine Riesling sonnen, und deshalb vergrößert sich ihr Anteil an der australischen Rebfläche nicht weiter. Allerdings wird es auch noch ein paar Jahre dauern, bis der Sémillon von seinem Platz als zweitmeist angebaute edle weiße Traubensorte nach dem Rhine Riesling weichen muß.

Zwei Drittel der gesamten australischen Sémillon-Anbaufläche liegen in Neusüdwales und sind zu fast gleichen Teilen zwischen dem Bewässerungsgebiet Murrumbidgee und dem Hunter Valley aufgeteilt. In beiden Bereichen ist er die meistangebaute Traubensorte. Die reifen Sémillon-Weine sind zu Recht der große Stolz der Weinerzeuger aus dem Hunter Valley.

Der Beweis für die erstklassige Qualität eines trockenen, orangegoldenen Sémillon-Weins ist nicht selten in einer

Flasche mit dem Etikett Lindemans zu finden. Er ist im Aussehen und im Geschmack voll und ölig, die Säure ist wenig ausgeprägt, aber trotzdem fehlt es ihm nicht an Lebendigkeit. In sehr warmen Jahren, an denen im Hunter Valley allerdings kein Mangel herrscht, kann er einfach nur fett und pralinensüß ausfallen. Die Jahrgänge 1961, 1964, 1968, 1974, 1979 und 1983 aber (die für die Rotweine aus dem Hunter Valley durchaus nicht immer günstig waren) brachten ausreichende Säure mit, so daß die Sémillon-Weine schön zur Reife gelangen und zeigen konnten, was in ihnen steckt. Solche Weine dürfen ohne weiteres zehn Jahre in der Flasche bleiben und würden auch zwanzig vertragen, doch leider wird ihnen das selten gestattet.

In der Flasche verlieren sie bald ihre grüngoldene Jugendfrische und die feine, mit Zitronenaroma durchsetzte Süße und erreichen in mittlerem Alter eine so reichhaltige Komplexität, wie sie nur bei weißen Burgundern allerfeinster Klasse vorkommt. Die ganz Großen unter ihnen zeichnen sich durch einen »Butterscotch-Charakter« und einen Anflug von Toast aus. Die einzigartigen geologischen und klimatischen Verhältnisse im Hunter Valley wirken sich deutlich in der Breite des Geschmacks und in einer mineralischen anstatt fruchtigen Note im Bukett aus. Sanft sind diese Weine nicht zu nennen. Allerdings dürfte die Zukunft eine größere Vielzahl verschiedener Stile des Hunter Sémillon oder auch Hunter Riesling – wie er ebenfalls genannt wird – bringen.

In seiner Heimat in Westfrankreich wird der Sémillon nur mit edlen Traubensorten gemischt. In Neusüdwales dagegen muß er oft nicht nur die Flasche, sondern auch den Weinberg mit Partnern aller möglichen und unmöglichen Art teilen. Verschnitte mit Chardonnay werden auf vielen Etiketten hervorgehoben. Ebenso häufig kommen als Partner Trebbiano und Verdelho in Frage. Davon wird nicht so viel Aufhebens gemacht, der Erfolg aber ist beträchtlich und trägt zur Verbreitung des Sémillon im Bewässerungsgebiet Murrumbidgee stark bei. Seine Erträge sind ja sehr hoch, nur kommt in diesem Gebiet die Qualität selten auch nur entfernt an das heran, was in einer guten Hunter-Lage an Konzentration entsteht. Dagegen wird der Sémillon als körperreiche und charaktervolle Zutat in einfachen Tischweinen sehr geschätzt. Die einzige Ausnahme, die hier so grandios die Regel bestätigt, ist die goldene Sémillon-Spätlese von De Bortoli. Dieser Wein stammt aus einer Lage, die oft von Edelfäule befallen wird und deshalb die Fülle und Subtilität von Sauternes nachempfinden läßt. Der Beifall der Kenner in aller Welt hat sich bald eingestellt.

Im Barossa-Tal in Südaustralien wird Sémillon ebenfalls in einem gewissen Umfang angebaut, doch steht er hier immer im Schatten des Rheinrieslings. Der führende Barossa-Experte James Halliday meint allerdings, es stehe dem Sémillon im Barossa-Tal noch eine große Zukunft bevor, und als Beweis dafür, welche schöne Qualität hier möglich ist, führt er Basedows White Burgundy und Orlandos Goldbeeren an. Der deutsche Einfluß ist in dieser Gegend noch so stark, daß auf den Etiketten tatsächlich »Spätlese Sémillon« steht.

In den kühlsten Weinbaugegenden Australiens – Tasmanien, Drumborg – nimmt der Sémillon oft einen eigentümlich grasigen Geschmack an und erinnert dann stark an

Außer in Sauternes wird der Sémillon nur in Australien ernst genommen. Besondere Bedeutung kommt ihm in Neusüdwales und im Barossa-Tal in Südaustralien zu. Die Qualität des Sémillon-Weins steht dabei immer im umgekehrten Verhältnis zu den Ertragsmengen der Rebe.

Sauvignon Blanc. In Neuseeland, wo das kühle Klima noch ausgeprägter ist, wächst ebenfalls Sémillon, doch seine Anbauer behaupten steif und fest, es müsse Sauvignon sein. Hier hat Villa Maria mit einem »kräuterwürzigen« Sémillon-Stil Vorarbeit geleistet, doch insgesamt wird diese Rebsorte bisher nur wenig angebaut. Es ist jedoch interessant zu vermerken, wie sehr der Sémillon und der Sauvignon Blanc aus den verschiedensten Gründen überall in der Welt immer wieder in einem Atemzug genannt werden, obwohl sie doch nicht miteinander verwandt sind.

In Kalifornien hat der Sémillon keine große Bedeutung erlangt. Seine Anbaufläche beläuft sich auf etwa 1200 ha, gerade soviel wie Emerald Riesling. Es gibt jedoch Anzeichen für eine gewisse Beliebtheit des Sémillon im Verschnitt mit Sauvignon in trockener und in süßer Version. Unter dem Synonym Chevrier ist er in einen trockenen weißen Verschnitt eingegangen, und als geschmacksfüllende Beigabe zum modischeren Sauvignon Blanc hat er viele Anhänger gefunden.

Größere Bedeutung für die weltweiten Zukunftsaussichten der Rebsorte dürften die Experimente haben, die mit Botrytis-Sporen im Laboratorium der Universität Kalifornien in Davis schon seit den fünfziger Jahren gemacht werden. Einige mehr auf Europa ausgerichtete Erzeuger an der Westküste versuchen, mit Sémillon und Edelfäule Weine zu gewinnen, die dem edlen Vorbild von Sauternes näher kommen als die klebrig-süßen Produkte, die bisher in Kalifornien unter diesem Namen laufen. Aber nicht nur echte, von der Edelfäule befallene Sémillon-Spätlesen werden erprobt, sondern auch die Technik des Traubentrocknens auf Matten.

In Kalifornien kann der Sémillon ebenso wie im Staat Washington eine grüne, grasige Note annehmen, wenn er in zu kühlen Gegenden angebaut wird. Er wird deshalb allgemein für die Klima-Regionen II und III empfohlen. In der Region IV fällt er meist so schal aus, daß er selbst für einfache Weine kaum verwendet werden kann.

Der Sémillon braucht nun einmal klimatische Ausgewogenheit, und diese günstigen Verhältnisse sind in großen Teilen Osteuropas gegeben; allerdings ist die Weinbereitungstechnik dort nicht immer so gut entwickelt, daß daraus auch Nutzen gezogen werden kann. An einzelnen Stellen in der Mitte Jugoslawiens und um den Plattensee in Ungarn wird Sémillon angebaut. E. R. H. Gunyon hat ihn auch unter dem Namen St-Emilion als Bestandteil von Schaumweinen in Dealul Mare in Rumänien entdeckt.

Ferner besteht allgemeine Übereinstimmung, daß der Sémillon auf der Krim sehr verbreitet ist, wenn auch unter anderem Namen, und in Katalonien ist er bei Castell del Remei anzutreffen.

Synonyme:
Sémillon Blanc, Sémillon Muscat, Sémillon Roux, Chevrier, Malaga, Colombier, Blanc Doux (Frankreich);
St-Emilion (Rumänien);
Green Grape, Greengrape, Wine Grape oder Wyndruif (Südafrika);
Hunter River Riesling (Australien, außer in Westaustralien)

Böden:
Gedeiht weltweit auf unterschiedlichen Böden. In Bordeaux fördern schwere Böden die Edelfäule, in anderen Weltgegenden jedoch höheren Ertrag.

Wuchskraft: Starkwüchsig

Schnitt:
Sehr scharfer Rückschnitt, zusätzlicher Sommerschnitt gelegentlich erforderlich

Anfälligkeit:
Sehr fäuleanfällig – sowohl für Graufäule als an besonderen Stellen auch für Edelfäule. Gute Widerstandsfähigkeit gegen Anthraknose.

Veredelungsunterlagen:
Verschiedene Unterlagen sind in Gebrauch, jedoch ist wegen der Reisigkrankheit Vorsicht geboten.

Erträge:
Mittelstark (bei Edelfäule klein). In Kalifornien 65 bis 130 hl/ha.

Potentiell hohe Qualität in Verbindung mit Edelfäule (Sauternes) bei magerer Ausprägung (Hunter Valley). Nicht sehr in Mode.

Sauvignon Blanc

Namen wie Sancerre und Fumé Blanc stehen wohl heute auf den Weinkarten der ganzen Welt hoch im Kurs, doch von den neun Traubensorten, die hier als die klassischen genannt sind, hat der Sauvignon Blanc sicherlich den kleinsten Anspruch auf diese Würde.

Er bringt Weine für unsere modernen Zeiten: weiß, trocken, erfrischend lebendig, eindeutig erkennbar und fast schon genußreif, noch bevor die Weinkeltern im Herbst wieder recht zur Ruhe gekommen sind. Bisher aber ist die Sorte den Beweis schuldig geblieben, daß sie ohne den Beistand anderer auch Weine mit langer Lebensdauer hervorbringen kann – doch Langlebigkeit gehört beim Wein nun einmal zur Größe. Nur durch ihr Zusammenwirken mit dem Sémillon in Teilen der Region Bordeaux verdient sie sich ihren Platz unter den klassischen Reben. Aus den führenden Châteaux in Sauternes kommen üppige, ölige Weine, die der Welt zeigen, wieviel großartiger die beiden Trauben im Verein sind als jede für sich allein, und Château Haut-Brion und La Mission Haut-Brion in Graves liefern den unwiderlegbaren Beweis, daß dies auch für trockenen Wein gilt. Es muß doch etwas Besonderes am Sauvignon Blanc sein, wenn er zu solch wunderbaren Weinen einen Beitrag leisten kann.

Genaugenommen muß man den Sauvignon Blanc immer mit seinem vollen Namen nennen, denn es gibt Sauvignons in allen Regenbogenfarben – Jaune, Noir, Rosé, Rouge, Vert und Violet – doch nur der »Jaune« ist dieselbe Sorte.

Seit Jahrhunderten wird er in allen Gegenden Frankreichs kultiviert, in denen auch die Cabernet-Familie gedeiht: an der Gironde, in der Dordogne und im Loire-Tal. Erst in den letzten Jahrzehnten ist er auch in die neueren Weinbauregionen der Welt vorgedrungen, obwohl er in Italien, Osteuropa und Südamerika (wenn auch nicht so verbreitet, wie allgemein angenommen wurde, siehe Seite 125) schon früher Fuß gefaßt hatte. In seiner reinsten Form, unverschnitten und ungemildert ist der Sauvignon Blanc als Sancerre und Pouilly-Fumé an der oberen Loire anzutreffen.

Die Traube erbringt typisch aromatische Weine mit einem Duft, der stark an grüne, ja fast unreife Frucht erinnert. In den besten kreidehaltigen Lagen von Sancerre und Pouilly-Fumé ist diese Sauvignon-Frucht von einer weiteren Geschmacksnote überlagert, die schon seit jeher mit Pulverdampf und Feuerstein in Zusammenhang gebracht worden ist. Gewiß ist dieser Wein kühl – kühl schon in seiner Eigenart und ebenso in der Serviertemperatur, die ihm am besten bekommt.

Es wird sehr viel mehr Sancerre als Pouilly-Fumé erzeugt. Diese beiden Weine unterscheiden sich im Charakter eher nach Jahrgängen und Erzeugern als nach der Eigenart der Appellation, und beide sind so »eingängig«, daß sie bei trendbewußten Restaurantbesuchern außerordentliche Beliebtheit genießen. Sie sind wohl etwas teurer als die einfacheren Standardweine, aber doch auch wieder nicht absurd teuer, dabei erfrischend und nicht zu schwer.

Es sind – wie schon gesagt – Weine, die jung am besten schmecken und schon ein paar Jahre nach der Lese nachzulassen beginnen. Dennoch liegen in den Kellern von Château de Nozet, wo Patrick de Ladoucette den teuersten Pouilly-Fumé mit viel Geschick bereitet, auch ältere Jahrgänge, die beweisen, daß dieser Wein doch längere Zeiten überdauern kann, obgleich er sich dabei nicht zu Größerem entwickelt. Wer einmal einen Pouilly-Fumé aus dem 19. Jahrhundert kosten durfte, hat zwar sicherlich kaum etwas von bedeutender Entfaltung verspürt, aber trotzdem mit Überraschung feststellen müssen, daß es der Traube nicht an Lebenskraft gebricht.

Eine ganze Reihe nicht so berühmt gewordener trockener Weißweine bringt der Sauvignon Blanc in verschiedenen Gegenden in der nördlichen Mitte Frankreichs hervor – Quincy, Reuilly und Ménétou-Salon kommen dort in Frucht und Gewichtigkeit dem Sancerre und Pouilly-Fumé am nächsten. Die übrigen sind außerhalb Frankreichs kaum bekannt und dürfen höchstens als Raritäten Interesse beanspruchen. Weiter im Süden ist der Sauvignon Blanc in St-Pourçain-sur-Sioule an der nördlichen Rhône zusammen mit Tresallier ein wichtiger Bestandteil eines herben, leichten Weißweins. In der Nähe von Chablis findet sich der VDQS-Bereich Sauvignon de St-Bris, der als burgundische Kuriosität gilt.

Am östlichen Ende der Touraine um Blois hat sich der Sauvignon Blanc in den letzten 20 Jahren stark durchgesetzt, und im Département Loir-et-Cher inzwischen eine fast so große Anbaufläche erobert wie im Département Cher, wo der Sancerre wächst. Diese Neupflanzungen tragen weitgehend zum Sauvignon de Touraine bei, der als zweitrangige Appellation gilt, trotzdem aber hoch genug angesehen ist, um beispielsweise Patrick de Ladoucette zu größeren Investitionen zu veranlassen.

Der Sauvignon de Touraine hat kaum je die Konzentration eines guten Sancerre oder Pouilly-Fumé. Das sortentypische Aroma tritt zu scharf hervor, und eine gewisse »steinige« Art beeinträchtigt den Geschmack, aber er ist auf jeden Fall nicht so teuer wie seine berühmteren Vorbilder. Es werden für ihn auch höhere Erträge zugelassen, was sich im etwas dünneren Geschmack durchaus bemerkbar macht.

Trotz aller Neuanpflanzungen an der Loire ist die Sauvignon-Blanc-Anbaufläche in Frankreich zwischen den beiden Landwirtschaftszählungen von 8900 ha im Jahr 1968 auf 7000 ha (1979) zurückgegangen, und dadurch ist die Sorte in der Bedeutung weit unter den Chardonnay und den Muscadet abgesunken. Das ist insbesondere mit dem Rückgang der Weißweinerzeugung in Bordeaux zu erklären. Dort wurden ganze Weinberge auf einträglichere Rotweinsorten umgestellt, wobei zwischen 1968 und 1979 über die Hälfte aller Sauvignon-Blanc-Reben an der Gironde ihren Platz räumen mußten, so daß nur noch 2400 ha geblieben sind. Der Sémillon wurde sogar noch stärker dezimiert (6200 ha), vermutlich weil ja die beiden Sorten dort gemeinsam zu Wein verarbeitet werden und der Anteil des Sémillon im Verschnitt höher liegt.

Sauvignon Blanc	
Blatt	
Länge: 152 mm	Breite: 190 mm
Traube	
Länge: 152 mm	Breite: 120 mm

Ein paar Häuser auf einem Kreidehügel bilden das Mekka der neuen Weintrinkergeneration: Hier wächst der Sancerre, der beliebteste und berühmteste Sauvignon-Blanc-Wein. Mit ihrem unverkennbaren Aroma und ihrer kräftigen Säure entspricht diese Traube und ihr trockener Wein den Idealvorstellungen unserer Zeit.

Inzwischen ist es auch in Bordeaux bekanntgeworden, welche ungeheure Wertschätzung der Sauvignon Blanc in anderen Teilen der Welt gewonnen hat, und so dürften diejenigen, die noch vor kurzem so eifrig ihre Sauvignon-Blanc-Reben gerodet haben, ihre Übereilung bereuen. Es hat in Bordeaux erstaunlich lange gedauert, bis die Winzer hier, die ja aus Tradition Rotwein und süßen Weißwein erzeugen, die Bereitung frischer, trockener Weißweine der modernen Art gelernt haben: nämlich durch rasches Abpressen, sterile Behandlung, Gärung bei niedriger Temperatur und vor allem Verwendung von Edelstahltanks. Die Einführung dieser Technik ist weitgehend Pierre Coste aus Langon zu danken.

Als die Winzer von Bordeaux schließlich Ende der siebziger Jahre ihre Lektion gelernt und die nötigen Ausrüstungen – vermutlich mit langfristigen Darlehen vom Crédit Agricole – angeschafft hatten, erschien dann eine neue Generation des Bordeaux Blanc, in dem der Sauvignon der wichtigste und manchmal auch der einzige Bestandteil war. Solche Weine beweisen, wieviel Gutes der Sauvignon leisten kann. Im milderen Klima von Bordeaux und auf den kalkärmeren Schwemmlandböden büßt er seine Fruchtigkeit und auch einen großen Teil seines Aromas ein. Werden die Trauben früh gelesen, damit das Aroma erhalten bleibt, dann fallen die Weine oft erschreckend säurereich aus. Bleiben die Trauben zu lange am Stock, damit der Säuregehalt abgebaut werden kann, dann ist das Ergebnis meist zu flach.

Aber es gibt auch viele Beispiele für gute Bereitung einfacher und süffiger Weine, nur predigen die Anspruchsvolleren wie Pierre Coste doch immer wieder, daß der Sémillon zur Abrundung des Geschmacks den Sauvignon-Weinen, zum Beispiel dem einfachen weißen Bordeaux aus Entre-Deux-Mers und den Randgebieten, gut tun würde.

Nur wenige können es sich leisten, nur den trockenen Weißweinen der Spitzenqualität ihre Aufmerksamkeit zu schenken, wie etwa einem Château La Mission Haut-Brion

oder Haut-Brion oder Domaine de Chevalier. Hier in Graves wird der Sauvignon Blanc sorgfältig mit Sémillon gemischt und abgestimmt, und eine Luxusbehandlung im Eichenfaß sorgt für Fülle, goldene Farbe, feines Zitronenaroma und ölige Konsistenz bei hoher Alkoholstärke. Solche Weine bleiben jahrzehntelang lebendig. Es hat sicher etwas zu bedeuten, daß sowohl in den Spitzen-Châteaux in Graves als auch bei Château d'Yquem in Sauternes (für den trockenen Ygrec) Sauvignon und Sémillon zu gleichen Teilen als das ideale Mischungsverhältnis angesehen wird. Der Sémillon bringt Saft, Kraft und Langlebigkeit ein, und der Sauvignon steuert Aroma und Frische bei.

Nach demselben Rezept entstehen auch die trockenen weißen Kuriositäten aus dem Médoc, Château Loudenne Blanc und Caillou Blanc de Château Talbot, jedoch nicht die neueste Erscheinung auf diesem Gebiet, der Pavillon Blanc de Château Margaux. Das neue Mentzelopoulos-Regime wünschte einen weißen Château Margaux von besonderer Qualität, und deshalb schuf Professor Emile Peynaud einen sortenreinen Sauvignon Blanc in luxuriösestem Ausbau. Sorgfältig gereinigter Most wird hierzu in Eichenbottichen vergoren und anschließend mindestens sechs Monate lang in Fässern gelagert, von denen jeweils ein Drittel brandneu ist. So entsteht ein Wein, dem man einen nirgendwo in der Welt übertroffenen Respekt vor dieser Traubensorte anmerkt – nur Robert Mondavi in Kalifornien hat ähnliche Experimente unternommen –, und man kann gespannt darauf sein, wie sich dieser unbezweifelbar seriöse Wein über die Jahre hinweg entwickelt. Seinem Preis nach zu schließen, muß er wohl für eine lange Zukunft gedacht sein. Wie so viele große Weine durchläuft er im Alter von etwa zwei Jahren ein Stadium der Flachheit. Sicher läßt sich der Erfolg einer »Fünf-Sterne-Behandlung« dieser doch nur »Vier-Sterne-Traubensorte« wohl nicht vor dem Ende des Jahrhunderts endgültig abschätzen.

Der teuerste und sehr oft auch allerinteressanteste Wein, in dem der Sauvignon Blanc eine zwar kleine, aber überaus wichtige Rolle spielt, ist der weltberühmte, große süße Wein von Château d'Yquem in Sauternes. In ganz Sauternes und seinen Randgebieten Ste-Croix-du-Mont und Loupiac wird die Sauvignon-Blanc-Rebe angebaut und verleiht den hauptsächlich aus Sémillon gewonnenen süßen Weinen Säure und Aroma. Jeder Weinberg hat einen sorgfältig vorbedachten Mischbestand an Reben, wobei die würzige, wenn auch nicht ganz so edle Muscadelle oft mit dabei ist. Bei den 11 Premiers Crus kann der Sauvignon-Anteil im Weinberg zwischen 5% (Château Laufaurie-Peyraguey) und 50% (Château Guiraud und Rayne-Vigneau) variieren, doch meint der Comte Alexandre de Lur-Saluce auf Château d'Yquem, 20% Sauvignon Blanc seien gerade das Richtige für einen Wein, dem eine ordentliche Lebenszeit beschieden sein soll. In vielen Weinbergen in Sauternes wird noch nach alter Weise immer wieder eine Sauvignon-Rebe in regelmäßigen Abständen zwischen die Sémillon-Stöcke gesetzt, doch bei Château d'Yquem stehen die beiden Sorten sauber voneinander getrennt, um die Lese zum genau richtigen Reifezeitpunkt zu erleichtern. Der Sauvignon blüht etwa zehn Tage früher als der Sémillon, und sein Ertrag ist nicht immer gleichmäßig. Beide Sorten sind für Edelfäule anfällig, die zwar die Süße des Weins intensiviert, das Sortenaroma jedoch dämpft. Deshalb ist der Sauvignon Blanc aus einem guten Sauternes-Jahrgang schwer herauszuschmecken. Qualitätsbewußte Erzeuger versuchen, den Sauvignon in einem früheren Reifestadium zu ernten als den Sémillon und dadurch seine Würze und Lebendigkeit besser zu bewahren und im Wein kräftiger zur Geltung zu bringen.

In Kalifornien und anderen neuen Weinregionen wird der Sauvignon Blanc oft Fumé Blanc genannt. Die rasche Verarbeitung frischen Leseguts in hochmodernen Anlagen wirkt sich sehr günstig aus.

Die Appellationen am östlichen Rand der Bordeaux-Region sind verständlicherweise auch mit den Bordeaux-Reben besetzt. Darum ist der Sauvignon Blanc Bestandteil des Rezepts für den süßen Monbazillac und den etwas weniger üppigen Rosette und Montravel, und er zeichnet auch für verschiedene leichte, manchmal etwas rauhere, trockene Weißweine wie den Côtes de Duras und Bergerac verantwortlich. In ganz Südostfrankreich wird er angepflanzt, spielt aber bei den üblichen Weißweinverschnitten wie Béarn, Gaillac und Côtes de Buzet Blanc selten eine große Rolle.

Jenseits der Pyrenäen ist der Sauvignon Blanc nicht häufig anzutreffen, doch beginnt er sich in Rueda durchzusetzen, und Miguel Torres kultiviert ihn in seinen hochgelegenen Weinbergen in Penedés. Wie der Chardonnay wird er dort mit der Lokaltraube Parellada verschnitten und für die Gran-Viña-Sol-Weine verwendet, wobei Miguel Torres den Sauvignon-Verschnitt mit Eichenfaßausbau als den besseren dieser Weine betrachtet.

In Nordostitalien wird der Sauvignon Blanc verbreitet angebaut, und seine bessern Weine zeigen dort eine glückliche Verbindung von Sortencharakter und Delikatesse, gewissermaßen die ansprechende Art eines Sancerre im Verein mit der Leichtigkeit eines Moselweins. Auf durchlässigen Böden im Veneto und in Südtirol fühlt er sich wohl. Beispiele aus Terlan zeigen, daß das Sortenaroma in Weinen aus steileren und wärmeren Lagen besonders ausgeprägt und schön zur Geltung kommt. Im sanften Hügelland an der Grenze Jugoslawiens erlangt er im Collio mehr Sortencharakter und Substanz als in den Colli Orientali del Friuli – Eno'Friuli gibt hier den Maßstab ab. Enrico Vallania beweist mit seinen Terre-Rosse-Sauvignons, daß die Sorte auch in den Colli Bolognesi in der Emilia-Romagna mit gutem Erfolg angebaut werden kann.

In Osteuropa bringt der Sauvignon Blanc immer schwerere und süßere Weine, je weiter man nach Osten kommt. Am elegantesten fällt er noch in Slowenien aus, doch gelangt die Delikatesse und Frucht manchmal nicht bis in die Flasche. Auch in den Fruska-Gora-Bergen in Serbien gibt es Anpflanzungen, und in der Tschechoslowakei, in Bulgarien, Rumänien, und – so geht das Gerücht – sogar in der UdSSR werden Versuche mit dem Sauvignon gemacht. In Österreich wächst er in der Steiermark unter dem deutschen Namen Muskat-Silvaner.

Besonders ernst wird der Sauvignon Blanc in Kalifornien genommen. Hier hat sich ein berühmtes Beispiel dafür ereignet, wie ein Mann allein das Geschick einer Rebsorte wenden kann. Anfang der siebziger Jahre fand der Sauvignon beim amerikanischen Publikum wenig Anklang. Robert Mondavi fiel jedoch auf, daß importierter Pouilly-Fumé gut ankam. In Kalifornien entwickelt der Sauvignon Blanc ein überaus scharfes, grasiges Aroma, Mondavi zähmte diese Eigenart durch Lagerung im Eichenfaß, nannte den so entstandenen Wein Fumé Blanc und setzte Millionen Flaschen davon ab.

Heute steht die Sorte nur dem Chardonnay in modischer Beliebtheit nach. Ihre Anbaufläche ist rasch auf 5200 ha gestiegen. Inzwischen hat sich ein Trend weg vom öligen, schweren Stil und hin zu leichteren und herberen Versionen ohne Eichenholzbehandlung eingestellt, die sich in stärkerem Maße am Vorbild des Pouilly-Fumé orientieren und nun häufig den Namen Sauvignon Blanc anstelle von Fumé Blanc führen.

Guter Sauvignon Blanc wächst auch in Livermore und entlang der ganzen Westküste, doch werden die Maßstäbe bisher in Sonoma und Napa gesetzt. Viele Erzeuger, zum Beispiel Joseph Phelps, glauben, daß durch Mischen mit Sémillon noch Verbesserungen zu erzielen sind. Vichon hat mit dem Rezept für den 1983er Chevrignon – wie er den Verschnitt nannte – bewiesen, daß Sémillon und Sauvignon zu gleichen Teilen einen großartigeren Wein ergeben kann als beide Sorten für sich allein. Robert Mondavi brachte 1978 einen Sauvignon Blanc mit Edelfäule heraus, der durch volle Reife beeindruckte, aber doch etwas mehr Säure vertragen hätte. Die Sauvignon-Rebe scheint in Kalifornien übrigens ertragreicher zu sein als in Europa: Im Napa Valley sind Erträge von 80 hl/ha durchaus nicht unüblich.

Argentinien verfügt über eine beträchtliche Sauvignon-Blanc-Anbaufläche, in Chile dagegen ist nur ein kleiner Teil dessen, was sich »Sauvignon« nennt, tatsächlich Sauvignon Blanc. Vielmehr handelte es sich bisher mehr um den einfacheren Sauvignonasse oder Sauvignon Vert, der von dem Australier A. J. Antcliff für identisch mit dem italienischen Tocai Friulano gehalten wird. Die chilenischen Sauvignon-Varianten weisen ausgeprägte Süße und blumigen Charakter auf, die beide dem französischen Sauvignon Blanc fremd sind.

Diese Eigenschaften sind zum Teil auch im südafrikanischen und im australischen Sauvignon Blanc vorzufinden. In Australien bedeckt die Sorte lediglich eine Anbaufläche von 300 ha, vorwiegend in Südaustralien. Cullens in Westaustralien, Tisdall und Enterprise haben gute Erfolge mit dem Sauvignon Blanc erzielt, doch ist in den meisten Weinbaugegenden das Klima doch etwas zu heiß, so daß die für ansprechenden Sauvignon Blanc nötige Frische und Würze meist verlorengeht.

In Neuseeland sind die Voraussetzungen für den Sauvignon Blanc offenbar günstiger, obwohl dort das Klima eigentlich wiederum ein wenig zu kühl ist. Sehr schöne Beispiele sind die neueren Jahrgänge von Selaks und Delegat, während das überwältigend einfache Sortenaroma nicht ganz so reifer Versionen, zum Beispiel von Montana, die aus Trauben von der Südinsel gewonnen wurden, doch wohl noch einiger Gestaltung bedürfen und auch früher auf den Markt gebracht werden sollten. Manche Erzeuger experimentieren mit Eichenfaßausbau und wählen gern den Namen Blanc Fumé.

In Südafrika wird der Sauvignon Blanc ebenfalls in Anlehnung an kalifornische Gewohnheiten oft Blanc Fumé genannt. Die dortigen Kenner treiben fast so etwas wie einen Kult um ihn, während sie doch eigentlich darauf warten, daß die Erzeuger endlich mit dem Chardonnay etwas zustandebringen. Immerhin hat der Sauvignon Blanc vom Kap ein feines, ausgeprägtes Aroma und verrät in manchen Beispielen, wie etwa denen von Lemberg und L'Ormarins, die Merkmale einer stilvollen Behandlung im Eichenfaß. Die Anbaufläche ist noch sehr klein und auf Paarl und Stellenbosch beschränkt, aber sie wächst rasch mit steigender Anerkennung der Möglichkeiten, die dieser Traubensorte offenstehen.

Beim modebewußten Publikum steht der Sauvignon Blanc so ungeheuer hoch in Gunst, daß es gewagt erscheint, im Zusammenhang mit ihm kritische Fragen zu stellen, vor allem die nach seiner Lebenserwartung. Die Weine von Sancerre und Pouilly-Fumé bieten kaum Aussicht auf ein reifes Alter, und in den großen Weinen von Bordeaux versteckt er sich hinter dem Sémillon. Aufschluß gibt vielleicht der 1978er Pavillon Blanc de Château Margaux im Jahr 1998.

Synonyme:
Sauvignon Jaune, Blanc Fumé, Surin, Fié dans le Neuvillois, Punechon, Puiechou, Gentin à Romorantin (Frankreich);
Muskat-Silvaner (Deutschland, Österreich);
Savagnin Musqué (Kalifornien);
Fumé Blanc (Kalifornien, Südafrika, Australien, Neuseeland)

Böden:
Kreideboden an der mittleren Loire;
gedeiht auch auf kieshaltigen, sandigen oder lehmigen Böden.

Wuchskraft:
Stark bis sehr stark

Schnitt:
Sommerschnitt kann Fäule der sehr dichten Trauben durch bessere Luftzirkulation verhindern helfen.

Anfälligkeit:
Stark anfällig für Botrytis, Mehltau und – besonders auf schweren Böden – Schwarzfäule

Veredelungsunterlagen:
Schwach bis mittelstark wachsende Unterlagen bevorzugt

Erträge:
Niedrig bis mittel

Mittlere Quaiität. Übermäßig in Mode.

Chenin Blanc

Die Chenin-Blanc-Traube steckt voll schillernder Magie, auch wenn die Tausende von Winzern, die sie Jahr für Jahr ernten, wenig davon wissen. Sie erbringt in vielen, weit voneinander entfernten Gegenden der Welt einmal exquisite, süße Weißweine von so ungeheurer Lebensdauer, daß kaum je eine Flasche ihren wahren Höhepunkt erlebt, ein andermal ansprechend nervige halbtrokkene Weine mit überaus eigenartigem Bukett, dann einfachen, lieblichen Tischwein oder spritzigen, neutralen Grundwein für eine ganze Weinindustrie oder feine trokkene bis übersüße Schaumweine, und schließlich in Südafrika sogar das Ausgangsmaterial für Sherry, Port und Brandy.

Zu ihren launischen Allüren gehört, daß sie ihre Persönlichkeit völlig verändert, sobald sie ihre Heimat Frankreich verläßt – oder sollte das etwas mit Klonen zu tun haben? Über 500 Jahre lang konzentrierte sich der Chenin-Blanc-Anbau auf Anjou und die Touraine, das Herz des bei Touristen so beliebten Loire-Tals. Erst in unserem Jahrhundert hat die Rebe dort an Bedeutung verloren und dafür in neuen Weinbauregionen, vor allem in Südafrika und Kalifornien, Boden gewonnen. Es ist jedoch kaum zu glauben, daß die neutralen Alltagsweine mit ihrem schwachen Honigmelonenaroma, die sie in diesen warmen Gegenden hervorbringt, auch nur das geringste mit den starkduftigen, scharfherben Vorbildern aus den französischen Appellationen Vouvray und Coteaux du Layon zu tun haben.

Der höchst verehrungswürdige Chenin Blanc wird seit dem 9. Jahrhundert bei der Abbaye de Glanfeuil auf dem linken Loire-Ufer in Anjou kultiviert. 1445 gelangte sie einige Meilen stromaufwärts zum Schloßherrn von Chenonceaux und zu seinem Schwager, dem Abt von Cormery, am Ufer des Echaudon bei Mont-Chenin unmittelbar südlich der Touraine-Landschaft, wo der Vouvray und der Montlouis wachsen. Soviel zur Herkunft des Namens, zu dessen vielen Synonymen auch Pineau de la Loire und Pineau d'Anjou zählen, wobei sich die Verwandtschaft mit dem Pinot nur auf den Gleichklang der französischen Aussprache beschränkt.

Ein für den heutigen Weinfreund interessanter Zusammenhang wurde 1965 entdeckt: Der Steen, eine der meistangepflanzten Rebsorten Südafrikas, ist kein anderer als der Chenin Blanc. Wahrscheinlich wurde die Rebe 1655 von Jan Van Riebeeck, einem geschäftstüchtigen Mitglied der Dutch East India Company, in das Land am Kap gebracht. Dank ihrer Vielseitigkeit, ihrer relativ hohen Erträge und ihrer Widerstandsfähigkeit gegen Krankheiten und Wind wurde sie bis 1965 zur drittbeliebtesten Traubensorte Südafrikas, und seit ihrer Identifizierung als Chenin Blanc ist sie sogar zur allerbeliebtesten geworden; auf sie entfallen nicht weniger als 31% des gesamten Rebbestands im Jahr 1983. Erstaunlich ist auch der Vergleich mit der Chenin-Blanc-Anbaufläche in Frankreich: Mit 30000 ha ist die am Kap dreimal größer.

Als die Winzer Südafrikas im Laufe der sechziger Jahre entdeckten, welche Wunder die Technik der kühlen Vergärung bei Weißwein bewirken konnte, erwies sich die Chenin-Blanc-Traube als das ideale Grundmaterial. Sie reift einigermaßen früh und läßt sich bei niedrigen Temperaturen zu einem zwar nicht mit einem überwältigenden Bukett begabten, dafür aber erfrischenden und süffigen Wein verarbeiten. So entstanden halbtrockene Chenins, die in südafrikanischen Weinhandelskreisen liebevoll als Produkte der »Lieberstein-Revolution« bezeichnet werden. Mit diesem neuen Weinstil wurde eine ganz neue Generation von Weintrinkern gewonnen.

Inzwischen beherrschen die südafrikanischen Kellereien die kühle Gärung so meisterlich, daß fast alle Chenin Blancs, ja sogar beinahe alle Weißweine vom Kap nahezu gleich schmecken. Sie sind dank eines relativ hohen Säuregehalts und oft einer gewissen Spritzigkeit sehr erfrischend und so sauber, daß in ihnen so gut wie nichts an Sortencharakter übriggeblieben ist. Sie nennen sich häufig noch immer Steen oder Stein, obwohl diese Bezeichnung eher für die halbtrockene Art als für die Rebsorte steht.

Variieren kann der Kellermeister am Kap vor allem noch die Süße. Am unteren Ende der Preisskala, wo gerade bei den Chenin-Weinen viel Gutes für wenig Geld zu haben ist, stehen die knochentrockenen Versionen und noch einige mit einer Spur Restsüße zur Auswahl. In den höheren Preisklassen haben einige Weingüter, zum Beispiel De Wetshof und Nederburg, den Beweis erbracht, daß auch in Südafrika ausgezeichnete Chenin-Weine mit Edelfäule möglich sind. Der Paarl Edelkeur von Nederburg ist bisher der feinste von ihnen, und viele südafrikanische Winzer streben ihm nach. Er ist ein wundervolles Gemisch aus Butterscotch und Orangenblüten, das dem Chenin Blanc im Verein mit Paarl Riesling (Crouchen) zu verdanken ist; nur fehlt es ihm manchmal an Säure.

Alle, die mit Magenbeschwerden zu tun haben, können bestätigen, daß man dem französischen Chenin Blanc eines jedenfalls nicht vorwerfen kann – Mangel an Säure. Die Loire scheint die Weinberge an ihren Ufern mit Weinsäure geradezu zu überschwemmen, vom Sancerre und Pouilly-Fumé bei Nevers bis zum Gros Plant und Muscadet am Atlantik und allen Chenin-Blanc-Weinen zwischen diesen Grenzen des Weinlands Anjou und Touraine.

Diese Säure läßt das Kosten eines jungen Vouvray zur Strafe werden, sie überdeckt seine Süße, hält ihn aber bis in ein hohes, reifes Alter hinein lebendig. An besonders begünstigten Stellen der Loire, wo die Sonne das Wachstum der Rebe und die Bildung eines reichlichen Zuckergehalts anregen kann, ist der Chenin Blanc imstande, nicht nur guten, sondern wahrhaft großen Wein hervorzurufen. Es mutet seltsam an, daß so weit im Norden eine Traube größte Beliebtheit genießt, die so spät reift. In Vouvray ist Weinlese im November durchaus nichts Ungewöhnliches.

In seiner einfachsten Form ist der Chenin Blanc ein Wein, der jung getrunken werden will, zum Beispiel als simpler Anjou Blanc oder billiger Saumur oder Vouvray. Schon diese alltäglichen Weine lassen, wenn sie rein aus Chenin gekeltert sind, das charakteristische Aroma erken-

Chenin Blanc	
Blatt	
Länge: 127 mm	Breite: 127 mm
Traube	
Länge: 190 mm	Breite: 121 mm

nen. Es ist so kräftig ausgebildet, daß es sich auch nach der Verarbeitung im Champagnerverfahren zum Saumur oder Vouvray Mousseux deutlich bemerkbar macht, vor allem wenn nur Chenin Blanc verwendet wurde.

Nun ist es nicht so, daß dieses Aroma in schöner Reinheit in die Nase steigt wie etwa beim Sauvignon oder Riesling, vielmehr erscheint es wie ein faszinierender Dunst und hat etwas Muffiges an sich, vor allem wenn der Wein überschwefelt wurde, was leider immer noch vorkommt. Mit dem Gewürztraminer und dem Muskateller hat der Chenin gemeinsam, daß man seinen Duft als süß empfindet. Dieser Eindruck der Süße wird von dem des Gefüges überlagert und fast vermischt. Vielleicht ist es das, was Rabelais meinte, als er den Vouvray mit Taft verglich. Auch Gewichtigkeit fehlt nicht; ein einfacher Chenin von der Loire ist zwar leicht süß bei ausgeprägter Säure, jedoch nicht leicht oder simpel. Der hohe Extraktgehalt macht sich auf der Zunge ebenso bemerkbar wie in den Glyzerinspuren an den Wänden des Glases. »Honig und Blumen« lautet eine klassische Weinkosternotiz und »feuchtes Stroh« eine andere. Junger Chenin ist eher blumig als fruchtig, deshalb wird er auch so oft mit deutschen Weinen verglichen.

Wie in Deutschland werden auch an der Loire die Spätlesen mit ihrer aus dem natürlichen Reifeprozeß stammenden hohen Restsüße am höchsten geschätzt. An besonders begünstigten Stellen werden sie durch Edelfäule noch konzentrierter. Der Schimmelpilz treibt seine magischen Verwandlungskünste vorwiegend in den Bereichen Bonnezeaux und Quarts de Chaume innerhalb der Appellation Coteaux du Layon mit ihren einfacheren halbtrockenen Weinen sowie in besonders geschützten und in günstiger Himmelsrichtung gelegenen Weinbergen der Appellationen Anjou, Vouvray und Montlouis.

Spätlesen in Spitzenqualität, die jene Kombination von Delikatesse und Fülle darstellen, wie der Chenin Blanc sie zuwege bringen kann, werden im Château de Fesles in Bonnezeaux und im Château de Belle Rive in Quarts de Chaume, wo durch anspruchsvollere Auslese noch reichhaltigere Weine erzielt werden, hervorgebracht. Blumigere Weine mit wohl reicherem Bukett bei etwas weniger Körper finden sich unter Vouvray-Etiketten mit dem Namen Gaston Huet, Prince Poniatowski, A. Foreau und Marc Brédif. Der Säuregehalt dieser Weine ist in der Jugend so hoch, daß selbst diejenigen, denen der höchste Ehrentitel, nämlich *moelleux,* zuteil wird, um diese Zeit nur sehr schwache Süße aufweisen.

Es dauert lange, bis diese Kostbarkeiten ihren Wert spüren lassen. Ein *moelleux* aus einem guten Jahr beginnt vielleicht nach 20 Jahren, seine Fülle zu erschließen, seine volle Lebenskraft aber entfaltet er erst nach sechs Jahrzehnten, wie es sich an den Anjou-Rablay-Weinen aus den Londoner Kellern von Madame Prunier sowie an den Anjou-Weinen des Weinguts Moulin Touchais – in dessen Kellern sogar noch Köstlichkeiten aus den achtziger Jahren des vorigen Jahrhunderts liegen sollen – so herrlich erwiesen hat.

Eine oft unbeachtet bleibende gute Eigenschaft des Chenin Blanc ist, daß er auch in trockeneren Versionen, zum Beispiel als Vouvray Sec, Coteaux de Loir, Jasnières, oder mit seinen interessanten, auf dem feuersteinhaltigen Boden

Château de la Bizolière ist eines der bekanntesten Chenin-Weingüter an der Loire. Seine alten Reben bringen mit ihren kleinen Erträgen Weine von unterschiedlicher Restsüße, aber vor allem mit ungebändigter Säure, die Jahrzehnte braucht, bis sie sich mildert.

von Savennières gewachsenen Weinen nicht nur langlebig, sondern auch zu großartiger Entfaltung fähig ist. Viele Weinfreunde, die solche Weine als *facile* oder anspruchslos abtun, würden sich wundern, wenn sie sie zehn Jahre oder länger im Keller aufheben würden.

Wie die südafrikanischen Chenins haben auch die kalifornischen bisher keine große Lebensdauer erkennen lassen, eher das Gegenteil. Die meisten Erzeuger knüpfen keine großen Erwartungen an die Sorte, obwohl oder vielleicht gerade weil sie so verbreitet angebaut wird. In den letzten zehn Jahren hat sich die Chenin-Blanc-Anbaufläche in Kalifornien mit 17600 ha mehr als verdoppelt und die Gesamtfläche dieser Sorte in Frankreich weit überholt. Sie steht im Schatten des Scheinwerferlichts der Mode, in dem sich Chardonnay und Sauvignon Blanc sonnen, und wird als Quelle für Alltagswein, im Ansehen etwas höher als French Colombard, eingestuft. Die meisten Chenin Blancs von der Westküste sind fruchtig, halbtrocken oder lieblich und oft recht säurearm.

Trockene Chenin Blancs von Chappellet, Kenwood und Landmark beweisen jedoch, daß gute, früh gelesene Frucht sehr viel frischere Weine erbringen kann. Sie nehmen sich aus wie bessere Artgenossen aus Südafrika, obgleich eine Beziehung zwischen den kalifornischen Chenins und denen von der Loire bisher noch nicht herauszuschmecken ist. Selbst mit Edelfäule bereitete kalifornische Versionen, beispielsweise »Sweet Nancy« von Callaway, sind lediglich sehr süße Weißweine ohne erkennbaren Sortencharakter. Dabei spielt sicherlich das Klima eine Rolle, doch auch der Chenin Blanc aus dem kühleren Staat Washington zeigt keine Spur des kräftigen Buketts seiner Artgenossen von der Loire.

Interessant wäre es wohl, einmal zu sehen, was bei stärkerer Ertragsbeschränkung zustande käme, denn schon ein ganz einfacher Anjou Blanc ist auf einen Höchstertrag von nur 50 hl/ha festgelegt. In Südafrika wird der reiche Ertrag des Chenin Blanc gerühmt, und in Kalifornien sind im Central Valley 130 hl/ha sowie in den Qualitätsweinbaugebieten der Klimaregion II rund 80 hl/ha üblich. Wahrscheinlich trägt auch der Boden mit zur Qualität der Traube bei. In Südafrika und Kalifornien wächst der Chenin auf ganz unterschiedlichen Böden, in Frankreich dagegen ist ein Zusammenhang zwischen dem kalkhaltigen Tuff in der Touraine und der Qualität des Weins nicht abzuleugnen.

Ungeachtet seiner edlen Herkunft hat sich der Chenin Blanc in den neueren Weinbauregionen der Welt sozusagen als einfacher Mann niedergelassen. In Australien wird die Anpflanzung dieser Sorte rasch vorangetrieben, wobei sie in Westaustralien unbekümmert den Namen Sémillon, in Südaustralien Albillo oder »Sherry« und in Rutherglen Chardonnay führte, bis 1976 der französische Ampelograph Paul Truel den Dschungel der australischen Namensverwirrung lichtete.

Dem Chenin Blanc scheinen solche Irrungen und Wirrungen überall beschieden zu sein. Jahrzehntelang hieß er in Argentinien und Chile Pinot Blanc oder Pinot Blanco, bis er endlich als Chenin Blanc erkannt wurde. Seine Weine fallen dort mild und schwach fruchtig aus.

Der Chenin Blanc scheint in klimatischen Mittellagen seine Qualität und Eigenart am besten zur Geltung zu bringen. Das Loire-Tal ist dafür ein offenkundiger Beweis, obwohl dort die Weinerzeuger die Sorte ihrer derzeitigen geringen Beliebtheit wegen durch kommerziell leichter verwertbare, vor allem Chardonnay, Sauvignon und selbst Ca-

Chenin Blanc ist als »Steen« die wichtigste Traubensorte in Südafrika, selbst im noch neuen Weingut Zevenwacht. Die Traube liefert einen gestaltungsfähigen Grundstoff für die am Kap verbreitete Technik der kühlen Vergärung.

bernet Franc, ersetzen. Es ist durchaus vorstellbar, daß außerhalb Frankreichs die günstigsten Voraussetzungen für den Chenin Blanc im kühlen Klima Neuseelands bestehen. Dort ist er die drittmeist angepflanzte Rebsorte, vor allem in den Bereichen Poverty Bay und Hawkes Bay. Der Säuregehalt ist hier oft unbequem hoch – eine erfrischende Abwechslung gegenüber anderen Chenins außerhalb Frankreichs. In trockenen bis halbtrockenen Versionen ist bereits ein schönes Fruchtaroma erzielt worden, und inzwischen werden auch Versuche mit edelfäulebefallenen Spätlesen gemacht. In Neuseeland ist wie auch in Australien in letzter Zeit mit einer Eichenfaßbehandlung experimentiert worden, doch haben sich daraus bisher noch keine Empfehlungen für die Kellertechnik ableiten lassen.

Obwohl der Chenin Blanc in Kalifornien und in Australien oft mit anderen einfachen weißen Traubensorten zu billigen Tischweinen verschnitten wird, hat er in seiner Heimat bisher traditionsgemäß nur für sortenreine Weine Verwendung gefunden. In den Appellationen Anjou und Savennières wird er nunmehr allerdings auch mit bis zu 20% Chardonnay oder Sauvignon Blanc gemischt, um seine Säure zu mildern und die Fruchtigkeit früher in Erscheinung treten zu lassen. Diese Manipulationen führen aber leicht dazu, daß sich das schöne Bukett verwischt, und außerdem dürften die Mischungen kaum die ungeheure Langlebigkeit eines reinen Chenin Blanc besitzen.

Sicherlich gehört der Chenin Blanc heute zu den vielen mißachteten Schätzen in der Welt des Weins. Die Preise seiner Weine tragen wenig dazu bei, daß er als eine große Traube anerkannt wird. Selbst solche Seltenheiten wie der Quarts de Chaume und der Savennières sind im Vergleich mit anderen nicht halb so langlebigen Weinen kaum teuer zu nennen. Es wäre traurig, wenn uns der erbarmungslose Vormarsch des Chardonnay und des Sauvignon Blanc in den neueren Weinbauregionen schließlich einer so klassischen Rebsorte auch an der Loire berauben würde. Man kann nur hoffen, daß sie mehr in Mode kommt oder doch wenigstens bekannter wird, damit sie lukrativere Preise erzielt und auch für Weinerzeuger außerhalb des Gebiets an der mittleren Loire interessant wird. Die Versuchsanpflanzung von Listel im Midi beginnt sich bereits gut zu bewähren.

Synonyme:
Pineau de la Loire, Pineau d'Anjou, Pineau de Savennières, Pineau de Briollay, Gros-Pineau de Vouvray, Plant de Brèze, Gout-Fort, Verdurant, Blanc d'Anjou, Confort, Cou-Fort, Quefort, Blanc d'Aunis, Franc-Blanc, Franche (Frankreich); Steen (Südafrika)

Böden:
In Frankreich wird kalkhaltiger Boden bevorzugt, insbesondere Tuffgestein in der Touraine. In neueren Weinbauregionen auf unterschiedlichen Böden.

Wuchskraft:
Sehr starkwüchsig bei großer Widerstandsfähigkeit gegen Wind. Frostempfindlichkeit durch frühen Austrieb, früh bis mittelspät reifend.

Anfälligkeit:
Je nach Klon und Traubenform unterschiedlich anfällig für Fäule. Auf fetten Böden edelfäulefreundlich. Anfällig für Echten Mehltau; mittelresistent gegen Falschen Mehltau und sehr widerstandsfähig gegen Anthraknose.

Veredelungsunterlagen:
Bestimmte Klone sind für Unterlagen 101–14 und 143 B nur wenig geeignet. Bevorzugt werden mittelstark wachsende Unterlagen.

Erträge:
Bei kräftigem Rückschnitt mäßige bis starke Erträge

Qualität sehr unterschiedlich. Nicht in Mode.

Wichtige Rebsorten

Cabernet Franc

So wie der Pinot Meunier als wenig nobler Verwandter des Pinot Noir gilt, steht auch der Cabernet Franc im Schatten der großen Verehrung für den Cabernet Sauvignon. Zumindest dem Cabernet Franc geschieht damit Unrecht, denn diese Traube, die in so hohem Maß zu den grandiosen Weinen von Château Cheval Blanc beiträgt, muß wohl ihre Vorzüge haben. Sie bringt in St-Emilion ausgesprochen große und an der mittleren Loire sehr gute Weine hervor und wird auch in Italien verbreitet angebaut.

Ein typischer Cabernet-Franc-Wein – der Cheval Blanc kann nicht als typisch gelten – ist stärker kräuterwürzig als der Cabernet Sauvignon, dabei nicht so tanninherb und weniger säure- und extraktreich und daher von vornherein ansprechender. Sein ausgeprägtes Aroma erinnert manchmal an Himbeeren, manchmal an Veilchen und mich selbst an Tintenstift. Wenn er, wie in St-Emilion üblich, mit Merlot gemischt wird, dann füllt dieser die etwas magere Struktur des Cabernet Franc auf und sorgt für üppige Vollmundigkeit. Wird der Cabernet Franc dagegen wie im Médoc und in Graves nur als Würze für Cabernet Sauvignon und Merlot benutzt, dann ist er selbst kaum herauszuschmecken.

Ein Cabernet-Franc-Wein schmeckt nie wie ein Cabernet Sauvignon, dagegen kann ein Cabernet Sauvignon sehr wohl wie ein Cabernet Franc schmecken, wenn er in einem zu kühlen Klima gewachsen ist. Das beweist sich insbesondere in Neuseeland und manchmal auch im Staat Washington, und hierin spiegelt sich auf eigenartige Weise derselbe Vorgang wie bei den beiden wichtigsten weißen Bordeaux-Trauben, wo ja auch der Sémillon in kühlem Klima das grasige Aroma des Sauvignon Blanc annimmt.

Das Geheimnis, wie man das Beste aus diesen Trauben herausholt, besteht darin, die richtige Sorte für das jeweilige Klima zu wählen. Der Cabernet Franc eignet sich besser für kühleres Klima. Er treibt viel früher aus als der Cabernet Sauvignon, woraus sich auch seine ungleichmäßigen Erträge erkären, aber er reift früher und bewährt sich deshalb auch beispielsweise in St-Emilion, wo der Cabernet Sauvignon oft nicht zu voller Reife gelangt.

Noch in den sechziger Jahren war der Cabernet Franc in Frankreich viel verbreiteter angepflanzt als der Cabernet Sauvignon, der ihn erst 1979 eingeholt hat, als auf beide Sorten 23000 ha entfielen, so daß sie unter den Rotweinreben Frankreichs die 8. und 9. Stelle einnahmen. Neuere Zahlen liegen nicht vor, doch haben beide an Beliebtheit gewonnen, nur dürfte der Cabernet Sauvignon als weithin empfohlene Verbesserungssorte im Midi inzwischen einen Vorsprung gewonnen haben. Die Einflußsphäre des Cabernet Franc liegt weiter im Norden: in der Region Anjou-Saumur im Loire-Tal, in Bergerac und auf dem rechten Ufer der Gironde.

Unter dem Namen Bouchet galt der Cabernet Franc schon am Ende des 18. Jahrhunderts als besonders gut für das Libournais geeignet, wie aus einem Bericht von 1784 hervorgeht, der von Enjalbert in seiner Studie der Weine von St-Emilion, Pomerol und Fronsac zitiert wird. Wahrscheinlich ist die Rebsorte von hier aus in das Médoc gelangt, wo sie inzwischen im Durchschnitt 20% des Rebbestands ausmacht.

Es stellt sich die Frage, weshalb der Cabernet Franc im Médoc seine Stellung behaupten kann. Leichter einzusehen ist, daß dem Merlot dort eine bedeutende Funktion als Ergänzungssorte zukommt, aber wieso verdrängt der Cabernet Sauvignon, der doch im Médoc als die wahrhaft große Traube gilt, den Cabernet Franc nicht stärker? Das hieße aber dem Mißverständnis anhängen, daß, wenn ein wenig Gerbsäure gut für den Wein ist, viel Gerbsäure sehr gut sein müsse. Der Cabernet Franc verleiht einem Wein ähnliches Aroma und Gefüge wie der Cabernet Sauvignon, allerdings bei sehr viel weniger Gehalt an Tannin und harter Säure, und das muß in manchen Jahren recht vorteilhaft sein. Auch darf nicht übersehen werden, daß der Cabernet Franc ertragreicher ist als der Cabernet Sauvignon und eine gewisse Versicherung gegen die Ungunst der Wetterverhältnisse darstellt. Es ist unwahrscheinlich, daß beide Cabernets gleichermaßen unter schlechter Witterung leiden, und in einem kühlen Jahr hat der Cabernet Franc bessere Chancen, zur Reife zu gelangen. Den vielleicht besten Beweis für die dämpfenden Eigenschaften des Cabernet Franc liefern die in Kalifornien rein aus Cabernet Sauvignon bereiteten Rotweine, mit denen den Crus Classés von Bordeaux nachgeeifert werden soll: Sie zeigen, daß man beim Wein wie bei allen Dingen des Guten zuviel tun kann.

Dem großen Martin Bamford verdanken wir eine klärende Tat: Im Jahr 1970, das einen reichlichen und schön ausgereiften Ertrag brachte, hatte er die Idee, im Château de Pez je ein Faß des Mosts der vier dort angebauten Traubensorten getrennt ausbauen zu lassen, damit die Bestandteile des Ganzen später einzeln beurteilt werden konnten. 15 Jahre danach erwies sich bei einer Weinprobe in London der Cabernet Franc als der strahlende Sieger. Im Faß war er der dunkelste von allen gewesen und hatte den schwächsten Duft aufgewiesen; allerdings hatte er, wie Michael Broadbent beobachtete, im Jahr 1976 in der Flasche schon etwas »Fleisch« zugelegt.

Heute wird an der Loire fast ebensoviel Cabernet Franc angebaut wie in Bordeaux – etwa 10000 ha. An der Gironde ist seine Anbaufläche nur allmählich gewachsen, an der Loire dagegen gewinnt er als Alternative zum Chenin Blanc rasch an Boden. Viele Rotweine aus Anjou, Saumur und der Touraine bestehen zum großen Teil aus Cabernet Franc bzw. Breton. Musterbeispiele sind der Chinon, der Bourgueil und der fleischigere St-Nicolas-de-Bourgueil, alle vom westlichen Ende der Touraine, unmittelbar bei Champigny, der Rotweinhauptstadt von Anjou-Saumur. Außer in ganz besonderen Jahren sind alle diese Cabernet Francs deutlich leichter und säurereicher als ihre Artgenossen aus südlicheren Bereichen – ein Zwischending zwischen Bordeaux und Beaujolais. Qualitätsbewußte Erzeuger bringen auch langlebige Weine mit vielschichtiger Fruchtigkeit zuwege, doch ist die große Mehrzahl für einfacheren Genuß bestimmt.

Mit ihrem relativ hohen Gerbstoffgehalt eignen sich die Cabernets im allgemeinen nicht für Roséwein, aber an der

Loire bilden die üppigen Cabernets d'Anjou die berühmte Ausnahme von dieser Regel. Die Herbheit wird dabei durch eine gewisse Restsüße gemildert, und neben den meist aus Gamay und Groslot gekelterten weitverbreiteten Rosés d'Anjou wirken die Cabernet-Rosés geradezu aristokratisch.

Galet hält es für sehr wahrscheinlich, daß der Verwalter Richelieus, der Abbé Breton, den Cabernet Franc bei der Übernahme der Abbaye de St-Nicolas-de-Bourgueil aus Bordeaux an die Loire mitbrachte. Wenn das stimmt, dann wäre dies ein älterer Beweis für die Existenz der Sorte in Bordeaux, als er dort bisher zu finden ist. Erst 200 Jahre später, am Anfang des 19. Jahrhunderts, ist der Cabernet Franc dann in Norditalien urkundlich nachgewiesen – im Süden Frankreichs hinterließ er dazwischen so gut wie keine Spuren.

Anfänglich nannten die Italiener ihn fälschlich Merlot und erlebten also gute 150 Jahre früher dieselben Schwierigkeiten, die auch die Kalifornier mit der Unterscheidung zwischen diesen beiden Reben hatten. Noch heute heißt der Cabernet Franc im Veneto oft »Bordo«. Er ist in Nordostitalien, wo er die größte Anbaufläche außerhalb Frankreichs einnimmt, die meistangebaute Rotweinrebsorte.

Wie beim Chardonnay und Pinot Bianco machen sich die Italiener keine große Mühe mit der Unterscheidung zwischen Cabernet Franc und Cabernet Sauvignon, auch nicht in ihren DOC-Bestimmungen, und deshalb sind statistische Angaben über diese beiden Sorten nur schwer zu erhalten. Nur eines steht fest: Der Cabernet Franc wird sehr viel verbreiteter angebaut als der Cabernet Sauvignon. Das erscheint auf den ersten Blick seltsam, wenn man bedenkt, daß der Cabernet Sauvignon wärmeres Klima viel besser verträgt als der Cabernet Franc – allerdings kann es im Nordosten Italiens an manchen Stellen recht kühl sein.

Die Erklärung für diesen Widerspruch liegt in der Art der Weine, die aus dem Cabernet gewonnen werden. Obwohl das Interesse an Cabernet-Sauvignon-Weinen mit ihrer hohen Lebenserwartung deutlich gestiegen ist, stellen doch die meisten italienischen Cabernets sehr einfache, für baldigen Verbrauch bestimmte Weine dar, und für diesen Zweck ist der Cabernet Franc viel besser geeignet. Das gilt vor allem in Friaul und Venetien, wo der Cabernet der beliebteste sortenreine Rotwein ist. Für diese Weine sind beide Cabernets zugelassen, doch zeigt die relativ leichte Struktur an, daß die meisten von ertragreichen Cabernet-Franc-Klonen stammen müssen (und es muß leider auch gesagt werden, daß Nordostitalien für einige der wenigen Flecken auf dem guten Namen dieser Sorte sorgt). Die meisten Weine dieser Art sind nach zwei bis drei Jahren am besten, aber es gibt auch seriösere, vor allem Verschnitte der beiden Cabernets, manchmal mit Merlot. Die Cabernets aus den höheren Lagen Südtirols und des Trentino haben mehr Säure und Charakter, nur werden sie auch hier nicht unterschieden.

Burton Anderson zufolge war der Cabernet schon im letzten Jahrhundert die wichtigste Rotweinrebe in den Colli Piacentini in der Emilia-Romagna, und inzwischen vermehren sich die Anpflanzungen der beiden Sorten, und ihre Weine sind vollblütiger als weiter im Norden. Der beste

Der Cabernet Franc trägt im Durchschnitt nur 8% zum Rebbestand im Médoc bei. Hier im Château Poujeaux in Moulis beträgt sein Anteil allerdings 35%. In St-Emilion und in Pomerol ist jede 5. Rotweinrebe Cabernet Franc, und das Verhältnis verschiebt sich weiter zu seinen Gunsten, weil der ungeeignete Cabernet-Sauvignon-Klon, der in den sechziger Jahren von den Behörden empfohlen wurde, inzwischen durch Cabernet Franc ersetzt wird.

CABERNET FRANC

Cabernet Franc Italiens kommt aber erstaunlicherweise aus dem tiefen Süden, nämlich aus Simoninis Favonio-Weinbergen in Apulien.

Interessant wäre ein Vergleich mit einem sortenreinen Cabernet Franc aus Kalifornien oder Australien, aber so etwas gibt es kaum. Die Kalifornier geben an, daß dort 1983 über 160 ha (seit 1977 120 ha) zumeist in Napa und Sonoma stehen, doch wird der Cabernet Franc dort fast nur als Beigabe zu Cabernet Sauvignon und Merlot verwendet, nachdem die kalifornischen Kellermeister dem »echten Médoc-Rezept« mehr Beachtung schenken. Zwar ist der Merlot ertragreicher, dennoch dürften die Anpflanzungen von Cabernet Franc künftig zunehmen, da er als Ergänzung zu Cabernet Sauvignon in Spitzenweinen nun einmal gebraucht wird.

In Australien dagegen hat diese Rolle der dort verbreitete Shiraz mit großem Erfolg übernommen. Bis noch vor kurzem war der Cabernet Franc dort nur irrtümlich unter die Cabernet-Sauvignon-Reben geraten. Inzwischen experimentieren einige Erzeuger mit ihm, vor allem in Clare, wo das Klima gerade an der Grenze zum »Kühlheißen« liegt, wo vollreifer Cabernet Franc dem manchmal portweinähnlichen Charakter des Cabernet Sauvignon eine feine Kräuterwürze verleihen kann.

In Neuseeland gibt es keine offiziellen Angaben über einen Cabernet-Franc-Bestand, obwohl er dort besser zur Reife gelangen würde als der Cabernet Sauvignon, der als die wichtigste Rotweinsorte des Landes oft Weine hervorbringt, die so kühl und kräuterwürzig schmecken wie sonst der Cabernet Franc.

In Südafrika gibt es nur einige Hektar Cabernet-Franc-Reben, dagegen sind die Bestände dieser Sorte in Südamerika, vor allem in Chile, wo sie mit dem Cabernet Sauvignon gemeinsam gelesen und verarbeitet wird, viel ausgedehnter. Auch in Osteuropa spielt der Cabernet Franc eine bedeutende Rolle, insbesondere in Jugoslawien, aber auch in Ungarn, Rumänien und Bulgarien. Seine Weine dürften nach dem norditalienischen Muster ausfallen, doch gibt es kaum sortenreine Beispiele, so daß eine genauere Beurteilung nicht möglich ist.

Synonyme:
Breton (Loire); Carmenet (Médoc); Bouchet, Gros-Bouchet, Grosse-Vidure (St-Emilion und Pomerol); Véron, Bouchy, Noir-Dur, Méssange Rouge, Trouchet Noir (übriges Frankreich); Bordo, Cabernet Frank (Italien)

Böden:
Verträgt deutlich nassere Böden als der Cabernet Sauvignon, z. B. Lehm und vulkanische Böden.

Wuchskraft:
Wächst stärker als der Cabernet Sauvignon

Schnitt:
Mittlerer Rückschnitt; meist Guyot-Methode

Anfälligkeit:
Gute Resistenz gegen Infektionen, jedoch etwas anfällig für Echten und Falschen Mehltau

Veredelungsunterlagen:
Je nach Bodentyp SO4, 5BB, Gloire de Riparia und 420A

Erträge:
Mäßig; etwas höher als Cabernet Sauvignon

Hohe Qualität in Italien und überall dort sehr gefragt, wo außerhalb Frankreichs größtmögliche Nähe zum Bordeaux gesucht wird.

Gamay

Vergleichsweise könnte man sagen, daß der Gamay (oder Gamay Noir à Jus Blanc) unter den Rotweintrauben so etwas ist wie der Sauvignon Blanc unter den Weißweintrauben. Seine Verarbeitung geschieht meist im Schnellverfahren in der Absicht, einen leichten, fruchtigen Wein für baldigen Verbrauch zu erzeugen. Wer könnte es sich auch leisten, stets nur »seriösen« Wein ehrwürdigen Alters zu trinken – oder wer möchte das auch nur? Der Gamay verdient seinen Platz unter den wichtigen Traubensorten mit Leichtigkeit allein schon durch die Tatsache, daß er jedes Jahr in einer einzigen Region, nämlich im Beaujolais, so viel und so guten Wein erbringt.

Kein anderes Weinbaugebiet in Frankreich beweist einer einzigen Rebsorte so unverbrüchliche Treue wie das Beaujolais dem Gamay, der dort 88% der Gesamtrebfläche einnimmt. Und diese Gamay-Anbaufläche, von der Frankreichs beliebtester Rotwein stammt, macht nahezu 60% des gesamten französischen Gamay-Bestands (34000 ha) aus. Zwar ist in den letzten 20 Jahren seine Anbaufläche außer im Beaujolais und am östlichen Ende der Touraine zurückgegangen; trotzdem hält der Gamay unter den Rotweinsorten Frankreichs noch immer den sechsten Platz, ziemlich weit hinter dem Merlot, aber noch vor dem Cabernet Sauvignon.

Der Gamay wird sicherlich mehr als jede andere Rebsorte mit einer einzigen Region und einem einzigen Weintyp in Verbindung gebracht. Von einem Gamay-Wein wird erwartet, daß er einem typischen leichten Beaujolais entspricht: hell purpur, mit kräftiger Säure und wenig Gerbstoff, höchstens mittelschwer und mit einem intensiven fruchtigen Aroma. Andere Traubensorten, die in die Welt hinausgelangt sind, haben inzwischen den heimatlichen Staub von den Füßen geschüttelt; wer aber auch immer irgendwo an eigenen Gamay-Versionen bastelt – selbst im fernen Kalifornien –, hält sich stets streng an die Beaujolais-Gebrauchsanweisung.

Der Ursprung der Gamay-Rebe darf wohl etwas nördlich ihrer jetzigen Heimat gesucht werden. Ein kleines burgundisches Dorf in der Nähe von Chassagne-Montrachet erfreut sich dieses Namens, und vom 14. bis ins 19. Jahrhundert wurde der »Gamet« – auch wenn die Behörden es nicht gern hören – an der Côte d'Or sehr verbreitet kultiviert. Er ist eine ertragreiche Rebe, viel ertragreicher als der Pinot Noir, den er fast von der Côte d'Or verdrängt hätte, und so braucht man sich über seine Beliebtheit bei den Winzern in Burgund, wo das Verhältnis zwischen Qualität und Rentabilität stets auf unsicheren Füßen gestanden hat, durchaus nicht zu wundern. Im vergangenen Jahrhundert wurde auch an der Yonne viel Gamay angebaut; erst durch die Festlegung der Appellation-Contrôlée-Bestimmungen wurde er eindeutig auf die Region im Süden eingegrenzt, in der er die besten Leistungen vollbringt.

Von der Gesamtrebfläche an der Côte d'Or entfallen inzwischen nur noch 6% auf den Gamay, aber im Mâconnais, also zwischen dem eigentlichen Burgund und dem Beaujolais, ist er noch immer die meistangebaute Rebsorte. Allerdings holt der Chardonnay rasch auf; und weil der Gamay hier nur einen dünnen und flachen Wein erbringt, wird er allmählich vom Pinot Noir verdrängt, der als Bourgogne Rouge einen besseren Preis einträgt.

Die nicht gar so hoch angesehene Appellation Bourgogne Passe-Tout-Grains, in der eine Mischung von höchstens zwei Drittel Gamay mit Pinot Noir gestattet ist, wird an der Côte Chalonnaise viel benutzt. Allerdings kommen die besseren Versionen, in denen der Pinot Noir nach vier bis fünf Jahren die Oberhand gewinnt, von der Côte d'Or.

In seinem Buch »Burgundy« bezeichnet Anthony Hanson den Gamay rundweg als eine ganz und gar minderwertige Rebsorte, die nur das Glück hatte, durch die Erfindung einer besonders günstigen Bereitungsmethode im Beaujolais vor dem schmachvollen Untergang gerettet worden zu sein. Die Trauben werden ungepreßt, schnell und ziemlich warm vergoren, wobei die Flüssigkeit umgepumpt wird und einen kräftigen Anteil Preßwein zugesetzt erhält. Die Methode ist eine abgewandelte *macération carbonique*, wobei die Mischung beim Beaujolais Noveau nur drei und in allen

Gamay

Nur wenigen dieser Männer im Beaujolais dürfte bewußt sein, wie ungewöhnlich es ist, mit nur einer Traubensorte zu arbeiten. Das Frühstück schmeckt ihnen trotzdem.

anderen Fällen höchstens acht Tage dauert und keine Kohlensäure künstlich zugefügt wird. Dadurch wird aus den Traubenschalen ein Höchstmaß an Pigmentstoffen bei einem Mindestmaß an Gerbsäure gewonnen – eine lange Lebensdauer ist einem derartigen Wein freilich nicht beschieden. Wenn nun aber mit einer solchen Methode eine mittelmäßige Traube in einen so saftigen und fruchtigen Wein verwandelt werden kann, warum wird sie dann nicht auch anderswo mehr angewendet?

Ein weiteres Argument gegen die Behauptung, Gamay sei nur durch die besonders geglückte Bereitungsmethode gerettet worden, ist die Tatsache, daß die feinsten Weine aus dem Beaujolais durchaus nicht in diesem rationellen Schnellverfahren, sondern nach der traditionellen Rotweinbereitungsmethode durch langsames Vergären der entrappten und gepreßten Beeren gewonnen werden, die bis in die sechziger Jahre von allen Beaujolais-Erzeugern praktiziert wurde.

Allerdings stimmt es, daß die meisten Gamay-Weine außerhalb des Beaujolais reichlich dünn und säuerlich sind, wenn auch die Weine von Ardèche und einige aus der Touraine in letzter Zeit deutlich höhere Qualität aufzuweisen haben. Zum Teil läßt sich das bessere Abschneiden des Gamay im Beaujolais aus der Wechselwirkung mit dem Boden erklären, insbesondere mit dem Granitsockel des Haut-Beaujolais, der alle feineren Weine der Region hervorbringt.

Unbestreitbar leistet der Gamay nämlich im Hügelland der neun Crus sein Bestes. In ungefährer Reihenfolge ihrer Fülle und Langlebigkeit lauten die Namen dieser Bereiche: Chiroubles, St-Amour, Brouilly, Côte de Brouilly, Fleurie, Juliénas, Chénas, Morgon und Moulin-à-Vent. Darin, wie sich diese Weine im Alter entwickeln, liegt der deutlichste Beweis, daß der Gamay – anders als der Sauvignon Blanc – zu Größerem fähig ist. Niemand kann bezweifeln, daß ein Moulin-à-Vent aus einem guten Jahrgang nach etwa acht Jahren ähnlich zu schmecken beginnt wie ein Pinot Noir von der Côte d'Or. Dieselbe rätselhafte Verwandlung kann sich auch in den Weinen der anderen *crus* vollziehen, und viele alte Flaschen aus den Kellern der Beaujolais-Weingüter bestätigen dies.

In den flacheren, lehmigeren Weinbergen des Bas-Beaujolais wächst die einfachere »AC Beaujolais«, für die als Ertragsgrenze 55 hl/ha festgesetzt sind, gegenüber 48 hl für die *crus* und 50 hl für »AC Beaujolais-Villages«. Diese Ertragsmengen werden jährlich nach den jeweils von den Erzeugern bei den Behörden angemeldeten besonderen Umständen »angepaßt«, und auch die festgesetzte Mindestalkoholstärke von 9 bis 10% wird meist durch allzu eifrige Zuckerzugabe überschritten – der Gamay hat nämlich einen relativ niedrigen natürlichen Zuckergehalt.

Eine weitere Besonderheit ist im Haut-Beaujolais die Erziehung der Rebe oder vielmehr der Schnitt. Dabei werden bis zu fünf Triebe mit jeweils zwei Augen in einer *gobelet* genannten trichterartigen Form an einem Pfahl oder aber fächerförmig ausgebreitet an einem Spanndraht angebunden. Im Bas-Beaujolais ist die auch in Burgund und Bordeaux übliche Guyot-Methode zugelassen, die ein rascheres Wachstum ermöglicht. Die Pflanzdichte ist in der ganzen Region auf 9000 bis 13000 Stöcke pro Hektar festgesetzt.

Anthony Hanson zufolge hat die Forschungsstation in Villefranche 1977 fünf Gamay-Klone als ausreichend resistent gegen Graufäule und Blüteschwäche bei gutem Ertrag, Zucker und Säuregehalt der kleinbeerigen Trauben herausgefunden. Sie werden für alle Gamay-Pflanzungen empfohlen.

Etwa 15% der Gamay-Bestände Frankreichs befinden sich an der Loire, vor allem in der Touraine, wo sie den Gamay de Touraine hervorbringen, der zwischen dünn und wässerig bis zu vollmundig und saftig wie ein guter Beaujolais schmeckt. Aber auch in manchem Anjou Rosé spielt die Sorte eine Rolle. Die Gamay-Rotweine aus Anjou verfügen ebenfalls über eine eigene Appellation – allerdings bewährt sich hier der Cabernet Franc offenbar besser. Im Rezept der meisten nördlichen *vins rouges de pays* hat der Gamay seinen Platz (er kann selbst in den Marches de Bretagne noch guten Wein bringen), ebenso wie in vielen Rotweinen aus der weiteren Umgebung der Loire, zum Beispiel im Coteaux d'Ancenis, im Coteaux de l'Aubance und in den Weinen von Haut-Poitou.

Östlich von Anjou übernimmt der Gamay zusammen mit dem Pinot Noir die Rolle des Cabernet Franc als meistangebaute Rotweinrebe. Er bewährt sich in vielen VDQS-Bereichen wie Châteaumeillant, St-Pourçain-sur-Sioule (wo die besseren Weine vom Pinot Noir stammen), Côtes d'Auvergne, Côtes du Forez und noch mehr in dem nach Beaujolais-Art bereiteten Côte Roannaise. Auch in den Randgebieten der nördlichen Rhône wird er kultiviert und ist als Gamay

Das Château de St-Amour bietet einen grandioseren Anblick als die typischen Bauernhäuser im Beaujolais. Darin spiegelt sich die unbestreitbare Tatsache, daß die Weine der neun Beaujolais-Crus, zu denen St-Amour zählt, ebenfalls grandioser – konzentrierter und langlebiger – sind als der einfache Beaujolais. Überdies scheint sich wiederum in den auffallend hübschen Namen dieser Crus auch der Charakter ihrer jeweiligen Weine zu spiegeln.

d'Ardèche in guten Jahren sehr erfolgreich. In der Champagne sind noch einige kleinere Gamay-Bestände vorhanden, insbesondere im Département Aube.

Alle diese Weine werden vom Gamay Noir à Jus Blanc bereitet, im Unterschied zu den nicht so edlen Gamay Teinturiers, deren rotes Fruchtfleisch vielen *vins de table* Farbe verleiht; allerdings ist diese Praxis allmählich im Schwinden begriffen.

Die Gamay-Rebe bewährt sich auch in Höhenlagen. In der Schweiz wird sie zusammen mit dem Pinot Noir in den Kantonen Waadt und Wallis angebaut und spielt als Zutat im Dôle eine bedeutende Rolle. Jenseits der Schweizer Grenze wird sie im Aosta-Tal seit einiger Zeit kultiviert; sie liefert dort den außerordentlich süffigen Vin des Chanoines.

Auf der Iberischen Halbinsel ist der Gamay – abgesehen von einigen Versuchsanpflanzungen von Jan Read in Bairrada – so gut wie nicht anzutreffen, und das gilt auch für das ganze übrige Europa.

Die Weinbauregionen der Neuen Welt haben bisher dem Gamay ebenfalls keine Beachtung geschenkt – nur in Kalifornien glaubten viele Erzeuger irrtümlich bis vor einigen Jahren, daß sie Gamay-Reben in ihren Weinbergen hätten. Was dort jedoch unter dem Namen Gamay Beaujolais schwere und dunkle Weine hervorbringt, ist inzwischen von Professor H. Olmo von der Universität Kalifornien in Davis als ein recht minderwertiger Pinot-Noir-Klon identifiziert worden. Vor einiger Zeit hat Professor P. Galet von der Universität Montpellier die Vermutung geäußert, daß es sich beim ertragreicheren, helleren Napa-Gamay, der zum Unterschied vom Gamay Beaujolais auch nur kurz und bündig Gamay genannt wird, eigentlich um die Massenträgersorte Valdiguié handelt, die im Midi und in Südwestfrankreich jetzt allmählich ausgemerzt wird. Beide Traubensorten werden noch nach traditionellen Methoden und in der Beaujolais-Technik verarbeitet und liefern Weine der unterschiedlichsten Art, jedoch zumeist in minderer Qualität.

Charles F. Shaw vollbrachte in seinem Kellereibetrieb in St. Helena im Napa-Tal Pionierleistungen mit »seriösen« Weinen nach dem Vorbild des Beaujolais. Neuerdings wurden körperreiche, in Holzfässern ausgebaute Weine unter dem Etikett »Vérité« herausgebracht, die angeblich der alten Beaujolais-Tradition nachempfunden sind. Es überrascht nicht, daß die kalifornischen Weine, die dem Original von Beaujolais am nächsten kommen, unter dem Etikett des selbsternannten »Prince of Beaujolais« Georges Dubœuf erschienen; sie werden als Verschnitt aus Gamay Beaujolais und Napa Gamay bereitet.

Noch hartnäckiger hat sich die irrtümliche Meinung gehalten, daß der Gamay mit der durchaus nicht mit ihm verwandten Rebe, die in Deutschland Blauer Limberger, in Österreich Blaufränkisch oder Limberger, in Ungarn Kékfrankos usw. heißt, identisch sei. Diese Meinung ist so sehr festgefahren, daß der Blaufränkisch in Bulgarien »Gamé« genannt wird.

Nicht nur den Weinfreunden, sondern auch den Weinerzeugern in aller Welt ist tatsächlich weitgehend unbekannt, daß die geographische Verbreitung des echten Gamay auf das Beaujolais und das Loire-Tal sowie deren Umgebung beschränkt ist.

Synonyme: Gamay Noir à Jus Blanc, Petit Gamai, Gamay Rond, Bourguignon Noir	*Schnitt:* Traditionell *gobelet*-Schnitt, aber auch Guyot-Methode
Böden: Gedeiht am besten in den tiefgründigen schiefrigen Granithügeln des Haut-Beaujolais mit sandiger Lehmauflage.	*Anfälligkeit:* Graufäule *Veredelungsunterlagen:* Im Haut-Beaujolais Vialla; sonst 3309C und SO4
Wuchskraft: Relativ starkwüchsig	*Erträge:* Reichlich

Mittlere bis gute Qualität. Außer im Beaujolais nicht in Mode.

GARNACHA

(GRENACHE)

Die Qualität der Weine, die diese für warmes Klima geeignete Traube hervorbringt, ist zwar nicht immer überwältigend, doch allein schon die Quantitäten, die sie als Garnacha, Grenache oder Cannonau produziert, sichern ihr einen Platz unter den wichtigen Traubensorten. Die Beurteilung ihrer Qualität wird allerdings dadurch erschwert, daß die Garnacha zu seriösem Rotwein fast nie sortenrein verarbeitet wird. Doch läßt sich daraus schon schließen, daß es ihr an irgend etwas mangeln muß, beispielsweise an der Farbe oder am Gerbstoffgehalt. Die Garnacha besticht mehr durch Kraft als durch Schönheit.

Es ist angebracht, hier dem spanischen Namen dieser über die ganze Welt verbreiteten Traube die erste Stelle einzuräumen, denn sie stammt aus Spanien und wird dort auch am meisten angebaut. Die wohl erste Erwähnung ihrer Existenz ist aus der Provinz Aragón belegt, von wo aus sie sich rasch nach Rioja und dann über die Pyrenäen hinweg in das Roussillon und das heutige Grenache-Land in Südfrankreich ausgebreitet hat.

Unter dem Namen Garnacha Tinta oder Garnacho Tinto ist sie die meistangebaute dunkle Traube Spaniens, wo sie insgesamt 15% der Gesamtrebfläche einnimmt. Zum Teil ist das auf die besondere Stärke der Garnacha zurückzuführen, daß sie nämlich auch gegen große Trockenheit und starken Wind unempfindlich ist. Der aufrechte Wuchs und das sehr feste Holz tragen dazu bei. Wo sie in bewässerten Weinbergen kultiviert wird, muß die Bewässerung früher eingestellt werden als bei anderen Rebsorten, um so die Verhältnisse in Spanien und im Midi, wo die Rebe durch natürliche Selektion heimisch geworden ist, nachzuahmen.

Die Rebe treibt ziemlich früh aus, braucht aber bis zur Reife eine sehr lange Wachstumsperiode, doch dann erreicht sie einen Zuckergehalt wie keine andere Sorte. Reiner Garnacha-Wein mit 15 bis 16% Alkoholgehalt ist in Spanien durchaus nicht ungewöhnlich. Der an Apfelsäure bemerkenswert arme Most ist manchmal nur schwer zum Ausgären zu bringen. Der Wein ist für Oxidation anfällig, und deshalb hat er kaum gute Aussichten auf Langlebigkeit.

Die Garnacha-Trauben haben im allgemeinen dünnschalige Beeren mit wenig Pigmentstoffen und eignen sich deshalb gut für die Bereitung als Rosé. Dazu tragen auch das süße, fruchtige Aroma und der geringe Gerbstoffgehalt bei. Allerdings ist die Farbe der Garnacha-Trauben je nach Rückschnitt, Boden und Klima unterschiedlich. Auf fruchtbaren Böden trägt die Rebe reichlich blaßrosa Trauben; aber auf kargem Grund, auf dem außer Wein und Oliven nichts wachsen will, erlangt sie eine tief purpur-karminrote Farbe, und auch ihr Wein fällt entsprechend dunkel aus. Wenn die Garnacha ihren üppigen Charakter behalten soll, muß ihr Ertrag wenigstens auf 50 hl/ha beschränkt werden, das heißt sie braucht kräftigen Rückschnitt.

Zu Rosés wird die Garnacha meist allein verarbeitet, in Rotweinen aber stets mit anderen Sorten gemischt. Das gilt vor allem in der Hauptanbauregion Rioja. Wie der nicht so üppige Tempranillo, mit dem sie meist verschnitten wird, nimmt die Garnacha hier rund 40% der Rebfläche ein; sie beginnt jedoch an Bedeutung zu verlieren. Im Gegensatz zum Tempranillo konzentriert sich ihr Anbau auf den wärmeren östlichen Teil, so daß sie in Rioja Baja bei weitem die wichtigste Sorte darstellt; allerdings hat Jan Read auch um San Asensio und Mormejilla in Rioja Alta große Anpflanzungen vorgefunden. Die blaßlila Trauben der Garnacha werden hier relativ früh gelesen und zu *rosado* oder dem in der Gegend üblichen hellroten *clarete* verarbeitet. Manche der vollblütigen *tintos* aus Rioja sind reine Garnachas – ihr Temperament ist kaum zu zügeln. Alkoholstärke ohne Eleganz ist das Hauptmerkmal der meisten Garnachas aus Rioja, doch gut bereitete Weine sind samtig und so üppig, wie der magere Tempranillo sie nicht zuwege bringt.

Etwas weiter nördlich beweist Navarra, wie gut sich knapper Ertrag bei der Garnacha auswirkt. Die meisten Rotweine dieser Gegend bestehen überwiegend aus Garnacha, wie schon die helle Farbe erkennen läßt. Sie weisen mehr Säure und dafür weniger Alkohol auf als ihre Artgenossen aus Rioja. Auch in den sehr unterschiedlichen Verschnitten Kataloniens ist die Garnacha eine wichtige Zutat und bringt ihre reife Fruchtigkeit in diese Weine ein, obwohl daran in dieser Gegend von vornherein kein Mangel herrscht.

Beim angesehensten Wein Spaniens, dem Vega Sicilia aus der Nähe von Valladolid, gehört die Garnacha ebenfalls zum Mischungsrezept. In allen anderen Gegenden Spaniens erreicht sie nicht so große Höhen.

Im Süden Frankreichs hat sich die Rebsorte stark durchgesetzt und den Massenträger Aramon überflügelt. Dadurch ist der Grenache hinter dem Carignan zur zweitmeist angepflanzten dunklen Traube Frankreichs geworden. In der Zählung von 1979 wurde ihre Rebfläche mit 78000 ha, das sind 27000 ha mehr als 1968, festgestellt.

GARNACHA
(GRENACHE)

Der Anbau konzentriert sich vorwiegend auf den Süden und den Südosten. Zwar ist in den vier Départements, aus denen die enorm große Weinregion Languedoc-Roussillon im Midi hauptsächlich besteht, der Grenache Noir nur die viert- oder fünftmeist angebaute Traubensorte, doch in Tavel, Châteauneuf-du-Pape und an den Côtes-du-Rhône steht er an erster Stelle. Über ein Drittel der französischen Grenache-Anbaufläche liegt in den Départements Gard und Vaucluse. Hier, vor allem im Bereich Châteauneuf-du-Pape, gedeiht der Grenache im steinigen, vom Mistral gepeitschten Land besser als andere Sorten, und das dürfte wohl auch der Hauptgrund für seine Beliebtheit in dieser Gegend sein.

Seitdem das Châteauneuf-du-Pape-Rezept mit seinen 13 Traubensorten als Zutaten erfunden wurde, wird es von allen Winzern hier bei der Weinbereitung befolgt. Der Grenache ist nicht nur der Hauptbestandteil in diesem berühmtesten Wein aus dem Südosten Frankreichs, sondern er trägt auch in hohem Maß zu den Rot- und Roséweinen von Tavel, Lirac, Gigondas, Côtes du Ventoux, Coteaux du Tricastin und Côtes-du-Rhône in allen Güteklassen bei. In den seriöseren Weinen von der südlichen Rhône hat allerdings die Syrah die Vorherrschaft im Verschnitt und macht sie in der Jugend trocken und hart mit tiefer Farbe und starkem Bukett – ganz und gar das Gegenteil eines vom Grenache beherrschten Weins. Die weniger berühmten Appellationen haben oft schöne Beispiele der einfachen, unumwunden fruchtigen Art der Grenache-Weine zu bieten, wobei andere, nicht so stark verbreitete Sorten wie der Mourvèdre oft noch eine interessante Note hinzufügen.

Der Wein, der am meisten mit Grenache in Verbindung gebracht wird, ist der Tavel Rosé, dessen Ruhm inzwischen ein wenig verblaßt; alle, die ihm je erlegen sind, können bestätigen, daß sein Alkoholgehalt recht beträchtlich ist. Wie bei seinem weniger bekannten Cousin, dem Lirac Rosé, kann man an ihm deutlich die Neigung zur Oxidation beobachten, der im übrigen oft durch Mischen mit weißen Sorten zu begegnen versucht wird.

Darüber hinaus gehört der Grenache in die Komposition so ziemlich aller Rotweine der Provence und auf jeden Fall in die trockenen lachsrosa Weine, die in diesem Ferien- und Urlaubsland überall so sehr beliebt sind.

An der Küste in Richtung Spanien leistet der Grenache Noir zusammen mit Grenache Gris und Blanc seinen Beitrag zum vollen, robusten *vin doux naturel*, wie er unter den Namen Banyuls, Rivesaltes und Rasteau bereitet wird – das heißt zu allen süßen Weinen dieser Gegend außer den Muscats.

Auch auf Korsika ist Grenache eine verbreitete Sorte und wird viel mit Lokaltrauben verschnitten, ebenso unter dem Namen Cannonau auf Sardinien. Es wird zwar gelegentlich behauptet, der Cannonau sei die Sorte Canocazu aus Andalusien, aber ampelographische Anzeichen deuten auf Verwandtschaft mit Garnacha. Auch bei dieser Rebsorte ist der Zuckergehalt sehr hoch, das Traubenaroma recht einfach, und das Hauptproblem besteht in der geringen Farbkraft. Wahrscheinlich hat sich auch die Garnacha Blanca in Sardinien niedergelassen, denn der Cannonau kommt in allen Farben, von Rot über Rosa bis Weiß vor und liefert Weine aller Süßegrade bis hin zu einem etwas bäuerischen Portwein.

Die Vorschriften für die DOC Cannonau di Sardegna legen für den trockenen Standard-Rotwein einen Mindestalkoholgehalt von 13,5% und für den *superiore* beängstigende 15% fest. Die Weine werden wie ihre Vorbilder von Châteauneuf-du-Pape ein Jahr im Faß ausgebaut, sind aber doch nicht für lange Lebensdauer gedacht. Die sortenreinen Versionen nehmen hier eine gewisse Erdigkeit an, doch die typische süße Fruchtigkeit kommt stets zum Vorschein. Auch auf Sizilien und am Südzipfel Italiens ist die Rebe zu finden.

Eigentlich müßte sich diese Traube auch für andere Weinbaugebiete am Mittelmeer gut eignen. An der Eroberung Griechenlands ist sie allerdings durch die insulare Mentalität des dortigen Weinbaus gehindert worden. Dafür wird sie in Israel viel angebaut und war in den großen Tagen des algerischen Weinbaus dort eine der erfolgreichsten Sorten. Zu den erstaunlich verlockenden Roséweinen Marokkos leistet sie noch immer einen bedeutenden Beitrag.

In den neueren Weinbauregionen ist die Garnacha wegen ihrer Widerstandsfähigkeit gegen Trockenheit und Hitze und wegen ihrer guten Erträge dankbar aufgenommen worden, vor allem in Australien, Südafrika und Kalifornien, wo der Grenache die viertmeist angebaute dunkle Traubensorte ist (7200 ha). Sie gedeiht im Central Valley, aber auch im gemäßigteren Bereich Mendocino sehr gut und erbringt dort leicht süße Roséweine. Auch für die helle Farbe und den etwas dicklichen Charakter vieler kalifornischer Portweine dürfte sie verantwortlich sein. Da nun weder Rosé- noch Dessertweine in den USA besonders hoch im Kurs stehen, sollte man annehmen, daß der Grenache dort im Rückgang sei, doch erlebt er im Gegenteil einen stetigen Zuwachs. Das wird wohl nicht von langer Dauer sein, denn die Rebe mit ihrem starken Holz ist nur schwer maschinell abzuernten.

Die Kalifornier verlangen dem Grenache gewaltige Erträge ab – bis zu 200 hl/ha. Da wäre es schon interessant zu sehen, ob Ertragsbeschränkungen – etwa im gemäßigten Mendocino – nicht doch zu Weinen führen würden, die sich beispielsweise mit besseren Châteauneufs (die ja zum größten Teil aus Grenache bestehen) vergleichen ließen, vielleicht mit einem Château Rayas.

In Australien wird um den Grenache offenbar ein großes Geheimnis gemacht. Er ist nach dem Shiraz die zweitmeist angebaute Rebsorte, doch auf einem Flaschenetikett trifft man seinen Namen kaum an. Die Anbaufläche von 4000 ha ist zum Teil über die Bewässerungsgebiete von Neusüdwales und Victoria verstreut, zum größeren Teil aber befindet sie sich in den nicht bewässerten Gegenden des Barossa-Tals und in den Southern Vales in Südaustralien. Hier könnte der Grenache mit seinem Mangel an Farbstoff und Tannin und mit seiner Kurzlebigkeit in sortenreinen Weinen Schwierigkeiten machen; deshalb ist er meist Bestandteil eines billigen trockenen Rotweins oder eines rasch trinkreifen Dessertweins. Die australischen Erfahrungen unterstreichen nur, wie wichtig die Ertragsbeschränkung für die Qualität dieser Sorte ist.

In Südafrika hat der Grenache eine lange Geschichte: 1910 stellte der Weinbauforscher A. Perold völlige Übereinstimmung des südafrikanischen Grenache mit Jungpflanzen aus Montpellier und Garnacha-Pflanzen aus Rioja fest.

Eichenfässer sind für die beiden berühmtesten Garnacha-Weine, den Châteauneuf-du-Pape und den Rioja, unabdingbar. Die Bodega Muga in Haro benutzt in traditioneller Weise die Garnacha als Polster im Verschnitt mit Tempranillo.

Inzwischen hat die Beliebtheit der Sorte stark nachgelassen, so daß sie heute nur noch einen sehr kleinen Teil der Rebfläche am Kap einnimmt.

Auch der Grenache Blanc ist vor allem in Südfrankreich weit verbreitet, wo er die drittmeist angebaute Weißweinrebe ist.

Synonyme:
Garnacho, Lladoner, Tinto, Tinta, Tinto Aragones, Granaccia, Carignan Rosso, Roussillon Tinto, Uva di Spagna, Tintilo de Rota, Tinto Menudo, Tinta Mencida, Tentillo (Spanien);
Grenache Noir, Granacha, Alicante, Bois Jaune, Carignane Rousse, Sans Pareil, Roussillon, Rivesaltes, Redondal, Rouvaillard, Aragonais, Ranconnat (Frankreich);
Cannonau (Sardinien); Granaccia (Sizilien)

Böden:
Besonders gut für trockene, felsige Hänge geeignet. In Kalifornien auch gut an tiefgründigen lehmigen Sandboden oder sandigen Lehmboden angepaßt.

Wuchskraft:
Sehr kräftiger, aufrechter Wuchs

Schnitt:
In Spanien und Frankreich mittlerer bis scharfer Rückschnitt nach der *Gobelet*-Methode. In Australien wurden gute Erfahrungen mit hoher Erziehung bei scharfem Rückschnitt gemacht. In Kalifornien scharfer Rückschnitt und Spanndraht-Erziehung.

Anfälligkeit:
Sehr anfällig für Falschen Mehltau, Anthraknose, Traubenfäule, Bekreuzten Traubenwickler und andere Schadinsekten. Besonders wuchskräftige Reben neigen zum Durchrieseln. Viruskranke Reben zeigen Blütenschwäche.

Veredelungsunterlagen:
Keine Anpassungsschwierigkeiten. Meistgebräuchlich sind: Rupestris St-George, 99R, 44–53M, 110R, 41B und 3309C.

Erträge:
Sehr ertragreich, trägt auch bei Trockenheit und Wind gut

Qualität ertragsabhängig, jedoch meist nur mäßig. Brauchbar; nicht in Mode.

CINSAUT

Der Cinsaut ist den Winzern im Süden Frankreichs gewissermaßen als das Allheilmittel für ihre Überproduktionssorgen verschrieben worden. Er wurde als Ersatz für die minderwertigen Massenträgersorten Aramon und Alicante Bouschet im Midi so eifrig empfohlen, daß sich seine Anbaufläche in Frankreich während der siebziger Jahre verdreifacht hat. 1979 nahm er mit einer Gesamtfläche von 50000 ha den vierten Platz unter den Rotweinreben ein. Algerien besaß, als sein Weinbau auf dem Gipfel war, eine noch viel größere Anbaufläche; inzwischen ist sie bis auf einige vernachlässigte Reste verschwunden.

Ihre Beliebtheit in Nord- und Südafrika verdankt die Rebe ihrer Widerstandsfähigkeit gegen sehr heißes Klima. Mit dem Grenache hat sie einen wenigstens für Traubenanbauer erfreulich hohen Ertragsreichtum gemeinsam, reift aber früher und hat entschieden mehr Säure, Farbe und sogar so etwas wie Charakter. Wie beim Grenache steht aber auch beim Cinsaut die Intensität des Aromas und die Farbkraft im umgekehrten Verhältnis zum Ertrag, so daß er Weine vom zarten Rosé bis zum feurigen Port hervorbringen kann.

Sein Charakter beruht vor allem auf einem fleischigen, recht derben Geschmack, der manchmal als an Hundefutter erinnernd abgelehnt wird, mit seiner Eigentümlichkeit aber Mischungen, in denen Grenache oder Carignan vorherrschen, eine gute Substanz verleihen kann. Da seine Weine wenig Gerbstoff enthalten, müssen die Verschnitte Syrah oder Cabernet Sauvignon enthalten, wenn sie eine gewisse Lebensdauer haben sollen.

Im Gegensatz zum Grenache mit seinem starken Holz bietet der Cinsaut dem modernen Weinbau die höchst erwünschte Eigenschaft, maschinell gut abgeerntet werden zu können, und seine dickschaligen Beeren sind sehr resistent gegen Graufäule. Es ist deshalb nicht verwunderlich, daß er so große Beliebtheit genießt, und er dürfte wohl doch in den nächsten Jahrzehnten immer mehr als sortenreiner Wein in

Cinsaut

Erscheinung treten, obwohl er die Individualität und große Klasse beispielsweise der Syrah kaum erreichen kann.

Während sich die Grenache-Anbaufläche Frankreichs mehr auf die Osthälfte der weiträumigen Pflanzungen im Midi erstreckt, konzentriert sich der Cinsaut mehr auf die Westhälfte. Auf die drei »problematischen« (gemeint ist damit die Weinschwemme) Départements im Languedoc-Roussillon – Aude, Hérault und Gard – entfiel 1979 über ein Drittel der gesamten Cinsaut-Anbaufläche in Frankreich. Auch in der Provence und im Norden Korsikas wird sehr viel Cinsaut kultiviert.

Obwohl der Cinsaut einen ausgezeichneten Roséwein liefert, wird er gewöhnlich als verbessernde Zutat zu den *vins de table ordinaires* aus dem westlichen Midi oder als Bestandteil im Rezept besserer Weine aus dem östlichen Midi verwendet. In Châteauneuf-du-Pape steht er hinter der Syrah und dem Mourvèdre, wie er überhaupt in allen den heute recht geschätzten kleinen Appellationen dieser Gegend meist nur die dritte oder vierte Stelle einnimmt. Experimente im Midi haben übrigens gezeigt, daß er sich auch mit dem Cabernet Sauvignon in Mischungen gut verträgt.

Wenn man einen Cinsaut-Wein ganz rein kosten möchte, muß man sich schon nach Südafrika wenden – und auch dort ist er eine Rarität. Hierher kam die Sorte im 19. Jahrhundert, und bis zur Mitte der sechziger Jahre hatte sie sich zur meistangepflanzten Rebe des Landes entwickelt. Damals nahm sie 30% der Gesamtrebfläche im Kapland ein. Allerdings wurde sie unter dem eigenen Namen Cinsaut erst zu Beginn der siebziger Jahre bekannt, als ihr Stern schon im Verblassen war. Vorher war sie als »Hermitage« oder »Hermitake« bezeichnet worden, was ein doppeltes Mißverständnis war, denn in der berühmten französischen Weinlage dieses Namens wurde der Cinsaut nie angebaut.

Der Cinsaut hat in Südafrika eine ähnliche Stellung wie der Shiraz in Australien und der Zinfandel in Kalifornien. Er verdankt seine Beliebtheit vor allem seinem Ertragsreichtum und seinem Zuckergehalt. Doch werden der Rebe so hohe Erträge abverlangt, daß der Wein zum großen Teil recht dünn ausfällt. So haben die Kellermeister es nicht leicht, aus ihrer jeweils meistangepflanzten Rotweinsorte interessante Weine zu machen. Hier kann nur scharfer Schnitt zur Ertragsbeschränkung helfen. Natürlich wird auch in Südafrika der Cinsaut zumeist als Verschnittmaterial verwendet, doch bringt er an manchen Stellen einen so hohen Zuckergehalt zuwege, daß er auch gern zu portähnlichen Weinen verarbeitet wird. Minderwertigerer Cinsaut dient dagegen als Grundstoff für die Destillation.

Leichtere Cinsaut-Weine – freilich ist »leicht« hier nur relativ zu verstehen – geben eine feine Ergänzung zum viel härteren Cabernet Sauvignon ab, und manche Erzeuger verschneiden sie auch mit Shiraz, wodurch ein Rotwein mit recht lockerem Gefüge entsteht. Bei sorgfältiger Wahl der Lage und guter Pflege erbringt die Rebe auch gute sortenreine Weine, die zwar nicht mit langer Lebensdauer aufwarten können, dafür aber einen schönen, fruchtigen Charme und eine bessere Struktur als Grenache besitzen.

Inzwischen geht die Cinsaut-Anbaufläche in Südafrika wieder zurück, doch hält sie hinter dem Chenin Blanc und dem Palomino mit rund 10% der Gesamtrebfläche noch immer den dritten Platz. Was immer der Grund dafür sein mag, im Pinotage, der originellen südafrikanischen Rebe, wird der Cinsaut doch weiterleben. Professor A. Perold schuf diese Sorte 1925 durch Kreuzung von Pinot mit »Hermitage«. Übrigens genießt auch der Cinsaut Blanc unter dem Namen Albatros in Südafrika einige Beliebtheit.

Auch in Australien ist der Cinsaut nicht gerade groß in Mode. Seine Anbaufläche – nicht einmal ganz 200 ha – ist im Barossa-Tal vorwiegend mit alten Reben besetzt, und in den Bewässerungsgebieten gibt es einige kleinere Anpflanzungen, meist für Verschnitte mit Cabernet und Shiraz. Freilich spricht auch wenig für einen stärkeren Anbau des Cinsaut (oder Œuillade, wie er fälschlich genannt wurde), wo doch der Shiraz als dankbare und viel edlere Alternative so reichlich zur Verfügung steht. Inzwischen haben die Australier jedoch entdeckt, daß der Cinsaut bessere Tafeltrauben liefert als die anderen üblicherweise zur Rotweinbereitung bestimmten Sorten.

Wie der Grenache eignet sich auch der Cinsaut ganz besonders gut für den östlichen Mittelmeerraum und ist wohl deshalb die verbreitetste Traubensorte im Libanon. In Süditalien wächst der Cinsaut unter dem Namen Ottavianello in der Gegend von Brindisi; dort ist der von Burton Anderson als »subtil im Geschmack« hervorgehobene Wein Ostuni Ottavianello der bekannteste dieser Art. Die Anbaufläche in Apulien wird auf 3000 ha geschätzt.

In vielen Weinbergen Nordafrikas ist der Cinsaut (manchmal auch Cinsault geschrieben) noch zu finden. In Algerien wird er meist mit Carignan und Alicante verschnitten. Es wäre einmal eine Untersuchung wert herauszufinden, wieviel Cinsaut im »altmodischen Burgunder« enthalten war. Vielleicht verträgt er sich mit dem Pinot Noir gar nicht schlecht!

Synonyme: Cinsault, Cinq-saou, Plant d'Arles, Bourdales, Milhau, Morterille Noire, Prunelas, Picardan Noir, Espagne, Ulliaou, Passerille, Papdou, Poupe de Crabe, Prunella, Calabre, Cuviller, Petaire, Salerne, Malaga (Frankreich); Ottavianello (Italien); Hermitage (Südafrika); Oeillade, Blue Imperial (Australien)	*Anfälligkeit:* Unterschiedlich; sehr anfällig für Echten und Falschen Mehltau; manchmal Beerenabwurf vor der Reife. Regenfest durch hartschalige Beeren.
Böden: Anpassungsfähig	*Veredelungsunterlagen:* Für Hanglagen und zur Qualitätsverbesserung werden schwachwüchsige Unterlagen, z. B. 3309C, empfohlen; Berlandieri-Rupestris-Unterlagen lassen durch zu starke Wuchskraft keine Dunkelfärbung der Beeren eintreten.
Wuchskraft: Gering bis mittelstark	
Schnitt: Kräftiger Rückschnitt erforderlich. Niedrige Erziehung ergibt die beste Qualität.	*Erträge:* Potentiell hoch; zwischen 30 und 100 hl/ha, je nach Erziehung

Mittlere Qualität; gutes Verschnittmaterial. Nicht in Mode.

CARIGNAN

Obwohl der Carignan nur in Frankreich und Kalifornien in größerem Maßstab angebaut wird, bringt er doch mehr Rotwein hervor als irgendeine andere Sorte. Der viel weiter verbreitete weiße Trebbiano ist wohl sein einziger Rivale als ertragreichste Rebe der Welt.

Der Carignan taucht erstmals in der Nähe des Orts Cariñena in Aragón (Nordostspanien) auf. Der bekannteste Wein dieser Region heißt noch heute Cariñena, obwohl die Traubensorte, die ihm den Namen gibt, neben Grenache und Bobal nur zu einem Drittel darin enthalten ist. Die Cariñena hat sich in Spanien, wo sie nicht einmal zu den 20 meistangebauten Sorten zählt, nie so durchgesetzt wie in Frankreich und Kalifornien (darum wird ihr hier auch nicht die Ehre zuteil, unter ihrem spanischen Namen geführt zu werden).

In Frankreich ist der Carignan erst seit dem 12. Jahrhundert bekannt. Von den Pyrenées Orientales und der Aude aus hat sie sich über den ganzen Midi verbreitet. In den sechziger Jahren verdrängte sie den Aramon vom ersten Platz als Hauptsorte für den *vin ordinaire* im Languedoc-Roussillon; und damit wurde sie auch zur bei weitem am meisten angebauten Rebsorte Frankreichs. In den siebziger Jahren ging die Carignan-Anbaufläche wieder etwas zurück, belief sich aber 1979 noch immer auf 207 000 ha, fast dreimal soviel wie der Grenache als zweitmeist angebaute Rotweinrebe Frankreichs.

Heute verliert der Carignan im Languedoc und Roussillon immer mehr an Beliebtheit, weil sich dort allmählich

CARIGNAN

edlere Sorten durchsetzen, aber auch, weil der Carignan seine Trauben so hartnäckig am Stock festhält und obendrein gern noch eine zweite Generation harter grüner Beeren nachtreibt, was im Zeitalter der maschinellen Weinernte als sehr nachteilig angesehen wird.

Der Carignan hat gegenüber dem Aramon einen großen Vorteil: Er treibt spät aus und wird deshalb durch Spätfröste kaum gefährdet. Auch die Blüte fällt meist in wärmeres und ruhigeres Wetter. Der große Anstoß dafür, daß der Aramon vom Carignan verdrängt wurde, war vielleicht der starke Schaden, den der Aramon durch die kalten Winter 1956 und 1963 erlitt.

Gemeinsam haben Carignan und Aramon den reichlichen Ertrag, doch ist die Qualität des Carignan-Weins eindeutig besser. Seine dickschaligen Beeren erbringen dunklen Wein mit relativ hohem Zucker-, Extrakt- und Tanningehalt. Das kommt in Weinen aus Hanglagen mit magerem Boden und bei schärferem Rebschnitt ausgeprägter zum Vorschein, aber selbst auf fetteren Böden in der Ebene stellen sich diese Merkmale ein. Deshalb gilt der Carignan amtlich als für den Midi »empfohlene« Sorte, während der Aramon lediglich »zugelassen« ist.

Leider ist der Carignan bei all seiner Beliebtheit doch nicht gar so leicht zu kultivieren und zur Reife zu bringen. Gegen Echten Mehltau ist er so empfindlich, daß er öfter gespritzt werden muß als andere Sorten. Auch der Falsche Mehltau und bei höheren Erträgen die Graufäule machen oft Schwierigkeiten. Dabei bilden die dicken Schalen nicht immer einen Ausgleich dafür, daß die Trauben so dicht besetzt sind. Würden die Franzosen in ihren Rebschulen eine ebenso strikte Auswahl vornehmen wie die Deutschen, dann hätten sich so anfällige Klone dieser Rebe kaum in solcher Weise ausbreiten können. Die Hersteller von Pflanzenschutzmitteln sind für diese Laxheit der offiziellen Stellen im Midi sicherlich dankbar.

Nördlich der Mittelmeer-Départements ist der Carignan kaum anzutreffen, weil er seiner späten Reife wegen eine lange Wachstumsperiode braucht. Zwei Drittel der französischen Carignan-Anbauflächen liegen in den Départements Aude und Hérault, den beiden größten im Weinbaugebiet Languedoc-Roussillon; das entspricht 65% der dortigen Gesamtrebfläche.

Sortenreine Carignan-Weine bekommt man in Frankreich unter diesem Namen jedenfalls nicht zu kaufen, aber viele *vins de table* müssen solche sein. Bessere, substanzreichere und interessantere Weine entstehen jedoch, wenn ein gewisser Anteil Cinsaut oder Grenache beigemischt wird (dabei ist im Westen des Midi mit Cinsaut und im Osten eher mit Grenache zu rechnen). Dünner und rauher fällt der Wein aus, wenn er mit Aramon verschnitten wird. Gehen in den Verschnitt größere Mengen von Rosso-Importen aus Sizilien oder Apulien ein, dann bekommt der Wein dunklere Farbe und mehr Alkoholstärke, aber interessanter wird er dadurch selten. Merkwürdig erscheint, daß der gerbstoffreiche Carignan so sehr für billige, zum baldigen Verbrauch bestimmte Weine empfohlen wird. Allerdings werden inzwischen mehr und mehr französische Rotweine aus dem Süden nach der Methode der *macération carbonique* bereitet und sind deshalb von vornherein milder. Ein guter Tanningehalt gilt bei einem jungen Rotwein gewöhnlich als vorteilhaft, nicht aber bei einem, der wie der Carignan auch jung getrunken werden soll. Für den sehr viel weicheren Grenache oder Cinsaut gibt er jedoch eine ideale Beimischung ab. So lautet denn auch das allgemein anerkannte Rezept für den Midi-Wein der Zukunft auf bis zu 60% Carignan mit jeweils entsprechenden Mengen Grenache oder Cinsaut.

Auf dem Weg nach Kalifornien hat sich die Rebsorte noch ein »e« am Ende des Namens zugelegt und sich als Carignane den dritten Platz unter den meistangebauten Rebsorten erobert, nachdem sie 1976 vom aristokratischeren Cabernet Sauvignon überholt worden war. Der Zuwachs der Carignane-Anbaufläche ist zwar inzwischen langsamer geworden, aber es sind noch immer stolze 8000 ha. Der größte Teil dieser Fläche liegt im Central Valley, weil die kühleren Küstengebiete für eine so spät reifende und im dortigen Nebel durch Echten Mehltau besonders stark gefährdete Sorte nicht gut geeignet sind. Zudem sind viele Pflanzen von Viruskrankheiten befallen, was sowohl dem erreichbaren Zuckergehalt als auch der Farbstoffbildung abträglich ist.

Zwar kann man hier und da in Kalifornien einen sortenreinen Carignane-Wein finden, das meiste aber geht in billige Rot- und Roséweinverschnitte ein. Einen großen Markt hat die Traube in Kalifornien bei Hobby-Kellermeistern. Unter den sehr hohen Erträgen leidet allerdings die Qualität, bei der zudem große Unterschiede je nach Bodenfruchtbarkeit, Witterung und Rebschnitt beobachtet werden.

In Südamerika ist der Carignan eine sehr wichtige Rebsorte. In Chile bringt er ebenso große Mengen wie der Merlot hervor, und auch in Argentinien und Mexiko spielt er eine bedeutende Rolle.

Ausgedehnte Anpflanzungen gibt es auch in Südafrika und China, jedoch wahrscheinlich keine in Australien, obwohl dort eine Rebsorte Carignan und eine andere Mataro (ein Synonym) heißt. Allerdings ist der »Mataro« eindeutig Mourvèdre und der »Carignan« eine sehr krankheitsanfällige Sorte namens Bonvedro.

Wie Grenache und Cinsaut hat auch der Carignan im Mittelmeerraum gute Möglichkeiten und wurde in Algerien sehr verbreitet, in Marokko und Tunesien dagegen etwas weniger stark angebaut. Im israelischen Weinbau hat sich der Carignan lange bewährt, wird jetzt aber von edleren Sorten verdrängt.

In Italien ist die Rebe als Carignano bekannt. In kleinem Rahmen wird er in Latium und in sehr großem Umfang in Sardinien angebaut. Dort bringt er einen robusten Rotwein mit einiger Langlebigkeit. Auf den Inseln Sant'Antioco und San Pietro auf der Spanien zugewandten Seite Sardiniens gibt es eine relativ neue DOC, Carignano del Sulcis.

In der eigentlichen Heimat dieser Rebe wird der im vorigen Jahrhundert so sehr gefragte Cariñena-Wein heute noch in der Nähe von Zaragoza erzeugt. Der größte Teil der Cariñena-Anbaufläche liegt jedoch in Katalonien. Dort gehört die Traube zusammen mit Garnacha Tinta, Monastrell und Tempranillo als Zutat in robuste rote Verschnitte. Wie im Midi liefert sie mit ihrer tiefen Farbe und ihrem kräftigen Gerbstoffgehalt einen guten Unterbau für die milde Fruchtigkeit der Garnacha.

Eine der ältesten Reben Riojas ist der wegen seiner Empfindlichkeit für Echten Mehltau immer weniger angebaute, aber noch zu 10% im Rioja-Rezept enthaltene Mazuelo. Dieser Name ist von der EG als Synonym für Cariñena zugelassen, da es sich offenbar um ein und dieselbe Sorte handelt. Die Rioja-Erzeuger sind für die sehr tiefe Farbe des

Mosts dankbar, über die Rauhheit des Weins aber sind sie weniger glücklich.

Echte Größe kann man dem Carignan nicht bescheinigen, und auch seine Haupteigenschaften (einmal abgesehen von seinem Ertragsreichtum), nämlich Anfälligkeit für Krankheiten und Quelle dunkler, sehr gerbstoffherber Wein, empfehlen ihn nicht sehr als Rebe für moderne Ansprüche.

Synonyme:
Carignan Noir, Bois Dur, Catalan, Roussillonen, Monestel, Plant de Lédenon (Frankreich);
Cariñena, Mazuelo, Tinto Mazuelo, Crujillon, Samsó (Spanien);
Pinot Evara (Portugal);
Carignano, Uva di Spagna (Italien);
Carignane (Kalifornien)

Böden:
Gedeiht auf guten und kargen Böden

Wuchskraft:
Auf fruchtbarem Boden sehr starkwüchsig

Schnitt:
Meist großzügig gehandhabt. Aufrechter Wuchs macht Spanndrähte überflüssig. Schwacher Rückschnitt führt zu Überproduktion.
Zweiter Fruchtansatz an Jungtrieben kommt häufig vor.

Anfälligkeit:
Sehr anfällig für Pilzkrankheiten, Echten und Falschen Mehltau, Graufäule und Bekreuzten Traubenwickler

Veredelungsunterlagen:
Keine Anpassungsprobleme. Am gebräuchlichsten sind: Rupestris St-George, 99R und 110R.

Erträge: Sehr hoch. Bis zu 150 hl/ha.

Geringe bis mittlere Qualität. Nicht in Mode, aber sehr verbreitet.

BARBERA

Die Barbera ist eine der meistangebauten Rebsorten der Welt. Die Fachleute sind sich einig, daß sie den Sangiovese als die verbreitetste Rotweintraube Italiens in den Schatten stellt, und sie ist im Gegensatz zum Sangiovese auch in anderen Teilen der Erde, vor allem in Nord- und Südamerika, heimisch geworden. In Kalifornien entfallen auf sie 12% der Rotweinerzeugung.

Mit ihrer eindrucksvollen Verbreitung hätte sie eine bessere Reputation verdient, doch ihr Image bedarf dringend der Aufbesserung. In Italien wie in Kalifornien gilt sie lediglich als recht brauchbare Rebe für warmes bis heißes Klima, wo sie zuverlässig und unermüdlich Weine mit erfreulich hohem Säuregehalt hervorbringt. In den letzten Jahrzehnten hat sich die Barbera denn auch über ganz Süditalien bis auf die Mittelmeerinseln ausbreiten können, obwohl dort schon vorher kein Mangel an ertragreichen Rebsorten herrschte. Da inzwischen in Amerika die Nachfrage nach einfachen Tischweinen wuchs, wurden in Kalifornien allein innerhalb von zwei Jahren 4000 ha neu angepflanzt, leider meistens auf Böden und in Klimazonen, die der Barbera durchaus nicht zuträglich waren.

Anders als andere auf diese Weise als Massenträger eingesetzte Traubensorten verfügt die Barbera über ein hochgezüchtetes Potential, allerdings nur in Gegenden, die kühler sind als die, wo sie so enthusiastisch gepflanzt worden ist. Nordwestitalien sagt ihr am besten zu. Dort kann sie hochinteressante Weine von tiefem Purpur mit hellrotem Saum und prickelnder feiner Säure, voller Fruchtigkeit und mit knochentrockenem Abgang hervorbringen. Damit alles dies zustande kommt, darf aber die Traube nicht wie im Mezzogiorno und im San Joaquin Valley allzu übereilt reifen; dabei entstehen nur flache, fast »gekocht« wirkende Weine, die außer Alkoholstärke wenig zu bieten haben und obendrein noch säurehaltiger sind, als gut für sie ist. Die Barbera reift ziemlich spät, zwar eine Woche früher als der wuchtige Nebbiolo, aber doch fast zwei Wochen später als der Dolcetto, der in den Weinbergen Piemonts ihr Nachbar ist.

Darüber, ob es einen Sinn hat, Barbera-Weine für eine lange Lebenserwartung auszubauen, gehen die Meinungen auseinander. In Piemont wird die Barbera in ähnlicher Beziehung zum Nebbiolo gesehen wie in Frankreich der

Gamay von Moulin-à-Vent zu einem großen Pinot Noir von der Côte d'Or: Mit der Zeit könne sich ein gut ausgebauter Barbera aus einem feinen Jahrgang zu einem durchaus soliden Wein entfalten, der dem »größeren Bruder«, in dessen Schatten er meist steht, nicht viel nachgibt. Andere wieder lieben den Barbera-Wein gerade um der Qualitäten willen, die ihn vom Nebbiolo unterscheiden: seine zugängliche Art und frühe Genußreife. Der Tanningehalt ist zwar höher als beim Dolcetto, aber viel geringer als beim Nebbiolo. Dadurch ist er zum bei weitem beliebtesten Getränk der Nordwestitaliener geworden (obwohl Bier und Cola auch südlich der Alpen unaufhaltsam auf dem Vormarsch sind). Die großen Nebbiolo-Weine muß man in stiller Ehrfurcht genießen; der Barbera dagegen versüßt das tägliche Brot.

Wahrscheinlich stammt die Barbera-Rebe aus der Gegend um Monferrato, denn dort finden sich Hinweise auf die Namen Barbero und Barberi schon im 13. Jahrhundert. In ihrer Heimat Piemont verliert sie zwar allmählich an Boden, nimmt dort aber doch noch immer 52% der Gesamtrebfläche ein. Allerdings werden ihr in den nächsten Jahren Neuankömmlinge wie der Cabernet Sauvignon weiter den Platz streitig machen. In seinem Buch »Life Beyond Lambrusco« schreibt Nicolas Belfrage, daß selbst Angelo Gaja, dessen Vignarey wohl der beste Barbera-Wein überhaupt ist, mit dem Gedanken gespielt hat, seine Barbera-Reben auszuroden und durch Cabernet zu ersetzen, einfach weil das Image der Barbera für erträgliche Preise nicht gut genug ist. Jedes Jahr erzielt der Nebbiolo auf dem Markt in

BARBERA

Alba doppelt so hohe Preise wie Barbera, und auch für Dolcetto wird ein Drittel mehr bezahlt.

Ungeheure Mengen von Barbera werden einfach zu *vino da tavola* verarbeitet, und von den relativ wenigen DOC-Weinen dieser Sorte (nur 13 von 200 DOC-Zonen Italiens entfallen auf Barbera) müssen nur der Barbera d'Alba und der Barbera d'Asti auch rein aus Barbera-Trauben gekeltert werden. Der ebenfalls sehr bekannte DOC-Barbera aus Monferrato enthält 10–15% Freisa, Grignolino und/oder Dolcetto, und die DOC-Weine Colli Tortonesi Barbera und Rubino di Cantavenna dürfen einen noch höheren Anteil an sanfteren Traubensorten aufweisen. Heiß umstritten ist, welcher von den drei Spitzen-Barberas der bessere sei; dazu läßt sich nur sagen, daß die aus Alba und Asti meist teurer bezahlt werden als der leichtere aus Monferrato.

Viala zufolge ist Pavia das älteste Barbera-Anbaugebiet, und noch heute ist die Sorte wichtiger Bestandteil vieler Rotweine im Oltrepò Pavese, unter anderem in dem einfachen DOC-Rotwein dieser Gegend, wo die Barbera-Säure durch andere Traubensorten (bis zu 45%) gemildert wird. In der benachbarten Emilia-Romagna trägt die Barbera zu 60% zum Gutturnio dei Colli Piacentini bei; die übrigen 40% bringt die Bonarda ein. Auch in den Hügeln um Bologna und Parma wird guter Barbera, oft etwas *frizzante* und mit leichter Süße, bereitet.

Den weitgehend auf die Landwirtschaft angewiesenen Regionen Süditaliens hat die Barbera nach dem Krieg in ihrem Existenzkampf große Dienste geleistet; dort waren in Apulien und Kampanien weite Flächen dürren Landes mit der Rebe bepflanzt worden. Die für die maschinelle Ernte gut geeignete Barbera darf nach den für den Taurasi geltenden DOC-Regeln mit der Lokalsorte Aglianico gemischt werden, doch hat es sicher etwas zu bedeuten, daß Mastroberardino als Spitzenerzeuger in dieser Gegend den Eindringling aus dem Norden ablehnt. Auf den Inseln wächst die Sorte im Barbera di Sardegna um Cagliari und in einem experimentellen Verschnitt aus Agrigento in Südsizilien.

Im Jahr 1970 – neuere Statistiken über den italienischen Rebbestand sind bisher nicht zu haben – betrug die Barbera-Anbaufläche 73 000 ha, das sind 6% der Gesamtrebfläche Italiens (etwa dieselbe Fläche, wie sie der Grenache in Frankreich innehat). Außerdem standen in weiteren 17 000 ha Mischkulturen unter anderen auch Barbera-Reben. Die Barbera-Erzeugung beläuft sich derzeit auf 5 Millionen Hektoliter, zum größten Teil in Piemont sowie im Oltrepò Pavese und Piacentino.

Die Klonunterschiede sind beträchtlich und zeigen sich vor allem in der Größe der Trauben. Allgemein kann gesagt werden, daß kleinere Trauben stets den besseren Wein ergeben. Die italienische Weinbauforschung befaßt sich in hohem Maß mit der Gesundheit der Barbera-Reben, die zum großen Teil von der Blattrollkrankheit befallen sind.

Auch im San Joaquin Valley in Kalifornien mit seiner Barbera-Anbaufläche von 6800 ha verursacht diese Virusinfektion große Probleme. Dagegen kann Bob Thompson als hochgeachtete Autorität auf diesem Gebiet gesunde Bestände in Napa und Sonoma anführen, die in kühlerem Klima brillante Ergebnisse bringen. Sonst begegnet man in Kalifornien der Barbera nur als Bestandteil billiger Rotweine, in denen sie mehr der Flauheit entgegenwirken als einen eigenen Charakter einbringen soll.

Dem starken italienischen Einfluß in Südamerika ist es zu verdanken, daß die Barbera in Argentinien, Brasilien und Uruguay Fuß gefaßt hat. Auch in den Weinbergen Dalmatiens wird sie angebaut.

Die große Verbreitung der Barbera über die Weinbauregionen der Welt steht eigentlich in keinem Verhältnis zu der untergeordneten Rolle, die sie im Bewußtsein der Verbraucher spielt. Bleibt die Frage, ob sie den Raum, den sie heute innehat, behaupten könnte, wenn sie kein so gutes Verschnittmaterial wäre.

Synonyme:
Nur geographische Bestimmungen wie d'Asti und del Monferrato u. a.

Böden:
Gedeiht am besten auf kargen, kalkhaltigen Böden, aber auch recht gut auf Sand und Lehm. Sandige Böden hemmen die Wuchskraft; alkalische und salzhaltige Böden verursachen Leistungseinbußen.

Wuchskraft: Starkwüchsig

Schnitt:
Allgemein Rückschnitt auf kurze Triebe

Anfälligkeit:
Ältere Pflanzen in Italien und Kalifornien sind anfällig für die Blattrollkrankheit. Gelegentlich Probleme mit Graufäule und Piercescher Krankheit.

Erträge:
Ertragreich; in Kalifornien 80 bis 120 hl/ha, DOC-Norm in Italien 70 hl/ha

Mit einzelnen Ausnahmen geringe bis mittlere Qualität. Nicht in Mode.

NEBBIOLO

Die Italiener hüten eifersüchtig die Schätze, die ihnen Kunst und Natur beschert haben – das gilt für ihren Wein ebenso wie für ihr künstlerisches und gastronomisches Erbe. Der Nebbiolo bringt Weine hervor, die zu den großartigsten der Welt gehören, und doch wird diese Rebe nur in einer ganz bestimmten Ecke Nordwestitaliens kultiviert.

Wo immer sie hier aber auch wächst, ob in der Lombardei oder in den Ausläufern der Alpen, stets hat ihr Wein eine gewaltige Konzentration eigenwilliger, manchmal bitterer Geschmacksnoten und eine einmalige Kombination von Extrakt, Gerbstoff und Säure aufzuweisen. In der richtigen Hand entsteht hieraus eine grandiose Einheit von ehrfurchtgebietender Lebensdauer.

Allgemein besteht Übereinstimmung, daß der Nebbiolo den Gipfel seiner Vollkommenheit in den Hügeln im Südwesten dieser Gegend erklimmt, aus denen Turin seine gastronomischen Delikatessen bezieht, nämlich um die wohlhabende Trüffelstadt Alba herum. Hier wachsen die beiden Stars unter den Weinen Piemonts: der Barolo – maskulin und ungeheuer langlebig – und der Barbaresco – sanfter und eher feminin. Wie in Burgund ist auch hier der Winzer mindestens ebenso wichtig wie die Weinlage. In ganz Italien genießen diese Weine eine solche Verehrung, daß ihre Kandidatur für die neu geschaffene DOCG-Qualität in ihrem Vorrang vor allen anderen unumstritten war.

Die italienischen Weinbaufachleute behaupten, daß der Wein von Nebbiolo-Reben, die an anderen Stellen Italiens

NEBBIOLO

Auf den steilen Hängen der Langhe-Berge wachsen die berühmten Barolo- und Barbaresco-Weine. Jeder Sonnenstrahl ist für die sehr spät, manchmal erst im November reifenden Trauben wertvoll. Die Reben werden hoch erzogen, damit sie dem Herbstnebel – der nebbia, *die der Sorte den Namen Nebbiolo gegeben hat – entgehen.*

versuchsweise angebaut wurden, nichts von der Intensität und großen Klasse dieser Weine erkennen läßt. Und auch sonstwo in der Welt ist das höchste, was dem Nebbiolo zuteil werden kann, eine kleine experimentelle Anpflanzung in einer Forschungsstation. Alexis Lichine hat es fertiggebracht, ein paar Rebstöcke dieser Sorte in Uruguay für eine echte kommerzielle Produktion Wurzel fassen zu lassen, und auch in Kalifornien gibt es einige alte Weinberge, die mit dieser Sorte besetzt sind. Selbst in seiner Heimat läuft der Nebbiolo Gefahr, an Boden zu verlieren, weil immer mehr Winzer sich für Cabernet Sauvignon oder gar Chardonnay begeistern.

Dabei spricht alles für die Verehrungswürdigkeit dieser Traube: die alte Geschichte der Stadt Alba im Herzen des Weinbaulands Piemont, die große Tradition und auch der unnachahmliche Charakter dieser Weine. Sie ist fast unbezweifelbar die älteste Rebsorte der Region und hat sich dort sicherlich durch natürliche Selektion entwickelt, weil sie für diese Gegend die besten Erbanlagen besitzt. Eine Traube namens »Nebiolium« wird bereits 1512 in der Chronik des Orts La Morra in der Mitte des heutigen Barolo-Bereichs erwähnt. Weitere Hinweise auf die Existenz des Nebbiolo als einer anerkannten Traube finden sich zwei Jahrhunderte früher, und einige Lokalhistoriker sind überzeugt, daß schon die Römer diese Rebe kannten und so sehr schätzten, daß sie die Fässer für andere Weine innen teerten, um ihnen etwas vom Charakter des Nebbiolo zu verleihen.

Der Name soll von dem italienischen Wort *nebbia* für Nebel abgeleitet sein, denn zur Zeit der Weinlese, Ende Oktober, steigt oft Nebel aus den wärmeren Tälern auf und hüllt die Hügel um Alba in dichte Schleier. In verschiedenen Teilen Piemonts und im Valle d'Aosta sowie in den Gegenden der Lombardei, wo der Nebbiolo kultiviert wird, gibt es mancherlei Synonyme für seinen Namen. Dem Ausländer am geläufigsten ist Spanna (ursprünglich wahrscheinlich Spana geschrieben); unter diesem Namen werden heute viele Nebbiolo-Weine ohne DOC angeboten. Die Spielart Nebbiolo-Spanna bildet auch die Grundlage für viele Verschnitte mit DOC aus Piemont.

Inzwischen sind noch weitere nahe Verwandte des Nebbiolo identifiziert worden. Die am meisten angesehenen und nach den DOCG-Bestimmungen für Barolo und Barbaresco genehmigten sind Michet, Lampia und Rosé. Picotener, Pugnet und Nebbiolo-Spanna sind für den Carema, einen reinen Nebbiolo-Wein aus höheren Lagen im Norden, vorgeschrieben. Nebbiolo d'Alba und der neuere Roero aus dem Land zwischen dem Barolo- und dem Barbaresco-Bereich sind ansonsten die einzigen reinen Nebbiolo-Weine.

Die sorgfältige Wahl der Lage ist für den Nebbiolo noch wichtiger als für andere Rebsorten, und noch immer ist sein Ansehen bei den Winzern Piemonts so groß, daß ihm auch die allerbesten Lagen zugewiesen werden. Deshalb ist der spätreifende Nebbiolo stets auf den nach Süden gerichteten Hängen der Piemonteser Hügel zu finden.

Die Höhenlage dieser Weinberge und ihre Entfernung vom Meer bringen für italienische Verhältnisse relativ kühles Klima mit sich. Die schneebedeckten Alpen bilden den Hintergrund, die Winter können ziemlich streng sein, und im Sommer wird es nie übermäßig heiß. Die langen Herbste kommen dem Nebbiolo zugute, denn sein recht hoher Säuregehalt braucht möglichst volle Reife als Gegengewicht. Der Reifezeitpunkt liegt meist zwei Wochen nach der Barbera und manchmal vier Wochen nach dem Dolcetto. Für den Nebbiolo ist die Sonneneinstrahlung auf den Südhängen unentbehrlich – und für den jetzt dort erprobten Cabernet Sauvignon höchst willkommen; da stehen die Winzer vor schweren Entscheidungen.

Das wesentliche Merkmal des Nebbiolo ist Härte. Keine andere Traube hat soviel Gerbstoff, Säure und trockenen Extrakt, die nur durch umsichtige Weinbereitung gezähmt werden können. Der Gärprozeß zieht sich oft wochenlang hin, und die Traubenschalen bleiben dabei im Most eingetaucht, so daß ein Wein entsteht, der noch gerbstoffherber und dunkler ist, als er es ohnehin schon wäre. Die meisten Jahrgänge brauchen lange Lagerung, mindestens ebenso lange wie ein sehr guter Bordeaux. Hierzu werden aus Tradition große alte Fässer meist aus slowenischer Eiche verwendet, damit nicht aus dem Holz noch mehr Tannin in den Wein gelangt. Modernisten versuchen es neuerdings auch noch mit einer längeren Flaschenalterung, die eine weitere Verfeinerung des Inhalts bewirken soll.

Typisch für den Nebbiolo-Wein ist, wie man dies auch ohne weiteres erwartet, seine besonders tiefe Farbe. Die einzige Ausnahme hiervon ist ein reiner Nebbiolo oder Spanna aus einem schlechten Jahrgang. Manche Weine sind nach zehn Jahren noch tiefschwarz mit einem deutlich orangefarbenen Saum, der von der Oxidation im Faß herrührt. Im Glas wirken sie dickflüssig, und ihre Geschmacksfülle ist gewaltig. Die Säure ist immer kräftig, und selbst alte Weine sind deutlich gerbstoffherb, die besten aber zeigen schöne Frucht und den ausgeprägten Nebbiolo-Duft.

Die Römer mögen sich an Teer erinnert gefühlt haben. Für unsere heutige Zunge macht sich eine tiefe Kernigkeit bemerkbar. Ansprechender ist jedoch das unverkennbare Veilchenaroma, und ganz feinfühlige Zungen entdecken eine Spur der herrlichen Delikatesse von Alba: Trüffeln. Solche Weine muß man ganz langsam genießen, nicht nur wegen ihres beträchtlichen Alkoholgehalts (beim Barolo 13%), sondern vor allem wegen des reichhaltigen Buketts. Auch scheint ihm die freie Luft vor dem Servieren durchaus zu bekommen.

Die Jahreserzeugung an Nebbiolo beläuft sich auf 160000 hl, das ist etwa 0,25% der gesamten italienischen Weinerzeugung. Nicht ganz ein Viertel dieser Menge wird als *vino da tavola* unter der Bezeichnung Spanna – aus dem Norden Piemonts – auf den Markt gebracht. Ungewöhnlich dagegen ist, daß der prestigeträchtigste Nebbiolo-Wein, der Barolo, den größten Anteil an der Erzeugung hat: jährlich 50000 hl. Der Barbaresco steht hinter dem *vino da tavola* an dritter Stelle der Nebbiolo-Produktion.

Die bekanntesten DOC-Weine, in denen der Most der ertragsschwachen und unbequem zu kultivierenden Nebbiolo-Traube mit Bonarda beziehungsweise Vespolina verschnitten werden darf, heißen Gattinara und Ghemme. Weniger vertraute Namen sind Lessona (75% Nebbiolo), Boca (40%), Sizzano (40%), Bramaterra (50–70%) und Fara (30%).

Auch in der benachbarten Lombardei ist der Nebbiolo stark vertreten – wahrscheinlich wurde er früher in ganz Norditalien angebaut. Die Region Valtellina, die bis zur Schweizer Grenze hinaufführt, ist eine wahre Hochburg der Rebe, die hier Chiavennasca heißt. Jahr für Jahr entstehen hier 60000 hl Nebbiolo-Wein mit so klangvollen Namen wie Sassella, Grumello, Valgella und Inferno (mindestens 95% Nebbiolo) sowie einfacher Valtellina Rosso (mindestens 70% Nebbiolo). Eine Lokalspezialität ist der Sfursat, Sfurzat oder Sforzato, der aus halbgetrockneten Trauben bereitet wird und über 14,5% Alkohol enthält. Den Schweizern schmeckt dieser Wein so gut, daß für den Rest der Welt leider nicht viel davon übrigbleibt.

Weiter südlich wird der Nebbiolo noch bei Brescia angebaut, wo er zusammen mit Cabernet Franc, Barbera und Merlot den in dieser Zusammensetzung einzigartigen Franciacorta Rosso ergibt. In den Hochlagen des Valle d'Aosta bringt der Nebbiolo den Donnaz als unmittelbaren Nachbarn des Carema.

Selbst der noble Nebbiolo ist nicht sicher vor dem Wankelmut der Mode, und große Mode ist in Italien heute der *vino novello* nach dem Muster des Beaujolais Nouveau. So sind eigenartig fruchtige junge Nebbiolo-Weine im Gefolge des 1975 von Gaja lancierten Vinòt eine alltägliche Erscheinung geworden.

Jenseits der italienischen Grenzen wächst auch in der Schweiz ein wenig Nebbiolo, und im fernen Kalifornien ist das, was es an Nebbiolo gibt, nur ein Schatten im Vergleich zu der Bedeutung, die der andere, bei weitem nicht so adelige Einwanderer aus dem schönen Piemont, die Barbera-Rebe, dort für sich gewonnen hat. Es sind nur 154 ha, und bis auf einen halben Hektar liegt diese ganze Rebfläche im San Joaquin Valley, wo der alte, an das subalpine Klima seiner Heimat gewöhnte Aristokrat Nebbiolo unter der Hitze arg zu stöhnen hat.

Die große Debatte um die Fässer entbrennt auch beim Nebbiolo. Die Frage ist nicht nur, wie alt das Holz sein und wo es herstammen soll, sondern auch, wie groß ein Faß sein und wie lange der Wein darin reifen muß.

Synonyme: Spanna, Spana, Picotener, Pugnet, Chiavennasca, Nebbiolo Canavesano	*Anfälligkeit:* Anfällig für Echten Mehltau, jedoch resistent gegen Parasiten
Böden: In Piemont meist kalkhaltig	*Veredelungsunterlagen:* In Piemont am gebräuchlichsten sind 420A und Kober 5BB.
Wuchskraft: Starkwüchsig; Aufbinden der langen Triebe ist oft erforderlich.	*Erträge:* Mäßig; meist zwischen 50 und 60 hl/ha
Schnitt: Meist Guyot-Methode bei relativ hoher Erziehung	

Feinste Qualität. Schmählich unterbewertet.

Sangiovese

Der Sangiovese beweist vielleicht mehr als jede andere Rebsorte, wie wichtig die Klonauswahl ist. Die Weinberge Mittelitaliens sind voll von verschiedenen Klonen dieser uralten Traube, und sie bringen Weine vom dünnen, ungenießbaren Spülwasser bis zu den herrlichsten Essenzen, die ihre Kraft und Schönheit ein Jahrhundert lang bewahren können, hervor. Dazwischen liegen manche der lebendigsten leichten Weine der Welt und auch Verschnitte, die einem Bordeaux der Spitzenklasse kaum nachstehen.

In den Brunello-di-Montalcino-Weinbergen von Biondi-Santi erbringt ein sorgfältig ausgewählter Klon von Sangiovese den teuersten Wein Italiens, während in den fruchtbaren Ebenen der Emilia-Romagna und von Latium sorglos behandelte Sangiovese-Reben einige der billigsten italienischen Rotweine von sich geben, die gerade nur eine kleine Stufe über dem allerordinärsten *rosso* für die Destillerien der EG stehen. Die geringe Qualität so vieler Chianti-Weine aus den Hügeln der Toskana mit ihren sehr viel günstigeren Boden- und Witterungsverhältnissen, als sie im Flachland herrschen, ist ebenfalls auf minderwertiges Sangiovese-Pflanzengut zurückzuführen und zeigt darum noch deutlicher, daß schlechte Klone sich schlimmer auswirken können als das Klima.

Heute wird der Sangiovese in den verschiedensten Formen in ganz Italien angebaut. In 58 Provinzen wird er amtlich empfohlen, in weiteren 7 ist er zugelassen. Seine Verbreitung ist so groß, daß er der Barbera den Rang als meistgepflanzte Rotweinrebe Italiens streitig macht. Sein Ursprung liegt bei Sicherheit in der Toskana. Die Fachwelt ist sich im großen und ganzen einig, daß er in ihrer Wildform bereits den Etruskern in der Gegend, wo heute Florenz steht, bekannt war. Belegt ist die Existenz der Sorte unter dem Namen Sangiovese di Lamole oder Sangiovese Grosso schon im 16. Jahrhundert.

Die Sprachwissenschaftler geben als Bedeutung des Wortes Sangiovese *sanguis Jovis* (Blut Jupiters) an, woraus man schließen möchte, daß die Rebe vor 300 Jahren wohl einen mächtigeren Wein hervorbrachte.

Unter den Ampelographen besteht weitgehende Übereinstimmung darüber, daß im 19. Jahrhundert, als der Sangiovese sich insbesondere in die Emilia-Romagna ausgedehnt hatte, zwei Spielarten bestanden: Sangiovese Grosso und Sangiovese Piccolo. Der Grosso ist stärker verbreitet, er ist auch allgemein ertragreicher, reift früher und trägt eher lockere Trauben mit großen, dickschaligen Beeren. Eine ganze Reihe von Klonen des Sangiovese Grosso findet sich überall in der Toscana, während in der Emilia-Romagna verschiedene Klone des im 15. Jahrhundert aus der Toskana dorthin gelangten Sangiovese Piccolo kultiviert werden.

Das Studium dieser beiden Spielarten getrennt für sich ist sehr verwirrend, weil jede von ihnen schon so viele Klone in unterschiedlichem Mikroklima aufweisen und zudem verschiedenen Anbau- und Weinbereitungsmethoden unterworfen sind. So ist der Sangiovese Grosso wohl im allgemeinen ertragreicher, doch der von Bindo-Santi für die Montalcino-Weinberge besonders ausgewählte Klon ist auf kleine Erträge an hochkonzentriertem Wein gezüchtet worden. Dagegen wird ein großer Teil des Sangiovese di Romagna von Sangiovese-Piccolo-Reben gewonnen, die mit der Zeit an hohen Ertrag gewöhnt worden sind. Diese Verschiedenartigkeiten machen es von vornherein schwierig, allgemeingültige Aussagen zu treffen. Noch komplizierter wird die Sachlage dadurch, daß der Sangiovese so häufig mit anderen Traubensorten verschnitten wird, ja daß sogar im

Chianti – der bedeutendsten Erscheinungsform der Sorte – die Beimischung weißer Trauben zugelassen ist. Ganz allgemein läßt sich sagen, daß die Sangiovese-Traube nicht sehr pigmentreich ist und die daraus gewonnenen Weine sich weder durch tiefe Farbe noch durch hohe Oxidationsfestigkeit auszeichnen. Der orangefarbene Saum verrät sie oft. Das Aroma des Sangiovese ist ebenfalls sehr unterschiedlich; als gemeinsamer Nenner kann etwas Erdig-Ländliches angeführt werden, das manchmal an den Geruch eines Bauernhofs erinnert. Der Säuregehalt ist beträchtlich, der Extraktgehalt gering; die Alkoholstärke ist mäßig, es fehlt jede Spur von Süße, dafür macht sich das Tannin oft kräftig bemerkbar. Die große Ausnahme von der Regel, daß ein Sangiovese-Wein kaum je zehn Jahre überdauert, ist der Brunello di Montalcino.

Sangiovese ist die Hauptsäule des berühmten italienischen Weins, des Chianti, in dessen Rezept auch weiße Trauben, zum Beispiel Malvasia oder auch der neutrale Trebbiano neben roten Sorten wie Canaiolo, Colorino und Mammolo gehören. Nach langem Hin und Her ist nun mit offiziellem DOCG-Segen eine neue Formel verabschiedet worden. Darin wurde der Anteil der weißen Trauben drastisch gekürzt, obwohl zum Mißvergnügen der qualitätsbewußteren Erzeuger immer noch ein Schuß weißer Most als nötig gilt. Noch größeren Ärger bereitet ihnen, daß es in manchen Gegenden weiterhin erlaubt ist, bis zu 15% Wein oder Most aus anderen Anbaugebieten, meist aus dem Süden, beizumischen. Daher ist es aber auch kaum verwunderlich, daß von einem Chianti zum anderen so große Unterschiede bestehen.

Sicher ist es zweckmäßig und auch am wenigsten deprimierend, nur die Spitzenerzeugnisse dieses Namens zu betrachten. Sie bestehen durchweg in der Hauptsache aus Sangiovese (die Vorschrift lautet auf 75–90%), vorzugsweise von einem der besseren Klone, ergänzt durch 5% Canaiolo und bis zu 10% sonstige Sorten, was in der Praxis oft auf einen kräftigenden Schuß Cabernet Sauvignon hinausläuft.

Die Ehe zwischen Sangiovese und Cabernet Sauvignon, den großen Trauben Westitaliens und Westfrankreichs also, hat sich als überaus glücklich erwiesen. Beschlossen wurde sie Ende der sechziger Jahre auf Betreiben des Conte Ugo Contini Bonacossi, der sich lange um die Genehmigung für den Cabernet-Sauvignon-Anbau für seinen zur DOC Carmignano gehörenden Sangiovese-Wein bemüht hatte. Mitte der siebziger Jahre bestätigte Antinori diesen Erfolg mit seinem »Superchianti« Tignanello, mit dem er den anderen Chianti-Erzeugern bewies, daß ein als einfacher *vino da tavola* eingestufter Wein zehnmal soviel Geld und Prestige einbringen konnte wie das durch die DOC abgesegnete Produkt. Inzwischen verleihen sie alle ihrem Sangiovese-Luxus-Verschnitt mit einem Schuß Cabernet mehr Körper, Rückgrat, Langlebigkeit und Bukett.

Nun mag manch einer die Frage stellen, ob der Sangiovese denn dem Verschnitt wirklich etwas Gutes bringt oder ob es nicht besser wäre, nur noch Cabernet Sauvignon anzupflanzen. Solche Weine rein von Cabernet Sauvignon nach dem Muster des Sassicaia tauchen denn auch immer mehr auf, doch sind sie nicht wirklich besser als die Sangiovese/Cabernet-Mischung, sondern einfach nur anders, eher »international« in der Art. Das Besondere der Sangiovese/Cabernet-Weine ist dagegen, daß der Cabernet bei einem Anteil von etwa 10% den Hauptbestandteil Sangiovese im schmeichelhaftesten Licht seines toskanischen Charakters hervortreten läßt. Manche Erzeuger nehmen Cabernet Franc in die Mischung, doch diese kargere Traube bringt das, was man etwas pompös das »Gaumenprofil« des Sangiovese nennen könnte, nicht so vorteilhaft zur Geltung.

SANGIOVESE

Der andere große Star der Toscana ist in seiner eigenen Weise der Brunello di Montalcino. Die Familie Biondi-Santi wählte schon vor über 100 Jahren einen bestimmten Klon von Sangiovese Grosso aus und nannte ihn Brunello, den »kleinen Dunklen«. Aber seine Weine haben durchaus nichts Kleines an sich. Der Biondi-Santi-Brunello ist in seinen ersten zehn Lebensjahren völlig unzugänglich, überdauert dafür aber nachweislich ein ganzes Jahrhundert. Nur wenige Erzeuger von Brunello di Montalcino erreichen solche Wucht, die gleiche Qualität aber bringen sie zuwege.

Der Vino Nobile di Montepulciano – ebenfalls von Natur aus für die DOCG in der Toskana geschaffen – stützt sich im wesentlichen auch auf den Sangiovese oder vielmehr die hier übliche Spielart Prugnolo. Das Sortengemisch ist sehr ähnlich wie beim Chianti. Die besseren Beispiele, etwa von Avignonesi, zeichnen sich durch große Festigkeit, ein intensiv konzentriertes Aroma und ein kräftiges Gefüge aus, wie es andere Rotweine aus der Toskana nicht vorweisen können, sei es nun der Chianti oder irgendein anderer.

Im benachbarten Umbrien gibt es eine eigene Variation zu diesem Thema. Dort mischt Lungarotti, der unbestrittene König des Torgiano, eine ganze Palette ausländischer und einheimischer Traubensorten unter den Sangiovese, beispielsweise Montepulciano und Ciliegiolo, die »Kirschentraube«.

Weiter im Norden wird in der Emilia-Romagna sehr viel mehr Sangiovese angebaut. Hier kommen allein in der DOC Sangiovese di Romagna jährlich 20 Millionen Liter zusammen. Wie der Sangiovese di Aprilia aus der Ebene südlich von Rom ist auch der Sangiovese dei Colli Pesari aus den Marken an der Ostküste, um es schonend auszudrücken, für sehr baldigen Verbrauch bestimmt. Vor allem auch in der Toskana wird der Sangiovese für die Erzeugung des *vino novello* – des italienischen Beaujolais Nouveau – benutzt. In diesen im Schnellverfahren bereiteten Weinen tritt die Kargheit des Sangiovese oft so deutlich hervor, daß man es der übrigen Welt nicht übelnehmen kann, wenn sie die Sache lieber den Winzern im Beaujolais überlassen will.

Der Sangiovese ist noch weniger als der Nebbiolo und natürlich sehr viel weniger als die Barbera über die Grenzen Italiens hinausgelangt; dabei mag sein unscharfes Qualitätsprofil eine Rolle gespielt haben. In Kalifornien gibt es kleinere Anpflanzungen einer Rebe namens Sangioveto, und in Argentinien trifft man an einigen Stellen die Sorte Sangiavettoe an. Die Weinbauwissenschaftler von Davis in Kalifornien stufen den Sangioveto als eine der »kernhaltigsten« Sorten ein, woraus sich auch die erbarmungslose Härte mancher seiner Weine erklärt.

Sangiovese Grosso

Synonyme:
Sangiovese Dolce, Sangiovese Gentile, Sangiovese Toscano, Sangiovese di Lamole, Morellino, Calabrese, Nerino, Sanvicetro, Prugnolo (Montepulciano); Brunello (Montalcino)

Böden:
Bevorzugt kalkreiche, durchlässige Böden

Wuchskraft: Mittelstark

Schnitt:
Unterschiedliche Methoden; Guyot oder *tendone* bewähren sich offenbar am besten.

Anfälligkeit:
Gute Resistenz gegen Infektionen

Veredelungsunterlagen: Unterschiedlich

Erträge:
Verschieden, meist mittel bis hoch. Üblicher DOC-Höchstertrag 70 hl/ha.

Sangiovese Piccolo

Synonyme:
Sangiovese Forte, Sangiovese di Romagna, Sangiovese del Verrucchio, Sangioveto, San Gioveto

Böden:
Durchlässiger Lehm, kalkhaltig

Wuchskraft: Gering

Schnitt: Unterschiedlich

Anfälligkeit:
Dünnere Schalen, daher fäuleanfällig

Veredelungsunterlagen:
Unterschiedlich

Erträge:
Von Natur aus mäßig, wird aber oft zu höheren Erträgen angetrieben

Sehr unterschiedliche Qualität. Nicht in Mode.

Tempranillo

Läßt man Rioja als Spaniens Bordeaux und Burgund in einem gelten, dann muß man die berühmte Tempranillo-Rebe als Vereinigung von Cabernet und Pinot Noir betrachten: als die edelste Traube Riojas nämlich, die trockene, bukettreiche und langlebige Weine hervorbringt. Diese Vorstellung teilen sogar manche Historiker, deren Meinung nach die Tempranillo-Rebe ursprünglich als Variante des Pinot Noir oder Cabernet Franc von Pilgern aus nordfranzösischen Klöstern auf der Wallfahrt nach Santiago de Compostela nach Spanien mitgebracht worden ist.

Sicherlich kann man eine Ähnlichkeit zwischen reifem Rioja in guter Qualität und einem altmodisch-fülligen Burgunder herausschmecken und damit die Hypothese von der Verwandtschaft zwischen Pinot Noir und Tempranillo stützen; schließlich steht der Tempranillo mit seiner Widerstandsfähigkeit gegen tiefe Temperaturen, in der er dem Pinot ähnlich ist, auch einzig unter den Reben Spaniens da. Anderseits ist der Tempranillo in Rioja bekannt für dickschalige Beeren und tiefdunkle Weine ohne allzuviel Alkoholstärke (nur 10,5%, ähnlich wie der Bordeaux), die wie der Cabernet ein hohes Alter erreichen können, ohne abzublassen.

Dem Weinfreund und dem Kellermeister mögen diese Ähnlichkeiten auffällig erscheinen, der Ampelograph jedoch kann keine Verwandtschaft zwischen Tempranillo und den beiden klassischen Traubensorten Frankreichs feststellen. Der Ursprung des Tempranillo liegt wahrscheinlich in Nordspanien. Der Name ist offenbar von *temprano* (= früh) abgeleitet, denn die Traube reift meist schon Ende September, gut zwei Wochen vor der anderen bedeutenden Rioja-Sorte, der Garnacha (obwohl sie später als diese austreibt). Allerdings muß darauf hingewiesen werden, daß der Rioja früher viel weniger Tempranillo enthielt und dafür einen höheren Anteil anderer traditioneller Sorten, zum Beispiel Graciano.

Heute entfallen auf Tempranillo und Garnacha jeweils 40% der Rebfläche von Rioja. Dabei wächst der Tempranillo fast ausschließlich im angeseheneren Rioja Alta und Rioja Alavesa, während das heißere und trockenere Rioja Baja der erdigen und alkoholstärkeren Garnacha gehört. Der Tempranillo kommt in West-Rioja im Jahresdurchschnitt in den Genuß von 450 mm Regen und gedeiht besonders gut in Rioja Alavesa (wo er 70% der Rebfläche einnimmt) und in der Nordhälfte von Rioja Alta.

Wegen seiner Vorherrschaft im besseren Teil der Region wird der Tempranillo den Liebhabern des Rioja-Weins gewöhnlich als die Haupttraube dargestellt. Zwar trägt er auch tatsächlich den größten Anteil zu jedem Rioja-Verschnitt bei, der sich einigermaßen ernst nimmt, während der Rest aus Garnacha, gewürzt mit Mazuelo und auch ein wenig Graciano, besteht. Aber gerade die letztgenannte Sorte mit ihrer Subtilität ist der hochwertigste Bestandteil des roten Rioja. Der Tempranillo ist bei weitem nicht so edel und interessant wie der Graciano.

Die Garnacha ist oft etwas dicklich und klebrig, der Mazuelo recht derb und tanninherb, aber der Graciano ist delikat, aromatisch, wohlschmeckend und langlebig; weil er aber sehr ertragsschwach ist, mußte er dem Tempranillo weichen.

Abgesehen davon, daß er recht charakterlose Weine hervorbringt, hat der Tempranillo noch einen Nachteil: Er ist relativ säurearm. Sein Most weist einen hohen pH-Wert auf, und gut die Hälfte seines Säuregehalts besteht aus Apfelsäure. Dadurch würde ein reiner Tempranillo-Wein zwar seine schöne Farbe behalten, seine Fruchtigkeit und Lebendigkeit aber schon nach wenigen Jahren einbüßen. Das Verschneiden mehrerer Traubensorten aus verschiedenen Gegenden der Region Rioja gehört hier zur Weinbereitungskunst; manche Erzeuger aber mischen die Sorten schon im Weinberg.

Marqués de Riscal, eine der ältesten Bodegas in Rioja, hat schon früh bewährte Methoden aus Bordeaux übernommen. Der zu 85% aus Tempranillo bestehende rote Rioja der Bodega wird mit Graciano und Viura sowie – und das ist ungewöhnlich – mit Cabernet Sauvignon gewürzt, der 20 von den 300 ha der Rebfläche der Bodega bei Elciego einnimmt.

Tempranillo

In anderen Gegenden Spaniens genießt der Tempranillo nicht so hohes Ansehen. Allerdings verwendet Miguel Torres in Penedés ihn zusammen mit Monastrell für seinen bordeauxähnlichen Rotwein Coronas, den es auch in einer mit Cabernet Sauvignon aufgebesserten Reserva-Version gibt. In Navarra wird der Tempranillo mit Garnacha gemischt, aber sein Anteil ist so gering, daß man ihn kaum herausschmecken kann. Nur in Valdepeñas verfügt er unter dem Namen Cencibel noch über eine größere Anbaufläche, so daß er insgesamt hinter Garnacha, Monastrell und Bobal mit 40000 ha oder rund 2,5% der Gesamtrebfläche Spaniens den vierten Platz unter den Rotweinreben des Landes einnimmt. Außerhalb Riojas erreicht sein Wein viel höhere Alkoholstärke und eine undurchdringlich dunkle Farbe; deshalb wird er oft durch Beimischung der weißen Airén aufgehellt und als *clarete* anstatt *tinto* deklariert.

Obwohl der Tempranillo in Frankreich amtlich weder empfohlen noch zugelassen wird, haben die Anpflanzungen dieser Sorte in den siebziger Jahren stark zugenommen; dennoch betrug die Gesamtfläche 1979 erst 600 ha. Nördlich der Pyrenäen wirkt sich die Säurearmut nicht so stark aus, doch wurde die Absicht, Carignan durch Tempranillo zu ersetzen, wieder fallengelassen, weil die Sorte im Midi zwar Wein mit guter Farbe, aber ohne Charakter hervorbringt.

In den Regionen Alentejo und Douro in Portugal wächst der Tempranillo als Aragonez und Tinta Roriz; er ist damit eine der wenigen spanischen Sorten, die jenseits der Grenze in größeren Mengen angebaut werden. Für die Portwein-Erzeugung gilt er als brauchbar, obwohl er heller ist als die Spitzensorten.

In Argentinien bringt der Tempranillo auf 11000 ha einen deutlich fülligeren Wein als in Europa. In Kalifornien gibt es 480 ha einer Sorte namens Valdepeñas, die starke ampelographische und önologische Ähnlichkeiten mit dem Tempranillo aufweist, von einigen Fachleuten aber für einen Abkömmling des Carignane gehalten wird. Die vorwiegend im heißen San Joaquin Valley gelegene Anbaufläche dieser Sorte ist in letzter Zeit aber kaum noch gewachsen. Die Traube wird zu einfachem Rotwein verarbeitet, in dem Säurearmut keine Rolle spielt, ja eher als angenehm empfunden wird.

Synonyme:
Ull de Llebre, Ojo de Liebre (Katalonien);
Cencibel (La Mancha);
Tinto Fino (Ribero del Duero);
Tinto Madrid (Arganda);
Tempranilla, Tempranillo de la Rioja, Tinto de la Rioja, Grenache de Logroño, Tinto del País, Jacivera, Tinto de Toro (übriges Spanien); Aragonez, Tinta Roriz (Portugal);
vielleicht Valdepeñas in Kalifornien

Böden:
Bevorzugt tiefgründigen sand- oder kalkhaltigen Lehmboden;
gedeiht in Hanglagen eindeutig besser.
Die Böden in Rioja sind oft phosphorarm.

Wuchskraft:
Starkwüchsige Triebe, aufrechter Wuchs

Schnitt:
In Rioja meist *en vaso*;
Erziehung an Spanndrähten hat sich ebenfalls bewährt.

Anfälligkeit:
Anfällig für Mehltau sowie Anthraknose

Veredelungsunterlagen:
41B und Rupestris du Lot am gebräuchlichsten

Erträge:
Relativ ertragreich; könnte in vielen Weinbergen Riojas noch produktiver sein. Zulässiger Höchstertrag in Rioja: 4500 kg/ha.

Mittlere Qualität. Nicht in Mode.

Zinfandel

Der Zinfandel, Kaliforniens ganz eigene »europäische« Rebsorte, ist nicht nur deshalb etwas Besonderes, weil seine Herkunft so geheimnisumwittert ist, sondern auch wegen der großen Möglichkeiten, die in seinem Wein stecken. Doch behandeln auch die Kalifornier – so wie die meisten Australier von ihrem Shiraz nichts wissen wollen, nur weil er so reichlich vorhanden ist – ihren Zinfandel lediglich als Grundstoff für Konsumwein, denn sie haben ja überreichlich viel davon.

Mit seiner über den ganzen Staat verteilten Anbaufläche von 10800 ha hat der »Zin« seinen Anteil am kalifornischen Weinbau stetig vergrößert und profitiert sogar von der Vorliebe des Publikums für Weißwein. Nur wenige Erzeuger behandeln ihn mit dem Respekt, den sie Cabernet Sauvignon, Pinot Noir und neuerdings auch Merlot entgegenbringen. Eine 1983 zur Förderung dieser Rebe gegründete »Zinfandel Guild« ging zwei Jahre später unrühmlich wegen Mangels an Interesse und Geld wieder ein.

Nach der Prohibitionszeit betätigte sich Ridge Vineyards als Schutzpatron des Zinfandel, suchte in ganz Kalifornien Weinberge mit alten, ertragsschwächeren Reben zusammen und verwandelte ihre Frucht in höchst stilvolle, konzentrierte Weine, die durch langsame Gärung und sorgfältigen Ausbau in kleinen Eichenfässern zustande kamen. Dazu wurden die Trauben mit Lastwagen aus Lagen im San Luis Obispo County an der südkalifornischen Küste und aus dem Amador County in den Ausläufern der Sierra Nevada zu der alten Kellerei hoch oben in den Bergen über Palo Alto transportiert. Verschiedene Ridge-Abfüllungen beweisen, daß die Traube in verschiedenen Umgebungen ganz eigenwillige, interessante Weine hervorbringen kann.

In einer der ältesten Lagen bei Healdsburg in Sonoma machte sich Lytton Springs 1976 mit Zinfandel selbständig und gehört heute zu der Handvoll Spezialisten, die aus dieser Sorte dunkle, schwere tanninreiche Rotweine keltert. Noch früher legte Bob Trinchero den Grundstein zum Ruhm der Amador-Zins aus dem sonnendurchglühten Shenandoah Valley – also aus uraltem Goldrauschland – mit unterschiedlichen, aber noblen Weinen seiner Napa-Kellerei Sutter Home. Er hat sich sogar mit »weißem Zin« einen Namen gemacht, indem er dieser sonst so schweren Traube einen Hauch von Frische abgewann.

Allgemein wird vom Zinfandel gesagt, daß er »Weine unterschiedlichster Art« hervorbringt, und ganz sicher wird er in Kalifornien als »Mädchen für alles« benutzt. Er kommt rot, weiß und rosé vor; leicht und auch voll oder gar gespritet; von knochentrocken bis zu zuckersüß; vom Beaujolais-Stil bis zum Klasse-Rotwein; und schließlich auch als Grundstoff für Schaumwein. Das rührt daher, daß er als »gemeiner Straßenköter« angesehen wird, wo er doch über einen untadeligen Stammbaum verfügt. Die Rebe liefert gutmütig alle diese Arten von Wein, und da sie so verbreitet angepflanzt wird, steht auch immer genug Rohmaterial an Trauben mit zuverlässig hohem Zuckergehalt zur Verfügung.

Am besten sind vielleicht die leuchtenden trockenen Rotweine mit ihrer vollen Brombeerfrucht, die sich im Alter zu schöner, würziger Fülle entwickeln. Solche Weine bringt der Zinfandel, wenn er richtig behandelt und an den richtigen Stellen gepflanzt wird. Er hat leider die schlechte Angewohnheit, ungleichmäßig zu reifen – üppig reife und harte grüne Beeren sind oft in einer Traube beisammen. In heißem Klima kann die Frucht bis zu Rosinen einschrumpfen, so daß der Zuckergehalt schnell in die Höhe schießt.

Ideal ist ein kühleres Klima, etwa Region I oder II mit viel Sonnenschein; deshalb sind hochgelegene Weinberge meist am günstigsten. In Paso Robles fällt der Wein kräuterwürzig aus, in den Ausläufern der Sierra bei Amador sehr intensiv und in den besten Lagen Sonomas um Dry Creek und Geyserville voll und komplex.

Allerdings liegen gut 40% der Zinfandel-Anbaufläche in der Gegend um Lodi im Central Valley, wo zu übermäßiger Hitze auch noch der hohe Ertrag, den die Erzeuger der Rebe abzuverlangen gewöhnt sind, als nachteilig hinzukommt. Die Weine aus diesem Bereich und noch weiter südlich im Central Valley sind an dem schlechten Ruf des Zinfandel schuld. Sie sind dicklich, rosinenhaft süß, säurearm, alkoholstark, aber immer haben sie das charakteristische Beerenaroma, auf welche Art sie auch bereitet sein

Zinfandel

Der Wein von Ridge Vineyards beweist, daß beim Zinfandel das Alter der Reben große Bedeutung hat. Junge Pflanzen liefern weiße bis kirschrote Weine, aber klassischen »Zin« bringen nur Rebstöcke reifen Alters.

mögen. Nur ist es nicht das verlockende Aroma von Brombeeren oder duftigen Erdbeeren, sondern eine vage Fruchtigkeit – sie nehmen sich aus wie billige Massenkonfitüre neben einem guten Hausmacher-Gelee.

Am besten bekommt dem Zinfandel kräftiger Rückschnitt, so daß er Erträge von etwa 40 hl/ha, manchmal sogar nur 15 hl/ha bringt, und wenn er dazu noch in einem Klima steht, das nicht wärmer ist als die kalifornische Region III, damit seine Frucht nicht zu stark einschrumpft, dann sind die Voraussetzungen für ihn besonders günstig. Obschon er in manchen Jahren unregelmäßig reift, wird er meist zu Anfang der mittleren Reifesaison, also kurz nach dem Pinot Noir, gelesen. Richard Peterson dagegen hat 1974 die Lese im kühlen Distrikt Gonzales in Monterey erst im Dezember (bei 25,2 Grad Zucker und 0,9% Säure) vorgenommen und dadurch zur Entstehung eines Markts für Zinfandel-Spätlese beigetragen.

Seit Jahrzehnten ist der Zinfandel ein wichtiger Bestandteil der kalifornischen »Port-Weine«, und auch heute noch haben diese Produkte dem Zinfandel zu verdanken, daß sie immer mehr an respektgebietender Qualität gewinnen. Neben diesen gespriteten Weinen gibt es viel schwere, meist sehr süße Zinfandel, die auf unbestimmbare Art an einen italienischen Recioto erinnern. Sie erscheinen etwas ausgefallen und zeigen gelegentlich, daß man des Guten, das der Zinfandel zu bieten hat, auch ganz entschieden zuviel tun kann.

Außer in Konsum- und Portweinen wird Zinfandel selten verschnitten. Ihn mit dem feineren Cabernet Sauvignon zu mischen erscheint dem Weinfreund so unmöglich, wie wenn man einen Bordeaux mit einem Burgunder zusammenschütten wollte. Paul Draper von Ridge ist allerdings fest davon überzeugt, daß der Zinfandel einen Schuß Petite Sirah braucht, wenn er wirklich zwei Jahrzehnte überdauern soll.

Der Zinfandel hält sich lange gut, obwohl er nur selten Gelegenheit dazu geboten bekommt. Louis Martini, dessen »Zins« zu den besten der Mittelklasse zählen, meint, daß sie zwischen 6 und 10 Jahren ihren Höhepunkt erreichen, manche andere aber halten es für erwiesen, daß ein sortenreiner Zinfandel auch zwei oder gar drei Jahrzehnte lebendig bleibt. Paul Draper vertritt die Auffassung, daß ein erster Höhepunkt nach etwa fünf Jahren erreicht wird und die Entwicklung danach – wenn auch sehr langsam – immer noch weitergeht.

Guter Zinfandel ist noch immer preiswert, einfach weil ihm soviel weniger Prestige anhaftet als dem Cabernet und dem Pinot, aber dafür sichert er dem Erzeuger raschen Umsatz. Nachdem die amerikanischen Weinliebhaber mehr und mehr ein Vergnügen am Vintage-Port gefunden haben, gibt es nun auch Anzeichen für ein wachsendes Interesse an dieser Traube, die in kalifornischen Weinen solcher Art eine so traditionsreiche Rolle spielt und bis auf den ungarischen Adeligen Agoston Haraszthy zurückgeht.

Er hat sich großes Verdienst dadurch erworben, daß er in der Mitte des vorigen Jahrhunderts in großem Stil europäische Weinreben nach Kalifornien brachte. Es heißt, er habe schon 1851 in seinem Versuchsweinberg in San Diego Zinfandel angepflanzt. Auf jeden Fall hatte er ihn bereits 1863 bei der Buena Vista Vinicultural Society – einer Art Genossenschaft kleiner Winzer – in Sonoma fest eingeführt, und diese Kellerei darf heute auf die wohl älteste Zinfandel-Tradition des Landes zurückblicken.

Um 1880 hatten die kalifornischen Winzer, die zunächst allen Alternativen zur alten und bewährten Mission-Rebe gegenüber mißtrauisch waren, zum Zinfandel Vertrauen gefaßt. Wer damals an Wein interessiert war, hatte mehr für Profit übrig als für Ampelographie oder gar Semantik. So ging der Ursprung der Zinfandel-Rebe im damaligen Rausch um das Gold – das waschbare wie das trinkbare – einfach unter. Eine Zeitlang wurde vermutet, daß sie aus Ungarn stammte, aber die Ampelographen haben inzwischen enge Verbindungen zur Primitivo-Rebe aus Apulien und möglicherweise zu der Sorte Plavać Mali in Jugoslawien festgestellt.

Wie Haraszthy damals an so ausgefallene Rebsorten gekommen sein soll, bleibt ein Geheimnis; die Ähnlichkeiten aber sind nicht abzuleugnen. Der unter der heißen Sonne Apuliens in vom Meer beeinflußtem Klima gewachsene Primitivo ist tiefdunkel, konzentriert und alkoholstark. Er wurde früher meist für Verschnittzwecke benutzt – mancher blutarme *vin de table* verdankte ihm Kraft und Farbe –, doch berichtet Burton Anderson inzwischen über bedeutende Verfeinerungen aufgrund sanfterer Bereitungstechniken.

Er hat eine eigene DOC, Primitivo di Manduria, für einen robusten, trockenen Wein mit zinfandelähnlichem

Auf welchem Weg der Zinfandel nach Kalifornien gekommen ist und weshalb er dort so großen Erfolg hatte, bleibt eines der großen Geheimnisse der Welt des Weins. Die Frage nach der Herkunft seines Namens ist bis auf den heutigen Tag ebenso ungelöst wie die nach dem bestgeeigneten Stil für seinen Wein.

Brombeeraroma oder für einen *amabile* mit 16% Alkohol und kräftiger Süße sowie für einen gespriteten *liquoroso dolce* oder *secco* mit bis zu 18% Alkohol, der laut Burton Anderson »fast ewig haltbar ist«. Auf der Südostseite Italiens wächst bei Bari der Primitivo di Gioia – manchmal auch Gioia del Colle –, dessen Alkoholstärke von 14 bis 16% auch beim kalifornischen Zinfandel durchaus nichts Außergewöhnliches ist. Interessant ist wohl auch, daß einige italienische Primitivo-Erzeuger ihren Wein für den Export nach den USA mit »Zinfandel« etikettieren, worüber sich manche Kalifornier ziemlich aufgeregt haben. Ihre eigene unbekümmerte Namensgebungstradition mit »California Burgundy« und »California Chablis« übersehen sie dabei allerdings geflissentlich.

Sonstwo in der Welt ist der Zinfandel höchstens in Versuchspflanzungen anzutreffen. Nur in Südafrika haben sich neuerdings einige Erzeuger für ihn begeistert, und auch in Australien gibt es eine Reihe kleinerer Anpflanzungen. In den Southern Vales mischt ein Erzeuger Zinfandel mit Pinot Noir und Cabernet Sauvignon. Von Cape Mentelle stammen sehr schöne Variationen über dieses Thema – allerdings hat der Kellermeister in Kalifornien gelernt, und er ist übrigens einer von wenigen Australiern, die auch dem Shiraz den verdienten Respekt nicht versagen.

Synonyme:
Wahrscheinlich Primitivo, Primativo (Italien)

Böden:
In seiner Heimat Kalifornien findet diese Frage wenig Beachtung.

Wuchskraft:
Mittelstark

Schnitt:
Empfohlen wird Cordon-Erziehung bei mittlerem bis kräftigerem Rückschnitt.

Anfälligkeit:
In Bewässerungsgebieten anfällig für Traubenfäule; neigt zum Rosinieren.

Erträge:
Potentiell ertragsstark

Recht gute Qualität ist möglich. Nicht in Mode.

Pinot Gris
(Ruländer)

Jeder Winzer in Burgund kann bestätigen, wie sehr der Pinot Noir dazu neigt, sich im Handumdrehen zu verändern und Mutationen zu erzeugen. Galet zählt zur Familie Pinot den Blanc, Rosé, Violet, Tête de Nègre, Teinturier und Cioutat und verzeichnet dann noch weitere elf Spielarten, die zum Teil schon um die Mitte des 18. Jahrhunderts bekannt waren. Es ist fast ein Wunder, daß es dem Pinot Gris – hierzulande besser unter dem Namen Ruländer bekannt – gelungen ist, sich mit einem so eigenen Charakter zu behaupten und dann noch so weit über die Welt auszubreiten.

Bei dieser Mutation des Pinot Noir weiß man kaum zu sagen, ob es sich um eine dunkle oder eine helle Traube handelt; ihre Farbe liegt zwichen Graublau und Braunrötlich. Manchmal spielt sie mehr nach Schwarz, manchmal mehr nach Weiß hin. Der Wein, den sie abgibt, hat meist eine auffallend kräftig goldene Farbe, in Italien und in der Schweiz aber trifft man oft ein zartes Hellrot an. Die Rebe wird in ganz Mitteleuropa angebaut und zeigt in der Art ihrer Weine eine fast chamäleonhafte Anpassungsfähigkeit an ihre jeweilige Umgebung. Man möchte kaum glauben, daß der volle, beinahe ölige Tokay d'Alsace auch nur im geringsten mit dem leichten, spritzigen Pinot Grigio aus Norditalien verwandt sein soll.

Merkwürdig sind auch die unterschiedlichen Erscheinungsformen, die der Pinot Gris in Deutschland annimmt, wo er – wie schon gesagt – den Namen Ruländer trägt. Die deutsche Ruländer-Anbaufläche ist mit 3300 ha weitaus größer, als dies in anderen Ländern der Fall ist; überaus verschlungen aber sind die Wege, auf denen die Rebe hierher gelangt ist.

Sie kam zusammen mit dem Pinot Noir schon im Mittelalter von Burgund aus in die Schweiz. 1375 brachte Kaiser Karl IV. junge Pinot-Gris-Pflanzen nach Ungarn, wo sie von Zisterzienser-Mönchen auf den warmen, mineralreichen Hängen des Badacsony am Plattensee angesetzt wurden. Noch heute heißt die Rebe in Ungarn Szürkebarat (= grauer Mönch) – das Wort mag vielleicht auch eine Umformung des in Burgund im Mittelalter gebräuchlichen Sortennamens Pinot Beurot oder Burot (von *bure*, dem groben, braunen Wollstoff der Mönchskutten) sein. 1568 soll der kaiserliche Heerführer Lazarus von Schwendi die Rebe auf seine Güter im Elsaß (den heutigen Sitz der Confrérie de St-Etienne) und an den Kaiserstuhl in Baden gebracht haben. Da er sich bei der Stadt Tokai in Ungarn mit den Türken herumgeschlagen hatte, erscheint es wohl etwas weit hergeholt, aber doch verständlich, daß die Rebe im Elsaß den Namen Tokay erhielt, den die EG-Bürokraten nun aus unerfindlichem Grund auszumerzen beschlossen haben. Immerhin taucht die Bezeichnung Tokay im Elsaß schon 1750 auf.

Im Jahr 1711 entdeckte in der Pfalz der Kaufmann Johann Ruland eine ihm unbekannte halbwilde Rebe. Er stellte fest, daß der Wein ihrer blaugrauen Beeren gar nicht schlecht sei, und verbreitete die Rebe, die nach ihm den Namen Ruländer erhielt.

Erst später wurde erkannt, daß es sich um den damals in Burgund und der Champagne schon recht verbreiteten Pinot Gris handelte. Im 18. und 19. Jahrhundert fiel die Sorte in Deutschland ebenso wie in Burgund und der Champagne wegen ihrer Neigung zum Degenerieren und ihrer Unzuverlässigkeit im Ertrag in Ungnade. Die deutschen Rebenzüchter des 20. Jahrhunderts wurden mit dieser Unart rasch fertig, und dank der Klonselektion in den fünfziger Jahren darf sich der Winzer darauf verlassen, daß er von seinem Ruländer zwischen 80 und 120 hl/ha ernten kann. Es wirft ein bezeichnendes Licht auf die Ertragsstärke der anderen deutschen Rebsorten, daß der Ruländer trotzdem nur 2% des Gesamtertrags liefert, obwohl er 3,5% der Gesamtrebfläche einnimmt.

Kennzeichnend für den Pinot Gris ist ein relativ hoher Extraktgehalt bei wenig Säure sowie eine gewisse Würzigkeit. Am ausgeprägtesten treten diese Eigenschaften in Deutschland und im Elsaß hervor, und vor allem neben den üblicherweise sehr viel leichteren deutschen Weinen anderer Sorten fällt auf, wie körperreich der Ruländer ist. Er erzielt im Durchschnitt 10° Öchsle mehr als ein unter vergleichbaren Verhältnissen gewachsener Riesling. Dem hohen Ansehen der Rebe tut auch ihr vergleichsweise bescheidener Ertrag und ihr Anspruch auf warmen Boden keinen

Pinot Gris

Abbruch, ihre weitere Verbreitung aber wird dadurch doch gehemmt. Eigentlich ist der Ruländer als deutscher Wein untypisch, ebenso wie der Tokay der untypischste Elsässer Wein ist. Beide erinnern an weißen Burgunder; nur in sehr warmen Jahren laufen sie wegen ihrer Säurearmut Gefahr, schwerfällig zu erscheinen.

Der Ruländer stellt ziemlich hohe Ansprüche an Boden und Klima, wenn auch nicht ganz so hohe wie der Riesling. Tiefgründige, schwere Böden bringen den größten Extraktgehalt im Wein zustande. Der Wachstumszyklus der Rebe verläuft ganz ähnlich wie beim Silvaner; auch findet die Lese bei beiden Sorten oft zur gleichen Zeit statt, obwohl die Ruländer-Traube schon viel früher an Säure einzubüßen beginnt.

In Italien fürchten sich die meisten Winzer derart vor dieser Erscheinung, daß sie ihren Pinot Grigio schon ernten, lange bevor er überhaupt Aroma annehmen kann. Allerdings wird diese unziemliche Hast vor allem mit der Angst vor Herbstregen begründet. Der Pinot Grigio ist derzeit bei den Liebhabern trockener Weine in Italien sehr gefragt, was nur wieder beweist, daß die Italiener beim Weißwein keinen kräftigen Duft mögen. Kein Erzeuger und kein Kenner kann erklären, weshalb nun gerade mit dem Pinot Grigio soviel Wesens gemacht wird, wo doch der Pinot Bianco interessantere Weine liefert.

Der Pinot Grigio wird in ganz Nordostitalien angebaut, am meisten in Friuli-Venezia Giulia und oft Seite an Seite mit einer mit ihm nicht verwandten Sorte, deren Namen Tocai an das Synonym des Ruländers im Elsaß erinnert. Die Weine des Pinot Grigio sind zum großen Teil wenig interessant, sie zeichnen sich lediglich durch einen ziemlich kräftig entwickelten Körper aus. Die besten Beispiele – neben vielen als Pinot Grigio delle Venezie angebotenen gewöhnlichen Weinen – stammen aus Friaul, insbesondere von guten Erzeugern im Collio und in den Colli Orientali nahe der jugoslawischen Grenze.

Auch in der Lombardei wird Pinot Grigio in größeren Mengen produziert, aber es wird selten ein Unterschied zwischen den verschiedenen Pinots im Oltrepò Pavese gemacht, und die Weine gelangen kaum weiter als bis Mailand. Die Beliebtheit des Pinot Grigio ist so groß, daß er nun auch weiter südlich in den Colli Piacentini in der Emilia-Romagna Eingang gefunden hat.

Auch in Südtirol wird er angepflanzt, allerdings – vernünftigerweise – weit weniger als der Pinot Bianco. Hier im subalpinen Klima erlangt der Pinot Grigio ein gewisses rauchiges Aroma und einen kräftigeren Säuregehalt als irgendwo sonst (nur manche Schweizer Weine dieser Sorte kommen dem nahe). Der Name Ruländer herrscht in der deutschsprachigen Region vor.

In der Westschweiz wird der Pinot Gris immer mehr angebaut, und zwar in Lagen, in denen er zu voller Reife kommt und manchmal auch von Edelfäule befallen wird. Die dadurch entstehenden Weine dürfen mit ihrer lieblichen Art und tiefen Farbe als ein unerwartet schönes Geschenk der Schweiz an die Weinliebhaber der ganzen Welt betrachtet werden. Sie heißen zum großen Teil Malvoisie de Valais. Zwar hat der Pinot Gris nichts mit Malvasia zu tun, aber er führt in Ain, Savoyen und an der Loire den Namen Malvoisie.

Kleinere Anpflanzungen von Pinot Gris oder Ruländer gibt es auch in Luxemburg, Österreich, Mähren (unmittelbar jenseits der österreichischen Grenze) und im Osten Deutschlands. In allen diesen Gegenden fallen seine Weine insbesondere durch ihre Gewichtigkeit auf. Unter dem Namen Rulandac Sivi wächst die Rebe in Nordjugoslawien, sowohl in Slowenien als auch in Slawonien, besondere Bedeutung aber kommt ihr in Rumänien zu. Dort heißt sie entweder Ruländer oder Pinot Gris und bringt in Transsilvanien sehr geschätzte Weine hervor.

In der Sowjetunion spielt die Rebe ebenfalls eine gewisse Rolle, doch am meisten wird sie in Ungarn verehrt. Dort sind drei Spielarten von Szürkebarat bekannt: der hervorragende, großfruchtige Nemes = der Edle; der einfachere, kleinfruchtige Kozönseges = der Gemeine; und der Oreg = der Alte, der leicht fault und daher kaum brauchbar ist. Der Wein der beiden ersten Arten gehört zum Besten, was Ungarn zu bieten hat. Die Trauben bleiben so lange am Stock, daß ihr Wein sehr dunkel, oft mit einem leichten Kupferschein, ausfällt und sehr viel Extrakt enthält. Ein offizieller ungarischer Weinführer bemerkt zum Szürkebarat: »Es ist empfehlenswert, ihn zu paniertem Schweinefleisch mit Kompott, zu Nudeln, Kuchen und süßem Gebäck zu reichen.«

Im Elsaß ist man sich der Bedeutung des Pinot Gris in der Gastronomie noch weit stärker bewußt. Hier wird von allen Weinen stets der Tokay d'Alsace am meisten als Begleiter zu Speisen empfohlen. Er nimmt mit seiner Robustheit, seinem Bukett ohne ablenkende Blumigkeit und mit seiner alkoholischen Stärke eine besondere Stellung ein. Neben Riesling und Gewürztraminer gilt er als eine der feinsten Traubensorten des Landes, vor allem auch deshalb, weil er Spätlesen bringen kann. Die 1976er Tokays »Vendange Tardive« sind geradezu monumental und haben eine butterige Fülle wie große Chardonnays aus Kalifornien. Die Anbaufläche der Sorte ist in letzter Zeit im Elsaß stark gewachsen; trotzdem entfallen auf sie mit 600 ha nur knapp 5% der Gesamtrebfläche. Auf den bessere Qualität versprechenden Hängen das Haut-Rhin stehen viermal soviel Tokay-Reben wie im flacheren Bas-Rhin.

In kleineren Mengen wird der Pinot Gris auch im übrigen Frankreich angebaut. Als Malvoisie bildet er oft einen Bestandteil des zwischen dem Beaujolais und Savoyen erzeugten Bugey. In früheren Zeiten stand die Sorte häufig zusammen mit vielen anderen in den Weinbergen von Burgund, und Anthony Hanson zufolge bildete sie noch vor kurzem 5% des Corton-Rebbestands. In hochgeachteten Lagen der Côte d'Or findet man heute noch manchen Rebstock der Sorte Pinot Beurot.

In den neueren Weinbauregionen hat sich der Pinot Gris nicht durchgesetzt, außer – verständlicherweise – in der kühlsten, nämlich Neuseeland. Kleinere Anpflanzungen gab es auch in Australien, aber die Traube hat sich dort wegen ihrer Säurearmut nicht bewährt. Den Kaliforniern wiederum macht der Pinot Blanc das Leben schon sauer genug, als daß sie sich auch noch mit dieser Sorte abgeben möchten.

Allerdings fiel der Pinot Gris in Neuseeland wegen seiner unregelmäßigen Erträge dann doch wieder in Ungnade. Seitdem neue Klone wie etwa Klosterneuberg und Hauser H-1 entwickelt worden sind, besteht die Aussicht, daß sich die Anbaufläche von unter 30 ha im Jahr 1983 vor allem im Bereich Canterbury auf der Südinsel vergrößern wird. Hier entsteht ein fester, körperreicher Wein, dem sich zumindest ein Erzeuger treulich widmet, ihn aber leider mit »Tokay d'Alsace« etikettiert.

Synonyme:
Pinot Beurot oder Burot (Burgund); Tokay d'Alsace (Elsaß); Malvoisie (Ain, Savoyen, Loire); Gris Cordelier, Fauvet, Auvernat Gris, Petit Gris, Fromentot (übriges Frankreich); Ruländer, Grauer Burgunder, Grauklevner, Grauer Riesling, Tokayer (Deutschland); Pinot Grigio (Italien); Malvoisie, Tokayer (Schweiz); Rulandac Sivi, Crvena Klevanjka (Jugoslawien); Szürkebarat, Grauer Mönch (Ungarn); Rulanda (Rumänien); Cervena Klevanjka, Rouci Sedive (Tschechoslowakei).

Böden:
Bevorzugt tiefgründigen Boden mit hohem Mineralgehalt

Wuchskraft: Mittelstark

Schnitt:
Guyot-Erziehung, je nach Bodenart. Auch für hohe Erziehung geeignet.

Anfälligkeit:
Relativ gute Resistenz gegen Schädlinge und Krankheiten

Veredelungsunterlagen:
Am besten eignen sich ziemlich starkwüchsige Unterlagen wie 125AA und SO4.

Erträge:
Neuere Klone sehr gut; alte Rebstöcke unterschiedlich

Mittlere Qualität. In Italien hoch in Mode, in der »Neuen Welt« fast unbekannt.

Pinot Blanc
(Weissburgunder)

Der Pinot Blanc wirft viele Fragen auf. Stammt er vom Pinot Gris ab, der ja selbst wieder eine Mutation des Pinot Noir ist? Das wäre ein natürlicher Bleicheprozeß. Sind seine Weine besser als die des Pinot Gris? Die einen sagen ja, die anderen nein. Ist er mit dem Chardonnay verwandt, weil er ja so lange Pinot Chardonnay genannt wurde?

Tatsächlich ist der Pinot Blanc ein echter Pinot. Sein Blatt ist genau das gleiche wie das des Pinot Noir (und des Pinot Gris), und er ist eindeutig eine Mutation des Pinot Noir, sehr wahrscheinlich ein Abkömmling des Pinot Gris. Im Elsaß wird der Pinot Blanc schon lange angebaut; als »Clevner« ist er dort seit der Mitte des 16. Jahrhunderts von Hieronymus Bock nachgewiesen. Allerdings heißt der Pinot im Elsaß allgemein Clevner, und nicht nur speziell der Pinot Blanc im Unterschied zum Pinot Noir. Im Elsaß wird der Pinot Blanc mit der ebenfalls im Elsaß (und in manchen anderen Gegenden Frankreichs) verbreiteten Sorte namens Auxerrois verschnitten und der so entstehende Wein unter der Bezeichnung Pinot Blanc, Clevner oder Klevner verkauft.

Bei der Antwort auf die zweite Frage ist zu berücksichtigen, daß die im Elsaß angebaute Sorte eine als Gros Pinot Blanc bezeichnete Spielart mit deutlich höheren Erträgen als der Pinot Blanc von der Côte d'Or oder auch die von dem Weinbauwissenschaftler Bronner stammende, sehr früh reifende, in der Qualität aber nur mittelmäßige Selektion des Pinot Blanc ist. Im französischen Weinbau gilt Fruchtbarkeit nicht immer als Zeichen edler Art, und darum ist es auch verständlich, daß der Pinot Blanc im Elsaß nicht gerade Verehrung genießt. Dagegen ist dort der Durchschnittsertrag des Pinot Gris viel niedriger, seine Reputation dagegen höher.

In Deutschland wird der Pinot Gris – also der Ruländer – ebenfalls höher geschätzt als der Pinot Blanc, weil er als aromatischer gilt. Die Italiener dagegen vertreten die entgegengesetzte Meinung. Man könnte vermuten, daß die hohe Achtung für den Pinot Bianco/Blanc in Italien und Kalifornien darauf beruht, daß er allgemein als Blutsbruder des so beliebten Chardonnay gilt.

Hier muß eine klare Unterscheidung getroffen werden: Der Pinot Blanc ist ein Mitglied der weitverzweigten Pinot-Familie, der Chardonnay dagegen nicht, nur ist sein Blatt in der Form dem des Pinot sehr ähnlich, aber es ist im Gegensatz zu dem des Pinot am Stielansatz unbehaart. Der Pinot Blanc ist meist ertragreicher als der Chardonnay und weist auch geringeren Zuckergehalt und einen weniger eindeutigen Sortencharakter auf.

In Frankreich ist die Pinot-Blanc-Anbaufläche mit 1300 ha ziemlich viel größer als in Deutschland. In Italien ist sie vielleicht noch umfangreicher, dort aber sind die Statistiken nicht so zuverlässig. Kleinere Anpflanzungen findet man an der Côte d'Or selbst noch in hochberühmten Lagen. Ihr Ertrag wird meist mit Chardonnay verschnitten, doch die wenigen sortenreinen Pinot-Blanc-Weine, die es gibt, zeichnen sich durch Wucht und ein ansprechendes Apfelaroma aus, das zwar nicht so komplex ist wie beim Chardonnay, aber doch einige Ähnlichkeit aufweist. Das deutlichste Unterscheidungsmerkmal ist vielleicht, daß der Chardonnay-Wein ganz eindeutig eine Qualität der Dauerhaftigkeit zeigt, wie sie beim Pinot-Blanc-Wein nur ganz selten vorkommt.

Auf den Hängen der Colli Euganei südlich von Padua wachsen viele Traubensorten, doch dem Pinot Bianco wird hier besonders viel Gutes nachgesagt – zum Beispiel seiner lieblichen Abboccato-Version.

Die Anbaufläche des ertragreichen Gros Pinot Blanc im Elsaß ist stetig gewachsen und beläuft sich zusammen mit Auxerrois inzwischen auf über 2000 ha, vorwiegend in der Ebene. Dort wird ihr milder, relativ schwerer Wein mit säurereicheren Sorten wie Sylvaner und Chasselas zum Edelzwicker verarbeitet. Hier fällt der Pinot Blanc etwas aromaschwach aus und dürfte kaum langlebig sein; oft aber ist ihm eine typisch Elsässer Würzigkeit eigen, so als wären ein paar Gewürztraminer- oder Muscat-Trauben mit in die Kelter geraten.

In Deutschland ist die Weißburgunder-Anbaufläche auf über 900 ha angestiegen. Sie liegt, wie auch die Ruländer-Anpflanzungen, hauptsächlich in Baden und in der Rheinpfalz. Wo der Weißburgunder in den Rebbestand eines Weinguts aufgenommen wird, verdrängt er meist den deutlich säurereicheren Silvaner. Die Winzer schätzen den Weißburgunder, weil er selbst bei hohen Erträgen gute Mostgewichte erzielt, obwohl er erst einmal 85° Öchsle aufbringen muß, damit sein Wein so ausfällt, daß man ihm einiges Interesse abgewinnen kann.

Seines geringen Eigenaromas wegen eignet er sich allerdings gut als Grundlage für Mischungen mit starkwürzigen Neuzüchtungen – allerdings kann auch der Müller-Thurgau diese Rolle übernehmen, obwohl er weniger Stil und Körper dabei einbringt. Hochreifer Weißburgunder wird auch gern als vielseitige Süßreserve verwendet, doch liegt seine eigentliche Zukunft vielleicht eher am anderen Ende der Skala, nämlich in den bei der neuen Generation deutscher Gastronomen so beliebten trockenen und halbtrockenen Versionen. Mit seinem relativ hohen Extraktgehalt und seiner mäßigen Säure eignet er sich hervorragend als Tischwein, auf jeden Fall besser als die duftigeren deutschen Weine.

In der Toskana wurde die Anpflanzung der Rebe am Ende des 18. Jahrhunderts vom damals herrschenden Haus Lothringen sicher gefördert, doch gehen die ältesten nachweisbaren Pinot-Blanc-Bestände in Italien nur auf das Jahr 1820 zurück. Damals experimentierte der General Emilio di Sambuy in Piemont mit der Sorte und stellte fest, daß sie in kühleren Hanglagen am besten gedieh. Im vorigen Jahrhundert erkannten die Italiener mehr und mehr den Wert des Pinot Bianco, allein schon an dem Erfolg der Sorte in Burgund und der Champagne, und so wurde sie in Norditalien zur meistangepflanzten »ausländischen« Rebe.

Erst vor recht kurzer Zeit haben die Italiener den Unterschied zwischen Pinot Bianco und Chardonnay sowohl in der Theorie als auch in ihren Weinbergen erkannt. Erst 1984 wurde dem Chardonnay in Anerkennung seiner Eigenständigkeit eine DOC eingeräumt, doch sind viele italienische Weinberge schon seit langen Jahren mit einem sorglosen Gemisch aus Pinot Bianco und Chardonnay besetzt. Es fiel niemandem ein, daß es sich um zwei ganz verschiedene Sorten handeln könnte, und daher kümmerte sich auch niemand um den Unterschied. Bei der Ähnlichkeit des Blatts fällt dies auch heute noch erst um die Lesezeit auf, weil der Chardonnay (in Südtirol Gelber Weißburgunder) runde gelbe Beeren in lockeren Trauben und der Pinot Bianco (Grüner Weißburgunder) ovale grüne Beeren in dichtbesetzten Trauben trägt.

Die meisten der zahlreichen Pinot-Bianco-DOCs liegen im Trentino, in Südtirol, Venetien, Friaul und der Lombardei, doch gedeiht die Rebe heute in ganz Italien, sogar in

Pinot Blanc

Apulien, wo in den Weinbergen von Castel del Monte ein sehr ansprechender Wein wächst. Im Trentino und in Südtirol wird der Pinot Bianco noch oft mit Chardonnay verwechselt, ganz zu schweigen von der Sprachverwirrung in dieser Gegend, wo ja Deutsch und Italienisch gleichberechtigt nebeneinanderstehen. Die hier gekelterten Pinot-Bianco-Weine sind apfelfrisch und spritzig, aber körperreicher als die anderen Weißweine der Gegend und werden meist als Weißburgunder angeboten, auch wenn Chardonnay darin enthalten ist. Die Erträge erreichen 90 hl/ha.

In Venetien treten dieselben Qualitäten in Erscheinung, nur die Säure ist meist etwas verhaltener, und wie auch in Friaul bemühen sich manche Erzeuger darum, einen »seriösen« Wein zu gewinnen, besonders in den DOC-Bereichen Collio, Colli Orientali del Friuli und Breganze; in der Emilia-Romagna dagegen wird er recht lieblich. Es ist durchaus wahrscheinlich, daß Italien mit seinen großen Beständen an Pinot Bianco in Zukunft durchaus interessante Weine, womöglich durch bewußtes Verschneiden mit Chardonnay, zuwege bringen kann. Wie groß die Möglichkeiten der Sorte sind, erweist sich an einer erfolgreichen Kreuzung zwischen Pinot Bianco und Weißem Riesling aus der Weinbauversuchsanstalt in Conegliano, die nach Professor Manzoni benannt wurde.

In Italien wird auch das Potential des Pinot als Grundstoff für Schaumwein geschätzt und genützt; vor allem der hohe Säuregehalt, der neutrale Charakter, der mäßige Zukkergehalt und die Möglichkeit, durch frühe Lese der Traubenfäule zuvorzukommen, machen ihn dafür geeignet. Insbesondere der Pinot Bianco aus dem Oltrepò Pavese in der Lombardei und aus weiter nördlichen Gegenden wird fleißig zu *spumante* verarbeitet.

In Jugoslawien wird der Pinot Blanc in Slowenien und Slawonien und vermehrt auch weiter im Süden in der Woiwodina als Beli Pinot angebaut. In Ungarn befindet sich die Hochburg des Pinot Blanc in der Gegend von Mecsek, doch ist der Pinot Gris am Badacsony viel angesehener. Im Osten Deutschlands entfallen auf Weißburgunder 16% der Gesamtrebfläche, und in Österreich ist er die viertmeist angebaute weiße Traube – mit 2000 ha ist hier seine Anbaufläche größer als in Westdeutschland. Erwartungsgemäß ist die Sorte in der Steiermark nahe der jugoslawischen Grenze am stärksten vertreten, aber auch um Wien und in Gumpoldskirchen wird sie in bedeutendem Umfang kultiviert. Sie erreicht dort oft die vom österreichischen Weingesetz für Auslesen festgelegten Mostgewichte, aber es fehlt ihr meist an Säure. Manche Weißburgunder-Weine verfügen über eine Fülle und ein so reiches Bukett, daß man an Chardonnay erinnert wird; dafür sind sie aber wieder zu süß. Der echte österreichische Chardonnay (er heißt hier oft noch Pinot Chardonnay) hat jedenfalls mehr Finesse.

In Chile gehört der weiße »Pinot« zu den verbreitetsten Traubensorten, allerdings ist nicht ganz klar, um was es sich wirklich handelt. Jedenfalls ist so gut wie alles, was in Australien unter dem Namen Pinot Blanc läuft, eigentlich Chardonnay. Die einzige neuere Weinbauregion, die über ausgedehnte Bestände an echtem Pinot Blanc verfügt, ist Kalifornien. Dort hat sich die Anbaufläche stetig vergrößert und betrug 1983 880 ha, mehr als die Hälfte davon befindet sich im kühlen Monterey, wo späte Lese üblich ist.

Die Erträge leiden in Kalifornien unter der Blattrollkrankheit, doch ist der Pinot Blanc nach wie vor für sortenreine Weine ebensosehr beliebt wie als Füllmaterial für Chardonnay und als Grundstoff für die Herstellung guter Schaumweine. Die hier oft beobachtete frühe Braunfärbung seines Weins wird auf den hohen Tanningehalt der Traubenschalen zurückgeführt. Bei den in Kalifornien sehr beliebten »blinden« Weinproben behauptet er sich immer wieder gut gegenüber dem Chardonnay. Das mag an dem neutraleren Geschmack des Pinot Blanc liegen, der ihm im kühleren Klima eigen ist. Aber was sich in Europa nachteilig auswirkt, erweist sich hier im Land der mächtigen, mit Eichenholz befrachteten Chardonnays als Vorteil. Chalone Vineyards behandelt den Pinot Blanc als einen seriösen sortenreinen Wein und leistet ihm damit einen großen Dienst. Wie andere Kellereien läßt auch diese ihrem Pinot-Blanc-Wein eine längere Faßreife angedeihen, was anderswo in der Welt als unerhörter Luxus angesehen wird.

Synonyme: Weißer Burgunder, Weißburgunder, Weißer Klevner, Clevner, Clävner, Weißer Ruländer, Weißer Arbst (Deutschland); Pinot Bianco, Borgogna Bianco, Pineau Blanc, Chasselas Dorato (Italien); Weißburgunder (Österreich); Beli Pinot, Biela Klevanjka (Jugoslawien); Feherburgundi (Ungarn); Rouci Bile (Tschechoslowakei)	*Schnitt:* Meist Guyot-System, aber auch Cordon-Erziehung
	Anfälligkeiten: Gute Resistenz gegen Schädlinge und Krankheiten; die kompakten Trauben sind jedoch fäuleempfindlich.
	Veredelungsunterlagen: Starkwüchsige Unterlagen erforderlich. SO4 und 5C auf tiefgründigen Böden geeignet; sonst 125AA und 5BB.
Böden: Bevorzugt tiefgründige, relativ feuchte Böden. Kalkgehalt verbessert das Aroma.	*Erträge:* Bei Verwendung geeigneter Klone regelmäßig und stark ohne Beeinträchtigung der Qualität. 40 bis 60 hl/ha in Kalifornien, 70 hl/ha im Elsaß.
Wuchskraft: Schwach bis mittel	

Mittlere Qualität. In vielen Gegenden gegenüber dem Pinot Gris vernachlässigt.

Welschriesling

Welschriesling

Unter seriösen Weinliebhabern ist es üblich, diese Rebsorte Mitteleuropas recht geringzuachten, nicht sosehr wegen der höchst unterschiedlichen Qualität ihres Weins, sondern vielmehr ihres Namens wegen. Die deutsche Weinlobby hat sich gegen alles, was ihrer Meinung nach unrechtmäßig den Namen des zu Recht hochverehrten Rieslings mit benutzen will, so wirkungsvoll zur Wehr gesetzt, daß darüber ganz in Vergessenheit geraten ist, wie wenig die Rebe selbst eigentlich dafür kann. Die Schuld fällt allein auf diejenigen, die mit der Namensähnlichkeit Geschäfte machen. Die Rebe darum verachten zu wollen hieße denn aber doch, das Kind mit dem Bade auszuschütten.

Es stimmt zwar, daß der größte Teil dessen, was unter dem Namen Welschriesling im Handel ist, nicht gerade inspirierende Qualität aufweist; das liegt aber wohl mehr daran, wie die Traube behandelt wird, als daran, was wirklich in ihr steckt. Einige zartblumige, frische und fast trokkene Weine aus Nordostitalien und geradezu wundervolle Spätlesen aus Rumänien beweisen, daß die Rebe der Mühe doch wert ist.

Da die Sorte nicht in den besser erforschten und ampelographisch exakt belegten Weinbauregionen der Welt kultiviert wird, sind klare Tatsachen über die Herkunft und Genealogie des Welschrieslings Mangelware. Die nützlichsten Hinweise liefert noch die Etymologie mit Unterstützung der Geschichtswissenschaft.

Bisher hat offenbar noch niemand große Lust verspürt, diese Rebsorte genauer zu untersuchen; nur dem Ampelo-

Jeruzalem in Slowenien, einst ein Stützpunkt der Kreuzfahrer, liegt nahe bei Ljutomer in Nordwestjugoslawien in einer Gegend, aus der sich Ströme von Welschriesling – dort heißt er »Laski Rizling« oder auch »Laskiriesling« – in die weite Welt ergießen.

graphen R. Goethe verdanken wir eine zitierbare (und deshalb auch oft zitierte) Aussage, daß nämlich der Urprung des Welschrieslings in Frankreich, wahrscheinlich in der Champagne, gelegen haben müsse und daß er über Heidelberg nach Österreich-Ungarn gelangt sei.

Wenn dem wirklich so wäre, müßte man sich doch wohl darüber wundern, daß weder in Frankreich noch in Deutschland auch nur die geringste Spur dieser Rebe überlebt hat, denn schon um die Jahrhundertwende, als Viala sein großes ampelographisches Werk schuf, war dort keine Rebsorte festzustellen, die mit dem Welschriesling in Österreich und Rumänien, dem Riesling Italico in Italien, dem Olaszriesling in Ungarn, dem Vlassky Riesling in der Tschechoslowakei und dem Laskiriesling oder Graševina in Jugoslawien verwandt gewesen wäre.

Die Rebsorte zeigt wenig Widerstandsfähigkeit gegen feuchte Witterung, bevorzugt warme Böden und bringt in kühlerem Klima übermäßig säurehaltigen Wein hervor: Alles das deutet darauf hin, daß sie für das südliche Mitteleuropa gut, für die nördlichen Breiten Deutschlands und Frankreichs aber ganz und gar nicht geeignet ist. Wenn nun der Ursprung der Sorte den Hypothesen R. Goethes entspräche, müßte sie dann nicht bei ihrer außerordentlich hohen Ertragskraft wenigstens Spuren ihrer Existenz hinterlassen haben?

»Welsch«, manchmal auch »wälsch« geschrieben, geht auf germanische Wurzeln zurück und lautete im Mittelhochdeutschen »walhisch«. Das Wort bedeutete soviel wie »fremd«, doch bringt diese Erklärung uns dem Ursprung des Namens Welschriesling freilich auch nicht viel näher – sie legt nur die Vermutung nahe, daß er kaum in einem Land deutscher Sprache gelegen haben dürfte. Das verbreitete Synonym Riesling Italico bestätigt diese Vermutung noch weiter, denn Italien wurde ja einst in Deutschland auch als Welschland bezeichnet.

Nun gedeiht die Sorte ganz besonders gut in Rumänien. Könnte das Wort »welsch« nicht etwa mit der Walachei in Südrumänien zu tun haben? Im Slowenischen bedeutet Vlassky »aus Vlaska stammend«, und das ist der slawische Name der Walachei. Gut vorstellbar ist, daß aus Vlassky »Laski« wurde, und Laskiriesling ist ja das bekannteste Synonym des Welschrieslings. Diese ingeniöse Deutung verdanke ich Cornelia Smith-Bauer und ihrem verstorbenen Gatten Hugh.

Weinbau gab es in Rumänien schon, als die Römer 101 das damalige Dakien eroberten. Entweder brachten sie den Welschriesling dorthin, oder falls er dort schon heimisch war, verbreiteten sie ihn westwärts. Die Walachei ist jedenfalls schon seit dem 9. Jahrhundert bekannt, und ihre Bewohner sind noch heute ein eigenständiges Volk – die Rebsorte könnte also ohne weiteres ihren Namen dort erhalten haben.

Zwischen der Welschriesling-Rebe und der echten Riesling-Rebe besteht nur wenig Ähnlichkeit. Im Frühling treibt der Riesling rot aus, während der Welschriesling grüne Triebspitzen hat. Beide Sorten jedoch reifen spät, wachsen mittelstark, halten in ihren Früchten die Säure gut und erbringen Weine mit leichtem Körper und kräftigem Aroma. Allein hierin gibt es Ähnlichkeiten.

Der Welschriesling bringt große Erträge, sofern er nicht von Botrytis, Echtem Mehltau oder Trieb-Nekrose – die in Italien teilweise vorkommt – befallen wird.

In Italien wird er hauptsächlich im Nordosten angebaut: in Friaul-Julisch Venetien, um Bologna und in der Lombardei. Auch in Südtirol findet er sich in kleinen Mengen. Oft wird er mit dem echten, dem Riesling Renano, verschnitten, doch die kurzweg als »Riesling« angebotenen Weine bringen keiner der beiden Sorten Ehre ein. Der Welschriesling wächst in der Ebene, und was er in Südtirol im Vergleich zum Riesling Renano leistet, zeigt deutlich, daß er ein relativ warmes Klima braucht.

Im flacheren Land wird der Riesling Italico vor allem seiner hohen Erträge wegen geschätzt. Das Collio in Friaul ist eine von wenigen DOCs, die 100% Riesling-Italico-Trauben vorschreiben. Hier und in den Colli Bolognesi stellt die Sorte anschaulich unter Beweis, daß sie sehr delikate, spritzige, zwar nicht langlebige, aber überaus süffige Weine zuwege bringt.

Ähnliche Weine sind auch jenseits von Triest zu finden, allerdings muß man schon selbst nach Jugoslawien reisen. Die typische Exportausführung des Laskiriesling ist schwer und süß. Dabei gedeiht die Rebe in vielen Teilen des großen Landes sehr gut, vor allem im Norden und in der Mitte – in Kroatien, Serbien, der Woiwodina, sogar in Kosovo und insbesondere in Slowenien. Die hohen Lagen der Fruska Gora können sich neben Slowenien sehr wohl mit ihren rassigen, relativ trockenen Laskiriesling- oder Graševina-Landweinen sehen lassen. Allerdings wird hier auch der echte Riesling Graševina genannt.

In Bulgarien ist der Welschriesling mit 4000 ha die fünftmeist angebaute weiße Traubensorte. Besondere Bedeutung kommt ihm in der Region Shumen im Osten des Landes zu, wo auch der echte Riesling gedeiht. Allerdings setzen die bulgarischen Weinbaubehörden stark auf die internationale Mode, so daß der Welschriesling hier auf keine große Zukunft hoffen darf.

Als Olaszriesling hat er dagegen in Ungarn sehr festen Fuß gefaßt, obwohl er dort erst seit etwas über einem Jahrhundert heimisch ist. Nach der Reblauszeit gewann er wegen seiner erfreulich hohen Erträge viele Freunde. Seine Anbaufläche beläuft sich in Ungarn auf rund 20000 ha; nur die sehr gewöhnliche Kövidinka übertrifft ihn. Kultiviert wird er in allen Weinbaugebieten Ungarns, außer in Tokajhegyalja, wo man offenbar Besseres zu tun hat. Besonders hoch geschätzt wird der Olaszriesling aus drei Weindistrikten am Nordufer des Plattensees – Balatonfüred, Badacsony und Csopak. Dort beweist er, daß er selbst in so warmen, sonnigen Bereichen durchaus im Kampf gegen die Flauheit besteht.

In der Tschechoslowakei wächst wohl auch noch Vlassky Riesling, die Russen dagegen behaupten, daß in ihren Weinbergen nur der echte vom Rhein steht. Der Welschriesling beherrscht vielmehr die Donau, vor allem in Rumänien, und in der Walachei gedeiht er besonders gut um Arges. Auch in Dealul Mare, wo er zum Teil zu Schaumwein verarbeitet wird, sowie in der Ebene der Dobrudscha nahe dem Schwarzen Meer und in den transilvanischen Bergen spielt er eine große Rolle. Die meist einfach als »Riesling« bezeichneten Weine (kein Wunder, daß das die Deutschen ärgert) sind sehr unterschiedlich in der Qualität und könnten sorgfältigere Behandlung vertragen. Und dennoch bildet der Welschriesling neben der meist ausdrucksvolleren Fetească nach wie vor eine Hauptstütze des rumänischen Weinbaus.

Am besten tritt das Potential des Welschrieslings jedoch in Österreich hervor. Mit 5000 ha Anbaufläche ist er nach dem Grünen Veltliner und dem Müller-Thurgau dort die drittmeist angebaute Rebe. Besonders stark ist er im Burgenland und im Süden des Landes vertreten, aber auch in Falkenstein, Niederösterreich, sind kleinere Anpflanzungen zu finden.

Der Welschriesling liefert in Österreich zwei deutlich voneinander verschiedene Weinstile: Einmal einen leichten und fruchtigen Wein mit schöner Spritzigkeit, die ihn außerordentlich süffig macht; anderseits sind im Burgenland, wo sich oft Edelfäule entwickelt und die Trauben manchmal am Stock bleiben, bis der erste Schnee fällt, gehaltvolle Trockenbeerenauslesen durchaus keine Seltenheit. Ihnen fehlt es an jener Stahligkeit und Reinheit, die einer Rheinriesling-Spätlese eigen ist und die es geraten erscheinen läßt, sie erst einmal zehn Jahre in der Flasche ruhen zu lassen. Die Burgenländer Welschriesling-Trockenbeerenauslesen sind dagegen ausgesprochen mild und erreichen ihren Höhe-

Nach dem Grünen Veltliner ist der Welschriesling im Burgenland die meistangebaute Rebe. In der Gegend um die romantische Burg Schlaining erreichen seine Trauben gewaltige Süße und lassen volle und reichhaltige Dessertweine entstehen.

punkt zwischen fünf und zehn Jahren, weisen dann aber eine so herrliche Fülle auf, daß sie ein wahrer Genuß sind, den im Grunde genommen kein wirklicher Weinliebhaber sich versagen sollte.

Auf Veranlassung der deutschen Weinwirtschaft übt die EG ihren Einfluß in den osteuropäischen Weinbauländern dahingehend aus, daß der Name Riesling in mißverständlicher Form als Bezeichnung für Welschriesling-Weine nicht mehr weiter verwendet werden soll. Entweder müsse eine eindeutige Kennzeichnung als Welschriesling oder eine eindeutig slawische Schreibweise, etwa »Rizling«, den Unterschied deutlich machen.

Wenn der Welschriesling auf diese oder eine andere Art vom Anschein des Namensmißbrauchs befreit werden könnte, würden vielleicht auch die Weinfreunde in aller Welt sich eher bereitfinden, seine würdigen Produkte höher zu schätzen. Die Chinesen machen jedenfalls den Anfang damit.

Synonyme:
Wälschriesling (deutschsprachige Länder); Riesling Italico, Rismi (Italien); Laskiriesling, Laski Rizling, Graševina, Grasica, Italianski Rizling, Talijanski Rizling, Biela Sladka Grasica (Jugoslawien); Riesling Italianski, Rizling Vlassky (Tschechoslowakei); Olaszriesling, Olasz Rizling (Ungarn); Riesling Italien (Rumänien); Italiansky Rizling (Bulgarien).

Böden:
Stellt keine besonderen Ansprüche; gedeiht auf kargen Böden ebensogut wie im fruchtbaren Schwemmland

Wuchskraft: Mittel

Schnitt:
Schwacher bis mittlerer Rückschnitt

Anfälligkeit:
Anfällig für Echten Mehltau und Botrytis

Veredelungsunterlagen:
Starkwüchsige Unterlagen erforderlich. 5BB und 125AA gut geeignet.

Erträge: Sehr hoch

Mittlere Qualität. Nicht in Mode.

Gewürztraminer

Der Gewürztraminer hat den großen Vorzug, daß er in Duft und Geschmack völlig unverkennbar ist. Er stammt aus einer großen, weitverzweigten Rebenfamilie und wird heute in nahezu allen weinbautreibenden Ländern der Erde kultiviert.

Der starkduftige Wein des Gewürztraminers hat eine große Schar von Anhängern, die vor allem den Verlockungen des elsässischen Gewürztraminers erlegen ist. Ganz allgemein setzt sie sich aus Weinliebhabern zusammen, die den italienischen Weißwein in Bausch und Bogen als in Charakter und Körper unzulänglich ablehnen. Manche von ihnen dürften sehr erstaunt sein zu hören, daß der Gewürztraminer höchstwahrscheinlich aus Italien stammt oder doch mindestens aus einer Gegend, die heute zu Italien gehört.

Die Traminer-Traube wird erstmals um das Jahr 1000 in dem Ort Tramin oder Termeno im oberen Etschtal, dem heutigen Südtirol, erwähnt. Dort wurde sie bis zur Mitte des 16. Jahrhunderts viel angebaut, bis sie schließlich vom ertragreicheren Vernatsch (oder Trollinger) verdrängt wurde, der noch heute in dieser Gegend große Beliebtheit genießt. Nach Auskunft zahlreicher Ampelographen aus dem 17. Jahrhundert ist die Rebe möglicherweise ein Nachkomme der *uva Aminea* aus Thessalien in Nordgriechenland, die von den Römern nach Norden bis zum Rhein gebracht worden sein soll.

In der Rheinpfalz ist der Traminer schon seit über 150 Jahren verbreitet, und auch im Rheingau wurde er früher angebaut und verlieh dem Riesling mehr Fülle.

Die Beziehung zwischen Traminer und Gewürztraminer hat Anlaß zu vielen Spekulationen und dabei auch Fehlspekulationen gegeben. Der Namensbestandteil »Gewürz« hat in der internationalen Fachsprache dazu geführt, daß die besondere Eigenart im Aroma als würzig gekennzeichnet wird, was wiederum nur beweist, daß der professionelle Weinkoster sofort nach jedem Strohhalm greift, der sich ihm bietet. Man muß nämlich bestimmt lange suchen, bis man im Gewürzständer etwas findet, was auch nur im geringsten an das überströmende Aroma des Gewürztraminers erinnert. Viel eher könnte man an exotische Früchte und stark duftende Blumen denken, und ganz unabhängig voneinander sind Feinschmecker auf beiden Seiten des Atlantiks auf Vergleiche mit Kosmetika gekommen. Wahrscheinlich ist der Begriff »Gewürz« im Zusammenhang mit diesem Wein mehr im Sinne von starkem Duft zu verstehen – etwa wie das französische *musqué*.

Im vorigen Jahrhundert kümmerte man sich um solche Probleme der Semantik herzlich wenig. Damals hieß die Rebsorte einfach Traminer, und es gab sie in mehreren Versionen, unter anderem in Rot, Weiß und Blau. Heute ist die rote oder vielmehr hellrötliche Form, die als Traminer Musqué, Traminer Aromatico oder Gewürztraminer bezeichnet wird, am bekanntesten. Der Name Gewürztraminer hat sich am stärksten durchgesetzt und ist im Elsaß seit 1973 durch Gesetz vorgeschrieben. In vielen anderen Gegenden nennt man ihn einfach Traminer, doch gemeint ist stets dieselbe Spielart, der sogenannte »rote« Traminer, der überwiegend hellrote, aber auch gelbe Beeren in einer und derselben Traube trägt.

Im Elsaß, wo der meiste Gewürztraminer angebaut wird, ist der nicht so stark aromatische »weiße« Traminer fast völlig verschwunden. Er ist dem Savagnin Blanc im Jura am ähnlichsten, während der Gewürztraminer eher dem schon 1909 von Viala beschriebenen Savagnin Rosé entspricht.

Die kräftig pigmentierte Beerenschale des Gewürztraminers bringt diesem eine für einen Weißwein besonders dunkle Farbe ein. Ein Elsässer Gewürztraminer ist meist mittelgolden und zeigt manchmal einen pfirsichfarbenen Schimmer, vor allem wenn die Beerenschalen im Most eingemaischt werden, um das Aroma zu kräftigen, wobei nur darauf geachtet werden muß, daß die Temperatur nicht zu hoch steigt, weil sonst Oxidationsgefahr besteht. Neben dem Cabernet und der Syrah ist der Gewürztraminer eine der wenigen Sorten, die schon durch bloßen Augenschein erkennbar sind; die außerordentlich tiefe Farbe seines Weins stört übrigens einige Kellermeister in den neueren Weinbauregionen so sehr, daß sie ihn mit Holzkohle behandeln – wobei dann prompt auch ein Teil des Aromas verlorengeht. Nebenbei bemerkt ist das überwältigende Bukett des Gewürztraminers wenigstens im Elsaß doch recht leicht mit Muscat zu verwechseln.

Ein weiteres Merkmal des Gewürztraminers ist sein hoher Alkoholgehalt (bis zu 14%), der oft mit einem sehr niedrigen Säurespiegel einhergeht, was durch den starken Extraktgehalt gelegentlich noch betont wird. Deshalb wird die malolaktische Nachgärung überall in der Welt nach Möglichkeit unterdrückt. Günstige Verhältnisse, die zur Entstehung langlebiger Gewürztraminer führen, treten viel seltener ein als die für dauerhafte Rieslinge erforderlichen Umstände. Wirklich große Gewürztraminer, die eine interessante Entfaltung über lange Zeit hinweg versprechen, kommen im Elsaß vielleicht nur einmal alle 10 Jahre zustande. Dort gilt die Rebsorte offiziell als »edel« und wird neben Riesling und Pinot Gris als die größte der Region betrachtet (obwohl sie von den Winzern oft als aufdringlich und einfach zuviel des Guten empfunden wird – doch wo gäbe es auch eine Rose ohne Dornen!).

In Norditalien, Deutschland und Österreich liefert der Gewürztraminer ebenso eigenwillige, wenn auch wieder

GEWÜRZTRAMINER

ganz andersartige Weine. Es ist gerade diese Eigenwilligkeit, die ihn auch in den neuen Weinbauregionen der Welt beliebt gemacht hat, obwohl manche von ihnen ein viel zu warmes Klima haben, so daß die dort entstehenden Weine eine gewisse Öligkeit und einen bitteren Nachgeschmack aufweisen – nur in Neuseeland scheint sich der Gewürztraminer noch wirklich wohl zu fühlen. Eine der bizarrsten Erscheinungen im Zusammenhang mit dieser Rebe ist der Sieg der Mode über die Vernunft, wie er sich mit der Anpflanzung des Gewürztraminers in Nordost-Victoria manifestiert. Dort ist die Heimat der erstaunlichen australischen Muscat-Likörweine. Für diese traditionellen klebrigsüßen Produkte ist das brutheiße Klima ideal, der Gewürztraminer aber muß dort so früh geerntet werden, daß er so gut wie überhaupt keinen Charakter entwickeln kann.

Als Pflanze leistet der Gewürztraminer seiner eigenen Beliebtheit durchaus wenig Vorschub. Seine Erträge sind niedrig und unzuverlässig (allerdings wurden in Deutschland, insbesondere in Baden, ertragreichere Klone entwikkelt). Im Elsaß liegen die Jahreserträge zwischen unter 40 und über 100 hl/ha. Überdies ist die Rebe sehr anfällig für Viruserkrankungen und degeneriert in manchen Lagen schnell. Der frühe Austrieb wird oft durch Frühjahrsfröste geschädigt, und danach erholt sich die Pflanze nur langsam. Der Reifezeitpunkt liegt relativ früh, stets vor dem Riesling.

Die Gewürztraminer-Anbaufläche in Frankreich entfällt im wesentlichen auf das Elsaß mit über 2500 ha – ebensoviel wie der Sylvaner. Durch kräftige Neuanpflanzungen während der letzten 20 Jahre ist die Sorte dort zur meistangebauten »Edelrebe« geworden. Mehr als zwei Drittel des

Gewürztraminer-Anbaus entfallen auf den Haut-Rhin und dort wiederum auf fruchtbarere Böden. Zu den berühmtesten Gewürztraminer-Lagen zählen Sporen in Riquewihr, Kitterlé in Guebwiller und Eichberg in Turckheim.

Im Elsaß wird der Gewürztraminer stets voll durchgegoren: Der klassische Wein duftet süß und schmeckt trocken. Ausnahmen sind nur die seltenen Vendanges Tardives und die noch selteren Sélections de Grains Nobles. Für sie können die Moste einen potentiellen Alkoholgehalt von 20% aufweisen – das ist in jedem Fall mehr als beim Riesling und oft mehr als beim Pinot Gris. Zwar kann man den Elässer Winzern sowieso nicht vorwerfen, daß sie ihre Weine vorschnell auf den Markt bringen, doch sind nur diese süßeren Köstlichkeiten für eine ausgesprochen lange Reifezeit gedacht. Noch ist dieser Stil zu neu, als daß Definitives über seine Lebensdauer ausgesagt werden kann, aber es ist durchaus vorstellbar, daß die Gewürztraminer-Spätlesen aus den Jahrgängen 1976 und 1983 um die Jahrhundertwende noch herzhaft und lebendig sein werden. Léon Béyer hat sich mit Gewürztraminer einen besonders guten Namen gemacht – sein Wein kann als Musterbeispiel des kraft- und gehaltvollen Elsässer Stils gelten.

Die deutschen Gewürztraminer oder Traminer unterscheiden sich von den elsässischen ebenso wie die Rieslinge. Die Anbaufläche der Rebsorte umfaßt knapp 1000 ha, das ist 1% der Gesamtrebfläche Deutschlands. Der größte Teil davon entfällt auf die südliche Rheinpfalz und Baden. Der Grund dafür ist einerseits, daß der Gewürztraminer Lagen braucht, die weiter im Norden rentabler mit Riesling genutzt werden können, und anderseits, daß er Wärme nötig hat, damit die Blüte und der Fruchtansatz gut verlaufen. Dem deutschen Gewürztraminer mangelt es manchmal an Lebendigkeit – sein Aroma erscheint zu gedämpft –, denn er erweist sich von einer Lage zur anderen als höchst unterschiedlich und schwer zu beherrschen. Oft wird er deshalb mit anderen Traubensorten gemischt, doch es gibt auch viele ausgezeichnete Beispiele für sortenreinen Gewürztraminer, unter anderem von Spitzenerzeugern an der Mittelhaardt, aber auch vom vulkanischen Tuff und Löß am Kaiserstuhl.

In Österreich wird ebensoviel Gewürztraminer angebaut wie in Deutschland, doch weisen seine Weine hier oft schon die bereits erwähnte Öligkeit auf. Die Sorte hat ihre Hochburg in der südlichen und östlichen Steiermark, nahe der jugoslawischen Grenze. Hier gelangt sie ohne weiteres zu der vom österreichischen Weingesetz vorgeschriebenen Reife für Beerenauslesen, die dann sirupartig süß und geschmeidig sind, aber nur wenige Jahre nach der Lese überdauern.

Jenseits der Grenze erscheint die Sorte in Nordslowenien und in den Fruska-Gora-Bergen als Traminac mit ähnlicher Geschmacksbreite, wie sie den österreichischen Gewürztraminern eigen ist, jedoch mit einem eher ihren deutschen Verwandten vergleichbaren leichteren Körper. Die meisten osteuropäischen Gewürztraminer sind süßlich und sicher die billigsten Versionen, die es zu kaufen gibt. Ungarn ist überaus stolz auf die vollmundigen Tramini, die am Südufer des Plattensees bei Balatonboglar wachsen. In Rumänien gibt es eine kleinere Anbaufläche in Transsilvanien. Die bulgarischen Traminer-Weinberge liegen in der Hauptsache im Osten und bei Karlovo im Süden. In der Tschechoslowakei ist die Rebe in Böhmen mit seinem der

Junge Gewürztraminer-Reben bei Turckheim im Herzen des Elsaß. Für viele Weinliebhaber in aller Welt ist der Gewürztraminer der Inbegriff des elsässischen Weins. Übrigens macht ihm der Riesling mehr und mehr seinen Platz als meistangepflanzte Elsässer Rebsorte streitig.

Rheinpfalz recht ähnlichen Klima verbreitet, und auch in der UdSSR, insbesondere in der Moldau-Republik und der Ukraine, wird sie als reife Zutat zu Schaumweinen und in süßen sortenreinen Versionen sehr geschätzt.

Im übrigen Europa wird der Gewürztraminer eher vereinzelt angebaut, zum Beispiel im Penedés für den Verschnitt Viña Esmeralda Muscat von Miguel Torres sowie in Luxemburg und in der Schweiz; nur in Südtirol ist er noch in größerem Umfang heimisch. Allerdings verfügt er hier gerade noch über eine Anbaufläche von 150 ha. Ihr Rückgang in letzter Zeit erklärt sich aus der Abneigung der Italiener gegenüber stark aromatischen Weinen. So versuchen die Südtiroler Winzer ihren Gewürztraminer dadurch zu bändigen, daß sie die Traubenschalen möglichst sofort vom Most trennen, um einen zwar vollen, aber nur schwach blumigen Wein zu erzielen, der genügend Säure enthält und dadurch nicht schon nach einem Jahr in der Flasche flach wird. Dazu gehört auch die relativ frühe Lese im September, bevor es zu warm wird und durch die Ausbreitung von Bakterien eine zu wilde Gärung entsteht. Seltsam mutet es dennoch an, daß gerade hier, an der Wiege dieser Rebe, so wenig Begeisterung für sie zu spüren ist.

Ganz anders die Kalifornier, die mit dieser auf den ersten Blick für ihr Klima recht wenig geeignet erscheinenden Sorte ebenso hartnäckig ausharren wie mit dem Pinot Noir. Der größte Teil Kaliforniens ist für den Gewürztraminer viel zu warm. Sein Säurespiegel fällt schon lange, bevor sich der sortentypische Charakter entwickeln kann, weit ab. Dennoch hat sich seine Anbaufläche in den letzten zehn Jahren auf 1800 ha verdoppelt; insbesondere wurden 1980 in Santa Barbara 240 ha neu angesetzt. Weitere Hochburgen des Gewürztraminers sind Sonoma und Monterey.

Das große Problem ist in Kalifornien wie in allen Gegenden mit warmem Klima bei Trauben mit geringem Säuregehalt die richtige Wahl des Lesezeitpunkts. Der Gewürztraminer gehört dort zu den am frühesten zu lesenden Sorten; es kommt durchaus nicht selten vor, daß im August schon der Gärungsprozeß vorüber ist. Unerfreulich ist dabei, daß allzuviel Rücksichtnahme auf den natürlichen Säurespiegel (wo doch die Zugabe von Säure vom Gesetz erlaubt wird) auf Kosten des Geschmacksgehalts geht, so daß recht banale, einheitlich zurechtgemachte Weine entstehen. Soll eine auch nur annähernd den Elsässer Weinen ähnelnde Geschmackstiefe zustande kommen, dann müssen die Weinberglagen sehr sorgfältig gewählt werden. Um Rauhheit zu vermeiden, gilt es den Gärvorgang genauestens zu kontrollieren und außerdem nur einwandfrei gereinigte Moste zu verwenden.

Betriebe wie Joseph Phelps, Chateau St-Jean und Grand Cru haben schon liebliche Gewürztraminer von eindrucksvoller Harmonie hervorgebracht. Übrigens muß hier wie auch anderswo ein guter Gewürztraminer wenigstens einige Monate in der Flasche zugebracht haben, bis er sein volles Potential erkennen läßt. Dabei spielt die natürliche oder auch künstlich erzeugte Edelfäule oft eine wichtige Rolle. Trockener kalifornischer Gewürztraminer ist vielseitiger, sofern es gelingt, die Öligkeit und den bitteren Abgang zu vermeiden, wie es sich bei Stony Hill erwiesen hat.

Oregon und Washington bieten der Rebe bessere Voraussetzungen. Mit 160 ha ist der Gewürztraminer in Oregon die viertmeist angebaute Traube. Wie im Norden Deutschlands, im Osten der USA und in Kanada bringt das kühle Klima jedoch die Gefahr des Verrieselns mit sich.

In Neuseeland gedeiht der Gewürztraminer am besten im Bereich Gisborne auf der Nordinsel. Seine Trauben werden zum größten Teil mit Lastwagen in die großen Kellereien bei Auckland gebracht.

Auch die Winzer anderer Weltgegenden haben sich in den Gewürztraminer verliebt. Die Südafrikaner schlagen sich mit ihm herum, doch müßten sie wohl ihr ganzes Land ein paar hundert Meilen nach Süden verlegen, wenn sie einige Aussicht auf Erfolg haben wollten.

In Australien ist die Rebe erst vor ziemlich kurzer Zeit heimisch geworden; ihre Verbreitung scheiterte lange an den scharfen Quarantänebestimmungen für Pflanzenimporte. Inzwischen verfügen Südaustralien und Neusüdwales über je 300 ha zumeist noch junger Reben sowie über kleinere Anpflanzungen in wärmeren Gegenden, die sich auch erst noch bewähren müssen. Die meisten Weine sind recht süß und schwer, so daß die Australier auf den Ausweg verfallen sind, stets etwas von dem reichlich vorhandenen Rhine Riesling beizumischen. Am bekanntesten ist der Traminer-Riesling Bin 77 von McWilliam's aus Riverina-Trauben mit seinem frischen, sauberen Abgang und schöner, fruchtiger Säure.

Neuseeland verfügt über eine Gewürztraminer-Anbaufläche von knapp 300 ha. Hier macht die Rebe durchaus den Eindruck, daß sie sich wohl und heimisch fühlt, vor allem im Bereich Gisborne, auf den die Hälfte der genannten Anbaufläche entfällt. Das ist insbesondere einem einzigartigen Mann zu verdanken: Denis Irwin von Matawhero, der schon 1978 mit seinem Gewürztraminer (seinen eigenen Angaben zufolge nach deutschem und nicht nach elsässischem Vorbild gebaut) internationalen Beifall errungen hat. Da gibt es keine Spur von Öligkeit, vielmehr eine würzige Nervigkeit, die gelegentlich durch Zugabe von ein wenig Süßreserve gedämpft werden muß. Nach australischem Muster wird der Gewürztraminer manchmal auch mit Riesling verschnitten, doch liegt hier der Grund für diese Maßnahme – nämlich Mangel an Säure – nicht eigentlich vor. Mehr noch als die kühleren Gebiete der USA ist neben dem Elsaß sicherlich Neuseeland das wahre Gelobte Land des Gewürztraminers.

Synonyme:
Traminer, Rotclevner, Rousselet, Frenscher, Edeltraube (Elsaß);
Traminer Musqué, Traminer Parfumé, Traminer Aromatique, Savagnin Rosé, Fromenteau Rouge, Fermin Rouge, Gentil-Duret Rouge, Gris Rouge (übriges Frankreich);
Roter Traminer, Clevner, Klävner, Dreimanner, Christkindltraube, Rotedel, Rotfranke, Fränkisch, Kleinweiner (Deutschland);
Traminer Aromatico, Termeno Aromatico, Traminer Rosé, Traminer Rosso, Flaischweiner (Italien);
Roter Nürnberger, Ranfoliza (Österreich); Tramini, Tramini Piros, Fuszeres (Ungarn); Traminer Rozovy (UdSSR); Traminac, Traminac Creveni, Rdeci Traminac (Jugoslawien); Drumin, Ptinc Cerveny, Pinat Cervena, Liwora (Tschechoslowakei); Traminer Roz, Rusa (Rumänien); Mala Dinka (Bulgarien);
Haiden, Heida (Schweiz)

Böden:
Tiefgründige, fruchtbare, lockere Lehmböden eignen sich gut. Schwere, tonhaltige Böden bringen die würzigsten Weine. Chlorosegefahr auf Kalk.

Wuchskraft: Mäßig

Schnitt:
Hohe Erziehung bei mittelstarkem Schnitt empfohlen. Sorgfältige Wahl der Abstände kann Verrieseln vermeiden helfen.

Anfälligkeit:
Trotz der hartschaligen Beeren mancher Klone kommt Fäule, manchmal Edelfäule, in vielen Gegenden vor. Der Echte Mehltau ist in Südafrika ein Problem; Verrieseln droht überall.

Veredelungsunterlagen:
Am besten bewährt sich schwache bis mäßige Wuchskraft;
gute Verträglichkeit mit SO4, 5C, 26G und 3309.

Erträge:
Schwach bis mittel; eigenartigerweise werden die besten Erträge erzielt, wo auch die Qualität anerkannt am höchsten ist: im Elsaß.
In Kalifornien kommen 80 hl/ha vor, der Durchschnitt liegt aber nur halb so hoch.

Gute Qualität. Allgemein sehr geschätzt.

SILVANER

Es wäre nicht verwunderlich, wenn die Silvaner-Bestände der Welt im Lauf des nächsten halben Jahrhunderts auf nichts zusammenschrumpfen würden – aber schade wäre es doch. Die Sorte bietet dem Weinliebhaber etwa dasselbe Geschmacksprofil wie der hochbeliebte Sauvignon Blanc (und den Winzern einen viel höheren Ertrag), aber sie liegt hinter dem Franzosen zurück – und genau da sitzt der Haken: Was der Silvaner an Duft von sich gibt, ist, abgesehen von ein paar Flaschen aus ganz besonderen Gegenden, wohl kaum anders als neutral zu nennen, und deshalb ist der Silvaner unzeitgemäß.

Das Hauptmerkmal des Silvaner-Weins ist kräftige Säure. Die Trauben reifen zwischen dem Müller-Thurgau und dem Riesling und erreichen ohne weiteres genug Mostgewicht für einen guten Körper. Die Weine haben kein schwaches Gefüge, es fehlt ihnen einfach an ausgeprägtem Charakter. Schließlich ist auch der Sauvignon Blanc nur herb und mäßig kräftig auf der Zunge; was ihn auszeichnet, ist lediglich sein starkes Aroma (vielleicht wird er deshalb in Deutschland Muskat-Silvaner genannt).

In manchen Fällen, vor allem in den besseren Lagen Frankens oder an einigen Stellen im nördlichen Rheinhessen, bringt der Silvaner eine erregende Mischung aus trokkenem Charme und fülliger Substanz zuwege, wie sie in Deutschland selten ist.

Und im Elsaß schaffen es besonders anspruchsvolle Erzeuger wie Trimbach gelegentlich, so etwas wie eine (Elsässer) Riesling-Charakteristik in den »Silvaner« hineinzulegen. Ein 30 Jahre alter Wein von Faller in Kaysersberg war 1977 in vollendeter Form.

Die großen Tage des Silvaners waren in der ersten Hälfte dieses Jahrhunderts, als er den Elbling vom Platz der meistangebauten Rebe Deutschlands verdrängte. Bis zum Ende der fünfziger Jahre entschieden sich die meisten deutschen Winzer für ihn, wenn sie ihre Weinberge neu anpflanzten. Seither ist sein Platz auf den früher reifenden und noch ertragreicheren Müller-Thurgau übergegangen, doch noch immer sind die 8000 ha in Deutschland die größte Silvaner-Anbaufläche in der Welt.

Wahrscheinlich kam die Rebe über Österreich nach Deutschland, wie auch das alte Rheingauer Synonym Östereicher vermuten läßt; allerdings schließen manche Theorien aus dem gebräuchlicheren Namen Silvaner, sie müsse aus Transsilvanien stammen. Auf jeden Fall dürften mit größter Wahrscheinlichkeit Wildreben von den Ufern der Donau die Vorfahren dieser über ganz Mitteleuropa verbreiteten Rebe gewesen sein.

Ihren Weg durch Deutschland hat sie offensichtlich von Osten nach Westen genommen, denn ihr Auftauchen ist in Würzburg und Heilbronn schon im 17. Jahrhundert belegt. Heute befinden sich 40% der Silvaner-Anbaufläche in Rheinhessen, 25% in der Rheinpfalz und 13% in Franken, wo der Sorte schon deshalb eine so hohe Achtung entgegengebracht wird, weil hier der Riesling in vielen Jahren nicht zur Reife gelangen kann, während der Silvaner schon manche höchst eindrucksvolle Beerenauslese hervorgebracht hat.

Eine Kreuzung zwischen Silvaner und Riesling, die den Namen Rieslaner erhielt, ist speziell für Franken entwickelt worden. Überhaupt haben fast alle erfolgreichen deutschen Neuzüchtungen mindestens etwas Silvaner-Blut in den Adern. Das gilt für den Müller-Thurgau ebenso wie für die Scheurebe, für Morio-Muskat, Bacchus, Optima und Ehrenfelser. Der Blaue Silvaner, ein hellroter Verwandter, ist in Württemberg bekannt. Der vollständige Name der weißen Sorte lautet Grüner Silvaner. Obwohl sein Säurespiegel etwas niedriger liegt als beim Riesling, erscheint er doch höher, weil ihm der Ausgleich durch Aroma und Frucht fehlt, und seine Herbheit wirkt nur in Spätlesen verhaltener.

Außerhalb Deutschlands hat sich der Silvaner vor allem im Elsaß einen guten Ruf, wenn auch freilich als einfacher Wein, geschaffen, aber auch hier wird er allmählich zurückgedrängt, vor allem von dem milderen Pinot Blanc. Doch gibt es unter den Elsässer Winzern wiederum viele, die mit dem geringen Säuregehalt des Pinot Blanc unzufrieden sind. Seit Jahren hält der Silvaner seine Anbaufläche von 2500 ha, doch stellt diese inzwischen einen kleineren Anteil an der Gesamtrebfläche dar. Im Jahr 1982 hatten der Riesling und der Gewürztraminer die 20% Anteil des Silvaners eingeholt, und der Pinot Blanc schickte sich dazu an.

Trotzdem herrscht der Silvaner in den flacheren Weinbergen des Bas-Rhin noch immer vor. Dort nimmt er die Hälfte der gesamten Rebfläche ein. Wer im Silvaner nichts weiter als einen neutralen Rohstoff sieht, kann nur staunen über das, was die Elsässer an Würze aus ihm herausholen. Daß er in geeigneten Lagen Weine von echter Qualität hervorbringen kann, beweisen einige außergewöhnliche Erzeugnisse. Pamela Vandyke Price nennt in ihrem Buch »Alsace Wines« die Winzer Boeckel und Seltz und die Lage Zotzenberg in Mittelbergheim.

Obwohl der Silvaner aus Österreich gekommen sein soll, ist dort selbst nicht mehr viel von ihm zu finden. An einigen Stellen wird er im Norden Jugoslawiens und auf 250 ha am Plattensee in Ungarn sowie in geringen Mengen in anderen osteuropäischen Ländern angebaut. Hier gibt er mit seiner kräftigen Säure eine ideale Verschnittgrundlage ab. Auch in der Sowjetunion genießt er einige Wertschätzung.

In der übrigen Welt wird dem Silvaner wenig Beachtung geschenkt, außer in Südtirol, wo er fast als edle Rebe gilt. Hier verfügt er über eine Anbaufläche, die so groß ist wie die von Rheinriesling und Müller-Thurgau zusammengenommen. Manche Weine sind hier nach einem oder zwei Jahren in der Flasche so angenehm mit ihrer festen, trockenen Stahligkeit wie ein guter fränkischer Silvaner.

Respektable Leistungen vollbringt die Rebe auch in der Schweiz, wo sie oft den Namen Johannisberger führt. Neben dem hier so verbreiteten Chasselas nehmen sich ihre Weine kräftig und voll aus.

Sein hoher Säuregehalt und seine reichlichen Erträge könnten dem Silvaner auch in Gegenden mit wärmerem Klima einen geachteten Platz als Grundlage für Verschnitte sichern, doch wird er dort wenig angebaut. In Australien wählten ihn die Brown Bros. in Nordost-Victoria unter rund 40 Rebsorten in einer Versuchspflanzung als am besten geeignet aus. Manchen wird es überraschen, daß es auch in

SILVANER

Die schöne alte Weinkelter im fränkischen Nordheim steht ebenso wie der Silvaner als Symbol für uralte deutsche Weinbautraditionen. Noch 1964 war der Silvaner Deutschlands meistangebaute Rebsorte. Heute wird ihm eigentlich nur noch in Franken die Achtung entgegengebracht, die ihm seiner feinen Weine wegen gebührt.

Kalifornien eine Silvaner-Anbaufläche von 480 ha, meist im Monterey County, gibt. Die Rebe hat dort stark unter Virusinfektionen zu leiden. Daß sie überhaupt kultiviert wird, hat sie der Meinung der Universität in Davis zu verdanken: daß sie nämlich widerstandsfähiger gegen Hitze sei als der Riesling. Zum Entsetzen deutscher Fachleute wird der Silvaner in Kalifornien als Franken Riesling, Monterey Riesling und Sonoma Riesling bezeichnet.

Synonyme:
Grüner Silvaner, Sylvaner, Österreicher, Frankentraube, Frankenriesling, Grünfränkisch, Salviner, Salvaner, Grünedel, Schönfeilner, Scharvaner, Bötzinger (Deutschland); Sylvaner, Silvain Vert, Gentil Vert, Picardon Blanc, Gamay Blanc, Clozier (Frankreich); Grüner Zierfandler, Fliegentraube (Österreich); Johannisberger, Gros-Rhin (Schweiz); Silvania, Silvaner Bianco (Italien); Zelena Sedmogradka, Silvanai Zelini (Jugoslawien); Zöldsilváni (Ungarn); Cynifal, Zeleny, Moravka, Silvanske (Tschechoslowakei); Monterey Riesling, Sonoma Riesling, Franken Riesling (Kalifornien)

Böden:
Anspruchsvoller als Riesling; bevorzugt relativ feuchten, tiefgründigen Boden; neigt in warmem Klima auf Lehm zu Übererträgen.

Wuchskraft: Mittel

Schnitt: Sehr unterschiedlich

Anfälligkeit:
Frostempfindlich (im Holz), anfällig für Echten Mehltau. Weniger fäuleanfällig als Müller-Thurgau

Veredelungsunterlagen:
Wegen Chlorose-Gefahr hängt die Wahl der Unterlage vom Kalkgehalt des Bodens ab. 5BB auf trockenem Kiesboden gut geeignet; SO4 oder 5C werden für fruchtbare Böden empfohlen.

Erträge:
Zuverlässige hohe Erträge, nur etwas geringer als beim Müller-Thurgau. 150 hl/ha sind möglich; kargere Böden bringen im Durchschnitt 80 hl/ha.

Gute Qualität. Nicht in Mode.

Müller-Thurgau

Der Müller-Thurgau ist unter den Weinreben die berühmteste und anerkannteste Züchtung. Freilich kann niemand wissen, auf welche Art die anderen uns heute so vertrauten Rebsorten entstanden sind, der Müller-Thurgau jedenfalls verdankt der absichtsvollen Kreuzung von Riesling und Silvaner sein Dasein. In Deutschland ist er inzwischen zur meistangebauten Rebsorte geworden; er gibt die Grundlage für den noch jungen Weinbau Neuseelands ab, und er ist im ehemaligen österreichisch-ungarischen Herrschaftsraum die wichtigste Rebe. Sogar in England steht er unter den kommerziell genutzten Rebsorten an erster Stelle. Alle diese Eroberungen hat er in verhältnismäßig kurzer Zeit geschafft.

Gezüchtet hat ihn ein Dr. Müller aus dem Schweizer Kanton Thurgau, der 1882 in Geisenheim arbeitete und damals in einer Fachzeitschrift schrieb: »Wer hätte nicht schon bemerkt, daß hinter allen Beschreibungen der besten Rebsorten ein ›aber‹ steht, das auf wenigstens ein nachteiliges Merkmal hinweist? Wie nützlich müßte es daher sein, wenn man die Vorteile zweier Rebsorten verbinden und ihre Nachteile dabei ausschließen könnte! Wie bedeutend könnte das Ergebnis einer solchen Verbindung, in der sich die superben Charakteristiken der Riesling-Traube mit den zuverlässigen frühreifenden Eigenschaften des Silvaners vereinen, für manche weinbautreibenden Gebiete sein!«

Damit machte Dr. Müller schon ein Jahr vor ihrem eigentlichen Erscheinen für seine Schöpfung Reklame. Zum Rebenzüchten hatte er aber offenbar mehr Geschick als zum Rühren der Werbetrommel, denn der deutsche Weinbau kümmerte sich zuerst so gut wie überhaupt nicht um die seltsame neue Rebsorte »Müller-Thurgau«, sondern verließ sich bis weit in das 20. Jahrhundert hinein auf den bewährten Silvaner für einfache Weine und auf den Riesling, wenn es etwas Besonderes sein sollte. Es gab sogar einmal Bestrebungen, die neumodische Sorte ganz zu verbieten.

Alle, denen es beim deutschen Wein auf beste Qualität ankam, taten durchaus recht daran, Dr. Müllers großen Worten zu mißtrauen, denn nur Vorzüge und keine Nachteile gibt es einfach nicht. Er konnte seine Reklameversprechungen nicht halten. Seine Neuschöpfung war nicht imstande, mehr als nur einen Schatten dessen zu bieten, was die Größe der deutschen Spitzenrebsorten ausmacht. Die Herrlichkeiten des Rieslings sind nun einmal nur zum Preis mäßiger Erträge, einer riskant späten Reife und einer gewissen Wählerischkeit im Hinblick auf den Standort zu haben. Zwar reift der Müller-Thurgau früher als der Silvaner, er ist auch weniger anfällig für Chlorose, Gelbfärbung der Blätter und kümmernden Wuchs auf fetteren Böden, aber dafür mußten Einbußen im Säuregehalt und in der Lebensdauer in Kauf genommen werden. Alles in allem stellte sich al-

Gegenüber der technischen Vervollkommnung vieler deutscher Großkellereien nehmen sich die Methoden, mit denen die kleinen Weingüter noch heute arbeiten müssen, geradezu altväterisch aus, doch ist durch die mit der Flurbereinigung verbundene Neugestaltung vieler Weinberge an manchen Stellen dem Winzer die mühselige Arbeit erleichtert worden.

MÜLLER-THURGAU

Hauptvorteil der neuen Sorte großer Ertragsreichtum heraus, allerdings auf Kosten einer deutlich minderen Qualität.

1921 taucht der Müller-Thurgau erstmals in den exakt geführten Aufzeichnungen über den deutschen Weinbau auf (fast 40 Jahre nach seiner Entstehung!), doch erst nachdem 1938 ein großes Symposium über diese Rebsorte in Alzey stattgefunden hatte, gewann sie verbreitetere Anerkennung. Im Sturm der Kriegsjahre blieb ihre Zukunft unentschieden, doch in der Zeit des Wiederaufbaus nach dem Krieg kam dann dem Müller-Thurgau zustatten, daß er mit seinem Ertragsreichtum solide kommerzielle Attraktivität besaß. Seitdem stieg die Müller-Thurgau-Anbaufläche dramatisch an, so daß er Anfang der siebziger Jahre den Riesling als meistangebaute Rebsorte Deutschlands überflügelte. Heute hat der Müller-Thurgau mit 25 000 ha einen Anteil von 26% an der deutschen Gesamtrebfläche. Zu der Weinerzeugung in einem Durchschnittsjahr trägt er prozentual in noch höherem Maß bei. Seine Produktivität ist berühmt: 100 bis sogar 200 hl/ha im Vergleich zu 80 bis 110 hl/ha für den Riesling. Es ist kaum übertrieben, wenn man behauptet, daß die deutsche Weinwirtschaft ihren enormen Erfolg dem Müller-Thurgau verdankt.

Auf relativ wenigen Etiketten deutscher Qualitätsweine mit Prädikat tritt der Name Müller-Thurgau in Erscheinung, das aber zeigt nur, welche ungeheure Bedeutung ihm für die einfacheren Qualitäts- und Tafelweine zukommen muß. Vor allem liefert der Müller-Thurgau die Hauptmenge der ungeheuren Flut von Liebfrauenmilch und dergleichen, die Jahr für Jahr den Markt für den weniger anspruchsvollen Weintrinker in Nordeuropa und -amerika überschwemmt. Allein aus diesem Grund gebührt der Züchtung Dr. Müllers Dank, auch wenn sie nur die neutrale Grundlage für würzigere Bestandteile dieser Weine zur Verfügung stellt.

Allerdings wird noch immer die Frage diskutiert, ob die Müller-Thurgau-Rebe nun tatsächlich eine Kreuzung zwischen Riesling und Silvaner ist, wie ihr Schöpfer Dr. Müller beabsichtigte, oder vielleicht doch eine Kreuzung zwischen zwei Riesling-Spielarten. Sicher ist nur, daß der Müller-Thurgau, solange die deutsche Weinwirtschaft preisgünstige Weine in ihrem Angebot haben muß, sehr wahrscheinlich bei den deutschen Winzern nichts von seiner Beliebtheit einbüßen wird; es gibt allerdings Anzeichen, daß der Riesling nunmehr wieder an Boden gewinnt. Immerhin ebnete der Müller-Thurgau zusammen mit einem anderen Veteranen unter den neuen Rebsorten, der Scheurebe, vielen noch neueren Züchtungen den Weg, von denen nur wenigen ein größerer Erfolg beschieden war. Der Müller-Thurgau selbst steht wiederum in der Ahnenreihe von weiteren zehn erfolgreichen Neuzüchtungen, unter anderem Bacchus, Ortega und Optima.

Die größten Müller-Thurgau-Anbauflächen in Deutschland befinden sich mit insgesamt 17 000 ha in Rheinhessen, Baden und der Rheinpfalz, wobei auf Rheinhessen – die Heimat der Liebfrauenmilch – der stärkste Anteil entfällt. Das Anbaugebiet Mosel-Saar-Ruwer steht zum Kummer vieler seiner Freunde inzwischen schon an vierter Stelle. Hier nimmt der Müller-Thurgau mit 3000 ha ein Viertel der Gesamtrebfläche ein. Auf den steilsten Hängen herrscht zwar immer noch der Riesling vor, doch überall sonst ist Müller-Thurgau angepflanzt. Der Rheingau bewahrt sich seine Riesling-Reinheit – hier hat der Müller-Thurgau nur 200 ha erobern können, während er in Franken, das bisher so stolz auf seinen Silvaner war, fast die Hälfte des Rebenbestands ausmacht.

Dabei ist der Müller-Thurgau durchaus nicht etwa bequem zu ziehen. Er reift zwar früh und zuverlässig, ist aber sehr anfällig für Peronospora, Schwarzfäule und Roten Brenner. Die unedle Form der Fäule kann dem Müller-Thurgau stark zusetzen. Sie kann einen Weinberg so urplötzlich befallen, daß der Winzer über Nacht vor dem Verlust seiner ganzen Ernte steht, und deshalb versteift sich auch kaum einer darauf, ausschließlich Müller-Thurgau anzubauen. Vielmehr wird stets angeraten, höchstens 30% der Weinbergfläche dem Müller-Thurgau einzuräumen. Manche Winzer aber schlagen diese Empfehlung in den Wind. Weite Pflanzabstände und Spritzmittel leisten im Kampf gegen die Fäule Beistand, und eine weitere Gegenmaßnahme ist frühestmögliche Lese. Da ist es kein großes Wunder, daß der Müller-Thurgau keine besondere Geschmacksvielfalt entwickeln kann.

Auch das Holz des Müller-Thurgau ist nicht übermäßig widerstandsfähig – neben dem des Riesling nimmt es sich geradezu schmächtig aus – junge Reben werden durch Winterkälte oft stark mitgenommen. Zwei bis drei winterliche Tage mit Temperaturen unter –15 °C können die Augen des Müller-Thurgau völlig verderben. Dagegen erholt sich die Rebe nach Frühjahrsfrösten sehr rasch, die nachtreibenden Augen sind außerordentlich fruchtbar, und Verrieseln kommt sehr selten vor.

Allerdings wäre es doch unfair zu behaupten, der Müller-Thurgau habe überhaupt keinen Geschmack. Er hat

In Neuseeland beherrscht der Müller-Thurgau (oder »Riesling-Sylvaner«) den Weinbau als bedeutendste weiße Rebsorte. Mission Vineyards an der Hawke's Bay ist einer der ältesten neuseeländischen Weinbaubetriebe. Er wurde im vorigen Jahrhundert von Mitgliedern des französischen Maristenordens gegründet und dürfte ursprünglich wohl seinen Wein von aus Frankreich importierten Reben gewonnen haben.

sehr wohl einen – in Deutschland wird er als »angenehme Muskat-Note« beschrieben –, doch kommt er nicht sehr stark zum Vorschein. Immerhin ist es erstaunlich, daß manche Müller-Thurgau-Weine außerhalb Deutschlands im Geschmack sehr viel ansprechender sind. Gehen die deutschen Winzer vielleicht doch etwas zu großzügig mit ihren Düngemitteln um?

In Neuseeland beispielsweise, wo die Rebe 45% der jährlichen Weinerzeugung liefert, findet man ohne weiteres Weine mit frischem, blumigem Aroma und ausreichend kräftiger Säure. Die ausgezeichnete, sehr ausgewogene neuseeländische Zeitschrift »Wine & Food Annual« beginnt einen Artikel mit der folgenden Bemerkung: »Der Müller-Thurgau ist Inbegriff des Riesling-Weinstils: leicht, frisch, duftig und fruchtig.« Die Erträge liegen hier je nach Bodenfruchtbarkeit zwischen 55 und 200 hl/ha. Wie die deutschen Winzer arbeiten auch ihre neuseeländischen Kollegen gern mit Süßreserve und helfen dabei dem Müller-Thurgau oft mit einer anderen würzigeren Sorte auf. Das Ergebnis ihrer Bemühungen ist meist als höchst ansprechend zu bezeichnen.

Ein großer Teil des Weins von den 1800 ha Müller-Thurgau-Anbaufläche in Neuseeland wird unter dem Namen Riesling-Silvaner angeboten, denn es wird gar nicht zu Unrecht angenommen, daß die Kombination dieser beiden Rebsorten einen rassigeren Klang abgibt als die zwar exaktere, aber – Dr. Müller hat es am eigenen Leib erfahren müssen – weit weniger reklamewirksame Bezeichnung nach dem Züchter und seiner Heimat. Es gibt Neuseeländer Müller-Thurgau-Weine von knochentrocken bis ölig süß, die allermeisten aber sind wie ihre deutschen Artgenossen – lieblich. Es sieht ganz so aus, als ob der Rebsorte hier eine interessante Zukunft beschieden sein könnte.

Die zwei kleinsten weinbautreibenden Länder in der EG haben ebenfalls ihren Anteil am Müller-Thurgau. Im »Randklima« Englands gedeiht er gut und nimmt 150 ha Fläche ein, also 100 ha mehr als die in England zweitbeliebteste Rebe, der Reichensteiner, und ziemlich genau 149 ha mehr als sein Stammvater Riesling, der so weit im Norden für kommerzielle Nutzung viel zu spät reift. In Luxemburg ist die Sorte unter dem Namen Rivaner stärker verbreitet, trägt ungefähr die Hälfte zur gesamten Weinerzeugung bei und bildet außerdem eine gute Ergänzung zum herb-säuerlichen Elbling, der dort die zweitwichtigste Traubensorte darstellt.

Die vielleicht besten europäischen Müller-Thurgau-Weine kommen aus Norditalien, wo sich die Rebe vor allem in höheren Lagen Südtirols sehr wohl fühlt. Auf steilen Hängen bringt sie Erträge von etwa 90 hl/ha hervor, und durch die kühlen Temperaturen reift die sonst so frühe Sorte derart spät, daß sie meist als letzte gelesen wird. Dabei saugt sie sich so voll Fruchtaroma, daß ihre Weine in Italien inzwischen viel Anklang finden. Mit einer Wehlener Sonnenuhr können sie sich vielleicht nicht gerade vergleichen, aber sie sind unbestreitbar besser als die meisten deutschen Müller-Thurgau-Weine. Auch nach Süden – bis in die Colli Piacentini in der Emilia-Romagna – ist die Rebe vorgedrungen.

In der Schweiz wächst der Müller-Thurgau auf 500 ha unter dem Namen »Riesling-Sylvaner« hauptsächlich in der

Ostschweiz. Zum großen Teil wird er hier *pétillant* bereitet, und es gibt auch gute Spätlesen. Österreich verfügt über eine Müller-Thurgau-Anbaufläche von 6000 ha meist in tieferen Lagen, das sind rund 10% der Gesamtrebfläche. Damit ist die Rebe nach dem Grünen Veltliner die beliebteste Sorte des Landes; sie ist in allen Weinbaugebieten anzutreffen und ist auch über die Grenze nach Slowenien gelangt.

In der Tschechoslowakei spielt der Müller-Thurgau in den Weinbergen Mährens die vorherrschende Rolle, und im Osten Deutschlands hat er auf 200 ha Fuß gefaßt. Im Vergleich mit anderen Rebsorten erscheint seine Bedeutung in der Slowakei nördlich der ungarischen Grenze nicht sehr groß, aber umfangreich muß die Müller-Thurgau-Anbaufläche dort gewiß sein, denn insgesamt hat die Tschechoslowakei 5000 ha aufzuweisen.

Auch in Ungarn ist die Sorte selbstverständlich vertreten, und zwar als Rizlingzilvani, mit einer Anbaufläche von 8000 ha. Damit ist Ungarn das zweitgrößte Müller-Thurgau-Anbauland der Welt. Vor allem am Plattensee wachsen große Mengen Badacsony Rizlingzilvani, und an der Südgrenze des Landes befindet sich in der Region Kunbaja ein weiteres großes Anbaugebiet mit warmem, sandigem Boden. Hier fällt der Wein dieser Sorte etwas flau aus, aber die Ungarn scheint das weniger zu stören als ihre Exportkunden.

Eine typische Eigenschaft des Müller-Thurgau – sein niedriger Säurespiegel – gilt in manchen recht unterschiedlichen Gegenden der Welt sogar als Vorteil. In Oregon beispielsweise verfügt die Sorte bisher nur über eine winzige Anbaufläche; doch haben die dortigen Erzeuger festgestellt, daß sie sich recht gut für einfache Konsumweine eignet, weil sie in diesem kühlen Klima nicht so strengen Wein bringt wie die meisten anderen. Auch sind die Winzer Oregons in ihren Ertragsanforderungen bescheidener als ihre Kollegen in anderen Ländern.

Anderswo ist entweder das Klima zu warm oder der Markt zu anspruchsvoll für den Müller-Thurgau, vor allem in Kalifornien und Australien, oder aber die Winzer haben Besseres im Weinberg (im Elsaß).

Synonyme:
Riesling-Sylvaner
(Schweiz und Neuseeland);
Rivaner
(Luxemburg und Jugoslawien);
Rizlingzilvani
(Ungarn)

Böden:
Tiefgründig, kühl, feucht;
verträgt schwere Kalk- und Lehmböden gut,
flachgründige sandige oder steinige Böden jedoch nicht.

Wuchskraft: Stark

Schnitt:
Weiträumige Erziehung erforderlich. Pflanzabstand 1,5 m, Zeilenbreite 2 m. Sommerschnitt ist aus Qualitätsgründen gelegentlich nötig.

Anfälligkeit:
Sehr anfällig für Peronospora, Grau- und Schwarzfäule sowie Roten Brenner. Verrieseln kommt selten vor.

Veredelungsunterlagen:
Starkwüchsige Unterlagen empfohlen: auf mageren Böden 5BB und 125AA, auf fruchtbareren 5C. Auf sehr fetten Böden SO4.

Erträge: Sehr hoch

Mittlere Qualität. Nur in Italien (vorübergehend?) in Mode.

— Melon de Bourgogne —

(Muscadet)

Der Schlüssel zur Erkennung dieser erstaunlich weit in der Welt herumgekommenen Rebsorte liegt in ihrem gebräuchlichsten Synonym: Muscadet. Ihr Ursprung ist in Burgund zu suchen, wo sie heute noch mindestens theoretisch vorhanden ist; aber angebaut wird sie inzwischen hauptsächlich an der Mündung der Loire, wo sie den Muscadet hervorbringt. Die Kalifornier waren höchst überrascht, als sie in den siebziger Jahren, nachdem Pierre Galet die Versuchsanpflanzungen der Universität Davis inspiziert hatte, von ihm erfuhren, daß die Rebe, die sie Pinot

Blanc zu nennen gewohnt waren, eigentlich Melon de Bourgogne heißt.

Die Gesamtanbaufläche der Sorte in Frankreich ist in den letzten 20 Jahren bemerkenswert konstant geblieben. Von ihren 9500 ha im Jahr 1979 lagen 8900 ha allein im Département Loire Atlantique und der Rest zum größten Teil im benachbarten Maine-et-Loire. Der gesamte Ertrag dieser Fläche dient der Erzeugung des herben trockenen Muscadet. Aus dieser völlig flachen Gegend kamen früher nur dünne Rotweine, bis im 17. Jahrhundert holländische Kaufleute bei den Weinbauern darauf drangen, sie sollten sich auf besser exportierbare (destillierbare) weiße Sorten umstellen. Diese Umstellung wurde durch den außerordentlich kalten Winter von 1709 beschleunigt, als nicht nur die Reben erfroren sein sollen, sondern »das Meer selbst«.

Reben aus der burgundischen Pinot-Familie waren schon lange vor dieser schrecklichen Eiseskälte in der Region angebaut worden. Hubrecht Duijker behauptet, daß burgundische Arbeiter bei der Neubepflanzung geholfen haben müssen – im Distrikt Vallet gibt es ein Dorf namens Bourguignon. Trotzdem bleibt es ein Geheimnis, weshalb gerade diese Rebe schließlich das ganze Weinbaugebiet so sehr beherrschte, daß sie heute die Hälfte der im übrigen mit verschiedenen Sorten besetzten Anbaufläche im Département Loire Atlantique einnimmt. Die gute Frosthärte ist sicher ein Grund – die Rebe überstand den berüchtigten Winter 1956 besser als andere –, sicher aber trugen auch die holländischen Kaufleute dazu bei, denen die frühe Reife und die kommerziell interessanten Eigenschaften des Melon, nämlich hohe Erträge und bald trinkbare Weine, besonders zugesagt haben mochten.

Der Wein aus der Muscadet-Region ist ein echt maritimes Getränk: knochentrocken, manchmal leicht salzig, mit starker, aber kaum definierbarer Frucht in guten Beispielen, schwach und ohne Aroma in schlechten. Der Muscadet mit seinem eigenartigen Mangel an Unterscheidungsmerkmalen ist für jeden Weinkoster bei »blinden Proben« ein Schrecken. Die Vorschriften der Appellation Contrôlée setzen den Alkoholgehalt ungewöhnlich niedrig, nämlich auf nur 12% fest, weil bekannt ist, daß die Erzeuger gern großzügig mit dem Zuckern umgehen. Der Wein muß aber leicht sein, damit er seine ansprechende Frische bewahrt. Auch wird er am besten bis zur Abfüllung auf der Hefe *(sur lie)* belassen. Dieses Verfahren hat sich einerseits aus dem verständlichen Wunsch entwickelt, möglichst viel an Geschmacksstoffen zu gewinnen, und anderseits, um der Oxidationsgefahr vorzubeugen.

In Frankreich liefert der Melon nur kurz haltbare Weine. Manche 1976er Muscadets erinnerten zwar im Jahr 1982 mit ihrer stahligen Fruchtigkeit an englische Weine, schienen aber keine besondere Komplexität entwickelt zu haben. In seiner Heimat ist der Melon nur als Bestandteil der niedrig eingestuften Appellation Bourgogne Grand Ordinaire zugelassen, was nur beweist, daß man dort auch keine Langlebigkeit von ihm erwartet.

In Kalifornien dagegen wird dem falschen Pinot Blanc große Achtung entgegengebracht. Warmes Klima, kräftigere Böden und gelegentlich Ausbau im Eichenfaß lassen

Die Landschaft an der Loire-Mündung ist ebenso flach und ebenso dicht mit Reben besetzt wie die an der Mündung der Gironde. In älteren Rebgärten wächst noch der Gros Plant, für neuere Anpflanzungen dagegen wird fast immer die Muscadet-Traube Melon de Bourgogne bevorzugt.

Weine entstehen, die dem Muscadet so unähnlich sind, daß man sich fragen muß, ob auf der Anbaufläche von 800 ha auch tatsächlich dieselbe Rebe wächst. Gewiß ist auch dieser Wein oxidationsanfällig; die Rebe ist sehr frosthart und wird für die kühle Region I empfohlen, wo ihre kleinen, runden Beeren mittelspät reifen, während doch zu den Merkmalen des Melon die frühe Reife zählt. Es wäre sicher interessant zu ergründen, was der Melon in Südfrankreich leisten könnte; vielleicht versucht Professor Galet das auch schon in Montpellier.

Im Pinnacles District von Monterey, wo die Hälfte des kalifornischen Pinot Blanc wächst, gehörte Chalone zu den ersten, die diese Sorte ernst nahmen, weil eine preisgünstigere Alternative zum oft überteuren Chardonnay gebraucht wurde. So ließ man dem »Pinot Blanc« dieselbe ländlich-robuste Behandlung angedeihen wie dem Chardonnay und dem Pinot Noir und kam dabei zu kraftvollen Weinen mit einiger Lebensdauer. In Sonoma übernahm Chateau St-Jean den Chalone-Stil und brachte höchst noble Beispiele mit dieser Sorte – welche es nun auch wirklich sein mag – zustande. Frühe trinkreife Weine gibt es ebenfalls in großer Auswahl, zum Beispiel von Fetzer.

MELON DE BOURGOGNE
(MUSCADET)

Synonyme:
Muscadet (Loire);
Melon (Burgund);
Gamay Blanc à Feuilles Rondes, Gros Auxerrois,
Lyonnaise Blanche (übriges Frankreich);
Weißburgunder (Deutschland);
Pinot Blanc (Kalifornien).

Böden:
In der Muscadet-Region dünner Oberboden
über steinigem Grund,
am besten Schiefer oder Granit.
In Kalifornien oft tiefgründiger,
fruchtbarer Lehm.

Wuchskraft: Mäßig

Schnitt:
Im Muscadet-Bereich *gobelet*-Methode gebräuchlich.
Rückschnitt auf 20 Augen zulässig.

Anfälligkeit:
Sehr kältefest, anfällig für Echten und Falschen
Mehltau sowie Botrytis

Veredelungsunterlagen:
3309C am gebräuchlichsten

Erträge:
Gut; 70 hl/ha möglich, für Muscadet 40 hl/ha
offiziell zugelassen.
An der Nordküste Kaliforniens
40 bis 75 hl/ha.

Geringe bis mittlere Qualität. Begrenzte Verbreitung.

ALIGOTÉ

Der Aligoté verhält sich zum Chardonnay wie der Silvaner zum Riesling – ein bescheidener Nachbar der großen noblen Rebe des Landes mit beträchtlich mehr Säure bei weniger Körper und geringerer Lebenserwartung. Aber wie in Deutschland ganz ausnehmend feine Silvaner vorkommen, so bringt auch Burgund hie und da überaus guten Aligoté hervor.

Die Rebe wird in und um Burgund seit Jahrhunderten kultiviert und hatte in den Zeiten, als der reichlichere Ertrag des Aligoté noch mehr galt als der zugkräftigere Name des

Chardonnay, hier auch noch größere Bedeutung. Inzwischen schrumpft ihre Einflußsphäre mindestens in Frankreich ständig. Die Aligoté-Anbaufläche war dort 1979 um mehr als ein Drittel auf 1000 ha zurückgegangen.

Zwei Drittel der französischen Aligoté-Anbaufläche befinden sich an der Côte d'Or. Es ist nicht weiter verwunderlich, daß die Rebe Jahr für Jahr Boden an den Chardonnay abgeben muß; dagegen ist es in Anbetracht der weitaus besseren Preise, die für Chardonnay erzielt werden, schon erstaunlich, daß noch so viel Aligoté angebaut wird. Bei der letzten Zählung 1979 erwies sich die Aligoté-Anbaufläche an der Côte d'Or als noch über halb so groß wie die des Chardonnay. Sicherlich hat sich das Verhältnis weiter verschoben, doch gibt es offenbar noch viele Winzer, denen ihre Aligoté-Tradition mehr gilt als der Trend auf dem Markt.

In den alten Tagen waren viele Burgunder Weißweine Mischungen aus Aligoté, Chardonnay und vielleicht Pinot Blanc und Melon. Seit der Einführung der Appellation-Contrôlée-Vorschriften ist solches »Zusammenschütten« nicht mehr erlaubt, und der Aligoté-Wein muß unter dem weithin mißachteten Namen Bourgogne Aligoté zum halben Preis eines Bourgogne Blanc von Chardonnay-Trauben verkauft werden. Nun liefert zwar der Aligoté bessere Erträge als der Chardonnay, aber durchaus nicht doppelt so hohe, wie es nötig wäre, um einen finanziellen Ausgleich zu schaffen. Was an der Côte d'Or noch vom Aligoté übrig ist, muß ein Dasein am Rande fristen: in den Arrières-Côtes und auf der flachen Talsohle auf der ungünstigen Seite der Route Nationale 74.

Sonst wächst Aligoté in Frankreich noch im Mâconnais und an der Côte Chalonnaise sowie an einzelnen Stellen an der Yonne um Chablis, von wo er zusammen mit Sacy in Schaumweinkellereien weiter im Süden gebracht wird, die sich für den hohen Säure- und niedrigen Alkoholgehalt der Traube interessieren.

Unrichtig wäre es, den Aligoté diskriminierend als herb und flach abzutun. Seine Struktur ist breit und fest wie beim Chardonnay, und in guten Beispielen, etwa von Pierre Cogny und Aubert de Villaine aus Bouzeron, zeigt sich genügend Kraft, um die Säure eher als lebendige Nervigkeit erscheinen zu lassen.

Die Rebe taucht manchmal an unerwarteten Stellen der Welt auf; besonders verbreitet ist sie in Osteuropa. Bulgarien verfügt über 2500 ha Aligoté, mehr als doppelt soviel wie Frankreich. Die Sorte wird dort wegen ihrer kräftigen Säure vor allem in der Region Chirpan im Süden als Verschnittmaterial hoch geschätzt.

ALIGOTE

Der Aligoté gedeiht gut auf den oberen Hängen der Côte d'Or, doch die besseren Lagen sind dem gewinnbringenderen Chardonnay vorbehalten. Pernand-Vergelesses hat nicht nur Anteil an der berühmten Appellation Corton-Charlemagne, sondern kann auch guten Aligoté-Wein bieten.

... Auch in Rumänien ist die Sorte ziemlich verbreitet. Hier wird der Aligoté von Trauben, die offenbar bis zur Grenze gerade noch ausreichender Säure ausgereift sind, als sortenreiner Wein erzeugt. Manch einer zeichnet sich durch Nußaroma bei eindrucksvollem Körper und Abgang aus. In den nördlichen Weinbaubereichen der Sowjetunion ist die Rebe als Grundlage für Schaumwein und als ein recht guter Tafelwein mit leichtem Bittergeschmack beliebt.

Synonyme:
Chaudenet Gras (Côte Chalonnaise); Giboudot Blanc (Rully); Griset Blanc (Beaune); Plant Gris (Meursault); Troyen Blanc oder Blanc de Troyes (Yonne)

Böden:
Nicht besonders anspruchsvoll

Wuchskraft: Mittel

Schnitt:
Kräftiger Rückschnitt

Anfälligkeit:
Relativ widerstandsfähig

Erträge:
Mäßig hoch. In Burgund 50 hl/ha; 60 hl/ha in kalifornischen Versuchsanpflanzungen.

Untere Mittelklasse. Nicht in Mode.

Viognier

Ginge es nur um die Quantität, dann hätte die Viognier-Rebe kaum einen Platz in diesem Buch verdient. Wenn aber von der Qualität der Weine der Welt die Rede ist, dann ist längeres Verweilen bei ihr nicht zu umgehen, obwohl es auf der ganzen Erde nur rund 32 ha davon geben dürfte. Diese Fläche liegt fast ausschließlich in Frankreich, und auf ihr entstehen am oberen Ende des Rhône-Tals die teuersten Weißweine des Landes. Dabei erscheint der Name Viognier nicht einmal in der landwirtschaftlichen Zählung von 1979, weil selbst so unbekannte Sorten wie Monbadon und Corbeau zahlenmäßig viel bedeutender sind.

Der Viognier bringt schwere, tiefgoldene Weißweine mit einem kaum zu schildernden Bukett hervor; manche sprechen von Maiglöckchen, andere von Aprikosen, wieder andere von Moschus und Pfirsichen. John Livingstone-Learmonth will sogar den Duft, den reife Birnen unmittelbar unter der Schale ausströmen, darin entdeckt haben. Wie dem auch sei, die Enthusiasten sind so hingerissen, daß ihnen der Klang des Namens Viognier schon Genuß bedeutet. Durch Milde und Stärke zugleich übt der Viognier eine ganz eigene Magie aus.

Sicherlich ist die Seltenheit dieses Weins ein Grund für seine Anziehungskraft auf die Weinkenner. Gäbe es auch auf nicht so idealem Boden gewachsenen und mit soviel Sorgfalt bereiteten und ausgebauten Viognier, dann wäre er vielleicht kein solcher Star unter den Weinen. Es ist nun aber einmal so, daß es ihn nur unter Etiketten gibt, die mit den feinsten Appellationen Frankreichs ausgezeichnet sind: Condrieu, Château-Grillet und Côte Rôtie.

Früher war der Viognier in der Gegend südlich von Lyon ziemlich verbreitet, doch seine launische Natur machte ihn bei den Winzern, die zum Lohn für ihre Mühe nicht einmal eine Appellation Contrôlée erlangen konnten, bald unbeliebt. Seither ist die Rebe selbst in den eng umgrenzten Bereichen von Condrieu und der Côte Rôtie gerodet worden oder – noch schlimmer – verwildert. Mit ihren dürftigen Erträgen und ihrer unzuverlässigen Reife war sie einfach nicht rentabel. Nachdem inzwischen die Preise für Condrieu gestiegen sind, wurden auch wieder neue Viognier-Reben angepflanzt – 6 ha Anfang der achtziger Jahre, aber selbst die so entstandene Anbaufläche von insgesamt 23 ha ist nur ein Bruchteil dessen, was das Gesetz grundsätzlich erlaubt, nämlich 200 ha.

Die Winzer, die den Viognier zwischen Obstbäumen auf staubigen Terrassen am Westufer der Rhône kultivieren, erleben es oft genug, daß ihre Mühe sich kaum lohnt. Einmal brachte die Rebe in der ganzen Appellation Condrieu nur 19 hl Wein, und in den sechziger und siebziger Jahren erreichte sie kaum je auch nur die Hälfte des gesetzlich erlaubten Höchstertrags von 30 hl/ha. Das beträchtliche Alter vieler Rebstöcke mag hieran mit schuld sein, denn durch die Neuanpflanzungen stieg der Durchschnittsertrag immerhin auf 20 hl/ha. Die kleinen, ovalen Beeren sind tief gefärbt, und das verleiht zusammen mit dem meist langwierigen Gärprozeß den Viognier-Weinen einen kräftig goldenen Schimmer.

Besonders ausgeprägt ist dies beim Château-Grillet, der von einem Weingut unmittelbar südlich von Condrieu stammt und 18 Monate im Eichenfaß reift, ehe er in seine hier unübliche, der Rheinweinflasche nachempfundene und zum Leidwesen aller Genießer stets viel zu kleine Flasche gelangt. Der Château-Grillet ist oft milder und nicht so lebendig wie der Condrieu, doch gewinnt er mit der Zeit

Château-Grillet ist die berühmteste Verkörperung des Viognier. Man kann sich nur fragen, warum ein Weingut einer so obskuren und ertragsschwachen Rebe treu bleibt – bis man den Wein gekostet hat. Dann erledigt sich diese Frage von selbst, und die 18 Monate Ausbau im Eichenfaß zeigen sich als wohlüberlegte Investition.

ungeheuer an Tiefe. Die meisten Winzer in Condrieu meinen, daß ihr Wein nach zwei bis vier Jahren auf seinem Höhepunkt sei; der Château-Grillet wird einige Monate nach der Abfüllung verkauft und ist zu diesem Zeitpunkt absolut *à boire*.

Vom Konsum des Viognier-Weins wird offiziell abgeraten, wenn er älter als acht Jahre ist. Allerdings stellte es sich 1976 beim Öffnen einer 50 Jahre alten Flasche heraus, daß der Wein noch hervorragend schmeckte. Vielleicht war es noch einer von der süßeren Art, wie sie heute in Condrieu nicht mehr in hohem Ansehen steht. Der alte Wein war schon recht trocken geworden und wies ein eigenartiges, aber durchaus als Viognier erkennbares konzentriertes Bukett auf. Die französischen Winzer sind verständlicherweise stärkere Befürworter einer jugendlichen Traubigkeit als manche ihrer Kunden.

Von einem dieser Winzer will Livingstone-Learmonth eine besonders ausgefallene Theorie über die Herkunft der Viognier-Rebe erfahren haben, deren Wein so ganz anders schmeckt als alle anderen in Frankreich und etwas vom Aroma des Gewürztraminers sowie vom süßsäuerlichen Aprikosengeschmack des portugiesischen Alvarinho an sich hat. Die Theorie lautet, der römische Kaiser Probus, der Vorgänger Vespasians, habe die Rebe 281 n. Chr. aus Dalmatien mitgebracht.

Zur Zeit der römischen Besetzung wurde zweifellos an der Rhône schon Weinbau betrieben, doch könnte es sein, daß Vespasian die heimischen Reben ausroden ließ. Auf der Insel Vis vor der dalmatinischen Küste gibt es eine Rebe namens Vugava, die sich durch hohen Alkoholgehalt, trockenen Extrakt und ein eigentümliches Aroma auszeichnet. Vielleicht kommt einmal ein Ampelograph bei einem Urlaub in Jugoslawien auf den Gedanken, sich eingehend mit ihr zu befassen; dies könnte zu recht interessanten Ergebnissen führen.

Viognier ist auch als Bestandteil der Spitzenrotweine von der Côte Rôtie offiziell durch die zur Appellation gehörenden Vorschriften genehmigt. Côte Rôtie ist die rote Version des Condrieu und wächst an so steilen Hängen, daß die Weinberge sehr schwer zu bearbeiten und die auf ihnen wachsenden Syrah-Reben nur mühevoll zu pflegen sind. Die Preise dieses Weins sind inzwischen stark gestiegen, so daß Neuanpflanzungen – hoffentlich nicht zum Schaden der Qualität – vorgenommen werden.

Dem Syrah-Wein von der Côte Rôtie dürfen bis 20% Viognier zugesetzt werden, doch hat dieser heute nur einen Anteil von 5% an der Gesamterzeugung. Max Chapoutier meint, daß der Viognier-Anbau eher eine Tat der Barmherzigkeit als ein Geschäft sei.

Die gesamte Viognier-Fläche der Côte Rôtie befindet sich an der Côte Blonde. Die weißen Trauben werden zusammen mit Syrah vergoren, um den Wein zu mildern und sein Bukett zu verfeinern, das sich dann über 20 Jahre hinweg zu einer Subtilität entwickelt, die der Hermitage als reiner Syrah nicht erreicht. Nur einige Côte Rôties lohnen so lange Aufbewahrung, aber der La Mouline von Guigal immer.

Sonst wächst die Viognier-Rebe in Frankreich nur in einigen Versuchsanlagen weiter Rhône-abwärts, zum Beispiel auf der Domaine Ste-Anne in St-Gervais und im Château de St-Estève. Eine weitere Viognier-Anpflanzung gibt es dann noch in Kalifornien, wo Joseph Phelps in seiner Begeisterung für die Weine von der Rhône eine kleinere Anzahl Viognier- und echte Syrah-Reben im Napa Valley

VIOGNIER

anbaut. Nachdem er acht Jahre lang auf virusfreie Reben von der Universität in Davis gewartet hatte, fand er schließlich gesunde Edelreiser im Staat New York und konnte 1985 rund 2 ha anpflanzen.

Synonym: Vionnier

Schnitt:
Guyot-Methode in Château-Grillet;
ein langer Triebbogen in Condrieu und an der Côte Rôtie

Böden:
Leichter, glimmerhaltiger Sandboden;
Kalkstein an der Côte Blonde besser als Lehm an der Côte Brune

Erträge:
Sehr gering, knapp 20 hl/ha

Höchste Qualität. Kommt allmählich in Mode.

Die Muskateller-Familie

In jedem weinbautreibenden Land der Erde findet man einen Wein, der einen charakteristischen Traubengeschmack zu erkennen gibt. Auch ist es keine allzu große Überraschung, daß dieser Wein mit all seiner üppigen, überwältigenden Würze doch wiederum selten zu den wichtigen Weinen des jeweiligen Landes gehört. Muskatellerweine sind weit verbreitet, oft köstlich und doch quantitativ nicht von großer Bedeutung.

Die meisten Weinexperten drücken sich verständlicherweise lieber nur am Rand des wahren Dschungels von Muskatellerreben herum, die allein der ähnliche Geschmack ihrer Erzeugnisse miteinander verbindet. Viala führt über 200 Arten Muskateller und Abkömmlinge dieser Rebe auf. Ihre Trauben liegen zwischen hellem Gelb und tiefstem Schwarz und liefern Tafeltrauben oder Rosinen, als Traubensaft oder Wein. Ihr Wein wiederum kann zarter, auch perlender Weißwein oder dunkler gespriteter Rotwein mit allen Zwischenschattierungen sein. Manche dieser Weine, zum Beispiel die australischen Liqueur Muscats, gehören zu den feinsten der Welt, wieder andere stehen am entgegengesetzten Ende der Skala.

Eine der am wenigsten interessanten Sorten, der Muscat of Alexandria, gehört zu den meistangebauten der Welt – allerdings sind die Früchte vorwiegend für den Tafeltrauben- oder Rosinenmarkt bestimmt. Der Muscat Blanc à Petit Grains oder Muscat de Frontignan bringt wahrscheinlich den feinsten Wein dieser Art hervor und ist auch erfreulich weit verbreitet.

Muscat Blanc a Petits Grains

Diese Sorte ist eigentlich die beste aus der Muskateller-Familie. Rund um die Welt trägt sie so viele verschiedene Namen, daß sie oft schwer zu identifizieren ist. Ihr charakteristisches Merkmal ist neben kleinen Beeren der geringe Ertrag, und ihre besseren Weine dienen mit der Konzentriertheit ihres Geschmacks durchaus als Stütze für die Theorie, daß zwischen Ertrag und Qualität ein enger Zusammenhang besteht.

Reben mit dem ampelographischen Profil des Muscat Blanc à Petits Grains bringen Trauben hervor, die in der Farbe zwischen Hellrötlich und Dunkelrotbraun liegen können, dabei aber nicht dunkel genug ausfallen, um einen echten Rotwein zu ermöglichen. Es gibt offenbar zwei Spielarten, von denen die eine über Hellrot nach Rot und wieder zurück zu Weiß mutiert, die andere aber stabil bleibt. Die meisten in Europa angebauten Reben sind stabil und weiß, aber insbesondere in Australien gibt es Bestände von Muscat à Petits Grains oder Frontignan, deren Farbe von einer Rebe zur anderen und von einem Jahr zum anderen wechselt. Wegen des hohen Anteils an dunklen Früchten spricht man dort auch von Brown Muscat. Auch ein großer Teil der Muskadel-Bestände in Südafrika ist dunkelfrüchtig, was übrigens als Beweis für die weinbaugeschichtlichen Verbindungen zwischen den beiden Ländern gelten darf.

Es wird angenommen, daß die Muskateller-Rebe dem Menschen zuerst bekannt war und von ihm genutzt wurde. Es gibt auch Theorien, die besagen, daß die Pinot-Familie vom Muskateller abstamme, ja sogar, daß alle *Vitis-vinifera*-Reben Mutationen und Abkömmlinge des Muskatellers seien. Aus alter Tradition wird der Muskateller sowohl der hochwertigen als auch der minderen Art in Griechenland und im ganzen Mittelmeerraum kultiviert. Es ist anzunehmen, daß die von den Phöniziern, Griechen und Römern über ganz Südeuropa verbreitete Rebe der Muskateller war. Die Griechen sollen ihn bis über die Krim hinaus nach Osten gebracht haben, und die ersten im Süden Frankreichs angelegten Weinberge waren sicherlich auch mit Muskateller bestockt. Es steht auf jeden Fall fest, daß die Rebe schon sehr lange im Languedoc-Roussillon und vor allem in Frontignan kultiviert wird. In Deutschland ist der Muskateller-Anbau seit dem 12. Jahrhundert nachgewiesen, und die erste im Elsaß überhaupt erwähnte Rebe (Mitte des 16. Jahrhunderts) war der Muskateller. Es darf als sicher gelten, daß die *uva Apiana* (= Traube der Bienen), von der Plinius der Ältere sagt, sie habe mit ihrer Süße und ihrem starken Wohlgeruch Insekten aller Art angezogen, ebenfalls der Muskateller gewesen ist. Die Verbindung zwischen den Worten Muskat und Moschus ist nicht zu übersehen, und bestimmten sprachwissenschaftlichen Theorien zufolge sollen ähnliche Beziehungen auch zu italienisch *mosca* und französisch *mouche* (deutsch Mücke) bestehen.

Wie der Alexandria-Muskateller wird auch der Muscat à Petits Grains nirgendwo sehr verbreitet angebaut. In Frankreich und Italien dürfte die Anbaufläche mit jeweils 3000 ha ungefähr gleich groß sein. Fast die Hälfte des französischen Anbaus liegt um Frontignan im Département Pyrenées-Orientales, wo der Muscat Blanc schon immer stark vertreten war (jetzt aber vom minderwertigeren Alexandria-Muskateller überholt worden ist). Hier bildet er neben Grenache Blanc und Alexandria-Muskateller den Hauptbestandteil des starken dunklen *vin doux naturel*, zum Beispiel Banyuls, Côtes d'Agly, Maury, Grand Roussillon, Rivesaltes sowie des Muscats von Mireval, Rivesaltes, St-Jean de Minervois und natürlich Frontignan.

Der Muscat à Petits Grains spielt auch die Hauptrolle in hellen und dunklen Versionen des hochbeliebten Muscat de Beaumes-de-Venise und verleiht diesem Wein die ungewöhnlich tiefe Farbe, aber auch mehr Finesse als den weiter im Westen bereiteten Artgenossen. Bei dem Schaumwein Clairette de Die wird die interessantere Version namens »Tradition« mit 50% Muscat verfeinert, während der normale Diois nur aus Clairette besteht. Man fragt sich besorgt, wie lange es noch dauern wird, bis die Erzeuger in diesen Bereichen darauf kommen, daß eine ertragreichere Muskatellersorte einen zwar weniger feinen, aber rentableren Wein ermöglicht.

Den Elsässer Winzern steht seit über einem Jahrhundert mit der von dem Züchter Moreau-Robert geschaffenen Sorte Muscat-Ottonel ein früher reifender und ertragreicherer Muskateller zur Verfügung. Der Muscat à Petit Grains ist in seiner roten Form auf den Rebhängen im Haut-Rhin stellenweise noch zu finden, doch er wirft gern die Beeren ab und ist fäuleempfindlich.

Reben unterschiedlicher Qualität mit dem Namen Moscatel bilden die Hauptstütze des spanischen Weinbaus, doch ist zu bezweifeln, daß sich darunter noch viele von der spanischen Version des Muscat à Petit Grains (wahrscheinlich Moscatel de Grano Menudo) befinden.

In Italien wird am meisten die weiße Form unter dem Namen Moscato Bianco angebaut und gibt die Grundlage für die bedeutende Moscato-Schaumweinindustrie ab, deren bekanntestes Produkt der Asti Spumante ist. In Piemont ist der Moscato die älteste bekannte Rebsorte, und er wird an allen möglichen Stellen bis nach Kalabrien und auf den Inseln kultiviert. Der berühmte sizilianische Pantelleria wird allerdings vom Alexandria-Muskateller bereitet. Wie die Malvasia genießt die alte, oft zu Dessertwein verarbeitete Traube nach wie vor große Beliebtheit und liefert verschiedene süße Weine, auch in gespriteten und *Frizzante*-Versionen.

MUSCAT BLANC
A PETITS GRAINS

Südtirol nimmt mit seinem Moscato wie bei vielen anderen Dingen eine Sonderstellung ein. Hier wachsen in sehr kleinen Mengen recht ertragschwache Reben mit den schönen Namen Goldmuskateller und Rosenmuskateller. Sie dürften farbkräftige Varianten des Muscat à Petits Grains sein. Ihre außergewöhnlich leichten und bukettreichen Weine dürfen als einzige in der Region Trentino-Alto Adige trocken oder süß bereitet werden, wobei die süßen Versionen besonders begehrt sind.

In Deutschland werden der Rote und der Gelbe Muskateller in kleinen Mengen angebaut und bringen in Baden und Württemberg etwas erdigere Weine als die aus Südtirol. Der Rote Muskateller verfügt über weniger als 10 ha und der Gelbe über 300 ha Anbaufläche, und etwa 25 ha entfallen auf den nicht so feinen Muskat Ottonel. Allerdings stammt der größte Teil des Muskataromas in deutschen Weinen von der Neuzüchtung Morio-Muskat, die – man kann es kaum glauben – nicht einen Tropfen Muskateller-Blut in den Adern hat.

Aus Griechenland kamen die feinsten Muskateller schon Jahrhunderte bevor alle anderen das Licht der Welt erblickten. Hier wird der Muscat à Petits Grains ebenso angebaut wie der Alexandria-Muskateller, doch nur der erstere bringt eigenständige Dessertweine hervor: den berühmten starken und natursüßen Samos, den Muskateller von Patras, den Rion von Patras und den Muskateller von Kephallenia.

Die Insel Samos ist die Hochburg des Muskatellers. Hier wird vorwiegend die feine weiße Art angebaut; sie liefert goldene, sirupartige Weine von schönster Eleganz, aber auch trockene und gespritete süße Versionen. Dieselbe Traube ist in den Weinbergen des Peloponnes verbreitet, daneben findet sich aber auch der Rote Muskateller.

Weil sie so bukettreichen Wein hervorbringt, eignet sich die Rebe in idealer Weise für heißes Klima. So bietet Griechenland dem Muskateller wie auch dem Malvasier die günstigsten Voraussetzungen. Weiter im Norden können Muskateller-Weine oft etwas rauh ausfallen. Der größte Teil des Muskatellers aus Osteuropa stammt heute vom Muskat-Ottonel. Nur Österreich verfügt über eine Anbaufläche von 150 ha, die mit Gelbem Muskateller besetzt ist, und zwar vorwiegend in der Steiermark. In Slowenien wächst ebenfalls Gelber Muskateller, den es auch in Ungarn neben dem viel verbreiteteren Muskat-Ottonel noch in kleineren Mengen gibt. Hier nimmt er (manchmal unter dem Namen Muscat Lunel) 5% oder 300 ha der Gesamtrebfläche in der Region Tokaj ein (die übrigen 95% sind zu gleichen Teilen mit Furmint und Hárslevelü besetzt). Sein Wein wird hier meist sortenrein in Aszú-Qualität bereitet und nicht den beiden großen Tokajer-Reben beigemischt, deren außergewöhnliches Aroma er mit seiner vordergründigeren Süße nur beeinträchtigen würde. Die Muskateller-Weine zeichnen sich durch schöne Rundheit und ein kräftiges Karamelaroma aus. Die hellrote und weiße Form der Rebe wird auch in der Sowjetunion kultiviert, wo sie im Süden Dessertweine mit großem Charakter und langer Lebensdauer und im Norden einfachere Tafelweine liefert.

In Kalifornien wird sowohl der Alexandria-Muskateller als auch der Orange-Muskateller – der Moscato Fiòr d'Arancio aus Italien – angebaut, am verbreitetsten aber ist der White Muscat oder Muscat Canelli. Die Anbaufläche hat sich in den letzten zehn Jahren auf 680 ha nahezu verdreifacht, und zwar am meisten in den Weinbaugebieten an der Nordküste und im Central Valley. Es werden hier einige sehr interessante rote und tiefdunkle Muskateller-Weine erzeugt, in ausreichend kühlen Gegenden aber kann der weiße Muskateller recht ansprechende Weine hervorbringen, die mit ihrem frischen, traubigen Aroma, ihrer Leichtigkeit in der Art und mit einem gewissen Anflug von *pétillance* entfernt an Asti Spumante erinnern.

Die Kalifornier – hier ist insbesondere an Robert Mondavi und seinen Moscato d'Oro zu denken – haben unbezweifelbar neue Wege für die moderne Behandlung des Muskatellers gewiesen. Vergären bei niedrigen Temperaturen, minimale Maischung mit der Schale und baldiger Verbrauch scheinen hier die wichtigsten Faktoren zu sein.

In Australien sind die Voraussetzungen gleichartig, und dadurch hat sich auch beim Muskateller ein ähnlicher Weinstil entwickelt, soweit die Traube nicht für Verschnittzwecke verwendet wird. Der Alexandria-Muskateller, hier auch als Gordo Blanco bezeichnet, ist zwar in der Heimat des Liqueur Muscat viel stärker verbreitet, aber auch der Muscat Blanc verfügt über eine Anbaufläche von 700 ha. Die oft als Frontignan bezeichnete Rebe nimmt im Barossa Valley in Südaustralien über 400 ha ein, wo sie leichte, traubige und liebliche Weine sowie einige Pendants zum berühmtesten Dessertwein Australiens hervorbringt.

Die Trauben, die in Nordostviktoria den Liqueur Muscat hervorbringen, werden dort Brown Muscat genannt. Ihre Weine scheinen deutlich voller im Aroma zu sein als die des sogenannten White Muscat. Der Ampelograph Truel wies bei seinem Besuch 1976 nach, daß alle die Farbschattierungen, die oft in Australien in einem Weinberg nebeneinander stehen, tatsächlich Spielarten des Muscat à Petits Grains sind. Durch Erzielung des höchstmöglichen Zuckergehalts in diesen braunen Muskateller-Trauben und durch Ausbau des daraus gewonnenen Weins in einem abgewandelten *Solera*-System bei Lagerung in alten Eichenfässern bei außergewöhnlich hohen Temperaturen erreichen die Dessertweinhersteller von Rutherglen einen honigsüßen Wein mit Port-ähnlicher Konzentration und Madeira-ähnlicher Art, aber alles von einer traubigen Essenz überlagert.

In Südafrika ist der feine Muskateller (hier im Gegensatz zum nicht so noblen Hanepoot oder Alexandria-Muskateller als Muskadel bezeichnet) oft in der roten Form anzutreffen. Seine Anbaufläche, zum großen Teil im Bereich Robertson gelegen, beträgt 1000 ha. Früher war die Traube Hauptbestandteil des einst berühmtesten Weins vom Kap, des Constantia, heute jedoch wird sie zu etwas eigentümlichen süßen Rotweinen ohne besondere Lebenserwartung verarbeitet.

Sehr wahrscheinlich gehört auch der Moscatel, der im südamerikanischen Weinbau eine große Rolle spielt, zu der feineren Art. Diese Vermutung wird durch die engen Verbindungen zum italienischen Weinbau bestärkt, die sich in den Namen der vielfarbigen argentinischen Muskateller, nämlich Moscatel Rosé oder Moscatel d'Asti, deutlich ausdrückt. 10% der Gesamtrebfläche Argentiniens entfallen auf diese Rebsorte, und damit zählt sie zu den meistangebauten des Landes.

Synonyme: Muscat Blanc, Muscat de Frontignan, Muscat d'Alsace, Frontignac (Frankreich); Muskateller, Gelber Muskateller, Weiße Muskattraube (Deutschland); Moscata Bianca, Moscato Bianco, Moscato d'Asti, Moscato di Canelli, Moscatello Bianco (Italien); Moscatel de Grano Menudo, Moscatel Menudo Blanco, Moscatel Dorado (Spanien); Moscatel Branco (Portugal); Muskateller, Schmeckender, Katzendreckler, Gelber Weihrauch (Österreich); Sargamuskotaly (Ungarn); Tamyanka (UdSSR); Zutimuscat, Beli Muscat (Jugoslawien); Muskuti (Griechenland); White Muscat, Muscat Canelli, Muscat Frontignan, Muscat Blanc (Kalifornien); Moscatel Rosé (Argentinien); Muskadel (Südafrika), White Frontignan, Frontignac, Brown Muscat (Australien)	*Wuchskraft:* Je nach Bodenart und Unterlage; meist ziemlich starkwüchsig *Schnitt:* Hohe oder zweiseitig flache Erziehung *Anfälligkeit:* Stark anfällig für Echten und Falschen Mehltau sowie Bekreuzten Traubenwickler. Der Traubenduft zieht Insekten an. Die Beeren schrumpfen und werden braun, wenn sie zu lange am Stock bleiben. *Veredelungsunterlagen:* Mäßig wuchskräftig
Böden: Gedeiht gut, jedoch sehr geringe Wuchskraft auf Sand	*Erträge:* Ziemlich gering; ältere Anlagen bringen 20 hl/ha; in Kalifornien im fruchtbaren Central Valley bis zu 150 hl/ha (Durchschnitt 80 bis 100 hl/ha)

Sehr gute Qualität. Nicht in Mode.

Alexandria-Muskateller

Ebenso wie der höher geachtete Muscat Blanc à Petits Grains ist auch der Alexandria-Muskateller eine sehr alte Rebsorte, ja eine der ältesten Kulturpflanzen, die wir kennen. Da er meist durch Stecklinge oder Pfropfreiser und nicht durch Samen vermehrt wurde, hat er sich seit den frühen Zeiten genetisch wohl nicht stark verändert. Es gehört nicht allzuviel Phantasie zu der Vermutung, daß er aus Nordafrika stammt; er wird oft mit den alten Ägyptern in Zusammenhang gebracht. Auch wird die Sorte in Italien oft Zibibbo – vermutlich nach Kap Zibibb in Nordafrika – genannt.

Der vielleicht überzeugendste Beweis für die geringe Klasse dieser Rebe ist wohl, daß sie traditionell mehr als Tafel- und Rosinentraube gezogen wird. Sie braucht für gutes Wachstum ein warmes Klima, denn gegen kühles Wetter während der Blütezeit ist sie sehr empfindlich. Dadurch könnte die Ernte stark dezimiert werden, und überdies brauchen die Trauben viel Wärme, um zur vollen Reife zu gelangen. Sie wird daher in vielen südlichen Ländern angebaut: Südfrankreich, Spanien, Portugal, Italien, Griechenland, Zypern, im ganzen östlichen Mittelmeerraum sowie in Kalifornien und in den Weinbaugebieten der südlichen Hemisphäre außer in den kühlsten Lagen. Eine quantitative Bedeutung hat sie für den Weinbau jedoch nur in Australien und Südafrika, und auch dort geht ihre Beliebtheit allmählich zurück.

Der Alexandria-Muskateller ist nicht nur als Pflanze recht schwächlich, auch seinem Wein fehlt es oft an der Komplexität und Geschmackstiefe, die der Muscat Blanc à Petits Grains zustande bringt. Die Rebe bringt zwar gute Erträge mit eindrucksvoll hohem Zuckergehalt, doch erinnert das Aroma des Weins meist stärker an Rosinen als an frische Trauben. Er ist vor allen Dingen süß und etwas erdig. Der Kontrast zwischen Moscatel de Setúbal der besten Art und Muscat de Beaumes-de-Venise der Spitzenklasse rückt das Verhältnis ins rechte Licht (weniger gute Beispiele, die auch unter dem Namen Beaumes laufen, tun das freilich kaum). So ansprechend robust auch ein guter Moscatel de Setúbal sein kann, die Finesse des Artgenossen aus Vaucluse erreicht er nie. Alexandria-Muskateller dient meist zur Bereitung süßer Weine der spanischen Moscatel-Schule oder als säurearmes Verschnittmaterial.

Die größte Alexandria-Muskateller-Anbaufläche befindet sich in Spanien mit 20000 ha – dennoch sind das nur knapp 1,5% der spanischen Gesamtrebfläche. Um Alicante und Valencia an der Mittelmeerküste sowie in den stark dezimierten Weinbergen Málagas und auf den Kanarischen Inseln stellt er die wichtigste Rebsorte dar. Bei der unübersehbaren Vielzahl von Rebsorten hat er aber auch in diesen Gebieten keinen großen Anteil an der jeweiligen Gesamtrebfläche: In Alicante sind es 10% und in Jerez nur verschwindend kleine Bruchteile. Als Weintraube heißt er vorwiegend Moscatel de Málaga und bringt süße, starke, einfach Moscatel genannte Weine, von denen die Version aus Málaga wohl die beste ist. In ihr sind nur Moscatel und Pedro Ximénez erlaubt, aber viele Weine dieser Art, deren Farbe zwischen Gold und fast undurchdringlichem Schwarz liegen kann, werden nur aus Moscatel bereitet. Wie in Australien findet dabei eine Art von *solera* Anwendung. Ist die Pedro-Ximénez-Traube mit im Spiel, dann fällt der Málaga weniger üppig und dafür säurereicher aus. Er kann aber außerordentlich gut und nachhaltig sowie unterschiedlich süß sein. Anderen spanischen Moscatel-Weinen fehlt es oft an Säure und Langlebigkeit.

Auch in Portugal herrscht der Alexandriner Muskateller vor, und sein berühmtestes Produkt ist der Moscatel de Setúbal. Wie bei vielen südfranzösischen Muskatellern wird hier der Gärvorgang mit geschmacksneutralem Branntwein abgestoppt, und anschließend wird durch Maischen mit den würzigen Traubenschalen die Geschmacksintensität gesteigert. Schwer zu sagen ist, wieviel von diesem Muskateller im berühmten Sand von Setúbal wächst, da auch der bekannt gute und robuste portugiesische Rotwein aus der Anbaufläche von 20000 ha stammt. Jan Read hat auch 2 ha einer dunklen Variante namens Moscatel Roxo vorgefunden, deren Trauben getrennt zu Wein verarbeitet werden, der aber nur in Portugal auf den Markt kommt. J. M. da Fonseca hat praktisch das Monopol für Moscatel de Setúbal und bereitet auch einen sehr stilvollen leichten und lieblichen Tafelwein namens João Pires. Sein Kellermeister ist Australier, und die Australier verstehen sich bekanntlich am besen darauf, delikate, süffige und leichte Weine von vorgetrockneten Muskateller-Trauben zu erzeugen.

MUSCAT VON ALEXANDRIA

Die französische Alexandria-Muskateller-Anbaufläche von insgesamt 3000 ha ist seit langem konstant und befindet sich fast ausschließlich in den Ostpyrenäen. Sie beträgt fast das Dreifache dessen, was der Muscat Blanc zur Verfügung hat. Der Alexandria-Muskateller mit seinen beträchtlich höheren Erträgen bildet dort die Grundlage vieler dunkler Muscats wie zum Beispiel Lunel, Rivesaltes und Mireval, allerdings nicht des Frontignan, der vom feineren weißen Muskateller stammt. Wie beim Moscatel de Setúbal handelt es sich auch bei diesen Muscats, den *vins doux naturels*, um süße Weine, die ihre Besonderheit weitgehend dem nicht gerade sehr natürlichen Abstoppen der Gärung mit Alkohol verdanken.

Die am höchsten geschätzte italienische Version solcher Weine ist der Pantelleria, der auf der gleichnamigen Vulkaninsel vor der Küste Tunesiens aus Alexandria-Muskateller-Trauben gewonnen wird. Auch in Tunesien werden starke, sehr volle Muskateller-Weine bereitet.

Wie in Italien ist auch in Griechenland der Muscat Blanc stärker verbreitet als der Alexandria-Muskateller, der dort den Wein von Lemnos liefert. In der Türkei und in Israel wurde dagegen früher diese weniger edle Sorte bevorzugt angebaut. In Chile ist der Moscatel de Alejandria stark vertreten und bildet die Grundlage für Dessertweine.

Kalifornien hat 3600 ha Muscat of Alexandria aufzuweisen. Der größte Teil der Trauben wird zu Rosinen verarbeitet, aber auch eine gewisse Menge Muskateller-Wein wird davon gewonnen, der allerdings nicht so fein ist wie der vom Muscat Blanc oder von der ursprünglich italienischen Sorte Orange Muscat, die von Quady berühmt gemacht und auch von Brown Brothers in Australien übernommen wurde.

Der australische Weinbau stützt sich noch immer weitgehend auf den »Gordo Blanco« – wörtlich aus dem Spanischen übersetzt, bedeutet der Name »Dicker Weißer«, und tatsächlich sind seine Trauben auch ziemlich groß. Die Sorte trägt dort in höchstem Maß zum Weingeschäft bei; nur 10% des Ertrags von 4500 ha Gordo Blanco werden zu anderen Dingen als für die Weinbereitung verwendet.

Die Alexandria-Muskateller-Anbaufläche befindet sich zum größten Teil in den Bewässerungsgebieten, die neutrale, körperreiche Weine für die in Australien üblichen Kartonbehälter hervorbringen. Bisher liefert der Gordo Blanco zusammen mit Sultana, Pedro Ximénez und Palomino den Grundstoff für die große australische Erzeugung gespriteter Weine, und auch heute noch wird die Sorte dazu benutzt, den australischen Cream-Sherries ihren seltsamen Muskateller-Beigeschmack zu verleihen.

Die Spätlese Lexia von Brown Brothers, die in der EG als Late-Harvest Muscat vertrieben wird, ist ein gutes Beispiel für die clevere australische Art, den Muscat of Alexandria als ausgewogenen, geschmacklich reichhaltigen Tafelwein aufzubereiten. Die Trauben wachsen in höheren Lagen, wodurch selbst nach einem langen Reifeprozeß ein guter Säuregehalt bestehenbleibt. Sehr kühle Gärung, bei der sich ein gewisser Zuckerrest erhält, ergibt einen recht frischen, lieblichen Wein mit 10 bis 11% Alkohol und sauberem Abgang.

Dieselben Techniken werden heute in Südafrika am White Muscat oder Muskadel erprobt, doch der als Hanepoot bezeichnete Muscat of Alexandria muß alles, von Rosinen über Traubensaft und Konfitüre bis hin zu Tafelwein von wenig interessanter Qualität liefern. Am besten bewährt er sich noch als Grundstoff für gespritete Süßweine. Der

Hanepoot ist mit knapp 10% der Gesamtrebfläche die viertmeist angebaute Rebsorte, doch seine Beliebtheit ist im Schwinden, während die Sultana ständig an Gunst gewinnt. Sicherlich wird der Alexandria-Muskateller in Setúbal und Pantelleria, wo er sich einen festen guten Ruf erworben hat, auch weiter blühen und gedeihen; seine Bedeutung als Massenträgersorte wird wahrscheinlich stetig nachlassen. In der Rosinenerzeugung sind bessere Sorten wie Thompson Seedless daran schuld, beim Wein ist es der Trend zu weniger Alkoholstärke.

Synonyme:
Muscat Roumain, Panse Musquée (Frankreich); Moscatel, Moscatel Samsó, Moscatel de Málaga, Moscatel Gordo, Moscatel Gordo Blano, Moscatel Romano (Spanien); Moscatel de Setúbal (Portugal); Zibibbo (Italien); Moscatel de Alejandria (Chile); Muscat Gordo Blanco, Gordo Blanco, Muscatel, Lexia (Australien); Hanepoot (Südafrika); Iskendiriye Misketi (Türkei)

Böden:
Relativ anspruchsvoll; liebt Feuchtigkeit. Sandboden nicht zu empfehlen

Wuchskraft:
Schwachwüchsig; sorgfältige Beschattung (meist durch hohe Pflanzdichte) in heißem Klima erforderlich

Schnitt:
Rückschnitt auf zwei bis drei Augen empfohlen

Anfälligkeit:
Ungleichmäßiger Fruchtansatz wegen Empfindlichkeit gegen kühle Witterung bei der Blüte; leidet bei Zinkmangel; anfällig für Pilzkrankheiten. Neigt zum Rosinieren.

Veredelungsunterlagen:
Schlechte Verträglichkeit mit 101-14 und 143-B und dgl.; 3309 und Richter 99 bewähren sich gut, ergeben aber locker besetzte Trauben.

Erträge:
Sehr hoch; 90 bis 130 hl/ha im Central Valley in Kalifornien

Weine, Tafeltrauben und Rosinen in nicht allzu hoher Qualität. Verliert

Muskat-Ottonel

Der Neuling in der Muskateller-Familie wurde erst um die Mitte des vorigen Jahrhunderts von dem Züchter Moreau-Robert an der Loire ins Leben gerufen. Galet meint, seine »Eltern« seien der Chasselas und einer der weniger nennenswerten Muscats von der Loire, vielleicht der Muscat de Saumur, gewesen. Seit 1852 wird er im Elsaß angebaut, und inzwischen hat er dort den ertragsschwachen Muscat Blanc à Petits Grains, früher Muscat d'Alsace genannt, verdrängt.

Der Wein dieser Rebe hat unbezweifelbar Muskateller-Aroma, doch ist er meistens viel leichter als die anderen dieser Art, und oft hat er eine etwas langweilige Note, die besonders bei den osteuropäischen Muskatellern in Erscheinung tritt, für die ja der Muskat-Ottonel verantwortlich zeichnet. Sein Vorteil ist, daß er in kühleren Breiten kultiviert werden kann, doch bringt er in schlechten Beispielen sehr viel flauere, in besseren zarte Weine hervor als die verbreiteteren Sorten Alexandria-Muskateller oder Muscat à Petits Grains.

Von den drei in Frankreich am meisten angebauten Muskatellern ist der Muskat-Ottonel mit rund 400 ha am wenigsten und fast nur im Elsaß verbreitet. 1968 waren es noch nicht einmal 200 ha, also muß der Muskat-Ottonel die

Muscat Ottonel

Rolle des Muscat Blanc im Elsaß erst vor kurzer Zeit übernommen haben. Vielleicht erklärt sich daraus das Fehlen eines eindeutigen Muskateller-Aromas in den meisen so etikettierten Angeboten aus dem heutigen Elsaß. Manchmal ist ein Muscat von einem Gewürztraminer kaum zu unterscheiden. Möglicherweise helfen manche Winzer dem schwachen Aroma ihres Muskatellers mit einem Schuß Gewürztraminer auf.

Bemerkenswert ist, daß, bevor die Kellermeister in der Neuen Welt ihren Muskateller-Trauben einen kühlen Gärprozeß angedeihen ließen, nur im Elsaß trockene Muskateller bereitet wurden. Die Merkmale des Weins sollen ein reines, traubiges Bukett mit einem Hauch Rosenduft und ein fester, trockener Geschmack sein, ähnlich wie bei den im modebewußten Südtirol derzeit erzeugten trockenen Muskatellern. Im Elsaß gilt der Muscat als eine der vier edlen Traubensorten, doch spielt er mit weniger als 4% Anteil an der Gesamtrebfläche doch eher eine Nebenrolle. Rein technisch wäre es auch möglich, von dieser Sorte eine Vendange Tardive zu gewinnen, aber der Elsässer Muskat-Ottonel wird praktisch bis auf den letzten Tropfen als ein leichter, trockener Aperitif verkonsumiert.

Österreich hat von dieser Rebe eine sehr viel größere Anbaufläche: rund 1000 ha, zum Teil in der Wachau, in der Hauptsache jedoch in der Region Rust/Neusiedlersee, wo der Muskat-Ottonel sehr individuelle und füllige Dessertweine hervorbringt. Sie sind nicht für eine lange Lebensdauer gedacht, jung genossen aber eine Köstlichkeit. Auch in der Tschechoslowakei sowie in der Moldau-Republik der UdSSR wird Muskat-Ottonel angebaut.

In Jugoslawien bringt die Rebe in der Woiwodina etwas flache, liebliche Weine hervor. Ihre eigentliche Hochburg aber ist Ungarn, wo sie unter dem Namen Muskotaly angebaut und als eine von ganz wenigen nicht einheimischen Trauben sehr geschätzt wird. Der Akali vom Nordufer des Plattensees sowie ein Wein mit dem herrlichen Namen Balatonboglari Muskotaly vom Südufer sind weithin bekannt, alle anderen so sehr beliebten ungarischen Muskateller kommen dagegen aus dem Nordosten. Der Abasar, der Domoszloi und der Kompolti werden sämtlich in der Gegend um Eger erzeugt.

Im transsilvanischen Weinbaugebiet Rumäniens gehört der Muskat-Ottonel von Tirnave zu den am höchsten gepriesenen Weinen. Tatsächlich war eine 1969er Edelauslese in blaugrüner Flasche im Jahr 1985 ein Glanzstück vollster Lebenskraft. Das tiefe Aprikosengold dieses Weins gab schon einen Vorgeschmack seines lieblichen Buketts, dem bei seiner kräftigen Süße nur eine Spur Säure fehlte, sonst hätte man ihn groß nennen können. Vielleicht liegt die Stärke des Muskat-Ottonel in Spätlesen.

Synonyme:
Muskotaly (Ungarn); Muscadel Ottonel (Südafrika)

Böden:
Bevorzugt tiefgründige, fruchtbare und ziemlich feuchte Böden. Gedeiht nicht gut auf kalkhaltigem Boden.

Wuchskraft: Gering bis mäßig

Schnitt: Kurze Triebe

Anfälligkeiten:
Anfällig für feuchte Witterung und echten Mehltau, weniger für falschen Mehltau und Fäule

Veredelungsunterlagen:
Mittel- bis starkwüchsig

Erträge:
Mäßig bis gut; im Elsaß 50 bis 100 hl/ha

Mittlere Qualität. Nicht besonders in Mode.

Muskat Hamburg

Die im Gegensatz zu dem in vielen Farben auftretenden Muscat à Petits Grains immer völlig schwarze Traube wird in der Hauptsache als Tafelfrucht angebaut, in einigen weniger qualitätsbewußten Gegenden der Welt aber wird aus ihr auch Wein bereitet. In Frankreich beträgt die Anbaufläche rund 7000 ha im Bereich Vaucluse, und ihr Ertrag wird nur als Tafeltrauben verkauft. In Kalifornien sind einige kleinere Anbauflächen in den heißeren Regionen für den Weinbau bestimmt. Australien produziert größere Mengen, jedoch auch nur als Tafeltrauben.

In Osteuropa liefert der Muskat Hamburg dünne Rotweine mit leichtem Muskateller-Aroma. Die Traube reift ziemlich spät, und diese meist aus Serbien und Makedonien stammenden Weine sind gewöhnlich trocken. Auch in China wird die Traube kultiviert, ebenso in der UdSSR, wo sie als Tafeltraube und vermutlich immer mehr auch als Weintraube verwendet wird.

Synonyme:
Muscat de Hambourg,
Muscat de Hamburgh (Frankreich);
Moscato di Amburgo (Italien);
Muscat Gamburgskiy (UdSSR);
Black Muscat (Australien)

Geringe Qualität

Aleatico

Die verehrungswürdige rote Traube wird allgemein als eine Mutation des Muscat Blanc à Petits Grains angesehen, der in Italien als Moscato Bianco sehr verbreitet ist. Die Theorie wird durch die sehr feinen, langlebigen und mit einem schönen Muskat-Aroma ausgezeichneten Weine gestützt. Dagegen spricht, daß der Aleatico-Wein immer tief dunkel ist, was keine andere Mutation des Muscat Blanc zustande bringt. Aleatico-Wein ist meist sehr süß und alkoholstark sowie von samtiger Zartheit.

Die leider im Schwinden begriffene Sorte ist in Apulien und in Latium am stärksten vertreten, wird aber auch in Umbrien und der Toskana zu feinem, süß-traubigem Rotwein gekeltert. Um den auf Elba bereiteten Aleatico di Portoferraio treiben die italienischen Weinfreunde geradezu einen Kult. Der Aleatico di Puglia aus dem tiefen Süden und der Aleatico di Gradoli aus Latium besitzen DOC-Status; beide sind selten, süß duftig und auch in gespriteter Form zu haben. In der Toskana wird die Rebe seit dem 14. Jahrhundert kultiviert; Alessandrio in Piemont verfügt über etwas Aleatico. Auch auf Korsika sind noch Aleatico-Reben zu finden. In Chile liefert die Sorte als »Aleatica« rote Moscatel-Weine. Australien verfügt in Neusüdwales über einen kleinen Anbau, und die wenigen Aleatico-Reben in Kalifornien haben das Interesse der Gelehrten in Davis gefunden; schwache Farbe und Säure machen in den heißeren Regionen Schwierigkeiten, doch mag auch das Pflanzenmaterial daran schuld sein.

Der Aleatico kann jedenfalls wirklich feinen und individuellen Wein hervorbringen.

Synonyme:
Agliano, Alianico, Leatico, Liatica, Livatica, Moscatello, Livatische, Aleatica, Muskateller, Occhio di Pernice

Hohe Qualität

Trebbiano
(Ugni Blanc)

Die unbestritten ertragreichste Sorte der Welt heißt in Italien Trebbiano, im Süden Frankreichs Ugni Blanc und in der Cognac-Region St-Emilion. Überall dort und in ihren vielen sonstigen Erscheinungsformen in aller Welt nimmt sie durchaus nicht etwa die größte Anbaufläche ein (Airén, Garnacha und Rkatsiteli nehmen viel mehr in Anspruch), aber sie bringt sehr wahrscheinlich Jahr für Jahr mehr Wein hervor als irgendeine andere Rebe.

In seiner Heimat Italien liefert der Trebbiano zusammen mit seinen Spielarten den einfachsten Weißwein; seine Anbaufläche beträgt rund 130000 ha. Dank der starken Ausweitung des Weinbaus an der Charente ist der Ugni Blanc zur bedeutendsten Weißweinrebe Frankreichs geworden. Die Anbaufläche betrug bei der letzten Zählung 1979 rund 127000 ha, nur der rote Carignan hat mit 207000 ha mehr aufzuweisen. 1979 war die Ugni-Blanc-Rebfläche an der Gironde sogar größer als die des Sauvignon Blanc. Nimmt man noch die beträchtlichen Anbauflächen in Nord- und Südamerika, Südafrika und Australien hinzu, dann kann man diese Rebsorte geradezu als den »Big Brother« in der Welt des Weins bezeichnen: Wo immer in der Welt eine Rebe wachsen mag, nicht weit davon lauert auch schon ein Trebbiano-Stock.

Diese gewaltigen Zahlen wirken aus einem bestimmten Grund deprimierend: Der Trebbiano bringt überaus charakterlosen Wein hervor. Die einzigen Tugenden dieser Rebe bestehen darin, daß sie in ihren Trauben die kräftige Säure außer in sehr warmem Klima bis zur vollen Reife behält und daß sie ungeheure Erträge abwirft. Sie ist äußerst bequem zu ziehen: Wenn ihr Ertrag 150 hl/ha erreicht, dann gilt das nicht etwa als großzügiges Geschenk der Natur, sondern es ist völlig normal.

Es muß freilich gesagt werden, daß ein sehr großer Teil des in Frankreich gewonnenen Ugni Blanc, vielleicht rund 80%, nicht als Wein auf den Tisch kommt, sondern zu Cognac verarbeitet wird. Bei der Branntweinherstellung gilt angeblich: Je schlechter der Wein, desto besser der Cognac. Den Beweis dafür liefern die Weinberge an der Charente (zu 95% mit Ugni Blanc, also Trebbiano, besetzt), denn aus ihnen stammt der anerkannt feinste Branntwein. Bezeichnend ist auch der Name des Trebbiano an der Gironde: Muscadet Aigre – »saurer Muscadet«.

Die Probiernotiz eines Weinkosters faßt den Trebbiano in markanter Kürze zusammen: hell zitronengelb, wenig Bukett, sehr kräftige Säure, Alkohol und Körper mittelmäßig, kurz im Abgang. Das sagt wohl alles.

TREBBIANO

Man braucht schon eine historische Perspektive, um der Bedeutung des Trebbiano gerecht zu werden. Erklärungen für den Namen der Rebe gibt es zuhauf, und auch die Theorie, daß sie ihren Ursprung in Mittelitalien habe, wird von niemandem bezweifelt. Es ist durchaus möglich, daß es sich um den Trebulanum handelt, der von Plinius in seiner naturgeschichtlichen Abhandlung erwähnt wird. Er brachte die Rebe mit Kampanien in Zusammenhang, von wo aus sie durch römische Legionäre über ganz Italien verbreitet worden sein kann. Dagegen nimmt Andrea Bacci, Leibarzt von Papst Sixtus V. und berühmter Botaniker, als Herkunftsort das gleichnamige Dorf in der Toskana an. Andere nennen den Fluß Trebbia in der Emilia-Romagna oder auch den Ort Trebbiano Nizza bei Pavia in der Lombardei (vermutlich auch die Urheimat der Barbera-Rebe). Da aber »trebbiare« dreschen bedeutet, ist es nicht weiter verwunderlich, daß viele Ortsnamen an Trebbiano erinnern können. Fest steht jedenfalls, daß der Trebbiano als Rebe bereits 1302 von dem Bologneser Agronomen Pier de'Crescenzi beschrieben wurde.

Als die Päpste ihren Sitz von Rom nach Avignon verlegten, gingen auch beliebte Reben, unter ihnen der Trebbiano, mit auf die Reise nach Südfrankreich. Heute noch wird der Trebbiano als Ugni Blanc und Clairette Ronde im Midi und in der Provence verbreitet angebaut. Er hatte fünf Jahrhunderte Zeit, um sich nach Frankreich hinein und noch weiter auszudehen.

Die vielen italienischen Spielarten unterscheiden sich in ihren Namen, aber durchaus nicht immer in ihrer Charakteristik. Alle weisen fast das gleiche ampelographische Profil auf. Alle, mit Ausnahme des großblättrigen Trebbiano Toscano, der zugegebenermaßen am verbreitetsten ist, haben ein mittelgroßes, trapezförmiges, fünflappiges Blatt. Die meisten Trebbiano-Arten reifen spät – in Italien frühestens in der ersten Oktoberhälfte, nur der Trebbiano Toscano und der Trebbiano Giallo reifen früher. Die toskanische Art trägt größere Trauben als die anderen, ihre Beeren sind im Reifezustand ausgesprochen bernsteinfarben, oft hell rötlich (daher auch das Synonym Clairette Rosé).

Ein besonderes Merkmal aller Trebbiano-Arten ist der späte Austrieb, der sie vor der verheerenden Wirkung von Spätfrösten schützt.

In Italien ist der Trebbiano die »Graue Eminenz« des *vino bianco*. Es gibt einige wenige Weißweine, die absichtsvoll keinen Trebbiano enthalten, aber es sind nur sehr wenige. Im Norden besteht der Soave hauptsächlich aus Garganega, jedoch mit Trebbiano Toscano und bis zu 30% Trebbiano di Soave versetzt. (Nach den DOC-Soave-Bestimmungen sind Erträge bis 100 hl/ha zulässig.) Trebbiano di Soave ist Bestandteil im Gambellara und Trebbiano Toscano im Bianco di Custoza. Der Lugana wird von Trebbiano di Lugana bereitet. Und so geht es weiter. Nur die auf ihre Sortenreinheit stolze Nordostecke Italiens ist praktisch eine Trebbiano-freie Zone.

Im Süden Italiens wird der Trebbiano ebenfalls verbreitet kultiviert, auch auf Sizilien und sogar auf Sardinien, das ansonsten nicht nur geographisch, sondern auch weinbautechnisch auf seine Insellage pocht. Selbst Korsika verfügt über 600 ha Trebbiano. Der weitaus größte Teil des Ertrags wird zu einfachem *vino da tavola* verarbeitet, doch gibt es hier und da auch eine DOC oder einen besseren Tafelwein, zum Beispiel San Severo in Apulien und der Trebbiano di Serra Meccaglia in Molise.

Seine eigentliche Hochburg hat der Trebbiano in Mittelitalien. Der saubere DOC-Weißwein der Emilia-Romagna mit Namen Trebbiano di Romagna wird vorwiegend vom Trebbiano Romagnolo oder vom Trebbiano della Fiamma (die reifen Trauben sind rötlich geflammt) gekeltert. Dieselben Trauben gehen tonnenweise auch in den weißen Tafelwein der Gegend ein. An der Adriaküste enthält der Verdicchio neben der gleichnamigen Traube auch den allgegenwärtigen Trebbiano, und im Bianco dei Colli Maceratesi und Falerio ist er ebenfalls enthalten. Nur der Trebbiano d'Abruzzoi besteht eigentlich nicht aus Trebbiano, sondern aus Bombino Bianco.

Im Westen Mittelitaliens hat der Trebbiano noch festeren Fuß gefaßt. Man findet ihn dort in so gut wie allen Weißweinen – hier nur einige bekanntere Beispiele: Orvieto (mit bis zu 50% Verdello, Grechetto und anderen), Frascati und Marino, Bianco Vergine della Valdichiana, der sehr einfache Trebbiano di Aprilia aus den Ebenen südlich von Rom, Montecarlo Bianco (mit – man sollte es nicht glauben – Sémillon, Sauvignon, Chardonnay, Pinot Grigio und Pinot Bianco), Est! Est!! Est!!! (mit bis zu 35% Malvasia) und – in Umbrien – Colli Altotiberini, Perugini und del Trasimeno sowie Torre di Giano.

Aber es gibt Schlimmeres. In der Toskana hatte sich der Trebbiano zu der Zeit, als die gesetzlichen Rezeptvorschriften für den Chianti (und auch den Vino Nobile di Montepulciano) aufgestellt wurden, so stark eingebürgert, daß er zusammen mit der nobleren weißen Malvasia als Bestandteil des oft so außerordentlich guten Rotweins festgelegt wurde. Die besseren Chianti-Weingüter haben inzwischen entweder den Malvasia-Anteil soweit wie nur möglich heraufgesetzt, oder aber sie kümmern sich überhaupt nicht mehr um die Vorschriften. Neuerdings wurden die Bestimmungen über die zulässigen Mengen an weißer Beimischung heruntergesetzt, und es mußte eine geeignete Verwendung für die ungeheuer großen Trebbiano-Bestände gefunden werden.

Die Antwort liegt in der neuen Art von trockenen Tafelweinen aus der Toskana wie Galestro und Bianco della Lega, alkoholschwache, frische, trockene Weißweine im modernen Stil. Kühles Vergären eignet sich für den Trebbiano noch besser als für andere Traubensorten, und das Argument, dabei gehe so manches vom Charakter einer Sorte verloren, kann bei einer Traube mit so wenig Charakter schließlich nicht zutreffen. Trotzdem zeigt sich auch bei den neumodischen Weinen, daß alle Bemühungen, aus einem Bauern einen Edelmann zu machen, am Ende fehlschlagen, obwohl eine gewisse Zeit der kalten Maischung einiges hilft. Bemerkenswert ist aber doch, daß die meisten Erzeuger des großen mittelitalienischen Dessertweins Vin Santo mit Trebbiano arbeiten; nur die auf besondere Qualität bedachten Winzer verwenden Malvasia.

Frankreichs Anbaufläche für diese brauchbare, aber charakterlose Rebsorte ist in den siebziger Jahren um 30000 ha, das heißt um ein ganzes Drittel, gewachsen, und zwar fast ausschließlich dank der Rationalisierungs- und Erweiterungsmaßnahmen im Cognac-Anbaugebiet an der Charente nahe der Atlantikküste. Die Gesamtanbaufläche vergrößerte sich hier um rund 16000 ha, dabei sank die Zahl der Rebsorten, die jede für sich über 200 ha einnehmen, von einem Dutzend im Jahr 1968 auf nur noch zwei im Jahr 1979 (95000 ha Ugni Blanc und 800 ha Colombard). Der Ugni Blanc oder – wie er hier heißt – St-Emilion wird besonders wegen seiner kräftigen Säure und seiner Frosthärte geschätzt. Er wird meist gelesen, bevor er voll ausgereift ist – bei einem potentiellen Alkoholgehalt von 8% –, und dann schmeckt er wahrhaftig sehr sauer, doch liefert er wundervollen Cognac.

Nun wird sich niemand mehr darüber wundern, daß der Bereich, wo der Ugni Blanc die zweitgrößte Anbaufläche hat, die Gegend ist, aus der der Armagnac stammt und wo er die Rebsorte Baco 22A allmählich verdrängt. Hier nimmt der Ugni Blanc mehr als ein Drittel der Rebfläche ein und ist in diesem etwas rustikaleren Branntwein der wichtigste Bestandteil.

Außer im Süden und Westen Frankreichs ist der Ugni Blanc noch im Languedoc-Roussillon und in der Provence stark vertreten. Er wird selten für sich allein zu Wein verarbeitet, erscheint auch nie auf dem Etikett, aber er dürfte in vielen *vins de table* wie auch in besseren Weinen, beispielsweise dem weißen Bandol und dem Palette, eine große Rolle spielen. Die Tatsache, daß hier der Ugni Blanc mit dem Synonym Clairette bezeichnet wird, das aber zugleich noch andere, mit ihm überhaupt nicht verwandte Sorten einschließt, macht die Lage undurchsichtig.

Als Thalia ist die Rebe auch in den Weinbau Portugals eingedrungen. In Osteuorpa hat der Trebbiano ebenfalls Verbreitung gefunden, und er wird auch in den Weinbaugebieten der Neuen Welt viel kultiviert. Große Bedeutung kommt dem Trebbiano in Australien zu, wo rund 1600 ha

Der in ganz Mittelitalien angebaute Trebbiano ist in der Toskana am meisten umstritten. Bis vor kurzem war er ein wichtiger Bestandteil im roten Chianti, aber qualitätsbewußte Erzeuger finden zunehmend andere Verwendung für ihn: vor allem in trockenen Weißweinen, zum Beispiel in dem nach dem steinigen, weißen Boden des Landes benannten Galestro.

Anbaufläche, vor allem in den Bewässerungsgebieten, bestehen. Dort wird er für Branntwein und als neutrales Verschnittmaterial mit gutem Säuregehalt für Tafel- und Dessertweine verwendet. In Kalifornien ist eine Fläche von über 400 ha, vorwiegend im mittleren San Joaquin Valley, mit »St-Emilion« besetzt. Hier ist es so heiß, daß trotz Lese im September nur schwer ein ausreichender Säuregehalt für die Branntweinherstellung – den Hauptverwendungszweck dieser Trauben – aufrechterhalten werden kann. In kühleren Lagen würde die Rebe natürlich einen besseren Säurespiegel erzielen, aber diese werden freilich wünschenswerteren Rebsorten vorbehalten. Die in Kalifornien verbreitete Art hat auffallend große Blätter – wahrscheinlich handelt es sich um Trebbiano Toscano.

In Südafrika kommt der Rebe keine Bedeutung zu. Dagegen haben einige Exemplare ihren Weg nach Südamerika, vor allem nach Argentinien und Brasilien, gefunden. Es wäre ein schlechtes Zeichen für die Entwicklung des Weingeschmacks beim Verbraucher, wenn der Trebbiano seine Stellung in der Welt unverändert beibehielte.

Synonyme:
Turbiano, Lugana, Greco, Rossola, Rossetto, Rusciola, Trebbianello, Perugino, Buzzetto, Trebbiano della Fiamma, Spoletino, Albano, Procanico, Santoro, Bobiano (Italien);
Ugni Blanc (Midi); St-Emilion (Charente); Clairette Ronde, Clairette de Vence, Clairette Rosé, Gredelin, Roussan (Provence);
Muscadet Aigre (Gironde); Thalia (Portugal); St-Emilion (Kalifornien); White Shiraz, White Hermitage (Australien).
Die sechs wichtigsten italienischen Klone heißen: Trebbiano Toscano, Trebbiano Romagnolo, Trebbiano Giallo (oder Greco), Trebbiano di Soave, Trebbiano Perugino und Trebbiano Spoletino.

Böden:
Sehr unterschiedlich; Sand wenig geeignet

Wuchskraft: Sehr starkwüchsig

Schnitt:
Verschiedene Erziehungsarten gut bewährt.
In Kalifornien Rückschnitt auf 14 bis 16 Triebe mit je zwei bis drei Augen.

Anfälligkeit:
Junge Triebe besonders windempfindlich.
Sehr anfällig für Falschen Mehltau;
Virusinfektionen wurden erfolgreich durch sorgfältige Selektion bekämpft.
Gute Fäuleresistenz durch dicke Traubenschalen.

Veredelungsunterlagen:
Rupestris, 41 B und 161-49 haben sich auf verschiedenen Böden bewährt.

Erträge:
Außerordentlich hoch; bis 200 hl/ha in Italien, normalerweise 170 hl/ha in Kalifornien

Geringe Qualität. Nicht in Mode, aber sehr verbreitet.

PALOMINO

Die von den Sherry-Erzeugern und -Liebhabern als ihr erwählter Lebensunterhalt bzw. als ihre heißgeliebte Erquickung zutiefst verehrte Palomino-Traube findet anderswo nicht die gebührende Achtung. Außerhalb der Region Jerez, wo sie ihre vornehmsten und rassigsten Weine hervorbringt, kann sie nur Flachheit und Langeweile produzieren.

In Südafrika, Kalifornien und Australien wird die Palomino-Traube in einem ähnlichen Klima wie in Jerez gebraten, und zum großen Teil wird sie dort derselben magischen Sherry-Bereitungsmethode unterzogen (erwähnt sei nur die sorgfältige Kultivierung von Florhefe bei Penfolds für den Mantillo Dry Sherry).

Daß die besten echten Sherries allen Imitationen so weit überlegen sind, läßt jedenfalls die Vermutung zu, daß entweder der Boden von Jerez etwas ganz Besonderes sein muß oder aber, daß die Traube selbst auf Geschmack und Qualität weniger Einfluß hat als das Bereitungsverfahren. Bedeutsam ist vielleicht auch, daß die südafrikanischen Sherry-Erzeuger inzwischen vermehrt mit der Chenin-Blanc-Traube arbeiten, weil sie eine bessere und festere Säuregrundlage liefert.

In den Bodegas von Jerez vollzieht sich unter dem Einfluß der Luft (bei Oloroso-Sherry) oder der Florhefe (bei Fino-Sherry) die Wandlung der Palomino-Traube zu einem der vornehmsten Weine der Welt. Die jungen sortenreinen Palomino-Weine, die man neuerdings zu kaufen bekommt, lassen nichts von den großen Möglichkeiten dieser Traube ahnen.

Um es einmal so zu formulieren: Der Palomino bringt an einer bestimmten Stelle einen besonders großartigen Wein hervor, ist aber an sich keine großartige Traube. Die 25% der spanischen Palomino-Anbaufläche von 30000 ha, die außerhalb des Sherry-Lands liegen, scheinen jedenfalls auch nicht imstande zu sein, etwas besonders Feines zu leisten.

Der Ursprung des Palomino liegt offensichtlich in Andalusien; angeblich wurde er nach einem Ritter des Königs Alfonso X. so benannt. Der heute in Jerez bevorzugte Palomino Fino unterscheidet sich stark vom früher vorherrschenden Palomino Basto oder Palomino de Jerez. Julian Jeffs weist darauf hin, daß der Palomino Fino zwei gute Eigenschaften hat: Qualität und hohen Ertrag. Gute Nematodenresistenz hat vor allem Gonzalez Byass durch gründliche Klonselektion erreicht. Der Palomino ist auch leicht von Pedro Ximénez – den er ebenfalls aus den Weinbergen von Jerez verdrängt – zu unterscheiden, weil er seitliche und nicht vertikale Triebe mit großen, locker besetzten Trauben hat. Heute sind 90% aller Reben in Jerez Palomino.

Die Palomino-Moste enthalten wenig Zucker und Säure. Die Lese findet meist früh statt, da der Reifezustand schon bei 19° Brix als erreicht gilt. Der flache, leicht zersetzt anmutende Geschmack, der von rascher Oxidation und vom Säuremangel stammt (nur 3,5 g/l Weinsäure), tritt besonders in den trockenen Tafelweinen aus dem tiefen Süden Spaniens und von den Kanarischen Inseln hervor und macht sich auch in den zunehmend exportierten Jerez-Tafelweinen bemerkbar.

In Portugal bringt die Rebe unter dem Namen Perrum im Süden des Landes achtbare Weine hervor. Als Listan wächst der Palomino auch an manchen Stellen in Südfrankreich, doch wird er heute dort ausgemerzt, so daß seine Anbaufläche inzwischen auf unter 1000 ha gesunken ist.

Südafrika hat die zweitgrößte Palomino-Anbaufläche (rund 12000 ha) aufzuweisen; allerdings steht die Rebe hier in der Verbreitung wie in der Beliebtheit weit hinter dem Chenin Blanc zurück. Der Palomino vom Kap hat noch weniger Säure und Zucker, doch haben Versuche mit einer stärkeren Laubdecke zu langsamerer Reife und höherem Zuckergehalt geführt, und die Oxidationsempfindlichkeit des Mosts ist zurückgegangen. Der beste Palomino-Wein des Landes wächst weit von der Küste entfernt; näher am Meer bringt die Anthraknose Probleme. Wegen seiner Aromaschwäche wird der Wein meist zu Brandy verarbeitet oder dient als Verschnittgrundlage für Tafelwein.

In Kalifornien wurde die Rebe lange Golden Chasselas genannt, obwohl die Existenz des Palomino seit 1861 nachgewiesen ist. In den letzten zehn Jahren hat es jedoch kaum Neuanpflanzungen gegeben. Die Anbaufläche ist mit 1320 ha konstant geblieben und liefert zumeist Trauben aus den wärmeren Klimazonen für sherryartige Getränke und Tafelweine. In Argentinien wachsen rund 100 ha Palomino, doch wird dort mehr Pedro Ximénez angebaut.

Die Australier halten nichts von Palomino-Tafelwein; sie verarbeiten die Traube im Sherry-Stil und setzen oft auch einen kräftigen Schuß Pedro Ximénez zu. Die amtliche Statistik macht ebenso wie mancher Kellermeister keinen

Unterschied zwischen Palomino und Pedro Ximénez. Daher steht lediglich fest, daß beide Sorten zusammen eine Fläche von 2000 ha, zumeist in Südaustralien, einnehmen. Im Distrikt Langhorne Creek heißt die Rebe übrigens Paulo.

Der echte Palomino darf nicht mit dem in Australien »Common Palomino« genannten Cañocazo verwechselt werden, der auch aus Jerez stammt und manche Merkmale von Palomino und Pedro Ximénez in sich vereint.

PALOMINO

Synonyme:
Palomino Fino, Palomina, Palomino del Pinchite, Palomino de Chipiona, Tempranilla, Temprana, Horgazuela (in Puerto de Santa Maria), Alban, Listan (Spanien); Perrum (Portugal); Listan (Frankreich); White French, Fransdruif (Südafrika); Sweetwater, Paulo (Australien)

Böden:
Gedeiht am besten auf Albariza-Kreide nördlich und westlich von Jerez (niedriger pH-Wert). Wird in Südafrika auf fruchtbarem und in Kalifornien auf tiefgründigem Boden mit Sand und Lehm angebaut.

Wuchskraft:
Starkwüchsig und vielseitig

Schnitt:
Unterschiedlich; vom klassischen Jerez-Schnitt (Haupt- und Seitentrieb) bis zu hoher Erziehung (Südafrika)

Anfälligkeit:
Anfällig für Anthraknose und Falschen Mehltau, jedoch resistent gegen Echten Mehltau

Veredelungsunterlagen:
Gute Verträglichkeit, nur mit 101-14 schlechte Erfahrungen (C. J. Orffer)

Erträge:
Potentiell sehr gut, von 80 hl/ha in Jerez bis zu 170 hl/ha auf fruchtbarem Boden in Kalifornien

Geringe bis mittlere Qualität. Nicht in Mode.

MALVASIA

An nichts fehlt es der Malvasia: Sie bringt recht gute Erträge an wirklich charaktervollem Wein, ohne irgendwelche Probleme weinbautechnischer Art. Das Schlimme für sie und uns ist, daß die uralte Rebe in zwei ihrer Hochburgen neben den neutralen Massenträgern Trebbiano und Viura steht, die allmählich die Malvasia aus Mittelitalien und Rioja verdrängen. Sie läuft Gefahr auszusterben, wenn die Weinerzeuger fortfahren, immer größere Quantitäten an sterilen, doch angenehm rasch trinkfertigen Weinen zu produzieren.

Zusammen mit dem Muskateller gehört die Malvasia zu den ältesten Rebsorten der Welt. Es wird angenommen, daß sie aus Kleinasien stammt; ihr Name aber ist eine Abwandlung von Monemvasia – ein Hafen in Südgriechenland. Der von dort aus verschiffte, wahrscheinlich starke und recht süße Wein lief unter diesem Namen, obwohl er nicht wirklich von dort stammte, sondern von einigen Kykladeninseln, etwa Naxos, oder auch von Kreta. Von dort aus wurde er wahrscheinlich über Heraklion (oder Candia) verschickt. Heute noch ist der Malvasia di Candia ein wichtiger Bestandteil des Frascati, und die wichtigste Malvasia-Art auf Madeira heißt Malvasia Candida – auch dieser Name ist sicher von Candia abgeleitet.

Die Malvasia ist weit in der Welt herumgekommen, und doch ist sie kaum eine der meistangebauten Rebsorten. In fast allen weinbautreibenden Ländern gibt es eine Rebe, einen Wein oder doch wenigstens einen Weinstil mit Malvasia oder einer Ableitung davon als Namen, wenn es sich auch nicht immer um die echte handelt.

Die richtige alte Malvasia oder ihre Nachfahren sind heute in stetig schwindender Zahl in Spanien, Portugal, Italien, Jugoslawien, Österreich und Deutschland zu finden. Frankreich verfügt über 800 ha echte Malvasia-Reben, die meisten davon auf Korsika. Allerdings verstecken sich auch viele andere Reben hinter dem Namen Malvoisie. An der Loire und in der Schweiz zum Beispiel ist er ein Synonym für Pinot Gris, in Limoux ist es der Maccabeu, im Languedoc ist er Synonym für Bourboulenc, im Roussillon für Tourbat, in Savoyen für den Veltliner und sogar in Korsika für Vermentino.

Wie beim Muskateller können die Trauben ganz verschiedene Farbe haben, nur gibt es bei der Malvasia keine ausgesprochen dunkle Art. Allerdings kann sie einen ziemlich dunklen Rosé erbringen, und alle ohne besondere Behandlung bereiteten Malvasia-Weine zeichnen sich durch kräftige Färbung aus, die leicht in oxidiertes Braun umschlagen kann, wenn die nötige Vorsicht außer acht gelassen wird. Auch ist der Wein stets körperreich, mit viel Extrakt und starkem Bukett ausgestattet. In den würzigen Geschmack mischen sich Untertöne von Mandeln, und im Abgang erscheint ein Anflug von feiner Säure. Die Malvasia kann wuchtige, langlebige Weine hervorbringen und ebensogut leichten Weinen ihren unverwechselbaren Stempel aufdrücken. Traditionell wird sie zu vollen und schweren Dessertweinen verarbeitet, so wie es in Griechenland heute noch geschieht, obwohl in neuerer Zeit eher verschiedene Muskateller-Sorten dafür verwendet werden.

Am ausgeprägtesten zeigt die Malvasia ihren Charakter in Italien, wo sie auch am häufigsten vorkommt. Von der Basilicata bis zum Trentino wird sie in vielen Arten angebaut und zu sortenreinen und verschnittenen Weinen aller Süßegrade und Alkoholstärken, still, perlend und schäumend, verarbeitet. Die Republik Venedig importierte im 14. Jahrhundert derartige Mengen von Malvasia aus Kreta, daß sogar die Weinläden *malvasie* hießen. Die Rebe selbst war wohl schon lange vorher aus Griechenland herübergekommen, denn heute gibt es in Italien über zehn deutlich unterscheidbare Malvasia-Spielarten verschiedener Qualität und Schattierung.

Die Malvasia Nera wird in Piemont und Südtirol, wo sie Roter Malvasier heißt, angebaut, nur entwickelt sie im feuchten Norden leicht Fäule, und so sind in Südtirol inzwischen gerade noch 10 ha Anbaufläche übrig. In Apulien ist die Malvasia mit ihrem starken Bukett dagegen sehr verbreitet.

Noch verbreiteter sind die Malvasia di Candia, die Malvasia del Lazio und auch die Malvasia Bianca del Chianti, die in der Chianti-Mischung für kräftigen Duft (und Oxidationsgefahr) sorgen, vom bequemer zu kultivierenden Trebbiano aber immer mehr aus den Weinbergen der Toskana verdrängt werden. Es gibt in der Toskana hochinteressante reine Malvasia-Weine; die feinsten davon sind die aus getrockneten Trauben bereiteten Vin-Santo-Versionen.

Eine ausgewogene Mischung von Trebbiano und Malvasia kann die bei der Malvasia gelegentlich auftretende leichte Flauheit gut ausgleichen. Diese klassische mittelitalienische Kombination steht hinter Weinen wie Frascati, Marino, Est! Est!! Est!!! und Galestro. Allerdings liegt der Verdacht nahe, daß der Trebbiano als Bestandteil immer stärker in den Vordergrund rückt. Am meisten wird in diesen Weinen aus Latium die Malvasia di Candia verwendet, die manchmal wegen ihrer rötlichen Blüten auch Malvasia Rossa genannt wird und einen Wein mit ausgeprägtem Nußaroma hervorbringt. Feiner ist die Malvasia del Lazio oder – nach den gefleckten Beeren – Malvasia Puntinata.

In dieser Region ist es mehr noch als in den anderen üblich, die kräftig gefärbten Schalen möglichst wenig Wirkung auf den Wein ausüben zu lassen. Die italienischen Weinerzeuger lieben es überhaupt allzusehr, ihren Weißwein so zu bleichen, daß er fast wässerig aussieht.

Die vierte, leicht zu identifizierende Malvasia-Spielart ist die Malvasia Friulana oder Istriana mit deutlich grüneren Beeren. Sie bringt in Friaul weit weniger würzige und üppige Weine hervor als die Malvasia sonst, dazu gehören Malvasia del Collio und Malvasia dell'Isonzo. Es wird für möglich gehalten, daß sie eigentlich nicht mit der Malvasia verwandt ist. Diese Sorte wächst auch in den Küstenregionen Jugoslawiens und heißt in Istrien Malvazija.

Die Malvasia-Weine von den Mittelmeerinseln kommen dem ursprünglichen griechischen Vorbild viel näher. So entsteht auf den felsigen Inseln nördlich von Sizilien der überaus kräftige Malvasia delle Lipari, und der Malvasia di

MALVASIA

Sardegna wird in ganz Sardinien trocken oder süß, in beiden Fällen aber ebenfalls ziemlich stark bereitet. Die Versionen von Cagliari und Bosa finden die meiste Anerkennung. Als eine besondere Art gilt die sardische Malvasia, die von Spanien herübergekommen sein soll.

In Spanien selbst kommt der Malvasia noch relativ große Bedeutung zu, obwohl auf sie nur etwas über 1% der Gesamtrebfläche, also noch weniger als auf den Moscatel, entfällt. Auf den Kanarischen Inseln ist sie ziemlich verbreitet, während ihr Anbau auf dem spanischen Festland vor allem auf Rioja und das benachbarte Navarra beschränkt ist. Sie gibt in weißen Rioja-Verschnitten den kräftigen Unterbau für die Viura ab. Traditionalisten bevorzugen ein Mischungsverhältnis von 50:50, doch geht die Beliebtheit der Malvasia um so weiter zurück, je mehr Wert auf »Frische« gelegt wird. Von allen in Rioja angebauten Weißweinreben macht die Malvasia heute nur noch 5% aus. Stets wird sie nahe am Fluß in Rioja Alta gepflanzt, wo sie früher auch den Rotweinen beigemischt wurde, um ihnen Körper und Bukett zu verleihen.

Von allen Reben, die mit ihrer Frucht zum berühmten Madeira beitragen, entfällt mehr als die Hälfte auf die *Vinifera*-Kreuzung Tinta Negra Mole, während die Malvasia, die dem Malmsey den Namen gegeben hat, erst an dritter Stelle steht, weil vor ihr noch der Verdelho rangiert. Die auf Madeira meistgepflanzte Art ist Malvasia Candida, aber auch Malvasia Babosa und eine im 17. Jahrhundert aus Genua importierte Sorte namens Malvasião sind vertreten. Auch hier wird vor allem das Malvasia-Bukett geschätzt, das aus den Traubenschalen stammt und in kühleren Jahren durch Beigabe von mit Hefepilzen besetztem Laub in die Gärbehälter verstärkt wird. Die Süße und Geschmacksintensität der spätreifenden Malvasia-Trauben hat den Anlaß dazu gegeben, daß die Madeira-Erzeuger ihren süßesten Wein Malmsey nannten – und das tun sie auch heute noch, obwohl nach den Verheerungen durch die Reblaus kaum noch von einem reinen Wein dieser Sorte die Rede sein kann.

In Portugal findet man die Malvasia in den weit voneinander entfernten Weinbauregionen Beiras, Torres Vedras und Colares. Taylor nennt sie als Hauptsorte für den weißen Portwein dieser Firma, und sie zählt auch zu den edlen Reben, die den seltenen und berühmten Weißwein Buçaco liefern.

In Deutschland wird in sehr kleinen Mengen der Frühe Rote Malvasier angebaut, und in Kalifornien wuchs durch enthusiastische Anpflanzungen im Jahr 1982 die Gesamtanbaufläche der »Malvasia Bianca« (vielleicht aber ist es eigentlich Pinot Gris) auf über 520 ha.

Synonyme:
Malmsey (England); Malvoisie (Frankreich); Malvasier, Früher Roter Malvasier (Deutschland); Malvasia Bianca del Chianti, Malvasia di Candia, Malvasia Rossa, Malvasia del Lazio, Malvasia Puntinata, Uva Greca (Italien); Malvasia Fina, Rojal, Subirat, Blanquirroja, Blancarroga, Tobia, Cagazal, Blanca-Roja (Spanien); Malvasia Fina (Portugal); Malvasia Candida (Madeira); Malvazija (Jugoslawien); Monemvasia (Griechenland); Malvasia Bianca (Kalifornien).

Böden:
Gedeiht gut in trockenem Klima auf durchlässigen Böden, bevorzugt hohe Lagen und Hänge

Wuchskraft: Starkwüchsig

Schnitt:
Gobelet-Erziehung bei kräftigem Rückschnitt am gebräuchlichsten

Anfälligkeit:
Trockenklimarebe, daher anfällig für Feuchtklimaerkrankungen (Mehltau, Fäule), insbesondere auf feuchten Böden

Veredelungsunterlagen:
Mittelstark wachsend

Erträge:
Unterschiedlich, jedoch relativ ertragreich

Feine Qualität. Stark im Schwinden begriffen.

Sonstige Rebsorten

Rotweinsorten

Frankreich
Bordeaux

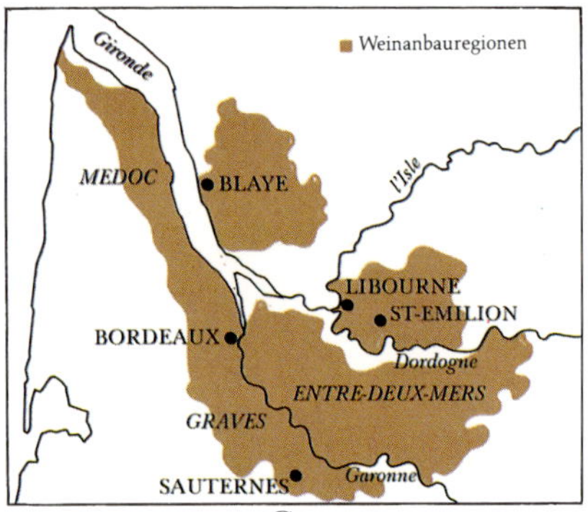

Cot

An der Gironde bringt der Cot, als Malbec besser bekannt, eine rustikalere Art von Merlot-Wein, vollmundig und entfernt an Brombeeren erinnernd, in der Jugend mild und recht säurearm, daher früh trinkreif. Im Médoc ist die Sorte nicht sehr verbreitet, in Bourg und Blaye aber recht beliebt. Bei Weinkennern genießt sie keinen großen Ruf, dabei sollte man beim hohen Ansehen der Weine von Cahors doch stutzig werden.

In den höheren und rauheren Kalksteinlagen von Cahors brachte der Cot oder Auxerrois, wie er hier zu allem Überfluß auch noch heißt, früher kleine Erträge an dickschaligen Beeren so voll Tannin, Geschmacksfülle und tiefer Farbe hervor, daß man annehmen muß, sein genetischer Ursprung sei anders als der des Malbec in Bordeaux. Der früher – in der Zeit vor der Reblaus – weltberühmte »schwarze Wein von Cahors« ist heute bei weitem nicht mehr so tiefdunkel. Er ähnelt eher einem feurigen Côte de Blaye, besteht aus 70% Cot, mit Merlot und Tannat verschnitten, und wächst auf fruchtbareren Lagen an dem Flüßchen Lot.

Zwar nimmt die Cahors-Anbaufläche seit der praktischen Vernichtung durch Frost im Jahr 1956 wieder stetig zu, aber trotzdem sind die Gesamtanpflanzungen des »Warmblüters« Cot in Frankreich auf unter 5000 ha abgesunken. Er hat in seinem Haupteinflußbereich an der Gironde ebenso an Boden verloren wie an der Loire, wo er traditionell mit Gamay und Cabernet Franc verschnitten wird.

Ein Hauptgrund für den Rückgang der Beliebtheit dieser Sorte ist ihre Anfälligkeit für *coulure.* Es ist ein Zeichen für die Anhänglichkeit der Winzer von Cahors an gute alte Traditionen (und für die Befolgung der Appellation-Contrôlée-Bestimmungen), daß sie der Sorte dennoch treu bleiben. Wenn übrigens die Blüte gut verläuft, dann ist der Ertrag relativ reichlich.

Der gute Ertrag dürfte auch ein wesentlicher Grund für die Beliebtheit des Cot in Argentinien sein, wo er die drittmeist angebaute Rebsorte ist (30000 ha). In den viel heißeren, meist bewässerten Weinfeldern dort bringt er einen nicht sehr festen, aber eindeutig an Bordeaux erinnernden Wein. In Chile zeigt der Cot mehr Kraft und Standfestigkeit; er wird dort meist mit Merlot und Petit Verdot verschnitten.

Australien verfügt über etwa 500 ha, die einen ausdrucksvollen, wenn auch wenig subtilen, doch reichhaltigen Wein als recht leichte Unterlage für Cabernet Sauvignon hervorbringen, vor allem im kühleren südaustralischen Keppoch. In Kalifornien gibt es bisher noch wenig Malbec, und man kann auch nur hoffen, daß sich die dortigen Erzeuger nicht allzusehr auf eine authentische Bordeaux-Nachahmung versteifen. Merlot, Cabernet Franc und Petit Verdot geben ihnen wohl interessantere Verschnittpartner für Cabernet Sauvignon ab.

Cot

Synonyme:
Malbec, Malbeck (Médoc); Noir de Pressac, Pressac (St-Emilion); Auxerrois (Cahors); Cahors, Pied Rouge, Jacobain, Grifforin (übriges Frankreich)

Mittlere Qualität

Petit Verdot

Petit Verdot

Die ausgezeichnete Rebe wächst schon seit langem im Médoc, wahrscheinlich sehr viel länger als der Cabernet Sauvignon, und hatte früher auch größere Bedeutung. Ihre sehr dunklen, dickschaligen Beeren liefern einen so tiefen, pfefferwürzigen und duftigen Wein wie die Syrah. Daher gibt der Petit Verdot auch eine Art Würze für das übliche Médoc-Rezept ab, indem er ihm Abwechslung, Alkohol, Tannin und Farbe zusätzlich verleiht. Das ist auch der Grund, warum er traditionell im südlichen Médoc angebaut wird, wo die Böden und deshalb auch die Weine leichter sind und den tiefdunklen Verdot entsprechend nötiger haben.

Leider reifen seine Trauben sehr spät, ja in ungünstigen Jahren einfach überhaupt nicht. Veredeln auf frühreifende Unterlagen bringt hier allerdings Besserung. Auch der Ertrag ist unregelmäßig und deshalb unrentabel. So wird der Petit Verdot weithin stillschweigend aufgegeben; nur sehr qualitätsbewußte Erzeuger besinnen sich neuerdings wieder auf ihn. Der vielbewunderte, langlebige Wein von Léoville-Las-Cases enthält immer Petit Verdot, und dem Château Lascombes soll er demnächst ebenfalls wieder mehr Substanz verleihen.

In Chile spielt »Verdot« eine ziemlich geringe Rolle, und in Kalifornien haben jetzt einige kosmopolitische Erzeuger von Cabernet-Sauvignon-Verschnitten mit der Rebe zu experimentieren begonnen.

Synonyme:
Petit Verdau, Verdot Rouge, Carmelin (Frankreich); Verdot (Chile)

Sehr gute Qualität

Gros Verdot

Bei der Landwirtschaftserhebung 1979 wurden an der Gironde 400 ha »Verdot« gezählt; dazu gehört auch Gros Verdot, ebenfalls eine alte, traditionell auf feuchterem und ungünstigerem Grund in Bordeaux angebaute Rebe, die einen dünnen herben Wein minderer Qualität liefert. Galet meint, sie sei mit dem Petit Verdot eigentlich nicht verwandt.

Synonyme:
Verdot-Colon, Colon, Plant de Palus

Mindere Qualität

Carmenere

Die Rebe war vor dem Mehltau- und Reblausbefall im Médoc und in Graves sehr stark verbreitet. Die Winzer nahmen die Gelegenheit als Fingerzeig der Natur, daß sie nämlich die ertragschwache und für Verrieseln anfällige Sorte besser aufgeben sollten. Erst in letzter Zeit gibt es einige Anzeichen dafür, daß manche Weingüter sie ihrer Rundheit, guten Farbe und schönen Eigenart wegen in ihren Rebbestand wieder aufnehmen wollen.

Synonyme:
Carmenelle, Cabarnelle, Grande Vidure, Grand Carmenet, Carbouet

Feine Qualität

Weitere, vor allem mit dem Médoc in Verbindung zu bringende Rotweinsorten sind die sehr seltene und recht gewöhnliche St-Macaire oder Bouton Blanc (auch in Kalifornien bekannt) sowie Pardotte oder Pignon und der dem Cot ähnliche Mancin. Von ihnen sind nur noch Spuren erhalten.

Loire

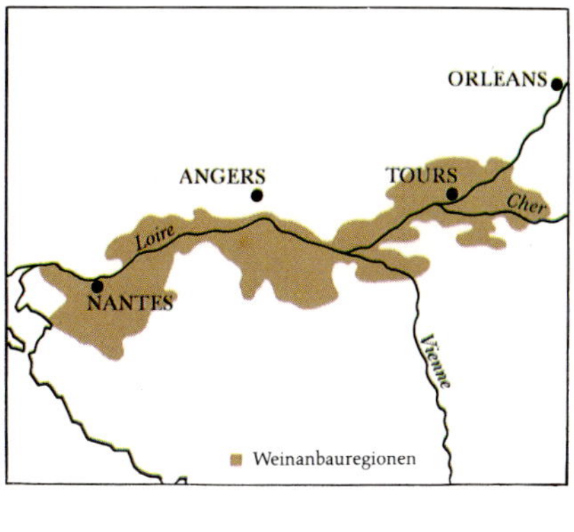

Grolleau

Grolleau

Die Rebe – auch Groslot geschrieben – ist die einfachste Rotweinrebe von der Loire und erbringt gewaltige Mengen recht gewöhnlicher Trauben und dünner Weine. Mit Erträgen bis zu 120 hl/ha gilt sie als Gegenstück zum Aramon. Ihr kommt lediglich lokales Interesse zu.

Der Grolleau wird erstmals zu Anfang des vorigen Jahrhunderts in der Touraine erwähnt. Er ist in ganz Westfrankreich offiziell zugelassen, in der Praxis aber nur am westlichen Ende der Loire anzutreffen. Seine Anbaufläche geht in Frankreich deutlich zugunsten von Gamay und Cabernet Franc zurück und betrug 1979 nicht einmal 6000 ha, davon zwei Drittel in Anjou und ein Fünftel in der Touraine. Die Landwirtschaftserhebung zeichnet ein optimistisches Bild vom Qualitätsbewußtsein der Loire-Winzer: Die Hybriden wie Plantet, Villard und Rayon d'Or sind auf dem Rückzug.

Dem Weinfreund wird kaum je ein sortenreiner Grolleau begegnen, doch als Hauptbestandteil der Anjou-Rot- und Roséweine kann er ihn auf die Zunge nehmen. Die Trauben reifen kurz nach dem Gamay, mit dem sie oft gemischt werden; ihr Wein ist alkoholschwach, relativ säurereich und ohne viel Farbe und besonderen Charakter. Wahrscheinlich wird der Grolleau weiter zurückgehen.

In sehr geringem Umfang gibt es ihn auch weiß und *gris*.

Synonyme:
Groslot, Plant Boisnard

Sehr einfache Qualität

Plantet

Diese in Frankreich sehr verbreitete Hybridrebe *(producteur direct)* geht ebenso wie Baco, Villard und Couderc seit der offiziellen »Verbannung« stark zurück. Bei der letzten Zählung (1979) betrug ihre Gesamtanbaufläche 4000 ha gegenüber mehr als 26000 ha zehn Jahre zuvor.

Fast drei Viertel dieser Plantet-Reben standen im Loire-Tal, insbesondere in den Weinbergen von Anjou, sowie im Muscadet-Département Loire-Atlantique. (1968 wurde Plantet noch in 20 Départements Frankreichs, von Ain bis zur Yonne, kultiviert.)

Es sind zwei mögliche Elternpaare für diese Hybridrebe ausgemacht worden: Seibel 867 x Seibel 2524 und Seibel 4461 x Berlandieri-Jacquez. Lucie T. Morton weist darauf hin, daß die letztere Paarung eine Erklärung für die Schwierigkeiten bietet, die beim Plantet mit dem Einwurzeln und durch die Brüchigkeit seiner Triebe auftreten. Auch lassen sich seine Beeren nur schwer auspressen. Diesen Nachteilen steht die gewaltige Ertragsleistung des Plantet gegenüber. Er trägt nicht nur zuverlässig, sondern bringt selbst nach strengen Frühjahrsfrösten noch eine brauchbare Frucht hervor; deshalb ist er auch an der ja ziemlich weit nördlich gelegenen Loire so beliebt. Allerdings haben sich die Winter im Staat New York doch als zu streng für den Plantet erwiesen.

Die Rebe zeigt gute Resistenz gegen Krankheiten, doch hält sie die reife Frucht nicht gut am Stock, und ihre Triebe brechen bei starkem Wind gern ab. Ihr Wein fällt noch am rundesten aus, wenn die Lese kurz vor der Reife stattfindet.

Synonyme:
Seibel 5455, Plantet Noir

Hybride. Mindere Qualität.

Pineau d'Aunis

Diese Rebe – ebensowenig mit der Pinot-Familie verwandt wie der oft als Pineau de la Loire bezeichnete Chenin Blanc – ist seit uralten Zeiten an der Loire heimisch und war einst dort die beliebteste Rotweintraube. Manche Experten behaupten, ihr Wein sei schon im 13. Jahrhundert nach England exportiert worden, und König Heinrich III. habe ihn sehr gern getrunken.

Anscheinend hießen im Mittelalter die besseren Traubensorten einfach Pineau. Der Pineau d'Aunis scheint mit dem Kirchengut in Aunis bei Saumur eng verknüpft gewesen zu sein. Heute wird die Sorte hauptsächlich am östlichen Ende der Touraine zusammen mit dem weißen Arbois als Bestandteil der Touraine-Gamays und -Sauvignons aus den Weinbergen von Loir-et-Cher kultiviert. Man begegnet ihr auch vielfach als relativ neutrale Beigabe im Touraine Rouge sowie in den Rot- und Roséweinen von Cheverny und den Coteaux du Vendômois.

Alkoholgehalt und Ertrag hängen eng zusammen – je höher der eine, desto niedriger der andere. Der Pineau d'Aunis liefert ansprechende, wenn auch sehr einfache Weine, wenn sein Ertrag unter 50 hl/ha gehalten wird und die Rebe vorzugsweise auf Kalk wächst. Sie verliert allmählich an Boden, weil sie trotz guter Wuchskraft in der Jugend nur eine begrenzte Lebensdauer hat. Vielen Winzern gilt der Cabernet Franc als günstigere Alternative, vor allem in Anjou und der Touraine.

Synonyme:
Chenin Noir, Plant d'Aunis, Pineau Rouge, Cot à Queue Rouge, Cot à Bourgeons Blanc

Mäßige Qualität

Chambourcin

Der Wind der offiziellen Verachtung, der die bewährten alten Hybriden Baco, Villard, Couderc und Planet fast ganz aus den französischen Weinbergen geweht hat, scheint dieser neuen Hybride von Joannes Seyve nichts auszumachen, denn ihre Anbaufläche ist im Steigen.

Die von Galet beifällig aufgenommene Rebe ist erst seit 1963 auf dem Markt und hat in den elf Jahren zwischen den Landwirtschaftserhebungen von 1968 und 1979 ihre Anbaufläche auf 3400 ha verdoppelt. Mehr als die Hälfte der bisher gepflanzten Chambourcin-Reben stehen an der Loire, und im Département Loire-Atlantique ist sie hinter Melon und Folle Blanche die drittmeist angebaute Sorte. Mit ihrer kräftigen Farbe und ihrem guten Geschmack leistet sie dort einen wertvollen Beitrag.

Die wuchskräftige Rebe bringt nach den ersten Jahren sehr hohe Erträge. Sie ist resistent gegen Krankheiten und gedeiht überall gut, ist jedoch kalkempfindlich. Galet spricht von kräftigem Bukett und kräuterwürzigem Geschmack. Die Trauben werden oft zu Roséwein verarbeitet; auch Chambourcin-Rotwein wird bereitet und als langlebig gelobt.

Synonym:
Joannes Seyve 26.205

Eine der besseren Hybriden

Weitere weniger bedeutende Rotweinsorten an der Loire sind die krankheitsanfällige Hybride Seinoir, die seit 30 Jahren kaum noch angebaut wird, sowie die fast vergessene Lignage.

Nordostfrankreich

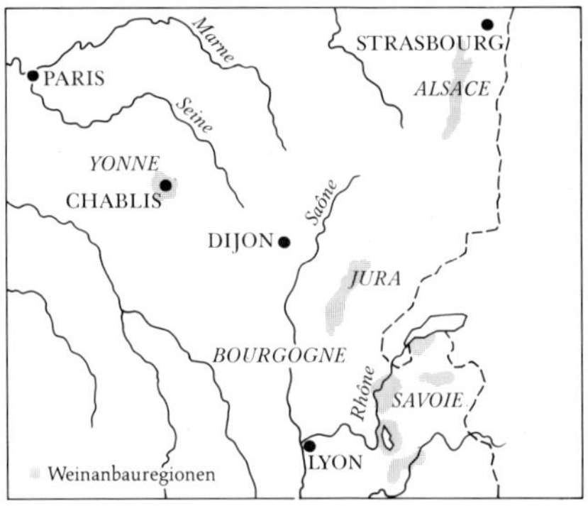

Chablis und Yonne

Cesar

Der mutmaßliche Ursprung dieser Traubensorte, die an der Yonne auch Romain heißt, inzwischen aber vom nobleren und wohl auch geeigneteren Pinot Noir allmählich verdrängt wird, ist nicht schwer zu erraten. (Wenn man den verschiedenen Ampelographen glauben will, müssen die römischen Legionäre auf ihrem Marsch nach Norden unter der Last mitgeschleppter Rebenstecklinge fast zusammengebrochen sein.)

César ist frostempfindlich und reift nicht so schön aus wie der Pinot Noir, mit dem er in Irancy zumeist verschnitten wird. Sein Gerbstoffgehalt und seine Farbkraft verleihen guten Jahrgängen Langlebigkeit. Im Département Seine-et-Marne ist César neben Tressot in den wenigen Weinbergen, die von den sich ausdehnenden Städten noch nicht verschlungen worden sind, offiziell zugelassen.

Synonyme:
Céear, Célar, Romain, Ronçain, Picargneau, Gros Monsieur, Gros Noir

Mittlere Qualität; sehr hart

Tressot

Die traditionell mit César zusammen angebaute und verarbeitete Tressot-Traube ist fast verschwunden, weil sie auf das nach der Reblauszeit unerläßliche Veredeln nicht gut ansprach. Sie erreicht aber gute Süße und Langlebigkeit.

Synonyme:
Tresseau, Tréceau, Vérot

Mäßige Qualität; kräftiger Wein

Jura

Der oft als Anhängsel von Burgund angesehene Jura hat durchaus seine eigene Landschaft, seine eigenen Rebsorten und *spécialités de cave.*

Poulsard

Der zarte, hellrote, recht empfindliche, doch mit guten Gaben gesegnete Poulsard hat seine ganz eigene, unverkennbare Identität. Er treibt früh aus und leidet oft unter Spätfrösten. Verrieseln kommt gelegentlich vor, und die Rebe ist das ganze Jahr über anfällig für manche Krankheiten. Die dünnschaligen Beeren liefern hellroten Wein, der rasch oxidiert, eine Lachsfarbe annimmt und deshalb als *vin gris* bezeichnet wird. Durchschnittsertrag nur 40 bis 50 hl/ha.

Weil aber das Bukett dieser Weine recht duftig und angenehm ist, steht der Poulsard im Jura für Rotwein noch immer an erster Stelle. Der Arbois und der Côtes de Jura bestehen meist aus einer Mischung von Poulsard, Trousseau und zunehmend Pinot Noir.

Vielseitigkeit beweist der Poulsard übrigens dadurch, daß er auch einen guten Weißwein, L'Etoile, ermöglicht.

Mit Gamay, Pinot Noir und Mondeuse zusammen trägt der Poulsard auch zur Renaissance der leichten Rotweine von Bugey zwischen Beaujolais und Jura bei.

Synonyme:
Plousard, Peloussard, Pleusart, Pulceau, Mieckle, Mescle

Sehr hell – fast rosé – jedoch fein

Weitere vor allem im Jura vorkommende Rotweinsorten sind Trousseau (siehe Bastardo) sowie der einst erfolgreiche, ertragstarke und gute Argant, der ertragstarke, aber nicht gute Valais Noir sowie Dameron, Gueuche Noir, Enfarine und Petit Béclan.

Savoyen

Mondeuse Noire

Das Haus Savoyen hat in Nordostitalien seine Visitenkarte in Form dieser kräftigen und viel angebauten Rebe hinterlassen, denn der Refosco in Friaul ist nichts anderes als die Mondeuse Noire, die in Savoyen feine, wenn auch wenig bekannte Rotweine hervorbringt.

In guten, sonnigen Lagen kommen die Trauben der Mondeuse meist voll zur Reife und ergeben bei Erträgen von etwa 40 bis 60 hl/ha einen tiefen, festen, gehaltvollen Wein. Auf dem Schwemmland der Talsohlen kann der Ertrag dagegen über 100 hl/ha erreichen; der Wein aber fällt dann oft dünn und herb aus.

Vor der Reblauszeit war diese Rebe über ganz Ostfrankreich verbreitet: Isère, Jura, Doubs, Haut-Saône, Allier, Nièvre, ja bis zur Yonne im Norden. Heute ist ihr Verbreitungsgebiet fast ganz auf Savoyen beschränkt, wo sie in den Orten Chautagne und Montmélian sowie in den Weinen von Bugey in Ain zu finden ist. Sie wird durch Mischen mit Pinot Noir und Gamay und im Bugey (wo es noch die Mondeuse Blanche gibt) mit Poulsard leichter und duftiger gemacht.

In Italien findet sich die Mondeuse Noire fast nur in Friaul. Die gewisse Härte wird dort nicht als Nachteil empfunden, und deshalb liefert sie ausschließlich sortenreine Weine, meist einfach als Refosco bezeichnet, und zwar als DOC Grave del Friuli oder Latisana oder als Tafelwein aus mehreren Gegenden der Region – stets mit kräftiger Farbe und fast zuviel Säure. Der beste Klon ist Refosco del Peduncolo Rosso, der in Nordjugoslawien als Terrano kultiviert wird. Resfosco Nostrano heißt eine Spezialität aus der Gegend um Carso. Wie in Frankreich bringt die Rebe Weine hervor, die ein hohes Alter erreichen könnten – nur erleben sie es selten.

Auch in Kalifornien erweist sich der Refosco als wuchskräftig und robust. Obwohl für »Standardweine« zugelassen, ist seine Anbaufläche doch auf 40 ha – meist in Napa – zurückgegangen.

Auch in Argentinien, das ja im Weinbau stark dem Einfluß Italiens unterliegt, wird die Rebe viel angebaut; ebenso in Nordost-Victoria in Australien, wo sie als Bestandteil in Port-ähnlichen Weinen sehr geschätzt ist.

Mit ihrer kräftigen Farbe und dem guten Alkohol- und Extraktgehalt könnte sie auch in anderen warmen Regionen zuverlässige und gute Erträge liefern.

Synonyme:
Grand Chétuan, Savoyanche, Molette Noire, Grand Picot, Grosse Syrah (Frankreich); Gros Rouge du Pays (Schweiz); Refosco (Italien, Argentinien, Kalifornien); Terran, Terrano (Jugoslawien)

Gute Qualität; sehr herb, lange Lebensdauer

Weitere in Savoyen angebaute Rotweintrauben sind: Corbesse, Grosse, Rogettaz, Hibou Noir und Hibou Rouge.

Die Hybriden Oberlin Noir und Baco Noir wurden noch bis 1960 in Burgund und Umgebung verbreitet angebaut.

Südostfrankreich

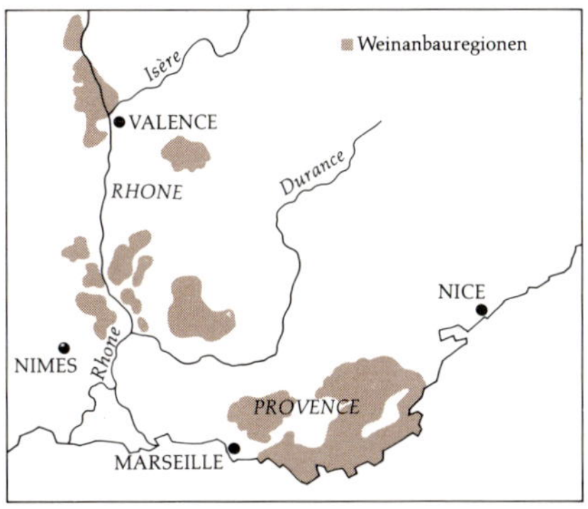

Aubun

Die Sorte wird im südlichen Rhônetal als »eine Art Carignan« immer mehr angebaut. Bei der letzten Zählung 1979 betrug ihre Anbaufläche 6000 ha, vorwiegend in den Départements Vaucluse, Var, Gard und Bouches-du-Rhône. Stil und Ertrag sind ähnlich wie beim Carignan, nur der Tanningehalt ist schwächer.

Aubun verdankt seine Beliebtheit einer scheinbaren Reblausfestigkeit (die Sorte ist im Sandboden von Gigondas und um den Mont Ventoux beheimatet) und guter Resistenz gegen Echten und Falschen Mehltau. Er treibt spät aus und ist dadurch vor Spätfrösten recht sicher. Seine Trauben sind weit hitzeempfindlicher als die des Carignan; der aus ihnen gewonnene Wein hat weniger kräftige Farbe und ist nicht so lebendig; meist ist er etwas dicklich und leicht bitter im Nachgeschmack. Alles in allem ist Aubun nur für spätfrostgefährdete Gegenden vorteilhaft.

Galet zufolge ist der Aubun mit der im Châteauneuf-du-Pape zugelassenen, aber nicht oft benutzten Sorte Counoise und mit Moutardier identisch. In französischen Statistiken wird die Counoise mit 660 ha im Jahr 1979 noch getrennt geführt. John Livingstone-Learmonth, ebenso eine Autorität wie der Baron Le Roy, bezeichnet sie als eine der besten Sorten von Châteauneuf-du-Pape. Die hohe Bewertung ist offenbar die Folge einer unbewußten, aber erfolgreichen Klonselektion. Der Counoise-Bestand von Baron Le Roy dürfte das Großartigste sein, was der Aubun in dieser Gegend vorweisen kann.

Mit der gleich ausgesprochenen Sorte Aubin, die an den Côtes de Toul in Lothringen angebaut wird, hat der Aubun von der Rhône nichts zu tun.

Sehr gesunde Exemplare von Aubun und Counoise wurden zur Überraschung aller Beteiligten in einem alten Weinberg im Great-Western-Distrikt in Australien entdeckt. Sie sind zweifellos direkte Nachkommen von Edelreisern, die Busby seinerzeit mitbrachte.

Synonyme:
Counoise, Quenoise, Moustardier, Moutardier, Carignan de Bedoin, Carignan de Gigondas

Mittlere Qualität

Mourvedre

Mourvèdre, eine der weniger bekannten Rotweinsorten Frankreichs, ist dennoch weit in der Welt herumgekommen, wenn auch unter dem Pseudonym Mataro. In Australien beispielsweise ist Mataro mit 1200 ha die fünftmeist angebaute Rotweinrebe, und Kalifornien verfügt über rund 800 ha.

Als ursprüngliche Heimat der Rebe werden die spanischen Orte Murviedro und Mataro bei Valencia bzw. in Katalonien bezeichnet. In Frankreich ist die Sorte jedoch schon seit vier Jahrhunderten heimisch. Zwar verträgt sie extreme Hitze nicht ganz so gut wie Garnacha oder Grenache, wäre aber trotzdem für weite Teile Spaniens sicher gut geeignet, weil ihr Wein kräftigen Säure- und Gerbstoffgehalt aufweist. Eine eindeutige Verbindung mit einer in Spanien heute noch angebauten Rebe müßte allerdings erst noch nachgewiesen werden.

Der Mourvèdre-Wein hat einige Probleme mit seinem Image. In Frankreich gilt er als strukturverbessernde Zutat in Verschnitten, wobei das kräftige Brombeerenaroma noch zusätzlich als ange-

Mourvèdre

nehm empfunden wird. Die Rezeptvorschrift für den Bandol ist abgeändert worden und sieht einen höheren Mindestanteil von 50% Mourvèdre vor, da es als anerkannt gilt, daß die milderen und weniger festen Weine von Grenache und Cinsaut von seiner Kraft nur profitieren können. In Australien wird er als brauchbares, aber ziemlich hartes Verschnittmaterial oft zur Mischung mit Shiraz oder für Port-ähnliche Weine, aber ohne besondere Eigenart angesehen. In Kalifornien wird die Rebe nur für spätfrostgefährdete Gebiete als günstig anerkannt, weil sie ziemlich spät austreibt.

Freilich muß berücksichtigt werden, daß die Kalifornier beim Mataro Säurearmut und schlechte Farbkraft beklagen, während in Frankreich gerade das Umgekehrte gilt. Wahrscheinlich ist das in Kalifornien zur Verfügung stehende Pflanzenmaterial von besonders schlechter Qualität.

Einigkeit besteht darüber, daß die Rebe spät austreibt und reift (daher großen Wärmebedarf hat), sehr kräftig und vor allem aufrecht wächst und dickschalige, wenig fäuleanfällige Beeren in nicht allzu großen Mengen trägt. Sie ist nicht so anfällig für Echten Mehltau wie der Carignan, spricht aber auf Veredelung nicht gut an.

Die früher über den ganzen Midi verstreute Mourvèdre-Anbaufläche Frankreichs ging in der ersten Hälfte des Jahrhunderts meist zugunsten von Grenache stark zurück. In den siebziger Jahren hat sich das Blatt gewendet, und die Anbaufläche ist wieder von 860 auf 3100 ha angestiegen, jedoch fast nur in der Provence. Wie die Bougainvillea an der Küste braucht auch der Mouvèdre viel Sonne, wenn er schön zur Reife kommen soll.

Deshalb wächst die Sorte am verbreitetsten in den Weinbergen der Départements Var und Vaucluse sowie der Côtes de Provence und der Côtes du Rhône. Sie gehört zu den vier Hauptsorten im Châteauneuf-du-Pape, wird aber bei weitem nicht so stark angebaut wie Grenache, Cinsaut und Syrah. Sie ergänzt sich mit diesen Sorten besonders gut, was auch in der Rezeptvorschrift für Côtes-du-Rhône Villages zum Ausdruck kommt. So taucht Mourvèdre in Appellationsbestimmungen aller Art, von den Coteaux du Tricastin über Tavel und Côtes de Provence bis Palette auf.

In Australien wird »Mataro« hauptsächlich im Süden und vor allem im Barossa-Tal angebaut. Gelegentlich wird über allzu hohen Tanningehalt der dickschaligen Beeren geklagt und in den meisten Fällen auf einen Mangel an individuellem Geschmack hingewiesen. Ein bestimmter Klon der Rebe heißt in Südaustralien Morrastel, obwohl er mit der gleichnamigen Rebsorte in Spanien und Frankreich nichts zu tun hat.

Die kalifornische Mataro-Anbaufläche ist auf die südlichen Küstengebiete konzentriert, geht jedoch allmählich zurück.

Synonyme:
Mataro, Balzac, Esparte

Robust und gut; verdient mehr Beachtung

Terret Noir

Der Vorfahre des viel verbreiteteren Terret Gris gehört zu den vielen Sorten im Châteauneuf-du-Pape-Rezept, spielt heute aber keine bedeutende Rolle mehr. Trotzdem ist seine Anbaufläche in Frankreich in den siebziger Jahren von 151 auf 1150 ha gestiegen.

Der Terret Noir, Gris und Blanc treibt wie fast alle Rebsorten Südostfrankreichs sehr spät aus, wächst kräftig und aufrecht und ist ziemlich ertragreich – der Noir allerdings weniger als der Gris, etwa 50 bis 80 hl/ha. Der Wein ist hell und leicht, ziemlich herb und bukettreich; dadurch bringt er dort, wo er für die Mischung zugelassen ist, einen Hauch Nervigkeit ein, der den üblichen Sorten von der südlichen Rhône mangelt.

Synonyme:
Tarret, Terrain

Angenehme Herbheit

Piquepoul Noir

Ob Piquepoul, Picpoul oder Picapulla, der Name dieser Rebsorte bleibt unauslöschlich im Gedächtnis haften. Dabei ist sie außerordentlich schwer aufzufinden, denn obwohl in der Zählung von 1979 334 ha Piquepoul Noir und 592 ha Piquepoul Gris festgehalten wurden, will kein Département auch nur 100 ha in seinen Grenzen wahrhaben. Neben Clairette und Cinsaut ist sie zweifellos eine der ältesten in Südfrankreich heimischen Sorten und war viel früher da als die spanischen Einwanderer Grenache und Carignan. Ihr Name erscheint pflichtgemäß in allen Aufzählungen der 13 Sorten, die ins Châteauneuf-du-Pape-Rezept gehören, doch muß ihr Beitrag heutzutage sehr gering sein.

Wie viele der übrigen Rebsorten dieser Gegend treibt auch Piquepoul spät aus, ist relativ empfindlich für Echten Mehltau und bringt ohne weiteres Erträge von 50 bis 80 hl/ha zustande.

Synonyme:
Picpoul, Picpoule, Picpouille, Picapulla, Picapouya, Languedocien, Avillo

Qualitätsbewertung kaum möglich

Vaccarese

Wie Counoise und Muscardin ist auch Vaccarèse eine Châteauneuf-Sorte, die ihrer Heimat im Südosten Frankreichs stets treu geblieben ist und nie den Drang verspürt hat, sich über die Grenze nach Italien auszudehnen. Sie wird selten getrennt für sich angebaut und schon gar nicht sortenrein gekeltert. François Perrin von Château de Beaucastel verdankt die Welt die engste Begegnung mit den selten gewordenen Reben. Er kann dem interessierten Besucher Proben der meisten Châteauneuf-Sorten als getrennte Weine anbieten. Sein Vaccarèse hat ein gummiartiges, scharfes Bukett und einen pfefferig herben Geschmack, unterscheidet sich also nicht sehr von Syrah.

Auch diese Rebe treibt spät aus und ist sehr anfällig für Falschen Mehltau.

Synonyme:
Camarèse, Vaccareso, Brun Argente

Syrah-ähnlicher Wein

Muscardin

Was die wenigen an der südlichen Rhône noch zu findenden Muscardin-Reben mit ihrem schwächlichen Ertrag an Wein liefern, ist vergleichsweise alkoholschwach, säurereich und meist hellfarbig mit starker Oxidationsneigung. Galet nimmt an, daß es sich um eine Lokalvariante der Mondeuse handelt, denn beide Arten sind identisch, nur sind die Knospen des Muscardin nicht so stark behaart. Die Muscardin-Proben von Beaucastel zeigten 1984 die typische »bäuerliche« Frucht des Châteauneuf-du-Pape, jedoch merklich mehr Bukett und leichteres Tannin als andere Sorten.

Guter, leichter Bestandteil des Châteauneuf-du-Pape

Fuella

Die winzige Appellation Bellet thront auf steilen Terrassen über Nizza und erzielt auf dem wohlbetuchten lokalen Markt Preise, die solch steiler Höhe angemessen sind. Ihr Wein setzt sich aus Rebsorten zusammen, die es anderswo in Frankreich nicht gibt, zum Beispiel Braquet (in Italien Brachetto) und Fuelle Noir für Rot- und Roséweine.

Fuella ist eine alte, schon lange in dieser Ecke Frankreichs heimische Rebe. Sie bringt tiefdunkle, manchmal etwas flache Weine in kleineren Mengen hervor.

Synonyme:
Fuelle Noir, Folle, Fuola, Beletto Nero

Charaktervolle Weine

Tibouren

Die Domaines des Salins du Midi experimentieren mit verschiedenen provençalischen Rebsorten, wobei sich der Tibouren besonders gut anläßt. Galet schließt aus der Blattstruktur, daß die Rebe aus Griechenland oder Mittelasien stammen muß. Ihre Stärke ist das intensive provençalische Aroma, das am kräftigsten hervortritt, wenn die Rebe auf Schiefer wächst. Sortenreiner Tibouren ist als lang gemaischter Rotwein am besten.

Nachteilig ist der durch Verrieseln häufig geminderte Ertrag, allerdings ist in dieser Hinsicht die derzeitige Hauptstütze des provençalischen Roséweins, der Grenache Noir, nicht viel besser.

Der Tibouren wird von einer ganzen Reihe provençalischer Weingüter in kleineren Mengen angebaut.

Synonyme:
Tiboulen, Antiboulen, Antibouren, Antibois, Gaysserin

Gute Sorte für Rosé de Provence

Weitere vorwiegend in Südostfrankreich angebaute Rotweinsorten sind der einfache Calitor oder Pecoui-Touar, Brun-Fourca, Mourvaison, Bouteillan, Teoulier, Plant Droit, der interessante Grec Rouge und die Négrette de Nice (mit Négret in Gaillac nicht verwandt).

Südwestfrankreich

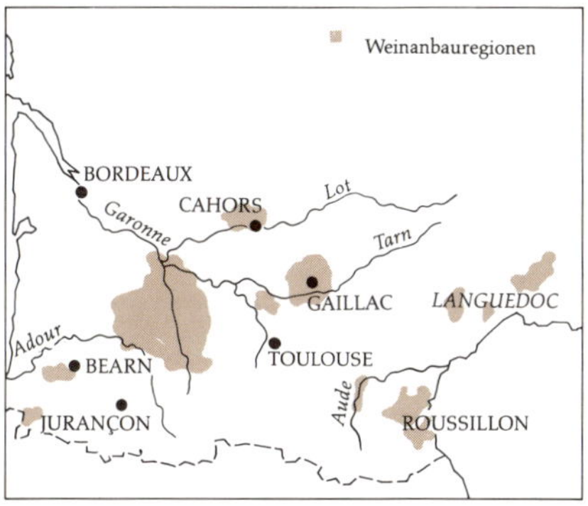

Diese Region Frankreichs hat ihre eigenen Rebsorten, die meist miteinander und mit den bekannten Bordeaux-Sorten gemischt werden. Die Aufzählung geschieht hier in der ungefähren Reihenfolge ihrer gegenwärtigen Verbreitung.

Jurançon

Obwohl nach Meinung vieler Weinexperten dieser Sorte in den Weinbergen Südwestfrankreichs bestenfalls noch eine untergeordnete Rolle zukommt, wurden bei der letzten Zählung 1979 über 7000 ha »dunkler« Jurançon festgestellt, also mehr als das Doppelte des viel ausdrucksvolleren Tannat.

Die Rebe ist zwar im Schwinden begriffen, wird aber nicht nur in Jurançon selbst, sondern in praktisch allen Weinbaubereichen Südwestfrankreichs noch immer angebaut. Galet unterscheidet Jurançon Noir und Rouge (beide eng miteinander verwandt), schenkt ihnen aber wenig Beachtung; dabei zeugt es für ihre Beliebtheit, daß sogar an der nördlichen Rhône einige dieser Reben angepflanzt worden sind.

Die Rebe soll von der Massenträgersorte Aramon abstammen und ist selbst wuchskräftig und ertragreich, woraus sich ihre Beliebtheit auch erklären dürfte. Sie besitzt gute Krankheitsresistenz, lediglich die Form mit dichtbesetzten Trauben ist anfällig für Botrytis.

Ihr Wein wird fast immer verschnitten. Die Alkoholstärke ist meist gut, die Farbkraft dagegen weniger. Der Jurançon Noir stellt etwa 10% Anteil am Rezept des vom Malbec beherrschten Vin de Cahors. Auch in die Weine von Lavilledieu (zwischen Cahors und Gaillac) gehört er mit einer Reihe anderer Sorten zusammen hinein, und der Jurançon Rouge ist im Gaillac eine erlaubte Zutat. Die Form Noir spielt dann wieder in den leichten, rustikalen Weinen von Aveyron – Vins d'Estaing, d'Entraygues et du Fel und de Marcillac – eine wichtige Rolle. Es ist anzunehmen, daß der Jurançon, obwohl er im Rezept keine große Bedeutung hat, seiner guten Erträge wegen von den Winzern in den Vordergrund gerückt wird.

Nur mäßig gut

Tannat

Diese Sorte bringt der Weinfreund eher als den Jurançon mit den höchst individuellen Rotweinen Südwestfrankreichs in Verbindung, und sie ist es auch, die ihnen die feste Struktur, die lange Lebensdauer und das an Himbeeren erinnernde Bukett verleiht. Junger Tannat-Wein ist tief in der Farbe, kräftig im Alkohol und ausgesprochen gerbstoffherb.

Zum Rezept des Madiran, des Hausweins der Armagnac-Erzeuger, trägt Tannat 40 bis 60% bei; außerdem gehören Fer und die beiden Cabernets hinzu. Bei solchen Zutaten ist es kaum verwunderlich, daß vor der Abfüllung zwei

Tannat

Jahre Ausbau im Faß nötig sind. Da die Weine Südwestfrankreichs nun einmal als ländlich – also einfach – gelten, wird diesen Kostbarkeiten nur selten genügend Zeit gelassen, sich voll zu entfalten.

Der »kleine Bruder« des Madiran, der rote Tursan, besteht aus der gleichen Mischung, ist aber etwas zugänglicher. Der VDQS Côtes de Mont mit 70% ist für Madiran dasselbe, was der Bergerac für Bordeaux ist. Als vierter Wein nach demselben Rezept wäre der Irouléguy zu nennen, wobei der Rosé am berühmtesten ist. Erwartungsgemäß sind die vorwiegend aus Tannat bestehenden Roséweine sehr voll im Geschmack und stark fruchtig; vermutlich darf die Schale nicht lange eingemaischt bleiben, damit der Wein nicht zu streng ausfällt.

Auch die Rot- und Roséweine von Béarn in der äußersten Südwestecke Frankreichs müssen mindestens 60% Tannat enthalten, wobei hier die anderen Spezialitäten der Gegend, wie Manseng Noir, Pinenc und Courbu Noir, beigemischt werden.

Sehr wahrscheinlich ist die wuchskräftige Tannat-Rebe auch südlich der Pyrenäen zu finden.

Synonyme:
Tanat, Moustrou, Moustroun, Madiran (Frankreich); Bordeleza Belcha (Spanien); Harriague (Uruguay)

Sehr gut und langlebig

Grapput

1979 hatte Frankreich noch eine Anbaufläche von über 1000 ha Grapput oder Bouchales, zwei Drittel davon im Département Lot-et-Garonne und ein Drittel an der Gironde. Damit war die Sorte neben Ugni Blanc und Merlot eine der drei meistangepflanzten in Lot-et-Garonne. Seit die Côtes de Buzet in den Mittelpunkt des Interesses gerückt sind, dürfte dort der Bestand an den beiden Cabernets gewachsen sein; sicherlich aber ist der Grapput noch die Hauptquelle des einfacheren Rotweins. Für den VDQS Côtes du Marmandais ist er jedoch nicht offiziell zugelassen.

Die Rebe läßt sich nicht leicht veredeln, weil ihr Holz extrem saftreich ist; außerdem ist sie sehr anfällig für Mehltau beiderlei Art und für Schwarzfäule. Das ist wohl auch der Grund dafür, daß ihr Anbau zurückgeht.

Synonyme:
Bouchales, Grappu, Prolongeau, Gros de Judith

Sehr einfach

Negrette

Die Sorte trägt in den Hügeln zwischen Albi und Toulouse ihre Frucht zum roten Gaillac, Côtes du Frontonnais und zu den Vins de Lavilledieu bei.

Am besten ist sie aus den recht gefragten Weinen der Côtes du Frontonnais herauszuschmecken, in denen sie 70% der Mischung ausmacht, wobei der Rest auf mehrere Bordeaux- und Rhône-Trauben, häufiger aber auch auf Gamay entfällt. An diesen Weinen läßt sich die Vielseitigkeit der Négrette erkennen. Anders als der Tannat ist sie geschmeidig genug, um früh genußreife Weine zu ermöglichen, besitzt aber auch das Potential für eine mittlere Lebensdauer.

Der früher an der Charente viel angebaute Petit Noir wurde 1910 von Vidal als identisch mit Négrette erkannt. Galet zufolge verdankt die Cognac-Region dieser Rebe ihren besten Rotwein. Leider ist sie anfällig für Echten Mehltau und Schwarzfäule und geht deshalb langsam, aber sicher zurück.

In Kalifornien wurde der mysteriöse »Pinot St-George« ebenfalls als Négrette entlarvt. Dort bringt die Rebe auf 80 ha eigentümlich süßen, aber ungleichmäßigen Wein hervor.

Synonyme:
Négret, Négret de Gaillac, Morillon, Morelet, Petit Noir des Charentes (Frankreich); Pinot St-George (Kalifornien)

Gute Weine, aber ungesunde Reben

Valdiguie

Der »Aramon des Südwestens« war früher weithin über die Südhälfte Frankreichs verbreitet, von Bordeaux im Westen bis Bandol im Osten. In den siebziger Jahren ging seine Anbaufläche von über 4000 auf 840 ha zurück. Inzwischen dürfte sie noch weiter zurückgegangen sein, und was die Sorte noch an Wein bringt, geht höchstwahrscheinlich in die EG-Brennereien. Sie trat im vorigen Jahrhundert vom Lot her in Erscheinung, weil sie sehr ertragreich und ziemlich resistent gegen den Echten Mehltau war, der damals die französischen Weinbaugebiete verwüstete. Ihre Weine sind wie die des Aramon von schöner Farbe, sonst aber in jeder Hinsicht dünn. In Gaillac wird die Sorte als Brocol noch angebaut.

Als »Napa Gamay« verursacht sie in Kalifornien viel Verwirrung, insbesondere weil die Eigenschaften des Valdiguié-Weins so ganz anders sind als beim echten Gamay. Die Anbaufläche der in Kalifornien neuerdings »Gamay 15« genannten Sorte liegt hauptsächlich in Monterey und im Napa Valley (1200 ha). Ihr Wein ist ziemlich hell und wird entweder nach Beaujolais-Art oder aber durch Ausbau im Eichenfaß bereitet – die letztere Methode ist kaum der Mühe wert.

Synonyme:
Valdiguer, Brocol, Gros Auxerrois, Jean-Pierrou à Sauzet (Frankreich); Napa Gamay, Gamay 15 (Kalifornien)

Überaus einfach

Merille

In Frankreich wird diese Rebe noch auf einigen hundert Hektar an der Garonne angebaut. Sie liefert äußerst einfachen, derben *vin de table* um Buzet und in den Côtes du Marmandais.

Synonyme:
Grosse Mérille, Bordelais, Plant de Bordeaux, Périgord, Pica, Picard, Piquat, Pouchou

Einfache Tafelweine

Abouriou

Der Name hört sich charaktervoller an, als die Rebe tatsächlich ist. Neben Fer, Malbec, Gamay, Merlot, den beiden Cabernets und Syrah ist sie für die leichten, rustikalen Rotweine der Côtes du Marmandais zugelassen. Galet bezeichnet den reinen Abouriou-Wein als »coloré, plat, mou, sans caractère«.

Die Rebe selbst ist wuchskräftig und ertragreich, treibt und reift recht früh und hat gute Resistenz gegen Krankheiten. Der Anbau ist in den siebziger Jahren von 800 auf 500 ha zurückgegangen. Die durch viele Synonyme angedeutete Verwandtschaft mit Gamay ist allerdings ein Irrtum.

Truels Untersuchungen im Jahr 1976 brachten zum Vorschein, daß die in Kalifornien »Early Burgundy« genannte Sorte tatsächlich Abouriou ist. Die Anbaufläche von gegenwärtig 120 ha nimmt stetig ab. »Früh« ja – »Burgunder« nein.

Synonyme:
Beaujolais, Gamay du Rhône, Gamay St-Laurent, Précoce Nauge, Malbec Argente (Frankreich); Early Burgundy (Kalifornien)

Gute Farbe, wenig Geschmack

Duras

Verwunderlich oder nicht, aber der Duras hat mit dem Wein von Duras in der Dordogne nichts zu tun. Vielmehr ist die Sorte fast nur mit dem Département Tarn und seinem bekanntesten Rotwein, Gaillac Rouge, verknüpft. In diesen fruchtigen, sonst aber einfachen Wein gehört sie neben Fer und Négrette.

Duras ist eine der wenigen unbekannteren Reben, deren Beliebtheit in letzter Zeit gewachsen ist: Ihre Anbaufläche stieg in Frankreich in den zehn Jahren vor 1979 um 600% auf 500 ha. In Anbetracht ihres frühen Austriebs und der entsprechenden Gefährdung durch Spätfröste sowie ihrer Anfälligkeit für Echten Mehltau und Schwarzfäule ist das nun wieder verwunderlich.

Synonyme:
Duras Mâle, Duras Femelle, Duraze, Durade

Mäßige Qualität

Fer

Die durch den Namen suggerierte Härte bezieht sich mehr auf das Holz der Rebe als auf ihren dunklen, festen Wein. Früher trug die Sorte mit zum guten Ruf der Weine von Gaillac, Madiran und Aveyron bei. 1979 gab es noch 300 ha, deren Ertrag in die Weine von Gaillac, Madiran und Béarn (wo die Sorte auch Pinenc heißt) fließt. Der echte Fer darf nicht mit dem gleichnamigen Malbec-Klon in Argentinien verwechselt werden.

Synonyme:
Fer Noir, Fer-Servadou, Pinenc, Hère

Gute Qualität

Weitere in Südwestfrankreich noch angebaute Rotweinsorten sind Courbu Noir und Mansec oder Manseng Noir – Spezialitäten von Béarn im äußersten Südwesten.

Massensorten

Aramon

Aramon – dieser Name hört sich an wie der Bannfluch über das Meer von Reben im Languedoc-Roussillon, Frankreichs Beitrag zum Weinsee der EG. Erträge von 300 hl/ha sind heute keine Empfehlung mehr für diese Sorte, die in der

Aramont

zweiten Hälfte des vorigen Jahrhunderts von den gerade an solchen Erträgen interessierten Winzern Südfrankreichs weit und breit angepflanzt wurde.

Das doppelte Unglück des Mehltau- und Reblausbefalls erleichterte den Siegeszug von Rebsorten, die den Winzern einen finanziellen Gewinn aus ihrer Arbeit versprachen, zum Beispiel des ungeheuer ertragreichen Aramon sowie der Hybriden Villard und Couderc. Die Geschichte des Aramon und der französischen Hybriden ist so eng verknüpft, daß sogar gut informierte Kommentatoren glaubten, Aramon sei selbst eine Hybride.

Wer einmal einen Aramon-Wein aus den Ebenen im Hérault gekostet hat, kann nur bestätigen: Ein dürftiger Wein ist und bleibt ein solcher, ganz egal, wer seine »Eltern« sind. Was dort an Aramon wächst, liefert nur blaßroten Wein mit blau-schwärzlichem Anflug, schwachem Alkoholgehalt und so gut wie keinem Extrakt und Charakter. So blaß sind diese Weine, daß neben dem Aramon vielfach rotfleischige Teinturier-Reben wie Alicante Bouschet und Grand Noir de la Calmette gepflanzt wurden; aber auch sie können den dünnen Aramon nicht in einen Wein von Qualität verwandeln. Der Aramon-Wein findet heute entweder seinen Weg in die Billigangebote französischer Supermärkte oder aber in die Brennereien der EG.

Der Aramon hat aber auch eine gute Seite: Wenn er auf wasserdurchlässigen Hanglagen wächst und sein Ertrag beschränkt wird, dann kann er Weine von recht achtbarer Farbe und mit anständigem Alkoholgehalt sowie einer gewissen Fruchtigkeit hervorbringen. In der Versuchsstation der Salins du Midi ist der Sorte sogar durch moderne Weinbereitungstechniken ein sehr ansprechender Roséwein abgetrotzt worden, wobei allerdings auch auf Ertragsbeschränkung geachtet wurde.

Der Stern des Aramon begann zu sinken, als ab 1949 viele seiner Weine abgewiesen und dafür die kräftigeren algerischen Rotweine in Verschnitten verwendet wurden. In den strengen Wintern 1956 und 1963 gab es dann viele Frostschäden, und heute subventioniert die französische Regierung die Winzer, wenn sie ihre Aramon-Reben (und auch die anderen hier erwähnten Massensorten) durch achtbarere ersetzen.

Zwischen den Zählungen von 1968 und 1979 überholte der Grenache Noir den Aramon und schob sich auf den Platz der zweitmeist angebauten Rebe in Frankreich hinter dem Carignan, dessen Weine zum Glück deutlich besser sind. 1979 betrug die französische Aramon-Anbaufläche noch 63000 ha, davon fast die Hälfte im Département Hérault und der Rest in der Umgebung; außerdem gab es noch 400 ha einer weißen Version, die sich wahrscheinlich von der roten in nichts unterscheidet, wenn man sie mit verbundenen Augen kostet.

Abgesehen von dem ungeheuren Ertragsreichtum ist der einzige Vorteil des Aramon seine gute Widerstandsfähigkeit gegen den Echten Mehltau. Dafür hat er den doppelten Nachteil, früh auszutreiben und spät zu reifen. Auch ist er anfällig für die meisten Rebenkrankheiten, insbesondere für die Graufäule, weil die Schalen der Beeren außerordentlich dünn sind, und er neigt zum Verrieseln, wenn er auf eine zu wuchskräftige Unterlage veredelt wird.

Daher wird der Aramon in anderen Ländern nicht viel kultiviert. Es bleibt unerfindlich, weshalb die französischen Behörden überhaupt den Anbau dieser Sorte, die es auch in einer *Gris*-Version gibt, in so großem Umfang und noch dazu auf ungeeignetem Land überhaupt einmal zuließen.

Synonyme:
Ugni Noir, Plante Riche, Rabalaire, Revalaire, Gros Bouteillan, Burkhardt, Pisse-vin

Meist dünne Qualität, Abhilfe durch Ertragsbeschränkung möglich

Alicante Bouschet

Wo der Aramon wächst, darf eine rotfleischige Farbrebe nicht weit sein, und der Statistik nach ist das in den meisten Fällen der Alicante Bouschet. Er ist die meistangebaute Teinturier-Sorte Frankreichs und hat unter den Rotweinreben insgesamt die neunte Stelle inne. Außerdem ist sie auf allen fünf Kontinenten anzutreffen.

Bouschet Vater und Sohn ist diese Krücke der weniger hochwertigen Seite des französischen Weinbaus zu danken. Louis Bouschet de Bernard beschloß schon 1824, Reben zu züchten, die nicht nur Trauben mit tiefrotem Fleisch, sondern auch bessere Erträge als die bisher bekannten Teinturier-Sorten bringen sollten. Sein erster Versuch einer Kreuzung zwischen Aramon und Teinturier

Alicante Bouschet

du Cher im Jahr 1828 ergab den im vorigen Jahrhundert weit verbreiteten Petit Bouschet.

Sein Sohn Henri führte die Arbeit fort und hatte mehrfach Erfolg, bis ihm 1886 mit Alicante Bouschet, einer Kreuzung zwischen Petit Bouschet und Grenache, der große Wurf gelang. Bald herrschte überall in der Welt große Nachfrage nach Propfreisern dieser Sorte, die laut Galet den schwindelnd hohen Preis von zwei Gold-Francs je Meter kosteten.

Alicante Bouschet brachte sowohl die gewünschte Farbe als auch hohen Ertrag. Seine Farbintensität ist 15mal so groß wie beim Aramon und doppelt so groß wie beim Grand Noir de la Calmette, und er erreicht ohne weiteres 80 hl/ha Wein mit 12° Alkohol, der allerdings Kennern wenig zu sagen hat, weil er flau und charakterlos ist und seine tiefe Farbe nicht lange behält.

Alicante Bouschet ist nicht nur eine Farbrebe, sondern hat auch den Stammvater für eine Reihe Teinturier-Hybriden abgegeben. Seine Ertragslebensdauer kann auf kargem Boden nämlich recht kurz sein, wenn er nicht sorgfältig gepflegt wird. Die Rebe treibt und reift früh; in Südfrankreich wird sie oft als erste schon im August geerntet. Außerdem ist sie anfällig für Falschen Mehltau und Anthraknose und hat mit kranken Pfropfreisern schon oft Schwierigkeiten gemacht.

Weil sie in Frankreich die einzige empfohlene Teinturier-Sorte ist, hat sie sich erschreckend ausgebreitet: fast 22000 ha im Jahr 1979 (ausschließlich im Midi), während der Grand Noir und seinesgleichen zurückgehen. Hoffentlich wird sie mit dem Aramon aus dem französischen Weinbau verschwinden. Auf Korsika gab es 1979 rund 2500 ha Alicante Bouschet. Die Sorte wird ferner in Kalabrien und in kleinerem Umfang in Jugoslawien angebaut.

In Kalifornien war sie während der Prohibitionszeit sehr beliebt bei Leuten, die sich ihren Wein im eigenen Garten zogen. Noch heute wachsen dort 1440 ha Alicante-Bouschet-Reben, zumeist im Central Valley, wo sie bei Hausmacher-Kellermeistern sehr beliebt sind, aber auch bei kommerziellen Betrieben, deren Weine kräftigere Farbe benötigen.

Aber auch sortenreinen Alicante Bouschet gibt es bei einer Handvoll kalifornischen Kellereien zu kaufen, vor allem bei Angelo Papagni, dessen Alicante Bouschet einmal den Vorzug hatte, dem Londoner Tate Gallery Restaurant als Wein des Hauses zu dienen.

Auch in Südafrika wird die Sorte angebaut und insbesondere wegen ihrer ungeheuren Erträge geschätzt. Seltsamerweise hat sie auch in Nordafrika Eingang gefunden, obwohl dort von Natur aus und ohne Nachhilfe die dunkelsten Rotweine der Welt wachsen. Ebenso unnötig erscheint es auch in Kalabrien, Alicante Bouschet anzupflanzen.

Synonyme:
Alicante Henri Bouschet, Alicante, Alicante Bouschet No 2

Nur zur Farbverstärkung einfacher, jung zu trinkender Weine

Villard Noir

Die Hybridrebe ist der meistangebaute *producteur direct* in Frankreich. Ihre Anbaufläche ging zwischen den beiden Landwirtschaftserhebungen stark zurück (von 30000 ha 1968 auf unter 8000 ha 1979), doch damit war die Hybride immer noch an 13. Stelle unter den meistgepflanzten Rotweinsorten Frankreichs. Außerdem waren noch 2800 ha mit den verschiedenen dunklen Seyval Villards besetzt – ein Aspekt des französischen Weinbaus, der in der Fachliteratur oft zu kurz kommt.

Freilich wird versucht, diese Hybridreben aus den Weinbergen zu vertreiben. Neuanpflanzungen sind seit 1977 verboten, und wer sie ausrodet, erhält Subventionen. Doch wird das nicht schnell gehen, denn bei der letzten Zählung stellte es sich heraus, daß es noch in 15 Départements – auch in solchen mit berühmten Weinen wie Muscadet, Hermitage und sogar Bordeaux – Villard-Noir-Reben gibt. An der Gironde wurden 1979 300 ha Villard Noir und 100 ha Villard Blanc festgestellt.

Die Rebe hat aber ihren Schwerpunkt nicht, wie man erwarten könnte, im Midi, sondern im Südwesten, wo das Département Tarn mit 28% der Gesamtrebfläche den höchsten Anteil aufweist.

Wie sich die Hybriden auf dem Boden Frankreichs festgesetzt haben, ist an anderer Stelle beschrieben (siehe Seite 35). Villard verdrängte schließlich einen seiner Vorfahren, Chancellor (oder Seibel 7053), als diese in den USA noch stark angebaute Rebe in Frankreich verboten wurde. Der andere Vorfahr war Seibel 6905, und die daraus entstandene Hybride zeichnete sich durch hohen Ertrag, mittelstarken Wuchs, mittelspäten Austrieb und nicht zu späte Reife aus. Der Wein soll in Farbe und Alkohol gut, aber doch zu stark mit dem Geschmack amerikanischer Reben behaftet sein, als daß er unverschnitten verwendet werden könnte. Reiner Villard-Noir-Wein ist kaum irgendwo anzutreffen, das meiste geht direkt in die Brennerei.

Der Vorteil des oft auf Berlandieri-Unterlagen veredelten Villard besteht in seiner Unempfindlichkeit gegen Falschen Mehltau, dafür ist er anfällig für Echten Mehltau und Botrytis.

Synonyme:
Seyve Villard 18.315, Villard

Hybride; nur für billigen Tafelwein geeignet

Couderc Noir

Diese Hybride von *Rupestris-Lincecumii* und *vinifera* war unter den ersten *producteurs directs*, die Anfang dieses Jahrhunderts die Ebenen des Midi überschwemmten. Benannt ist sie nach ihrem Verbreiter Couderc, dessen Name wie die von Baco, Seyve und Seibel in vielen Hybriden weiterlebt. Gezüchtet wurde sie aber laut Lucie T. Morton von einem Bäcker namens Contassot.

Die Rebe ist ertragreich und wuchskräftig und reift so spät, daß sie hauptsächlich nur im Midi verwendet werden kann; 36% der Couderc-Anbaufläche befinden sich im Département Gard. Der Wein ist mit dem eigentümlichen Geschmack des weniger noblen Vorfahren so stark behaftet, daß er für kommerzielle Zwecke verschnitten werden muß. Obwohl es sich um eine Hybridsorte handelt, ist ihre Reblausfestigkeit gering; deshalb muß sie auf eine starkwüchsige Unterlage gepfropft werden.

1979 wurde in Frankreich Couderc fast ebensoviel angebaut wie Villard: 7700 ha. Für die Oststaaten der USA liegt der Reifezeitpunkt zu spät.

Synonyme:
Couderc 7120, Couderc

Hybride; nur für *vin de table*

Grand Noir de la Calmette

Grand Noir de la Calmette

Henri Bouschet benannte diese Kreuzung von Petit Bouschet (Aramon × Tenturier du Cher) mit Aramon nach seinem Zuchtbetrieb Domaine de la Calmette in Mauguio. Er kannte wohl den wahren Wert seiner Neuzüchtung und wollte den guten Namen seiner Familie nicht mit ihr belasten.

Der einzige Vorteil der rotfleischigen Traubensorte ist ihr Ertragsreichtum. Sie treibt spät aus, wird daher durch Spätfröste nicht gefährdet und bringt ohne weiteres 100 hl/ha an flauem, alkoholschwachem, säurearmem Wein mit nicht halb soviel Farbe wie Alicante Bouschet. Auf diese unglückselige Hybride fielen wahrhaftig alle Sünden ihrer Väter zurück.

Ihrer hohen Erträge wegen wurde die Sorte ab 1920 verbreitet angepflanzt, doch dauerte es kaum zehn Jahre, bis an den Tag kam, daß sie unter dem Echten Mehltau und unter Winterkälte schwer leidet. Verständlicherweise ging darauf ihre Anbaufläche in Frankreich zwischen 1968 und 1979 von 23000 auf 2700 ha zurück, und es wird angestrebt, sie dort ganz auszurotten. Die größten Bestände sind im Midi zu finden, aber auch im Cognac-Land gibt es noch 300 ha; damit ist sie, allerdings weit hinter dem Ugni Blanc, die zweitmeist angebaute Sorte der Region. In kleinerem Umfang wird sie auch in Nordost-Victoria in Australien angebaut, wo sie mit schmackhafteren Zutaten zu Port-ähnlichen Weinen verarbeitet wird.

Synonym:
Grand Noir

Farb-Rebe, noch minderwertiger als Alicante Bouschet

Seibel

Der Züchter Seibel hat einer enorm langen Reihe von Hybriden den Namen gegeben, darunter auch Plantet, Rayon d'Or und Seinoir an der Loire. In der Landwirtschaftserhebung von 1979 sind alle übrigen roten Seibel-Hybriden zusammengestellt, wobei zum Vorschein kam, daß ihre Anbaufläche insgesamt seit 1968 von 70600 auf 4500 ha zurückgegangen war – einen solchen Sturz hat noch keine Rebsorte erlebt.

Die roten Seibel-Hybriden wurden in Frankreich vor allem in den fünfziger Jahren angepflanzt; sie brachten aber nie einen Wein in guter Qualität hervor. Verschiedene Seibel-Hybriden werden auch in kühlerem Klima, vor allem in Neuseeland, Kanada und England, angebaut.

Hybriden minderer Qualität

Weitere in Frankreich angebaute Teinturier-Reben sind Petit Bouschet, Morrastel Bouschet und Carignan Bouschet sowie 300 ha Gamay Teinturier (siehe Seite 137). Sonstige Hybriden siehe Loire (rot und weiß) sowie weiße Massensorten.

Champagne

Meunier

Der (Pinot) Meunier fristet sein Dasein im Schatten berühmter Verwandter. Der Cabernet Franc wird schon als armer Vetter des Cabernet Sauvignon recht von oben herab behandelt, doch darf er in allen möglichen Weltgegenden auch eine eigenständige Existenz führen. Nicht nur in St-Emilion, sondern auch an der Loire und Norditalien, ja im fernen Kalifornien und in Südafrika ist er hoch geschätzt. Der gute alte Meunier dagegen muß neben dem Pinot Noir in einer einzigen Ecke Frankreichs die zweite Geige spielen.

In Wahrheit freilich – und das ist nicht sehr bekannt – hat der Pinot Meunier zumindest in quantitativer Hinsicht in der Champagne gar keinen so zweitrangigen Platz, vielmehr ist er die meistangepflanzte Rebe der Region: mit 10000 ha nimmt er 44% der Rebfläche in den Départements Marne, Aube und Aisne ein. Dem stehen der Pinot Noir und der Chardonnay mit 30% bzw. 26% gegenüber.

Meunier

Fragt man die Champagner-Hersteller, wieviel Meunier sich in ihren *cuvées* befindet, dann bekommt man nur sehr zurückhaltend Auskunft – stets wird die noble Reputation des Pinot Noir und des Chardonnay betont. Nur einige, beispielsweise Henri Krug, können es sich leisten, um die Vorzüge des Meunier mehr Wesens zu machen.

Ein Hauptmerkmal dieser Rebe ist ihre Fruchtigkeit; darin stehen ihr der Pinot Noir und der Chardonnay meist nach. Ein vorwiegend aus Meunier hergestellter Champagner hat vielleicht keine so große Lebensdauer wie einer aus Pinot Noir, dafür aber zeichnet er sich durch jugendliche Lebendigkeit aus. Auch weist der Meunier oft mehr Säure und weniger Alkoholstärke auf als der Pinot Noir und kann deshalb in reifen Jahrgängen viel erfreuliche Frische in die *cuvée* einbringen, wie es 1976 geschehen ist. In manchen Jahren ist der Meunier sogar für einen feinen Champagner zu stark mit Aroma beladen. Sicherlich fallen Champagner aus Gegenden, in denen vorwiegend Meunier angebaut wird, relativ leicht und herb aus und besitzen nur selten größeres Entwicklungspotential.

Die Stärke des Pinot Meunier ist seine Widerstandsfähigkeit gegen Frühjahrsfröste. Er treibt später aus als der Pinot Noir und der Chardonnay, und sein Holz ist nicht so saftreich und daher für Frostschäden unempfindlicher. Es liegt auf der Hand, daß in allen besonders frostgefährdeten Teilen der Champagne vorwiegend Meunier angebaut wird, zum Beispiel im Marne-Tal, und die Weinberge in den kühleren Tälern im Norden, im Département Aisne, sind fast ausschließlich mit Meunier besetzt.

Vom Pinot Noir, der ja als der berühmteste Vertreter der Familie gelten darf, wird der Meunier zunächst einmal durch seine stärkere Behaarung unterschieden. Ein bestimmendes Merkmal ist vor allem aber die Eigentümlichkeit, daß sein Laub aussieht, als sei es mit Mehl bestäubt – daher auch der Name Pinot Meunier und im Deutschen »Müllerrebe«. Seine Anfälligkeit für Echten Mehltau und die häufige Fäulebildung an den sehr dicht mit Beeren besetzten Trauben schaffen in feuchten Jahren Probleme. Meunier blüht später als der weniger wuchskräftige Pinot Noir (daher tritt auch *coulure* nicht so oft auf), reift aber trotzdem früher, wobei sein Zuckergehalt kurz vor der Reife stark ansteigt. Sein Durchschnittsertrag ist nicht nur zuverlässiger, sondern auch um 10 bis 15% höher als beim Pinot Noir.

Durch sorgfältige Klonselektion hat sich der deutsche Weinbau rund 1000 ha Müllerrebe oder »Schwarzriesling« herangezogen, zum größten Teil in Württemberg, wo er zu den Spezialitäten des Landes gehört, und zum kleineren Teil in Nordbaden.

Weine mit einem Anteil von Meunier waren bis 1979 zur Appellation Alsace zugelassen, und auch heute noch wird die Rebe im Elsaß in kleinerem Umfang angebaut. Ferner ist sie bei Beaugency an der Loire sowie in der Steiermark und in Jugoslawien anzutreffen.

In größerem Umfang wird der Meunier dagegen nur noch in Australien angebaut, und dort wird er auch zu sortenreinem, nichtschäumendem Wein verarbeitet. Best liefert einen Great Western Pinot Meunier.

Nachdem sich Kalifornien mit Feuereifer auf Champagner-Imitationen gestürzt hat, wird es dort auch nicht mehr lange dauern, bis der Meunier angepflanzt wird, sobald gesunde Propfreiser zur Verfügung stehen.

Synonyme:
Pinot Meunier, Plant, Meunier, Gris Meunier, Auvergnat Gris, Munier, Blanche Feuille, Farineux Noir, Morillon Taconé, Plant de Brie (Frankreich); Müllerrebe, Schwarzriesling (Deutschland); Blaue Postitschtraube (Österreich); Rana Modra Mlinaria (Jugoslawien); Miller's Burgundy (Australien)

In der Jugend sehr lebendig

Weitere in der Champagne angebaute Rotweinreben sind Bachet und Beaunoir, Spezialitäten an der Aube, sowie Gamay.

Korsika

Nielluccio

Mit 3600 ha ist Nielluccio die meistgepflanzte einheimische Rebsorte Korsikas, allerdings wird sie von den aus Frankreich importierten Carignan, Cinsaut und Grenache im Gesamtanbau auf den vierten Platz verwiesen. Die besonders früh austreibende Rebe gilt als korsische Spezialität, soll aber mit dem Sangiovese aus der Toskana verwandt sein. Ähnlich wie dieser bringt sie recht alkoholstarke Weine hervor, denen es aber oft an Farbe und an Kraft fehlt. Am besten sind sie noch als schwere Rosés. Die größtenteils aus Nielluccio bestehenden Rosés (und auch Rotweine) von Patrimonio machen auch auf Nicht-Korsen immer wieder großen Eindruck.

Synonyme:
Niellucio, Niella, Nielluccia, Negretta

Mäßige bis gute Qualität

Sciacarello

Es ist durchaus bezeichnend, daß die französischen Behörden die richtige Schreibweise des Sciacarello, der in Korsika meistgeschätzten Rebsorte, nicht kennen. Der kulturelle Abstand zwischen der stark von Italien her beeinflußten Insel und dem Mutterland ist viel größer als die 170 km auf der Landkarte.

Am meisten bewundert wird an dieser Traube das kräuterwürzige Bukett, das den wilden Gewächsen der Insel entliehen zu sein scheint. Sie treibt und reift spät – Galet berichtet, daß sie früher mit der Barbera aus Piemont verwechselt wurde. Angebaut wird sie insbesondere um Ajaccio, woher nach allgemeiner Überzeugung die besten Weine Korsikas kommen.

Sciacarello wird selten unverschnitten verkauft, weil er von Natur aus karg und herb ist. Bei ausreichender Substanz kann er jedoch im Lauf der Jahre ein reichhaltiges Bukett entwickeln.

Synonym:
Sciaccarello

Bukettreich, leicht, aber interessant

Italien

Während in Deutschland genaueste Angaben über jeden Hektar Anbaufläche einer jeden Rebsorte in einem jeden Bereich selbstverständlich zu haben sind, geht es in Italien in dieser Hinsicht weniger geordnet zu. Die vielen Beispiele höchster Brillanz im italienischen Weinbau sind stets rein individuell. Sicherlich würde in italienischen Kellereien und Weingütern ein staatlicher Statistiker sofort vor die Tür gesetzt, auch wenn er die harmlosesten Absichten beteuert.

Diese umschweifige Vorrede soll freilich nur als Ausrede dafür dienen, daß sich zwischen der Reihenfolge der hier aufgeführten Rebsorten und ihrer jeweiligen Bedeutung größere Diskrepanzen ergeben dürften.

Nordwestitalien

Dolcetto

Dolcetto

»Der kleine Süße« schmeckt auch in ganz üppiger Weise süß, obgleich die chemische Analyse der Traube nicht die geringste Erklärung dafür bieten kann. Ihr Zucker- und Säuregehalt steht auf dem gleichen Niveau wie bei anderen Traubensorten in Piemont, nur der Gerbstoffgehalt ist auffallend gering. In der Heimat des unnahbaren Nebbiolo hat der Dolcetto den unschätzbaren Vorteil, außerordentlich früh genußreife und süffige Weine zu liefern. Sie sind tief purpurrot, haben oft ein leichtes Prikkeln, und ihr Geschmack ist so voller Frucht, daß die Säure daneben kaum zu spüren ist. Victor Hazan hat aus reiferen Weinen Quitten und aus derberen Bittermandeln herausgeschmeckt. Die Farbe läßt an Maulbeeren denken. Die Piemontesen trinken Barbera und Dolcetto, und sie verkaufen Nebbiolo, den sie nur gelegentlich als etwas Besonderes nach einer guten Mahlzeit auch selbst genießen.

Leider ist die Rebe recht anfällig für Pilzkrankheiten, vor allem für Falschen Mehltau. Seit der Reblauszeit zeigen gepfropfte Reben auch die Neigung, ihre Frucht vor der Reife abzuwerfen. Gute Erträge liefert der Dolcetto überhaupt nur in geeigneten Lagen, die alle in den DOC-Zonen und diese wiederum alle in Piemont zu finden sind: Dolcetto di Diano d'Alba, d'Alba, delle Langhe Monregalesi, di Dogliani, d'Asti, d'Acqui und di Ovada.

Nach manchen Theorien soll die Rebe ursprünglich aus Frankreich stammen, doch wird sie bei Monferrato in Piemont schon seit dem 11. Jahrhundert angebaut. Für die Winzer in den Langhe-Bergen ist der Dolcetto deshalb so wertvoll, weil er in Lagen gedeiht, die dem Nebbiolo, der sowieso im Durchschnitt erst drei bis vier Wochen später reift, nicht zusagen.

Synonyme:
Dolsin, Dolsin Nero

Gute Qualität, aber nicht langlebig

Grignolino

Der Grignolino ist noch spezifischer piemontesisch als der Dolcetto; er wächst vorwiegend im Schaumweinland um Asti und Alessandria. Sein Rotwein ist ausgesprochen spritzig und so zart im Geschmack, daß er nicht zu allen Speisen paßt. Sein Bukett mit dem sanften Anflug von Kräutern und Blumen hat geradezu etwas Alpines an sich. Grignolino-Weine sind leicht im Körper und trinken sich jung am besten. Das Wort »charmant« scheint eigens für sie erfunden zu sein.

Der Name der Rebe hat sich aus einem italienischen Wort entwickelt, das die in dieser Sorte besonders großen und reichlich vorhandenen Kerne bildhaft wiedergibt. Gewisse Schwierigkeiten mit der Reife bringen es mit sich, daß an einem Rebstock oft Trauben in ganz unterschiedlichem Reifezustand hängen. Deshalb sind auch die Erträge von Jahr zu Jahr sehr verschieden.

Grignolino

Synonyme:
Barbesino, Verbesino, Balestra, Arlandino

Leicht, aber nachhaltig

Croatina

Der Ursprung dieser reichlich verwirrenden Rebsorte liegt vermutlich in Alessandria. Heute wird sie bei Pavia an der Grenze zwischen Piemont und der Lombardei angebaut, und ihr berühmtester und einziger DOC-Wein heißt nach dem gebräuchlichen, aber irrtümlichen Synonym Bonarda dell'Oltrepò Pavese. Dabei ist Bonarda Piemontese der richtige Name einer nicht so verbreiteten, mit der Croatina zwar verwandten, aber dennoch eigenständigen Rebsorte (siehe unten). Heutzutage werden Croatina und Bonarda Piemontese unterschiedslos als Bonarda bezeichnet, aber es ist eigentlich die Croatina, die sich so gut mit Barbera ergänzt, vor allem im Gutturnio aus der Emilia-Romagna.

Croatina bringt wie Dolcetto guten, früh trinkreifen, runden und fruchtigen, tief dunklen Wein, der allerdings ausgeprägt bitter, manchmal sehr gerbstoffherb und für einige Jahre Flaschenlagerung durchaus dankbar ist. Später Austrieb und späte Reife sind Merkmale dieser Rebe.

Synonyme:
Bonarda, Croattina, Crovattina, Croata, Crovettino, Neretto, Uva Vermiglia

Typisch italienisch; gutes Potential

Bonarda Piemontese

Auf die echte Bonarda entfielen einst 30% der Gesamtanbaufläche von Rotweinreben in Piemont. Nach der Reblauszeit sank jedoch das Interesse an ihren so süffigen Weinen, während Freisa und insbesondere Barbera an Beliebtheit gewannen. Neuerdings gibt es Anzeichen, daß neben dem Dolcetto auch die Bonarda wieder populär wird. Ihr leichter, angenehmer und fruchtiger Wein ist sogar gekühlt ausgesprochen gut. Heute wird die Sorte vor allem in den Bergen um Turin angebaut.

Synonyme:
Bonarda di Chieri, Bonarda di Gattinara, Balsamina

Leichter und milder als Croatina

Freisa

Diese kuriose Rebe ist in Piemont schon seit 1799 belegt. Heute gibt es zwei verschiedene Klone, Freisa Piccola, vorwiegend in den Bergen, und Freisa Grossa, die in der Ebene nicht ganz so spritzige Weine erbringt.

Das Kuriose an ihr ist der – wie Burton Anderson schreibt – »süßsäuerliche Geschmack, etwa wie leicht gesalzene Himbeeren«. Freisa wird zu kirschroten Wei-

Freisa

nen aller Süßegrade und in stillen, perlenden und schäumenden Versionen verarbeitet. Sie kamen infolge der Nebbiolo-Begeisterung aus der Mode, doch wächst ihre Beliebtheit inzwischen wieder.

Die Rebe ist ziemlich resistent gegen Falschen Mehltau, aber anfällig für den Echten. Größere Höhen sind nicht ideal für sie, wohl aber trockene, sonnige und freie Lagen. Die Trauben sind säurereich und enthalten oft kräftiges Tannin, dagegen ist ihre Farbkraft nicht stark entwickelt.

Interessant und vielseitig

Braquet/Brachetto

Eine der wenigen Reben, die auch außerhalb der Grenzen Italiens zu finden sind, nämlich an manchen Stellen in der Nähe von Nizza, wo sie den Namen Braquet trägt. Freilich ist sie höchstwahrscheinlich aus Frankreich herübergekommen, denn sie gilt in Bellet als alte Rebsorte, während sie in Piemont im 19. Jahrhundert erstmals erwähnt wird. (Ein 1869er Brachetto, der 1985 noch auf seine eigene rustikale Weise hoch lebendig war, muß wohl einer der ersten seiner Art gewesen sein.)

Heute wird diese Rebe in Italien verbreiteter angebaut als in Frankreich; in Piemont liefert sie vor allem den Brachetto d'Acqui, einen in Farbe und Geschmack an Erdbeeren erinnernden *frizzante*. Der Brachetto gilt als früh-, der Braquet als spätreifend, was aber jeweils im Verhältnis zu anderen Sorten im eigenen Land zu verstehen ist.

Synonym:
Brachetto (Italien)

Fruchtiger Schaumwein

Rossese (di Albenga) ist die verlokkende rote Traube von Ligurien. Um Dolceaqua hat sie ihren Höhepunkt. Sie liefert duftige, recht säurearme Rotweine, die entweder sehr jung oder aber nach zwei bis drei Jahren am besten zu trinken sind, denn dann muten sie an wie ein Fleurie.

Die ertragsschwache Vespolina wird in Novara viel angebaut und oft mit Nebbiolo zu Weinen wie Fara, Sizzano, Boca und Ghemme verschnitten. Die alte Uva Rara wuchs früher auch in diesem Gebiet, gehört heute aber mehr zu den Oltrepò-Pavese-Rotweinen. Die ziemlich spätreifende Sorte Petit Rouge bringt im Aosta-Tal dunkle, blumige Weine ohne zu starke Säure. Ihre kleinen, dunklen Beeren sehen staubig grau aus. Laut Viala handelt es sich dabei um dieselbe Sorte wie die fast ausgestorbene Schweizer Rebe Rouge de Valais. Weitere nordwestitalienische Rebsorten sind: Avana, Avarengo, Barsalinga, Caloria, Groppello, Neretto di Bairo, Pignola Valtellinese, Plassa, Pollera Nera, Rossola Nera, Vien de Nus.

Nordostitalien

Corvina

Neben Rondinella, Molinara und gelegentlich Negrara gehört Corvina mit 70% als wichtigste Zutat in den Valpolicella und ähnliche Rotweine in der Umgebung. Das helle Karminrot, der leichte Körper und die recht herbe, dennoch milde und an Bittermandeln erinnernde Art dieser Traube ist den Weinfreunden in aller Welt vertraut. Manche Erzeuger beweisen, daß diese Mischung etwas ganz Wunderbares sein kann. Die Traube reift spät, und ihre Qualität hängt eindeutig vom Ertrag ab.

Synonyme:
Corvina Veronese, Cruina

Leicht

Raboso

Diese Rebe läßt in mancher Hinsicht den Cabernet Sauvignon als einen »Weichling« erscheinen. Der Tanningehalt des Cabernet liegt meist bei 4,7%, der von Raboso bei 5,4, und ein Vergleich des Säuregehalts zeigt noch deutlicher, wieviel robuster der Raboso doch ist als der als hart verschriene Cabernet.

Auch tiefdunkle Farbe hat der Raboso aufzuweisen – nur in einer Hinsicht ist er schwach: im Alkohol. Junger Raboso ist schwer zu trinken (zu kauen dagegen leichter), aber er eignet sich gut zum Verschneiden mit milderen Weinen. Manche Raboso-DOC-Weine aus dem Veneto entfalten nach einigen Jahren in der Flasche sogar Charme.

Die Rebe wächst vorwiegend beiderseits der Piave-Ebene. Der aus Treviso stammende und nach einem Signor Veronese benannte Klon Raboso Veronese wird am meisten angebaut, doch gibt es auch einen Klon Raboso del Piave, der bei später Reife gute Erträge liefert und hohe Resistenz gegen Fäule und Pilzkrankheiten bietet.

Synonyme:
Rabosa, Friulara, Negron

Überaus harter Wein

Rabosa

Schiava Grossa (Trollinger)

Obwohl sie kaum je unter diesem Namen auf einem Weinetikett steht, ist diese Rebe doch weit in der Welt herumgekommen. Als Schwarzer Hamburger ist sie eine in England und den Benelux-Ländern bekannte Tafeltraube. Als Trollinger herrscht sie so gut wie allein über den Rotweinanbau in Württemberg, doch hat sie wohl ihre größte Bedeutung in Südtirol, wo sie mit 3500 ha die bei weitem meistangebaute Rebsorte ist, eigentlich aber Vernatsch heißt. Hier fühlt sich die Rebe offenbar schon lange wohl, und man begreift auch leicht, wie sie zu ihrem deutschen Namen Trollinger gekommen ist: Er ist eine Verkürzung von Tirolinger. Der italienische Name Schiava läßt an Slava und daher slawische Herkunft denken, wörtlich übersetzt aber bedeutet er Sklavin, was als Hinweis auf die außerordentliche Genügsamkeit dieser Rebe gedeutet wird. Jedenfalls wächst sie in Norditalien schon seit dem 15. Jahrhundert oder vielleicht noch länger, während sie offenbar erst im 17. Jahrhundert nach Deutschland gelangt ist.

Es gibt mehrere Klone von Schiava, der verbreitetste ist Schiava Grossa oder Großvernatsch. Er ist wegen seiner Widerstandsfähigkeit und seines hohen Ertrags sehr beliebt. In der Ebene bringt er ohne weiteres 130 hl/ha, wenn er nicht den DOC-Bestimmungen entsprechend kräftig zurückgeschnitten wird. Der St. Magdalener darf höchstens zwei Drittel dieser Ertragsmenge haben. Nur dann und wenn er zu voller Reife gelangt, bringt er auf den Hanglagen Südtirols einen Wein mit echter Substanz. Andernfalls produziert er wohl gute Tafeltrauben, dem Wein aber fehlt es an Farbe, Säure, Alkohol, Körper und Tannin. Bestenfalls fällt er angenehm fruchtig, wenn auch für einen Rotwein erstaunlich charakterlos aus und muß sofort getrunken werden.

Der Großvernatsch ist auch der in Württemberg als Trollinger am meisten angebaute Klon (2200 ha). Wie in Deutschland allgemein üblich, sind die Erträge sehr hoch: 100 bis 150 hl/ha stellen einen guten Durchschnitt dar. Die Rebe ist auch hier anfällig für Echten Mehltau, ansonsten aber ist sie recht widerstandsfähig, nur reifen ihre Trauben wahrhaftig sehr spät – erst nach dem Riesling – und bringen Weine mit deutlich mehr Säure als in Südtirol. Deshalb wohl ist der Trollinger aus allen anderen deutschen Weinbaugebieten verschwunden. Schwierigkeiten macht auch die Pigmentbildung, und darum werden viele Trollinger-Weine als Weißherbst bereitet.

Es gibt noch weitere Klone, so den Grauvernatsch (Schiava Grigia), der viel ausdrucksvollere Weine liefert, aber ungünstig früh reift und an Stielnekrose leidet, den noch früher reifenden, aber ungesunden Kleinvernatsch und den ertragschwachen Tschaggelervernatsch. Sie alle werden nur wenig angebaut. Dem vorwiegend von Schiava gewonnenen Südtiroler *vino da tavola* darf auch etwas Lagrein zugesetzt werden.

Synonyme:
Raisin Bleu (Frankreich); Vernatsch (Südtirol); Trollinger, Fleischtraube, Bockstraube, Schwarzälscher (Deutschland);
Großer Burgunder, Ägypter (Österreich);
Black Hamburg (England)

Einfache Qualität; auch Tafeltraube

Lagrein

Wie die Schiava ist auch diese Rebe eine Hauptquelle für leichte Rot- und Roséweine in Südtirol und im Trentino; allerdings ist sie dort noch nicht so lange heimisch und auch nicht so verbreitet. Sie liefert einen delikaten Rosé namens Lagrein Kretzer und, vor allem bei Bozen, den samtigen Lagrein Dunkel. Beide Arten besitzen feine Süße und wesentlich mehr Charakter als der Schiava-Wein. Die Rebe trägt reichlich, reift aber spät und braucht warme Lagen. Dabei gedeiht sie auf Sand und Kies.

Synonyme:
Lagrain, Lagarino

Mittlere, leichte Qualität

Teroldego

Die Spezialität des Trentino gibt es nur dort und sonst nirgendwo. Darin ist der Teroldego ähnlich wie der Gamay, der ja auch nur in einem ganz bestimmten Gebiet wirklich gedeiht. Was das Beaujolais für den Gamay ist, das ist die flache Ebene namens Campo Rotaliano nördlich von Trient für den Teroldego. Hier wächst praktisch nur er allein. Wie der Gamay hat auch er wenig Gerbstoff, dafür aber kräftige Substanz, ist etwas rauh und bitter und muß innerhalb von fünf Jahren nach der Lese getrunken werden. Er ist eine der selbstbewußten Lokalspezialitäten, von denen es in Italien so viele und so gute gibt.

Synonyme:
Teroldigo, Tiraldega, Tiroldola

Gute, robuste Qualität

Marzemino

Diese Lokalspezialität genoß früher weit über die Grenzen hinaus einen guten Ruf; ihr Name wurde durch Don Giovannis letztes Mahl unsterblich. In ganz vereinzelten Beispielen findet man heute noch den Reichtum, den diese Rebe vor Zeiten bieten konnte. Heute wird die spätreifende Sorte vorwiegend im südlichen Trentino um Isera angebaut. Ihr Wein schmeckt leicht nach Pflaumen, aber das ansprechendste an ihm ist die sehr dunkle Farbe. Die Rebe ist mehltauanfällig und wahrscheinlich seit der Reblauszeit stark degeneriert.

Synonym:
Marzemino Gentile

Mittelmäßige Qualität

Weitere in Nordostitalien angebaute Sorten sind der kürzlich wiedererweckte Schiopettino in Friaul und die inzwischen verbotene amerikanische Hybride Clinton (zusammen mit Schiava Vorfahr von Othello). Des weiteren Parana (Nera Gentile di Fonzaso), Rossignola, Tocai Rosso, Trevisana Nera und Turca.

Westliches Mittelitalien

Canaiolo Nero

Wer sich je mit dem Rezept für den berühmtesten italienischen Wein, den Chianti, befaßt hat, dem ist der Name dieser Rebe vertraut. Zusammen mit Sangiovese und dem bukettstarken Mammolo ist sie eine der für die Mischung zugelassenen roten Sorten.

Zum Teil liegt das daran, daß es nach der Reblauszeit Veredelungsprobleme gab. Heute bewähren sich die Unterlagen Chasselas × Berlandieri 41B und Aramon × Rupestris G1 für diese nicht sehr ertragstarke, aber recht gesunde Rebe am besten.

Zum anderen Teil war schuld, daß die *Governo*-Technik, also das Hinzufügen getrockneter Trauben zum Chianti nach dem Gärprozeß, nicht mehr recht beliebt ist. Für diesen Zweck war der Canaiolo besonders gut geeignet, weil seine neutralen, etwas bitteren, aber robusten Trauben wochenlang getrocknet werden konnten, ohne Schaden zu nehmen. Wegen dieser Eigenschaft und wegen seiner tiefen Farbe wird der Canaiolo, der weit weniger charaktervoll als der Mammolo und weniger gerbstoff- und säurereich als der Sangiovese ist, hoch geschätzt.

Angebaut wird er noch in Umbrien, Latium, den Marken, auf Sardinien und in der Emilia-Romagna, wo er als »Cagnina« gute rote Dessertweine liefert.

Synonyme:
Caccione Nero, Cagnina, Calabrese, Canaivola, Uva Canina, Tindilloro, Uva dei Cani, Uva Donna, Uva Marchigiana, Uva Merla

Mittlere Qualität

CILIEGOLO

Die Rebe wächst in ganz Mittelitalien, ist aber wohl in der Toskana, woher sie auch stammen soll, am bekanntesten. Ihr Wein ist leicht und erinnert in Farbe und Geschmack an Kirschen. Nach den DOC-Bestimmungen ist er als Zutat in vielen Weinen zugelassen, und zusammen mit Montepulciano gehört er auch in den Torgiano, in dem – Burton Anderson zufolge – sein einzigartiger Charakter am besten zum Ausdruck kommt.

Mäßige Qualität

CESANESE COMUNE

Die Rotweinsorte Latiums hat selten Aufregendes zu bieten. Sie wird in ganz Mittelitalien angebaut und unterscheidet sich deutlich vom Cesanese di Affile.

Synonym: Bonvino Nero

Sehr einfach

SAGRANTINO

Die Lokaltraube von Perugia und insbesondere Montefalco liefert wunderbar konzentrierte und lebendige Weine von tief rubinroter Farbe mit leicht bitterem Nachgeschmack. Früher wurde sie teilgetrocknet und erbrachte süßen Wein, inzwischen aber wird sie öfter trocken ausgebaut. Übrigens wurde sie früher auch mit dem heiligen Franz von Assisi in Verbindung gebracht.

Gute Qualität

> Weitere in diesem Raum angebaute Sorten sind Abbuoto, Canina Nera, Olivella Nera und Nero Buono di Coro.

Östliches Mittelitalien

MONTEPULCIANO

Hinter dem Sangiovese ist der Montepulciano die am meisten angebaute Rotweinrebe Italiens. In 20 der 95 Provinzen wird sie empfohlen, am häufigsten angebaut aber wird sie in Mittelitalien, vor allem an der Ostküste, von den Marken bis Apulien. Die Rebe stammt aus der Toskana (oft mit Sangiovese verwechselt).

Heute ist der Montepulciano die wichtigste Rotweintraube der Abruzzen. In einem Durchschnittsjahr werden über 20 Millionen Liter Montepulciano d'Abruzzo entweder als robuster, vollmundiger Rotwein mit gerade genug Tannin für drei bis vier Jahre Lebensdauer oder als Roséwein mit dem Namen Cerasuolo gekeltert. Die Verbindung mit dem intensiveren Vino Nobile di Montepulciano ist lediglich sprachlicher Zufall. Die Montepulciano-Weine sind ihrer angenehmen Art wegen beachtenswert, doch fehlen besondere Geschmacksnuancen.

Die Traube ist ferner beteiligt an Rosso Cònero und Rosso Piceno in den Marken, dem *vino da tavola* Rosso della Bissera in der Emilia-Romagna, Cori Rosso aus Latium und, zusammen mit den Lokalsorten Bombino Nero und Uva di Troia, an der besonders feinen Riserva Il Falcone von Rivera in Castel del Monte in Apulien.

Mit seinen zuverlässigen Erträgen an spätreifenden Trauben kann der Montepulciano für die Welt eine Quelle individueller und angenehmer Weine werden.

Synonyme:
Cordisco, Cordisio, Morellone, Primaticcio, Uva Abruzzi

Vielversprechend

LAMBRUSCO

Was sich mit diesem Namen verbindet, gehört in einer Zeit, in der dieser Wein als Standardgetränk für Leute dient, die sich das Cola-Trinken abgewöhnen wollen, nicht gerade zum Nobelsten, was man sich vorstellen kann. Dabei hat der Lambrusco eine hochachtbare Vergangenheit. Er stammt aus der Emilia-Romagna, wo er heute noch am verbreitetsten ist, insbesondere in den Provinzen Modena und Reggio Emilia, und war schon den alten Etruskern als Lambrusca bekannt (darf aber nicht mit der Wildrebe *Vitis labrusca* verwechselt werden). Er wird wie in den alten Zeiten auf Pergolen erzogen, und seine Gesamtproduktion ist ebenso ehrfurchtgebietend wie beim Montepulciano.

Die über ganz Italien von Sizilien bis Piemont und das Veneto verstreute Lambrusco-Familie hat über 60 Mitglieder. Die wichtigsten sind Lambrusco Salamino, Lambrusco Marani, Lambrusco Maestri, Lambrusco Montericco und Lambrusco di Sorbara, der gern die Blüten abwirft und deshalb schlecht trägt. Die vier Lambrusco-DOC-Weine aus der Emilia-Romagna heißen in ungefährer Reihenfolge ihrer Bedeutung: Lambrusco di Sorbara, Lambrusco Grasparossa di Castelvetro, Lambrusco Salamino di Santa Croce und Lambrusco Reggiano, der aus mehreren Spielarten aus der Gegend von Reggio Emilia verschnitten sein kann und der leichteste von den vieren ist.

Diese Spielarten teilen die Lambrusco-Merkmale: mittelgroße, rundliche, oft dreilappige Blätter und mittelgroße Trauben in gestreckter Pyramidenform. Die Reben sind ertragreich und resistent gegen Krankheiten. Ihre Trauben reifen zwischen der dritten und vierten Epoche, Lambrusco Maestri reift mit am spätesten. Lambrusco Grasparossa hat deutlich mehr Tannin aufzuweisen als die anderen, was angesichts des typischen, süffigen Lambrusco überhaupt ungewöhnlich ist. Lambrusco di Sorbara und Salamino zeichnen sich durch besonders kräftige Säure aus.

Der durchschnittliche Lambrusco-Wein hat einen leichten bis mittelschweren Körper und nicht sehr viel Alkohol, eine beträchtliche Restsüße, er schäumt recht kräftig und gilt deshalb als *frizzante*, und sein Geschmack ist ansprechend und fruchtig. Er ist vor allem in den Vereinigten Staaten so populär, daß er inzwischen in allen drei Farben gekeltert wird – der weiße Lambrusco entsteht dadurch, daß die Traubenschalen so früh wie möglich vom Most getrennt werden. Wie nun jede Wirkung ihre Gegenwirkung hervorruft, bekunden inzwischen die echten »Conoscenti« eine Vorliebe für den untypischen, aber gerade deshalb »echten« Lambrusco: saftig, nur leicht lieblich, sauber und von schöner Traubigkeit.

Mittlere Qualität; jung am besten

> Weitere in Mittelitalien angebaute Sorten sind die traditionsreiche Barbarossa und die rote Lacrima sowie Maiolica, Notardomenico und Sgaretta.

Süditalien

Gaglioppo

Sechs von zehn Rotweinreben in Kalabrien sind Gaglioppo; auch in den Abruzzen, in Kampanien, Umbrien und in den Marken wird die Sorte angebaut. Ihr Ursprung wird in Griechenland vermutet, doch heißt sie außerhalb Kalabriens auch Uva Navarra.

Sie ist sehr trockenheitsfest und daher für das Klima Kalabriens gut geeignet, dennoch kann es Probleme mit Echtem und Falschem Mehltau geben. Am besten gedeiht die Rebe auf sandigen oder tonigen Böden.

Ihre Weine sind sehr alkoholstark und körperreich, und sie brauchen eine gewisse Flaschenreife. Am bekanntesten ist der Cirò, ein außerordentlich kräftiger Wein mit üblicherweise 13,5% Alkoholgehalt, für den eine Mischung aus Gaglioppo und 10% weißen Trauben bereitet wird.

Synonyme:
Galaffa, Uva Navarra, Gaioppo

Konzentriert und kraftvoll

Aglianico

Die Rebe verleiht den besten Rotweinen Süditaliens, zum Beispiel dem Taurasi und dem Aglianico del Vulture, ihre besondere, erregende Note. Die Aglianico-Rebe wurde von den alten Griechen nach Süditalien und insbesondere nach Kampanien gebracht. Es wird vermutet, daß ihr Name eine Abwandlung von *Vitis hellenica* (griechische Rebe) ist. Den Römern war sie als Bestandteil des Falerners bekannt.

Die früh austreibende Rebe fühlt sich in sonnigem, trockenem Klima am wohlsten und ist gegen Echten Mehltau resistent, weniger jedoch gegen Falschen Mehltau und Botrytis. Ihren Höhepunkt erreicht sie in hohen Lagen in Taurasi und Kampanien. Ihr sehr konzentrierter Wein ist in der Jugend überaus gerbstoffherb. Er braucht mehrere Jahre Flaschenreife, bevor er seine sanften, subtil fruchtigen und nobel ausgewogenen Geschmacksnuancen voll entfaltet.

Anderswo gelingt dem Aglianico nichts Besonderes, nur der Aglianico del Vulture in der Basilicata kann brillant und lebendig in herrlichem Granatrot ausfallen.

Synonyme:
Uva Aglianica, Gnanico, Ellenico

Spitzenqualität

Weitere in Süditalien angebaute Sorten sind neben dem als Vorfahr des kalifornischen Zinfandel geltenden Primitivo auch der Bambino Nero von Castel del Monte, der Negroamaro von Salento sowie Piedirosso (Per'e Palummo) und Guarnaccia in Kampanien, die ausgezeichnete Uva di Troia in Apulien und schließlich Agliancone, Caddiu, Cagnulari, Caricagiola, Castiglione, Nocera, Sciascinoso, Magliocco, Canino und Marsigliana Nera.

Sizilien und Sardinien

Nerello

Die bedeutende Rebsorte umfaßt zwei in Sizilien selbst entstandene Arten: Nerello Mascalese verleiht dürftigeren Tafelweinverschnitten Farbe und Stärke, und der deutlich bessere Nerello Cappuccio bringt im Nordosten der Insel feine sortenreine Weine hervor.

Der Nerello Mascalese hat seinen Namen von der Mascari-Ebene in Katanien; sein achtbarster Wein ist der DOC Etna Rosso, der in so hohen Lagen wächst, daß sich die Reifezeit verlängert und dadurch Tiefe in den Wein bringt. Nerello ist eine der drei Sorten, aus denen der vielbegehrte Corvo Rosso besteht. Alle Nerello-Weine sind alkoholstark und langlebig.

Synonyme (Nerello Mascalese):
Nireddu, Nirello, Niereddo

Mittlere Qualität

Weitere auf Sizilien angebaute Sorten sind der ausgezeichnete Nero d'Avola (oder Calabrese) sowie Frappato (di Vittoria), Bovale (di Spagna und Sardo), Catanese, Perricone (Pignatello).

Monica

Der Name dieser roten Rebsorte Sardiniens hat den Vorzug, eigene Etiketten zieren zu dürfen. Wie viele andere Trauben der Insel stammt sie aus Spanien, doch dort ist sie heute nicht mehr bekannt.

Sie wird auf ganz Sardinien angebaut und bringt einfache, für baldigen Verbrauch bestimmte Rotweine hervor. Der Monica di Sardegna ist trocken und lohnt eine gewisse Lagerung, der Monica di Cagliari dagegen ist eher lieblich.

Synonyme:
Monaca, Munica, Niedda, Pascall

Sehr einfache Qualität

Im Aussterben sind der sardische Giro, der wahrscheinlich ebenfalls aus Spanien stammt und einen Port-ähnlichen *vino liquoroso* liefert, sowie die Sorten Albaranzeuli Nero, Nièddera, Nieddu Mannu und Pascale di Cagliari.

Spanien

Monastrell

Nach der Garnache Tinta ist der Monastrell die zweitmeist angebaute Rotweinrebe Spaniens (113000 ha). Er darf nicht mit dem Morrastel in Südfrankreich, bei dem es sich eigentlich um Graciano handelt, verwechselt werden.

In warmem Klima ist der Monastrell eine ideale Traube. Er paßt sich an fast jeden Boden an und erholt sich nach Spätfrösten sehr gut. Er ist hochresistent gegen Krankheiten, ja sogar gegen die Reblaus, so daß die meisten Winzer auf reblausfeste Unterlagen verzichten. In einem alten Weinberg wurde 1984 starker Reblausfraß am Laub beobachtet, ohne daß die Frucht oder auch das Weinpotential merklich geschädigt worden wäre. Nimmt man noch den für spanische Verhältnisse recht guten Ertrag hinzu, dann ist seine Beliebtheit nicht weiter verwunderlich.

Die Rebe treibt spät aus, und ihre Trauben reifen ebenfalls spät, meist erst Mitte Oktober. Der Wein ihrer kleinen, süßen Beeren ist alkoholstark, etwas flach und ziemlich hell. Er ähnelt dem Garnacha-Wein, ist aber trockener und »fleischiger«, und seine Lebenserwartung ist höher. Er wird hauptsächlich zu *rosado,* leichten, hellen Rotweinen und manchmal zu süßen Dessertweinen verarbeitet.

Die Haupt-Monastrell-Gegend ist Alicante; dort nimmt die Rebe rund 70% der gesamten Weinbergfläche ein, allerdings ist die Pflanzdichte wegen der Trockenheit mit 1500 Stöcken je Hektar sehr niedrig. In der ganzen Levante, in den Provinzen Valencia und Murcia, wo er Hauptbestandteil des schweren Yecla und Jumilla ist, sowie in Aragón, Rioja Baja und Katalonien, wo er dem Tempranillo (beispielsweise im Coronas von Torres) Saft und Kraft verleiht, wird der Monastrell angebaut.

Synonyme:
Morastel, Moristel, Monastel, Morrastal, Moraster, Ministral, Alcayata, Valcarcelia

Interessant und sehr kraftvoll

Monastrell

Bobal

Bobal ist eine der bedeutendsten Traubensorten Spaniens und wird ebenso verbreitet angebaut wie Monastrell. Sein Wein ist nicht von der dicklichen spanischen Art, vielmehr eher mager. In Utiel-Requena nimmt die Rebe 95% der Gesamtrebfläche von 50000 ha ein und liefert Wein mit nur 11,5% Alkohol bei recht kräftiger Säure. Damit unterscheidet er sich deutlich von den Schwergewichtlern Yecla und Jumilla weiter im Süden. Jan Read empfiehlt die Bobal-*Rosados* aus Utiel-Requena sehr. Die Sorte wird auch in Alicante neben Garnacha und Monastrell angebaut und ist auch im Cariñena und anderen Weinen aus Aragón anzutreffen.

Synonym: Tinto de Requena

Säurereicher und alkoholärmer als andere spanische Weine

Tinto de Madrid

Die sehr einfache Sorte wird verbreitet zusammen mit Garnacha in den nicht gerade hervorragenden Weingegenden südlich von Madrid angebaut. Die Behörden empfehlen Ersatz durch Tempranillo oder Tinto Fino, vor allem im 32800 ha großen Anbaugebiet Méntrida. Das *Anuario del Vino 1984* gibt die Gesamtanbaufläche für Tinto de Madrid mit 30000 ha an. Die Weine sind sehr alkoholstark, aber sonst nichtssagend.

Synonym: Tinto Basto

Sehr einfache Qualität

Mencia

Mencía ist wahrscheinlich die feinste unter den vielen Rebsorten Galiciens, doch muß sie leider der viel unsubtileren Garnacha und dem minderwertigen Alicante Bouschet weichen. In Valdeorras wird sie Cabernet oder Médoc genannt; allerdings gibt es keine eindeutigen Hinweise auf eine Verwandtschaft mit den großen Bordeaux-Trauben.

Wegen der einfachen Weinbereitungstechniken in der Nordwestecke Spaniens und der hier üblichen Mischung mit anderen Traubensorten ist es schwierig, den reinen Mencía-Geschmack herauszufinden, doch sollen die Trauben delikat, süß und aromatisch sein und der Wein entsprechend zart, alkoholstark und würzig, aber ziemlich hell (was auf jeden Fall gegen eine Verwandtschaft mit Cabernet Sauvignon spricht). In León wird Mencía mit Tempranillo und Prieto Picudo verschnitten.

Sehr gute Qualität, feine Weine

Prieto Picudo

Die schwarztraubige Sorte von León steht im spanischen Weinbau an 20. Stelle. Sie liefert ähnlichen Wein wie der Tempranillo, mit dem sie zusammen mit Mencía verschnitten wird.

Graciano

Graciano

Rioja sollte sich schämen, daß von dieser subtilen Traube mit ihrem zarten Bukett nur noch einige hundert Hektar in den ältesten Weinbergen von Rioja Alta übriggeblieben sind.

Sehr wahrscheinlich ist der Grund für den stark zurückgegangenen Anbau im schwachen Ertrag der Rebe zu suchen, die obendrein gegen Ende der Wachstumsperiode nur mit viel Spritzmitteln gesund erhalten werden kann. Die Lese findet meist erst spät im Oktober statt.

Der schwache Ertrag hat wohl auch in Frankreich, wo der Graciano als »Morrastel« in den Grenzgebieten am Mittelmeer sehr beliebt war, dazu geführt, daß die Bestände dieser Rebe stark dezimiert worden sind. 1979 betrug ihre Anbaufläche im Languedoc-Roussillon nur noch 1600 ha gegenüber 8900 ha zehn Jahre zuvor. In den letzten 50 Jahren wurde sie nur sehr wenig neu angepflanzt.

Graciano-Wein zeichnet sich durch kräftiges Aroma, lange Lebensdauer und schöne Farbe aus. Daß er in modernen Rioja-Verschnitten fehlt, dürfte den Qualitätsunterschied zwischen den großen Rioja-Weinen von einst und jetzt einigermaßen erklären. Auch in Navarra hat der Anbau dieser Rebe alte Tradition.

Eine kleinere Anbaufläche existiert auch in Australien, allerdings wurde dort festgestellt, daß es sich bei der als Morrastel bezeichneten Rebe eigentlich um Mourvèdre handelt.

Synonyme:
Morrastel, Perpignanou Bois Dur, Courouillade, Couthurier (Frankreich); Xeres (Kalifornien)

Hohe Qualität, sehr würzig

Die folgenden Rebsorten wurden in Spanien aus vielen Hunderten als rote Hauptsorten für den künftigen Anbau ausgewählt und amtlich empfohlen: Brancellao – traditionelle Sorte in Galicien, um Orense verbreitet; Caiño Tinto – traditionelle Sorte in Galicien; Garnacha Tintorera – rotfleischige Farbsorte, traditionell in Alicante, Toledo und Ciudad Real angebaut; Listan Negra – dunkle Palomino-Traube; Manto Negro – Sorte auf Mallorca; Pansa Negra – sehr einfache Sorte im Nordosten; Pansa Valenciana (Vinater, Vinyater) – einfache Sorte von Valencia; Sonsón – gute Sorte in Galicien.

Weitere, im Schwinden begriffene Sorten sind: Juan Ibanez in Cariñena, Moravia in La Mancha und Sumoll in Alella.

Portugal

Portugals Weinbau befindet sich im Umbruch, und Statistiken sind schwer erhältlich. Daher ist es unmöglich, die Rebsorten nach der Anbaufläche zu ordnen.

Hochwertige Sorten

Touriga Nacional

Über die Touriga Nacional besteht allgemeine Übereinstimmung: Sie ist die feinste Traube für roten Portwein. Diese Meinung wird auch in Australien geteilt.

Die Rebe ist sehr wuchskräftig, bringt aber überaus schmale Erträge: etwa 300 g je Rebstock gegenüber dem Normalertrag von 2 kg, wie er im Alto Douro üblich ist. Als Ausgleich für diese Ertragsschwäche ist sie sehr widerstandsfähig gegen Pilzkrankheiten, vor allem gegen den Echten Mehltau, der hier eine große Plage darstellt. Das dürfte ihren relativ verbreiteten Anbau motivieren. 1979 wurde ein 15-Jahre-Programm für die Klonselektion in Angriff genommen, und zwar mit dem Ziel einer Ertragssteigerung um 15% und einer Anhebung des schon recht hohen durchschnittlichen Zuckergehalts um 10%. Der Wein, den die Touriga Nacaional mit ihren auffallend kleinen Beeren hervorbringt, ist sehr dunkel und hat ein gehaltvolles Aroma. Er erinnert an starkduftige Frucht, etwa an Maulbeeren, und zeichnet sich durch ausgewogene Art und kräftige Frucht bei hohem Extrakt- und Tanningehalt in der Jugend aus. Auf dieser Sorte beruhen die meisten feinen Jahrgangs-Portweine.

Villa Maior beschrieb die Touriga und ihre Spielarten Touriga Fina, Touriga Foiufeira und Touriga Macho 1875 ausführlich im Vergleich mit Cabernet.

Touriga Nacional ist auch der wertvollste Bestandteil im roten Dão. Dem Gesetz nach muß sie mindestens 20% der Mischung ausmachen, aber die Anbaufläche dieser edlen Sorte ist in der Region während der letzten 50 Jahre um 95% zurückgegangen.

Touriga Nacional

Auch in Australien spielt sie als Portweinbestandteil an der Grenze zwischen Nordost-Victoria und Neusüdwales eine bedeutende Rolle.

Synonym: Touriga

Superbe Qualität, geringer Ertrag

Alvarelhao

Alvarelhão

Umstrittener ist schon, ob die Alvarelhão-Rebe in diesen Abschnitt gehört. Während die Touriga Nacional gehaltvoll und dunkel ist, bringt Alvarelhão in jeder Hinsicht leichten Wein hervor, doch immerhin so ausgewogenen, daß ihm großes Potential für roten Tafelwein zugesprochen wird.

Die Sorte wird hauptsächlich in den Distrikten Tras-os-Montes und Douro im Norden angebaut, ist aber auch im Minho und Dão zugelassen. Obwohl sie aus dem Alto Douro stammt, wird sie als Portweinbestandteil nicht besonders geschätzt.

Villa Maior beschreibt Alvarelhão als eine der besten Sorten Portugals, die größere Verbreitung verdient hätte. Vor allem die kräftige Säure und der köstliche Geschmack des Weins aus den hartschaligen, eher hell- als dunkelroten Beeren erscheint ihm wertvoll.

Jenseits der spanischen Grenze wächst die Sorte in geringerem Umfang in Galicien, und auch in Südafrika gibt es kleine Bestände.

Synonyme: Locaio, Pilongo (Dão)

Feine Qualität

Tinta Miuda

Die »kleine rote« Traube wächst vor allem in Estremadura, heute offiziell Oeste genannt, und in der Region Ribatejo im Süden. Sie dient oft als Bestandteil einfacher Massenweine. Allerdings hat sie sich auch schon mit sortenreinen Weinen mit gutem Charakter hervorgetan, daher dürften ihr Ruf und ihre Anbaufläche wachsen.

Vielversprechend

Touriga Francesa

Diese mit der einfachen Tinta Francisca nicht verwandte Sorte gehört zu den besseren Portweintrauben. Sie ist leichter und heller als Touriga Nacional, aber ertrag- und bukettreich. Sie bringt einen feinen Duft in jede Mischung ein und spielt gewissermaßen die Rolle des Cabernet Franc, wenn man Touriga Nacional mit dem Cabernet Sauvignon vergleicht. Experimente mit Rosés haben gezeigt, daß Touriga Francesa den besseren, fruchtigeren Wein erbringt.

In Kalifornien wird in gewissem Umfang eine »Touriga« angebaut, die als mäßig ertragreich (100 hl/ha) gilt. Ihre Blätter werden als leicht rauh beschrieben, und da die Touriga Nacional glatte Blätter hat, handelt es sich sicher um Touriga Francesa.

Gute Qualität, würzig

Minho

Alle für den leichten, säuerlich herben roten Vinho Verde verwendeten Sorten sind nur von lokalem Interesse. Die im ganzen Minho angebaute Espadeiro-Rebe kommt auch in Galicien, im nördlichen Bairrada, im Distrikt Tomar, in Carcavelos und als Bestandteil der Rotweine von Setúbal vor. Weitere Sorten sind Azal, Borraçal, Brancelho, der dunkle Rabo de Ovelha und Vinhão sowie die einfacheren Labrusco und Samarim.

Douro

Tinta Cao

Die Rebe wächst mindestens schon seit dem 17. Jahrhundert im Douro, ist aber wegen ihres sehr geringen Ertrags fast verschwunden. Ihr Wein ist sehr fein und komplex; deshalb sind jetzt Bestrebungen im Gange, sie wiederzubeleben. Experimente mit flacher Erziehung anstelle des Guyot-Systems scheinen Erfolg zu versprechen. Auch für Dão wird die Sorte empfohlen.

Die Universität von Kalifornien in Davis hat gute Erfahrungen mit ihr gemacht: Es wurden Erträge von fast 70 hl/ha erzielt.

Spitzenqualität, fast ausgestorben

Tinta Cão

Tinta Barroca

Die Rebe gilt im Douro noch immer als »neue« Sorte – weil sie erst seit einem Jahrhundert dort heimisch ist. Sie verträgt kühle Lagen gut und wird deshalb meist auf Nordhängen angebaut. Die sehr wuchskräftigen und gesunden Reben bringen hohe Erträge.

Ihre robusten Weine werden gelegentlich als mildernde Zutat in Port-Verschnitte gegeben. Sogar eingeschrumpfte Tinta Barocca-Trauben liefern feinen Wein.

In Südafrika hat sie sich als beste Port-Sorte bewährt. Dort wird sie von allen Douro-Rebsorten am meisten angebaut und liefert inzwischen auch erdige, robuste und dunkle sortenreine Tafelweine.

Robuster Wein

Mourisco Tinto

Die Rebe zählt zu den wenigen ganz hochwertigen Douro-Sorten. Die Farbe ihres Weins ist zwar nicht so tief wie bei den anderen, dafür hält sie sich besser bis in ein hohes Alter. In der Jugend ist der Wein dieser Sorte sehr ausgeglichen und besitzt eine feste, herbe Struktur. Der einzige Nachteil ist der empfindliche Blütenansatz, der oft den sonst guten Ertrag mindert. Mourisco de Semente ist eine einfachere Rebsorte.

Sehr fest, aber leicht

Tinta Amarella

Diese Sorte gehört zu den »neun Besten« für Portwein, rangiert allerdings erst hinter den Tourigas, der Tinta Barroca, Tinta Cão und Roriz (Tempranillo). Die Stärke der ertragreichen Rebe liegt mehr in der Farbe als im Geschmack. Auch für Dão-Tafelweine wird sie in gewissem Umfang empfohlen.

Im Süden Portugals wird die Rebe Trincadeira genannt. Villa Maior meinte, sie und Periquita seien identisch; seitdem beide aber nebeneinander in Estremadura, Alentejo und Ribatejo angebaut werden, zeigen sich deutliche Unterschiede. In Bairrada gilt Trincadeira als einfachere Rebsorte.

In Südaustralien, wohin sie wahrscheinlich mit den ersten Rebenimporten James Busbys gelangt ist, wird sie für die französische Rebe Amarot aus den Landes gehalten. Ansonsten wird sie in Australien mit Malbec verwechselt.

Synonyme:
Trincadeira Preta, Espadeira (Portugal); Portugal (Australien)

Mittlere Qualität, etwas neutral

Bastardo

Die weit in der Welt herumgekommene Rebe zählt zwar zu den neun Portweinsorten. Sie trägt mit mindestens 60% zu roten Portweinen bei. Hoch angesehen ist sie trotzdem nicht, da sie vor allem Menge und Süße, aber kaum Charakter beisteuert. Ihre Trauben reifen früh, doch ihr Zuckergehalt kann hochgetrieben werden, indem man sie am Stock läßt, bis die Blätter fallen.

Bastardo ist mit bis zu 80% auch für roten Dão sowie in ganz Bairrada zugelassen, obwohl er dort in der Baga-Hochburg kaum angebaut wird. Auf Madeira dagegen wird er noch kultiviert, allerdings meinen manche Fachleute, es handle sich nicht um dieselbe Sorte wie auf dem Festland. Wie Terrantez ist auch Bastardo dort inzwischen selten geworden.

Bei ihrem hohen Zuckergehalt eignet sich die Traube eindeutig für Dessertwein, und dafür wird sie in Australien auch verwendet. Sie wird dort durch Regen oft geschädigt und trägt deshalb unregelmäßig. Die Australier nannten sie früher irrtümlich Cabernet Gros oder gar Touriga, aber Truel hat 1976 Ordnung in die Bezeichnungen gebracht.

Ihre wohl merkwürdigste Manifestation zeigt die Rebe als Trousseau im Jura, wo ihre Anbaufläche über 100 ha umfaßt. Der Trousseau stellt die eiserne Faust dar, die in den Samthandschuh Poulsard paßt. Bei strengem Rückschnitt kann der Trousseau (der sonst ohne weiteres 100 hl/ha ermöglicht) Weine mit guter Farbe und kräftigem Körper hervorbringen, die zudem lange Lebensdauer haben. Allerdings leidet er in strengen Wintern sehr, und er ist anfällig für Anthraknose. Schwer zu verstehen ist, wie diese in Frankreich sonst kaum vorkommende Sorte einen so weiten Weg zurücklegen konnte. Auch ist es erstaunlich, daß sie in so gegensätzlichem Klima wie am Douro und in Südaustralien einerseits und im Jura andererseits so gut gedeihen kann.

In Kalifornien heißt die Rebe ebenfalls Trousseau; allerdings hat sie sich dort nicht bewährt (siehe Trousseau Gris).

Synonyme:
Trousseau, Triffault, Toussot, Trousse (Jura); Trousseau (Kalifornien); Cabernet Gros (Australien)

Mäßige Qualität, hoher Zuckergehalt

Tinta Francisca

Die Douro-Rebe wurde lange fälschlich mit Pinot Noir in Verbindung gebracht. Die Weine der beiden Trauben haben einen gewissen süßen Duft gemeinsam, ampelographische Verwandtschaften sind aber nicht nachgewiesen. Tinta Francisca zählt nicht zu den geachtetsten unter den neun führenden Portwein-Trauben.

Süß, aber nicht sehr konzentriert

Sousao

Die Rebe hat sich aus ihrer Heimat in Nordportugal, wo sie im Minho und im Dão zugelassen, aber im Douro nicht besonders hoch angesehen ist, in die weite Welt aufgemacht und in Südafrika und Australien den Respekt gefunden, der einer echten Portweintraube zusteht.

Ihre Farbe ist kräftig, doch ihr Geschmack ist oft rauh und rosinenhaft bei zu wenig Säure. Trotzdem wird sie in Kalifornien geschätzt, wo ihre Anbaufläche etwa 120 ha, vorwiegend in heißen Regionen, umfaßt. Der Ertrag beläuft sich dort auf 90 hl/ha.

Ertragreich, aber derb

Andere für Portweinverschnitte empfohlene Sorten sind Cornifesto, Donzelinho (hiervon existiert auch eine weiße Version), Malvasia, Periquita, Rufete (auch in Spanien anzutreffen) und Tinta Barca.

Für Portwein ferner zugelassen sind zahlreiche Sorten: Alicante Bouschet, Alvarelhão, Aramont (vermutlich Aramon), Carinhana, Carrega Tinto, Casculho, Castela, Concieira, Goncalo Pires, die französische Grand Noir, Grangeal, Mondet, Moreto, Mourisco de Semente, Nevoeira, Patorra, Petit Bouschet, Portugues Azul, Preto Martinho, Santarem, São Saul, Sevilhão, Sousão, Tinta Aquiar, Tinta da Bairrada, Tinta Carvalha, Tinta Lameira, Tinta Martins, Tinta Mesquita, Tinta Miúda de Fontes, Tinta Pereira, Tinta Pomar, Tinta Roseira, Tinta Valdosa, Tinta Varejoa und Touriga Brasileira.

Bairrada

Baga

Das Weinbaugebiet Bairrada wird von der Baga beherrscht, auf die 85% der Rotweinerzeugung dieser Region entfallen. Sie ist mit größter Sicherheit Portugals meistangebaute Rotweinrebe.

Baga ist eine sehr ertragreiche, aber nicht unbedingt feine Sorte. Der Wein ihrer dickschaligen Trauben ist dunkel und oft sehr herb, weil die Schalen und Stiele aus Tradition länger als eine Woche mit vergoren werden. Die Region Bairrada befindet sich gegenwärtig im Umbruch, wobei die Weinbereitungsmethoden und vielleicht sogar der Rebenbestand an moderne Gepflogenheiten angepaßt werden. Freilich wäre es schade, wenn diese Umstellung auf den üblichen Verbrauchergeschmack zu nichts weiter führen würde als zu einer »internationalen« Machart.

Baga wird auch im Minho und im Dão angebaut (sie dürfte rund die Hälfte des roten Dão liefern) sowie auch in vielen offiziell nicht erfaßten Bereichen um Bairrada herum.

Mittlere Qualität, oft sehr streng

Castelhão, Preto de Mortágua, Agua Santa und Trincadeira sind von der Baga weitgehend aus Bairrada verdrängt worden, ebenso eine Reihe roter Dão-Sorten.

Dão

Jaen, Alfrocheiro Preto und Tinta Pinheira werden in Bairrada und im Dão angepflanzt. Tinta Pinheira gilt als die älteste von ihnen und wurde früher für eine Verwandte des Pinot Noir gehalten. In Kalifornien gibt es einige Tinta-Pinheira-Reben, doch scheint es sich dabei nicht um dieselbe Sorte zu handeln.

Südportugal

Mureto do Alentejo

Diese in Alentejo beliebte Rebsorte unterscheidet sich von Mureto do Douro, von dem die bedeutende deutsche Portugieser-Rebe abstammen soll. Die auch in der Algarve angebaute Traube ist sehr ertragreich und in Portugal überaus geschätzt, während dem Ausländer der eigentümliche Nußgeschmack auffällt.

Synonym:
Moreto

Nur von lokalem Interesse

Periquita

Periquita und die seltenere Camarate sind Rebsorten, die vorwiegend in den traditionsreichen Weinbaugebieten an der Küste vorkommen. Ihre Namen gelten für die zu Recht berühmten portugiesischen Rotweinmischungen. Allerdings besteht der Periquita von J. M. da

Fonseca aus Azeitão südlich von Lissabon nicht unbedingt allein aus dieser Traube.

Die Periquita wird in ganz Südportugal, insbesondere an der Küste, aber auch im Binnenland angebaut und gedeiht sogar auf Sandboden. Ihr Wein ist sehr gehaltvoll, aber in der Jugend streng, mildert sich jedoch in der Flasche. Er zeichnet sich durch Festigkeit und Langlebigkeit besonders aus und ist auch für nicht-portugiesische Gaumen ansprechend. In der Algarve wird er stark mit Negra Mole vermischt, wodurch ein leichterer, nicht so lange haltbarer Wein entsteht.

Synonyme:

Santarem, João de Santarem, Castelhão Frances

Guter, robuster Wein

Ramisco

Die für einen der berühmtesten portugiesischen Weine, den Colares, zuständige Rebe ist aus ihrem traditionellen Territorium an der Atlantikküste bei Lissabon durch die hohen Grundstückspreise fast ganz vertrieben worden.

Ihre kleinen dickschaligen Beeren liefern einen Wein, der ebenso lange zum Ausreifen braucht wie ein guter Bordeaux. Der Ramisco wächst nur im Sand von Colares und ist wahrscheinlich die einzige *Vinifera*-Sorte, die nicht gepfropft werden mußte.

Langlebige Weine in bester Qualität

> Weitere in Südportugal angebaute Sorten sind Tinta Carvalha, Tinta Mole, Sumo Tinto, Tintinha, Alva, Castelhão, Parreira Matias, Preto Martinho, Tinto de Pegoes, Molar, Tinta Caiada, Abundante sowie in Algarve Castelhão Nacional, Mortágua, Aragonez (Tempranillo), Monvedro, Crato-Preto (existiert auch in weißer Version), Pau-Ferro und Pexem.

Madeira

Black Spanish

Die in Madeira auch Jacquet genannte Rebe ist die dort meistangebaute Hybride und wahrscheinlich auch überhaupt die verbreitetste Rebe auf dieser Insel, bei deren Namen die Weintrinker in aller Welt doch zuerst an weiße Rebsorten der klassischen Art denken; aber noch eine zweite dunkle Sorte, die Negra Mole, holt inzwischen rasch auf.

Der genaue Ursprung der rotfleischigen Sorte ist nicht bekannt, wahrscheinlich ist sie aber wie andere früher einmal auf Madeira heimisch gewesene Hybriden eine Kreuzung zwischen *Vitis vinifera* und *Vitis aestivalis,* die wiederum viel Ähnlichkeit mit *Vitis labrusca* hat. Ihre tiefe Farbe und ihr hoher Zuckergehalt werden geschätzt. Viele Winzer auf Madeira nehmen dafür den relativ knappen Ertrag in Kauf.

Die Jacquet-Rebe hatte bereits am Ende des vorigen Jahrhunderts festen Fuß auf Madeira gefaßt und konnte sich nach dem Einfall der Reblaus rasch ausbreiten. Damals wurde sie als Unterlage und *producteur direct* verwendet. Im 20. Jahrhundert wurde dann der robuste Jacquet-Wein vielfach auch als Koch-Madeira exportiert und mit dünneren Weinen verschnitten.

Die EG verlangte von Portugal als Voraussetzung für den Beitritt, daß der in ihr Gebiet exportierte Madeira keinen Tropfen Hybridenwein enthalten dürfe. Der muß nun von den Inselbewohnern selbst als ungespriteter rustikaler Rotwein vertilgt werden. 1984 wurden nur 2 Millionen von den 6 Millionen Litern, die auf Madeira erzeugt wurden, nicht von Hybriden gewonnen. Der Export von Madeira-Wein belief sich 1984 auf knapp 4 Millionen Liter. In seinem Madeira-Buch beschreibt Noel Cossart einen 60 Jahre alten reinen Jacquet als einen »typischen alten Madeira, ziemlich schwer und bäuerlich«.

Früher wurde die Hybride auch bei Perpignan in Frankreich angebaut, und sie wird heute noch in Texas von der Val Verde Winery nahe der mexikanischen Grenze kultiviert.

Eine weiße Abart dieser Traube ist auf Madeira ebenfalls bekannt.

Synonyme:

Jacquez, Jacquet, Lenoir, El Paso, Blue French

Hybride; schwacher Ertrag, recht konzentrierter Wein

Negra Mole

Die »sanfte schwarze« Traube ist bei weitem die bedeutendste *Vinifera*-Zutat im modernen Madeira. Auf sie entfallen rund 60% des gesamten *Vinifera*-Rebbestands auf der Insel.

Sie soll eine Kreuzung von Pinot Noir und Grenache sein. Aber beide Vorfahren sind auf Madeira heute nicht mehr vorhanden, nur um Calheta gibt es einige Pinot Noir-ähnliche Reben. Die Spielarten Negra, Maroto, Castelhão und die Spezialität Tinto Molar von Porto Santo sind zwar identifiziert, werden jedoch nicht getrennt verarbeitet.

Die kleinen Trauben bringen hohe Mostgewichte, und ihre dicken Schalen können dem Most, wenn sie eingemaischt werden, kräftige Farbe verleihen, doch ist das nur bei Farbweinen und für gehaltvollere Qualitäten üblich. Trotzdem haben alle Negra-Mole-Weine in der Jugend einen rötlichen Schimmer, der sich mit der Zeit zu dem rötlichen Braungelb entwickelt, das der Weinfreund an den herrlich langlebigen gespriteten Madeira-Weinen schätzt. Ein großer Teil des heute angebotenen Madeira dürfte aus Negra Mole bestehen, ganz gleich, was auf dem Etikett steht. Es darf daher als sicher angenommen werden, daß der Negra-Mole-Wein kräftige, mit der Höhe der Weinberglage zunehmende Säure aufweist.

Die Negra-Mole-Rebe wird in Madeira selbst als gut, aber nicht als nobel bezeichnet. Es gibt jedoch Kenner, die behaupten, sie könne auf einzigartige Weise die Qualitäten der edlen alten Madeira-Reben Malvasia, Bual, Verdelho und Sercial annehmen, je nachdem, in welcher Höhe sie wächst.

In Portugal selbst wird sie mehr angebaut, als man vermutet, insbesondere in Algarve, wo sie als Zutat mit 60% in den dortigen Rotweinen empfohlen wird.

Synonyme:

Tinta Negra Mole, Tintinha (Madeira); Negramoll (Spanien)

Ertragreiche einfache Sorte

Complexa ist eine Neuzüchtung und als Ersatz für Negra Mole gedacht. Sie besitzt dieselben Eigenschaften, hat aber schon bei geringeren Höhen gute Säure und einen weniger aggressiven Tanningehalt. Die größeren Beeren reifen früher, und die Pflanze ist resistent gegen Echten Mehltau und Graufäule.

Cunningham heißt die zweitwichtigste Hybride Madeiras, ebenfalls eine Kreuzung zwischen *Vitis aestivalis* und *V. vinifera,* oft auch als Canica bezeichnet. Sie ist heller als Jacquet und diente als Grundlage für hellere Madeiras, zum Beispiel Rainwater. In Madeira geht die Sorte stark zurück, aber in Kanada wird sie noch häufig für Roséwein verwendet.

Die Hybride Isabella (siehe Seite 224) wurde als Unterlage importiert und liefert rauhen, hellroten *vinho americano* als Konsumwein. Sie heißt auch Isabellinha oder Bellina.

Tinta da Madaira ist eine noch wenig verbreitete, aber zunehmende Sorte mit guter Krankheitsresistenz. In Kalifornien wird Tinta Madeira sehr viel mehr angebaut – fast 80 ha vorwiegend im Central Valley; sie wird für »Portwein« verwendet. Portugiesische Fachleute bezweifeln, daß sie die echte Madeira-Sorte ist.

Triunfo ist eine zwar nicht gute, aber ertragreiche Sorte, die auch in der Algarve und in Südostportugal als Tafeltraube angebaut wird.

Barrete de Padre wird in winzigen Mengen angebaut, und Feral liefert in Porto Santo Tafelwein.

Deutschland

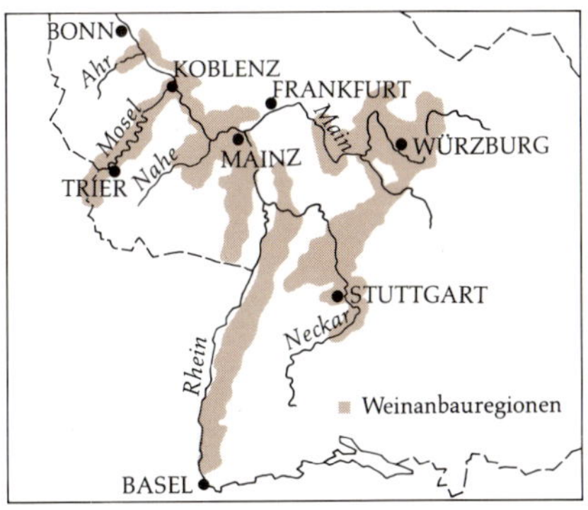

Blauer Portugieser

Die Rebe bildet in Deutschland eine wichtige Quelle für Rotwein. Obwohl sie oft mit Herablassung behandelt wird, ist sie doch auch in Österreich die meistangebaute Rotweinsorte, und Frankreich verfügt über 1000 ha Portugais Bleu. Nimmt man ihre Anbauflächen in Osteuropa, wo sie als Oporto und Portugaljka wächst, noch hinzu, dann stellt man überrascht fest, daß der Rebe im größeren Rahmen beträchtliche Bedeutung zukommt.

Wie sie zu ihrem Namen kam, bleibt ein Geheimnis, denn selbst phantasievollste Bemühungen, sie mit portugiesischen Rebsorten in Verbindung zu bringen, sind bisher fehlgeschlagen; sie scheint vielmehr mit Sicherheit aus

Blauer Portugieser

Österreich zu stammen. Die Rebe ist selbst für deutsche Verhältnisse überaus ertragreich – 160 hl/ha sind durchaus üblich, dazu trägt die gute Widerstandsfähigkeit gegen Verrieseln bei. Ihr Wein ist ziemlich hell, oft etwas flach und – vielleicht wegen übereifriger »Aufbesserung« – häufig sehr lieblich.

Die äußerst wuchskräftige, für Echten Mehltau und Fäule anfällige Rebe treibt früh aus und reift auch früh. In Deutschland findet die Lese oft schon vor dem Müller-Thurgau statt, insbesondere um der Fäule zuvorzukommen. Das geht allerdings auf Kosten des Charakters, denn durch spätere Lese, wenn das Mostgewicht auf 80° anstatt der üblichen 55 bis 60° Öchsle steigt, lassen sich festere und robustere Weine erzielen. Gegenwärtig liefert der Portugieser lediglich Tafel- und einfache Qualitätsweine.

Gut die Hälfte der deutschen Portugieser-Anbaufläche – 1984 rund 3200 ha gegenüber 4300 ha für Spätburgunder – liegt in der Rheinpfalz, wo sie den beliebten Weißherbst liefert. Auch an der Ahr wird Portugieser angebaut und dient dort zum Auffüllen der Spätburgunder-Bestände. Fraglich ist, ob die Rebe sich in Gegenden, in denen der Rotweinanbau günstigere Chancen hat, durchsetzen könnte.

Dasselbe gilt für Österreich, wo der Portugieser 1983 eine Fläche von 3000 ha einnahm und 5% der Gesamtweinerzeugung hervorbrachte. Diese Fläche liegt fast ganz in Niederösterreich und vor allem um Vöslau, südlich von Wien, wo der Portugieser 40% der Weinbergfläche innehat. Er liefert dort praktisch nur offene Weine.

In Ungarn trägt die Sorte den Namen Oporto und steuert einen kleinen Anteil zum berühmten Stierblut, aber auch zu vielen anderen Rotweinen bei. In Jugoslawien wird sie hauptsächlich in Nordkroatien angebaut, wo sie einen recht schmackhaften *nouveau* liefert.

Die früher sehr viel ausgedehnteren französischen Bestände an Portugais Bleu beschränken sich heute weitgehend auf das Département Tarn, wo die Anbaufläche zwischen 1968 und 1979 sogar gewachsen ist. Die Traube ist unter anderem für den Gaillac Rouge zugelassen, hat aber keinen großen Einfluß auf seine Qualität.

Neben dem Blauen Portugieser gibt es auch graue, grüne und weiße Versionen, aber nur der Grüne hat eine gewisse Bedeutung in Österreich.

Synonyme:
Portugieser, Portugais Bleu (Frankreich); Oporto (Ungarn); Portugaljka, Portugizac Crni (Jugoslawien)

Einfache Qualität

Neuzüchtungen

Dornfelder

Die überaus vielversprechende Neuzüchtung wurde 1956 von August Herold in Weinsberg geschaffen und wird heute auf über 400 ha vorwiegend in Rheinhessen und der Rheinpfalz angebaut. Unter ihren Ahnen befinden sich mehrere erfolgreiche deutsche Rotweinreben, denn sie ist eine Kreuzung zwischen Helfensteiner (Frühburgunder × Trollinger) und Heroldrebe (Portugieser × Limberger). Im Namen der Traube lebt der Gründer der württembergischen Weinbauversuchsanstalt fort.

Höchst erfreulich ist, daß diese Züchtung in vielen Dingen bessere Eigenschaften aufweist als ihre Vorfahren. Sie ist nicht fäuleanfällig wie der Portugieser, von Natur aus gesund und bequem zu ziehen, worin sie sich von den meisten Burgunder-Reben unterscheidet, ihre Stiele sind robuster als beim Trollinger, und sie gelangt wesentlich besser zur Reife als der Limberger. Ihr Wein hat eine gesunde, relativ dunkle Farbe, das Bukett ist blumig und fruchtig, und die Mostgewichte liegen höher als bei Portugieser und Trollinger, wobei auch die Säure in den meisten Jahren gute Ausgewogenheit gewährleistet. Auch eine gewisse Langlebigkeit hat sich bereits herausgestellt. Hinzu kommt noch der gute Ertrag der Rebe: oft 120 hl/ha.

Der Dornfelder ist ein überzeugender Beweis dafür, daß die deutschen Züchter auf dem richtigen Weg sind.

Sehr vielversprechend

Heroldrebe

Die ebenfalls von Herold gezüchtete Kreuzung zwischen Portugieser und Limberger reift relativ spät und eignet sich deshalb besser für südlichere Weinbaugebiete. Ihre Weine haben mehr Charakter aufzuweisen als der Portugieser; ihr erdiger Geschmack wird vor allem in Württemberg geschätzt. Der große Vorteil der Heroldrebe ist ihr zuverlässiger Ertrag, meist um 140 hl/ha.

1983 betrug ihre Anbaufläche 245 ha, über die Hälfte davon in der Rheinpfalz.

Verhaltene, rustikale Weine, ungünstig späte Reife

Helfensteiner

Diese Neuzüchtung wird wahrscheinlich eher als die notwendige Vorstufe zum Dornfelder in die Geschichte eingehen denn als eigenständige Rebe. Herold züchtete sie als Kreuzung zwischen Frühburgunder und Trollinger, und seither blieb ihre Bedeutung lokal eng begrenzt. In Deutschland belief sich ihre Anbaufläche 1983 auf 61 ha, davon 60 ha in Württemberg. Der Hauptvorteil des Helfensteiners liegt in der frühen Reife, zwei bis drei Wochen vor dem Trollinger, doch er neigt zum Verrieseln, und daher sind seine Erträge unzuverlässig. Sein Wein ist etwas besser als der Portugieser.

Begrenzte Verwendung

Domina

Der Versuch, eine Kreuzung zwischen Portugieser und Spätburgunder zu züchten, erbrachte in der Weinbauforschungsanstalt Geilweilerhof in der Rheinpfalz diese sehr beachtenswerte Sorte. Bisher wurden erst 25 ha Domina angepflanzt, davon 10 an der Ahr und 7 in Franken.

Die Neuzüchtung bringt ebenso reichliche Erträge wie der Portugieser, reift etwas später, stellt aber ganz eindeutig geringere Ansprüche an Boden und Klima als der Spätburgunder, wodurch sie in den nördlicheren Rotweinanbaugebieten Deutschlands wahrhaft gute Möglichkeiten bietet. Der Wein der Domina ist ebenfalls eindeutig besser als der Portugieser. Er ist tiefer in der Farbe, das Mostgewicht liegt um 10° Öchsle höher, und die Säure ist um 2° kräftiger. Die meisten Domina-Weine erreichen ohne weiteres QmP-Status, allerdings liegt die Vermutung nahe, daß dieser Neuzüchtung doch nur eine Nebenrolle zukommen wird, denn dort, wo sie gedeiht, bringt der Spätburgunder immer noch den besseren Wein zustande.

Sehr nützlich für schwierige Lagen

Rotberger

Diese in Geisenheim entstandene Neuzüchtung aus Trollinger × Riesling hat sich als überaus nützlich erwiesen. Einige der aussichtsreichsten ganz neuen Neuzüchtungen aus Geisenheim, die für Weißwein bestimmt sind und mit dem Riesling in Konkurrenz treten können, wurden überraschenderweise mit Rotberger × Reichensteiner erzielt. Sie werden zum Teil in Lamberhurst Priory in Südostengland erprobt. Der Rotberger selbst bringt Rot- und Roséweine mit echtem Charakter – ähnlich dem Trollinger – hervor, doch ist er als Rebe widerstandsfähiger und gelangt früher zur Reife. Im Anbau ist der Rotberger erfreulich angenehm. 1983 waren erst 20 ha mit ihm bepflanzt, vorwiegend in Baden, Württemberg und an der Ahr.

Als Rebe und Wein sehr gut

Weitere Züchtungen

Kolor wurde 1938 aus Spätburgunder und Färbertraube gekreuzt und wird noch als Farbverstärker genutzt. Auch Deckrot, eine Kreuzung zwischen Ruländer und Färbertraube, gezüchtet 1938 in Freiburg, hat noch fast 20 ha Anbaufläche. Die Sorte wird ebenfalls zur Farbverstärkung für Portugieser und Spätburgunder verwendet. Carmina, eine Kreuzung zwischen Portugieser und Spätburgunder, hat wegen ihrer ausgeprägten Säure keinen kommerziellen Erfolg eingebracht. Sulmer ist eine Kreuzung zwischen Limberger und Schwarzem Elbling (möglicherweise eine Trollinger-Mutation). Der Ursprung des brauchbaren, starkfarbigen Dunkelfelders ist unbekannt.

Im Schwinden begriffene alte Sorten

Der Blaue Frühburgunder, auch als Augusttraube, Jakobstraube, Magdalenentraube und Madeleine Noir bezeichnet, ist eine alte Mutation des Spätburgunders und diesem sehr ähnlich, reift aber früher und ergibt nicht so charaktervollen Wein. Samtrot wird in Deutschland noch kultiviert, doch leidet diese Mutation der Müllerrebe unter sehr geringen Erträgen. Der Blaue Arbst, eine Form des Spätburgunders, ist fast ausgestorben, ebenso der Blaue Affentaler und der Bodenseeburgunder.

Schweiz

Humagne Rouge, die dunkle Variante der traditionsreichen Walliser Humagne-Rebe, erbringt einen Wein, den Hugh Johnson als »einfachen, angenehm tanninherben und ansprechenden Landwein« bezeichnet.

Eine weitere alte Schweizer Rebe, die auch im Aosta-Tal bekannt ist, trägt den Namen Cornalin.

Österreich

Blaufränkisch

Diese Rebe Mitteleuropas wird häufig fälschlich mit Gamay gleichgesetzt. Zwar ist das Blatt der beiden Sorten sehr ähnlich, aber der Blaufränkisch ist eine eigenständige Rebe, die vorwiegend mit Österreich in Verbindung zu bringen ist. Mit über 2500 ha Anbaufläche steht sie dort unter den Rotweinsorten an zweiter Stelle. Trotz ihres Namens dürfte sie wohl kaum aus Franken stammen, weil das Klima dort für sie zu kühl ist.

Der Blaufränkisch treibt sehr früh aus und reift spät, braucht also ein warmes Klima. Sein Holz ist winterhart, aber Spätfröste bilden eine Gefahr für ihn, daher braucht er geschützte Lagen. Er gedeiht auf unterschiedlichen Böden gut und wächst so kräftig, daß große Pflanzabstände nötig sind. Für Krankheiten ist er nicht besonders anfällig, und sein Ertrag ist mit 75 hl/ha recht gut.

Der Wein zeichnet sich durch eine für deutsche und österreichische Verhältnisse auffallend dunkle Farbe sowie durch einen deutlichen Gerbstoffgehalt aus. Obwohl er in Österreich zwischen dem qualitativ besseren Blauburgunder und dem quantitativ überlegenen Portugieser eingestuft wird, darf der Blaufränkisch-Wein als durchaus eigenständig in der Art bezeichnet werden. Seine erdige Süße wird durch relativ kräftige Säure harmonisch ausgewogen, wodurch die Behauptung, es handle sich um Gamay, stets neue Nahrung findet. In Österreich gilt der Blaufränkisch als für längere Lagerung geeignet, doch erscheinen ältere Beispiele oft etwas oxidiert. Für den jungen Wein trifft die in Deutschland beliebte Bewertung »rassig« zu.

Im Klima des Burgenlands fühlt sich der Blaufränkisch offenbar wohl. An den warmen Ufern des Neusiedler Sees hat er seine größte Anbaufläche. Hier wächst auch der durch seinen Namen ehrfurchtgebietende Bismarckwein, der nach der Vorliebe des Eisernen Kanzlers für den Blaufränkisch oder Limberger aus Pötteldorf so heißt.

Das Klima Deutschlands ist an den meisten Stellen zu kühl für diese Rebe. Trotzdem hat der Blaue Limberger, wie er hierzulande genannt wird, eine Anbaufläche von 470 ha aufzuweisen, und zwar fast ausschließlich in Württemberg, wo dunkel- und hellrote Raritäten aller Art gewürdigt werden.

In Ungarn bringt die Rebe unter dem Namen Kékfrankos einen etwas dicklichen Rotwein hervor, der bei Beaujolais-Enthusiasten kaum Gnade finden dürfte. Der Distrikt Sopron nimmt für sich den Ruhm in Anspruch, den besten Wein dieser Art zu liefern, den kein Geringerer als Napoleon eines Kommentars für würdig erachtet hat. (Offenbar ein Wein nach dem Geschmack der Expansionisten.) Der Köröshegyi Kékfrankos gilt als Ungarns Antwort auf Vintage Port. In der Gegend von Eger leistet der Kékfrankos einen bedeutenden, wenn auch etwas blutarmen Beitrag zu dem berühmten Exportverschnitt Stierblut. Auch in Teilen Jugoslawiens wird die Rebe angebaut.

Synonyme:
Blauer Limberger, Lemberger (Deutschland); Gamé (Bulgarien); Schwarze Fränkische (Österreich); Crna Moravka (Jugoslawien); Kékfrankos (Ungarn)

Einfacher, ziemlich herber Wein

Zweigelt Blau

Hinter Portugieser und Blaufränkisch ist der relativ neue Zweigelt mit 2400 ha bereits die drittmeist angebaute Rotweinrebe Österreichs. Er wurde von Dr. Zweigelt in der Forschungsanstalt Klosterneuburg durch Kreuzung von Blaufränkisch und St-Laurent gezüchtet.

Die früh reifende und gut krankheitsresistente Sorte liefert einen dem St-Laurent ähnlichen Wein, dessen Geschmack bei Österreichs Weinfreunden ebenso Anklang findet wie der gute Ertrag der Rebe bei seinen Winzern. Die Traube ist in Niederösterreich (insbesondere in Krems, Klosterneuburg und Vöslau) und in geringem Umfang im Burgenland verbreitet.

Synonyme:
Rotburger, Blauer Zweigelt, Zweigeltrebe

Einfacher Wein

St-Laurent

Die Rebe wurde zwar zuerst im Elsaß an Stellen identifiziert, die dort längst nicht mehr für den Weinbau genutzt werden; heute aber wächst sie fast nur noch in Österreich – sehr zu Recht, wenn man nach höchst geschmeidigen, tiefdunklen und samtigen Beispielen aus den Weinbergen um Vöslau in Niederösterreich urteilen will.

Allgemein wird der St-Laurent für eine Pinot-Noir-Mutation gehalten, doch Galet ist nicht dieser Meinung, worin er durch die Unterschiedlichkeit des Blatts beider Sorten bestätigt wird. Der St-Laurent wurde im Elsaß neben Pinot Noir angebaut und damals seiner dunklen Farbe wegen als Beimischung zu diesem empfohlen. Er reift auch gut zehn Tage früher und stellt weniger Ansprüche an die Lage. Die Beerenschalen des St-Laurent sind zudem härter und weniger Botrytis-anfällig.

Der Hauptnachteil des St-Laurent ist der frühe Austrieb und die daraus resultierende Gefährdung durch Frühjahrsfröste. Sicher ist er deshalb im Elsaß verschwunden, während es in Österreich dadurch keine Probleme gibt. Der Ertrag der Sorte ist mit 75 hl/ha als gut zu bezeichnen.

In Süddeutschland gibt es noch 15 ha St-Laurent-Reben, in Frankreich dagegen wird die Rebe nicht mehr angebaut und auch nicht offiziell anerkannt.

Synonyme:
Pinot St-Laurent, Sankt-Lorenz-Traube

Mild, süß und bukettreich

Blauer Wildbacher

In Österreich gibt es knapp 140 ha Blauen Wildbacher, vorwiegend in der Weststeiermark.

Die Weine mit ihrer kräftigen Säure und einem geradezu überwältigend würzigen Aroma werden hier Schilcherweine genannt – das ist die steirische Variante zum schwäbischen Schillerwein. Ihre Farbe schwankt zwischen Hellrosa und Hellrubinrot. Sie schmekken jung am besten.

Die Sorte ist spätreifend und Mehltauanfällig. Es gibt zwei Spielarten: Spätblauer und Schlehenbeeriger Wildbacher.

Lokalspezialität

Der Blauburger ist wie der Zweigelt eine Klosterneuburger Kreuzung zwischen Portugieser und Blaufränkisch.

Ungarn

Kadarka

Kadarka

Ungarns meistangebaute Rebe hat eine interessante Geschichte: Sie wurde angeblich erstmals in der Nähe des albanischen Orts Skadarsko an der jugoslawischen Grenze identifiziert; der Name bestätigt diese Vermutung jedenfalls. Wahrscheinlich brachten Siedler aus dieser Gegend die Traube während der türkischen Besetzungszeit mit nach Ungarn, und da sie sich besser anließ als die damals dort heimischen Reben, setzte sie sich durch. Heute wird sie in ganz Osteuropa angebaut und bringt Weine von gewaltigem Charakter.

Sie nimmt vor allem in der ungarischen Ebene 17% der Gesamtrebfläche ein. Es überrascht, daß in diesem Land, das so stolz ist auf die Vielzahl seiner weißen Traubensorten, die Kadarka den Rotwein so weitgehend beherrscht. Sie wird in allen Weinbaugebieten Ungarns kultiviert außer in Sopron, das weinbaumäßig eher zu Österreich gehört.

Ein großer Vorzug der Kadarka ist ihre Widerstandsfähigkeit gegen Krankheiten. Die Rebe beginnt schon früh reichlich zu tragen, und ihre Ertragslebensdauer ist, wie ihre Lebenszeit überhaupt, sehr lang. Ihre Blüte hat zwar Befruchtungsschwierigkeiten, doch regeneriert sie sich rasch und bringt immer hohe Erträge.

Die Mostgewichte sind bei der Reife meist nur mittelmäßig, doch werden gelegentlich Trauben nach dem üblichen Lesezeitpunkt noch weiter am Stock belassen, um den seltenen und hochgepriesenen Aszú-Wein aus geschrumpften Beeren erzeugen zu können. Der eigentlich gar nicht so noble Nemes Kadar (Edel-Kadarka) ist meist mittelsüß. Die besten trockenen Tafelweine kommen aus Csongrad, Szekszárd und Villány.

Die Kadardka hat wesentlich mehr Saft und Kraft als der Blaufränkisch (Kékfrankos), der sie aus dem Stierblut verdrängt hat und in manchen Teilen Ungarns an Boden gewinnt. Auch weist die Kadarka kräftigen Gerbstoffgehalt auf und zeigt in ihren besten Weinen zwar nicht gerade tiefe Farbe, aber eine eigene würzige Feurigkeit. Am konzentriertesten ist der Kadarka Vörös, doch auch sehr charmante Roséweine sind dieser Traube zu verdanken.

In begrenztem Umfang wird die Kadarka auch im österreichischen Burgenland angebaut und meist zu Spätlesen verarbeitet. Auch Jugoslawien bringt guten Kadarka hervor, unter anderem süße Versionen in Makedonien. Im Banat in Rumänien entstehen einfache »Cadarca«-Tafelweine. Vielleicht wächst die Rebe im undurchdringlichen Albanien auch heute noch.

In Bulgarien nimmt sie als Gamza 2000 ha ein und ist damit die drittmeist angebaute osteuropäische Rotweinsorte. Der Gamza-Wein ist bukettreich, fleischig und langlebig.

Synonyme:
Kadarska, Skadarska (Jogoslawien); Gamza (Bulgarien); Cadarca (Rumänien)

Robuste Weine mit eigenem Charakter

Weitere vorwiegend in Ungarn angebaute Sorten sind die sehr alte Oporto, wahrscheinlich der Portugieser aus Deutschland, und die Farbtraube Titian, deren Wein dem hellen Kékfrankos beigemischt wird.

Jugoslawien

Plavac mali

Die Rebe ist die wahrscheinlich am höchsten angesehene einheimische Rotweinsorte Jugoslawiens. Ihre Weine sind reich an Alkohol, Extrakt und – das ist ungewöhnlich – auch an Tannin, wodurch sie eine in jugoslawischen Kellern unerwartete Langlebigkeit erlangen. Manche haben leichte Süße im Bukett, doch im Geschmack sind sie fest und trocken.

Plavać wächst entlang der ganzen dalmatischen Küste und gedeiht auch auf Sandboden. Die Namen der Weine, in denen Plavać oft einziger Bestandteil ist, kommen dem Fremden höchst verwirrend vor: Pelješac, Dingač, Postup, Marjan und Faros von der Insel Hvar sind robuste, bis zu 10 Jahre haltbare Weine. Auch ansprechende Rosés, vor allem Opol, werden von Plavać gekeltert.

Gute, haltbare Weine

Prokupac

Prokupac geht mit Plavać stets einher und ist vielleicht heute noch die meistangebaute Rebe Jugoslawiens. Früher entfielen bei weitem die meisten Reben Serbiens auf Prokupac Crni (»schwarz«), zumindest südlich des Weißweingebiets Smederevka. Meist wurde er als dunkler Rosé namens Ružica, mit Sodawasser gemischt, getrunken. Auch in Kosovo war er verbreitet. Die klassischen Rebsorten Europas machen ihm das Territorium streitig, doch dürfte er noch immer Hauptbestandteil vieler robuster Rotweine in der Mitte und im Süden Jugoslawiens sein. Die Sorte zeichnet sich eher durch Stärke als durch Subtilität aus. Ihre dunklen Rotweine sind gut, ansprechender aber ist der Ružica-Rosé.

Synonym: Rskavac

Rustikal

Vranac

Vranac ist der Plavać Montenegros und Makedoniens und bringt alkoholstarke, trockene Weine, ausgewogen und mit fast italienisch bitterem Nachgeschmack hervor. Vranac ist sehr dunkel, aber nicht so haltbar wie Plavać.

Oft wird er mit der guten makedonischen Sorte Kratosija oder mit den weniger interessanten Stanusina und Ohridsko Crno verschnitten.

Guter, dunkler, robuster Wein

Blatina ist die beste Sorte der Herzegowina; Trnjak wird um Mostar und Kadarun und Plavka in der winzigen Republik Crna Gora angebaut. Babic und die einfacheren Lasina (Lelekuša) und Plavina (Brajdica) sind Spezialitäten Dalmatiens. Zametovka (auch als Zametna, Crnina, Kavzina oder Blauer Kölner bekannt) ist eine echte einheimische Sorte in Slowenien; sie wird meist zu einem leichten Rosé namens Cvićek verarbeitet. Weitere in Jugoslawien angebaute Sorten sind die hochangesehene Tikvesko Crno und Arhivisko sowie Koncina, die Zacinka von Timok und die Plovdina von Makedonien. Jugoslawien hätte mehr Aufmerksamkeit seitens der Ampelographen verdient.

Rumänien

Feteasca Neagra

Rumäniens bekannteste Rotweintraube liefert jung zu trinkende Rot- und Roséweine, die manchmal nach Beaujolais-Art bereitet werden. Sie wächst überall im Land, vorwiegend aber in der Region Odobesti an den Osthängen der Karpaten.

Synonym:
Schwarze Mädchentraube

Leichte und fruchtige Weine

Babeasca Neagra

Die besten Weine dieser traditionsreichen rumänischen Sorte wachsen ebenfalls in der Region Odobesti. Ihrem Ruf nach sind sie ausgewogen, saftig und von großer Geschmacksfülle. Eine Verbindung zwischen Băbească und Babic in Dalmatien dürfte nicht weit hergeholt sein.

Guter, vollmundiger Wein

Negru Virtos ist eine alte, in den Weinbergen der Region Dragasani noch anzutreffende Rebsorte.

Bulgarien

Pamid

Pamid ist Bulgariens meistangebaute einheimische Rotweinsorte, wobei ihre Anbaufläche von 9000 ha nur die Hälfte dessen darstellt, was der Cabernet Sauvignon einnimmt, und auch der Merlot hat noch mehr aufzuweisen.

Die Rebe ist das Pendant zur Plovdina in Serbien: Sie liefert in großen Mengen ziemlich dünnen, früh trinkreifen Wein mit wenig Säure und Tannin, doch oft einem Anflug von Süße.

Einfacher, milder Tafelwein

Shiroka Melnishka Losa

Der etwas umständliche Name dieser Rebe wird meist auf »Melnik« (Stadt im Südwesten Bulgariens) verkürzt.

Der charakteristische Geschmack des Weins erinnert vage an die besseren Rotweine Griechenlands. Der Melnik ist in der Jugend reich an Alkohol, Tannin, Farbe, Extrakt- und Geschmacksstoffen und lohnt eine längere Lagerung sehr. Nach etwa fünf Jahren hat er sich abgerundet und erinnert dann an einen Châteauneuf-du-Pape der alten Schule. In seinem Duft findet sich ein Hauch von Eichenholz und im Geschmack schöne Süße, und alles ist Kraft und Harmonie. Verdientermaßen wird der Melnik fast immer im Eichenfaß ausgebaut.

Die Beeren sind ausgesprochen blau, dickschalig und klein. Der Ertrag ist fast so gut wie beim Merlot.

Synonym: Melnik

Sehr guter, konzentrierter Wein

Mavrud

Mavrud ist das Asenovgrader Pendant zum Melnik: Eine recht ertragstarke, robuste Lokalsorte, deren Weine Faß- und Flaschenreife lohnen – für viele Bulgaren der feinste Wein ihres Landes.

Allerdings oxidiert er ziemlich rasch und nimmt dann eine bräunliche Färbung an. Sein Pflaumenaroma ist zwar schön, aber etwas kurz, und der Säure- und Tanningehalt ist auch knapper als beim Melnik. Mavrud-Weine büßen ihre Kraft rascher ein und verflachen bald.

Die Rebe wird nur im Süden um Haskovo, Pazardjik und vor allem Asenovgrad angebaut.

Synonym: Marvud

Guter, robuster, hochgeschätzter Wein

Weitere traditionelle Rotweinreben Bulgariens sind Senzo und Saperavi.

UdSSR

Saperavi

Der Name bedeutet »Färber«. Der Most dieser Traube ist hellrot, doch scheint er Qualitäten zu besitzen, die den üblichen farbverstärkenden Sorten Westeuropas nicht eigen sind. Die Sorte wird in der UdSSR und in Bulgarien verbreitet angebaut.

Zwar bringt Saperavi Farbe in jeden Verschnitt, die Stärke der Sorte liegt aber in ihrer Langlebigkeit: bis zu 50 Jahre in der Flasche. Ihre beste Zeit soll sich eindrucksvoll lang erstrecken – 4 bis 30 Jahre. Als spätreifende Traube bringt sie hohen Zuckergehalt auf; dann ist der Wein gut ausgewogen und entfaltet im Alter ungeahnte Nuancen.

Ein besonders schönes Beispiel ist der rote Tafelwein Yuzhnoberezhny von der Krim mit einem potentiellen Alkoholgehalt von bis zu 28%. In höheren Lagen der Krim kann der Säuregehalt zu ausgeprägt werden, so daß der Wein nur noch zum Verschneiden genutzt wird; dasselbe gilt für die Moldau-Republik, wo Purkara jedoch einen sehr guten Saperavi-Tafelwein liefert. Ferner wird die Rebe in Aserbeidschan, Usbekistan, Dagestan, Stavropol und Krasnodar angebaut und zu allerlei, vom Schaumwein bis zum sehr süßen gespriteten Wein, einer Spezialität Usbekistans mit eingekochtem Traubenmark, verarbeitet.

In Bulgarien bewährt sich die Traube insbesondere in Verschnitten mit Gamza (Ungarns Kadarka). Saperavi erreicht bei voller Reife hohen Zucker- und Säuregehalt sowie ein typisches Pflaumenaroma. Sehr junger Saperavi ist recht rauh und streng, mit Gamza verschnitten mildert er sich jedoch bald, wobei der reife Saperavi-Geschmack durchdringt. 10% Saperavi-Beimischung werden für gute Farbe und 20 bis 40% für Langlebigkeit und Geschmacksveredelung empfohlen.

Verlangt Lagerung

Khindogny

Die Rebe ist die bedeutendste im Distrikt Nagorno-Karabakh der Republik Aserbeidschan, wo sie 70% der Gesamtrebfläche einnimmt, und wird auch an anderen Stellen angebaut.

Die Traube reift mittelspät und liefert mittleren Zuckergehalt, ist aber ertragreicher als der ebenfalls dickschalige Cabernet Sauvignon. Die Hauptmerkmale von Khindogny sind kräftige Farbe und hoher Gerbstoffgehalt; der dunkle, oft strenge Wein eignet sich gut für Tafelwein- und gespritete Verschnitte. Auf der Krim wird er dagegen in der Schaumweinherstellung verwendet: 25% Khindogny ergeben eine lebendige, kräftig schäumende *cuvée*.

Erfahrungsgemäß ist der Gärprozeß bei Khindogny in kühlen Herbsten schwierig. Er verläuft unvollständig, wenn der Most nicht erwärmt wird. Die Sorte bringt aber nur ohne solche Behandlung Weine, die ihre Farbe jahrelang behalten und sich am Ende schön mildern.

Ziemlich strenger Wein

Schwarzer Tsimlyansky

Die Haupttraube der Don-Region ist durch den roten Tsimlyanskoe-Sekt berühmt geworden, der unter Beistand der Lokalrebe Plechistik gewonnen wird. Die Sorte erreicht hohen Zuckergehalt, wird aber meist verschnitten, weil ihr Wein oft flach ausfällt und sortenrein leicht oxidiert. In der Mitte des Reifevorgangs fällt der Säurespiegel rasch ab, der potentielle Alkoholgehalt aber erreicht 25%; deshalb sind säurereiche Sorten wie Saperavi, Maysky und Cherny günstige Verschnittpartner.

Sicher ist Tsimyansky die berühmteste Schaumweinrebe der UdSSR. Der Krimsekt Sevastopolskoye hat sich mit ihr einen fast ebenso großen Ruf erobert wie das Vorbild vom Don.

Der Wein dieser Rebe hat in der Jugend kräftiges Tannin und gute Farbe sowie ein typisches bitteres Kirschenaroma. Sie liefert am Don süße rote Tafelweine, die aber rasch altern und wahrscheinlich zu lange im Faß lagern.

Synonym:
Tsimlyansky Cherny

Schaumweintraube, nicht sehr langlebig

Magaratch Ruby

Wie die Universität von Kalifornien in Davis den Ruby Cabernet durch Kreuzung zwischen Carignan und Cabernet

Sauvignon herausbrachte, so erzielte das Institut Magaratch den Magaratch Ruby durch Kreuzung von Cabernet Sauvignon mit der einheimischen Saperavi-Rebe. Der sowjetische Versuch, die Qualität und Subtilität des Cabernet Sauvignon mit einer dunkleren und ertragreicheren Sorte zu kombinieren, scheint allerdings erfolgreicher gewesen zu sein. Die Neuzüchtung hat sich auf der Krim bewährt und wird zur weiteren Anpflanzung empfohlen. Selbst in höheren Lagen der Krim bringt sie Weine mit schöner Farbe hervor, wo der Cabernet Sauvignon schon etwas dünn und grasig aussieht und schmeckt. Zucker- und Säuregehalt sind gut, und das Erbgut des Cabernet sorgt für vollen Geschmack.

Diese Weine eignen sich sehr für Tafelwein vom »Typ Cahors«, wie die Russen ihn nennen, und für süße Dessertweine. Ihre Pigmente sind so stabil, daß sie sogar Erhitzen aushalten.

Synonyme:
Rubinovy Magaracha, Crossing 56

Sehr vielversprechende Neuzüchtung

Matrassa

Die Spezialität der heißen Republik Aserbeidschan wird zu süßen und sehr süßen, natürlichen und gespriteten Weinen verarbeitet. Traditionell wird sie mit der Siedlung Matrassa in der Region Shemakhinsk in Verbindung gebracht.

Die Trauben reifen mittelspät und erreichen hohen Zuckergehalt. Ihre Weine sind dunkel, haben jedoch keinen ausgeprägten Eigengeschmack.

Synonyme:
Shirey, Kara Shirey

Gute Dessertweine

Isabella

Die meistangepflanzte Hybride der UdSSR ist auch in der Schweiz, auf Madeira, in New York State, Brasilien, Uruguay und früher auch in Frankreich verbreitet. Sie ist eine Naturhybride zwischen *Vitis labrusca* und *V. vinifera* und eine der ältesten überhaupt.

In der Sowjetunion wird sie in Georgien, Aserbeidschan, Dagestan, Krasnodar und in der Moldaurepublik angebaut. Etwas unerfreulich ist der *Labrusca*-Geschmack der Weine – wie künstlicher Erdbeersaft.

Der Most ist schleimig und schwer zu vergären, deshalb müssen degelierende Enzyme zugesetzt werden. Dadurch wird die Ergiebigkeit der sonst reich tragenden Isabella gemindert. Es ist kaum wahrscheinlich, daß die Sorte auch weiter so beliebt bleibt. Im Staat New York ist sie schon stark zurückgegangen.

In der UdSSR wird sie zu Traubensaft und Roséwein verarbeitet. Der rote Isabella-Wein ist nur kurz haltbar.

Synonyme:
Americano (Schweiz); Isabellinha, Bellina (Madeira)

Sehr »fuchsige« Hybride

Magaratch Bastardo

Die Kreuzung zwischen dem Bastardo aus Portugal und der Saperavi-Rebe vereint in sich die Geschmacksfülle der Portweinsorte und die kräftige Säure, Farb- und Ertragskraft der Saperavi. Sie reift mittelspät und ist noch nicht sehr verbreitet.

Mittlere Qualität

Griechenland

Xynomavro

Die am höchsten geschätzte einheimische Rebe Griechenlands ist recht verbreitet und hat in der Nordhälfte des Landes einen hohen Anteil an der Rebfläche.

»Xyno« bedeutet sauer und »mavro« schwarz, und wahrhaftig ist der Xynomavro-Wein in der Jugend pechschwarz und hat für die Breiten, in denen er wächst, einen erstaunlich hohen Säurespiegel.

Der beste Wein dieser Sorte ist wohl der Naoussa von den Südhängen des Velia-Bergs. Dort wächst er geschützt gegen den Wind, der das Klima Makedoniens so unangenehm machen kann. Guter Naoussa läßt die große Klasse dieser Rebe im rechten Licht erscheinen. Junge Weine sind tanninreich und erinnern an australischen Grange Hermitage. Der Amynteon ist eine früher genußreife, leichtere Version aus Weinbergen, die in einer Höhenlage von rund 650 m liegen.

Die Rebe zeichnet sich unter den griechischen Rotweinsorten durch stabiles Pigment und durch ihre Fähigkeit, sich zu komplexer Reife zu entfalten, aus. Es wäre interessant, mehr Beispiele des Weins aus besser ausgerüsteten Kellereien zu sehen. Seltsamerweise verwenden die Griechen ihn auch für Schaumwein. Das ist, als wolle man einen Châteauneuf-du-Pape-Sekt herstellen; allerdings dürfte die kräftige Säure dabei nützlich sein.

Xynomavro ergibt in Mischung mit Krassato und Stayroto den Rapsani, den seltsam bräunlichen Wein vom Olymp, und trägt zu 88% (neben Negoska) zu dem Landwein Goumenissa bei.

Guter, konzentrierter Wein

Agiorgitiko

Die Rebe des heiligen Georgs wächst fast ausschließlich in Griechenlands größtem Anbaugebiet, im Nemea-Tal auf dem Peloponnes, in so unterschiedlichen Höhen, daß dadurch Qualität und Stil des Weins beeinflußt werden.

Unter 300 m reifen die Trauben ziemlich schnell, die Säurewerte fallen, und der Most erbringt süßen roten Dessertwein. Zwischen 300 und 650 m liegt der größte Teil der Anbaufläche, und der Wein, der hier wächst, heißt einfach Nemea, im Gegensatz zum viel selteneren »Hoch-Nemea« noch weiter oben in den Bergen, dem es selbst dort noch an Säure mangeln kann. Der einfache Nemea ist so ungefähr das, was man nach seinem Übernamen von ihm erwartet: »Herkules-Blut«.

Gute Qualität, manchmal etwas flach

Mandilaria

Die Rebe wird auf den Inseln einschließlich Kreta viel angebaut. Reiner Mandilaria-Wein ist nicht gerade ein Hochgenuß, doch er gibt eine ausgezeichnete Grundlage für die Wermutherstellung ab.

Seine Farbe ist tief und stabil, doch mangelt es ihm an Alkohol. Im Verschnitt mit anderen, noch traditionsreicheren Lokalreben, zum Beispiel dem roten Monemvasia und dem charaktervollen Kotsifali aus Heraklion, liefert die Sorte Kreta-Rotweine wie Peza und Archanes.

Leichter Körper, dunkle Farbe

Liatiko

Winzer aus nördlicheren Breiten können da nur staunen, aber diese Sorte hat ihren Namen von dem griechischen Wort für Juli – Iouliatiko –, denn in diesem Monat reifen ihre Trauben.

Auch von dieser kretischen Sorte wird angenommen, daß sie direkt von der Malvasia abstammt. Sie wird im Weinbaugebiet Sitia an der Ostecke der Insel angebaut und liefert in Lagen bis zu 600 m Höhe sehr kleine Erträge an alkoholstarkem Wein – bis zu 16%. Er wird für die Aperitifs Sitia und Daphnes verwendet, die sich im Alter sehr schön entwikkeln können.

Uralte, kraftvolle Rebe

Romeiko

Die Rebe beherrscht das Weinbaugebiet Khania im Westen von Kreta. Sie bringt altmodische, schwere Rotweine hervor, die manchmal mit der sehr einfachen Lokalsorte Tsardana verschnitten werden. Romeiko ergibt auf Kiesboden schöne, trockene Rotweine.

Geschätzte Lokalrebe

Limnio

Diese Rebe ist die von Aristoteles erwähnte »Limnia«, eine Spezialität von Lemnos. Sie wird sonst nur noch in Chalkidike und am Berg Athos kultiviert.

Mavrodaphne

Mavrodaphne

Wie bei der portugiesischen Sorte Loureiro versteckt sich auch hinter diesem Namen der Lorbeer (und zwar schwarzer). Der altmodische, körperreiche Wein von Mavrodaphne hat ein eigenartiges Aroma, das sich mit der Zeit in ein höchst auffälliges Bukett verwandelt.

Die leicht gespriteten Rotweine, die heute meist von der Sorte gewonnen werden, brauchen einige Jahre Zeit, bis sie ansprechende Dessertweine werden. Die übliche Behandlungsmethode erinnert an Sherrybereitung. Die vollen Fässer werden im ersten Sommer in der Sonnenhitze stehen gelassen.

Der Mavrodaphne-Anbau ist bei Patras im Nord-Peloponnes und auf der Insel Kephallenia konzentriert.

Am Anfang des Jahrhunderts sprach Viala von engen Verbindungen zwischen Mavrodaphne und Mavrud in Bulgarien – doch kann Mavrud eine Abwandlung einer beliebigen in Griechenland als Mavro bezeichneten Sorte sein.

Würzig, gut für Süßwein

Vertzami

Die Rebe wächst auf den Ionischen Inseln, manchmal in so großen Höhen, daß sie vor dem Wintereinbruch nicht ausreift. In einem warmen Herbst bringt sie ansprechende leichte Roséweine mit 8 bis 9% Alkohol. In Lagen unter 500 m dagegen ergibt sie Wein mit hohem Extrakt- und Alkoholgehalt (13,5%) und mit tieferer Farbe als andere *Vinifera*-Sorten.

Sehr dunkel

Messenikola wird in Thessalien vorwiegend für Tafeltrauben angebaut. Amorgiano ist eine Spezialität von Rhodos.

Zypern

Zypern ist eine Weinbauinsel par excellence. Nachdem sie den Verwüstungen der Reblaus entgangen waren, wollten die dortigen Winzer das Geschick nicht durch Import von Edelreben herausfordern. Eine aus Montpellier 1959 eingeführte Versuchssendung blieb bis zu den neueren Experimenten der Model Winery Limassol so gut wie unbeachtet. Der Weinbau konzentriert sich noch immer auf zwei einheimische Sorten, Mavron und die weiße Xynisteri, ergänzt durch im eigenen Land gezogene Alexandria-Muskateller-Reben in kleineren Mengen.

Mavron

Da sie mit 40000 ha rund 80% der Gesamtrebfläche einnimmt, muß die Mavron-Rebe (mavro = schwarz) vielseitig sein. Sie liefert praktisch alle trockenen und lieblichen Rotweine der Insel sowie den Dessertwein Commandaria aus Trauben, die etwa eine Woche lang an der Sonne vorgetrocknet werden.

Wer je die Insel besucht und den Wein der Marke Othello probiert hat, der weiß, daß Mavron einen echt mediterranen Rotwein mit viel Alkohol und Tannin, aber wenig Finesse hervorbringt. Bei früher Lese kann fruchtiger und ausgewogener Wein gewonnen werden; da aber die Traubenpreise an den Zuckergehalt gekoppelt sind (je mehr Mostgewicht, desto mehr Geld), bekommt der durchschnittliche Wein zu wenig Säure ab, und bei den sehr hohen Erträgen – 100 hl/ha – erlangt der Most auch keine ausreichende Farbe. Alte Jahrgänge zeigen jedoch, daß Mavron sich über eine gewisse Zeit hinweg schön entfaltet und daß bei eingeschränkten Erträgen und früherer Lese bessere Weine entstehen könnten.

Robust, aber zu hoch im Ertrag

Ophtalmo

In kleinen Mengen ist auch diese Sorte auf der Insel vertreten, doch bringt sie erheblich leichteren und säurehaltigeren Wein hervor als Mavron. Im Verschnitt mit Mavron verbessert sie die Komplexität des Commandaria.

Leicht und würzig

Marathefticon

Die hochwertige Lokalrebe findet sich mit Mavron vermischt in älteren Weinbergen. Sie bringt Weine von schöner Konzentration hervor. Aroma, Struktur, Tannin und Farbe sind Cabernet-ähnlich.

Vielversprechend, sollte mehr angebaut werden

Türkei

Die Türkei hält für den Weinfreund eine ganze Palette exotischer Lokalreben und für den Rebenforscher unergründliche Rätsel bereit. Zu den angesehensten Rotweinsorten gehören Papazharasi von Kirklareli, Sergikarasi und Okuz Gozu aus Südostanatolien sowie Kalelik und Cubuk um Ankara; ferner Karalahna, Kuntra, Adakarasi und Karasakiz in Thrakien und Marmara; Horozkarasi und Bogozkere in Südostanatolien und Dimrit in Mittelanatolien.

Japan

Campbell's Early

Die auch im Staat Washington angebaute, aber nicht sehr hoch angesehene Rebe nimmt zusammen mit einer weiteren amerikanischen Hybride, Delaware, über 50% der gesamten japanischen Rebfläche ein.

Synonym: Island Belle

Sehr einfacher Wein

China

Beichun

Kalte Winter bilden in den Weinbaugebieten Nordchinas das größte Problem. Die einheimische Wildrebe *Vitis amurensis* kann tiefe Temperaturen vertragen, und darum haben chinesische Züchter (ebenso wie Dr. Helmut Becker in Geisenheim) Kreuzungen mit *Vitis vinifera* versucht.

Beichun ist eine der erfolgreicheren dieser von Weinbauexperten in Peking entwickelten Hybriden. Sie vereint in sich Widerstandsfähigkeit gegen Kälte mit Resistenz gegen die Pilzkrankheiten, mit denen *Vinifera*-Reben in den feuchten südchinesischen Weinbaugebieten geplagt sind. In der Weinbereitung wird sie entweder für Dessertweine oder für Verschnitte mit trockenen Rotweinen verwendet. Ihre Erträge sind mit über 100 hl/ha sehr hoch.

Kalifornien

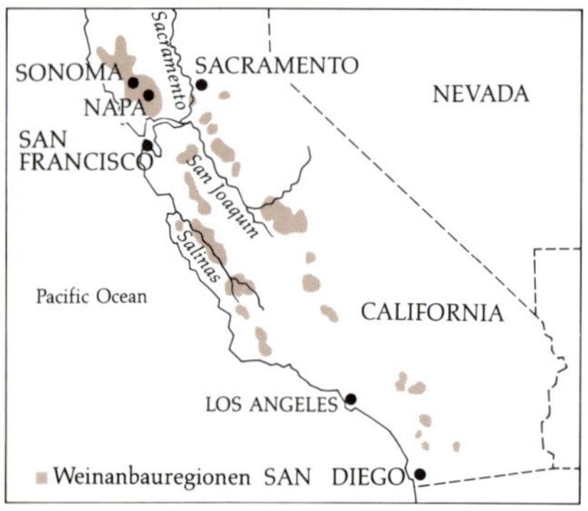

Ruby Cabernet

Ruby Cabernet ist die älteste und der Anbaufläche nach erfolgreichste der Züchtungen, die in den fünfziger Jahren in Davis entstanden. Dr. H. P. Olmo verfolgte mit der Kreuzung zwischen Carignan und Cabernet Sauvignon 1948 das verständliche Ziel, den Ertragreichtum der einen Sorte mit der Qualität der anderen zu kombinieren. Erstaunlich ist schon, daß dieselben Bestrebungen auch im Institut Magaratch in der Sowjetunion mit der Kreuzung zwischen Cabernet Sauvignon und der einheimischen Saperavi-Rebe zur Entstehung der Magaratch Ruby führten.

Ruby Cabernet

Leider hat der Ruby Cabernet mehr Ruby an sich als Cabernet. Bessere Beispiele zeigen schönes Cabernet-Sauvignon-Aroma und gute Carignan-Farbe – tief und haltbar –, aber auf der Zunge enttäuschen sie. Es fehlt ihnen an Körper und Struktur. Was übrigbleibt, ist etwas Strenge und unbestimmte Weinigkeit. Ein kurzer Aufenthalt in Eichenfässern verleiht ihnen zwar etwas kräftigeren Geschmack, aber eigentlich lohnt es sich kaum.

Die Ruby-Cabernet-Anbaufläche belief sich 1983 auf 4800 ha, zum größten Teil im Central Valley, woraus sich in gewissem Umfang erklären läßt, weshalb die meisten sortenreinen Beispiele so ausgedörrt erscheinen. Daneben trägt die Traube auch noch zu einfachen Verschnitten aus dem Central Valley bei. Schließlich übt der Name Cabernet doch seinen Zauber aus.

Der Ertrag liegt meist zwischen 80 und 120 hl/ha, nur auf sandigem und sehr hartem Boden wird die Wuchskraft der Rebe zu stark gehemmt. Anfänglich hatte sie unter Blattroll- und Reisigkrankheit zu leiden; deshalb werden inzwischen alle Veredelungsreiser wärmebehandelt. Leider hat der Ruby Cabernet vom Carignan die Anfälligkeit für Echten Mehltau geerbt. Die übrigens auch in Australien angebaute Sorte treibt früh aus und reift spät. Die Lese, ob maschinell oder von Hand, macht wegen der harten Stiele Schwierigkeiten.

Mittelmäßige Qualität

Rubired

Die Hybride aus Alicante Ganzin und Tinta Cão wurde in Davis 1958 als Farbrebe entwickelt. Alicante Ganzin (Aramon Rupestris Ganzin Nr. 4 × Alicante Bouschet) ist Vorfahr aller französischen Teinturier-Reben, während Tinta Cão – eine hochgeachtete Portweinrebe – in Portugal ihres geringen Ertrags wegen fast verschwunden ist. Das Ergebnis ist eine ungewöhnlich ertragreiche Sorte (100 bis 130 hl/ha), deren rotfleischige Trauben das Rouge im Make-up vieler Rotwein- und Traubensafthersteller liefern.

1983 hatte Rubired eine Anbaufläche von 3200 ha in Kalifornien inne, und zwar ausschließlich in den heißeren Regionen. Große Anpflanzungen nahmen die Kellereien im Central Valley in den siebziger Jahren vor, weil sie für ihre einfachen Rotweine und ihre Port-Imitationen eine kräftigere Farbe wünschten. Die Rebe ist anpassungsfähig und gesund. In Australien werden ebenfalls Versuche mit ihnen unternommen.

Anspruchslose Farbrebe

Durif

Der Name sagt dem Weinfreund wenig, das kalifornische Synonym Petite Sirah allerdings schon mehr. Freilich weiß niemand, wie die Rebe zu ihrem zweiten Namen kam, denn nichts an ihr ist klein, und mit der noblen Syrah aus dem Rhône-Tal hat sie nichts zu tun. Allerdings stammt sie aus Südostfrankreich, wo Dr. Durif sie 1880 in seiner Rebschule vermehrte. In den fünfziger Jahren wurde sie in den Regionen Isère und

Durif

Ardèche im Rhône-Tal noch geduldet, jedoch nicht gefördert. Ungeachtet ihrer Synonyme hat die Rebe auch nichts mit Pinot gemein, sondern galt stets als eine der einfachsten Trauben. Ihr einziger Vorzug liegt in ihrer Resistenz gegen Mehltau.

In Frankreich gibt es heute kaum noch Durif-Reben, doch in Kalifornien ist die Anbaufläche stetig gewachsen und beträgt inzwischen rund 3000 ha, vorwiegend in Monterey und San Joaquin. Wahrscheinlich eignet sie sich am besten für die kühleren Teile der wärmeren und daher nicht so modischen Regionen oder für solche Stellen im Napa-Tal, wo es für guten Cabernet Sauvignon zu heiß ist. Hier bringt die Rebe relativ dunkle und herbe Weine hervor, die sich mit der Zeit sicherlich schön entwickeln können.

Dennoch ist ihre Beliebtheit einigermaßen verwunderlich, denn mit 70 bis 100 hl/ha ist ihr Ertrag nicht übertrieben hoch, und in heißen Gegenden neigen die Beeren zum Rosinieren. Paul Draper von Ridge Vineyards befürwortet ihren Wein als Verschnittmaterial für dickliche Zinfandel-Weine; allerdings dürfte der größte Teil des Erfolgs auf geschicktes Marketing zurückzuführen sein.

Die Rebe wird auch in Israel angebaut, und in Australien hat Alan Antcliff einige Durif-Reben unter dem mit ihr verwandten Peloursin (ebenfalls von der Isère) in Nordost-Victoria entdeckt.

Synonyme:
Dure, Duret, Plant Durif, Pinot de Romans, Pinot de l'Ermitage, Nérin, Bas Plant, Plat Fourchu, Sirane Fourchue (Frankreich);
Petite Sirah, Serine (Kalifornien)

Kräftig, aber wenig subtil

Gamay Beaujolais

Die Geschichte des kalifornischen Gamay ist verwickelt, und der echte Gamay aus dem Beaujolais hat nichts in ihr zu suchen. Die Fachleute wußten schon lange von Unterschieden zwischen Gamay Beaujolais und einer anderen Sorte namens Napa Beaujolais, doch glaubten sie, der Gamay Beaujolais sei der »echte«. Inzwischen wurden die beiden Reben als schwächlicher Klon von Pinot Noir bzw. als Valdiguié identifiziert. Allerdings hat sich das unter den meisten Weinfreunden noch nicht wirklich herumgesprochen. 1983 betrug die Gamay-Beaujolais-Anbaufläche 1200 ha gegenüber 1360 ha für Napa-Gamay, und zwar vorwiegend in den Küstenbereichen Kaliforniens.

Von der Vornehmheit des Pinot Noir haben die Weine des Gamay Beaujolais nicht viel abbekommen (obwohl sie jetzt auch als Pinot Noir bezeichnet werden dürfen); sie sind vielmehr ziemlich säurereich und einfach fruchtig im Geschmack. Näheres siehe Pinot Noir. Auch in Neuseeland wird die Sorte als Gamay Beaujolais auf 150 ha (1983) kultiviert.

Synonym: Pinot Noir

Pinot Noir in geringer Qualität

Mission

Die historische Traube Kaliforniens ist wahrscheinlich eine Spielart der Pais in Chile und ampelographisch enger mit ihr verwandt als die Criolla aus Argentinien. Sie wurde als erste *Vinifera*-Rebe Nordamerikas von dem Jesuitenpater Juan Ugarte bei der Mission San Francisco Xavier in Kalifornien 1697 gepflanzt. Im Lauf des folgenden Jahrhunderts wanderte sie mit den Missionaren an der Westküste nordwärts und beherrschte bis zum Jahr 1870 Kaliforniens Weinbau. Heute noch wird sie in ganz Kalifornien angebaut, allerdings nicht mehr gerade verehrt. 1983 betrug ihre Anbaufläche noch 1200 ha, vorwiegend in Südkalifornien, fast die Hälfte davon in San Bernardino.

Rustikaler, leichter Wein

Mission

Carnelian

Die komplexe Züchtung wurde erst 1972 aus Professor Olmos Rebschule entlassen, hatte sich aber bis 1974 schon fast 640 ha Anbaufläche erobert. Seither ist ihre Anpflanzung kaum noch gestiegen. Sie ist das Ergebnis einer Kreuzung von F2-7 (Carignan × Cabernet, gezüchtet im Jahr 1936) mit Grenache und verfolgte das Ziel, eine Rebe für heißes Klima zu schaffen, die ein wenig von der Klasse des Cabernet haben sollte.

Der Erfolg war nicht überwältigend, trotz Erträgen von 170 hl/ha im Central Valley. Vielmehr mußten die jungen Reben mit Gewalt an Überproduktion gehindert werden. Ihre dünnen, recht neutralen Weine mögen das Ergebnis von zuviel Bewässerung und zuwenig Rückschnitt sein. Wenigstens zeigen sie gute Farbe und eignen sich für Rot- und Roséweinverschnitte.

Das Erbgut des Grenache dominiert im Charakter der Rebe und bereitet wegen der Härte der Stiele bei der maschinellen Ernte ebenso Schwierigkeiten wie bei der Lese von Hand.

Vielleicht wird das Potential für Qualität nur noch nicht ausgeschöpft.

Salvador

Bei der Züchtung des Rubired ist diese *Rupestris-vinifera*-Hybride mit abgefallen. Ihre einzige Stärke liegt in ihrer tiefen Farbe, und sie wurde auch nur im Central Valley als brauchbare Farbtraube für billige Verschnitte angebaut. In den letzten 15 Jahren wurde sie praktisch nicht mehr neu angepflanzt, und 1983 befanden sich 520 ha der Gesamtanbaufläche von 630 ha allein im Kern County. Der Saft der Traube ist unerfreulich stark gelatinehaltig, und die kleinen Früchte können nur mit Maschinen rationell geerntet wrden.

Farbhybride

Royalty 1390

Die Rebe kam 1958 mit Rubired heraus, allerdings ist bei ihr der eine Vorfahr Trousseau und nicht Tinta Cão.

Sie war wesentlich weniger erfolgreich, da die Pflanze weniger Ertrag bringt, dafür aber mehr Pflege benötigt. Ihre Anbaufläche von 560 ha (1983) verteilt sich auf mehrere Counties im Central Valley, ist aber im Rückgang.

Wenig verbreitete Farbtraube

Centurion

Centurion hat dieselben »Eltern« wie Carnelian, kam aber erst 1975 heraus und wurde entsprechend weniger angepflanzt. Die Gesamtanbaufläche belief sich 1983 auf 345 ha. Die Rebe ist ebenso ertragreich wie Carnelian, läßt sich aber leichter ernten und hat vom Grenache nicht die Probleme mit dem verzögerten Austrieb geerbt. Trotzdem ist ihr Wein weit vom Cabernet entfernt, und daher sind keine rechten Zukunftsaussichten für die Sorte zu erkennen.

Sehr einfacher Wein

Weitere in Kalifornien angebaute Sorten sind: Black Malvoisie, wahrscheinlich eine dunkle Abart der Malvasia, ähnlich wie Malvasia Nera in Italien; ferner Charbono, wahrscheinlich die fast ausgestorbene Corbeau oder Charbonneau aus Frankreich; die einfache St-Macaire von der Gironde und die sehr einfache Béclan aus dem Jura.

Der Osten der USA

Östlich der Rocky Mountains liegt das Land der amerikanischen Wildreben und Hybriden, deren Weine ebenso begrenztes Interesse verdienen wie die anderer Früchte, die an *Vinifera*-Trauben nicht heranreichen. Die Reben selbst werden auch nur begrenzt angebaut und wurden einer eingehenderen Untersuchung bisher nicht gewürdigt.

Concord

Die berühmteste Rebe des Staats New York hat Liebhabern von Traubengelée viel zu geben, dem Weinfreund dagegen weniger. Die Concord strömt auch den Geruch von nassem Fell aus, den die professionellen Weinkoster in aller Welt als »fuchsig« bezeichnen und der allen Mitgliedern der *Vitis-labrusca*-Familie eigen ist.

Die Rebe wurde von Ephraim W. Bull nach dem Ort Concord, Massachusetts, benannt, nachdem er dort 1843 Samenkerne einer *Labrusca*-Wildrebe großgezogen hatte.

Nur etwa ein Fünftel der 11600 ha Anbaufläche im Staat New York liefert Wein; trotzdem ist die Concord damit die bedeutendste Weinrebe der Gegend.

Concord

Ihr Wein ist tiefrosa, meist recht süß, manchmal schäumend und hat schon manchem Amerikaner auf dem Umweg über billigen Lambrusco zum echten Weingenuß verholfen. Auch in Brasilien wird die Sorte angebaut.

Catawba

Catawba ist die zweitmeist angebaute Sorte im amerikanischen Osten – eine Hybride von *Labrusca* und einer weiteren einheimischen Art. Sie bringt hellroten Wein in allen Schattierungen hervor und ist noch älter als die Concord.

Weitere Hybriden

De Chaunac (Seibel 9549) ist die in Amerika meistgepflanzte Hybride: rund 400 ha. Sie reift sehr früh und ist überaus wuchskräftig.

Baco Noir (Baco I: Folle Blanche × *Riparia*) ist über alle weinbautreibenden Staaten im Osten der USA verbreitet, doch beträgt ihre Anbaufläche insgesamt nur knapp 400 ha. Ihre ansprechend fruchtigen Weine haben erfreulich wenig von der *Labrusca*-Fuchsigkeit.

Maréchal Foch (Kuhlmann 188.2) ist nicht so stark verbreitet, gilt als besonders winterhart und wird deshalb auch in Kanada angebaut. Sie ist eine Kreuzung zwischen der Wildrebe *Riparia rupestris* und Goldriesling. In Frankreich ist sie fast ausgestorben.

Chancellor (Seibel 7053) war vor den vierziger Jahren die in Frankreich meistangebaute Hybride, ist dort inzwischen aber verschwunden. Im Osten der USA liefert sie einfachen, fruchtigen Wein.

Chelois (Seibel 10.878) wurde ebenfalls früher in Frankreich angebaut. Die Sorte treibt spät aus, reift früh und ist für kühles Klima bestens geeignet.

Cascade (Seibel 13.053) ist so anfällig für Viruskrankheiten, daß sie wahrscheinlich trotz ihrer angenehm frühen Reife bald ganz verschwinden wird.

Leon Millot (Kuhlmann 194.2) hat dieselben Vorfahren wie Maréchal Foch, ist sehr wuchskräftig und erreicht trotz früher Reife hohen Zucker- und Farbstoffgehalt. Die Sorte wird auch in England als Farbtraube angebaut.

Ferner liefern im Osten der USA folgende Rebsorten gelegentlich sortenreine Weine: Cynthiana (Norton), Landots und Ravat in mehreren Arten, Rosette (Seibel 1000) und Rougeon (Seibel 5898).

Südamerika

Chile

PAIS

Die Geschichte der alten chilenischen Rebe geht angeblich auf die Jesuiten zurück, die sie in der Mitte des 16. Jahrhunderts aus Spanien oder vielleicht auch von den Kanarischen Inseln mitgebracht haben sollen, doch bleibt es ein Rätsel, warum dann heute dort keine Rebe mehr zu finden ist, die mit ihr verwandt sein könnte. Eine andere Theorie geht von der Annahme aus, die Pais sei aus den Kernen von Rosinen entstanden, die von Seeleuten weggeworfen oder eingepflanzt wurden.

Jedenfalls ist sie heute noch die bedeutendste Traube Chiles und liefert 35% der Gesamterzeugung, insbesondere den deftigen *vino pipeno*. Besonders ertragreich ist sie in bewässerten Lagen (100 bis 140 hl/ha), wo sie helle und leichte Weine hervorbringt, die auf der Stelle getrunken werden müssen. Auf nichtbewässertem, weniger fruchtbarem Land bringt sie besseren Wein, vor allem in der Cordillera de la Costa, aber auch dort wird sie von *Vinifera*-Reben verdrängt. Dennoch bleibt die Rebe ihrer Gesundheit wegen und weil sie bequem abzuernten ist, zumindest für Dessertwein interessant.

Rustikaler, leichter Wein

Argentinien

CRIOLLA

Der argentinische Weinbau kann seinen Ursprung bis auf das Jahr 1556 zurückverfolgen. Damals legten die Jesuiten in der Region Cuyo den ersten Weinberg mit den Vorfahren der heute noch so bedeutenden einheimischen Sorten an. Davon sind Criolla Grande und Cereza mit 30 bzw. 10% Anteil an der höchst produktiven Rebfläche des Landes die wichtigsten. (Criolla soll mit der Pais in Chile identisch sein.) Beide sind *Vinifera*-Reben, die sich im Lauf der Jahrhunderte an die Verhältnisse insbesondere in den heißen bewässerten Weinfeldern von Mendoza angepaßt haben, wo Erträge von 200 hl/ha nicht ungewöhnlich sind. Beide werden aber auch allmählich von edleren, neu importierten Sorten verdrängt.

Einfacher, rustikaler Tafelwein

Fer ist ein Klon des sehr verbreiteten Malbec mit einer Anbaufläche von rund 5000 ha. Eine neue Sorte mit dem geschickt gewählten Namen Caberinta (C G 14892) wurde vom nationalen Institut für landwirtschaftliche Technik für hohe Erträge mit gutem Zucker- und Säuregehalt entwickelt.

Südafrika

PINOTAGE

Die noch relativ neue Rebe ist vielleicht die berühmteste Südafrikas – zumindest im Weinexport. Sie wurde erst 1925 von Professor A. I. Perold aus Pinot Noir und Cinsaut gezüchtet, und das gebräuchliche, wenn auch unrichtige Synonym Hermitage für Cinsaut wurde zum Teil ihres Namens.

Professor C. J. Theron päppelte die Neuzüchtung in einer Versuchsanlage in Elsenburg auf. Allgemeine Anerkennung fand sie erst, nachdem ein von den ersten kommerziell erhältlichen Reben gewonnener Wein des Bellevue Estate in Stellenbosch auf einer Ausstellung junger Weine vom Kap 1959 den ersten Preis holte. Die Rebe ist bequem zu ziehen, reift früh und leicht zu schönem Zuckergehalt heran und gedeiht unter den verschiedensten Bedingungen.

Ihr Ertrag ist jedoch nur mittelmäßig, so daß er oft forciert wird, was zu recht hohlen Weinen mit zwar guter, aber unstabiler Farbe in der Jugend und einem intensiven Aroma führt, die aber doch etwas ausgedörrt schmecken. Am besten fallen die Weine kräftig zurückgeschnittener Reben aus, denen Zeit zum Ausreifen gelassen wird. Auch sie sind nur mittelschwer im Körper, haben aber gute Farbe und Langlebigkeit, und sie stellen eine subtilere Variante des charakteristischen Pinotage-Geschmacks dar, den manche etwas respektlos als »Spülwasser« bezeichnen, weil eine Spur Reinigungsmittel in ihm geschmacklich nicht abzuleugnen ist.

Pinotage

Die Pinotage-Anbaufläche beläuft sich auf etwa 5000 ha in Südafrika, doch hat die Rebe inzwischen so viel Interesse geweckt, daß sie nach Kalifornien, Neuseeland, Zimbabwe und sogar nach Deutschland exportiert worden ist.

Sehr individuell; potentiell gute Qualität

PONTAC

Der Name hört sich geradezu archaisch an, und das trifft auch zu, obwohl die Rebe noch genauer erforscht werden müßte. Jedenfalls brachte schon das Schiff *De Hoop* 1772 ihren Wein mit nach Holland.

Es ist durchaus möglich, daß sie schon von den Hugenotten eingeführt und nach der Weingutsbesitzerfamilie Pontac im Médoc benannt wurde. Vielleicht erfährt die Welt nie, welche der damaligen Sorten aus dem Médoc sie mitbrachten, denn die Pontac wird wegen ihrer schlechten Erträge und Gesundheit am Kap ausgemerzt. Wer den Pontac-Wein von früher kennt, kann bestätigen, daß er dunkel und tanninreich und charaktervoll war, große Geschmacksfülle und Langlebigkeit besaß. Vielleicht war es Petit Verdot.

Beste Qualität

Australien

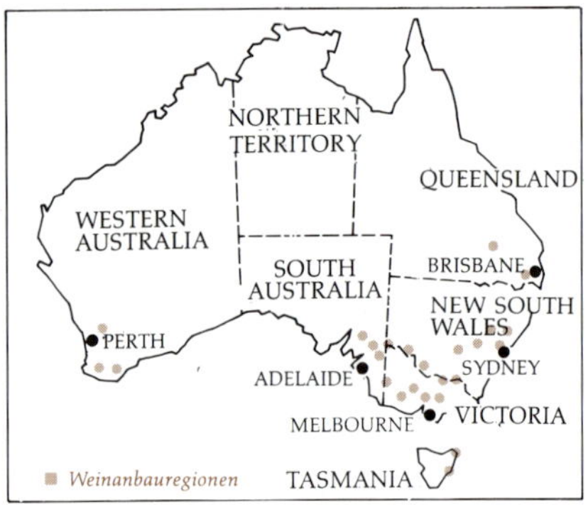

Bomvedro

Am interessantesten an dieser Rebe in Australien ist die Geschichte ihrer Identifizierung und nicht die Qualität ihres Weins. Wahrscheinlich gelangte sie wie so viele andere Reben aus Portugal schon frühzeitig in einem Bündel Stecklinge dorthin und führte den Namen Carignan, bis Truel sie 1976 als Bomvedro erkannte.

Ihre Anbaufläche – vorwiegend in Südaustralien – beläuft sich auf knapp 200 ha; allerdings dürfte die bei Barooga angebaute Miguel de Arco in Wahrheit auch Bomvedro sein.

Die Rebe hat mit Trockenheit, Frost und allerlei Krankheiten zu kämpfen, doch ihr Wein kann bei guten Voraussetzungen leicht, fruchtig und elegant ausfallen.

Synonyme:
Bonvedro, False Carignan

Ansprechender Wein, empfindliche Rebe

Tarrango

Tarrango

Die 1965 in Merbein gezüchtete Kreuzung zwischen Touriga und Sultana wurde 1975 speziell für die heißen Weinbaugebiete im Inneren Australiens herausgebracht. Sie stellt den gelungenen Versuch dar, einen Gamay von Murray und Murrumbidgee zu schaffen, der einen leichten, fruchtigen, früh genußreifen Wein mit schöner Farbe, niedrigem pH-Spiegel und geringem Tanningehalt hervorbringt.

Die Traube reift spät, eignet sich daher für kühle Lagen nicht. Der Ertrag ist mit 130 hl/ha sehr gut, und die Beliebtheit von Weinen wie Hickinbotham »Cab Mac« dürfte sie weiter begünstigen.

Leicht und fruchtig

Currant sowie Carina werden in Australien in kleinen Mengen zur Weinbereitung verwendet.

Neuseeland

Hybriden

Dunkle Hybridreben spielten im Weinbau Neuseelands früher eine bedeutende Rolle und trugen noch 1983 mit 3,6% zur Gesamterzeugung bei. Plantet wird etwas mehr angebaut als die »fuchsige« Farbtraube Seibel 5437, die auch als Siebouchet und Tintara bezeichnet und auf 60 ha kultiviert wird. Weitere Hybriden sind die vorwiegend zu Traubensaft verarbeitete Albany Surprise sowie Seibel 4643 und 5455. Ferner werden Versuche mit der italienischen *Vinifera*-Züchtung Melascone Nera gemacht.

Die Levante und Nordafrika

Es wäre ebenso taktlos wie sinnlos, nach dem Weinrebenbestand in Syrien, Iran, Irak, Jordanien und Afghanistan zu fragen, doch in jedem dieser Länder gibt es einige tausend Weinberge, aus denen auch Wein für den eigenen Bedarf gewonnen wird.

Im Libanon entstehen im Bekaa-Tal sehr achtbare Weine, von denen sich der Château Musar auch international einen Ruf geschaffen hat. Französische Rebsorten (Cinsaut, Cabernet Sauvignon und Syrah) haben die alten Lokalreben so gut wie ganz verdrängt. Allerdings wurden hier früher vorwiegend Weißweintrauben angebaut: Meroué und Obaideh sollen Verwandte des Chardonnay sein.

Der Weinbau Israels wurde noch systematischer auf französischen Rebsorten aufgebaut, nur die Lokalrebe Dabuki hat noch eine gewisse Bedeutung. Bei der weißen »Claret Egreneuse« handelt es sich um die Clairette Egrainée aus Algerien.

Der von Nestor Gianaclis am Anfang des Jahrhunderts wiederbelebte uralte Weinbau Ägyptens beruht auf 20 von insgesamt 70 als eventuell geeignet importierten Rebsorten.

In Tunesien gibt es noch die weißen Sorten Beldi und Muscat de Terracina sowie die rote Nocera.

In Algerien wird die einheimische Traube Farranah oder Ferrana in den Coteaux de Tlemcen angebaut. Weitere weiße Sorten Algeriens sind Tizourine, Bouafrara und El Maoui.

In Marokko überwiegt der französische Einfluß, doch werden die weißen Sorten Rasafi und »Plant X« noch in kleinem Umfang angebaut; die letztere ist zu Versuchsanpflanzungen in Zypern aufgenommen worden.

WEISSWEINREBEN

Frankreich
Bordeaux

(Karte siehe Seite 198)

MUSCADELLE

Obwohl sie mit dem Muskateller das kräftige, würzige Aroma gemeinsam hat, ist die Muscadelle doch eine ganz eigenständige Rebe in Bordeaux. Später Austrieb und frühe Reife ergeben eine kurze Wachstumsperiode und recht einfache Weine in den Süßweinbereichen von Bordeaux, wo die Anbaufläche rund 2000 ha umfaßt.

Die Sorte gilt im traditionellen Sauternes-Rezept neben Sémillon und Sauvignon Blanc als die ausgesprochen mindere dritte Zutat. Bei den Crus Classés werden 5% als ausreichende zusätzliche Würze für einen Süßwein angesehen, obwohl sie bei ihrem erfreulich guten Ertrag an der Zusammensetzung einfacherer Premières Côtes de Bordeaux wesentlich größeren Anteil haben dürfte. Die Muscadelle war das erste Opfer der sinkenden Beliebtheit süßer Weine. Ihre Anbaufläche in Frankreich geht zurück, doch ist sie in der Dordogne, in Lot-et-Garonne und an der Gironde noch immer anzutreffen.

Die schönste Verkörperung findet die Muscadelle in den australischen Liqueur Tokays – das sind Dessertweine mit ebensolcher Fülle, Farbe und Kraft wie die berühmten Liqueur Muscats. Die Australier glaubten lange, daß die dafür genutzte Traube die Hárslevelü, die Tokajer-Traube Ungarns, sei. Manche meinen noch immer, sie müsse mit dem Ruländer (oder Tokay d'Alsace) verwandt sein. Der Ampelograph Professor Truel aber klärte sie 1976 dahingehend auf, daß es sich um keine andere als die Muscadelle handelt, und dasselbe gilt für aus Kalifornien eingeführte angebliche Sauvignon-Vert-Reben. Manche Liebhaber australischer Dessertweine geben dem selteneren, subtileren, etwas »hustensaftähnlichen« Liqueur Tokay den Vorzug vor dem Liqueur Muscat. Die wenigen hundert Hektar Muscadelle-Anbaufläche Australiens liegen vorwiegend im Süden, aber auch um Rutherglen gibt es alte hochgeschätzte Bestände.

Südafrikas Muskadel oder Muscadel hat mit der Muscadelle nichts zu tun, manche der Muskateller-Reben Osteuropas dagegen sehr wohl.

Muscadelle

Die 120 ha »Sauvignon Vert« in Kalifornien sind mit großer Sicherheit Muscadelle. Das Blatt dieser Rebe ähnelt dem von Sauvignonasse stark. Auch der »Sauvignon Vert« trägt locker besetzte Trauben mit dünnschaligen kleinen Beeren, die früh reifen, von Insekten gern angefressen werden und dann schnell faulen.

Synonyme:
Muscade, Musquette, Muscadet Doux, Guillan, Muscat Fou, Angelico, Raisinotte (Südwestfrankreich); Tokay (Australien); Sauvignon Vert (Kalifornien)

Mittlere Qualität; fruchtig

MERLOT BLANC

Die ertragreiche Rebe, die mit dem Merlot Noir überhaupt nicht verwandt ist, verfügt noch über eine Anbaufläche von rund 2000 ha. Galet zufolge kam sie wahrscheinlich aus Südwestfrankreich nach Fronsac, erregte am Ende des vorigen Jahrhunderts die Aufmerksamkeit des Rebschulbesitzers Jean Elie und breitete sich dann am Nordufer der Gironde aus. Sie wurde Merlot Blanc genannt, weil ihr Blatt dem des roten Merlot sehr ähnlich sieht.

Heute sind die meisten Bestände an Merlot Blanc noch in Fronsac, Bourg und vor allem Blaye zu finden. Die Traube verliert an Beliebtheit, weil sie sehr frostempfindlich und fäuleanfällig ist und der Wein, den sie so reichlich hervorbringt, nach nicht viel schmeckt.

Synonym: Merlau Blanc

Mindere Qualität

Loire

(Karte siehe Seite 199)

ARBOIS

Arbois hat nichts mit dem Jura zu tun, obwohl sein Blatt dem des Savagnin ähnelt. Das gebräuchlichste Synonym Menu Pineau legt die Rebe eindeutig auf die Loire fest. Ihre Heimat ist auf dem großen Streifen westlich der Loire in den inzwischen größtenteils aufgegebenen Weinbaugebieten bei Orléans.

Im Département Loir-et-Cher gibt es noch rund 1000 ha und im Indre auch noch einige Hektar für den Valençay Blanc, in dem der Arbois bzw. Menu Pineau der Hauptbestandteil ist. Cheverny und *vins de pays* sind die wichtigsten Absatzträger für Arbois-Weine, die zumeist mit Sauvignon, Chenin Blanc oder auch Romorantin verschnitten werden.

Die wuchskräftige Rebe bringt recht gute Erträge an Weinen, die meist nicht so säuerlich sind wie der Chenin Blanc, und deshalb war die Sorte auch im Osten des Anbaugebiets Loire als mildernde Zutat sehr geschätzt. Offiziell empfohlen ist sie für Indre, Indre-et-Loire, Loiret und Loir-et-Cher.

Synonyme:
Menu Pineau, Petit Pineau, Herbois, Orbois, Verdet

Mittlere Qualität

ROMORANTIN

Diese Rebe ist wie der Arbois besonders gut für das kühle Ende des Anbaugebiets an der Loire geeignet, wird aber viel weniger kultiviert. 1979 gab es in Loir-et-Cher 300 ha, an anderen Stellen waren keine größeren Anbauflächen mehr vorhanden. Der Ertrag liegt zwischen 50 und 100 hl/ha, der Wein ist alkoholschwächer und nicht so charaktervoll wie der Arbois.

Galet behauptet im Widerspruch zu Viala, daß die Rebe mit der Loire-Sorte Dannery identisch sei.

Synonyme:
Dannery, Petit Dannezy, Verneuil, St-Amand, Gros Blanc de Villefranche

Mäßige Qualität

Rayon D'or

Die Rebe ist aus den Weinbergen an der Loire, wo sie in den fünfziger Jahren noch stark vertreten war, fast ganz verschwunden, nur in Loir-et-Cher wird die Hybride ebensoviel angebaut wie Romorantin.

Die Kreuzung zwischen Seibel 405 und 2007 hat den Vorzug, daß sie meist erst nach den Frühjahrsfrösten austreibt, und wenn sie doch einmal Schaden leidet, erholt sie sich rasch wieder. Sie reift früh und ist resistent gegen Krankheiten, lediglich etwas fäuleanfällig.

Synonym: Seibel 4986

Hybride minderer Qualität

Meslier St-François

400 von insgesamt 600 ha Anbaufläche dieser Sorte liegen in Loir-et-Cher, der Rest verteilt sich auf das Cognac- und das Armagnac-Gebiet, wo sich die Sorte durch geringere Fäuleanfälligkeit als die Folle Blanche bewährt.

Die Erträge sind mit 200 hl/ha recht gut, der neutrale Wein eignet sich hervorragend zur Destillation. Durch frühen Austrieb ist die Rebe stark frostgefährdet; allerdings bringt sie einen ertragreichen Nachtrieb zustande.

Synonyme:
Gros Meslier, Meslier Blanc, Meslier d'Orléans

Dünner, sehr bescheidener Wein

St-Pierre Doré ist eine weitere früher vorwiegend an der Loire angebaute Weißweinrebe.

Nordostfrankreich

(Karte siehe Seite 200)

Chablis und die Yonne

Sacy

Der noch in den zwanziger Jahren an der Yonne außerordentlich verbreiteten Rebe traten die Winzer von Chablis schließlich energisch entgegen, da sie ihnen und ihrem Chardonnay-Wein den damals noch nicht geschützten guten Namen usurpierte und zu verderben drohte.

Heute ist die Sacy-Anbaufläche Frankreichs so klein geworden, daß sie in der letzten Landwirtschaftszählung von 1979 gar nicht mehr vorkommt; dennoch wird die Rebe an der Yonne noch kultiviert und gilt als nützliche Quelle für Schaumwein. Dem Weinfreund begegnet der recht dünne und herbe Sacy-Wein noch in Flaschen mit dem Etikett Crémant de Bourgogne (vor allem in der Abfüllung der Genossenschaftskellerei SICA) sowie in Markenschaumweinen aus Ostfrankreich, insbesondere dem Kriter.

Galet zufolge wurde die Sacy-Rebe im 13. Jahrhundert aus Italien eingeführt und in der Abbaye de Reigny bei Vermonton kultiviert. Sie breitete sich dann bis in den Jura und die tieferen Lagen Burgunds aus. Ihre reichlichen Erträge machten sie so beliebt, daß das Parlament von Besançon 1732 einen Bannbefehl gegen sie erließ, dem ein zweiter in Vermonton folgte. An der Yonne wurde sie jedoch weiter angebaut. Die Winzer dort schätzen die Sorte als Verstärkung für den meist mit ihr zusammen angebauten Aligoté sowie zum Strecken des charaktervollen Chardonnay und sehen deshalb über die Anfälligkeit für Mehltau beider Arten hinweg, wobei ihnen der reichliche Ertrag zugute kommt.

Die zweite Verkörperung, in der die Sacy-Rebe dem Weinfreund begegnet, ist der Wein von St-Pourçain-sur-Sioule aus der Mitte Frankreichs. Seine Herbheit verdankt er dem Anteil von Sacy, hier Tresallier genannt, der zusammen mit so unwahrscheinlichen Partnern wie Sauvignon und Chardonnay sowie Aligote zum Rezept gehört.

Man fragt sich, ob die Vorfahren dieser Sorte in den Weinbergen Italiens noch aufzufinden sind, denn da es sich nicht um eine Spitzensorte handelt, hat sie ja auch nur wenig Aufmerksamkeit auf sich gezogen.

Synonyme:
Tresallier (Allier); Gros Blanc, Blanc Vert (Yonne); Farine (Doubs)

Mindere Qualität, dünn

Der gute Roublot und der sehr bescheidene Plant Vert waren früher ebenfalls an der Yonne stark vertreten.

Elsaß

Auxerrois Blanc

Die bedeutende Rolle des Auxerrois Blanc im Elsaß ist offenbar ein wohlgehütetes Geheimnis. Es ist von ihm kaum je etwas zu hören oder zu lesen, und doch war er der letzten Landwirtschaftszählung zufolge die viertmeist angebaute Rebe. Die mit Pinot Blanc oder Gris durchaus nicht verwandte Sorte verfügte im Haut-Rhin über eine Anbaufläche von 1000 ha.

Noch verwirrender wird die Situation dadurch, daß die Rebe nur Auxerrois genannt wird, während Auxerrois Gris ein Synonym für Pinot Gris, also Ruländer ist; dagegen ist Auxerrois Blanc im benachbarten Lothringen ein Synonym für Chardonnay; über den Ortsnamen Auxerre wird zudem noch eine irreführende Spur zur Yonne gewiesen, und um das Maß wirklich voll zu machen, heißt der Malbec in Cahors ebenfalls Auxerrois.

Sogar im Elsaß glauben viele, der richtige Auxerrois sei mit Sylvaner, Chardonnay, Melon oder Meslier verwandt, und er heißt dort auch manchmal Pinot Auxerrois. Galet bezeichnet ihn jedoch als völlig eigenständige Rebe, die bei mäßigen Erträgen nichtssagenden, ziemlich säure- und alkoholreichen Wein hervorbringt, der im Elsaß größtenteils in den Edelzwicker eingeht. Auf der Elsässer Qualitätsleiter steht er eine Sprosse unterhalb von Pinot Blanc und eine oberhalb von Chasselas.

Auch in Südafrika wird die Rebe angebaut; sie wurde bis 1986 für Chardonnay gehalten.

Synonym:
Auxerrois Blanc de Laquenexy

Mäßige Qualität

Knipperle

Diese Traube mit ihren dunklen Beeren liefert dennoch Weißwein. Am Ende des vorigen Jahrhunderts war sie groß in Mode; damals nahm sie ein Viertel der noch viel umfangreicheren Rebfläche der Region ein, inzwischen aber ist sie immer mehr im Schwinden. Eines ihrer Synonyme weist auf ihren Vermehrer Ortlieb hin, der den hohen Ertrag und die frühe Reife der Sorte gut zu nutzen verstand.

Allerdings stellte sich die katastrophale Fäuleanfälligkeit der Rebe selbst im trockenen Klima des Elsaß als ein so großes Problem heraus, daß die Anbaufläche allmählich fast auf Null sank; nur noch ein paar Winzer keltern heute sortenreinen Knipperlé-Wein.

Synonyme:
Kipperlé, Ortlieber, Kleiner Gelber, Kleiner Rauschling, Eltinger, Petit Mielleux, Reichenweierer

Anständige Qualität

Goldriesling oder Riesling Doré, angeblich eine Kreuzung zwischen Weißem Riesling und Muscat, wird im Elsaß geduldet, aber nicht offiziell gefördert. Er reift früh und ist vor allem als »Federweißer« in den Cafés von Riquewihr anzutreffen. Weitere vorwiegend im Elsaß angebaute alte Sorten sind die Buketttraube und die möglicherweise aus Ungarn stammende Putscheere.

Jura

Savagnin

Wie der Viognier ist auch der Savagnin Blanc eine unbestreitbar edle Rebe, die dennoch nur in einer kleinen Ecke Frankreichs angebaut wird. Auf dieser Traube beruhen die interessantesten Weine des Jura. Sie wird sonstwo in der Welt kaum angebaut, vermutlich weil sie so sehr zum Verrieseln neigt, doch im Jura hat sie sich mit dem *vin jaune,* der nur aus der außergewöhnlichen Savagnin-Traube gewonnen werden kann, einen solchen Ruf geschaffen, daß die dortigen Winzer sich mit dieser Schwäche abfinden – und entsprechende Preise kassieren.

Seinen Höhepunkt erreicht der Savagnin Blanc auf dem Kiesboden um Château-Chalon, wo die von Natur aus spät reifenden Trauben oft erst im Dezember gelesen werden.

Die Trauben sind klein, kräftig gefärbt und extraktreich und haben einen eigentümlichen Nußgeschmack, der im Bereitungsprozeß des *vin jaune* noch akzentuiert wird. Er führt zu einem Sherryähnlichen Wein, der ein gutes Jahrhundert lang gehaltvoll und quicklebendig bleiben kann.

Auch in einfacheren Weißweinen aus dem Jura wie Arbois, Côtes de Jura Blanc und L'Etoile, in denen Savagnin und Chardonnay miteinander gemischt sind, kommt das eindeutige Nußaroma klar zum Vorschein.

Das Blatt des Savagnin Blanc ähnelt dem der früher im Elsaß Traminer genannten Rebe; die beiden Sorten sind aber entgegen verbreiteten Vermutungen nicht miteinander verwandt. Heute wird kaum noch Savagnin Blanc im Elsaß kultiviert, wohl aber die Form Savagnin Rosé, oft als Clevner d'Heiligenstein oder Heiligensteiner Klevner bezeichnet. Der körperreiche Wein dieser Sorte hat viele Bewunderer. Savagnin Noir ist dagegen ein Synonym für Pinot Noir.

Synonyme:
Savagnin Blanc, Savagnin Jaune, Salvagnin, Nature, Fromente, Gringet, Gentile Blanc (Frankreich); Edeltraube (Deutschland); Formentin (Ungarn)

Sehr gute Qualität und Langlebigkeit

Sonstige im Jura oder in der Franchecomté angebaute Sorten waren Gouais Blanc, Peurion und Cinquien.

Savoyen

Jacquere

Die einfache weiße Traube Savoyens ist kennzeichnend für die Weine der ganzen Region: trocken, leicht, herb, etwas rauchig und stets verhalten. Die Rebe bringt ohne weiteres Erträge bis 100 hl/ha, treibt spät aus und bevorzugt kalkhaltigen Kiesboden. Regen zur Lesezeit, meist in der ersten Oktoberhälfte, kann Fäule verursachen. Die Jacquère-Anbaufläche in Frankreich, das heißt praktisch in Savoyen, betrug 1979 noch über 800 ha.

Synonyme:
Jacquerre, Jacquière, Cugnette, Plant des Abymes de Myans, Buisserate

Bescheidene Qualität

Altesse

Die Weine der Altesse sind vollmundig, reichhaltig und würzig. Wie es einer Rebe mit so noblem Namen gebührt, hat die Altesse eine interessante Vergangenheit. Sie kam im späten Mittelalter, als sich das Haus Savoyen besonders eifrig in der Welt umtat, von Zypern her ins Land.

Galet hat große Ähnlichkeit zwischen ihr und der berühmten Tokayer-Rebe Furmint festgestellt. Er meint, daß die Furmint durchaus von Tempelrittern nach Zypern gebracht worden sein könne und daß dann die Türken später alle Spuren verwischt hätten. Diese Theorie würde freilich die Erklärung dafür bieten, daß die Altesse selbst in einem so kühlen Klima derart wuchtige und charaktervolle Weine hervorbringt. Galet weist auch darauf hin, daß im vorigen Jahrhundert um St-Gilles bei Arles gehaltvolle, stark an ungarische Tokajer erinnernde *vins liquoreux* bereitet wurden.

Heute ist Altesse-Wein meistens trokken, relativ körperreich und mit einem reifen Bukett ausgestattet. Ein großer Teil des Ertrags wird zu Schaumwein verarbeitet. Seyssel-Schaumwein beruht auf Altesse mit etwas Molette, der seltene und köstliche stille Seyssel wird nur von Altesse gewonnen. Alle diese Weine duften weitaus fülliger als die bescheidenen Blümchen des Voralpenlands – dank der Vorliebe seiner einstigen Herrscher für exotische Düfte.

Trotz des Synonyms Roussette hat die Rebe nichts mit der Roussanne im unteren Rhône-Tal zu tun. Die Trauben der Altesse bleiben am Stock fäulefrei und gesund bis zur vollen Reife, nur ist der Ertrag ausgesprochen gering. 25 hl/ha dürfen schon als gut gelten.

Zusammen mit der ganzen Palette burgundischer und sonstiger Trauben trägt die Altesse auch ihr Teil zu den Weiß- und Rotweinen von Bugey, zwischen Jura und Beaujolais, bei. Sie hätte wohl größere Verbreitung verdient, wird sie aber erst erhalten, wenn einmal ertragreichere Klone gefunden sind.

Synonyme:
Roussette, Roussette Haute, Mâconnais, Altesse Vert

Ausgezeichnete Qualität

Molette

Diese ziemlich einfache Rebe wird um Seyssel angebaut, wo sie ihren Beitrag zur Schaumweinherstellung leistet. Sie bringt hohe Erträge; ihr Wein aber ist bestenfalls charakterlos und schlimmstenfalls bitter und rauh. Eine ihr sehr ähnliche Verwandte ist die Roussette Basse.

Synonym:
Molette de Seyssel

Weitere in Savoyen angebaute Sorten sind Mondeuse Blanche, Cacaboué und Hibou Rosé.

Südostfrankreich

(Karte siehe Seite 201)

Clairette Blanc

Die Clairette ist ziemlich außer Mode gekommen und verliert daher rasch ihren einstmals gewaltigen Einfluß in ganz Südfrankreich. Ihr Wein ist nämlich enorm alkoholstark, dafür recht säurearm und oxidiert wie unpasteurisierter italienischer Weißwein ziemlich rasch. Bei sorgfältiger Behandlung kann die Clairette zu einem Wein mit ansprechendem fruchtigem Aroma verarbeitet werden, das aber rasch abflacht.

Früher war die Clairette die ideale Traube für die Wermuthersteller. Heute kommt der meiste weiße Wermut aus Süditalien, und Clairette wird gewöhnlich in einfachen *vin de table* und in die wenigen Weine, für die sie noch vorgeschrieben ist, eingemischt. Die ziemlich gleichmäßig über die Départements Var, Vaucluse, Gard, Hérault und Drôme verteilte Anbaufläche in Frankreich belief sich 1979 noch auf 5300 ha, ist aber inzwischen sicher weiter zurückgegangen.

Als Zutat zu weißem Châteauneuf und Côtes-du-Rhône trägt Clairette mit zur Gewichtigkeit bei. Auch ins Rezept der meisten provençalischen Weißweine, zum Beispiel der teuren Cassis und Palette, gehört sie, allerdings nicht in den Coteaux d'Aix-en-Provence. Sofern sie nicht mit größter Sorgfalt wie etwa im Château Simone verarbeitet wird, braucht die Clairette dringend zusätzliche Säure, wie sie der Ugni Blanc (Trebbiano) in vielen Appellationen, jedoch nicht im Côtes-du-Rhône, mitbringt.

In mehreren Appellationen ist sie also vorgeschrieben, doch haben die Namen Clairette de Bellegarde oder de Languedoc keinen guten Klang. Die Weine sollten am besten getrunken werden, noch ehe sie in die Flasche kommen. Clairette de Die, der unerwartet schmackhafte Schaumwein aus dem Département Drôme, stellt wohl die feinste Verkörperung der Sorte dar. Nur in dieser Gegend wächst auch die Clairette-Anbaufläche; allerdings muß gesagt werden, daß vor allem der Muscat à Petits Grains am wundervollen Aroma des *mousseux* Clairette de Die Anteil hat. Zwar lautet ein gebräuchliches Synonym Blanquette, in Wahrheit aber ist Clairette mit Blanquette (oder Mauzac) nicht verwandt, sondern ergänzt diese nur in kleineren Mengen bei der Erzeugung des Blanquette de Limoux.

Der Anbau der Rebe bereitet Probleme. Sie muß auf eine schwachwüchsige Unterlage gepfropft werden, um Verrieseln zu vermeiden, und die dünnschaligen Beeren sind sehr fäuleanfällig, was durch die späte Reife noch verschlimmert wird. Die mediterrane Abstammung zeigt sich jedoch in der Anpassungsfähigkeit an sehr trockene, magere Böden.

Clairette wird auch außerhalb Frankreichs viel angebaut, allerdings nirgendwo in besonders großem Umfang. Nur in Südafrika gewann sie in den fünfziger Jahren einige Beliebtheit, insbesondere im Schaumwein »Vonkelwyn«. Dort wurde die Traube auch als eine der ersten in das neue Verfahren der Verarbeitung in Edelstahltanks einbezogen. Die Anbaufläche der Clairette Blanche umfaßt im Kapland noch 3600 ha.

Wie bei anderen Reben hat das Auftreten der Clairette in Südafrika auch ihren Einzug in Australien mit sich gebracht. Dort werden im Hunter Valley knapp 100 ha »Blanquette« angebaut.

Auf Sardinien spielt die Clairette als Aromaspender für den Nuraghe Majore eine Rolle, und auch in Algerien und in Israel wird sie kultiviert.

Synonyme:

Blanquette (Aude); Clairette Blanche (Südafrika); Blanquette (Australien)

Übergewichtig, daher nicht langlebig

Roussanne

Marsanne und Roussanne sind zwei traditionelle Rebsorten für Weißweine der nördlichen Rhône, unmittelbar südlich des kleinen Viognier-Bereichs, der nur Condrieu und Château-Grillet umfaßt. Marsanne ist groß und dick, Roussanne klein und elegant. Nach frischer Jugendlichkeit durchläuft der Roussanne-Wein ein flaues Stadium und präsentiert sich im Alter von 10 bis 20 Jahren dann wieder in schöner Form.

In den fünfziger Jahren war die Roussanne in der Gegend um Hermitage wegen ihrer Empfindlichkeit und Mehltauanfälligkeit fast ganz durch die Marsanne verdrängt worden. Neuerdings aber sind insbesondere in der Domaine de l'Espiguette an der Mittelmeerküste neue, für die steilen Rhône-Lagen gut geeignete Roussanne-Klone entwickelt worden, und so dürfte es nun wieder mit ihr aufwärts gehen.

Die besten Weißweine von Paul Jaboulet Ainé bestehen zu gleichen Teilen aus Roussanne und Marsanne. Sie zeichnen sich durch ein schöneres Bukett und größere Lebendigkeit aus als Weine, die allein von der ertragreicheren Marsanne gewonnen werden. In St-Péray wird schon lange in gewissem Umfang Roussanne angebaut; sie wird für die Schaumweine dringend benötigt, um der Marsanne, die dort rund 80% der Rebfläche einnimmt, Frische und Delikatesse zu verleihen. In manchen Jahren kann allerdings die spätere Reife der Roussanne katastrophale Wirkungen haben.

Weiter im Süden gibt es damit weniger Probleme; bei der landwirtschaftlichen Erhebung 1979 wurden im Département Var 1000 ha Roussanne gezählt. Eine hellrote Variante, Roussanne du Var, wird dort angeblich für viele nicht so bekannte und einfachere Weine verwendet. Allerdings muß sie dann schon sehr viel bequemer im Anbau sein als die Roussanne, wie die Winzer im Rhône-Tal sie kennen.

Am Châteauneuf-du-Pape ist Roussanne als eine von vier zugelassenen weißen Trauben beteiligt, und neben Grenache Blanc trägt sie mit 80% zu dem eigenwilligen Château de Beaucastel bei. Ferner wird die Roussanne in kleineren Mengen von den besseren Weingütern im Bereich Côtes-du-Rhône kultiviert.

Selbst in Italien hat die Roussanne im Rezept des ausgewogenen trockenen Montecarlo Bianco aus der Nähe von Lucca ihren festen Platz. Ein australischer Marsanne-Anbauer, Yeringberg in Victoria, hat sich auch etwas Roussanne zugelegt, um seinem Wein Lebendigkeit zu verleihen. Schon 1882 erscheinen in einem Bericht über die damaligen Rebsorten in Australien Hinweise auf die Roussanne.

Hier auch ein Wort zu dem Namen Roussette, um den es in Frankreich viel Verwirrung gegeben hat. In Savoyen und Bugey ist Roussette ein Synonym für Altesse, die aber mit Roussanne nicht verwandt ist. Auch an der nördlichen Rhône wird eine Rebe namens Roussette oft erwähnt, und Galet zitiert zwei Quellen, die von einer der Marsanne sehr ähnlichen, früher um Hermitage viel angebauten Sorte namens Roussette sprechen. Es kann sich dabei sehr wohl um eine Abwandlung von Roussanne handeln, und da die Marsanne fast 100% der Weißweinanbaufläche an der nördlichen Rhône einnimmt, kann von einer rätselhaften dritten Rebsorte namens Roussette heute kaum noch die Rede sein.

Synonyme:

Bergeron (Savoyen); Barbin, Rebelot, Greffou, Picotin Blanc (übriges Frankreich)

Feiner, entwicklungsfähiger Wein

Marsanne

Eine große Verbreitung an der nördlichen Rhône bedeutet noch nicht, daß die Rebsorte im nationalen Rahmen wirklich stark angebaut wird. Bei der Landwirtschaftserhebung 1979 wurde nur in einem Département eine Anbaufläche von über 100 ha festgestellt: im durch Hermitage und St-Joseph berühmten Drôme.

Die wuchskräftige Marsanne bringt reichliche Erträge an fast bräunlich angehauchten Weinen mit hohem Extrakt- und Alkoholgehalt und einem ausgeprägten Geruch, der entfernt, aber nicht unangenehm an Leim erinnert. Die Traube ist einfach zu schwer, als daß sie langlebigen Wein ermöglichen könnte, außer wenn sie früh gelesen wird, wie manchmal in Australien.

Marsanne

Dem roten Hermitage dürfen bis zu 15% weiße Trauben, praktisch also Marsanne, beigegeben werden; da aber der weiße Hermitage sich heute gut verkauft, geschieht das kaum noch.

Der weiße St-Joseph wird von Marsanne aus dem Norden der Appellation, wo auch der ertragsschwache Viognier zugelassen ist, bereitet. Auch im weißen Crozes-Hermitage und im stillen und schäumenden St-Péray hat die Marsanne die Oberhand. Fast alle diese Weine sollten in den ersten Jahren nach der Lese getrunken werden, nur der Hermitage Blanc der neueren Art, an dem auch die Roussanne beteiligt ist, kann ein höheres Alter erreichen.

Zu den dreizehn Erwählten des Châteauneuf gehört die Marsanne zwar nicht, doch wird sie von einigen besonders unternehmungsfreudigen Côtes-du-Rhône-Weingütern, zum Beispiel Château du Trignon in Sablet, angebaut; im Cassis ist sie erlaubt, wird aber nicht viel verwendet.

In der Südschweiz wird die Rebe im Wallis in kleinerem Umfang kultiviert. Sie heißt dort Ermitage Blanc und liefert in guten Jahren sehr kräftigen Wein.

Wie die Marsanne nach Australien gelangt ist, steht zwar nicht einwandfrei fest, doch muß man bedenken, daß die Syrah von der nördlichen Rhône dort als Hermitage die meistangebaute Rotweintraube darstellt. Heute gibt es noch knapp 100 ha Marsanne in Australien, vorwiegend in Südost-Victoria, wo sie seit etwa 1860 angebaut wird. Altmodische Beispiele wie der Chateau Tahbilk weisen eine gewisse Langlebigkeit auf; das mag aber auch daran liegen, daß schon im Weinberg andere, vielleicht interessantere Rebsorten dazwischengeraten sind. Heute wird der Most meist besser gereinigt und reift deshalb nach dem Vergären schneller aus. Manchmal wird der Wein in Frankreich und in Australien auch im Eichenfaß ausgebaut.

Synonyme:
Avilleran, Grosse Roussette (Savoyen); Ermitage Blanc, Hermitage Blanc (Wallis)

Sehr substanzreiche Weine

Piquepoul Gris

Zu den gesetzlich im Châteauneuf-du-Pape zugelassenen Sorten gehört auch Piquepoul, wobei nicht gesagt wird, ob die dunkle oder die hellere Gris-Version gemeint ist. Meist wird Piquepoul Gris als die verbreitetere, wenn auch genetisch jüngere Sorte angenommen, aber auch sie wird an der südlichen Rhône kaum noch angebaut. Ihre Gesamtfläche geht zurück, 1979 waren es noch 600 ha, über ganz Südfrankreich verstreut.

Piquepoul Gris treibt spät aus und ist anfällig für Echten Mehltau. Seit der Reblauszeit bewährt er sich im Sandboden der Camargue sowie in der Ebene westlich von Sète. Zusammen mit Clairette und Terret Gris stellt er den Hauptanteil am recht flachen Piquepoul de Pinet. Auch in Nordostspanien wird er in kleinerem Umfang angebaut.

Synonyme:
Picpoul, Picpoule, Picapulla, Picapouya, Languedocien, Avillo

Mittlere Qualität

Bourboulenc

Viala sieht in der alten Rebsorte die Asprokondoura aus Griechenland. Sie war früher im ganzen Midi verbreitet. Heute sind nur noch einige hundert Hektar davon übrig, weniger noch als vom Piquepoul Gris. Sie setzen sich aus kleinen, alten Anpflanzungen in Châteauneuf-du-Pape, Côtes-du-Rhône, Tavel, Lirac und Bellet zusammen.

Der Bourboulenc bringt dünnen, recht neutralen Wein hervor; allerdings plädiert Galet dafür, die Trauben bis im Oktober am Stock zu lassen, weil der Wein dann kräftig und charaktervoll rustikal ausfallen kann.

Synonyme:
Bourbolenco, Clairette Rousse, Clairette Dorée, Grosse Clairette, Roussaou, Clairette à Grains Ronds

Meist mittelmäßig

Œillade ist eine im Südosten Frankreichs verbreitete weiße Traube minderer Qualität, die kaum noch für die Weinerzeugung benutzt wird. Picardan, die letzte hier zu erwähnende Traube aus dem Châteauneuf-Rezept, ähnelt ihr stark. Man darf als sicher annehmen, daß die Einbeziehung dieser und der ebenso nichtssagenden Bourboulenc-, Picpoul- und Clairette-Trauben in den weißen sowie der Counoise- und Terret-Noir-Traube in den roten Châteauneuf-du-Pape eher darauf beruhte, daß diese Sorten nun einmal in den Weinbergen vorhanden waren, als die Rezepte zusammengestellt wurden.

Weitere in Südfrankreich oft in sehr geringem Umfang angebaute weiße Reben sind: Pascal Blanc (gut für die trockenen Böden von Cassis geeignet), Rolle (eine interessante Bellet-Sorte), Colombaud, Mayorquin und Valentin.

Südwestfrankreich

(Karte siehe Seite 203)

Die hier genannten, praktisch nur in der Südwestecke Frankreichs vorkommenden Rebsorten sind nach der Größe ihrer Anbaufläche geordnet.

Mauzac Blanc

Manchen Freund des französischen Weins wird es erstaunen zu erfahren, daß die Mauzac-Blanc-Rebe ebenso viel angebaut wird wie der Sauvignon Blanc: 1979 waren es 6000 ha, drei Viertel davon im Département Tarn. Galet zufolge ist die »weiße« Traube, deren Farbe zwischen Grauweiß und Hellrot schwankt, nicht mit dem vorwiegend in Gaillac kultivierten Mauzac Noir verwandt.

Die Mauzac-Anbaufläche hatte in den sechziger Jahren mit 9000 ha ihren höchsten Stand erreicht. Ein Rückgang in Gaillac ist seither durch beträchtlichen Zuwachs im Département Aude ausgeglichen worden, wo die Rebe auch als Blanquette (de Limoux) bezeichnet wird. Steven Spurrier erklärt diese Benennung mit der weiß bestäubten Unterseite des Blatts der Mauzac-Rebe. Die erfreulich delikaten Schaumweine von Limoux müssen aus mindestens 80% Mauzac, ergänzt durch Clairette und/oder Chardonnay, bestehen. Das frische, grüne, fast apfelweinartige Aroma des Mauzac ist für *vins mousseux* geradezu ideal. Die ausgeprägte Säure der Traube, die manchen Gaillac-Weinen nicht gut bekommt, ist den Schaumweinherstellern von Limoux hochwillkommen.

In den Gaillac-Weißweinen aller Art spielt Mauzac Blanc eine bedeutende Rolle, und auch im Côtes de Duras Blanc ist er zugelassen.

Die Trauben reifen ziemlich spät und können dann sogar einen hohen, für die Stabilität der Weine nachteiligen Zuckergehalt erreichen. Die Erträge sind je nach Lage unterschiedlich, die Pflanzen selbst kräftig und gesund.

Synonyme:
Blanquette, Maussac, Mauza, Moisac, Moysac, Sudunais

Guter Grundwein für *vin mousseux;* sonst etwas streng

Baroque

Die Rebe mit dem schönen Namen ist eine Spezialität von Tursan; der Tursan Blanc muß zu mindestens 90% aus dieser Sorte bestehen. Seitdem sich aber die Winzer der Gegend weitgehend auf Rotwein umgestellt haben, hat sie viel Boden an den Tannat abgeben müssen. Die Baroque-Anbaufläche in Frankreich ist in den siebziger Jahren von 5300 auf 1600 ha zurückgegangen.

Die Baroque-Rebe verträgt das Propfen gut und ist erfreulich resistent gegen Echten und Falschen Mehltau sowie Schwarzfäule. Nach den Verwüstungen durch Mehltau und Reblaus im vorigen Jahrhundert wurde die Rebe eben wegen ihrer Resistenz in großem Umfang als Ersatz für die vorher verbreitete hochwertige Claverie angepflanzt.

Baroque bringt einen schweren (bis zu 13% Alkohol) Wein mit kräftigem, eher rustikalem als elegantem Aroma hervor, das durch die schiere Wucht obendrein gedämpft wird.

Hinter Baco Noir ist Baroque die zweitmeist angebaute Rebsorte im Département Landes, und weiter im Süden trägt ihre Traube neben vielen anderen zu den seltenen Weißweinen von Béarn bei.

Die Herkunft der Sorte ist umstritten. Manche Fachleute meinen, sie sei von heimkehrenden Pilgern aus Santiago de Compostela in Galicien mitgebracht worden. Ihre Synonyme legen den Gedanken nahe, daß sie eine weiße Form der Tinta Barroca in Portugal sein könnte. Ein Gelehrter sieht in ihr eine Kreuzung zwischen Folle Blanche und Sauvignon Blanc, während ein anderer sie für eine alte einheimische Rebe Südwestfrankreichs hält, wo sie wildwachsend vorkommt. Wie dem auch sei, Baroque ist erst vor relativ kurzer Zeit nördlich und östlich von Tursan identifiziert worden. Galet nennt das Jahr 1894 als Datum der Anerkennung ihrer Eigenständigkeit.

Synonyme:
Barroque, Baroca, Bordelais (Frankreich);
Bordeleza Zuria (Spanien)

Guter, kräftiger Wein

Petit und Gros Manseng

Manseng steht für Jurançon, und Jurançon steht für Sinnesfreuden, wenn man den Werbeschriften trauen will. Der einmal als *viril,* ein andermal als *puissant* angepriesene Wein läuft unter dem Slogan »séduction du vert galant«. Den Worten der Colette: »Ich war noch ein Mädchen, als der Prinz mir begegnete: aufrüttelnd, gebieterisch, trügerisch wie alle großen Verführer – der Jurançon« hat niemand, der über Wein schreibt, etwas Größeres entgegenzusetzen.

Die Petit Manseng-Rebe ist vor allem die Quelle des leider meist unterbewerteten herrlichen Jurançon Moelleux. Die oft hoch erzogene Rebe trägt lockere Trauben mit außerordentlich kleinen, dickschaligen Beeren, die trotzdem in manchen Jahren von Edelfäule befallen werden. Aber auch wenn dies nicht eintritt, können wundervoll starke (12,5% Alkohol), konzentrierte, honigsüße Weine entstehen, die ein hohes Alter erreichen, doch auch in der Jugend schon ein verlockendes Aroma aus Früchten und Gewürzen – reife Pfirsiche und Zimt – entwickeln, jedoch stets mit ausreichend kräftiger Säure, die jeder übertriebenen Schwärmerei Zügel anlegt. Die Trauben werden bis in den November hinein am Stock belassen und sind dann wie beim Eiswein oft durch Kälte geschrumpft und konzentriert. Dabei kommen natürlich sehr kleine Erträge, etwa 15 hl/ha, heraus, obwohl 28 hl/ha offiziell zugelassen sind.

Auch der Gros Manseng wird hoch erzogen und trägt zusammen mit der dritten Lokalrebe, Courbu, neben dem Petit Manseng zum Jurançon Moelleux bei; zum größten Teil jedoch dient er zur Erzeugung des immer beliebter werdenden Jurançon Sec.

Obwohl seine Beeren beträchtlich größer sind als beim Petit Manseng, ist die Verwandtschaft zwischen beiden Reben eindeutig. Ferner gibt es eine Form des Gros Manseng mit wie beim Meunier filzig behaarten Knospen. Die Erträge des Gros Manseng liegen deutlich höher, doch der daraus gewonnene Wein ist ebenso charaktervoll, außerordentlich würzig und vollmundig, kräftig in Säure und Alkohol und ölig in der Konsistenz.

Die Manseng-Anbaufläche ist in den siebziger Jahren erfreulicherweise von 90 auf 600 ha gestiegen. Wie Courbu (auch Sarreat genannt) tragen beide Mansengs zum nicht so charaktervollen Pacherenc du Vic Bilh und zum weißen Béarn bei. Schade wäre es, wenn der Gros Manseng den Petit Manseng überholen und dadurch eine weniger anspruchsvolle Bereitung des Jurançon Moelleux einleiten würde.

Synonyme für Petit Manseng:
Manseng Blanc, Petit Manseng, Mansegnou (Frankreich); Ichirota Zuria Tipia (Spanien)

Petit Manseng erstklassig;
Gros Manseng sehr gut

Len de l'Elh

Wie der Manseng hat auch diese Rebe im Südwesten eine Renaissance erlebt. Ihre Gesamtanbaufläche belief sich 1979 auf knapp 500 ha. Neben dem Mauzac Blanc trägt sie mit 15% zum Gaillac Blanc bei. Der eigentümliche Name ist Lokaldialekt und bedeutet *loin de l'œil,* zu deutsch: weit außer Sicht, woraus man auch nicht viel schlauer wird.

Vor der Reblauszeit hatte die Rebe noch zu 30% Anteil am Gaillac Blanc, doch hat sich der vertragreichere Mauzac Blanc inzwischen in den Vordergrund geschoben. Len de l'Elh bringt oft äußerst charaktervollen Wein hervor. Er ist meist sehr alkoholstark, manchmal aber auch ein wenig flach, und dann tut ihm die kräftige Säure des Mauzac gut.

Die Trauben der wuchskräftigen Rebe gelangen zwei Wochen früher zur Reife als die des Mauzac und sind recht fäuleanfällig, wenn sie nicht in einer gut besonnten Anlage wachsen.

Synonyme:
Len de l'El, Len del El, Cavalier

Mittlere Qualität

Ondenc

Während Manseng und Len de l'Elh an Boden gewonnen haben, ist Ondenc, obschon er robuste und bukettreiche Weine hervorbringt, zurückgegangen. Seine Anbaufläche ist in den siebziger Jahren von 1200 auf nur 160 ha geschrumpft, obwohl die Traube zu vielen Weinen östlich von Bordeaux und in Gaillac beitragen darf. Die Weißweine von Bergerac, Côts de Duras und Montravel dürfen ebenfalls Ondenc enthalten, doch ist das kaum noch der Fall.

Früher wurde die Rebe nordwärts bis zu den Côtes de Blaye und westwärts bis in die Ausläufer der Pyrenäen hinein kultiviert, heute dagegen ist sie nur noch in Gaillac anzutreffen. Sie degeneriert rasch, ist schwachwüchsig und trägt nur wenig. Um das Maß vollzumachen, ist sie auch noch anfällig für Echten Mehltau und Graufäule, was allein deshalb schon zu Problemen führt, weil ihre Trauben früher als die der meisten anderen Sorten reifen. Bei alledem ist ihr Niedergang kaum verwunderlich.

Ondenc hat auch international eine farbige Geschichte. Anfang des 19. Jahrhunderts war die Rebe in der Region Bordeaux stark verbreitet und wurde als Blanc Sélection Carrière in die Cognac-Region eingeführt. Unter diesem Namen gelangte sie dann auch nach Portugal und Kalifornien. Eine der vielen Rebsorten, die der Pionier James Busby 1832 nach Australien mitnahm, hieß Blanc Select.

1976 erklärte der französische Ampelograph Truel den Australiern, daß die Rebsorte, die von Joseph Irvine für die Great Western Champagne Cellars unter dem Namen Irvine's White angebaut wird und so erfreulich kräftige Säure zeigt, nichts anderes als Ondenc ist. Überdies stellte Truel fest, daß es sich bei der in Südaustralien als Sercial kultivierten Sorte ebenfalls um Ondenc handelt. Der Grund für diese Verwirrung mag sein, daß wahrscheinlich echter Sercial und Blanc Select in einer gemeinsamen Sendung aus Portugal importiert und dann durcheinandergebracht worden waren. Heute beträgt die Ondenc-Anbaufläche in Australien noch 300 ha, vorwiegend in Victoria. Dagegen wird die Rebe in Portugal und Kalifornien, ebenso wie in Bordeaux und in der Cognac-Region, nicht mehr angebaut. Überhaupt kommt sie praktisch nur noch für Schaumwein in Frage.

Synonyme:
Ondin, Oundenc, Ondent, Béquin, Primai, Chalosse, Sensit Blanc (Frankreich);
Irvine's White, Blanc Select, Sercial (Australien)

Guter Wein; ungesunde Rebe

Ondenc

Weitere im Südwesten meist nur noch in kleinerem Umfang angebaute Sorten sind: Lauzet und Camaralet in Béarn und Jurançon sowie Ahumat, Clairette de Gascogne, Guillemot, Courbu Blanc (siehe Petit und Gros Manseng), Palougue, Raffiat de Moncade und Arrufiat oder Ruffiac als Bestandteil des Pacherenc du Vic Bilh.

Massensorten

Terret Blanc und Gris

Die beiden recht unbekannten Reben verfügen in Frankreich über eine Anbaufläche von 9000 und stehen unter den Weißweinreben auf dem 8. Platz. Terret Blanc wird nur in den Départements Hérault (86%) und Aude (14%) kultiviert.

Die Eigenschaften der Familie Terret sind auf Seite 202 besprochen. Die Rebe kann dunkle, weiße oder »graue« Trauben tragen.

Die beiden hellen Terrets wurden vorwiegend an der Mittelmeerküste in der Nähe von Sète und anderer Wermut-Zentren angebaut, wo sie mit der Clairette und Piquepoul gemeinsam verarbeitet wurden. Seit die EG-Politik billigere Quellen in Süditalien eröffnet hat, ist die Nachfrage nach französischem Grundwein zurückgegangen und die Anbaufläche geschrumpft. Heute tragen Terret Blanc und Gris mit ihrer frischen, modernen Art weitgehend zu einfachen weißen *vins de table* bei, und im Hérault ist ihre Anbaufläche trotz Anfälligkeit für Echten und Falschen Mehltau sogar gewachsen.

Frankreich hat nur wenige Rebsorten, mit denen die Nachfrage nach billigem Weißwein gedeckt werden kann. So hat im Languedoc-Roussillon die Terret-Rebe im Département Hérault mit 7,7% den höchsten Anteil aller Weißweinsorten an der Gesamtrebfläche.

Synonyme:
Tarret, Tarrain. Terret Gris wird auch als Terret Bourret und Terret Blanc als Bourret Blanc bezeichnet

Modisch leicht und frisch, jedoch sehr einfach

Villard Blanc

Die Weinbaubehörden Frankreichs tun alles, um den Villard Blanc, eine Seibel 6468 x Seibel 6905-Hybride, auszurotten, doch die Winzer widersetzen sich. Neben Terret Gris und Grenache Blanc ist die höchst ertragreiche Rebe eine der wenigen Weißweinsorten im Midi.

Die Villard-Anbaufläche ist in Frankreich zwischen 1968 und 1979 zwar schon von 21400 auf 5800 ha zurückgegangen, aber immer noch ist sie die am meisten angebaute Hybride (44%) im Hérault). Ihre Trauben reifen spät, doch ihr Wein ist manchmal ausgesprochen bitter und so stark eisenhaltig, daß er sich nur schwer klären läßt. Deshalb wird er am besten mit Wein verschnitten, der keinen ausgeprägten Geschmack besitzt, zum Beispiel mit Terret. Im Süden Frankreichs ist der Villard Blanc fast genauso verbreitet wie der Villard Noir. Der größte Teil der Reben wurde in den fünfziger Jahren gepflanzt; seit 1979 sind aber sicherlich doch viele wieder gerodet worden. Es bleibt noch abzuwarten, ob die Winzer im Midi sich wirklich dazu bewegen lassen, sie ganz durch charaktervollere Sorten zu ersetzen.

Synonym:
Seyve Villar 12.375

Hybride mittlerer Qualität

Carignan Blanc

Die weiße Mutation der populärsten Rotweinsorte Frankreichs setzt sich immer mehr durch. Ihre Anbaufläche ist von 1950 ha im Jahr 1968 auf 2300 ha 1979 gewachsen und steht damit knapp hinter dem Gewürztraminer. Die Rebe ist versuchsweise im Languedoc-Roussillon als Ersatz für Terret Gris angepflanzt worden, und im Süden der Pyrénées Orientales ist sie offenbar mit Begeisterung aufgenommen worden. Ihr Ertrag wird vorwiegend zu *vin de table* verarbeitet.

Einfache Qualität

Champagne

Petit Meslier

Die Lokalrebe wird ausschließlich im Département Aube und auch dort nur noch sehr wenig angebaut. Sicher werden die alten Rebstöcke demnächst durch eine der drei klassischen Sorten ersetzt. Seit der Reformierung der Champagne-Weinberge in den zwanziger Jahren ist der Petit Meslier in Ungnade gefallen, nicht zuletzt wohl wegen seiner Anfälligkeit für Verrieseln, Falschen Mehltau und Fäule. Überdies ist er durch seinen frühen Austrieb stark spätfrostgefährdet.

Der Petit Meslier gelangt an der Aube nicht recht zur Reife und bringt daher säurereichen und alkoholarmen Wein, allerdings mit einem ansprechend fruchtigen Bukett, ähnlich wie der Meunier.

Offenbar stammt die Rebe aus dem Nordosten Frankreichs; in den Weinbergen von Berry kommt sie noch vor. Sie ist mit dem seltenen Meslier Violet verwandt, hat dagegen mit dem Meslier Vert oder Meslier St-François, auch Gros Meslier genannt, nichts zu tun.

Synonyme:
Meslier Doré, Maille, Bernet, Hennequin

Dünn und herb

Arbane

Die Rebe ist heute in der Champagne noch seltener geworden als der Petit Meslier. Im vorigen Jahrhundert wurde sie im Département Aube noch viel angebaut, und Galet zitiert mindestens eine Quelle für die lange Geschichte der Arbane in Bar-sur-Aube.

Sie liefert nur geringe Erträge, doch ihr Wein ist charaktervoll, recht alkoholstark und zeichnet sich durch ein blumiges Bukett aus. Leider hat sie wegen ihrer Anfälligkeit für Mehltau beider Arten kaum noch eine Zukunft.

Synonyme:
Arbanne, Albane, Arbenne, Crène

Guter Wein; schwächliche Rebe

Cognac und Armagnac

Baco Blanc

Die Hybride ist um vier Jahre älter als Baco Noir und dient in der Hauptsache für die Armagnac-Erzeugung. Da sie für diesen besonderen Rebensaft aus der Gascogne so große Bedeutung hat, ist sie auch die einzige in Frankreich empfohlene Hybride, jedoch nur für Armagnac und Cognac.

Baco züchtete die Sorte durch Kreuzung von Folle Blanche mit Noah (*Vitis labrusca* x *riparia*). Damals war die Folle Blanche die Hauptquelle für den weltberühmten französischen Branntwein, doch Cognac brauchte dringend eine weniger für Graufäule anfällige Rebe (und fand sie im Ugni Blanc), während Armagnac einer Rebsorte bedurfte, der die Schwarzfäule nichts anhaben konnte. Baco Blanc war die ideale Sorte für Armagnac, wo denn auch ihre Anbaufläche 1979 über 84% der insgesamt 10700 ha in Frankreich ausmachte. Allerdings gehen die Anpflanzungen langsam zurück, und der Ugni Blanc hat sich inzwischen in der Gascogne auf den ersten Platz vorgeschoben.

Auch in Charente-Maritime, an der mittleren Loire, an der Gironde und im Land zwischen den Muscadet- und Cognac-Bereichen wird ein wenig Baco Blanc kultiviert. Die Rebe ist sehr wuchskräftig und ertragreich. Sie treibt früh aus, doch ihre Trauben reifen spät und liefern säurereichen, alkoholarmen Wein, wie er für Brennzwecke gebraucht wird. Das Endprodukt fällt allerdings nicht so fein aus wie der Cognac von Folle Blanche oder Ugni Blanc. Die späte Reife wäre neben der Anfälligkeit für Falschen Mehltau ein schwerwiegender Nachteil, würden sich die Trauben nicht so lange und gut am Stock halten.

Der junge Weinbau Neuseelands interessiert sich zeitweise sehr für Baco Blanc. Heute beträgt die Anbaufläche noch 100 ha. Solange der Müller-Thurgau noch nicht reichlich genug zur Verfügung stand, lieferte der Baco Blanc frischen weißen Tafelwein. Außerdem wurden mit recht gutem Erfolg Versuche mit Branntweinerzeugung gemacht.

Synonyme:
Baco 22 A, Maurice Baco, Piquepoul de Pays

Bescheidener Wein,
gut für jung genußreifen Cognac

Folle Blanche

Früher wurde diese Rebe in Frankreich sehr verbreitet angebaut. Nach der Reblauszeit machte sie Schwierigkeiten mit dem Veredeln und wurde weitgehend durch Ugni Blanc und in gewissem Umfang durch Baco Blanc verdrängt. Vor allem in der Cognac-Region mit ihrem kalkhaltigen Boden vertrug sie sich schlecht mit den Unterlagen. Heute beläuft sich die Folle-Blanche-Anbaufläche noch auf knapp 4000 ha, und zur Cognac-Produktion trägt sie nicht mehr so viel wie früher bei.

Derzeit wachsen drei Viertel aller Folle-Blanche(Gros-Plant)-Reben im Muscadet-Bereich, wo sie den fast schmerzhaft herben Gros Plant Nantais liefern. Hier werden die Erträge viel niedriger gehalten als für die Cognac-Brennerei (50 hl/ha), und offenbar gibt es keinerlei Probleme mit Schwarz- oder

Graufäule. Neben dem durchschnittlichen Gros Plant erscheint ein Muscadet geradezu als opulent. Gut bereitete Weine dieser Rebe aber prickeln von jugendlicher Frische. Von der Muscadetrebe unterscheidet sich der Gros Plant deutlich durch sein stärker gezacktes Blatt.

Sein Wein ist sehr dünn und leicht, und Galet berichtet, daß selbst in der Versuchsstation in Montpellier eine derart kräftige Säure in ihm steckt, daß sie einem das Wasser in die Augen treibt. Außer im Département Loire-Atlantique gibt es größere Folle-Blanche-Anpflanzungen nur noch in Vienne, wo sie unter dem Namen Haut-Poitou neben edleren Rebsorten wächst.

Im Armagnac-Département Gers trägt die Folle Blanche gewöhnlich den Namen Picpoule. Das führt zu Verwechslungen mit den roten und weißen Rebsorten, die üblicherweise den Namen Piquepoul führen und mit denen die Folle Blanche nicht verwandt ist, obwohl sie viel eher als die anderen den Namen Piquepoul verdient hätte, der »Lippenbeißer« bedeutet.

Kalifornien hat etwa 112 ha Folle Blanche, den größten Teil davon im San Benito County, aufzuweisen. Dort bringt sie vor allem ihre kräftige Säure in einfache Konsumweine ein, wird aber auch in der Schaumweinproduktion verwendet. Die Weinbauwissenschaftler in Davis würden in Kalifornien, wo natürliche Säure ja rar ist, gern mehr Folle Blanche sehen. Der Wein dieser Rebe hat zwar nicht sehr viel Charakter, doch ist er ganz frei von dem »fuchsigen« Duft, der dem Baco anhaftet. Außerdem bewahrt die Traube anders als der Ugni Blanc auch im heißen Kalifornien ihre Säure gut und lange.

Mit ihrem von Natur aus hohen Ertrag und Säuregehalt wäre die Folle Blanche eine gut geeignete Rebsorte für verbreiteteren Anbau in den wärmeren Weinbauregionen der Welt, wo die Anfälligkeit der Sorte für Graufäule nur selten Schwierigkeiten verursachen würde.

Synonyme:
Gros Plant (Nantais); Picpoule, Picpout (Gers); Enragé, Chalosse, Rochelle Blanc, Mendik, Amounedat, Camobraque (übriges Frankreich)

Eine Rebsorte, die in wärmeren Regionen mehr Beachtung verdienen würde

Jurançon Blanc

Bei der Zählung 1979 wurden in Armagnac noch 600 ha Jurançon Blanc festgestellt. Die Rebsorte hat mit dem gleichnamigen Weißwein aus der Nachbarschaft nichts zu tun. Früher wurde sie in allen Weinbauregionen im Westen Frankreichs südlich der Charente angebaut. Sie ist sehr wuchskräftig und bringt große Mengen an ziemlich charakterlosen Weinen hervor.

Synonyme:
Quillat, Plant Dressé, Dame Blanc

Nichtssagender Wein

Plant de Graisse

Wie der Jurançon Blanc ist auch diese Sorte in Armagnac rasch im Schwinden, aber im Gegensatz zum Jurançon Blanc überaus interessant. Ihr Name, den sie der öligen Konsistenz ihres Mosts verdankt, hat viele Abwandlungen durchlaufen, von denen die verwirrendste »Plant de Grèce« lautet. Meist wird sie aber einfach »Graisse« genannt. Bei der letzten Zählung 1979 wurde eine Anbaufläche von 400 ha in Gers vorgefunden.

Die wuchskräftige, ertragreiche Rebe ergibt ziemlich alkoholstarken Wein, der sich sehr angenehm trinkt, wenn er gut geklärt ist. Sehr wahrscheinlich ist die Rebe jedoch zum Aussterben verurteilt.

Synonyme:
Blanquette, Gras, Taloche, Plant de Mun, Président, Gros-Blanc

Sehr süffiger Wein

Korsika

Vermentino

Die vorwiegend auf Korsika angebaute Rebe kann eine bedeutende Verbreitung aufweisen. 1979 betrug ihre Anbaufläche 1300 ha; das ist erheblich weniger als die für »Malvoisie« in der landwirtschaftlichen Erhebung ausgewiesene Fläche. Ob dahinter nun Verwirrung in Paris oder in Korsika steckt, ist schwer zu beurteilen. Galet meint, daß es sich beim Vermentino tatsächlich um eine Malvasia-Art handelt, die ursprünglich aus Madeira stammt und über das spanische Festland nach Korsika gelangte. Diese Vermutung wird durch den auffallend dunklen Wein der Vermentino-Traube gestützt.

Der größte Teil des Vermentino-Ertrags wird auf Korsika mit Ugni Blanc, der einzigen weiteren bedeutenden Weißweinsorte auf der Insel, verschnitten. Wer einmal einen sortenreinen Vermentino probiert hat, kann bestätigen, daß er reichhaltig und voll schöner reifer Fruchtigkeit ist, ähnlich wie ein seriöser weißer Rhône-Wein.

Auf Sardinien entstehen ähnliche Weine. Dort ist man neuerdings zu früherer Lese übergegangen, um Frische und Säure zu gewinnen, auch wenn es auf Kosten des Geschmacks und Gehalts geht. Der Vermentino di Gallura hat eine eigene DOC. An der Nordwestküste Italiens wird der Vermentino in Ligurien viel angebaut und bringt dort charaktervolle Weine hervor.

Die Rebe verdient mehr Beachtung und sorgfältigere Weinbereitung. Dabei könnten Geschmacksnuancen zum Vorschein kommen, die weit über das hinausgehen, was den Vermentino heute kennzeichnet.

Synonyme:
Vennentino, Varresana Bianca, Malvoisie, Malvasia

Gehaltvoll und interessant

Weitere meist als korsische Spezialitäten angesehene Sorten sind Garbesso, Riminese und die ertragreiche Biancone.

Italien

(Karte siehe Seite 208)

Nordwestitalien

Cortese

Der Cortese hat die zweifelhafte Distinktion, den teuersten trockenen Weißwein Italiens, den Gavi dei Gavi, hervorbringen zu dürfen. Seine Beliebtheit versteht nicht jeder, doch kommt er dem italienischen Ideal eines *vino bianco* sehr entgegen: wenig Aroma, viel Säure und neutral im Charakter.

Die Rebe ist seit dem 18. Jahrhundert in Piemont bekannt; heute wächst sie vor allem in der Südwestecke, wo ihre Trauben im warmen Klima früh reifen. Die Fäuleanfälligkeit verleitet oft zu noch früherer Lese, während manchmal ein Teil einfach verfault, was den Preis der Cortese-Trauben noch weiter in die Höhe treibt.

In Piemont ist der berühmteste Cortese-Wein der Gavi, wobei sich der Gavi dei Gavi durch Wucht und Frische zugleich hervortut, während der Cortese dei Colli Tortonese etwas leichter und der Cortese dell'Alto Monferrato etwas derber ist.

Im Oltrepò Pavese verleiht Cortese dem Bianco di Custoza, dessen Hauptbestandteil Garganega ist, einige Feinheit.

Gute Qualiltät

Erbaluce wird in Piemont viel angebaut und weist ähnliche Dimensionen, aber weniger Bedeutung auf als der Cortese. Die fast ausgestorbene Arneis liefert körperreichen frischen Wein mit einem ausgeprägten, von Victor Hazan mit reifen Birnen verglichenen Aroma. Favorita wird bei Alba angebaut. Dann ist noch Bosco in Ligurien und Blanc de Valdigne im Valle d'Aosta, der den Blanc de Morgex und Blanc de la Salle aus den höchsten Lagen Italiens liefert, zu erwähnen.

Weitere im Nordwesten angebaute Sorten sind Bianchetti Genovese, Buonamico, Lumassina, Pigato, Rollo, Veroga (Colombana) und Carica l'Asino oder Karija l'Osü, von der Giuseppe Poggio einen traditionellen *frizzante* mit Bodensatz gewinnt.

Nordostitalien

Tocai Friulano

Diese Rebe ist für jeden, der die Beziehungen zwischen Pflanzen und Namen studiert, ein hochinteressanter Gegenstand. Falsche Spuren scheinen dabei geradezu mit Absicht gelegt zu sein.

Der Tocai ist, wie der Name schon sagt, in Friaul zu Hause, wo auch der Pinot Grigio sich heimisch fühlt. Im Elsaß ist Tokay d'Alsace ein Synonym für Pinot Gris, also Pinot Grigio. Wäre demnach der Tocai derselbe wie der Pinot Grigio? Durchaus nicht! Dann läßt der Name Tocai jeden Weinfreund auch sofort an Ungarn denken. Die italienischen Ampelographen können dazu aber nur berichten, daß die Rebe im 17. Jahrhundert vom Gefolge der Prinzessin Aurora Formentini anläßlich ihrer Hochzeit mit dem ungarischen Grafen Batthujany dorthin mitgenommen wurde. Demnach wäre die Tocai-Rebe venezianischen Ursprungs.

Noch komplizierter wird die Geschichte durch die Ansicht Truels und anderer moderner Ampelographen, die im Tocai Friulano nichts anderes sehen als den Sauvignonasse oder Sauvignon Vert, eine Sorte, deren Blatt dem des Sauvignon Blanc ähnelt und die etwa ein Viertel oder ein Fünftel des chilenischen »Sauvignon«-Bestands ausmacht. Nur um die Verwirrung vollzumachen, soll hier daran erinnert werden, daß der »Sauvignon Vert« Kaliforniens eigentlich Muscadelle ist.

In Italien stellt sich der Tocai als spät austreibende, ertragreiche Rebe mit guter Resistenz gegen Falschen Mehltau, dafür aber einiger Anfälligkeit für Echten Mehltau dar. Galet dagegen nennt Anfälligkeit für Falschen Mehltau als besonderes Merkmal von Sauvignonasse. Übereinstimmung besteht nur in der Feststellung, daß sowohl Tocai Friulano als auch Sauvignonasse Botrytis-anfällig sind.

Der Tocai-Wein findet in Italien viel Anklang; er ist körperlich und abgesehen von einer vagen Blumigkeit recht aromaschwach, mit gerade genug lebendiger Säure. Die meistgepflanzte Weißweinrebe Friauls liefert Weine für baldigen Verbrauch, und ihrer Popularität wegen wird sie inzwischen auch im Veneto und der Lombardei gern gepflanzt.

Synonyme:
Sauvignonasse, Sauvignon Vert (Frankreich);
Toca, Tokai (Italien)

Mittlere Qualität

Garganega

Die wichtigste Spielart der Soave-Rebe ist die Garganega di Gambellara oder Garganega Comune. Ihr Wein – wer kennt ihn nicht – ist typisch mild; bessere Versionen weisen einen angenehmen leichten Bittermandelgeschmack auf, auch wenn der Garganega üblicherweise noch 20% Trebbiano di Soave beigemischt werden. Eine andere Spielart, Grossa oder Dorona di Venezia, wird meist als Tafeltraube kultiviert. Die Rebe ist überaus wuchskräftig und trägt sehr viele ungleichmäßige, saftige Trauben.

Die Garganega-Familie ist im Veneto schon seit Jahrhunderten heimisch und hat auch im schönen Land Palladios, den Provinzen Verona, Vicenza und Padua, festen Fuß gefaßt. Auch an der Grenze der Lombardei wird sie kultiviert und bringt dort einen Wein, dessen Name weit gewichtiger ist als er selbst: Colli Morenici Mantovani del Garda Bianco. Von den Garganega-Weinen im Veneto sind Soave, Gambellara, Colli Berici, Colli Euganei und der saubere, relativ fruchtige Bianco di Custoza die bekanntesten. Auch im Umbrien wird die Rebe angebaut und bringt dort höheren Zukkergehalt zustande als im Norden.

Synonyme:
Gargana, Lizzana, Ostesona

Alltagsqualität

Ribolla Gialla

Für eine Rebe, die als durch und durch italienisch gilt, ist die Ribolla recht weit in der Welt herumgekommen. In Jugoslawien gilt die »Rebula« als Spezialität von Brda in Slowenien, und die Robola in Kephallenia, die von vielen als der achtbarste Weißwein Griechenlands betrachtet wird, ist wahrscheinlich die gleiche Traube.

In Italien wächst die Ribolla nur in Friaul, wo sie schon seit dem 12. Jahrhundert bekannt ist. Ob ihr Ursprung in Griechenland oder Italien zu suchen ist, steht noch nicht fest; wahrscheinlicher ist wohl Griechenland, doch ist die Verbindung zwischen Ribolla und Robola über die Rebula noch nicht eindeutig erforscht.

Ihre Weine sind trocken, frisch, von kräftiger Farbe und mit feinem Zitronenaroma ausgestattet. Die Rebe selbst treibt spät aus und trägt reichlich.

Synonyme:
Rebolla, Raibola (Italien);
Rebula (Jugoslawien);
Robola (Griechenland)

Mittlere Qualität

Picolit, die Dessertweintraube von Friaul, erlebt eine Renaissance zu himmelstrebenden Preisen. Die Rebe hat eine lange Wachstumsperiode und wegen Befruchtungsschwierigkeiten nur geringen Ertrag. Die Traube liefert einen dunklen, süßen, dabei aber doch adstringierenden Wein.

Prosecco (auch als Glera oder Serprina bekannt) liefert leichten, apfelfrischen *frizzante,* der oft den Beinamen Conegliano oder Valdobbiadene führt. Am besten ist der Superiore di Cartizze im Valdobbiadene.

Verduzzo Friulano bringt im Veneto Soave-ähnlichen, aber charaktervollen Wein mit Nußaroma hervor.

Incrocio Manzoni 6–0–13 heißt eine neue Kreuzung Riesling x Pinot Bianco, die sich in Friaul bewährt; Incrocio Manzoni 2–15 hat sich in der Provinz Treviso schon durchgesetzt. Weitere, vorwiegend im Nordosten angebaute Sorten sind Vespaiolo im Veneto (benannt nach den Wespen, die sich im Herbst auf die Trauben stürzen), Nosiolo (im Trentino), Benedino, Bianchetta, Trevigiana, Durella, Pinella und Verdiso.

Westliches Mittelitalien

Vernaccia di San Gimignano

Den weißen Vernaccia trifft man in mehreren Arten sowie in einer roten Version, Vernaccia Nera (in den Marken) an. Von besonderer Bedeutung ist die sardische Sorte Vernaccia di Oristano, die auf der Insel einen Sherry-ähnlichen Weißwein liefert und mit der Vernaccia di San Gimignano aus der Toskana nicht verwandt ist. Der Name Vernaccia soll von lateinisch *vernaculus,* »einheimisch«, abgeleitet sein, was seine allgemeine Populärität durchaus erklären könnte.

Vernaccia di San Gimignano ist ganz unbezweifelbar eine sehr alte Rebe, wobei ungewiß bleibt, ob ihr Ursprung in Griechenland, Osteuropa oder Rom zu suchen ist. Ihr Wein wurde schon im Mittelalter in London als Vernage verkauft.

Die Sorte wird fast nur in der Umgebung von San Gimignano kultiviert und bringt auf etwa 400 ha einen mäßigen Ertrag von rund 26000 hl. Die Trauben enthalten kräftige Säure, und ihr Wein hat, wenn er in der alten körperreichen, vollreifen, trockenen und etwas bitteren Art bereitet wird, ausgeprägten Charakter. Manche Kenner wollen auch den ihm nachgesagten Hauch von Firnis darin entdeckt haben. In letzter Zeit wird beharrlich versucht, diesen Wein dem modernen Geschmack anzupassen.

Vernaccia di San Gimignano

Guter, interessanter Wein

Grechetto

Grechetto liefert in Umbrien den Wein von Orvieto sowie den weißen Torgiano. Anders als der Greco wird er oft mit Trebbiano Toscano, gelegentlich mit Malvasia und hier und da auch mit Verdello (in Orvieto) gemischt.

Grechetto ist eine überaus schmackhafte Traube, die in ihren sortenreinen Versionen, so im Grechetto di Todi, ein ausgeprägtes Nußaroma aufweist. Der Charakter und kräftige Körper des Weins macht ihn, zusammen mit Malvasia, besonders gut für Vin Santo geeignet. Die Rebe bringt mittlere Erträge und zeigt gute Resistenz gegen Falschen Mehltau.

Synonyme:
Greco Spoletino, Greco Bianco di Perugia, Stroppa Volpe

Gute, robuste Qualität

Andere im westlichen Mittelitalien angebaute Sorten sind Bellone, Canaiolo Bianco und Verdello (nicht mit Verdelho in Portugal verwandt), der im Bianco di Pitigliano, Orvieto und Torgiano mitverwendet wird.

Östliches Mittelitalien

Verdicchio

Die in den Marken seit dem 14. Jahrhundert kultivierte Sorte zeigt keine besonders interessanten Merkmale. Die Weine sind sauber und frisch, aber oft ziemlich farblos.

Der Ertrag der sehr wuchskräftigen Rebe ist so ungleichmäßig, daß man sich über ihre Popularität nur wundern kann. Der Name Verdicchio spielt auf die gelblichgrüne Farbe der Traubenschale an. Kultiviert wird die Sorte hauptsächlich um Ancona und in der Provinz Macerata. Am bekanntesten ist wohl der Verdicchio dei Castelli di Jesi, aber auch der Verdicchio di Matelica hat viele Anhänger. Der hohe Säuregehalt der Trauben sichert ihnen gute Aufnahme bei der Schaumweinindustrie.

Synonyme:
Verdone, Marchigiano, Uva Marana

Mittlere Qualität

Albana

Neben dem Trebbiano ist diese die weiße Traube der Romagna. Sie wurde schon im 13. Jahrhundert von Pier de'Crescenzi erwähnt. Heute wird sie auch in La Spezia in Ligurien sowie in Mantua in der Lombardei und in Pistoia und Arezzo in der Toskana kultiviert. Jahresertrag rund 30000 t.

Von den vielen Klonen der alten Rebsorte ist Albana Gentile di Bertinoro der verbreitetste. Die dickschaligen Trauben ergeben ziemlich herben, kräftig getönten Weißwein.

Der wichtigste sortenreine Wein ist der in großen Mengen bereitete Albana di Romagna. Übrigens ist die Rebe trotz mancher Synonyme mit Greco di Tufo nicht verwandt.

Synonyme:
Greco, Greco di Ancona, Biancame

Mittlere Qualität

Weitere vorwiegend im östlichen Mittelitalien angebaute Sorten sind Bianchello, Maceratino, Montu, Pagadebit, Passerina und Pecorino (Vissanello).

Süditalien

Bombino Bianco

Der Name Bombino ist den Weinfreunden in aller Welt nicht gerade geläufig, und dennoch ist die Produktion dieser Rebe mit ungefähr 1 Million hl jährlich enorm. Auf den verschlungenen Wegen des Weinhandels findet er Eingang in viele Wermutweine, Sekte und EG-Tafelweine. Hinter manchem Etikett mit gotischer Aufschrift lauert ein Bombino, aufgeputzt mit einem Schuß Mario-Muskat oder dergleichen.

Bombino ist wahrscheinlich die meistangebaute weiße Traube in Apulien, den Abruzzen, und auch in den Marken und in Latium wird sie kultiviert. In den Abruzzen hat sie derartige Bedeutung, daß sie der meistangebauten weißen Traube Italiens gleichgesetzt und Trebbiano d'Abruzzo genannt wird. Zwar sind Bombino und Trebbiano nicht miteinander verwandt, doch ihre Weine sind einander ähnlich: alkoholschwach, recht neutral, ideales Rohmaterial für Verschnitte, nur enthält der Bombino nicht soviel Säure. Der Wein namens Trebbiano d'Abruzzo kann entweder aus Bombino oder aus Trebbiano oder aus beiden gemeinsam bestehen. Dasselbe gilt auch für andere Weißweine im Süden, so für den San Severo und den Castel del Monte in Apulien.

Der Ursprung der Rebe ist unbekannt; eine Theorie sucht ihn in Spanien. Der Bombino wächst mittelstark und wird am besten mit kurzen Trieben gezogen. Seine Trauben reifen spät und halten sich lange gut am Stock. Der Ertrag ist sehr hoch, was das erste Synonym verdeutlicht: Übersetzt heißt es etwa so viel wie »Schuldscheinzerreißer«. Bombino ist auch eine gute Tafeltraube.

Synonyme:
Straccia Cambale, Trebbiano d'Abruzzo, Calpolese, Bammino, Buttspezzante, Colatamburo, Zapponara Bianca, Marese

Sehr einfacher Wein

Greco

Natürlich stammt diese edle Rebe ursprünglich aus Griechenland – sie mag die Alten unter anderem mit Falerner versorgt haben. In Kampanien heißt sie Greco di Tufo und erbringt um den Ort Tufo herum fast nur für Mastroberardino einen kräftig getönten Wein, der nach einigen Jahren in der Flasche kräuterwürzige Nuancen entwickelt. Er hat nichts Opulentes, sondern eine trockene Fülle.

Einer Reihe von Weißweinen wie dem Lacryma Christi del Vesuvio, dem Torre Quarto Bianco aus Apulien, den weißen Versionen des Cirò aus Kalabrien und dem um Bianco aus getrockneten Trauben bereiteten Greco di Bianco verleiht die Greco-Rebe Substanz.

Ihre Trauben reifen spät und tragen graugoldene Beeren in ausgeprägt lokkerer Form.

Synonyme:
Greco di Tufo, Greco del Vesuvio, Greco delle Torre

Klassische Qualität

Fiano liefert die moderne Version des Weins, der den Römern als Apianum bekannt war, und einen frischen, lebendigen, trockenen Weißwein aus den Bergen bei Avellino. Die von Mastroberardino wieder zum Leben erweckte Rebsorte wächst in den berühmten Haselnußplantagen Avellinos, und so mancher behauptet, der Wein habe deshalb ein Haselnußaroma (eine Analogie zum Eukalyptus in Martha's Vineyard im Napa Valley).

Mit der Falaghina ist der alte Falerner wiedererstanden, während die Forastera dem Touristen im Wein von Ischia und Capri am häufigsten begegnet. Sie wird oft mit Biancolella gemischt. Verdeca ist in Apulien verbreitet. Bei früher Reife bringt sie mittlere Erträge und liefert, mit Bianco d'Alessano zusammen, zum Beispiel den Locorotondo. Weitere im Mezzogiorno ausgebaute Sorten sind Asprinio Bianco, Pallagrello (oder Coda di Volpa, auch ein Bestandteil des Greco di Tufo), Francavida, Pampanuto und Prunesta.

Sizilien

Die meisten weißen Rebsorten Siziliens kommen nur dort vor; die meistangebaute ist wohl Inzolia. Sie bewahrt sich selbst in diesen südlichen Breiten kräftige Säure, was durch frühe Lese speziell genutzt wird. Der Catarratto Bianco Comune, eine überaus gesunde Rebsorte in Westsizilien, spielt mit Grillo zusammen im Marsala eine wichtige Rolle. Catarratto Bianco Lucido ist ebenfalls eine echt sizilianische Rebe.

Im Rückgang sind Albanello, Albarola, Damaschino, Minella Bianca und Montonico Bianco (oder Chiapparone).

Grillo

Sardinien

Zu den Weißweinreben Sardiniens zählt der aus Spanien über Korsika eingewanderte Vermentino. Am meisten angebaut wird der Nuragus. Ihn brachten die Phönizier hierher – seinen Namen hat er von den »Nuraghe« genannten steinernen Türmen. (Diese Rebe liefert einfache Weine, während der Wein namens Nuraghe aus Clairette-Trauben gekeltert wird.) Der Torbato stammt auch aus Spanien und wird zu kraftvollen, körperreichen Tafelweinen verarbeitet. Nasco ist offenbar schon immer hier heimisch gewesen; er liefert Weine mit schönem Nußaroma.

Weitere Weißweinreben Sardiniens sind Albaranzeuli Bianco, Arvesiniadu, Regina (oder Pergolina), Retagliado Bianco, Anghelo Ruju und Semidano.

Spanien

Airen

Viele, die sich Spanien als das Land der glutvollsten Rotweine vorzustellen lieben, werden erstaunt sein zu erfahren, daß die meistangebaute Rebsorte dort die weiße Airén oder Lairén ist. Auf sie entfallen allein 30% der spanischen Gesamtrebfläche. Diese vorherrschende Stellung verdankt sie der Tatsache, daß sie in ihrer Heimat La Mancha so verbreitet ist, daß sie neun Zehntel aller Weine hervorbringt. Das Land Don Quijotes ist für Spanien, was das Languedoc-Roussillon für Frankreich ist – eine große heiße Ebene, aus der Jahr für Jahr ein Drittel der gesamten Weinerzeugung der Nation kommt.

Airén liefert nicht nur weiße Weine, sondern wird auch roten beigemischt. Sie eignet sich besonders für das extreme Klima auf dem Hochplateau südlich von Madrid. Zwar dürfen hier auch Pardilla und Macabeo angebaut werden, doch praktisch ist Airén hier die einzige weiße Traube, denn was sie an Anbaufläche übrigläßt, nimmt der rote Tempranillo (hier Cencibel genannt) in Anspruch. In der kalkigen Ebene 700 m über dem Meer sind die Sommer trocken und heiß und die Winter trocken und kalt. Über das Jahr hinweg kommen Temperaturen zwischen −22 und +44° C vor. Die dürftige Niederschlagsmenge von 350 mm im Jahr darf nicht durch Bewässerung vermehrt werden. Rebenkrankheiten kommen in solcher Trockenheit kaum vor; wenn es einmal um die Lesezeit regnen sollte, verlassen sich die Winzer darauf, daß die Airén mit ihren dickschaligen Beeren die Fäule abwehrt.

Spanien ist für den geringen Ertrag seiner Reben bekannt. Das gilt besonders für La Mancha, wo der Durchschnitt bei 21 hl/ha liegt (dabei ist die Airén im Vergleich mit Cencibel noch ertragreich zu nennen). Vor allem ist daran die geringe Pflanzdichte schuld: 1600 Rebstöcke je ha (in Toledo gar nur 1200). Die Reben werden bis auf zwei Augen zurückgeschnitten und in niedrigen Büschen gezogen, um das bißchen Feuchtigkeit möglichst gut zu nutzen. Wäre hier Bewässerung erlaubt, dann würde die Airén bestimmt einen noch größeren Anteil an der Gesamtproduktion erreichen.

Bis noch vor kurzem war der Airén-Wein alkohol- und extraktreich und – von der Hitze ausgedörrt – ohne besonderes Aroma. Wie in uralten Zeiten wurde er in irdenen *tiñajas* vergoren und diente zumeist Verschnitt- oder Brennereizwecken. In den achtziger Jahren ist in La Mancha die moderne Weißweintechnik mit Edelstahltanks und temperaturgeregelter Gärung eingezogen. Heute entstehen hier saubere, frische, fruchtige Weine im internationalen Geschmack. Die Airén-Lese findet jetzt schon im August statt; dadurch fällt der Wein um ein bis zwei Grad leichter aus als früher mit 13 bis 14°.

Synonyme:
Lairén, Manchega, Valdepeñera Blanca

Einfache Qualität, gutes Rohmaterial

Macabeo

Wer den vollen, im Eichenfaß gereiften weißen Rioja für eine der großen Gaben Spaniens an die Welt des Weins hielt, hat allen Grund, dem Macabeo oder – wie er hier heißt – Viura zu fluchen. Denn so groß ist die Popularität dieser Rebe und der »modernen«, früh genußreifen Weißweine, daß sie alle anderen traditionellen Rioja-Reben praktisch verdrängt und den guten alten Rioja zu einer schönen Erinnerung gemacht hat.

Auf Macabeo entfallen etwa 90% der Weißweinanbaufläche in Rioja – rund 6000 ha, das meiste davon in Rioja Alta und einige hundert Hektar in Rioja Alavesa. Daß sie heute soviel beliebter ist als die interessantere Malvasia und die deftige Garnacha Blanca, verdankt die Rebe natürlich ihrem höheren Ertrag. Sie ist zwar nicht gerade krankheitsresistent, denn der Falsche Mehltau und die Graufäule machen ihr zu schaffen, doch bringt sie recht fruchtigen, aromatischen Most in guten Mengen, der zudem nicht so leicht oxidiert wie der Malvasia-Most.

Der Macabeo-Wein fällt in Rioja ziemlich leicht, relativ säurereich und in der Jugend blumig aus, doch verliert er seine Frische recht bald. In Rioja Alavesa wird Tempranillo-Most oft mit Macabeo aufgehellt und gewürzt. Neuerdings versuchen einige *bodegas*, durch Verschneiden mit Malvasia oder durch kräftigeres Maischen, aus Macabeo-Trauben wieder interessanteren weißen Rioja zu gewinnen.

In Spanien gibt es insgesamt über 50000 ha Macabeo, weil die Rebe in Nordspanien die verbreitete Weißweinsorte darstellt. Sie ist in Katalonien, Navarra, Aragón und Penedés anzutreffen und überwiegt dort an Bedeutung meist ihre traditionellen Partner Xarel-lo und Parellada, mit denen zusammen sie die Grundlage für die blühende Schaumweinindustrie Nordspaniens bildet.

Weiter südlich als Tarragona wird der Macabeo nicht mehr angebaut, dafür dehnt sich sein Verbreitungsgebiet weit nach Westen aus. In kleinerem Umfang wird er im Distrikt Ribera del Duero sowie in den Weinbergen von Rueda kultiviert. Überall ist er als geeignete Zutat in kühl vergorenen, jung zu trinkenden frischen Weißweinen geschätzt. Dagegen sind der José Alegret aus Katalonien und der Gran Feudo aus Navarra neuere Beispiele für Versuche, der Macabeo-Traube interessante, sortenreine Weine abzugewinnen, wobei freilich weder der Name Macabeo noch Viura auf den Etiketten groß herausgestellt wird.

Dieselben Verhältnisse zeigen sich jenseits der Pyrenäen, wo die Macabeo-Anbaufläche zwischen 1968 und 1979 dramatisch gewachsen ist. Mit 7000 ha nahm der Macabeo 1979 die neunte Stelle unter den Weißweinreben Frankreichs ein. Fast 90% der Macabeo-Reben stehen im Département Pyrenées Orientales, wo sie den Côtes de Roussillon Blanc liefern und zum *vin de pays* sowie in gewissem Umfang auch zu den Süßweinen Südwestfrankreichs beitragen. Um der für französische Zungen recht schwachen Säure aufzuhelfen, werden die Trauben früh gelesen. Jan Read zufolge ist die Macabeo-Rebe erstmals 1859 von Aragon nach Rioja gekommen; Galet folgt dagegen der Theorie Odarts, daß der Ursprung der Sorte im Nahen Osten zu suchen sei. Auf jeden Fall hat sie sich im trockenen Klima Algeriens und Marokkos gut bewährt.

Synonyme:
Maccabeu, Lardot (Frankreich); Viura (Rioja); Maccabeo, Maccabeu, Alacanon, Alcanol (übriges Spanien)

Mittlere Qualität

Macabeo

Xarel-lo

Es ist bezeichnend für die Bedeutung der Schaumweinindustrie in Spanien, daß diese ausschließlich in Katalonien und dort wiederum vor allem bei der Cava-Hauptstadt San Sadurní de Noya angebaute Sorte hinter Macabeo an der 6. Stelle aller Rebsorten des Landes steht. Der Xarel-lo hat seinen Ursprung in Katalonien und nimmt heute 60% der Weißweinbaufläche um Barcelona sowie 30% in Penedés ein.

Meist wird die Rebe in Penedés in tieferen, fruchtbareren Lagen kultiviert, wo sie robuste, etwas derbe und säurereiche Weine mit weniger Eleganz als Parellada und weniger Aroma als Macabeo hervorbringt, jedoch werden diese drei Sorten traditionsgemäß in Still- und Schaumweinen miteinander gemischt. Auch die Weißweine von Tarragona, deren Qualität sich allmählich bessert, werden nach diesem Rezept bereitet. In Alella heißt Xarel-lo oft Pansa Blanca und wird mit etwas Pansa Roja, Malvasia oder Picpoul gemischt. Allerdings drängen die qualitätsbewußteren Erzeuger der Nordostecke Spaniens den Xarel-lo oft zugunsten von Parellada zurück. Galet irrt, wenn er meint, Xarel-lo sei ein Synonym für Macabeo.

Die Rebe treibt früh aus und reift mittelspät, Anfang September. Der Ertrag wird durch die geringe Größe der Trauben und manchmal durch Falschen Mehltau eingeschränkt.

Synonyme:
Xarello, Pansa Blanca

Einfache bis mittlere Qualität

Cayetana Blanca

Dies ist die Rebsorte der trockenen Region Extremadura an der Grenze zu Portugal. Die Winzer in diesem weltverlassenen Winkel Spaniens halten große Stücke auf die Cayetana Blanca, weil sie mit 36 hl/ha für spanische Verhältnisse gute Erträge bringt.

Allerdings sind ihre Weine recht arm an Alkohol und Charakter und wandern deshalb zum großen Teil in die Destillerien. Im übrigen werden sie als Verschnittweine südwärts nach Jerez und nordwärts nach Galicien und Asturien verschickt.

Synonyme:
Calegrano, Naves, Cazagal (Rioja)

Alkoholarm, sehr neutral, gut für die Destillation

Pedro Ximenez

Pedro Ximénez

Die Rebe, die meist mit Sherry in Verbindung gebracht wird, liefert in ganz Südspanien neutrale, trockene Weißweine in solchem Umfang, daß ihre Gesamtanbaufläche in Spanien mit 35000 ha größer ist als die der bedeutendsten Sherry-Traube Palomino.

Heute befinden sich nur noch kleine Teile der Pedro-Ximénez-Anbaufläche in der Gegend von Jerez, wo der Palomino einfacher zu ziehen und weniger krankheitsanfällig ist. Früher war Pedro Ximénez dort für süßere Weine sowie zum Süßen anderer Weine geschätzt, doch der ertragreichere Palomino verdrängt ihn auch aus dieser Rolle.

Dagegen unterscheiden sich die Winzer von Montilla-Moriles von ihren Kollegen in Jerez eindeutig in ihrer Anhänglichkeit an die Pedro-Ximénez-Rebe. Dort, in der Provinz Córdoba, werden ihr 95% der Anbaufläche eingeräumt, und sie gedeiht gut, obwohl Spanien keine heißere Weinbaugegend kennt, und bringt ordentliche, wenn auch niedrigere Erträge als der Palomino in Jerez. Die Empfindlichkeit des Pedro Ximénez für Trockenheit trägt hierzu bei, doch in Córdoba nimmt man das in Kauf, weil anderseits kaum je Probleme mit Fruchtabwurf und Fäule nach Regen im Herbst an den dünnschaligen Beeren auftreten.

Merkwürdig ist es schon, daß eine Traube, die weder Trockenheit noch Regen verträgt, in so vielen Weltgegenden verbreitet ist. Hinzu kommt noch Anfälligkeit für Falschen Mehltau, schlechte Erholung nach Frühjahrsfrösten und gelegentlich Schädigung durch Schwarzfäule. In Australien sind Experimente mit Pergola-Erziehung und entsprechendem Schnitt gut gelungen, weil dadurch die Fäule an den so entstehenden lockeren, gut durchlüfteten Trauben eingedämmt wird. In Spanien wird die mittelspät austreibende und früh reifende Rebe nach Jerez-Art meist auf kurze Triebe zurückgeschnitten oder in *Gobelet*-Form erzogen.

In Spanien wird die Rebe auch in Extremadura und der Levante sowie in Andalusien angebaut, wo sie nicht nur Montilla, sondern zusammen mit Moscatel auch den süßen Málaga hervorbringt. Für die Süßweinherstellung wird sie nach traditioneller Art oft an der Sonne vorgetrocknet.

Außerhalb der auf Dessertwein und Aperitif-Weine spezialisierten Region liefert Pedro Ximénez ziemlich neutralen, alkoholstarken Tafelwein, oft für Verschnitte.

Auf den Kanarischen Inseln entfallen auf Pedro Ximénez noch 5% der Anbaufläche. Von dort soll die Sorte einer hübschen Geschichte zufolge auch stammen. Es wird erzählt, daß ein Söldner, der in der Armee Karls V. diente und Peter Siemens (auf spanisch umgeformt Pedro Ximénez) hieß, die Rebe von den Kanarischen Inseln zum Rhein und dann, als er zur Erholung von seinen Verwundungen nach Spanien kam, nach Jerez gebracht habe. Es gibt sogar eine Theorie, die behauptet, der Elbling stamme vom Pedro Ximénez ab, was allerdings unwahrscheinlich ist, denn die Blätter der beiden Sorten sind drei- bzw. fünflappig.

Leider muß festgestellt werden, daß diese Rebe nicht wirklich so edel ist, daß sie die große internationale Beachtung verdient. Sie ist in Argentinien die meistangebaute weiße Traube; auf sie entfallen mit 20000 ha rund 8% der Gesamtrebfläche. Ihr Wein ist meist flach, oft oxidiert und unausgeglichen. Auch in Chile wird etwas »Pedro Jiménez« angebaut und meist zu *pisco* verarbeitet.

Australien kann wahrscheinlich die drittgrößte Pedro-Ximénez-Anbaufläche der Welt aufweisen: fast 1500 ha »Pedro«. Neben dem vor kurzem als Cañocazo – ebenfalls eine Jerez-Rebe – identifizierten »falschen Pedro« wird auch der »echte« vorwiegend in Bewässerungsgebieten kultiviert, wo er den fast unerhörten Ertrag von 650 hl/ha erreichen soll, sofern es nicht kurz vor oder auch zur Lesezeit regnet. Wie in Jerez hat aber auch in Australien der Palomino den Pedro Ximénez als authentische spanische Rebe für Sherry-ähnliche Weine weitgehend verdrängt, weil er bei feuchter Witterung die Frucht nicht so stark abwirft. Zum Teil trägt Pedro auch zu den einfachsten Weinen Australiens bei.

1958 brachte McWilliam im Bewässerungsgebiet Riverina in Neusüdwales einen ausgezeichneten »Pedro Sauterne« heraus – einen Vorläufer der sehr guten »botrytisierten« Weine von De Bortoli. Der Wein von McWilliam war sehr alkoholstark und *liquoreux,* wirkte fast eingekocht und hatte ein vielschichtiges Aroma von Karamel und Edelfäule; hätte er eine Spur Säure mehr gehabt, dann wäre ihm ein Platz unter den größten Weinen dieser Art sicher gewesen.

In Neuseeland genießt der Palomino mehr Beliebtheit, ebenso in Südafrika, wo der »falsche Pedro« noch bis vor kurzem für den echten gehalten wurde.

In Kalifornien gab es früher einmal sehr viel Pedro Ximénez, doch sind zehn Jahre lang keine Neuanpflanzungen mehr vorgenommen worden, und so ist die Anbaufläche auf unter 80 ha zurückgegangen. Der Wein wird als Zutat für süße Sherry-ähnliche Produkte genutzt.

In der Sowjetunion führt die Muscadelle gelegentlich den Namen Pedro Ximenez Krimsky.

Synonyme:
Pedro Jiménez, Pero Ximen, Ximénez, Ximénes, Pedro, Jerez

Hohes Ertrags- und Alkoholpotential

Meseguera

Diese Rebsorte ist die charakteristischste von Valencia, und in den höher gelegenen Weinbergen von Alta Turia sind die Winzer sehr stolz auf die Delikatesse und das feine Aroma der von der meistangebauten weißen Traube der Gegend gewonnenen offiziell anerkannten Weine. Auch in weniger eigenständigen Verschnitten mit anderen Trauben der Levante und insbesondere um Alicante spielt sie eine Rolle. Schon so mancher Nordeuropäer ist vom Meseguera oder Verdil in seinem Spanienurlaub zum überzeugten Weintrinker gewandelt worden.

Die Rebe bringt ihre ziemlich kompakten Trauben mit großen ovalen Beeren etwa mittelfrüh zur Reife. Sie ist zwar hauptsächlich nur an der Küste anzutreffen, doch beläuft sich ihre Anbaufläche auf immerhin 30000 ha.

Synonyme:
Merseguera, Merzeguera, Exquitxagos

Auf felsigem Grund bukettreicher Wein

Pardina

Auch diese Rebe Spaniens ist nicht sehr bekannt. Ihre Anbaufläche beträgt zwar fast 30000 ha, doch sie liegt auf den dürren Ebenen Südostspaniens, wo so wenig Regen fällt, daß der Ertrag sehr gering bleibt.

Neben Monastrell und Tintorera ist Pardina eine der autorisierten Reben für die Denominación Almansa südöstlich von Madrid. In den Provinzen Albacete, Cuenca und Guadalajara östlich vom Airén-Land wird sie schon lange kultiviert.

Viala schreibt, Pardillo sei ein Synonym für Albillo, eine in der Gegend von Valladolid angebaute weiße Traube, die auch dem berühmten Vega Sicilia in kleinen Mengen zugesetzt wird, um sein Bukett zu steigern. Albillo Castellano wird in kleinerem Umfang auch in Andalusien und auf den Kanarischen Inseln kultiviert.

Synonyme:
Pardilla, Pardillo, Parino, Albillo

Weinqualität nicht bekannt

Garnacha Blanca

Grencha Blanc ist in Frankreich die drittmeist angebaute weiße Traube; in Spanien steht die Garnacha Blanca auf dem 9. Platz. Trotzdem ist die spanische Anbaufläche dieser Sorte um fast 10000 ha größer als die französische. Spanien verfügt über fast 25000 ha Garnacha Blanca; da die Sorte aber mit der viel verbreiteteren roten Form statistisch zusammengefaßt wird, ist die Verteilung dieser Fläche schwer feststellbar. Garnacha Blanca ist in Rioja eine zugelassene Traube, wird aber nicht viel angebaut.

Die Rebe ist recht gesund und viel weniger anfällig für Verrieseln, daher auch ertragreicher als die Garnacha Tinta. Am verbreitetsten ist sie in Nordostspanien, wo sie zum Priorato, Alella sowie zu den Weißweinen von Navarra und Aragón beiträgt.

Die Weine sind alkohol- und extraktreich, jedoch säurearm. Seltsamerweise ist die Anbaufläche in Frankreich zwischen 1968 und 1979 auf über 16000 ha angewachsen. Wie der Macabeo – die andere »spanische« Rebsorte in Frankreich – konzentriert sich auch der Grenache Blanc vor allem im Département Pyrenées Orientales, dehnt sich aber allmählich nach Osten aus; das Département Aude verfügte 1979 bereits über 3200 ha. Vermutlich hat die Rebe dort die Sorten Terret Gris und Blanc ersetzt.

Die in Australien als White Grenache bezeichnete Rebsorte wurde 1976 von Truel als Biancone identifiziert.

Synonyme:
Garnacho Blanco, Garnatxa, Silla Blanc

Schwerer Wein, gute Erträge

Zalema

Die Rebe hat in der Provinz Huelva im äußersten Südwesten, wo auf sie 90% der Gesamtrebfläche entfallen, alte Tradition; doch Jan Read weist darauf hin, daß sie dort allmählich durch höherwertige Sorten ersetzt wird – Palomino, Pedro Ximénez, Mantua und Garrido.

Einfach und derb

Verdejo

Von allen weißen Trauben unter den ersten 20 Rebsorten Spaniens hat der Verdejo wahrscheinlich das aristokratischste Gepräge. Er stammt aus Rueda südlich von Valladolid, wo die Weinberge sehr hoch (900 m), oft auf kalkreichem Grund liegen und – für Spanien ungewöhnlich – recht kühl und feucht sind. Das alles mag dem eigenen Wert der Sorte noch einiges an Adel hinzufügen.

Rueda ist seit dem 17. Jahrhundert durch seine Weißweine berühmt. Damals waren sie blasse Imitationen des in aller Welt geschätzten Sherry. Heutzutage ist der Rueda-Wein zum größten Teil frisch und leicht, mit nur 12% Alkohol (obwohl die Traube von Natur aus 11,5 bis 14% mitbringen kann). Die besten Beispiele, so der Marqués de Griñon, sind überaus sauber und ausgewogen und zeigen ein charaktervolles Nußaroma.

Der trockene weiße Rueda Superior muß mindestens 60% Verdejo enthalten. Der Rest kann aus Palomino Fino und Macabeo aus der Gegend bestehen. Die spanische Verdejo-Anbaufläche wird mit 16000 ha angegeben. Da aber das Anbaugebiet Rueda kaum mehr als 4000 ha umfaßt und Verdejo Blanco sonst kaum irgendwo kultiviert wird, dürfte in diese Ziffer mit einiger Wahrscheinlichkeit auch der Verdejo Tinto mit einbezogen sein.

Synonyme:
Verdejo Palido

Bukettreich, frisch, vielversprechend

Parellada

Diese Rebsorte ist die feinste der drei weißen Trauben, die für die Schaumweinindustrie und den Weinbau in Katalonien als Grundlage dienen.

Das ansprechend fruchtige Aroma der Parellada kommt im Viña Sol von Torres am schönsten zum Ausdruck. Sie wird auch Macabeo und Xarel-lo sowie dunklen Sumoll- und Monastrell-Trauben in den *cuvées* von San Sadurní de Noya zur Verfeinerung beigegeben. Die Weine zeigen in der Jugend schöne Frucht und Säure, halten sich aber nicht lange. (Die besseren Viña-Sol-Qualitäten von Torres enthalten Chardonnay oder Sauvignon Blanc und werden im Eichenfaß ausgebaut.) Die Parellada gedeiht am besten in den hohen, kühlen Lagen von Penedés und reift dort als letzte weiße Traube. Ihr Ertrag ist trotz Anfälligkeit für Echten und Falschen Mehltau recht gut. Auch in Tarragona und Conca de Barbera wird die Rebe angebaut.

Die Parellada ist sicher eine der für den modernen Geschmack am besten geeigneten spanischen Rebsorten, doch ihr Potential hat seine Grenzen. Torres hat bei Vergleichen der Parellada mit dem Chardonnay durch Experimente mit der Gas-Chromatographie festgestellt, daß die Chardonnay-Kurve mehr Spitzen, also mehr interessante Nuancen aufweist als die Parellada-Kurve.

Synonym:
Montonec

Gute Lokalrebe mit früh genußreifen Weinen

Einige weitere aus vielen hundert in Spanien angebauten und offiziell geförderten Sorten sind: Caiño Blanco und Espadeiro (alte Sorten in Galicien); Garrido Fino (ersetzt Zalema in Huelva); Godello (alte, hochwertige Sorten in Galicien); Malvasia Riojana (Rojal Blanco, Subirat) – die »Malvasia« von Rioja, die einigen Quellen zufolge mit der eigentlichen Malvasia-Familie nicht verwandt ist; Pansa Blanca (ertragreiche, derbe Sorte in Katalonien); Planta Fina de Pedrabla (in der Provinz Valencia); Torrontes (galicische Sorte, wird in größerem Umfang auch in Alicante und Yecla sowie in kleinerem Maßstab in der Pisco-Region Chiles als Torontel Verdil angebaut).

Weitere galicische Sorten sind bei den portugiesischen Weißweinreben auf Seite 247 mit aufgeführt.

Andere noch in gewissem Umfang kultivierte traditionsreiche Weißweinreben sind Marfil in Cáceres und Subirat Parent in Penedés.

Portugal

(Karte siehe Seite 215)

Die meisten heute in Portugal verbreiteten Kreuzungen werden hier bewußt weggelassen, weil sie mehr für Quantität als für Qualität bemerkenswert sind. Da sich der Weinbau Portugals derzeit stark verändert, sind die Rebsorten nicht nach Anbauflächen geordnet.

Allgemein gute Qualität

Arinto

Alle, die sich mit der Sache befassen, stimmen überein, daß diese traditionsreiche Rebe den Weinbau Portugals retten kann. Sie bewahrt in ihren Trauben selbst im heißesten Klima prächtige Säure. Ihr Wein kann noch bei + 40° C 8 g/l Säure enthalten und ist zudem charaktervoll und langlebig. Während viele warme Weinbaugegenden neben robustem Rotwein nur flauen oder mäßigen Chardonnay und Riesling hervorbringen, kann Portugal eine bedeutende Quelle für Weißwein guter Qualität werden, wenn die Anpflanzung von Arinto-Reben gesteigert wird.

Leider stehen die Dinge so, daß der Arinto zwar fast überall (mit Ausnahme von Dão und Algarve im Süden) empfohlen und sogar im Moscatel de Setúbal zugelassen ist, aber dennoch gegenüber ertragreicheren Sorten an Boden verloren hat. In Bucellas, wo der Arinto mindestens 75% beisteuern soll, ist er zwar die Hauptrebsorte, aber inzwischen beginnen andere Trauben ihn zu verdrängen, weil seine Reben alt und ertragschwach sind. Neues Pflanzenmaterial dürfte auch bessere Erträge erbringen.

Arinto Branco weist zwei Spielarten auf: Arinto Cachudo, eine potentiell gute Quelle für feinen Wein, und Arinto Miúdo, eine viel ältere und seltenere Sorte.

Die wahrscheinlich einfachste Möglichkeit, den Arinto-Wein zu beurteilen, hat der Weinfreund heute im Bucellas, obwohl die Weinbereitungstechniken noch immer nicht das Potential der Traube voll ausschöpfen. Gut bereiteter Arinto ist aromatisch, überaus frisch, und im Alter entwickelt er eine merkwürdig harzige Zitronennote.

Die kräftige Säure und das intensive Aroma des Weins haben zu der Vermutung Anlaß gegeben, es könne eine Verwandtschaft zwischen Arinto und Riesling bestehen. Zwei verschiedene Theorien sprechen einmal deutschen Kreuzfahrern und das andere Mal dem Marqués de Ombpal im 18. Jahrhundert das Verdienst zu, die Rebe nach Portugal gebracht zu haben – doch die Ampelographie weist beide als unrichtig zurück.

Synonyme:
Arintho, Arinto-Cercial, Pedernão

Feinste Qualität, frischer, langlebiger Wein

Vinho Verde

Alvarinho

Die ertragreiche Rebsorte ist nur um Monção zugelassen, wo die einzigen sortenreinen weißen Vinhos Verdes von ihr gewonnen werden. Sie gelten allgemein als die besten, wenn auch nicht typischsten Weine der Region Minho, mit 2% Alkohol mehr, schönerer Frucht und längerer Lebensdauer bei deutlich geringerer Perligkeit. Am berühmtesten sind die vom Palacio de Brejoeira.

In Spanien liefert der »Albariño« in Galicien sortenreine Weine. Auch in anderern Gegenden ist die Rebe erprobt worden, jedoch ohne Erfolg. Ihre Trauben geben relativ wenig Saft ab, denn ihre Schalen sind dick, und sie haben viele Kerne.

Synonym:
Albariño (Spanien)

Mehr Charakter und Körper als andere Minho-Trauben

Loureiro ist auch in Spanien bekannt; die Traube verleiht ihrem Wein angeblich den Duft von Lorbeer (= louro, daher auch der Name). Sie wird vor allem im Lima-Tal angebaut und hoch geschätzt. Trajadura (in Galicien Treixadura) ist eine der besseren Minho-Sorten, bringt aber keine großen Erträge. Asal (nicht zu verwechseln mit der blauen Azal und wie diese im Norden von Bairrada angebaut) trägt in besseren Vinhos Verdes zu Geschmack und Struktur bei.

Wie in Galicien gibt es auch am Minho eine Menge von Rebsorten, die anderswo unbekannt sind. Dazu gehören Avesso, Lameiro, Pintosa, Batoca, Casal und Douradinha.

Douro

Die sechs für die Erzeugung von weißem Port besonders empfohlenen und daher in 60% der Mischung vorgeschriebenen Rebsorten heißen Esgana-Cão (sehr herb), Folgasão (recht flach), Verdelho, Malvasia Fina, Rabigato und Viosinho.

Davon sind Esgana-Cão (als Esganoso) und Rabigato auch im Minho bekannt. Esgana-Cão ist eng verwandt mit Cercial (Sercial) und gilt als Spezialität von Peñafiel im Minho. Folgasão heißt auch Folgozão. Viosinho oder Veosinho Verdeal wird fast nur am Douro angebaut.

Rabigato

Von den besseren weißen Douro-Rebsorten ist Rabigato über ganz Portugal am weitesten verbreitet, auch als Rabo de Ovelha, das heißt »Lämmerschwanz« wie Juhfark in Ungarn, und tatsächlich bestehen zwischen beiden Reben genug Ähnlichkeiten, die auf Verwandtschaft schließen lassen, doch ist diese in Anbetracht der Entfernung zwischen Ungarn und Portugal nur schwer nachzuweisen. Übrigens gibt es noch eine andere Rebe namens Rabo de Ovelha do Sul.

Rabigato gilt nicht unbedingt als hochwertig. Sie liefert sehr gute Tafeltrauben und ist ertragreicher als die anderen traditionellen Sorten. Die Trauben der wuchskräftigen, starkholzigen Rebe reifen gegen Ende September, und ihr Wein ist ziemlich alkoholstark.

Synonyme:

Rabo de Ovelha do Minho; Estreito (Tras-os-Montes); Moscatel Bravo (Minho)

Einfache Traube, robuster Wein

Zu den Hunderten von Douro-Rebsorten, die als zweitrangig gelten und für 40% der Port-Mischung empfohlen werden, gehören Arinto, Bual, Cercial do Douro (nicht identisch mit Sercial von Madeira und potentiell eine gute Tafelweintraube in ganz Portugal), Codega, Donzelinho Branco, Malvasia Corado, Moscatel Galego und Samarinho. Codega ist laut Comte Odart mit Vermentino verwandt und wird am Douro auch als Malvasia Grossa und im Süden als Roupeiro bezeichnet. Donzelinho Branco bringt gute Erträge an ordentlichem Wein.

Weitere für die Erzeugung von weißem Port zugelassene, jedoch nicht empfohlene Sorten sind Alvaraca, Avesso, Borrado das Moscas, Branco Especial, Branco Sem Nome, Branco Valente, Caramela, Carrega Branco, Chasselas, Dona Branca, Fernão Pires, Formosa, Jampal, Malvasia Parda, Malvasia Rei, Medock, Moscadet, Mourisco Branco, Praca, Rabigato Frances, Sarigo, Touriga Branca und Trincadeira.

Beira

Dona Branca

Die Rebe kommt auch am Douro und unter dem Namen Doña Blanca in Spanien (Galicien) vor. In der Region Lafões zwischen Dão und Douro ist sie neben Arinto vorgeschriebener Bestandteil des Vinho-Verde-ähnlichen Weißweins. Früher hatte die Rebe größere Bedeutung.

Synonyme:

Jampal (Südwestportugal); Doña Blanca, Moza Fresca (Spanien)

Im Verschwinden begriffen

Nur 5% der Beirrada-Weinerzeugung und ein sehr kleiner Anteil an der Beira-Produktion entfallen auf Weißwein. Bical (Barada da Mosca), Maria Gomez (Fernão Pires) und Tamarez sind die wahrscheinlich geläufigsten Sortennamen in diesen neu festgelegten Anbaugebieten.

Dão

Die für weißen Dão empfohlenen Trauben heißen Encruzado und Assario Branco (Beschreibung folgt) sowie Barcelo, Borrado das Moscas (ziemlich ölig), Cercial, Verdelho, Rabo de Ovelha, Terrantez (identisch mit Torrontel in Spanien) und Uva Cão.

Encruzado wird mit einem Anteil von mindestens 20% für die schweren, fast oxidierten Weißweine des berühmtesten Tafelweingebietes Portugals empfohlen. Bei sorgfältiger Bereitung kann Encruzado ausgewogenen, vollen Wein mit kräftigem Nußaroma liefern.

Assario Branco

Assario wird auch im Alentejo und in Algarve verbreitet angebaut. Die Rebe bringt mäßige Erträge und hat kurze, brüchige Triebe. Ihre Trauben reifen Ende September. Am besten gedeiht die Sorte in feuchten, tiefen Lagen, daher geht sie am Dão zurück.

Synonyme:

Arinto do Dão, Sarilho, Malvasia, Esfarrapada

Mäßige Qualität

Südportugal

Fernao Pires

Die Rebe ist weit über Portugal verbreitet, wenn auch nicht in großer Zahl. Ihr Wein duftet und schmeckt eigentümlich nach Pfeffer. Die ertragreiche, ziemlich früh reifende Sorte (Mitte August bis Mitte September, je nach Lage) kommt Villa Maior zufolge in drei Spielarten vor: Fernão Pires, stark fruchtig und aromatisch, sowie Beco und Fernão Pirão. Villa Maior zitiert eine Quelle, die als Synonym in Estremadura »Camarate« anführt, beschreibt diese Sorte aber selbst als eigenständige Rebe. Als eine der ganz wenigen weißen Trauben Portugals, die über die Landesgrenzen hinausgelangt sind, hat sich Fernão Pires in Südafrika bewährt.

Synonyme:

Fernam Pires, Maria Gomez

Würzig

Jampal und Vital sind in Estremadura offiziell zugelassen. Antão Vaz (vielversprechend), Alva (Elbling), Manteudo sowie Rupeiro oder Rupeiro Cachudo (Zitronenaroma) sind Spezialitäten von Alentejo. Boais und Galego Dourado sind in vielen Anbaugebieten an der Küste, besonders Carcavelos, zugelassen.

Massensorten

Seminario

Trotz ihres am Doura üblichen prachtvollen Synonyms Malvasia Rei hat die Rebe nichts mit der edlen Malvasia zu tun. (Die Portugiesen nennen jede weiße Traube gern Malvasia mit irgendeinem Beinamen.)

Seminario ist wie einige Neuzüchtungen auf sehr hohen Ertrag in den ersten Lebensjahren ausgelegt, stirbt dann aber infolge von Viruserkrankungen bald ab. Besondere Bedeutung hat sie in dem noch rückständigen Oeste, wie das einstige Estremadura heute heißt.

Synonym:
Malvasia Rei (Douro)

Ertragsstarke, sehr bescheidene Rebe

Alicante Branco sowie Kreuzungen des Oeiras-Forschungsinstituts – EAN Nummern 2, 4 und 7 – sind weitere kurzfristig ertragreiche Rebsorten für die Weinbaugebiete im Westen.

Diagalves

Die Tafeltraube ist über ganz Portugal verbreitet und stellt heute die Hälfte des Rebenbestands im Weinbaugebiet Alentejo, dessen Produktion sich ungefähr gleichmäßig auf Rot- und Weißwein verteilt. Die ertragreiche Rebe bringt große Trauben mit dünnschaligen Beeren, die den ziemlich flachen Alentejo-Weißwein liefern.

Tafeltraube, sehr bescheidener Wein

Madeira

Verdelho

Der weit in der Welt herumgekommene Verdelho ist die meistangebaute weiße Traube Madeiras. Anfang dieses Jahrhunderts wurde sie aus der Qualitätsstufe Boa (gut) zu Nobre (edel) befördert.

Der breitwüchsige Verdelho ist mäßig ertragreich und wuchskräftig. Seine Trauben sind klein, ebenso die ovalen, sehr harten Beeren. Der Reifezeitpunkt liegt früh; die Pflanze erholt sich nach Frühjahrsfrösten nur langsam. In kühlen, feuchten Nächten besteht Gefahr des Mehltaubefalls.

Der Name Verdelho auf Madeira-Etiketten weist auf eine zwischen Sercial und Bual liegende halbtrockene Art mit Nußaroma und einer Spur Süße hin. Gesetzlich sind 60% Verdelho-Trauben im Verschnitt vorgeschrieben.

Die relativ seltene, jedoch nur als gut eingestufte Tinto-Version ist für Madeira ebenfalls zugelassen.

Der mit dem dunklen Verdelho Feijão im Minho nicht verwandte weiße Verdelho ist am Dão eine empfohlene und für die Erzeugung von weißem Portwein stark empfohlene Traube. Kräftige Farbe und hoher Alkoholgehalt machen sie für gespritete Weine besonders geeignet.

In Australien wird von Verdelho sehr charaktervoller Tafelwein gewonnen, beispielsweise eine volle, ölige Version mit Nußaroma von Houghton aus Moondah Brook in Westaustralien. Die Verdelho-Anbaufläche beläuft sich auf knapp 100 ha, doch was sie hervorbringt, läßt eine Erweiterung dringend geraten erscheinen. Der Verdelho verträgt Hitze gut und bewahrt dabei einen hohen Säurespiegel.

Ende des vorigen Jahrhunderts war er auch auf der Krim bekannt. Der italienische Verdello ist mit Verdelho nicht verwandt.

Synonyme:
Vidonia, Gouveio (Douro); Madeira (Neusüdwales)

Gute, charaktervolle, langlebige Weine mit Nußaroma

Verdelho

Bual

Bual

Die Traube, die neben dem Malmsey den vollsten Madeira erbringt, wird in den Weinbergen der Insel immer seltener. In Südportugal ist sie in allen Weinbaugebieten eine empfohlene Sorte, und auch für die Erzeugung von weißem Portwein gilt sie als gut geeignet, doch begegnet man der Rebe mit ihren stark behaarten kleinen Blättern heute kaum noch, was ihren kommerziellen Wert nur steigert.

Zur Zeit Villa Maiors am Ende des vorigen Jahrhunderts war der Bual noch sehr stark verbreitet. Maior unterscheidet mehrere Spielarten, von denen er Bual Branco als gut, aber am schwächsten im Ertrag bezeichnet. Heute kommt Bual Cachudo am meisten vor; bei ihm sind Ertrag und Weinqualität mit am besten.

Synonyme:
Boal, Boal de Madeira, Boal de Porto Santo

Gehaltvoll; sehr selten

Sercial

Zumindest auf Madeira ist diese Sorte heute noch seltener zu finden als Bual. Sie stellt außerordentlich hohe Ansprüche an die Lage und reift sehr spät, gedeiht aber auch in größeren Höhen.

Der Wein der starkduftigen Trauben ist in der Jugend fast unangenehm, doch seine Herbheit mildert sich nach 7 oder 8 Jahren zu subtilsten Geschmacksnuancen, mit denen eine eigentümlich interessant leuchtende Tönung einhergeht. Die trockensten und leichtesten Madeiras tragen den Namen dieser auf der

Insel wohl am höchsten geschätzten Rebsorte.

Auf dem portugiesischen Festland ist der Sercial für viele Weine zugelassen; am meisten wird er heute aber am Dão angebaut und spielt auch in besseren Bairrada-Weißweinen eine Rolle. Eine durch manche Synonyme vermutbare Verwandtschaft mit Esgana-Cão vom Douro besteht nicht.

Synonyme:
Esgana, Esaninho, Esganiso

Delikat und langlebig

Terrantez

Die alte Rebe ist aus den Weinbergen Madeiras, wo früher auch eine dunkle Version vorkam, fast ganz verschwunden. Nach der Reblauszeit wurde sie kaum wieder angepflanzt; erst jetzt gibt es Bestrebungen, die traditionsreiche Terrantez neu erstehen zu lassen. Die Süße und leichte Adstringenz ihrer Weine ist in guter Erinnerung.

> Listrão und Carão de Moca sind ebenfalls alte Madeira-Reben. In Porto-Santo ist Listrão als Quelle recht flachen Tafelweins verbreitet.

Deutschland

(Karte siehe Seite 219)

Kerner

Den Züchtern der Staatlichen Lehr- und Versuchsanstalt für Wein- und Obstbau in Weinsberg (Württemberg) ist mit dieser neuen Rebsorte der ganz große Wurf gelungen. Sie benannten 1969 ihre Neuzüchtung nach dem Weinsberger Dichter und Arzt Justinus Kerner, und seither feiert sie derartige Erfolge, daß sie inzwischen zur viertmeist angebauten Rebe Deutschlands geworden ist.

1984 verteilte sich die Kerner-Anbaufläche von 6700 ha auf alle elf deutschen Anbaugebiete, wobei auf die Rheinpfalz und Rheinhessen der überwiegende Anteil entfiel.

Die von den Winzern und Verbrauchern mit so großer Begeisterung aufgenommene Traube ist einer ungewöhnllichen Kreuzung einer roten mit einer weißen Rebsorte zu verdanken: Trollinger (Schiava Grossa) × Riesling. Mit Freude kann berichtet werden, daß dieses Produkt aus der Tiroler und schwäbischen Spezialität und der edelsten deutschen Rebe eine ausgesprochene Köstlichkeit darstellt. Der Kerner bringt zuverlässige, um 10% höhere Erträge als der Riesling und ist dank seiner vom Trollinger ererbten Neigung zu spätem Austrieb wenig frostempfindlich. Seine große Beliebtheit ist aber vor allem auf seinen hervorragenden Geschmack und seine unbestreitbare Qualität zurückzuführen.

Kerner

Einmal abgesehen vom Ehrenfelser, schmeckt er am ehesten wie Riesling. Daneben weist er Kerner Qualitäten auf, die ihm ganz eigenständige Art verleihen. Bei schöner Säure hat er ein ansprechendes frisches Bukett, wenn auch oft nicht so eine seidige Struktur wie der Riesling, mit dem er dagegen die große Lebensdauer gemeinsam hat.

Der Kerner reift etwa zur gleichen Zeit wie der Silvaner, stellt keine hohen Ansprüche an den Boden und gedeiht fast überall, außer in kühlen, feuchten Tallagen. Seine Resistenz gegen Krankheiten ist gut, nur für Echten Mehltau ist er anfällig, neigt zum Verrieseln, wenn er dem Wind zu sehr ausgesetzt ist, und gelegentlich kommt plötzliches Absterben vor. Eine zwischen 1973 und 1976 in Bad Kreuznach durchgeführte Vergleichsstudie zwischen Kerner und dem ertragreicheren Müller-Thurgau brachte zum Vorschein, daß der Kerner stetig um 10 bzw. 12% höheres Mostgewicht bzw. besseren Säurespiegel aufwies. Dem Riesling gegenüber lassen sich als Vorteile geringere Ansprüche an die Lage, höheres Mostgewicht und geringfügig besserer Ertrag anführen.

Neben der Bukettraube ist der Kerner eine von wenigen Neuzüchtungen, die in Südafrika eingeführt wurden und im dortigen Weinbau erstaunliche Erfolge bringen, wenn sie in kühlen Lagen angesetzt werden.

Sehr gute Qualität

Bacchus

Die Neuzüchtung zwischen einer Riesling × Silvaner-Kreuzung und Müller-Thurgau, deren Name dem Gott des Weins huldigt, hat sich fast ebensoviel Popularität erobert wie der Kerner. 1983 hatte sie eine Anbaufläche von 3500 ha erreicht, davon fast zwei Drittel in Rheinhessen. Sie hätte das bei ihrer nicht ganz so aristokratischen Abstammung wohl kaum geschafft, wenn sie nicht mindestens ausgesprochen brauchbar wäre.

Die wichtigsten Merkmale der in Dr. Husfelds Versuchsanstalt Geilweilerhof gezüchteten Rebe bestehen vor allem darin, daß sie auf weit weniger gutem Boden gedeihen kann als Riesling oder auch Silvaner und daß ihr Wein stets kräftigen Körper und schönen Charakter aufweist. Bacchus eignet sich hervorragend zum Verschneiden mit Müller-Thurgau und wird deshalb in Rheinhessen heute dem Morio-Muskat zum Verbessern der Liebfrauenmilch und ähnlicher Weine vorgezogen. Auch an der Nahe und an der Mosel wurden inzwischen je 200 ha Bacchus angepflanzt.

Der Nachteil des Bacchus-Weins ist seine Säurearmut, besonders wenn sich die Winzer durch die Aussicht auf hohe Mostgewichte zu einer zu späten Lese verleiten lassen. Bacchus treibt etwas früher aus als der Müller-Thurgau, reift aber gleichzeitig mit ihm und erbringt dabei höhere Erträge. Gelegentlich kön-

Bacchus

nen Schwierigkeiten durch Fäule auftreten.

Man sollte nun annehmen, daß sich der Bacchus in ungünstigeren Jahren besonders gut bewährt, weil dann seine Säurearmut nicht so sehr ins Gewicht fallen würde; leider aber entwickelt sich der gute Extraktgehalt und das starke muskatelleränhliche Bukett nur in günstigen Jahren. Nach einem schlechten Sommer gelangt der Bacchus nicht ausreichend zur Reife und kann die Qualitäten, die ihn so schätzenswert machen, nicht entfalten. Dennoch ist zu vermuten, daß er in nördlicheren Weinbaugegenden Deutschlands als annehmbare Alternative zum Riesling in ungünstigeren Lagen an Boden gewinnt.

Brauchbar, zur Überfülle neigend

Morio-Muskat

Ob Peter Morio beim Kreuzen von Silvaner mit Weißburgunder wohl auch nur im geringsten ahnte, daß diese beiden so verhaltenen Eltern einem so überströmenden Sprößling das Leben schenken würden? Der zurückhaltende Charme des Silvaners und des Weißburgunders ist weit entfernt vom aufdringlich würzigen Duft des Morio-Muskat, was nur wieder einmal beweist, daß des Guten auch zuviel sein kann.

In den siebziger Jahren genoß die Rebe vor allem in Rheinhessen und der Rheinpfalz große Beliebtheit. Noch 1983 belief sich ihre Anbaufläche auf 2800 ha, doch gibt es deutliche Anzeichen dafür, daß sie trotz ihrer hohen Erträge (200 hl/ha) wieder zurückgeht. Die Traube ist freilich sehr brauchbar, denn schon mit einem kleinen Schuß Morio-Muskat läßt sich ein flacher Müller-Thurgau oder Silvaner herrlich würzen und mit einem aromatischen Bukett versehen. Auch sortenreiner Morio-Muskat-Wein wird angeboten, doch muß er von gut ausgereiften Trauben gewonnen sein, um nicht durch derben Geschmack und übertriebene Säure aufzufallen.

Der Säurespiegel ist beim Morio-Muskat meist mittel bis hoch, das Mostgewicht dagegen selbst in guter Lage niedrig (60 bis 70° Öchsle). Für einen guten Qualitätswein werden aber 80° benötigt. Das bedeutet, daß der Morio-Muskat bessere Lagen verlangt als der Silvaner, und er braucht auch fruchtbaren Boden, damit sich seine Wuchskraft nicht zu früh erschöpft.

Die Morio-Muskat-Trauben reifen eine Woche nach dem Müller-Thurgau, müssen aber oft früher gelesen werden, um Fäule zu vermeiden; dann aber sind sie noch unangenehm und nichtssagend in der Art. Der Bacchus eignet sich für nördliche Weinbaugegenden seiner früheren Reife wegen besser.

Aufdringliche Würze

Scheurebe

Wie der Kerner zählt auch die Scheurebe zu den besseren deutschen Neuzüchtungen. Dabei ist »neu« nur relativ zu verstehen, denn Georg Scheu schuf die Kreuzung zwischen Silvaner und Riesling 1916 in Alzey. Die dem Riesling sehr ähnliche Sorte erbringt vor allem gute Auslesen aller Art.

Wie bei vielen anderen Kreuzungen fällt auch der Wein der Scheurebe nur dann wirklich ansprechend aus, wenn er von vollreifen Trauben gewonnen wird. Dann hat er die Rasse und Klasse des Rieslings mit einem kräftigen Aroma von schwarzen Johannisbeeren. Die Scheurebe erreicht sehr hohe Mostgewichte: gut 10° Öchsle mehr als Riesling aus derselben Lage. Der Säurespiegel ist dabei hoch genug, um den Wein jahrelang lebendig zu halten. Auch der Ertrag der Scheurebe ist höher als beim Riesling und liegt oft um 100 hl/ha; allerdings kann sie hierbei mit Kerner, Bacchus und Morio-Muskat nicht Schritt halten.

Nachteilig ist, daß die Scheurebe gute Lagen braucht – die dem Riesling abgenommen werden müssen – und als Jungpflanze ziemlich frostempfindlich ist. Die ausgereifte Rebe ist dagegen durchaus frosthart und resistent gegen Chlorose. Sie treibt spät aus und bringt ihre Trauben kurz vor dem Riesling zur Reife. Für Fäule ist sie nur anfällig, wenn das Laubwerk zu dicht wird. Dagegen kann sich Edelfäule bei der Scheurebe rascher ausbreiten als beim Riesling, was für die Gewinnung von Trockenbeerenauslesen ein beträchtlicher Vorteil ist.

Scheurebe

Die Scheurebe-Anbaufläche in Deutschland betrug 1984 knapp 5000 ha, davon mehr als die Hälfte in Rheinhessen und der Rest zum größten Teil in der Rheinpfalz. Die unbestreitbaren Qualitäten der Scheurebe haben sich so sehr bewährt, daß sie heute auch in Kalifornien angebaut und zu sortenreinem Wein verarbeitet wird.

Bei voller Reife sehr gute Qualität

Faber

Auch diese Rebe ist eine Züchtung von Georg Scheu (entstanden 1929 in Alzey), die sich mehr durch die Qualität als die Quantität ihres Weins auszeichnet. Die Kreuzung zwischen Weißburgunder und Müller-Thurgau steht mit einer Anbaufläche von 2300 ha im Jahr 1984 unter den deutschen Reben an 9. Stelle. Über 1700 ha entfallen auf Rheinhessen, und auch die Nahe hat größere Bestände aufzuweisen.

Die Stärken der Faber-Rebe sind Mostgewicht und Säurespiegel. Ihr Wein ist fruchtiger und rassiger als bei vielen anderen Neuzüchtungen, und sie gilt in der Art als dem Riesling sehr ähnlich. Der Säurespiegel ist sogar höher als beim Silvaner, und die Mostgewichte liegen um 8 bis 10° Öchsle über dem Müller-Thurgau. Die Faber-Rebe liefert gute Spätlesen, wird aber oft zu Verschnittzwecken verwendet. In reifen Jahrgängen erzielt sie Prädikatsweine aller Arten.

Der Hauptnachteil der Faber-Rebe ist ihre Anfälligkeit für Stielnekrose, und wie beim Kerner ist der Mitteltrieb so starkwüchsig, daß der Schnitt Mühe und Kosten verursacht. Faber treibt ziemlich spät aus und reift etwas früher als der Müller-Thurgau. Die Trauben können aber ohne weiteres bis zur Silvaner-Lese am Stock belassen werden und erreichen dann noch höhere Mostgewichte.

Die Rebe gedeiht gut auf allen Böden und selbst noch in Lagen, wo der Riesling nicht mehr voll zur Reife gelangt. In Gegenden mit überwiegendem Riesling-Anbau wird sie gern als fruchtige Alternative in ansonsten dem Silvaner vorbehaltenen Lagen gepflanzt. Mit einem Durchschnittsertrag von rund 90 hl/ha liegt sie etwas hinter dem Müller-Thurgau.

Synonym:
Az 10375 (bis 1967)

Gute Riesling-ähnliche Merkmale

Huxelrebe

Die Kreuzung zwischen Gutedel und Courtillier Musqué (Vorfahr der Hybride Maréchal Foche sowie – mit Riesling zusammen – des Elsässer Goldrieslings) wurde 1927 von Georg Scheu in Alzey gezüchtet und vom Winzer Fritz Huxel verbreitet.

Sie hat sich große Beliebtheit errungen, weil sie zwei ganz unterschiedliche Möglichkeiten bietet: Manche Winzer lassen sie einfach wachsen und erzielen dadurch gewaltige Erträge an recht bescheidenen Weinen, andere wieder bringen sie durch sorgfältigen Rebschnitt dazu, äußerst eindrucksvolle Mostgewichte zu erreichen. Die Huxelrebe ist keine besonders feine oder elegante Sorte, wie man nach ihren Voreltern vermuten könnte. In Bukett und Geschmack hat sie eher Muskateller-ähnliche Fülle und Würze als Riesling-ähnliche Rassigkeit, doch bringt sie sowohl gute Grundweine für Verschnitte als auch volle, wenn auch sehr auffällige sortenreine Weine zustande.

Die Anbaufläche der Huxelrebe belief sich 1983 auf über 1700 ha, vorwiegend in Rheinhessen und der Rheinpfalz. Sie wird meist in guten Lagen angepflanzt, wo sich mit einiger Sicherheit gute Qualitäten, oft sogar Auslesen erzielen lassen.

Bei günstigem Blüteverlauf kann der Fruchtansatz so stark ausfallen, daß die Rebe buchstäblich unter der Last der Trauben zusammenbricht, worauf sie dann im folgenden Jahr versagt. Der Rebschnitt verlangt vor allem bei jungen Reben größte Sorgfalt. Ihrer Wuchskraft wegen braucht die Huxelrebe starke Unterlagen.

Die Lese findet üblicherweise gleichzeitig mit dem Müller-Thurgau statt, doch bewahren die Trauben ihren Säuregehalt, auch wenn sie länger am Stock belassen und zu vollerer Reife gebracht werden, doch verlieren sie dabei, nicht wie der Müller-Thurgau an Masse. Beim Mostgewicht besteht viel Spielraum; als optimal gelten jedoch über 90° Öchsle. Der große Vorteil der Huxelrebe ist, daß sie bei strengem Schnitt selbst in einem schlechten Jahr QmP-Weine erbringen kann. Wenn ihr jedoch sehr hohe Erträge abverlangt werden, kann ihr Wein rauh und derb ausfallen.

Sie wird auch in England angebaut, bringt dort allerdings nur selten viel Süße zustande, liefert aber runde, sanft duftige Weine mit gutem Körper und Extrakt.

Sehr hohe Mostgewichte

Ortega

Die noch junge Neuzüchtung aus Würzburg (Müller-Thurgau X Siegerrebe) wurde nach dem spanischen Philosophen José Ortega y Gasset benannt. Man fragt sich, weshalb? Vielleicht, weil er besonders gedeihliche Gedanken hatte, die sich offenbar auf die Ortega-Rebe übertragen haben, denn sie bringt wie die Huxel- und Siegerrebe durchaus beträchtliche Mostgewichte zustande.

Die Öchslegrade liegen zwar etwas tiefer als bei der Optima, aber immer noch gut 20° über dem Müller-Thurgau, und erreichen selbst in einem schlechten Jahr ohne weiteres 80 bis 100°. Der Wein ist überaus voll und blumig und wie der Gewürztraminer eher für den bedächtigen Genuß als zum sorglosen Zechen geeignet. Er hält sich auch recht gut in der Flasche, wenn er relativ jung abgefüllt wird. Unvoreingenommene Beurteiler vermissen bei all dem schönen Pfirsicharoma denn doch ausreichende Säure, vor allem bei Spätlesen. Sicherlich bewährt sich die Ortega gut als Zutat zu weniger vollmundigen Weinen.

Ortega reift früh – vor Müller-Thurgau, jedoch nach der Siegerrebe – und erbringt unangenehm bitteren Wein, wenn die Lese zu früh erfolgt. Bei später Lese entstehen selbst in kühlen Jahren QmP-Weine, wobei es allerdings an der erfrischenden Säure fehlt.

Die Hauptnachteile bestehen in großer Anfälligkeit für Pilzkrankheiten, Fäule und Verrieseln. Verläuft die Blüte bei günstigem Wetter, dann können Erträge von 80 bis 100 hl/ha zustande kommen; kühle Lagen sind jedoch von vornherein ungeeignet.

Das Interesse an der Ortega ist begrenzt, weil ja genügend unempfindlichere, ertragreiche Rebsorten verfügbar sind, die auch ein gutes Mostgewicht erzielen. 1983 belief sich der Bestand auf knapp 1200 ha an der Mosel und über 50 ha in Franken.

Füllige, jedoch oft säurearme Weine

Elbling

Der Elbling hat zweierlei zu bieten: Ertragreichtum und eine uralte Geschichte. Den Römern wird das Verdienst zugeschrieben, den Elbling entweder als *Vitis albuelis*, von der Columella spricht, oder als die von Plinius erwähnte *Vitis alba* nach Deutschland gebracht zu haben. Es besteht allerdings auch Grund zu der Vermutung, daß die Rebe schon lange vor dem Eindringen der Römer in Gallien und Germanien heimisch war. Sicher ist jedenfalls, daß der Elbling bereits vor dem Mittelalter in Deutschland festen Fuß gefaßt hatte.

Heute hat der Elbling nur noch am Oberlauf der Mosel und in Luxemburg einige Bedeutung. Bis auf 3 ha befindet sich die deutsche Elbling-Anbaufläche von 1100 ha an der Mosel und dient vor allem der Sekterzeugung. Der hohe Säuregehalt und der neutrale Geschmack machen die Traube dafür gut geeignet, doch hat sie nur noch geringen Anteil an der Produktion.

1984 entfielen noch 10% der Rebfläche an der Mosel auf den Elbling, und er hält an der Obermosel in kühlen Lagen, wo der lohnendere Riesling nicht zur Reife gelangen kann, seine Stellung. Sein Wein fällt meist recht dünn aus; nur wenigen Weingütern, beispielsweise dem des Freiherrn von Hobe-Gelting auf Schloß Thorn, gelingt es, sich mit sortenreinem Elbling einen guten Namen zu machen.

Die Rebe stellt keine großen Ansprüche an die Lage (auch würde sie in einer guten kaum gepflanzt) und bringt auf jedem Boden Erträge bis zu 200 hl/ha. Allerdings gibt es dabei beträchtliche Schwankungen, denn der Elbling ist anfällig für Echten Mehltau, Verrieseln und – da seine Beeren sehr dünnschalig sind – auch für Botrytis. Er reift früh und treibt früh aus, ist daher spätfrostgefährdet. Es ist nicht leicht zu verstehen, warum die Winzer so weit im Norden dem Elbling treu bleiben, wo ihnen die Züchter doch so viele geschmacklich bessere Alternativen bieten können. Die Mostgewichte liegen meist um 60° Öchsle, also mindestens 10° unter dem Riesling, der Säurespiegel ist dagegen bei den beiden Sorten etwa gleich.

In Luxemburg bedeckt der Elbling mit 250 ha etwa ein Viertel der Gesamtrebfläche und liefert als zweitmeist angebaute Rebe des Landes ziemlich dünnen, meist mit Kohlensäure aufbereiteten Wein.

Synonyme:
Weißer Elbling, Kleinberger, Grobriesling, Alben, Albig, Weißalbe, Elben, Süßgrober, Rheinelbe, Weißer Silvaner (Deutschland); Burger (Elsaß und Schweiz); Großriesling, Kurzstingel (Österreich); Pezhech, Blesez; Morawvka, Seretonina (Jugoslawien); Allemand, Bourgeois, Mouillet (Frankreich); Alva (Portugal)

Alte, einfache Sorte

Ehrenfelser

Die 1929 in Geisenheim gezüchtete Riesling X Silvaner-Kreuzung – einer der neuen Sterne am deutschen Weinfirmament – schmeckt ähnlich wie Riesling, vielleicht etwas flacher, reift aber früher und bringt rund 10% mehr Ertrag als der Riesling. Der Ehrenfelser gedeiht auch in weniger günstigen Lagen und trägt an festen Stielen gesunde und kompakte Trauben, die ohne weiteres bis zu sehr später Lese am Stock bleiben können. Der einzige Nachteil ist ein gewisser Mangel an Säure, so daß der Wein sich nicht so schön hält wie der Riesling.

Professor Helmut Becker in Geisenheim wird nicht müde zu betonen, daß der Hauptnachteil aller Riesling-ähnlichen Neuzüchtungen der sei, daß sie nicht Riesling heißen, oder vielmehr, daß der Verbraucher nur schwer einen Ersatz mit anderem Namen zu akzeptieren bereit sei. Der Ehrenfelser, benannt nach der romantischen Burgruine bei Rüdesheim am Rhein, ist dabei besser als die meisten anderen dieser Art.

Er eignet sich besonders für nördliche Weinbaugegenden, denn er gelangt auch dort noch zur Reife, wo es dem Riesling nicht mehr gelingt. Im Rheingau und an der Mosel dürfte seine Anpflanzung zunehmen. 1983 betrug die Anbaufläche 538 ha, davon 278 ha in der Rheinpfalz, 103 ha in Rheinhessen und 82 ha im Rheingau. Die Mostgewichte liegen regelmäßig 5 bis 10° über dem Riesling, und es kommt selten vor, daß der Ehrenfelser Wein unter Kabinettrang hervorbringt.

Anpassungsfähig, unter bestimmten Umständen besser als Riesling

Optima

Die noch junge (1970) entstandene Neuzüchtung aus dem Geilweilerhof hat viel Ähnlichkeit mit Ortega. Sie reift früh und erreicht hohe Mostgewichte, ohne dabei große Eleganz oder Rassigkeit aufzubringen.

Die Vorfahren der Optima sind eine Kreuzung Silvaner X Riesling und Müller-Thurgau. Bei noch niedrigerem Säurespiegel als Müller-Thurgau bringt es die Optima mit Leichtigkeit auf 98° Öchsle. Dadurch fällt ihr Wein oft übermäßig schwer aus und wird höchstens mit 20% Anteil in Verschnitten empfohlen. Besonderer Wert kommt der Rebe überall dort zu, wo zusätzliche Süße gebraucht wird. Die Optima gedeiht auf allen Böden und auch in Lagen, die dem Müller-Thurgau schon zu schlecht sind. Kommen die Trauben jedoch nicht richtig zur Reife, dann kann der Wein einen rauhen und derben Geschmack aufweisen. 1983 belief sich die Optima-Anbaufläche auf rund 500 ha, davon 200 ha an der Mosel und der Rest größtenteils in Rheinhessen.

Verwunderlich ist die Beliebtheit der Optima im Moseltal. Unter den Neuzüchtungen zeichnet sie sich nicht durch übermäßig hohe Erträge aus; andere erzielen auch noch höhere Mostgewichte, und dem Riesling kann sie keine zusätzliche Finesse verleihen. Sicherlich spielt der späte Austrieb und daher die geringe Frostgefährdung der Optima eine Rolle, ebenso ihre kräftige Süße.

Der Nachteil der Optima ist ihre Anfälligkeit für Fäule, die nur unter idealen Voraussetzungen die Form der Edelfäule annimmt. Ertrag bei 75 hl/ha.

Wegen kräftiger Süße an der Mosel beliebt

Reichensteiner

Der Züchter Helmut Becker sagt gern, der Reichensteiner sei die erste »EG-Kreuzung«, weil seine Vorfahren aus Deutschland, Frankreich und Italien stammen: Müller-Thurgau X (Madeleine Angevine X Früher Calabreser). Seit ihrer Entstehung 1978 in Geisenheim hat die Rebe gute Fortschritte gemacht. Ihre Anbaufläche in Deutschland belief sich 1983 auf 349 ha (hauptsächlich in Rheinhessen, aber auch an der Mosel und in der Rheinpfalz). Auch in England bewährt sich der Reichensteiner gut. Ihren Namen erhielt die Rebe nach Schloß Reichenstein bei Trechtingshausen im Anbaugebiet Mittelrhein, wo die Reichensteiner-Anbaufläche 1983 1 ha betrug.

Wie man aus seinem Stammbaum ersieht, ist der Reichensteiner zwar nicht die edelste aller Reben; brauchbar ist er aber auf jeden Fall. Die Pflanze und der Wein sind dem Müller-Thurgau ähnlich. Sehr anfällig für Krankheiten ist der Reichensteiner nicht, und seine locker besetzten Trauben faulen nicht leicht und bringen ähnliche Erträge. Mostgewicht und Säurespiegel sind jedoch etwas höher als beim Müller-Thurgau. Spätlesen sind durchaus möglich, wenn der Rebschnitt streng genug gehandhabt wird.

Die wichtigste Verwendungsmöglichkeit besteht in ungünstigen Lagen, wo der Reichensteiner in der Hoffnung auf recht gute Mostgewichte gern gepflanzt wird. Der so entstehende Wein zeichnet sich durch keine besonderen Merkmale aus; in England sind aber schon Beispiele mit gutem Charakter entstanden.

Neutraler Wein

Perle

Es lag wohl auf der Hand, einmal eine Kreuzung zwischen Gewürztraminer und Müller-Thurgau zu versuchen, und so geschah es denn auch in Alzey unter der Ägide von Georg Scheu. Das Ergebnis erhielt den Namen Perle (ursprünglich Perle von Alzey) und wurde von Dr. Breider in Würzburg durch Klonselektion weiter verfeinert.

Ihr blumiger Wein ist nicht so bukettreich, wie man es bei der Abstammung vom Gewürztraminer erwartet hätte. Perle wird vor allem in Franken und Rheinhessen geschätzt. Anbaufläche in Deutschland: 281 ha.

Die hellroten Trauben reifen zwischen Müller-Thurgau und Silvaner; sie sind sehr dicht besetzt und faulen daher leicht. Durch sorgfältigen Rebschnitt muß für gute Durchlüftung gesorgt werden. Der späte Austrieb schützt die Perle vor Spätfrösten; daher kann sie auch in frostgefährdeten Lagen stehen, was in Deutschland nicht unwichtig ist.

Leichte, blumige Art

Siegerrebe

Das höchste in Deutschland je erzielte Mostgewicht fand sich 1971 in einer Parzelle Siegerrebe bei Nußdorf in der Rheinpfalz vor: 326° Öchsle, das ist mehr als das Doppelte dessen, was nach dem Gesetz für eine Trockenbeerenauslese verlangt wird. Der Most gärt wahrscheinlich heute noch und erreicht doch nie den für Wein geforderten Mindestalkoholgehalt. Der Jahrgang 1971 war zwar nicht unbedingt der reifste, den Deutschland je erlebt hat, wohl aber der reifste innerhalb der Zeit, in der diese Neuzüchtung Verbreitung gefunden hat.

Die Siegerrebe ist nicht nur äußerst gehaltvoll, sondern auch überaus reich in Geschmack und Bukett – ja nahezu überwältigend reich. Es gibt wohl auch sortenreine Weine der Siegerrebe; der größte Teil ihres Ertrags aber wird für Verschnitte verwendet. Dabei kann ein Riesling von nur 10% Siegerrebe völlig übertönt werden. Der Gewürztraminer, der in Deutschland oft recht verhaltene Weine bringt, zeigt jedenfalls in dieser Kreuzung mit Madeleine Angevine seinen Charakter in mehr als ausgeprägter Form.

1983 betrug die Anbaufläche der Siegerrebe nur 270 ha, überwiegend in Rheinhessen und der Rheinpfalz. Das Übermaß an Würze und Bukett setzt den Verwendungsmöglichkeiten der Siegerrebe in Deutschland von vornherein

Grenzen. Nachteilig ist auch ihre Neigung zum Verrieseln, die zu recht schwachen Erträgen von 40 bis 50 hl/ha führt.

Die Trauben müssen bis etwa 100° Öchsle ausreifen, wenn sie ihre erstaunliche Würze erreichen sollen. Trotz früher Reife werden sie deshalb erst nach dem Müller-Thurgau gelesen. Das ist auch ohne weiteres möglich, denn von Krankheiten werden sie kaum befallen (dafür sehr stark von den Wespen). Der frühe Austrieb kann bei Spätfrösten Probleme bereiten; deshalb darf die Siegerrebe nicht auf jeden beliebigen Platz gepflanzt werden.

Die Weine der Siegerrebe sind recht säurearm und halten sich daher nicht besonders gut. Solange sie jung sind, schmecken sie aber köstlich, und als Verschnittbestandteile haben sie sich in Deutschland ebenso bewährt wie in England.

Sehr hohe Mostgewichte;
charakterstark

Weitere Neuzüchtungen

Neuzüchtungen sind der Mode unterworfen. Ein einziger enthusiastischer Befürworter kann schon einer Rebsorte zu großer Bedeutung verhelfen. Die hier verzeichneten Neuzüchtungen verfügen in Deutschland über eine Anbaufläche von jeweils weniger als 200 ha.

Nobling

Silvaner X Gutedel (Freiburg 1939). 172 ha, vorwiegend in Baden. Austrieb und Reife spät. Stellt Ansprüche an Boden und Lage. Gute Resistenz, außer gegen Botrytis. Durchschnittsertrag: 90 hl/ha. Gute Mostgewichte, liefert oft Auslesen. Frischer und lebendiger als Silvaner, hat jedoch keine größere Beliebtheit erlangt.

Noblessa

Madeleine Angevine X Silvaner (Geilweilerhof 1975). 171 ha, davon 85% in Baden. Austrieb früh, Reife sehr früh. Stellt keine großen Ansprüche an Boden und Lage. Sehr spätfrostempfindlich. Geringer Ertrag: 40 bis 50 hl/ha. Hohe Mostgewichte. Hat wegen ihrer schwachen Erträge kaum Aussichten.

Regner

Luglienca Bianca (Seidentraube) X Gamay (Alzey 1929). 147 ha, vorwiegend in Rheinhessen. Austrieb früh, Reife sehr früh. Verträgt keine trockenen oder kalkhaltigen Böden, stellt keine hohen Ansprüche an die Lage. Durchlüftung als Schutz gegen Echten Mehltau und Fäule erforderlich. Erträge etwas unter Müller-Thurgau. Gute Mostgewichte, etwas säurearm. Keine hervorragende Qualität, aber auch in schlechten Jahren zuverlässig. Wein etwas besser als Müller-Thurgau. Hat sich in England gut bewährt.

Kanzler

Müller-Thurgau X Silvaner (Alzey 1927). 114 ha, vor allem in Rheinhessen, kleinere Bestände auch in der Rheinpfalz. Austrieb früh, Reife sehr früh. Schwaches Holz, braucht warme Lagen; hohe Ansprüche an den Boden. Spätfrostempfindlich, anfällig für Falschen Mehltau. Schwache Erträge: 65 hl/ha. Hohe Mostgewichte.

Sehr gute Weinqualität, jedoch verhindern die schwachen Erträge und die hohen Ansprüche an die Lage eine größere Verbreitung.

Würzer

Gewürztraminer × Müller-Thurgau (Alzey 1932). 113 ha, vor allem in Rheinhessen. Austrieb mittelspät, Reife früh. Verträgt nicht alle Böden; Löß und Lehm eignen sich am besten. Widerstandsfähigkeit und Krankheitsresistenz mittel. Hohe Erträge: 80 bis 120 hl/ha. Gute Mostgewichte.

Stark hervortretendes Gewürztramineraroma. Qualitätsweingewinnung in Deutschland schwierig, in England möglicherweise bessere Erfolge.

Freisamer

Silvaner × Ruländer (Freiburg 1916; ursprünglicher Name Freiburger). 74 ha, vorwiegend in Baden. Austrieb mittelfrüh, Reife mittelspät. Stellt einige Ansprüche an die Lage. Spätfrostempfindlich, mäßig anfällig für Echten Mehltau. Geringe bis mittlere Erträge, meist unter Silvaner. Gute Fäuleresistenz ermöglicht Spätlesen mit hohen Mostgewichten.

Recht körperliche, aber neutrale Weine. Als verbesserter Silvaner gedacht, jedoch vom Müller-Thurgau überholt.

Schönburger

Spätburgunder × IP1 oder Pirovano 1 (eine Kreuzung Chasselas Rosé × Muscat Hamburg); Geisenheim 1979. 69 ha über Deutschland verstreut, auch in Somerset und Kent in England stark vertreten. Austrieb mittelspät, Reife früh. Mittlere Ansprüche an Boden und Lage. Holz nicht extrem winterhart, jedoch gute Krankheitsresistenz. Mittlere Erträge, unter Würzer, Kerner und Bacchus. Sehr gute Mostgewichte, 10 bis 15° Öchsle über Riesling.

Etwas säurearmer Wein, manchmal mit eigentümlichem Beigeschmack; schwacher Ertrag steht größerer Verbreitung im Wege. Bemerkenswerte Erfolge in England. Die Trauben sind rötlich, die Weine weiß.

Albalonga

Rieslaner × Silvaner (Würzburg). 44 ha, hauptsächlich in Rheinhessen. Austrieb spät, Reife ziemlich früh. Ansprüche an Boden und Lage mittel bis hoch. Botrytisanfällig. Erträge etwas unter und Mostgewichte etwas über Müller-Thurgau. Gute Säure.

Feine, lebendige, fruchtige Weine, besonders in Auslesequalität.

Findling

Müller-Thurgau-Mutation. 43 ha, vor allem an der Mosel. Austrieb mittelfrüh, Reife sehr früh. Mittlere Ansprüche an die Lage. Sehr anfällig für Botrytis. Erträge 30% unter Müller-Thurgau, Mostgewichte jedoch höher und Säure gleich hoch.

Liefert noch neutralere Weine als Müller-Thurgau.

Rieslaner

Silvaner × Riesling (Würzburg 1921). 41 ha, vorwiegend in Franken. Austrieb und Reife spät. Stellt hohe Ansprüche an die Lage, allerdings nicht ganz so hohe wie der Riesling. Anfällig für Beeren- und Stielfäule sowie für Echten Mehltau. Neigt zum Verrieseln; Erträge ähnlich wie Riesling. Hohe Mostgewichte.

In Franken sehr geschätzt, anderswo wenig verbreitet, da sich die von ihm abstammende Albalonga besser bewährt. Über 80° Öchsle; gute, rassige, jedoch leicht erdige Weine. Hohe Lagenansprüche verhindern größere Verbreitung.

Septimer

Gewürztraminer × Müller-Thurgau (Alzey 1927). 31 ha, vor allem in Rheinhessen. Austrieb spät, Reife früh. Braucht wärmere Lagen als Müller-Thurgau, bevorzugt sandigen Lehm oder Ton. Nicht sehr winterhart und krankheitsresistent. Erträge etwas höher als Siegerrebe. Gute Mostgewichte, bis 90° Öchsle.

Nach Scheurebe, Siegerrebe, Perle, Huxelrebe, Kanzler und Faber die »siebente Neuzucht« aus Alzey, jedoch wegen geringer Krankheitsresistenz nicht so erfolgreich wie die Perle. In England wegen guter Mostgewichte wertvoll.

Mariensteiner

Silvaner × Rieslaner (Würzburg 1971). 31 ha in Rheinhessen, Franken und der Rheinpfalz. Austrieb und Reife spät. Braucht ziemlich gute Lagen. Gesunde Rebe. Gute und zuverlässige Erträge. Hohe Mostgewichte. Vielversprechende Sorte, der einzige Nachteil ist zuviel Säure in schlechten Jahren. Verdient größte Aufmerksamkeit.

Gutenborner

Müller-Thurgau × Chasselas Napoleon (Geisenheim). Anbau in Deutschland an der Mosel und im Rheingau sowie an geschützten Stellen in Südengland – insgesamt 17 ha. Austrieb mittelspät, Reife früh. Braucht frostgeschützte Lagen und ziemlich feuchten Boden. Gesunde Rebe, braucht gute Durchlüftung. Hohe, ungleichmäßige Erträge. Gute Mostgewichte, jedoch meist unter Kerner.

Noch im anfänglichen Versuchsstadium; gute Ergebnisse an der Obermosel und in England. An der Nahe fällt der Wein zu neutral aus. Ungleichmäßige Erträge beeinträchtigen die Zukunftsaussichten.

Forta

Madeleine Angevine × Silvaner (Geilweilerhof). 11 ha. Austrieb und Reife früh. Stellt einige Ansprüche an die Lage, aber nicht an den Boden. Gute Krankheitsresistenz. Erträge etwa wie Riesling: 60 bis 80 hl/ha. Hohe Mostgewichte bei guter Säure. Gute Weinqualität.

Weitere, meist noch im Versuchsstadium befindliche Sorten mit einer Anbaufläche von jeweils unter 10 ha in Deutschland (1983) sind: Thurling, ursprünglich Aurea (Müller-Thurgau × Riesling); Hölder (Riesling × Ruländer); Gloria (Silvaner × Müller-Thurgau); Fontanara (Rieslaner × Müller-Thurgau); Ruling (Ruländer × Riesling); Cantaro ([Riesling × Silvaner] × Müller-Thurgau); Osteiner (Riesling × Silvaner); Oraniensteiner (Riesling × Silvaner). Fontanara, Cantaro und Hölder erscheinen aussichtsreich.

Weitere experimentelle Kreuzungen: Comtessa (Madeleine Angevine × Traminer); Aris (716 Oberlin × Riesling Klon 91); Rabaner (Riesling Klon 88Gm × Riesling Klon 64Gm); Edelsteiner (Smederevka × Bouvier); Muscabona (Siegerrebe × Müller-Thurgau); Sisi (Silvaner × Siegerrebe); Tamara (Müller-Thurgau × Siegerrebe); Witberger (Trollinger × Riesling); und Arnsburger (Riesling Klon 88 × Riesling Klon 64). Die letztgenannte Sorte übertrifft laut Dr. Helmut Becker den Riesling in jeder Hinsicht, ist aber vom Verbraucher noch nicht akzeptiert.

Nicht bewährt haben sich offenbar folgende Neuzüchtungen: Diana (Silvaner × Müller-Thurgau); Zähringer (Traminer × Riesling); und Multaner (Riesling × Silvaner).

Senator wurde eine mutmaßliche Silvaner-Mutation getauft, von der es in Langenlonsheim eine sehr kleine Anbaufläche gibt. Dalkauer beruht auf einer nicht näher bekannten Veltliner-Mutation, bietet aber keine kommerziellen Aussichten. Inzwischen so gut wie ausgestorbene traditionelle Weißweinreben: Früher Gelber Malinger – entstand im vorigen Jahrhundert in der Rebschule von Malingré bei Paris und wurde in der Rheinpfalz angebaut; Früher Gelber Ortlieber – stammt aus dem Elsaß, wurde früher in Süddeutschland kultiviert, inzwischen aber zugunsten botrytisfesterer und geschmacksintensiverer Sorten aufgegeben.

Schweiz

Chasselas (Gutedel)

Die Rebe hat eine bemerkenswerte Vergangenheit aufzuweisen. Sie ist nämlich vielleicht die älteste vom Menschen kultivierte Weintraube. Ihr rotgeädertes, deutlich fünflappiges Blatt hat starke Ähnlichkeit mit Abbildungen auf Mauern von Grabstätten in Luxor, und heute noch soll es in Ägypten Reben dieser Art geben. Die Traube kann dann sehr wohl von den Phöniziern von dort aus, wohin sie vermutlich aus der Gegend des heutigen Südlibanon gelangt war, weiterverbreitet worden sein. Theoretisch ist es möglich, daß sie ihr den Weg nach Spanien, Italien, das Rhône-Tal aufwärts nach Frankreich hinein und nach Deutschland öffneten.

Jedenfalls gelangte die Rebe bis Fontainebleau, wo ihre Trauben und ihr Wein am königlichen Hof sehr beliebt waren. Es wird behauptet, daß die Chasselas-Pflanzen von Cahors aus hierher kamen; es wird aber auch berichtet, der Botschafter Vicomte d'Auban des Königs Franz I. habe sie aus Konstantinopel mitgebracht. Der Ampelograph Babo meint dagegen, der König selbst habe sie aus Zypern (nach Meinung vieler Weinhistoriker damals eine wichtige Stätte der Rebenzüchtung) nach Frankreich geholt. Bronner wiederum vermutet spanischen Ursprung. Sicher ist jedenfalls, daß die Schweiz ihre wichtigste Rebsorte einem General Ludwigs XV. namens Courten verdankt, der Chasselas-Stecklinge aus Fontainebleau ins Wallis mitbrachte.

Heute hat der Chasselas seine größte Bedeutung in der Schweiz, wo seine Anbaufläche allein in den französischsprachigen Kantonen über 6000 ha gegenüber gut 1000 ha in Frankreich und rund 1250 ha in Deutschland umfaßt. Im Wallis heißt die Rebe und ihr sanfter, immer trockener, faszinierend kräftiger Wein »Fendant«.

Mit seinem verhaltenen Aroma und Charakter und seiner lebendigen Spritzigkeit findet er nicht nur bei Touristen großen Anklang. In der Waadt trägt der Chasselas-Wein den Namen Dorin. Vor allem aus den höheren Hanglagen um Dézaley in der Region Lavaux schöpft die Rebe hier ausgeprägten Charakter: ein rauchiges Aroma und eine an Feuerstein erinnernde Delikatesse. Weitere gute Dorins kommen aus La Côte und Chablais. Im Kanton Genf sagt schon der Name Perlan alles über den Charakter des Chasselas-Weins, und beim Neuchâtel steigert sich die Perligkeit bis zum Schäumen.

Zur Beliebtheit des Chasselas in der Schweiz trägt sicher auch sein guter Ertrag bei (50 bis 150 hl/ha). Er braucht allerdings windgeschützte Lagen, damit er nicht unter Verrieseln leidet. Seine Trauben reifen meist kurz nach dem Müller-Thurgau, der in der Schweiz Riesling-Sylvaner heißt, und weisen einen bescheidenen Zucker- und Säuregehalt auf. Sehr kühle Lagen eignen sich nicht gut für Chasselas.

In Deutschland wird er unter dem Namen Gutedel nur noch im Markgräflerland nördlich von Basel kultiviert. Der Wein ist einfach, aber lebendig und will jung getrunken werden. Auch in der DDR gibt es eine Gutedelanbaufläche von etwa 30 ha. Zwischen dem 16. und dem 19. Jahrhundert war der Gutedel in Deutschland hochgeschätzt und recht verbreitet, vor allem in der Rheinpfalz.

In Frankreich war der Chasselas früher ebenfalls verbreiteter als heute. Einst wurde er in ganz Ostfrankreich kultiviert, inzwischen aber nur noch im Elsaß, und auch dort geht seine Anbaufläche zurück: 1982 nur noch knapp 400 ha gegenüber mehr als 1000 ha im Jahr 1969. Rund 100 ha Chasselas-Bestand in Haute Savoie nahe der Schweizer Grenze bringen ansprechenden, wenn auch neutralen Wein um Douvaine, Ballaison und Loisin. Und wie der Weinfreund weiß, verdankt auch ein einfacher Wein in Pouilly-sur-Loire dem Chasselas sein Dasein.

In Cinqueterre in Nordwestitalien soll es ebenfalls noch einen kleinen Bestand an Chasselas-Reben geben; Viala nennt Marzemina Bianca als Synonym für Chasselas Doré. Eine Verwandtschaft mit Marzemino besteht nicht. In Osteuropa ist die Rebsorte ganz auf die Tafeltraubenproduktion spezialisiert; früher jedoch lieferte sie in Ungarn unter dem Namen Fabian auch Wein.

Eine kleine Menge Chasselas Doré wird noch in Kalifornien angebaut. In Neuseeland hat die Rebe mit 230 ha größeres Gewicht und stand 1983 der Ertragsmenge nach auf dem vierten Platz.

Synonyme:
Chasselas Blanc, Chasselas Doré, Chasselas Croquant, Mornen Blanc, Viala, Valais (Frankreich);
Gutedel, Weißer Gutedel, Moster, Junker, Süßling, Silberling, Silberwissling, Süßtraube, Großblättrige, Schönedel, Krachmost, Doppelte Spanische (Deutschland);
Marzemina Bianca, Tribianco Tedesco (Italien);
Fendant, Dorin, Rosmarintraube, Terravin, Perlan (Schweiz);
Moster, Wälscher (Österreich);
Zupljanka (Jugoslawien)

Außer in besonderen Schweizer Lagen meist einfacher Wein; auch wichtige Tafeltraube

Weitere Schweizer Weißweinreben sind Amigne, Arvine und Humagne im Wallis – traditionelle, sehr eigenständige und auch gehaltvolle Raritäten. Paien oder Heida ist eine Lokalvariante des Gewürztraminers und wird in einigen der höchsten Lagen im Wallis kultiviert. Rèze, eine Walliser Spezialität, kommt auch in den Versionen Noir und Rosé vor und liefert den herben, hell lohfarbenen *vin du glacier,* der in einem *Solera*-System bereitet wird. Eine alte Rebe ist auch der Completer.

Eine früher im Elsaß und in Baden ebenfalls kultivierte Zürcher Spezialität ist der Rauschling, auch als Zürirebe, Thuner Rebe, Tuner und Welsche bekannt. Sein Wein ähnelt dem Müller-Thurgau.

Österreich

Grüner Veltliner

Die österreichische Nationaltraube erbringt charmante Weine in einer Qualität, die den Weinfreund höchlichst anspricht, und in Quantitäten, die dem Winzer äußerst zusagen – eine erfreuliche Kombination. Auf den ersten Blick erscheint es verwunderlich, daß der Grüne Veltliner nur hier angebaut wird, doch liegt das zum Teil an seiner späten Reife, für die er mildere Herbste braucht, als sie weiter im Norden nun einmal sind, und zum anderen Teil vielleicht auch daran, daß sein Wein zwar immer gut, jedoch nie groß ist. Grüner Veltliner ist immer eine Freude und ein Genuß, zu intellektuellen Studien aber fordert er nicht heraus. Er ist kein Wein für »Kenner«, sondern für herzhafte Trinker in den Heurigenschenken in und um Wien.

Typischer grüner Veltliner ist blaßgrün, fruchtig und trocken, hat kräftige Säure und mittleren Körper; oft ist er angenehm spritzig und stets würzig im Geschmack und im Bukett, wodurch er entfernt an die pikante Art elsässischer Weine erinnert. Am besten schmeckt er in der Blüte der Jugend.

Die Anbaufläche von 19000 ha entspricht 32% der Gesamtrebfläche Österreichs. In allen Weinbaubereichen außer in der Steiermark ist der Grüne Veltliner die meistangebaute Rebsorte. Größte Bedeutung hat er in Niederösterreich, wo er mit der in den dreißiger Jahren von Lenz Moser eingeführten Hochkulturerziehung sehr gut gedeiht.

Die Rebe ist durchweg gesund und winterhart, nur etwas anfällig für Falschen Mehltau. Die Trauben reifen mittelspät bis spät bei Erträgen um 100 hl/ha.

Jenseits der tschechischen Grenze in Mähren und jenseits der jugoslawischen Grenze in der Ebene zwischen Donau und Tisza wird die Rebe auch angebaut. Im ungarischen Distrikt Sopron liefert sie den etwas flachen Soproni Veltlini, und auch bis nach Rumänien ist der Grüne Veltliner vorgedrungen.

Die Spielarten Brauner und Roter Veltliner (abgesehen vom nachstehend beschriebenen Frühroten Veltliner) bringen in Niederösterreich auf schweren Böden sehr fruchtige Weißweine. Der Rote Veltliner, den Georg Scheu auch für Deutschland als geeignet ansah, wird außerdem in Kalifornien auf rund 20 ha vorwiegend in Monterey und San Benito kultiviert.

Grüner Veltliner

Synonyme:
Grüner, Grünmuskateller, Weißgipfler, Mouhardrebe, Manhardsrebe (Österreich);
Zleni Veltinac (Jugoslawien);
Veltlini (Ungarn)

Frischer, leicht würziger Wein

Neuburger

Der Neuburger verfügt in Österreich über eine Anbaufläche von 2000 ha. Die Kreuzung zwischen Weißburgunder und Silvaner entstand wahrscheinlich in der Wachau, doch ist ihr genauer Ursprung nicht bekannt. Ihr körperreicher Wein hat kein so ausgeprägtes Bukett, wie es bei anderen österreichischen Trauben üblich ist. Allerdings wird ihm ein schönes Nußaroma zugeschrieben. Die Rebe bringt bei früher Reife gute Erträge und höhere Mostgewichte als der Grüne Veltliner. Außerhalb Österreichs ist die Traube, abgesehen von kleineren Beständen in Siebenbürgen, kaum bekannt.

Vollmundig, etwas flach

Frühroter Veltliner

Um diese Rebsorte herrscht viel Unklarheit, weil hier die mit ihr nicht verwandte Malvasia aus Südeuropa und die Region

Valtellina in Norditalien, wo heutzutage keine Malvasia-Reben zu finden sind, kunterbunt durcheinandergeraten. In den Savoyer Bergen in Frankreich und der Schweiz wird sie unter dem Namen Malvoisie Rosé kultiviert, während dort unter »Malvoisie« der Ruländer verstanden wird. In Deutschland war die Rebe früher als Frühroter oder Roter Malvasier bekannt. Die sprachliche Verknüpfung zwischen Veltliner und Valtellina liegt auf der Hand.

Der Hauptteil der Anbaufläche von 1200 ha liegt im nördlichen Niederösterreich. Der Name sagt schon, daß die Traube früh reift. Bei mäßigen Erträgen bringt sie extraktreiche, säurearme Weine.

In kleineren Mengen kommt die Traube auch in Südtirol sowie in alten Weinbergen Savoyens und der Schweiz noch vor. In Deutschland ist sie praktisch ganz verschwunden.

Synonyme:
Malvoisie Rosé, Valteliner Précoce, Malvoisie Rouge d'Italie (Frankreich); Roter Malvasier, Frühroter Malvasier (Deutschland); Veltliner (Italien)

Körperreicher Wein

Bouvier

Die in Radkersburg gezüchtete Tafeltraube wird vor allem im Burgenland und in gewissem Umfang in der Steiermark auch zu Wein verarbeitet. Ihre Anbaufläche umfaßt insgesamt 600 ha. Auf Etiketten ist der Name der frühreifenden Traube nur selten anzutreffen. Mit ihren hohen Mostgewichten kann sie im Burgenland zwar Spätlesen erbringen, ihrer Einfachheit wegen dient sie aber meist für Verschnittzwecke.

In Jugoslawien führt sie den Namen Ranina. Der liebliche Ranina-Wein von Radgona kommt als »Tigermilch« auf den Markt. Auch in Ungarn ist der Bouvier anzutreffen.

Synonyme:
Ranina (Jugoslawien); Bouviertraube (Österreich)

Tafeltraube, sehr einfach

Rotgipfler

Der Rotgipfler und der Zierfandler gehören untrennbar zusammen, denn aus ihnen wird der Gumpoldskirchner, der wohl berühmteste Wein Österreichs, gekeltert. Der Rotgipfler hat 190 ha, der Zierfandler 140 ha Anbaufläche.

Der Rotgipfler bringt von den beiden das größere Gewicht auf. Er reift spät, aber noch vor dem Zierfandler und wird nur in besten Südlagen kultiviert. Obwohl er heute nur noch eine Lokalspezialität ist, war er doch früher auch in Württemberg, Baden und dem Elsaß bekannt und wird in verschiedenen Ampelographien des 19. Jahrhunderts erwähnt.

Sein gehaltvoller Wein wird stets ganz durchgegoren und erinnert mit seiner kräftigen Würze an eine Elsässer Spätlese.

Synonyme:
Rotreifler, Reifler (Deutschland); Zelen, Slakti Zelenac (Jugoslawien)

Sehr beliebt

Zierfandler

Die ausgesprochen spätreifende Traube ist aus Gumpoldskirchen neben dem Rotgipfler nicht wegzudenken. Ihr Wein ist deutlich bukettreicher als der Rotgipfler und hat bei gleicher Vollmundigkeit etwas kräftigere Säure. In sortenreiner Version können langlebige Zierfandler-Spätlesen entstehen. Die Rebe läßt sich recht bequem kultivieren, und es ist eigentlich unverständlich, weshalb der Rotgipfler beliebter ist.

In Ungarn wird die Rebe als Cirfandli in der großen Ebene weithin kultiviert, und ihr Wein, vor allem der vom Sandboden um Kecskemet, ist selbst für ungarische Verhältnisse ausgesprochen kräftig.

Synonyme:
Cirfandli (Ungarn); Spätrot, Roter Zierfandler (Österreich)

Kräftig und würzig

Weitere vorwiegend in Österreich angebaute Weißweinreben sind: Jubiläumsrebe, in Klosterneuburg aus Portugieser und Blaufränkisch gezüchtet, sowie Goldburger, eine Kreuzung zwischen Welschriesling und Orangetraube und meist zur Farbverstärkung eingesetzt.

Ungarn

Ezerjo

Wie bei vielen ungarischen Weißweinreben bringt auch der Name Ezerjó keine geographische Bestimmung oder physische Eigenschaft zum Ausdruck, sondern ist rein poetisch: Er bedeutet »Tausendgut«. Viele Winzer müssen ihn wörtlich genommen haben, denn die Rebe ist über das ganze Land verbreitet und stellt mit 14 200 ha Anbaufläche die drittmeist gepflanzte Weißweinsorte Ungarns dar.

Ihr Wein ist zumeist nichts Besonderes, mit einer höchst achtbaren Ausnahme: der Móri Ezerjó aus dem Distrikt Mór, wo die Traube gut 90% der Rebfläche beherrscht. In den Weinbergen nordöstlich von Mór zwischen der Donau und dem Plattensee entsteht ein Wein mit angenehmer Säure, trocken, leicht und mit einer in ungarischen Weißweinen selten anzutreffenden Frische. Manchmal ist er leicht spritzig; nur fehlt es ihm etwas an Fruchtigkeit, weil er meist zu früh gelesen wird. Der Móri Ezerjó kommt dem fragilen Charme des Muscadet recht nahe.

Synonym: Tausendgut

Recht einfach, aber frisch

Mezesfeher

Die Übersetzung des Namens ist zugleich eine Charakteristik des Weins: »weißer Honig«. Er entsteht in der großen Ebene um den Plattensee, im Land des »Stierbluts« um Eger und in den Ausläufern des Matra-Gebirges, doch ist der Name der Rebe auf Exportwein-Etiketten selten zu finden. Vielleicht ist den Ungarn bewußt, daß ihre Liebe zu süßen Weinen heutzutage in der Welt kaum noch in Mode ist. Mezesfeher gibt es als flachen Tafelwein, aber auch als ausgezeichneten Dessertwein. Die besten Beispiele kommen aus Eger und dem Bezirk Gyöngyös von Mátravidék. Eine Verwandtschaft zwischen dieser Rebe und einer anderen außerhalb Ungarns ist nie nachgewiesen worden.

Unterschiedliche süße Weine

Furmint

Mit dieser ungarischen Rebe sind die Weinfreunde in aller Welt am besten vertraut, denn sie ist die vorherrschende Traube im legendären Tokajer.

Ihr Ursprung liegt wahrscheinlich in Ungarn, zumindest erreicht sie hier ih-

Furmint

ren Höhepunkt. R. E. H. Gunyon zeichnet allerdings in seinem Buch »Wines of Central and South-eastern Europe« ein exotischeres Bild ihrer Vergangenheit. Seiner Meinung nach kam sie im 13. Jahrhundert durch wallonische Winzer, die von König Bela IV. nach dem Tartarenüberfall ins Land geholt worden waren, nach Ungarn. Ihr Wein erhielt wegen seiner weizengoldenen Farbe den Namen »Froment« – alles übrige versteht sich von selbst.

Die Furmint-Anbaufläche umfaßt insgesamt 5000 ha; darin sind auch die häufigen roten Mutationen eingeschlossen. Zum größten Teil liegt sie in der Region Tokaj, aber auch in Balatonfüred-Csopak, Mecsek und Sopron gibt es größere Bestände.

Der Wein der Furmint ist echt magyarisch: robust, feurig, säurereich, aber nicht ganz so subtil wie der Hárslevelü, mit dem er im Tokajer verschnitten wird. Ein natürlicher Alkoholgehalt von 14% ist durchaus nicht ungewöhnlich.

Früher herrschte die Furmint-Traube im Tokajer vor, doch wird heute eine Mischung zu gleichen Teilen bevorzugt, wobei in manchen Jahren bis zu 5% Gelber Muskateller hinzukommt, um mehr Üppigkeit zu erreichen. Am häufigsten ist ein starker, recht trockener, sortenreiner Furmint-Tafelwein, der in ganz Ungarn, aber auch sonstwo in Osteuropa gewonnen wird.

Furmint treibt früh aus und blüht mittelfrüh; das Wachstum der Rebe verlangsamt sich zur Reife hin, und die berühmten geschrumpften Aszú-Beeren können erst spät im Herbst geerntet werden. Sie sind dünnschalig und werden leicht von Edelfäule befallen.

Auch in der Tschechoslowakei jenseits der Grenze bei Tokaj und in Österreich, angrenzend an Sopron, wird Furmint kultiviert. Die Grasa in Rumänien ist möglicherweise eine entfernte Verwandte von Furmint; dagegen sind Sipon und mit großer Sicherheit auch Pošip in Jugoslawien dieselbe Rebe. Sipon gilt als eine der besseren jugoslawischen Weißweinreben; sie wächst in Slowenien, ihr Wein jedoch erinnert wenig an Tokajer. Pošip wird an der dalmatinischen Küste hochgeschätzt. Die Traube bringt starke, dunkelgoldene Weine unterschiedlicher Süße. Kleinere Furmint-Bestände gibt es auch in der UdSSR.

Naheliegend, aber irrig sind Vermutungen, Furmint sei mit der italienischen Rebsorte Tocai oder auch mit dem Tocai d'Alsace (Ruländer) identisch.

Synonyme:
Sipon, Moslavac Bijeli (Jugoslawien)

Quelle eines der besten süßen Weine der Welt

Harslevelü

Diese Traube verleiht dem berühmten Tokajer Geschmeidigkeit und Würze. Abgesehen von einigen Reben dieser Sorte in der Tschechoslowakei wächst das »Kalkblatt« nur in Ungarn.

Säuregehalt und Mostgewicht sind niedriger als bei der Furmint. Die Hárslevelü-Trauben sind jedoch würziger, auch größer und dickschaliger, daher werden sie nicht so leicht von der Edelfäule befallen, doch ergänzen sie die Furmint besonders in feuchteren Jahren gut als Aszú-Qualität.

Die Rebe wird in ganz Ungarn kultiviert. Die besten sortenreinen Weine entstehen um Kunbaja an der jugoslawischen Grenze, bei Baja an der Donau und in den Weinbergen von Vilány; der ziemlich süße, pikante Debroi Hárslevelü kommt aus den Ausläufern des Matra-Gebirges. Sein süßes Bukett und würziger Geschmack sind sehr beliebt.

Kraftvoll, bukettreich

Juhfark

Der »Lämmerschwanz« wurde früher in ganz Ungarn kultiviert. Die Reblaus und der Echte Mehltau haben ihn aus den Ebenen weggefegt, doch in alten Pflanzungen am Nordufer des Plattensees um Zánka und Köveskal sowie in den Weinbergen von Györ ist die Rebe noch zu finden. Die heutige Anbaufläche umfaßt kaum noch 100 ha.

Der Hauptnachteil der Sorte ist ihre Empfindlichkeit für Spätfröste und Falschen Mehltau. Der grünlich schimmernde Wein ist auffallend würzig und hat für einen ungarischen Weißwein bemerkenswert kräftige Säure.

Empfindliche Rebe

Keknyelü

Der »Blaustengel« ist in Ungarn berühmter, als er seiner inzwischen sehr klein gewordenen Anbaufläche von etwa 10 ha im Distrikt Badacsony nach eigentlich verdient hätte.

Er gilt als alte ungarische Rebsorte, obwohl manche Ampelographen eine Verwandtschaft zwischen ihm und dem ziemlich unbekannten italienischen Picoletto Bianco entdeckt haben wollen. Der Badacsony Kéknyelü, von dem es mehr gibt, als man von 10 ha vermuten würde, ist ein würziger, ziemlich alkoholstarker und extrareicher, leicht lieblicher Wein mit kräftiger Säure und einer wahrscheinlich eher auf die Bereitungstechnik als die Traube selbst zurückzuführenden dunklen Tönung.

Feiner Plattenseer

Kéknyelü

Weitere vorwiegend in Ungarn angebaute Weißweinreben sind: Kövidinka (oder Dinka) – traditionell, aber recht einfach; auch in Jugoslawien angebaut – Sahfeher und Szlankamenka – aus der großen Ebene, auch sehr einfach – sowie Irsayi Oliver – eine in Eger entwickelte neue Muskatellersorte.

Jugoslawien

Das Labyrinth des jugoslawischen Weinbaus ist fast so undurchdringlich wie die komplizierte Zusammensetzung des Landes selbst. Hier sollen die bekanntesten und bedeutendsten Rebsorten kurz besprochen sowie einige andere, die sich dem Vordringen internationaler Trauben wie Riesling, Merlot, Cabernet usw. noch mit einigem Erfolg widersetzen, genannt werden.

Plavac

Diese Traube mit ihren verschiedenen Schattierungen – Beli (weiß) oder Zuti (gelb) – ist wohl eine der wichtigsten Sorten Jugoslawiens für einfachen Weißwein. Sie wächst fast nur in Slowenien und an der dalmatinischen Küste. (Plavać Mali ist das rote Pendant.)

Sie gedeiht auf sandigem Boden und wird auch auf den Inseln entlang der dalmatinischen Küste ebenso kultiviert wie auf dem Mergelboden der Sava-Ebene in Slowenien. Ihr Wein wird oft mit aromatischeren Sorten, unter anderem sogar mit Welschriesling, verschnitten. Alkohol ist die Stärke des Plavać-Weins: 14% sind keine Seltenheit.

Einfach und robust

Smederevka

Das serbische Pendant zur weißen Plavać-Traube bringt bessere Qualitäten für die Weinbereitung mit, obwohl sie meist als Tafeltraube auf den Markt kommt. Der Name leitet sich von der Stadt Smederevo südlich von Belgrad her, in deren Umgebung sie 80% der Anbaufläche einnahm, bis hier die Anpflanzungen von Welschriesling, mit dem ihr Wein verschnitten wird, stärker anstiegen.

In den höheren Lagen der Republik Kosovo soll die Smederevka einen Wein hervorbringen, der so gut ist, daß er sortenrein ohne weiteres als Qualitätswein gelten könnte; gewöhnlich aber geht er in Verschnitte ein und darin unter. Die Traube hat von Natur aus kräftige Säure und wird meist zu trockenem Wein verarbeitet.

Auch in Südjugoslawien wird sie verbreitet kultiviert, und in Ungarn ist sie hier und da anzutreffen. Zusammen mit dem österreichischen Bouvier gab sie die Züchtungsgrundlage für eine neue Sorte in Baden, den Edelsteiner, ab.

Synonyme:
Belina, Szemendrianer, Grobweiße

Leicht und frisch; überdurchschnittlich

Marastina

Die im wesentlichen jugoslawische Traube wird vorwiegend in Dalmatien angebaut, vor allem im Süden und auf den Inseln. Um Dubrovnik liefert sie frische und trockene sortenreine Weine, wird aber auch mit den »Inseltrauben« Grk und Vugava und anderen verschnitten. Der vielleicht beste Verschnitt dieser Art ist der feurige Prošek Dioklecijan aus der Gegend von Split. Er zeichnet sich durch Nußaroma, Nachhaltigkeit, Süße und doch Ausgewogenheit aus und verfügt über 16% natürlichen Alkohol.

Die höchstgeschätzte Form stellt der dalmatinische Maraština Smokvica Cara dar.

Synonym: Rukatac

Sehr gute Qualität

Zilavka

Diese Traube ist in dem an Spezialitäten überreichen Land etwas ganz Originelles. Sie wächst in der Herzegowina im muslimischen Bosnien, aus dem nur 2% aller Weine Jugoslawiens stammen. Im Weißweinland um Mostar beweist die Zilavka ihre Qualität durch vollmundigen, doch trockenen Wein von erregender Frische und mit einem herrlichen Nußaroma. Vielleicht trägt der Kalksteingrund des Tals viel dazu bei, denn weiter im Landesinneren fällt der Zilavka-Wein viel schwerer aus.

Der Zilavka Mostar, im Verschnitt mit Krkosija und Bena bereitet, ist einer der vornehmsten Weine Jugoslawiens, und sein Name sowie sein exotisches Etikett werden eifersüchtig geschützt

Einzigartig

Weitere in Jugoslawien als qualitativ hochwertig angesehene Weißweinreben sind Grk und Vugava – auf den Inseln am verbreitetsten. Die auf Korcula viel angebaute Grk-Rebe liefert vor allem einen trockenen, recht leichten sortenreinen Wein (manchmal sind 15% Maraština als Zutat erlaubt), aber auch schwerere Sherry-ähnliche Weine. Vugava, die Spezialität der Insel Vis, ist im Schwinden begriffen; in der Liste der von der EG zugelassenen Reben ist sie nicht enthalten. Eine mögliche Verwandtschaft zwischen ihr und Viognier gibt Anlaß zu mancherlei Spekulationen.

Viel mehr Bedeutung haben in Dalmatien die sehr einfache Debit und die bessere Bogdanuša, eine Spezialität von Hvar. Belan ist das makedonische Pendant zu Debit und Krstac eine Spezialität von Montenegro.

Pinela und Zlatina sind einheimische Reben in Istrien, die trotz des Klangs ihrer Namen mit italienischen Trauben nicht verwandt zu sein scheinen. Zlatina ist auch unter den Synonymen Zlahtnina, Zlatitnina und Salsa Bela bekannt.

Weitere gute Weißweinreben Jugoslawiens sind: Kujundzusa, Moslavac, Kraljevina (Kroatien), Ranfol (Slowenien), Plavaline und Slankamenka.

Rumänien

Feteasca Alba

Die mit der ungarischen Leányka identische Traube ist fast so charaktervoll wie der Gewürztraminer, und hätte sie nur etwas mehr Säure, dann könnte sie auch an Beliebtheit mit ihm konkurrieren. Ihr Wein hat etwas von Pfirsichen oder gar Aprikosen im Aroma, so daß man an eine Muskateller-Abstammung denken muß.

Etwas Feminines hat die Rebe ganz bestimmt, wie käme sie sonst zu dem ungarischen Namen Leányka oder dem deutschen Synonym Mädchentraube, die beide Jugend, Lebhaftigkeit und Beschwingtheit suggerieren.

Die Ungarn und die Rumänen sind der Meinung, dies sei unter ihren Weißweinen einer mit langer Lebensdauer. Es stimmt auch, daß sein Geschmack und Bukett nicht wie sonst bei osteuropäischen Weißweinen schnell verblaßt. Da es ihm aber doch an Säure mangelt, sind ältere Exemplare eher aufdringlich als eindrucksvoll. Ein 1969er Egri Leányka erwies sich zehn Jahre später als zwar feurig, aber dennoch flach. Ungewöhnlich ist dabei, daß die rote Version, Fetească Neagră, noch schneller abbaut.

In Ungarn ist die Leányka in der Tiefebene und vor allem in den Hügellagen Nordostungarns sehr verbreitet. Der Wein dieser Rebe ist sowohl in Ungarn als auch in Rumänien und der UdSSR meist halbtrocken bis lieblich.

In Rumänien sind zwei Spielarten identifiziert worden, die Fetească Albă und die Feteascǎ Regalǎ (mit dem deutschen Synonym Königlicher oder Königsast). Die Rumänen sind auf die letztere, nur bei ihnen heimische Art besonders stolz. Die Feteascǎ ist wahrscheinlich noch immer die meistangebaute Weißweinrebe des Landes; sie wird in Siebenbügen, im Banat, in Odobesti und im alten, für volle Dessertweine berühmten Weinbaugebiet Cotnari kultiviert.

In Bulgarien gibt es rund 1000 ha Fetiaska, und in Zakarpatye in der UdSSR dient die Traube zur Schaumweinerzeugung.

Synonyme:
Leányka (Ungarn); Mädchentraube (Deutschland und Rumänien); Fetiaska (Bulgarien)

Sehr bukettreich

Feteascǎ Albǎ

Grasa

Einzigartige Bedeutung hat diese Traube als Hauptbestandteil der süßen Weine von Cotnari, wobei Feteascǎ und die weniger bedeutende Frincusa die zweite und dritte Rolle spielen. Lebenskraft und Entfaltungsvermögen eines guten Cotnari sind dergestalt, daß es einmal interessant sein müßte, auch sortenreinen Grasǎ-Wein auf diese Aspekte hin zu prüfen. In verschiedenen Regionen Rumäniens sind Abarten der Rebe namens Coarna und Som entstanden. Beide erbringen alkoholstarke, vollmundige, aber nicht unbedingt süße Weine mit so kräftiger Farbe, daß schon oft eine Verwandtschaft mit Furmint vermutet wurde.

Besondere Bedeutung hat die Grasǎ auch in Dealul Mare, vor allem im Distrikt Petroasa.

Synonyme:
Coarna, Som (Rumänien) Sicktraube (Deutschland)

Gute, langelebige Qualität

Tamiioasa Romaneasca

Das außerordentliche Aroma der »Weihrauchtraube« erinnert an frisch gemahlenen Kaffee. Sie ist ein echtes Original mit manchmal ungeheuer hohen Mostgewichten, jedoch stets mit genügend Säure für gute, etwas rustikale Süßweine – zu absurd niedrigen Preisen.

Tǎmiîoasǎ ist eine der wenigen noch lebendigen altrumänischen Rebsorten. Sie wird in Dragasani, in Arges, in Dealul Mare und ganz wenig auch noch in Cotnari kultiviert. Als Tamianka wächst sie außerdem in Bulgarien, doch paßt ihr eigentümlicher Charakter nicht so recht in die dortige Weinbaupolitik.

Synonyme:
Weihrauchtraube (Deutschland); Tamianka (Bulgarien)

Sehr individuelle süße Weine

Banat Riesling

Die recht neutrale Traube wird im Banat, aber auch in Jugoslawien angebaut. Ihre Weine sind ziemlich flach und bauen im Handumdrehen ab.

Synonyme:
Creata, Zackelweiss, Kreaka (Jugoslawien)

Flach

Bulgarien

Dimiat

Die bulgarische Version der Smederevka aus Serbien ist als einfache, aber doch wertvolle Traube allgemein geschätzt. Sie ist international nicht so bekannt geworden wie andere bulgarische Reben.

Die Dimiat-Anbaufläche beträgt über 8000 ha, und damit ist sie die Rebe hinter Rkatsiteli die meistangebaute Weißweinsorte Bulgariens. In Chirpan und Haskovo im Süden sowie in Shumen und Varna im Osten ist sie eine Spezialität.

Die großen, kupferfarbenen Trauben erbringen bei hohen Erträgen unterschiedlich süße Dessert- und Tafelweine, die sich durch ein volles, reifes Fruchtaroma besonders auszeichnen. Meist schmecken sie jung am besten.

Sanfter, bukettreicher Wein

Roter Misket

Trotz des an Muskateller erinnernden Namens und Traubenaromas ist dies eine eigenständige alte bulgarische Rebe, und die Qualität des Misket, soweit er im Export zu haben ist, hält auch keinen Vergleich mit edlen Muskatellerweinen aus. Mit dem in ganz Osteuropa verbreiteten Muskat-Ottonel hat er ebenfalls nichts zu tun.

Die Trauben werden wie der rote Muscat im Elsaß vorwiegend zur Bereitung von Weißweinen verwendet, die sich durch eine gewisse Fruchtigkeit auszeichnen, oft aber flach und schwerfällig erscheinen. Die ziemlich ertragreiche Rebe wird besonders bei Karlovo im Tal der Rosen, bei Sungurlare im Osten und in Pleven und Varna an der Küste, wo sie Varnenski Misket heißt, angebaut. Die über ganz Bulgarien verbreitete frühreifende Traube weist mehrere, jeweils nach der Gegend, in der sie beheimatet sind, benannte Spielarten auf.

In der UdSSR wird sie entlang der Schwarzmeerküste angebaut.

Synonym: Misket de Sliven

Mäßige Qualität

UdSSR

Rkatsiteli

Obwohl sie ihren Ursprung in der auch mit Informationen über den Weinbau recht geizigen UdSSR hat, ist die Rebe doch weit in der Welt herumgekommen. Sie wird im Staat New York, in Kalifornien und in China sowie in ganz Osteuropa angebaut. Der Name Rkatsiteli bedeutet nichts weiter als »rote Rebe«.

In der Sowjetunion ist sie die meistangepflanzte Traube; ihre Anbaufläche von 248000 ha, das sind 18% der Gesamtrebfläche, weitet sich stetig aus. In dieser Hinsicht hat sie den Trebbiano schon überholt (wenn auch nicht in der Ertragsmenge) und ist jetzt die zweitmeist angebaute Weißweinrebe der Welt.

Rkatsiteli war zuerst in Georgien bekannt, wo auf sie über die Hälfte der gesamten Weinerzeugung entfällt, hat sich von dort aus aber auf alle weinbautreibenden Republiken der Sowjetunion

Rkatsiteli

ausgedehnt. Erfreulich ist, daß eine quantitativ so bedeutende Traube zugleich auch gute Qualität aufweist. Sie bringt wahrhaft stilvolle Weine hervor und hat nicht nur einen erfrischenden Säuregehalt, sondern auch echten Charakter: ein würziges, blumiges Aroma und kräftige Süße. Ihre lebendigen Tafelweine erinnern an gute Elsässer.

In der Sowjetunion liefert die brauchbare, ertragsstarke und vielseitige Traube in Georgien den Ausgangsstoff für ganz verschiedene Weine. Hauptsächlich wird sie allerdings für sogenannte »europäische« Tafelweine, in Kakhetia und Kartalinia auch für sehr süße Dessertweine mit Namen wie »Krardanakhi port«, »Khirsa madeira« und »Saamo liqueur Wein« verwendet. Die Rkatsiteli-Traube eignet sich auch für die Erzeugung Sherry- und Cognacähnlicher Produkte sowie für den Eichenfaßausbau.

Im Süden der Ukraine kann der Rkatsiteliwein bei aller Würze doch sehr streng und herb ausfallen. Der günstigste Lesezeitpunkt ist Mitte Oktober, wenn der potentielle Alkoholgehalt bei etwa 20% liegt. Die Säure erreicht dann meist noch 9 g/l; durch moderne Behandlung zur Erzielung maximaler Fruchtigkeit kann sie jedoch gezähmt werden. Nur in einer Hinsicht enttäuscht die Rkatsiteli-Traube den sowjetischen Weinbau: Als Grundwein für den dort so beliebten Sekt ist sie einfach zu alkoholstark und deshalb ungeeignet.

Auch in Bulgarien ist die Rkatsiteli die meistangebaute Rebe; mit 19000 ha steht sie knapp vor dem Cabernet Sauvignon (18000 ha) und wird meist zu ziemlich trockenem Tafelwein verarbeitet.

In den USA ist die Anbaufläche zwar nur klein, doch hat sie schon sortenreine Weine hervorgebracht.

Sehr verbreitet; hohe Qualität

Mtsvane

In der Sowjetunion gilt die Traube als eine der feinsten einheimischen Sorten. Sie liefert – nach längerem Maischen kühl vergoren – sehr frische, aromatische und fruchtige Tafelweine für baldigen Verbrauch. Ihre Heimat ist die Region Kakhetia in Georgien, doch wird sie ebenfalls auf der Krim angebaut. In jungen Tafelweinen fällt die ansprechende Blumigkeit auf. Versuche mit Dessertweinen auf Mtsvane-Grundlage haben Vollmundigkeit und ein schönes Bukett ergeben.

Gute Qualität

Terbash

Diese traditionsreiche turkmenische Traube wird heute auch in Tadschikistan, Usbekistan und auf der Krim kultiviert. Sie reift meist spät und verliert in den südlichen Gegenden dabei rasch ihren Säuregehalt, so daß sie für besseren Tafelwein ungeeignet ist. Sie wird dort für Rosinen, Tafeltrauben, Traubensaft und süßen Dessertwein verwendet.

In den kühleren nördlicheren Gegenden liefert sie auch einfache Tafelweine. Auf der Krim kommt ihr dafür große Bedeutung zu.

Alte Rebe; meist flacher Wein

Bajan Shirey

Die über alle Weinbaugegenden der Sowjetunion verbreitete Traube stammt aus der Region Bajan in Aserbeidschan. Sie verliert jedoch an Bedeutung, weil ihre leicht oxidierende Art nicht in die offizielle Weinbaupolitik paßt.

Die Sorte reift spät und bringt gute Erträge, die für einfache Tafelweinverschnitte, bescheidene Schaumweine und Traubensaft verwendet werden.

Griechenland

Savatiano

Die meistangebaute Rebsorte Griechenlands ist zusammen mit Rhoditis und Assyrtiko für den in aller Welt berühmten alkoholstarken, goldgelben, geharzten Retsina verantwortlich.

Sie beherrscht die Weinlandschaften Mittelgriechenlands und der Insel Euböa und wird in Attika um Athen, im Zentrum der griechischen Weißweinerzeugung, fast als einzige Traube kultiviert. Ihre Gesamtanbaufläche liegt bei 32000 ha.

Ihre Beliebtheit in dieser heißesten und trockensten Weinbauregion Griechenlands verdankt sie ihrer guten Trockenheitsfestigkeit. Rebenkrankheiten kommen in einem solchen Klima kaum vor. Der Hauptnachteil des Savatiano-Weins ist sein ausgeprägter Mangel an natürlicher Säure; deshalb wird in Attika der damit kräftiger versehene Assyrtiko-Wein und auf Euböa und Anchialos der Rhoditis als Verschnittpartner hinzugezogen. Allerdings läßt die Gewohnheit, dem Wein Aleppopinienharz beizumengen, jeden Gedanken an »Ausgewogenheit« als überflüssig erscheinen. Wozu auch Säure, wenn der Harzgeschmack doch alles übertönt?

Kantza ist der bekannteste sortenreine Savatiano-Wein.

Retsina-Traube; flach

Rhoditis

Vor den Verheerungen der Reblaus am Ende des vorigen Jahrhunderts war die Rhoditis eine in Griechenland sehr verbreitete Rebsorte; danach aber konnte sie sich ihre Stellung nicht mehr wiedererobern, weil sie auch gegen Echten Mehltau sehr empfindlich ist, der dann noch mehr Schwierigkeiten brachte. Heute wird sie nur noch zwischen Anchialos und Magnesia bei Volos und vor allem auch auf dem Peloponnes kultiviert.

Die Traube mit ihren rosa Beeren reift mittelspät, ist ziemlich säurereich und gedeiht in hohen Lagen noch gut. Der recht zarte und sehr geschätzte Rhoditis-Wein von Patras wächst in 200 bis 450 m Höhe. Der einfache, namenlose, geharzte oder ungeharzte Rhoditis-Wein von Anchialos wird meist mit der flacheren Savatiano-Traube verschnitten.

Synonym: Roditis

Mäßige Qualität

Assyrtiko

Wie der Arinto in Portugal ist auch diese hochwertige Traube imstande, in heißem Klima kräftige Säure zu bewahren. Sie ist eine Spezialität der Insel Santorin im Ägäischen Meer und liefert einen der Hauptbestandteile der gleichnamigen trockenen Weißweine.

Auch zur Säurekorrektur der um Athen angebauten Savatiano-Traube wird sie herangezogen, und sie wird zur Erzeugung der an den süßen italienischen *vino passito* erinnernden außergewöhnlichen *Liastos*-Weine genutzt, die manchmal wie in der Toskana die Bezeichnung »Vin Santo« auf dem Etikett tragen.

Gute Qualität; kräftige Säure

Moscophilero

Die Rebenfamilie mit weißen, gelben und hellroten Mitgliedern ist eine Spezialität der Hochebene Mantineia auf dem Peloponnes. In dieser Höhe entstehen recht elegante Weine. Die Trauben werden meist erst Ende Oktober gelesen und zu leichten, duftigen, trockenen Weinen, seltener auch zu Schaumweinen verarbeitet. Alle Arten bringen fruchtigen und ausgewogenen Wein hervor, doch nur die hellrote Moscophilero-Traube weist ein ausgeprägtes Muskateller-Aroma auf. Eine Verwandtschaft mit der Muskateller-Familie ist nicht ausgeschlossen, obwohl die Moscophilero-Rebe in Griechenland eindeutig als eigenständig gilt.

Aromatisch, relativ zart

Debina

Die Traube wird in der Region Epirus unmittelbar südlich von Albanien kultiviert, und ihr bekanntester Wein trägt den Namen der Stadt Zitsa. Debina wächst bei sechs Orten in 600 m Höhe in sehr trockenem, gebirgigem Land. Wie der Moscophilero ist auch der Debina-Wein leichter, als man es in Griechenland gewöhnt ist. Sein Süßegrad ist unterschiedlich, und gelegentlich perlt er sogar.

Leicht, frisch

Robola

Die Traube ist die dritte im Bunde derer, die in Griechenland leichte Weine hervorbringen. Sie wird ausschließlich auf der Insel Kefallenia vor der Nordwestküste des Peloponnes kultiviert und liefert zuverlässig ansprechende Weine mit beträchtlichem Körper, ausreichender Säure und einem leicht blumigen Zitronenaroma. Die Lese findet oft schon in der dritten Augustwoche statt.

Die in Griechenland vielbewunderte Robola unterscheidet sich stark von den anderen Reben des Landes. Wenn eine Verwandtschaft mit der Ribolla in Nordostitalien und/oder der Rebula in Nordwestjugoslawien festgestellt werden könnte, dann ließe sich ihr Weg auf alten Handelsrouten vielleicht nachzeichnen.

Guter, voller, ausgewogener Wein

Athiri ist eine alte, auf vielen Inseln in kleinen Mengen angebaute Rebe. Sie darf als einzige den Namen Rhodos auf Etiketten führen; in anderen Weinen kommt sie als Verschnitt mit Vilana und Ladikino vor.

Aidani verleiht manchen Inselweinen leichtes Muskateller-Aroma, während Batiki in Thessalia vorwiegend als Tafeltraube angebaut wird. Verdea kommt in mehreren Spielarten vor.

Die uralte Monemvasia (wahrscheinlich die Malvasia) überlebt noch auf der Kykladeninsel Paros, wo der Ursprung der Malvasia-Rebe vermutet wird.

Zypern

Xynisteri

Die einheimische Weißweinrebe Zyperns nimmt mit 500 ha den größten Teil der Anbaufläche ein, die nicht von der roten Mavron-Traube beansprucht wird. Aus hochgelegenen Weinbergen am Troodos oberhalb von Limassol kommen hochangesehene delikate Commandaria-Dessertweine, die einen scharfen Kontrast zu den süßeren kommerziellen Mavron-Verschnitten dieser Art bilden.

Xynisteri-Tafelweine sind recht neutral, was bei Erträgen von rund 100 hl/ha nicht sehr verwunderlich ist.

Ein aufwendiges Gärverfahren ist nötig, um ein wenig Aroma hervorzulokken, aber auch um die Neigung zum Oxidieren zu hemmen.

Experimente mit im August gelesenen und kühl vergorenen Xynisteri-Trauben haben duftige, frische Tafelweine erbracht. Recht flaue und flache, dunkelgetönte Weißweine aus im Oktober gelesenen überreifen Trauben entsprechen derzeit aber eher der Regel.

Mittlere Qualität; neutral

Nave erbringt leichte, fruchtige Weine, wird aber nur wenig angebaut.

Türkei

Zu den begehrtesten Weißweintrauben der Türkei gehören Hasandede, Emir und Nerince aus Mittelanatolien; Emir erbringt die besten trockenen Weißweine. Ebenfalls hoch angesehen ist Beylerce aus Bilecik. Weitere Rebsorten dieses wahrhaft exotischen Weinlands sind Yapincak, Atlintas sowie Kabarcik und Dobulgen aus Anatolien, an der Grenze zu dem in Dingen des Weinbaus völlig undurchdringlichen Syrien.

Japan

Zusammen mit der roten Campbell's Early teilen sich die folgenden vier Rebsorten in 90% der japanischen Gesamtweinbaufläche von 30000 ha. Die übrigen 10% sind hauptsächlich mit aus Europa importierten Reben in kleinen Mengen besetzt, zum Beispiel mit Sémillon, Riesling, Chardonnay, Cabernet Sauvignon und Merlot. Alle drei Rebenfamilien – die europäische, die amerikanische und die asiatische – werden in Japan angepflanzt. Leider ist das Klima so feucht und der Boden entweder so naß oder so sauer, daß keine Rebsorte imstande ist, wirklich erstklassigen Wein zuwege zu bringen. Die amerikanischen Hybriden bewähren sich noch am besten. Erdrutsche, Taifune und salzige Winde stellen sich den dennoch unermüdlich weiter betriebenen Bemühungen um an die Verhältnisse angepaßte Rebsorten entgegen.

Delaware

Delaware und Campbell's Early nehmen zusammen mehr als die Hälfte der Rebfläche Japans ein. Delaware wird noch in den USA und in Brasilien angebaut, gehört aber durchaus nicht zu den beliebteren Hybriden und hat nur in Japan derart große Verbreitung gefunden.

Die Rebe mit ihrem zugespitzten, scharfgezackten Blatt wurde erstmals 1849 von Paul Prevosts Rebschule in Frenchtown, New Jersey, nach Delaware, Ohio, verpflanzt. Sie gilt als eine *Labrusca-aestivalis-vinifera*-Hybride. Ihre Weine haben nicht so sehr den »fuchsigen« *Labrusca*-Geschmack (was die These einer Verwandtschaft mit *vinifera* stützt) und sind meist säurereich, also gut geeignet für Schaumwein. Die dunkelrosa Früchte sind auch als Tafeltrauben beliebt.

Die Rebe ist nicht reblausfest und leidet unter Pilzkrankheiten, besitzt also den Hauptvorteil der Hybriden nicht; deshalb ist sie auch im Staat New York weniger beliebt als die Concord, deren Anbaufläche dort mehr als das Zehnfache beträgt, obwohl die Delaware fast ebenso ertragreich ist und zwei Wochen früher reift. In den USA gilt sie als eine der besseren Hybriden; ihre Weine, vor allem die Schaumweine, werden sehr geschätzt.

In Japan benutzten die Winzer am Anfang des Jahrhunderts nach den Verheerungen durch die Reblaus die Delaware vermutlich deshalb, weil sie die beste ihnen bekannte weiße Hybride war und reichliche Erträge an Wein brachte, der ihren an Reiswein gewöhnten Kunden zusagte. Frühe Reife schützt zudem die Trauben vor dem Septemberregen. Der Empfindlichkeit der Delaware für den Juliregen tragen die Japaner dadurch Rechnung, daß sie sie mit Wachspapier oder Plastikschirmen zudecken.

Erstaunlich delikater Wein

Koshu

Koshu ist so etwas wie die Nationaltraube Japans; dabei gehört sie überraschenderweise zur *Vinifera*-Familie und nicht zu den im Fernen Osten beheimateten *Amurensis-*, *Coignetiae-*, *Thunbergii-* oder *Flexuosa*-Reben.

Die ältesten Urkunden über den Anbau der Koshu in Japan datieren aus dem Jahr 1186, aber erst seit dem vorigen Jahrhundert wird von ihr auch Wein gewonnen. Heute trägt sie zu vielen weißen Verschnitten bei und diente inzwischen als Züchtungsgrundlage für die japanische Sorte Muscat Bailey A.

Synonym: Konshu

Fruchtige Weine

Muscat Bailey A

Die Hybride von *labrusca* und Koshu hat von der letzteren ihre Eignung für japanische Verhältnisse geerbt. Muscat Bailey A wird vor allem an der Südküste kultiviert; der Wein wird manchmal im Eichenfaß ausgebaut und hat oft eine kräftig rötliche Färbung.

Wertvoll für Roséwein

Neo Muscat

Die in der Region San Yo an der Küste und in China angebaute Rebe liefert vorwiegend Tafeltrauben, aber auch Wein.

China

Heute werden in China sehr viele traditionelle einheimische Rebsorten angepflanzt, viele davon nur für Tafeltrauben und keine einzige ausschließlich für Wein. Ihre Namen lauten übersetzt unter anderem: Kuheuter, Drachenauge und Hahnenherz. Zur Weinerzeugung haben sich importierte Sorten wie Cabernet Sauvignon, Merlot, Pinot Noir, Carignan, Saperavi, Gamay, Welschriesling, Gewürztraminer, Muscat de Frontignan und Rkatsiteli bewährt. Auch der Muscat Hamburg findet im jungen Weinbau Chinas viel Verwendung.

Longyan

Das »Drachenauge« wird in Nordchina und in der südlichen Mandschurei vor allem in höheren Lagen verbreitet kultiviert. Die Rebe verträgt große Trockenheit und bringt ungeheure Erträge.

Früher galt sie nur als Tafeltraube, hat aber neuerdings Weine, zum Beispiel den Exportwein »Große Mauer«, hervorgebracht, die sich durch echte Eigenart, hohen Extraktgehalt, Ausgewogenheit und ein durchaus nicht unangenehm an Lack erinnerndes Aroma auszeichnen.

Ausgewogener Wein

Indien

In diesem Land der Abstinenz sind im Lauf der letzten 30 Jahre doch auch Reben gezogen und Weine bereitet worden. Heute weitet sich der indische Weinbau allmählich aus; allerdings sind Informationen über ihn nur schwer zu bekommen. Auf Goa florieren noch alte portugiesische Reben.

Kalifornien

(Karte siehe Seite 226)

Sultana

Für viele ist die Sultana die erste Traube, mit der sie in ihrem Leben Bekanntschaft machen, und zwar als Rosine. Sultana ist kernlos, süß und überreich im Ertrag, und ihre kalifornische Anbaufläche deckt über die Hälfte des Rosinenbedarfs der Welt sowie 95% des Verbrauchs in Kalifornien. In zweiter Linie ist sie eine Tafeltraube und erst an dritter Stelle für den Weinbau von Interesse.

Früher entstand mehr Wein von der Sultana als aus der meistangebauten kalifornischen Weintraube French Colombard. 1983 gab es 112000 ha Sultana (über 40% der gesamten Traubenanbaufläche Kaliforniens) gegenüber 29200 ha French Colombard. Anfang und Mitte der siebziger Jahre konnte der kalifornische Weinbau den neu entdeckten Durst der Amerikaner auf Weißwein nur mit Hilfe der Sultana löschen.

In Kalifornien heißt die Sultana allerdings Thompson Seedless nach William Thompson, der sie bei Yuba City erstmals in kommerziellem Rahmen anbaute.

Für die Weinbereitung eignet sie sich nicht gerade gut, denn da sie keine Kerne hat, ist der dickliche Saft der gemahlenen Trauben nur schwer vom Fruchtfleisch zu trennen. Die Sultana-Trauben haben jedoch brauchbar kräftige Säure, und ihr Wein ist geschmacksneutral und bildet daher ein gutes Grundmaterial für billigen Schaumwein sowie für Verschnitte mit aromatischeren Sorten, so daß sie preiswerte Alltagsweine ermöglicht.

Sultana verlangt ein heißes, trockenes Klima, denn sie ist anfälliger für Echten und Falschen Mehltau als andere Trau-

Sultana

bensorten und hat auch dünnschalige Beeren, die keinen Regen vertragen. Zudem kann der Sternruß sie verheerend treffen. Sultana gedeiht gut im San Joaquin Valley; über die Hälfte der kalifornischen Anbaufläche liegt im sonnengedörrten Rosinenland um Fresno.

Der Ursprung der Rebe liegt in Kleinasien, und daher ist sie an den östlichen Küsten des Mittelmeers und des Schwarzen Meers eine verbreitete Tafel- und Rosinentraube. Auf manchen Mittelmeerinseln wird aus ihr auch heute noch Wein gekeltert. So stellt sie den Hauptanteil an einem der frischeren Weißweine Zyperns, dem perlenden Bellapais.

In Australien diente 1983 nur ein knappes Sechstel der Sultana-Anbaufläche von 18000 ha der Weinerzeugung; dennoch war sie hinter Muscat of Alexandria (Muscat Gordo Blanco) die zweitwichtigste Weintraube des Landes. Zwei Drittel der australischen Sultana-Anbaufläche liegen im Bewässerungsgebiet Sunraysia im Murrey-Becken Victorias.

Die Sultana-Anbaufläche Südafrikas wächst stetig und beträgt inzwischen über 5000 ha, doch geht der davon gewonnene Wein größtenteils direkt in die Destillerie.

Synonyme:
Sultanina, Sultanine Blanche (Frankreich – jedoch kein eigener Anbau); Oval Kishmish (Naher Osten); Kismis (UdSSR); Feherszultan (Ungarn); Thompson Seedless (Kalifornien)

Ausgezeichnete Rosinen, gute Tafeltrauben, neutraler Wein

Colombard

Die Traube stand ursprünglich an der Charente lange im Schatten des Ugni Blanc und der Folle Blanche als die dritte Cognac-Sorte, wurde aber durch einen plötzlichen Erfolg in Kalifornien in den achtziger Jahren aus ihrem Dornröschenschlaf gerissen. Heute ist sie die meistangebaute Weinrebe in Kalifornien, noch vor dem Chenin Blanc. Man fragt sich schon, wie viele andere Reben, die in ihrer Heimat über die Schulter angesehen werden, in einer neuen Umgebung auf solche Weise zu Ruhm und Ehren gelangen könnten.

Zwischen 1973 und 1983 waren die Verhältnisse in Kalifornien dem Colombard einmalig günstig. Alles suchte nach einer Rebe, die in mehr oder weniger heißem Klima einen frischen Wein in größeren Mengen liefern konnte. Der Colombard war genau das Richtige, und so stieg seine Anbaufläche von immerhin schon damals 9600 ha auf 29200 ha, wobei 1983 11200 ha noch nicht in Ertrag standen. Wie Ironie mutet es an, daß die einzige Rebe, die in Europa in neuerer Zeit eine ähnliche Expansion erlebte – der Ugni Blanc nämlich –, dabei ausgerechnet den Colombard (und die Folle Blanche) aus den Weinbergen Frankreichs verdrängte.

Colombard

Als Quelle sortenreiner Weine steht der Colombard um einiges über seinen traditionellen Cognac- und Armagnac-Partnern Ugni Blanc und Folle Blanche. Neben kräftiger Säure hat er auch eine schöne Blumigkeit aufzuweisen, die einen ausgewogenen und ansprechenden Jungwein ergibt, wenn die Trauben mit genügender Sorgfalt in einer mittelkühlen Region Kaliforniens wie etwa Mendocino oder Lake County gezogen werden. Selbst im viel wärmeren San Joaquin Valley wächst noch eigenständiger Colombard-Wein mit genügend frischer Säure und einem Bukett, das ihn zu einem wertvollen Bestandteil lieblicher Verschnitte macht; langlebig ist er jedoch in keinem Fall.

Die sehr wuchskräftige Rebe gedeiht in warmen, trockenen Lagen Kaliforniens überaus gut. Sie treibt ziemlich früh aus, was in kühleren Gegenden zu Problemen führen kann, ist aber sonst nicht weiter empfindlich. Nur eine typisch kalifornische Erscheinung tritt bei ihr auf, wobei bestimmte Triebe verkrüppeltes und gelb verfärbtes Blattwerk hervorbringen. Der mittelspät reifende Colombard bewahrt seine Frucht auch eine Woche über die Reife hinaus in gutem Zustand, was sich bei der Lese günstig auswirkt. Mit 80 bis 120 hl/ha in den Küstengebieten und 170 hl/ha im Central Valley gehört er zu den ertragreichsten Reben Kaliforniens.

In Frankreich sind 100 hl/ha die Regel, wo der Colombard nur noch an der Gironde kultiviert wird, da er für die Cognac- und Armagnac-Brennerei nicht geschmacksneutral genug ist. 1984 gab es noch 3300 ha Colombard in Bordeaux, zumeist am Nordrand von Bourg und Blaye. Die hier entstehenden trockenen und lieblichen Weißweine haben nur selten die Fruchtigkeit, die in Kalifornien das gute Gegengewicht gegen die Säure darstellt. Der Grund dafür liegt wahrscheinlich mehr im Keller als im Klima, wie neuerdings sorgfältig bereitete Colombards de Gascogne beweisen. Diese frischen und fruchtigen Weine legen beredtes Zeugnis dafür ab, daß der transatlantische Erfahrungsaustausch im Weinbau beidseitig funktioniert.

In Südafrika feiert der »Colombar« ähnliche Erfolge wie in Kalifornien. In einem vergleichbaren Klima hat die kräftige Säure und die Eignung der Traube für kühle Gärtechnik seit 1970 zu einem merklichen Anwachsen der Anbaufläche geführt. Zusammen mit Chenin Blanc geht der Colombard-Wein oft in Verschnitte mit dem Etikett »Stein« ein. Sein Aroma wird so hoch geschätzt, daß ein Kenner sogar den Duft der einheimischen Keokamakranka-Blume darin entdeckt haben will.

Synonyme:
Colombar, Colombier, Pied Tendre, Queue Tendre, Queue Verte (Frankreich); French Colombard, West's White Prolific (Kalifornien); Colombar (Südafrika)

Gute, frische Weißweine, auch in warmem Klima

Emerald Riesling

Die Rebe mit dem kunstvoll zugkräftigen Namen ist das weiße Pendant zu Professor H. P. Olmos Züchtung Ruby Cabernet, ebenfalls aus dem Jahr 1948 und ebenfalls eine Kreuzung zwischen einer einfachen und einer edlen Rebsorte – in diesem Fall Muscadelle × Riesling. Leider war es in Kalifornien sinnlos, eine der vielen Riesling-Kreuzungen aus Deutschland zu erproben, denn sie sind für kühles Klima gedacht.

Glücklicherweise hat der Emerald Riesling mehr Erbgut vom Riesling als von der Muscadelle mitbekommen und bringt deshalb Weine zuwege, die zumindest in ihrer Jugend so lebendig und ansprechend würzig sind wie die seines aristokratischen Vorfahren. Nach vier Jahrzehnten hat er es dennoch nur auf knapp 1600 ha Anbaufläche in Kalifornien gebracht, weit weniger als ein Drittel dessen, was der von vielen als nicht sehr erfolgreich angesehene Ruby Cabernet aufweisen kann.

Emerald Riesling

Etwa die Hälfte der Bestände finden sich am Südende des San Joaquin Valley, wo recht körper- und säurereiche, würzige Weine ohne wirklich klares Aroma entstehen. In kühleren Lagen, beispielsweise in Monterey, zeigt der Emerald Riesling die rassige Art eines echten Rieslings im Alter von ein bis zwei Jahren, jedoch bei kräftigerem Körper.

Vielleicht findet der Emerald Riesling deshalb keine weitere Verbreitung, weil sein blumiger Stil auf einem mit Chardonnay und Fumé Blanc übersättigten Markt keinen Anklang findet. Zudem ist er maschinell nur schwer zu ernten, was noch stärker ins Gewicht fällt, weil bei ihm die Lese von Hand zu Braunwerden führt, wenn sie nicht mit geschwefelten Handschuhen erfolgt.

Die spätreifende Sorte ist überdies anfällig für Echten Mehltau, dafür aber erbringt sie Erträge von 120 bis 170 hl/ha ohne merkliche Einbuße an Charakter. In Südafrika ist der Emerald Riesling mit einigem Erfolg erprobt worden, doch in Australien kommt der Sortencharakter nicht klar zum Vorschein.

Riesling-ähnlich, aber nicht so ausdrucksvoll

Trousseau Gris

Der durchschnittliche amerikanische Weinfreund hat sicher noch nie von der traditionellen, aber fast ausgestorbenen dunklen Jura-Traube namens Trousseau gehört; bestimmt aber kennt er den Gray Riesling. Das ist der Adoptivname einer Trousseau-Mutation, des Trousseau Gris, die im Jura hier und da vorkommt, in Kalifornien aber sehr verbreitet ist.

Die Anbaufläche der durch nichts weiter ausgezeichneten Rebe hat sich stetig vergrößert und betrug 1983 rund 1000 ha, vor allem in den Küstenregionen. Der Gray Riesling wird meist sortenrein gekeltert – sein Wein ist ganz einfach nur »gefällig« zu nennen. Er ist ausgewogen, meist halbtrocken, verhalten im Aroma und fällt flach aus, wenn die Trauben nur ein wenig zu lang am Stock belassen werden. Die Rebe ist botrytisanfällig, reift früh und kann eine unbequem große Wuchskraft entwickeln. Ihre starke Verbreitung ist wohl vor allem auf den reichlichen Ertrag zurückzuführen.

In Neuseeland gibt es etwa 50 ha Grey Riesling, und in diesem kühleren Klima scheint er mehr Aroma zu erlangen.

Synonyme:
Gray Riesling, Chauche Gris (Kalifornien); Grey Riesling (Neuseeland)

Wenig bemerkenswert und durchaus nicht Riesling-ähnlich

Monbadon

Die in Kalifornien Burger genannte Rebe eignet sich gut für warmes Klima. Sie verfügte im Süden Frankreichs 1979 noch über knapp 100 ha Anbaufläche und ging auch in Kalifornien, wo sie früher einmal die meistangebaute *Vinifera*-Rebe war, zeitweilig stark zurück. Von Mitte der siebziger Jahre an erholte sie sich wieder etwas und konnte 1983 einen Bestand von 800 ha, zumeist im San Joaquin Valley, aber auch in Napa und Sonoma, erreichen. Die Erträge liegen bei 100 bis 140 hl/ha; ältere Rebstöcke leiden zum Teil unter der Blattrollkrankheit.

Synonyme:
Castillone à Montendre, Caoba, Grand Blanc, Meslier d'Orléans (Frankreich); Burger (Kalifornien)

Ertragreich

Green Hungarian

Der Ursprung dieser eigenartigen Traube liegt im Dunkeln, wenn auch der Name eine vage Verbindung zum Vater des kalifornischen Weinbaus, Agoston Haraszthy, herstellt. Das ist aber auch schon das Interessanteste an dieser Sorte, deren Wein nur schwach fruchtig und meist recht deftig ist. Die Anbaufläche von 188 ha ist über ganz Kalifornien verstreut. Ungarisches Feuer kann man diesem Wein jedenfalls nicht nachsagen. Nur eine superfeine Zunge könnte ihn am Geschmack erkennen.

Sehr bescheidene Sorte

Weitere in kleinen Mengen angebaute Rebsorten sind in absteigender Reihenfolge ihrer quantitativen Bedeutung: die einfache Peverella (Pfeffertraube), für warmes Klima geeignet, mit 160 ha fast nur im Kern County (auch in Brasilien angebaut); Flora, eine Kreuzung Sémillon × Gewürztraminer von Olmo (1958); sie hat in Mendocino und Neuseeland einigen Erfolg, bringt in wärmerem Klima aber nur flachen Wein; die ungarische Dessertweintraube Feher Szagos; die für warmes Klima geeignete Mantuo Pilas sowie die frischere Helena.

Der Osten der USA

(Karte siehe Seite 228)

Niagara, eine rein amerikanische Kreuzung Concord × Cassady, hat äußerst starken »Fuchsgeschmack«. Sie ist im Osten und im Mittelwesten verbreitet und liefert Weißweine verschiedenster Art. Auch in Brasilien und vereinzelt in Neuseeland wird sie angebaut.

Aurore (Aurora, Seibel 5279) ist eine französische Hybride und neben Niagara die meistangebaute Weißweinrebe im Osten der USA; Anbaufläche 800 ha.

Vidal Blanc (Vidal 256), eine Kreuzung Ugni Blanc × Seibel 4986, erbringt in kühlem Klima recht hohen Zuckergehalt. Die Säure ist ebenfalls kräftig, der Geschmack ziemlich neutral und sanft fruchtig, so daß dieser Sorte stärkere Verbreitung gewünscht werden kann.

Dutchess, eine *Labrusca* × *vinifera*-Hybride, wird von etwa 20 Kellereien im Osten der USA sowie in Brasilien zu ziemlich süßem Wein verarbeitet.

Cayuga ist eine Neuzüchtung der Versuchsstation Geneva im Staat New York; sie wurde nach einem der Finger Lakes benannt und enthusiastisch aufgenommen.

Auf ihrer Suche nach geeigneten Trauben sind die Weinerzeuger Amerikas auf Reben der Untergattung Muscadine verfallen, die sich von der Untergattung *Euvites*, der alle *Vinifera*-, *Labrusca*-*Riparis*- und *Rupestris*- und alle sonstigen amerikanischen und asiatischen Sorten angehören, unterscheidet. Am bekanntesten ist die Scuppernong.

Weitere im Osten der USA in gewissem Umfang kommerziell angebaute Sorten sind Ravat (Vignoles), Carlos, Diamond, Magnolia und Elvira.

Südafrika

Cruchen Blanc

Wer immer auf die Idee gekommen sein mag, dieser Sorte den Namen Riesling anzuhängen, hatte doch einen vernünftigen Grund dafür: Namen wie South African Riesling, Cape Riesling, Paarl Riesling, Clare Riesling klingen doch weit attraktiver als Cruchen Blanc. Den australischen Weinbauern muß es einen schweren Schlag versetzt haben, als sie von dem französischen Ampelographen Truel 1976 erfuhren, daß hinter ihrem vielgeliebten Clare Riesling eine obskure Traube aus der Gascogne steckte.

Inzwischen ist die Kunde davon über den indischen Ozean auch in die Weinberge Südafrikas vorgedrungen, wo noch viel mehr Cruchen angebaut wird. Hier belief sich seine Anbaufläche 1980 auf 2000 ha und war noch im Wachsen, während Australien 1983 nur 1000 ha aufzuweisen hatte.

Früher war die Traube eine Spezialität der Region Landes im äußersten Südwesten Frankreichs. Die Tatsache, daß sie dort den *vin de sable* lieferte, könnte die Erklärung für die in der ersten nach Australien gebrachten Sendung von Stecklingen enthaltene Sorte Sales Blanc darstellen. Inzwischen ist in Frankreich die Anbaufläche des Cruchen fast auf Null geschrumpft, denn die Rebe war stark von der Reisigkrankheit befallen und außerdem für Mehltau beiderlei Art sehr anfällig. Eine Zeitlang wurde sie mit der Tafeltraube Teneron verwechselt, was als Hinweis auf ihre Qualität als Weintraube genügen mag.

Cruchen Blanc

Ihre Weine fallen in zu warmem Klima flach, in zu kühlem dagegen herb und neutral aus. In mittelkühlen Lagen warmer Weinbaugegenden erbringt sie wie in Stellenbosch und Paarl in Südafrika oder im Barossa- und Clare Valley in Australien gefällige, angenehm würzige Weine, oft mit leichter Restsüße. Die Südafrikaner meinen, am besten müsse Cruchen stahlig-trocken bereitet werden; zumindest der 1974er Nederburg hat sich dabei als langlebig erwiesen.

Übrigens waren Südafrikas Winzer wirklich überzeugt, es handle sich um Riesling, während in Australien auch Verwechslungen mit Sémillon vorkamen.

Synonyme:
Crouchen, Chruchenton Blanc, Trouchet Blanc, Méssange Blanc, Cougnet, Navarre Blanc (Frankreich); South African Riesling, Cape Riesling, Paarl Riesling (Südafrika); Clare Riesling (Australien)

Mild aromatische Sorte

Pedro Luis

Viala identifizierte diese Rebe als eine mit Pedro Ximénez nicht verwandte, wenn auch üblicherweise in Andalusien mit ihm zusammen angebaute Sorte. In Huelva wird sie ebenfalls zusammen mit Pedro Ximénez als Ersatz für die Zalema gepflanzt.

In Südafrika sollen mehr als 2000 ha dieser ursprünglich als Pedro Ximénez importierten Sorte bestehen. Sie bewährt sich besonders im sehr trockenen Sandboden der Bezirke Paarl und Malmesbury. Ihr Ertrag wird vorwiegend zu »Sherry« und Tafelwein verarbeitet.

Synonym:
False Pedro (Südafrika)

Interessante Rebe

Bukettraube

Südafrika hat diese Sorte vor einiger Zeit aus Deutschland eingeführt, doch ist ihr Ursprung in den doch sehr genau geführten Annalen des deutschen Weinbaus nur schwer aufzuspüren. Galet spricht von einer Bouquettraube im Elsaß, die angeblich aus Würzburg stammt, deren Blatt dem des Elblings ähnelt und deren Wein eine leichte Muskatnote aufweist.

Sicher ist es diese Sorte, die am Kap auf einigen hundert Hektar in kühlen Küstengegenden wächst. Sie reift früh, hat guten Zucker- und Säuregehalt, bringt eine schöne Würze in Verschnitte ein und liefert sortenreine, gute trokkene Dessertweine.

Synonym:
Bouquettraube (Elsaß)

Würzige Traube

Chenel

Die Kreuzung Chenin Blanc × Ugni Blanc wurde von Professor Chris Orffer Anfang der siebziger Jahre speziell für Südafrika entwickelt. Sie ist wuchskräftig und zuverlässig ertragreich, fäule- und windbruchsicher und läßt sich in warmen Gegenden bequem kultivieren.

Ihr Name setzt sich aus den ersten Buchstaben von Chenin und der Forschungsanstalt Elsenburg zusammen. Die Rebe verträgt alle Böden und bewährt sich im heißen Karoo ebenso wie in kühlen Lagen an der Küste. Ihr Wein ist leicht, frisch und preiswert, nur ist er noch nicht sehr bekannt.

Eine weitere Züchtung Orffers (ebenfalls Chenin Blanc × Ugni Blanc) namens Weldra befindet sich noch im Versuchsstadium.

Brauchbare Rebe

Servin Blanc

Die sehr einfache Sorte aus dem Midi ist für die südafrikanische Spirituosenindustrie von größter Bedeutung. Für diesen Zweck werden rund 6,5 Millionen »Raisin-Blanc«-Reben angebaut, die allerdings recht krankheitsanfällig sind.

Synonym: Raisin Blanc

Wein minderer Qualität

Canaan

Von dieser äußerst bescheidenen Sorte gibt es in Südafrika 5 Millionen Reben. Auch sie beliefern die Destillerien. Die Traube ist schon lange am Kap heimisch, ihrer Fäule- und Krankheitsanfälligkeit wegen bewährt sie sich aber im modernen Weinbau nicht mehr. Orffer hält sie für identisch mit der Macedonia auf Sizilien.

Synonyme:
Kanaan, Belies (Südafrika); Macedonia (Sizilien)

Wein minderer Qualität

Australien

(Karte siehe Seite 230)

Doradillo

Die Rebe mit dem operettenhaften Namen ist insofern eine Kuriosität, als sie in ihrer Heimat Spanien nirgendwo mehr aufzutreiben ist, in Australien aber 1983 über eine Anbaufläche von 1600 ha verfügte, ebensoviel wie Chardonnay.

Doradillo, ganz unbezweifelbar eine Traube für warmes Klima, wird vor allem im Bewässerungsgebiet Murray im nördlichen Südaustralien angebaut. Ihre Stärke liegt eindeutig mehr in der Quantität als in der Qualität. Der größte Teil des Ertrags geht in die Destillerie.

Canocazo

Auch diese spanische Weißweinrebe ist heute in Australien viel häufiger anzutreffen. Ihre Anbaufläche beläuft sich auf rund 300 ha, vorwiegend in Südaustralien. In der Art ist die Traube ähnlich wie Doradillo, allerdings nicht so ertragreich. Früher wurde sie in der Jerez-Gegend kultiviert und dient dort heute noch als Grundlage für Züchtungen – zusammen mit Palomino, Pedro Ximénez und Garrido –, ist aber zur Weinerzeugung nicht mehr zugelassen.

Äußerst problemlos zu kultivieren

Biancone

Nur diese Traube hat höhere Erträge als Doradillo, aber das gleich in erstaunlichem Maß, nämlich mit einem Durchschnitt von 390 hl/ha in den Bewässerungsgebieten Südaustraliens, wo sie über eine Anbaufläche von nur 44 ha verfügt. Ihr recht charakterloser Wein geht zumeist in die Destillerie.

Sie ist wahrscheinlich identisch mit der Biancone auf Elba und Korsika. Bis zum Besuch Truels 1976 wurde sie für Grenache Blanc gehalten.

Überaus ertragreich

Zwei Traubensorten, die besonders auf Qualität hin entwickelt wurden, sind von der Forschungsanstalt in Merbein, Südaustralien, gezüchtet und nach (wenigstens für australische Verhältnisse) in ihrer Nähe gelegenen Orten benannt worden; Goyura (Muscat of Alexandria × Sultana) hat leichtes Muskateller-Aroma, ist aber wegen ihrer kräftigen Säure besonders wertvoll; Tulillah (Macabeo × Sultana) ist eher neutral, bringt gute Erträge und hat reichlichen Säuregehalt. Beide sind bisher noch nicht sehr verbreitet. Die Tafeltraube Waltham Cross wird auch für Brennereizwecke verwendet.

Neuseeland

Breidecker

Diese Müller-Thurgau × Seibel-7053-Hybride wurde gleichzeitig mit Reichensteiner und Ehrenfelser in Geisenheim speziell für Neuseeland entwickelt und wird dort seit 1962 angebaut. Sie besitzt Wildrebenresistenz gegen Fäule und Falschen Mehltau, ist dabei aber nicht zu aggressiv im Geschmack. 1983 belief sich der Gesamtertrag auf 130 t oder 0,2% der Weinernte. Der Wein schmeckt ziemlich ähnlich wie ein Müller-Thurgau und eignet sich gut für Verschnittzwecke. Die Sorte dient in Geisenheim als Grundlage für weitere Züchtungen, die noch besser für Neuseeland geeignete Hybriden hervorbringen dürften. Benannt wurde sie nach einem deutschen Weinbauwissenschaftler, der sich um den jungen neuseeländischen Weinbau verdient gemacht hat. Die nächste erfolgreiche Hybride wird sicherlich Becker heißen.

Dr. Hogg Muscat

Neuseelands »eigener« Muskateller wird nur dort zur Weinerzeugung genutzt. Seine Anbaufläche von 90 ha liegt vor allem im Bereich Poverty Bay. Die ursprünglich aus den Treibhäusern des viktorianischen England eingeführte Tafeltraube erbringt in Neuseeland schmackhafte, aromatische Tafelweine. Sie ist unempfindlich gegen Nässe, reift spät und wächst schwach.

Neben der aus Kalifornien importierten July Muscat werden auch die Hybriden Baco 22A, Gaillard Girerd 157 und Muscat St-Vaillard 20743 angebaut.

England

Der englische Weinbau hat es schwer, sich Anerkennung zu erkämpfen. Die Weinberge sind wahrhaftig klein, im Durchschnitt unter einem halben Hektar. 1984 betrug die Gesamtrebfläche nicht einmal ganz 450 ha. Der Müller-Thurgau als meistangebaute Traube hat 150 ha, der Reichensteiner, an zweiter Stelle, 50 ha, Seyval Blanc liegt dicht hinter ihm. Die drei in der Rangfolge nächsten Sorten – Madeleine Angevine, Huxelrebe und Schönburger – bedecken etwas mehr als 65 ha.

Daß auf mindestens drei Besitzungen insgesamt 35 Rebsorten erprobt werden, ist nur ein Beweis für den jugendlichen Schwung und den Enthusiasmus des englischen Weinbaus. Die meisten sind deutsche Neuzüchtungen, die auch in kühlen Sommern reifen (der edle Riesling gelangt in England leider nie soweit). Auch die Pinots und der Chardonnay erhalten eine Chance; weitere nichtdeutsche Reben sind der Rotburger (Zweigeltrebe) aus Österreich, Wrotham Pinot und Triomphe d'Alsace.

Seyval Blanc

Seyval Blanc

Wenn es noch eines Beweises dafür bedurft hätte, daß die Hybriden durchaus ihren Wert haben, dann ist er mit der stattlichen Zahl von Flaschen, die diese Traube in England füllt, erbracht. Ein Qualitätsunterschied zwischen den Weinen dieser widerstandsfähigen Sorte und denen der *Vinifera*-Trauben ist einfach nicht festzustellen. Im Charakter freilich gibt es Unterschiede. Seyval-Weine sind meist säurereicher, ätherischer und etwas magerer als etwa Müller-Thurgau, und viele Winzer bessern ihn deshalb mit Süßreserve einer charaktervolleren Sorte auf. Für sich allein hat er manchmal etwas von Grapefruit an sich, aber keine Spur »Fuchs«.

Seyval Blanc entstand durch Kreuzung von Seibel 5656 mit Seibel 4986 (Rayon d'Or). Seine Beliebtheit in England verdankt er wahrscheinlich dem Weinbaupionier Major-General Sir Guy Salesbury-Jones, dem seine französischen Freunde Anfang der fünfziger Jahre zum Anbau dieser Hybride rieten. Sie gedieh und dehnte sich von seinem Besitz beim Hambledon in West Sussex über ganz Südengland aus, so daß sie 1984 eine Anbaufläche von 46 ha aufweisen konnte.

Die Rebe ist wuchskräftig, ertragreich und krankheitsresistent. Sie treibt früh aus, reift früh und braucht sorgfältigen Rebschnitt, um einerseits Überertrag und andererseits schwachen Fruchtansatz zu vermeiden.

Synonym:
Seyve-Villard 5276

Brauchbar; mittlere Qualität

Madeleine Angevine

Das Eigenartige an dieser *Vinifera*-Sorte ist, daß sie als Tafeltraube in England auf 26 ha Anbaufläche (1984) einen durchaus achtbaren Wein hervorbringt. Sie entstand in Angers als Kreuzung zwischen Précoce de Malingre und Madeleine Royale.

Jack Ward zufolge läßt sie sich bequem kultivieren, bringt aber in kalten Lagen nur sehr geringe Erträge. Es kann Probleme mit Verrieseln geben, doch läßt sich das durch Zusammenpflanzen mit einer gut ansetzenden Sorte ausgleichen.

Der Wein dieser Traube kann sich durch kräftiges Muskateller-Aroma auszeichnen. Ward empfiehlt auch die Madeleine Royale als für England geeignet.

Glossarium

A boire Trinkreif.
AC Appellation Contrôlée. Französische Herkunfts- und Bereitungsgarantie.
Amabile Lieblich.
Ampelographie Die Wissenschaft der Beschreibung und Identifizierung der Reben.
Anthocyane Blaue und rote Farbstoffe unter der Beerenhaut.
Anthraknose Pilzkrankheit, durch Nässe gefördert, verursacht Wucherungen an Holz, Laub und Frucht sowie Löcher im Blattwerk.
Apfelsäure Harte Säure in Trauben, vermindert sich mit zunehmender Reife.
Aszú Ungarisch: Auslese oft von Edelfäule befallener Beeren, vor allem beim Tokajer.
Auslese Qualitätswein mit Prädikat (QmP) aus besonders ausgelesenen Trauben mit hohem Reifegrad und Süßegehalt.
Barrique Standardfaß in Bordeaux mit 225 l Inhalt.
Beerenauslese Qualitätswein mit Prädikat (QmP) aus besonders ausgelesenen vollreifen Beeren mit sehr hohem Süßegehalt; zumeist sehr teuer.
Blanc de blancs Weißwein, besonders Champagner, der nur aus weißen Trauben bereitet wurde.
Blanc de noirs Weißwein, besonders Champagner, der nur aus dunklen Trauben bereitet wurde.
Blattrollkrankheit Durch Wind verbreitete Viruskrankheit, verursacht Einrollen der Blätter und Beeinträchtigung des Wachstums.
Bodega In Spanien eine Weinkellerei oder Weinhandlung.
Botrytis Graufäule. Ein Schimmelpilz, der nur die Trauben, jedoch nicht die Rebe selbst befällt und bei Feuchtigkeit auftritt. Verursacht bei dunklen Trauben Farb- und Qualitätseinbußen. Bei weißen Trauben nur nachteilig, wenn diese bereits geschädigt waren (z. B. durch Regen); bei reifen und gesunden Trauben und abwechselnd feuchter (nicht nasser) und sonniger Witterung wirkt sich der Befall als »Edelfäule« aus. Die Trauben schrumpfen dann durch Verdunstung des Wasserhalts ein; es entsteht hohe Konzentration an Geschmacksstoffen und Zuckergehalt, wodurch süße Weine feinster Qualität ermöglicht werden.
Botrytis cinerea Edelfäule (siehe Botrytis).
Brix In den USA und Australien gebräuchliches Maß für den natürlichen Zuckergehalt von Trauben.
Cépage Rebsorte.
Cépage améliorateur »Verbesserungssorte«. In Frankreich als Ersatz für minderwertige Massenträger empfohlene Rebsorten.
Chaptalisation Trockenzuckerung; Beifügung von Rüben- oder Rohrzucker während des Gärprozesses zwecks Erhöhung des Alkoholgehalts.
Chlorose Gelbfärbung des Rebenlaubs infolge von Mangel an aufnehmbarem Eisen im Boden, meist bei sehr hohem Kalkgehalt.
Chromatographie Verfahren zur Messung der chemischen Zusammensetzung von Gasen oder Flüssigkeiten (z. B. von Wein).
Clarete Heller Rotwein (Spanien).
Coulure Verrieseln; mangelhafter Fruchtansatz durch Schädigung der Blüte.
Court-noué Siehe Kräuselkrankheit.
Cru Classé »Klassifiziertes Gewächs«, insbesondere im Zusammenhang mit der Klassifizierung der Médoc-Weingüter aus dem Jahr 1855.
Cultivar Südafrikanischer Ausdruck für Rebsorte.
Cuve Bottich.
Cuvée Verschnitt; eine speziell zusammengestellte Mischung aus verschiedenen Weinen.
Département Französischer Verwaltungsbezirk.
DOC Denominazione di Origine Controllata. Italienische Bezeichnung für amtliche Kontrolle der geographischen Herkunft und der Traubensorten eines Weins.
DOCG Denominazione di Origine Controllata e Garantita. Italienische Bezeichnung für amtliche Kontrolle und Garantie der geographischen Herkunft und der Traubensorten eines Weins.
Echter Mehltau Pilzkrankheit, u. a. der Reben.
Edelfäule Siehe Botrytis.
Eiswein In Deutschland unter Beachtung strenger Bestimmungen aus am Rebstock gefrorenen Trauben gewonnener Wein; ähnliche Süße wie bei einer Beerenauslese, jedoch nicht so langlebig.
Elevage Ausbau des Weins.
Encépagement Bestand an Rebsorten in einem Weinberg.
Epoche Vor allem in Italien gebräuchliches Einteilungssystem für die verschiedenen Reifezeitpunkte von Traubensorten, bestehend aus vier Epochen (die vierte ist die späteste).
Falscher Mehltau Überwinternde Pilzkrankheit, u. a. der Reben, äußert sich in einem weißen Belag auf der Blattunterseite.
Flor Eine auf Fino- und Amontillado-Sherry im Faß wachsende Hefeschicht; schützt gegen Oxidation.
Geneva Double Curtain Ein dreidimensionales Klettergerüst für Reben.
Gobelet System der Rebenerziehung in Becherform.
Governo Traditionelle Praxis der Zugabe von getrockneten Trauben zum Chianti nach beendeter Gärung, um eine Nachgärung hervorzurufen und den Wein zu mildern.
Grand Cru Französische Bezeichnung für Wein der Spitzenklasse mit unterschiedlicher Bedeutung in Bordeaux, Burgund, der Champagne und im Elsaß.
Graufäule Siehe Botrytis.
Guyot System der Rebenerziehung in einer vertikalen Achse.
Halbtrocken In Deutschland: Wein mit weniger als 18 g/l unvergorenem Zuckerrest.
Hybride Eine Kreuzung zwischen verschiedenen Rebengattungen.
Kabinett Bezeichnung für den trockensten, nichtangereicherten Qualitätswein mit Prädikat (QmP) der untersten Prädikatsstufe.
Klon Vegetativ vermehrte, daher erbgleiche Form eine bestimmten Pflanzensorte.
Klonselektion Planvolle Auswahl bestimmter Klone nach festgelegten Kriterien.
Kräuselkrankheit Im Boden übertragene Viruskrankheit; bewirkt verkrüppelten Wuchs und verkürzt die Lebensdauer von Reben.
Kreuzung Eine Züchtung aus verschiedenen Sorten der gleichen Rebengattung.
Lyra In Bordeaux entwickeltes dreidimensionales Klettergerüst für Reben.
Macération carbonique Eine Gärtechnik, bei welcher unzerquetschte Trauben in einer Kohlensäureatmosphäre vergoren werden. Ursprünglich im Beaujolais, heute aber auch im Midi und anderswo angewandte Methode.
Maderisiert Durch Oxidation hervorgerufene Braunfärbung des Weins, mit leichtem Madeira-Geschmack einhergehend.
Malolaktische Gärung Eine Nachgärung, bei der sich die harte Apfelsäure zu weicherer Milchsäure umwandelt. Sie tritt nach der alkoholischen Gärung ein, wird in wärmerem Klima meist unterdrückt, in kühlerem dagegen gefördert.
Méthode champenoise Flaschengärung bei Schaumwein.
Moelleux Sehr vollmundiger, körperreicher Wein.
Most Unvergorener, frischer Traubensaft.
Mostgewicht Maß des natürlichen Zuckergehalts in reifen Trauben oder Most.
Mousseux Schäumend.
Musqué Stark aromatisch, oft mit Muskatnote.
Mutation Veränderung der biologischen Charakteristik, manchmal so weitgehend, daß eine neue Pflanzensorte entsteht.
Nervosité Französischer Ausdruck für rassige, lebendige Art, meist in Verbindung mit ausgewogener, kräftiger Säure gebraucht.
Nouveau Für den Verbrauch innerhalb eines Monats nach der Lese bereiteter Wein.

Öchsle In Deutschland gebräuchliches Maß für den natürlichen Zuckergehalt von Trauben.
Oidium Siehe Echter Mehltau.
Oloroso Vollmundige Art von Sherry.
Oxidiert Durch Einwirkung der Luft schal oder flach gewordener Wein.
Peronospora Siehe Falscher Mehltau.
Pétillant Leicht schäumend.
Pfropfen Veredeln durch Einsetzen eines *Vinifera*-Edelreises auf einer reblausfesten Unterlagsrebe.
pH-Wert Maß für die Konzentration saurer bzw. alkalischer Lösungen. Wasser hat einen pH-Wert von 7; der pH-Wert von Wein (stets eine saure Lösung) liegt zwischen 2,8 und 3,9. Je höher der pH-Wert, desto geringer der Säuregehalt.
Pied Französischer Ausdruck für Weinstock.
Pourriture noble Edelfäule (siehe Botrytis).
Premier Cru Wein der obersten Klasse in Bordeaux, der zweiten Klasse in Burgund.
Producteur direct Unveredelte Rebe.
QbA Qualitätswein bestimmter Anbaugebiete aus zugelassenen Trauben, Qualitätsstufe zwischen Tafelwein und QmP.
QmP Qualitätswein mit Prädikat. Die oberste Qualitätsstufe des deutschen Weins, untergliedert in Kabinett, Spätlese, Auslese, Beerenauslese und Trockenbeerenauslese.
Reblaus Siehe Seiten 10/11.
Schwarzfäule Eine durch feuchte Wärme geförderte Pilzkrankheit; befällt die Rebe und ihre Früchte. Anfangssymptome wie bei Anthraknose; verursacht kleine, harte, schwarze Beeren.
Secco (ital.) Trocken.
Sélection des Grains Nobles Auslese edelfäulebefallener Einzelbeeren (Elsaß).
Solera Ein vor allem in Jerez gebräuchliches Verschnittsystem, bei dem ältere mit jüngeren Weinen gemischt werden.
Sortenrein Ein überwiegend aus Trauben einer bestimmten Sorte bereiteter Wein.
Spätlese Prädikatsstufe über Kabinett (QmP).
Spumante (ital.) Schaumwein.
Sur lie »Auf der Hefe«; vor allem bei Muscadet, der unmittelbar aus dem Gärbehälter auf Flaschen gezogen wird, um Kohlensäure und Aromastoffe zu bewahren.
Surmaturité Überreife.
Süßreserve Beimischung von unvergorenem Traubenmost bei der Abfüllung, um dem Wein mehr Süße zu verleihen; in Deutschland, England und Neuseeland übliches Verfahren.
Tafelwein Nach den EG-Bestimmungen die unterste Qualitätskategorie für Wein. Die Bezeichnung »Deutscher Tafelwein« darf nur verwendet werden, wenn er ausschließlich aus in Deutschland gewachsenen Trauben besteht.
Teinturier Rotfleischige Farbtraube.
Tendone Für maximalen Ertrag entwickeltes italienisches Hocherziehungssystem.
Tinto (span.) Dunkler Rotwein.
Triebnekrose Seltene Viruskrankheit, führt zunächst zum Absterben der Jungtriebe und schließlich der ganzen Rebe.
Trocken In Deutschland: mit weniger als 9 g/l unvergorenem Zuckerrest.
Trockenbeerenauslese Wein von ausgewählten, eingeschrumpften, oft auch von Edelfäule befallenen Beeren; ergibt den süßesten und teuersten deutschen Wein.
VDQS Vin Délimité de Qualité Supérieure. Französische Weinkategorie zwischen *vin de pays* und Appellation Contrôlee mit eigenen Qualitäts- und Bereitungsvorschriften.
Vendange tardive Spätlese (vor allem im Elsaß).
Veraison Stadium beginnender Färbung und Reife bei Trauben.
Veredelungsunterlage Reblausfester Rebenwurzelstock zum Aufpfropfen von Edelreisern.
Verschnitt Ein aus einer Mischung mehrerer Traubensorten bestehender Wein.
Vigneron (franz.) Winzer.
Vignoble (franz.) Weinberg.
Vin de pays Französischer Landwein, Qualitätskategorie über Tafelwein, mit eigenen Bereitungsvorschriften.
Vin de sable Ein auf Sandboden gewachsener Wein.
Vin de table Tafelwein; unterliegt keinen besonderen Vorschriften bezüglich Traubensorten und Herkunft.
Vin doux naturel (VDN) Gespriteter süßer Wein.
Vin jaune Sherry-ähnliche Spezialität aus dem Jura, bereitet aus spätgelesenen Savagnin-Trauben und mindestens 6 Jahre faßgelagert.
Vin liquoreux Likörwein.
Vino da tavola Tafelwein; ein nicht nach DOC-Regeln produzierter italienischer Wein.
Vino novello Italienischer Wein nach Beaujolais-Nouveau-Vorbild.
Vin ordinaire Einfacher, keinen Qualitätsvorschriften unterworfener Konsumwein.
Vonkelwyn Südafrikanischer Schaumwein.
Weinsäure Die wichtigste Traubensäure.
Weißherbst Aus dunklen Trauben weiß gekelterter Wein, vor allem eine badische Spezialität.

Bibliographie

Leon D. Adams, *The Wines of America,* McGraw-Hill, New York, 1985; Sidgwick & Jackson, London, 1984

Burton Anderson, *Italiens Weine,* Hallwag, Bern, 1983; *Vino,* Atlantic-Little, Brown, Boston und Toronto, 1980; Papermac, London, 1980

A. J. Antcliff, *Major Wine Grape Varieties of Australia,* Commonwealth Scientific and Industrial Research Organization (CSIRO), Australien, 1979

Anuario del Vino Español, Sucro (Spanien), 1984

Nicolas Belfrage, *Life Beyond Lambrusco,* Sidgwick & Jackson, London, 1985

Michael Cooper, *The Wines and Vineyards of New Zealand,* Hodder and Stoughton, Auckland, 1984

Noel Cossart, *Madeira, The Island Vineyard,* Christie's Wine Publications, London, 1984

Antonio Xavier Pereira Coutinho, *Cultura da Vinha,* Livraria Nacional e Estrangeira (Portugal), 1895

Hubrecht Duijker, *The Wines of the Loire, Alsace and Champagne,* Mitchell Beazley, London, 1983

Henri Enjalbert, *Les Grands Vins de Saint Emilion, Pomerol et Fronsac,* Editions Bardi, Paris, 1983

Len Evans (ed.), *Complete Book of Australian Wine,* Lansdowne, Sydney, 1984

Nicholas Faith, *Château Margaux,* Christie's Wine Publications, London, 1980

Pierre Galet, *Cépages et Vignobles de France,* Band II und III, Galet, Montpellier, 1958 und 1962

P. G. Garoglio, *Enciclopedia Vitivinicola Mondiale,* Vol I, Edizioni Schientifiche UIV, Mailand, 1973

Rosemary George, *The Wines of Chablis,* Sotheby/Philip Wilson, London, 1984

Francisco Esteves Gonçalves, *Portugal, A Wine Country,* Editora Portuguesa de Livros Técnicos e Científicos, Lissabon, 1983

R. E. H. Gunyon, *The Wines of Central and South-eastern Europe,* Duckworth, London, 1971

James Halliday und Ray Jarratt. *The Wines & History of The Hunter Valley,* McGraw-Hill, New York, 1979

Anthony Hanson, *Burgundy,* Faber, London, 1982

Victor Hazan, *Italian Wine,* Alfred A. Knopf, New York, 1982

Charles Higounet (ed.), *La Seigneurie et Le Vignoble du Château Latour* (2 Bände), Fédération Historique du Sud-Ouest, Bordeaux, 1974

Walter Hillebrand, *Taschenbuch der Rebsorten,* Dr. Blitz & Dr. Fraund KG, Wiesbaden, 1972

Edward Hyams, *Dionysus, A Social History of Wine,* Thames & Hudson, London, 1965

David Jackson und Danny Schuster, *Grape Growing & Wine Making,* Alister Taylor, Martinborough, New Zealand and Prism Press, Dorchester, England, 1981

Ian Jamieson, *The Mitchell Beazley Pocket Guide to German Wines,* Mitchell Beazley, London, 1984

Julian Jeffs, *Sherry,* Faber, London, 1982

Hugh Johnson, *Der Große Weinatlas,* Hallwag, Bern, 1986; *Der Große Johnson (Neue Enzyklopädie der Weine),* Hallwag, Bern, 1984

A. N. Kasimatis et al., *Wine Grape Varieties in the North Coast Counties of California,* University of California, 1981; *Wine Grape Varieties in the San Joaquin Valley,* University of California, 1980

Graham Knox, *Estate Wines of South Africa,* David Philip, Kapstadt und Johannesburg, 1982

Max Lake, *Cabernet,* Rigby (Australien), 1977

Alexis Lichine's Encyclopedia of Wines & Spirits, Cassell, London, 1985; Alfred A. Knopf, New York, 1985

John Livingstone-Learmouth und Melvyn Master, *The Wines of the Rhône,* Faber, London, 1983

Lucie T. Morton (Übers.) und Pierre Galet, *A Pratical Ampelography,* Cornell University Press, 1979

New Zealand Wine & Food Annual, Burnham House Publishing, Auckland, 1985

Charles Olken und Earl Singer, *The Connoisseurs' Handbook of California Wines,* Alfred A. Knopf, New York, 1984

George Ordish, *The Great Wine Blight,* Dent, London, 1972

C. J. Orffer, *Wine Grape Cultivars in South Africa,* Human & Rousseau (S. Afrika), 1979

Tom O'Toole, *South Tyrol Wine Guide,* Handelskammer Bozen, 1985

Edmund Penning-Rowsell, *The Wines of Bordeaux,* Penguin, London, 1985

David Peppercorn, *Bordeaux,* Hallwag, Bern, 1986

Petit-Lafitte, *La Vigne en Bordelais,* 1868

Emile Peynaud, *Connaissance et Travail du Vin,* Dunod, Paris, 1981

George Rainbird, *Sherry and the Wines of Spain,* Michael Joseph, London, 1966

Jan Read, *The Mitchell Beazley Pocket Guide to Spanish Wines,* Mitchell Beazley, London 1983; *The Wines of Portugal,* Faber, London, 1982; *Wines of the Rioja,* Sotheby/Philip Wilson, London, 1984; *The Wines of Spain,* Faber, London, 1982

Jancis Robinson, *The Great Wine Book,* Sidgwick & Jackson/William Morrow, London, 1982

Steven Spurrier, *French Country Wines,* Collins Willow, London, 1984

M. J. L. Stoltz, *Ampélographie Rhénane,* Strasbourg, 1852

Bob Thompson, *The Pocket Encyclopedia of California Wines,* Simon & Schuster, New York, 1980

G. G. Valinko, *Vinographie Vina,* Moskau 1978

Pamela Vandyke Price mit Christopher Fielden, *Alsace Wines,* Sotheby/Philip Wilson, London, 1984

P. Viala, *Traité Général d'Ampélographie,* Band VII, Masson, 1909

Villa Maior, *Manual de Viticultura Practica,* Imprensa da Universidade, Coimbra, 1875

Jack Ward, *The Complete Book of Vine Growing in the British Isles,* Faber, London, 1984

A. J. Winkler, James A. Cook, W. M. Kliewer, Lloyd A. Lider, *General Viticulture,* University of California Press, 1974

Register

Rebsorten sind **fett**gedruckt, Synonyme mit *syn* und Klone mit *Klon* gekennzeichnet.